AF252768

Conserver la Couverture

544

ŒUVRES

COMPLÈTES

DE LAPLACE,

PUBLIÉES SOUS LES AUSPICES

DE L'ACADÉMIE DES SCIENCES,

PAR

MM. LES SECRÉTAIRES PERPÉTUELS.

TOME NEUVIÈME.

PARIS,

GAUTHIER-VILLARS ET FILS, IMPRIMEURS-LIBRAIRES

DE L'ÉCOLE POLYTECHNIQUE, DU BUREAU DES LONGITUDES,

Quai des Grands-Augustins, 55.

M DCCC XCIII

ŒUVRES

COMPLÈTES

DE LAPLACE.

Salle U
459

4° V
1011

ŒUVRES

COMPLÈTES

DE LAPLACE.

Salle U
459

4° V
1011

ŒUVRES

COMPLÈTES

DE LAPLACE,

PUBLIÉES SOUS LES AUSPICES

DE L'ACADÉMIE DES SCIENCES,

PAR

MM. LES SECRÉTAIRES PERPÉTUELS.

TOME NEUVIÈME.

DÉPÔT LÉGAL
1321

PARIS,

GAUTHIER-VILLARS ET FILS, IMPRIMEURS-LIBRAIRES

DE L'ÉCOLE POLYTECHNIQUE, DU BUREAU DES LONGITUDES,

Quai des Grands-Augustins, 55.

—

M DCCC XCIII

MÉMOIRES

EXTRAITS DES

RECUEILS DE L'ACADÉMIE DES SCIENCES DE PARIS

ET DE

LA CLASSE DES SCIENCES MATHÉMATIQUES ET PHYSIQUES

DE L'INSTITUT DE FRANCE.

TABLE DES MATIÈRES

CONTENUES DANS LE NEUVIÈME VOLUME.

RECHERCHES

sur

LE CALCUL INTÉGRAL

aux

DIFFÉRENCES PARTIELLES.

RECHERCHES

SUR

LE CALCUL INTÉGRAL

AUX

DIFFÉRENCES PARTIELLES [1].

Mémoires de l'Académie royale des Sciences de Paris, année 1773; 1777.

I.

Je me propose de donner dans ce Mémoire une méthode pour intégrer, toutes les fois que cela est possible, les équations linéaires aux
différences partielles; cette méthode est fondée sur la forme dont les
intégrales de ces équations sont susceptibles : comme la recherche de
cette forme tient à la métaphysique du calcul, on pourrait craindre ici
l'obscurité qui souvent accompagne la métaphysique; je vais donc faire
en sorte de présenter mes idées le plus clairement qu'il me sera possible, et de manière à ne laisser aucun nuage sur un objet aussi intéressant. L'illustre inventeur de ce calcul, M. d'Alembert, et plusieurs
grands géomètres après lui s'en sont déjà occupés avec beaucoup de
succès; mais leurs recherches, d'ailleurs très profondes, ne présentent, si j'ose le dire, que des procédés isolés qui, lorsqu'ils deviennent
insuffisants pour intégrer une équation proposée, laissent justement
lieu de douter s'il ne serait pas possible d'en obtenir l'intégrale par
d'autres voies : la méthode suivante, au contraire, en embrassant tous

[1] Lu en 1773. Remis le 4 décembre 1776.

les cas d'intégration, réunit le double avantage de donner les intégrales complètes, lorsqu'elles sont possibles, ou de s'assurer qu'elles sont impossibles; j'espère d'ailleurs qu'elle ne laissera rien à désirer du côté de la simplicité et de la facilité de la mettre en usage.

II.

z étant fonction quelconque de plusieurs variables x, y, ..., je suppose qu'on la différentie, en ne faisant varier que x, et que l'on désigne par $\frac{\partial z}{\partial x}$ le coefficient de dx dans cette différence (il ne faut pas confondre cette expression $\frac{\partial z}{\partial x}$ avec celle-ci $\frac{dz}{dx}$, qui signifie la différence entière de z, divisée par dx); que l'on représente encore par $\frac{\partial z}{\partial y}$ le coefficient de dy dans la différence de z; une équation quelconque entre z, x, y, $\frac{\partial z}{\partial x}$, $\frac{\partial z}{\partial y}$ est *aux différences partielles du premier ordre*.

Pareillement, si l'on différentie z : 1° deux fois de suite par rapport à x et par rapport à y, en regardant dx et dy comme constants, et que l'on désigne par $\frac{\partial^2 z}{\partial x^2}$ et $\frac{\partial^2 z}{\partial y^2}$ les coefficients de dx^2 et de dy^2 dans ces différences; 2° une première fois par rapport à x, et une seconde fois par rapport à y, ou, ce qui, comme l'on sait, revient au même, une première fois par rapport à y, et une seconde fois par rapport à x, et que l'on désigne par $\frac{\partial^2 z}{\partial x \partial y}$ le coefficient de $dx\,dy$; si l'on a une équation quelconque entre z, x, y, $\frac{\partial z}{\partial x}$, $\frac{\partial z}{\partial y}$, $\frac{\partial^2 z}{\partial x^2}$, $\frac{\partial^2 z}{\partial x \partial y}$ et $\frac{\partial^2 z}{\partial y^2}$, elle sera *aux différences partielles du second ordre*, et ainsi de suite pour les ordres suivants.

Une semblable équation étant donnée, il s'agit d'en trouver l'intégrale, c'est-à-dire de trouver une fonction finie entre z, x et y, telle qu'elle satisfasse à cette équation de la manière la plus générale; le problème pris ainsi dans toute son étendue présente des difficultés bien supérieures à celles de l'intégration des équations aux différences ordinaires, en sorte qu'on peut regarder une équation aux différences partielles comme intégrée, lorsqu'elle est ramenée à l'intégration d'une équation aux différences ordinaires, à peu près comme on est censé avoir l'intégrale de celle-ci, lorsqu'elle ne dépend plus que de l'intégration des fonctions différentielles.

Les équations aux différences ordinaires peuvent être considérées comme des cas très particuliers des équations aux différences partielles : il suffit pour cela de rendre nuls, dans ces dernières, les coefficients des différences de z, prises par rapport à y; on aura, de cette manière, une équation entre x, y, z, $\frac{\partial z}{\partial x}$, $\frac{\partial^2 z}{\partial x^2}$, ..., dans laquelle y pourra être considéré comme constant, et si cette équation est de l'ordre n, son intégrale renfermera n constantes arbitraires, qui seront fonctions quelconques de y.

De ce que, dans un grand nombre de cas particuliers, l'intégrale complète d'une équation aux différences partielles de l'ordre n renferme n fonctions arbitraires, on a exigé la même condition de l'intégrale complète d'une équation quelconque aux différences partielles; mais il arrive souvent qu'elle est impossible à remplir, et l'on en verra des exemples dans la suite. Il serait sans doute bien utile d'avoir une méthode pour s'assurer si une équation donnée est susceptible d'une intégrale complète, et dans ce cas de la déterminer; c'est là ce que je me propose de faire sur les équations aux différences partielles linéaires : j'appelle ainsi les équations dans lesquelles la variable z et ses différences ne sont élevées à d'autres puissances que l'unité, et ne se multiplient ou ne se divisent point les unes par les autres; j'ai choisi ce genre d'équations, de préférence à tout autre. parce qu'il se rencontre fréquemment dans l'application de l'analyse à la nature, principalement lorsqu'il s'agit de déterminer les oscillations infiniment petites du système d'un nombre infini de corpuscules, qui agissent les uns sur les autres d'une manière quelconque, et dont l'état primitif peut être quelconque (^{1}).

(^{1}) Ces recherches, à quelques additions près, ont été lues à l'Académie dans le courant de l'année 1773, et j'en ai donné, dans le Tome VI des *Savants étrangers*, quelques résultats, parmi lesquels se trouve l'intégration de l'équation (1) de l'article suivant (^{a}).

(^{a}. *Œuvres de Laplace*, T. VIII. p. 61 à 65.

III.

L'équation générale linéaire du premier ordre est

$$o = \frac{\partial z}{\partial x} + \alpha \frac{\partial z}{\partial y} + \mathcal{6} z + \mathrm{T},$$

α, $\mathcal{6}$ et T étant fonctions quelconques de x et de y. M. d'Alembert en a donné, le premier, l'intégrale dans le Tome IV de ses *Opuscules*. Je vais intégrer la suivante qui la renferme

$$(\text{1}) \qquad\qquad o = \frac{\partial z}{\partial x} + \alpha \frac{\partial z}{\partial y} + \mathrm{V},$$

V étant fonction de x, y et z.

J'observerai ici que je regarde une équation aux différences particlles comme intégrée lorsqu'elle est ramenée à l'intégration d'une équation aux différences ordinaires. Cela posé,

Je considère d'abord z comme fonction de x et de y, et ensuite comme fonction de x et d'une nouvelle variable u, ce qui donne, en différentiant,

$$dz = \frac{\partial z}{\partial x}\ dx + \frac{\partial z}{\partial y} dy,$$

$$dz = \left(\frac{\partial z}{\partial x}\right)' dx + \frac{\partial z}{\partial u} du,$$

$\frac{\partial z}{\partial x}$ désignant le coefficient de dx, dans la différentiation de z, lorsque z est considéré comme fonction de x et de y; et $\left(\frac{\partial z}{\partial x}\right)'$ désignant ce même coefficient lorsque z est regardé comme fonction de x et de u.

Si l'on considère présentement u comme fonction de x et de y, on aura

$$du = \frac{\partial u}{\partial x} dx + \frac{\partial u}{\partial y} dy;$$

donc

$$dz = \left(\frac{\partial z}{\partial x}\right)' dx + \frac{\partial z}{\partial u} \frac{\partial u}{\partial x} dx + \frac{\partial z}{\partial u} \frac{\partial u}{\partial y} dy;$$

partant,

$$\frac{\partial z}{\partial x} = \left(\frac{\partial z}{\partial x}\right)' + \frac{\partial z}{\partial u} \frac{\partial u}{\partial x} \qquad \text{et} \qquad \frac{\partial z}{\partial y} = \frac{\partial z}{\partial u} \frac{\partial u}{\partial y};$$

l'équation (1) deviendra ainsi

$$o = \left(\frac{\partial z}{\partial x}\right)' + \frac{\partial z}{\partial u}\frac{\partial u}{\partial x} + \alpha \frac{\partial z}{\partial u}\frac{\partial u}{\partial y} + V.$$

La variable u étant indéterminée, je puis la supposer telle que l'on ait

$$o = \frac{\partial u}{\partial x} + \alpha \frac{\partial u}{\partial y};$$

on aura ainsi

$$o = \left(\frac{\partial z}{\partial x}\right)' + V,$$

équation qui sera réduite aux différences ordinaires, lorsque, après avoir déterminé u au moyen de celle-ci

$$o = \frac{\partial u}{\partial x} + \alpha \frac{\partial u}{\partial y},$$

on en aura tiré la valeur de y en x et en u, et on l'aura substituée dans V.

Il ne s'agit donc plus que de trouver une valeur qui satisfasse pour u à l'équation

$$o = \frac{\partial u}{\partial x} + \alpha \frac{\partial u}{\partial y};$$

or, puisque l'on a

$$du = \frac{\partial u}{\partial x}\,dx + \frac{\partial u}{\partial y}\,dy,$$

on aura

$$du = \frac{\partial u}{\partial y}(dy - \alpha\,dx);$$

soit N le facteur par lequel, multipliant $dy - \alpha\,dx$, on rend cette quantité une différentielle exacte, et que l'on fasse

$$N\,dy - \alpha N\,dx = d\theta,$$

on aura

$$du = \frac{\frac{\partial u}{\partial y}}{N}\,d\theta;$$

partant, u est fonction de θ; prenons θ pour cette fonction même, en sorte que l'on ait $u = 0$; θ étant fonction de x et de y, on aura y en fonction de x et de u; cette valeur de y substituée dans V rendra cette quantité fonction de x, z et u. Soit V' cette fonction, on aura

$$o = \left(\frac{dz}{dx}\right)' + V',$$

équation dont l'intégrale, en supposant u constant, peut être mise sous cette forme

$$S = C,$$

S étant fonction de x, z et u, et C étant une constante arbitraire qui peut être une fonction quelconque de u, ou, ce qui revient au même, de θ; désignant donc par $\Gamma(\theta)$ une fonction arbitraire de θ, l'équation

$$S = \Gamma(\theta)$$

est l'intégrale complète de la proposée

$$o = \frac{dz}{dx} + \alpha \frac{dz}{dy} + V;$$

l'intégration de cette équation se trouve ainsi réduite à celle de deux équations aux différences ordinaires, puisque la recherche du facteur N dépend, comme l'on sait, de l'intégration de l'équation

$$dy - \alpha \, dx = o.$$

Déterminons, d'après cette méthode, l'intégrale de l'équation linéaire

$$o = \frac{dz}{dx} + \alpha \frac{dz}{dy} + 6z + T;$$

pour cela, on intégrera d'abord celle-ci

$$o = \frac{du}{dx} + \alpha \frac{du}{dy};$$

soit $u = \varphi(\theta)$ son intégrale; en faisant $\varphi(\theta) = \theta$, on aura $u = \theta$; d'où l'on tirera y en fonction de x et de u; en substituant ces valeurs dans

θ et T, elles deviendront fonctions de x et de u; soient θ' et T' ces fonctions, on aura

$$o = \left(\frac{\partial z}{\partial x}\right)' + \theta' z + T',$$

équation dont l'intégrale est, comme l'on sait, en regardant u comme constant,

$$z = e^{-\int \theta\, dx}\left(C - \int T'\, dx\, e^{\int \theta\, dx}\right),$$

le signe $\int$ se rapportant à la variabilité de x seul; or, la constante C pouvant être fonction quelconque de θ, on aura, pour l'intégrale de l'équation linéaire aux différences partielles

$$o = \frac{\partial z}{\partial x} + \alpha \frac{\partial z}{\partial y} + \theta z + T,$$

$$z = e^{-\int \theta\, dx}\varphi(\theta) - e^{-\int \theta\, dx}\int T'\, dx\, e^{\int \theta\, dx};$$

d'où il suit que la forme de cette intégrale est

$$z = H + A\,\varphi(\theta),$$

A, H et θ étant des fonctions déterminées de x et de y.

IV.

On aurait pu trouver cette forme *a priori*, de la manière suivante.

Pour cela, j'observe que l'intégrale d'une équation aux différences partielles du premier ordre ne renferme qu'une fonction arbitraire que je représente par $\varphi(\theta)$; or il peut arriver que la quantité θ, dont la fonction arbitraire est composée, soit une fonction déterminée de x et de y, ou qu'elle soit indéterminée: examinons séparément ces deux cas.

PREMIER CAS. — *Lorsque θ est fonction déterminée de x et de y.*

L'intégrale peut alors être mise sous cette forme $z = M$, M étant fonction de x, y et de $\varphi(\theta)$; or, $\varphi(\theta)$ étant une fonction arbitraire, je puis la supposer égale à une fonction quelconque déterminée de θ, plus à une fonction arbitraire infiniment petite, que je désigne par $i\Gamma(0)$, i étant un coefficient infiniment petit. Si l'on substitue cette valeur de $\varphi(0)$ dans M, et que l'on réduise cette quantité dans une suite ascendante par rapport à i, on aura une expression de cette forme

$$z = N + iN' + i^2N'' + \ldots.$$

En substituant cette valeur de z dans l'équation

(K) $$o = \frac{\partial z}{\partial x} + \alpha \frac{\partial z}{\partial y} + \varepsilon z + T,$$

que je nommerai dorénavant, pour simplifier, l'équation (K), tous les termes homogènes par rapport à i doivent se détruire réciproquement : on aura donc

$$o = \frac{\partial N}{\partial x} + \alpha \frac{\partial N}{\partial y} + \varepsilon N + T,$$

$$o = \frac{\partial N'}{\partial x} + \alpha \frac{\partial N'}{\partial y} + \varepsilon N',$$

$$o = \frac{\partial N''}{\partial x} + \alpha \frac{\partial N''}{\partial y} + \varepsilon N'',$$

$$\ldots\ldots\ldots\ldots\ldots\ldots\ldots ;$$

partant, l'équation

$$z = N + N'$$

satisfait à l'équation (K); de plus, elle en est l'intégrale complète, puisque N' renferme la fonction arbitraire $\Gamma(0)$.

On aura iN' en différentiant M par rapport à $\varphi(0)$, et supposant la différence de $\varphi(0)$ égale à $i\Gamma(0)$; d'où il est aisé de conclure que la fonction arbitraire $\Gamma(0)$ existe dans N' sous une forme linéaire; mais elle peut y être affectée des signes *différentiel* et *intégral*, en sorte que N' peut renfermer des termes de cette forme $H\dfrac{d^n\Gamma(0)}{d0^n}$, et si l'on représente par μ, μ', μ'', … des fonctions quelconques de x et de y, N' peut renfermer encore des termes de la forme

$$H\int L\,d\mu \int L'\,d\mu' \int L''\,d\mu'' \ldots \frac{d^n\Gamma(0)}{d0^n};$$

soit

$$\frac{d^n \Gamma(\theta)}{d\theta^n} = \Gamma^n(\theta),$$

et supposons d'abord que le terme précédent ne renferme qu'un seul signe $\int$, de manière qu'il soit $\mathrm{H}\int \mathrm{L}\,d\mu\,\Gamma^n(\theta)$; il est clair que, pour que l'intégration soit possible, $\mathrm{L}\,\Gamma^n(\theta)$ doit être fonction de μ; or on a

$$d\mu = \frac{\partial\mu}{\partial x}\,dx + \frac{\partial\mu}{\partial y}\,dy;$$

on aura donc

$$\mathrm{H}\int \mathrm{L}\,d\mu\,\Gamma^n(\theta) = \mathrm{H}\int \mathrm{L}\,\frac{\partial\mu}{\partial x}\,dx\,\Gamma^n(\theta),$$

l'intégrale $\int \mathrm{L}\,\frac{\partial\mu}{\partial x}\,dx\,\Gamma^n(\theta)$ étant prise en ne faisant varier que x, et en y ajoutant une constante qui sera fonction de y seul; on peut donc toujours réduire l'intégrale $\int \mathrm{L}\,d\mu\,\Gamma^n(\theta)$ à une intégrale de l'une ou l'autre de ces deux formes $\int \mathrm{V}\,dx\,\Gamma^n(\theta)$ ou $\int \mathrm{V}\,dy\,\Gamma^n(\theta)$, ces intégrales étant prises en ne faisant varier que x ou y. On réduira pareillement la double intégrale $\int \mathrm{L}\,d\mu\int \mathrm{L}'\,d\mu'\,\Gamma^n(\theta)$ à l'une de ces quatre formes

$$\int \mathrm{V}\,dx \int \mathrm{V}'\,dx\,\Gamma^n(\theta), \quad \int \mathrm{V}\,dy \int \mathrm{V}'\,dy\,\Gamma^n(\theta),$$

$$\int \mathrm{V}\,dx \int \mathrm{V}'\,dy\,\Gamma^n(\theta), \quad \int \mathrm{V}\,dy \int \mathrm{V}'\,dx\,\Gamma^n(\theta);$$

or on peut réduire à de simples intégrales les doubles intégrales

$$\int \mathrm{V}\,dx \int \mathrm{V}'\,dx\,\Gamma^n(\theta) \quad \text{et} \quad \int \mathrm{V}\,dy \int \mathrm{V}'\,dy\,\Gamma^n(\theta);$$

car, si l'on fait $\int \mathrm{V}\,dx = \mathrm{R}$, on aura

$$\int \mathrm{V}\,dx \int \mathrm{V}'\,dx\,\Gamma^n(\theta) = \mathrm{R}\int \mathrm{V}'\,dx\,\Gamma^n(\theta) - \int \mathrm{V}'\mathrm{R}\,dx\,\Gamma^n(\theta);$$

on voit ainsi que, toutes les fois que, dans un terme, deux signes $\int$ consécutifs se rapportent à la même variable, ce terme peut se réduire; il résulte de là que le terme

$$\mathrm{H}\int \mathrm{L}\,d\mu\int \mathrm{L}'\,d\mu'\int \mathrm{L}''\,d\mu''\ldots \frac{d^n\Gamma(\theta)}{d\theta^n}$$

peut être réduit à des termes de l'une ou l'autre de ces deux formes

$$ \mathrm{H} \int V\, dx \int V'\, dy \int V''\, dx \ldots \Gamma^n(\vartheta) $$

ou

$$ \mathrm{H} \int V\, dy \int V'\, dx \int V''\, dy \ldots \Gamma^n(\vartheta). $$

Présentement, si l'on fait $\int V\, dx = \mathrm{R}$, on aura

$$ \mathrm{H} \int V\, dx\, \frac{d^n \Gamma(\vartheta)}{d\vartheta^n} = \mathrm{HR}\, \Gamma^n(\vartheta) - \mathrm{H} \int \mathrm{R}\, \frac{\partial\vartheta}{\partial x}\, dx\, \frac{d^{n+1} \Gamma(\vartheta)}{d\vartheta^{n+1}}; $$

on peut donc, en suivant ce procédé, augmenter d'une unité l'ordre de la différence de la fonction arbitraire enveloppée sous le signe $\int$; si l'on suppose conséquemment que $\dfrac{d^r \Gamma(\vartheta)}{d\vartheta^r}$ soit la plus haute différence de $\Gamma(\vartheta)$ dans $\mathrm{N'}$, on pourra réduire toutes les différences de $\Gamma(\vartheta)$ enveloppées sous le signe intégral à être de l'ordre r; partant, si l'on fait

$$ \frac{d^r \Gamma(\vartheta)}{d\vartheta^r} = \psi(\vartheta), \qquad \frac{d^{r-1} \Gamma(\vartheta)}{d\vartheta^{r-1}} = \psi_1(\vartheta), \qquad \frac{d^{r-2} \Gamma(\vartheta)}{d\vartheta^{r-2}} = \psi_2(\vartheta), \qquad \ldots, $$

l'expression de z sera comprise dans la formule suivante :

$$ \text{(T)} \quad \begin{aligned} z =\ & \mathrm{N} + \mathrm{H}\,\psi(\vartheta) + \mathrm{H'}\,\psi_1(\vartheta) + \mathrm{H''}\,\psi_2(\vartheta) + \ldots \\[4pt] & + \mathrm{L} \int V\, dx\, \psi(\vartheta) + \mathrm{L'} \int V'\, dx\, \psi(\vartheta) + \ldots \\[4pt] & + \mathrm{I} \int U\, dy\, \psi(\vartheta) + \mathrm{I'} \int U'\, dy\, \psi(\vartheta) + \ldots \\[4pt] & + \mathrm{P} \int Q\, dx \int Q'\, dy\, \psi(\vartheta) + \mathrm{P'} \int Q''\, dx \int Q'''\, dy\, \psi(\vartheta) + \ldots \\[4pt] & + \mathrm{R} \int S\, dy \int S'\, dx\, \psi(\vartheta) + \ldots \\[4pt] & + \ldots\ldots\ldots\ldots\ldots\ldots\ldots\ldots\ldots \end{aligned} $$

SECOND CAS. — *Lorsque ϑ est fonction indéterminée de x et de y.*

Il peut arriver que, dans l'intégrale d'une équation aux différences partielles, la quantité ϑ, enveloppée sous le signe de la fonction arbitraire, soit elle-même indéterminée; par exemple, si, dans l'équation aux différences partielles $\frac{\partial z}{\partial x} = \frac{\partial z^2}{\partial y^2}$, on fait $\frac{\partial z}{\partial y} = \theta$, on aura

$$dz = \frac{\partial z}{\partial x}\,dx + \frac{\partial z}{\partial y}\,dy = \theta^2\,dx + \theta\,dy\,;$$

partant,

$$z = \theta^2 x + \theta y - \int d\theta(2\theta x + y)\,;$$

d'où il suit que $2\theta x + y$ est fonction de θ; soit donc

$$\int d\theta(2\theta x + y) = \varphi(\theta),$$

et que l'on fasse $\frac{d\varphi(\theta)}{d\theta} = \varphi'(\theta)$, on aura

$$z = \theta^2 x + \theta y - \varphi(\theta),$$

et θ se déterminera par l'équation

$$2\theta x + y = \varphi'(\theta),$$

en sorte que cette quantité est elle-même indéterminée; mais cela ne peut jamais avoir lieu dans l'intégrale d'une équation linéaire aux différences partielles, ou, lorsque cela arrive, il est toujours possible de réduire la quantité enveloppée sous la fonction arbitraire à être une fonction déterminée; car, si, dans l'équation qui sert à déterminer θ, l'on suppose à la fonction arbitraire $\varphi(\theta)$ une valeur quelconque déterminée, plus une valeur arbitraire infiniment petite, que je représente par $i\Gamma(\theta)$, i étant infiniment petit, on trouvera θ égal à une fonction finie et déterminée de x et de y, que j'exprime par ϖ, plus à une valeur infiniment petite et indéterminée dépendante de $i\Gamma(\theta)$; si l'on substitue présentement, dans l'expression de z, au lieu de θ et de $\varphi(\theta)$, ces valeurs, et qu'on la réduise dans une suite ascendante par rapport à i, on aura

$$z = N + iN' + i^2N'' + \ldots,$$

N' étant fonction de x, y et de la fonction arbitraire $\Gamma(\varpi)$; cette valeur de z, satisfaisant à l'équation (K), il est clair que tous les termes homogènes par rapport à i doivent se détruire réciproquement ; d'où il est aisé de conclure que l'équation

$$z = N + N'$$

satisfait à l'équation (K), et qu'elle en est conséquemment l'intégrale complète, puisqu'elle renferme la fonction arbitraire $\Gamma(\varpi)$; or, la quantité ϖ étant une fonction déterminée de x et de y, ce cas rentre dans celui que nous avons considéré ci-dessus.

Pour éclaircir le raisonnement précédent par un exemple fort simple, considérons l'équation linéaire aux différences partielles

$$\frac{\partial z}{\partial y} = x \frac{\partial z}{\partial x};$$

si l'on fait

$$\frac{\partial z}{\partial x} = p \qquad \text{et} \qquad \frac{\partial z}{\partial y} = q,$$

on aura

$$q = px, \qquad dz = p\,dx + q\,dy;$$

partant,

$$dz = p\,dx + px\,dy$$

et, en intégrant,

$$z = px + \int px \left(dy - \frac{dp}{p} \right);$$

donc px est fonction de $y - lp$; soit

$$\int px \left(dy - \frac{dp}{p} \right) = \varphi(y - lp);$$

on aura

$$z = px + \varphi(y - lp)$$

et p sera déterminé par l'équation

$$px = \varphi'(y - lp),$$

en sorte que la quantité $y - lp$, enveloppée sous le signe de la fonction arbitraire, est ici indéterminée. Pour faire voir comment on peut la réduire à être déterminée, soit

$$\varphi(y - lp) = y - lp + i\,\Gamma(y - lp);$$

on aura

$$p\,x = \varphi'(y - lp) = 1 + i\,\Gamma'(y - lp);$$

d'où l'on tire

$$p = \frac{1}{x} + \frac{i\,\Gamma'(y - lp)}{x},$$

en représentant par $\Gamma'(y - lp)$ la différence de $\Gamma(y - lp)$, divisée par $d(y - lp)$; sur cela, j'observerai en passant que, dans la suite, je désignerai $\frac{d\,\Gamma(\theta)}{d\theta}$ par $\Gamma'(\theta)$, $\frac{d\,\Gamma'(\theta)}{d\theta}$ par $\Gamma''(\theta)$, $\frac{d\,\Gamma''(\theta)}{d\theta}$ par $\Gamma'''(\theta)$, ... Je représenterai semblablement $\int d\theta\,\Gamma(\theta)$ par $\Gamma_1(\theta)$, $\int d\theta\,\Gamma_1(\theta)$ par $\Gamma_2(\theta)$, $\int d\theta\,\Gamma_2(\theta)$ par $\Gamma_3(\theta)$, ..., et la même notation aura lieu pour toutes les fonctions arbitraires.

Présentement, si l'on néglige les quantités de l'ordre i^2, on pourra substituer, dans les termes multipliés par i, $\frac{1}{x}$ au lieu de p, et l'on aura

$$p = \frac{1}{x} + \frac{i\,\Gamma'(y + lx)}{x};$$

donc

$$z = p\,x + \varphi(y - lp)$$
$$= p\,x + y - lp + i\,\Gamma(y - lp)$$
$$= 1 + y + lx + 2i\,\Gamma'(y + lx) - l[1 + i\,\Gamma'(y + lx)]$$
$$= 1 + y + lx + i\,\Gamma''(y + lx);$$

partant, l'équation

$$z = 1 + y + lx + \Gamma'(y + lx)$$

satisfait à celle-ci

$$\frac{\partial z}{\partial y} = x\,\frac{\partial z}{\partial x},$$

et, par conséquent, elle en est l'intégrale complète.

L'expression précédente de z peut être mise sous cette forme plus simple

$$z = \psi(y + lx);$$

pour voir maintenant d'une manière directe comment cette expression de z coïncide avec celle-ci

$$z = p\,x + \varphi(y - lp),$$

on observera que l'équation

$$px = \varphi'(y - lp)$$

donne

$$y - lp = \Pi(px);$$

donc

$$y - lp + lpx = lpx + \Pi(px)$$

ou

$$y + lx = lpx + \Pi(px),$$

d'où l'on tire

$$px = \Gamma(y + lx) = \varphi'(y - lp),$$

à cause de

$$px = \varphi'(y - lp);$$

partant,

$$y - lp = \Gamma(y + lx).$$

On voit donc que $y - lp$ et px sont fonctions de $y + lx$; donc z étant égal à $px + \varphi(y - lp)$ est égal à une fonction quelconque de $y + lx$.

Il suit de là que la forme de l'équation (T) est la seule dont l'intégrale de l'équation (K) est susceptible; si l'on fait présentement $\frac{V}{\frac{\partial\theta}{\partial x}} = {}^1V$, on aura

$$\int V\,dx\,\psi(\theta) = {}^1V\,\psi_1(\theta) - \int \frac{\partial\,{}^1V}{\partial x}\,dx\,\psi_1(\theta);$$

en faisant pareillement $\frac{\frac{\partial\,{}^1V}{\partial x}}{\frac{\partial\theta}{\partial x}} = {}^2V$, on aura

$$\int \frac{\partial\,{}^1V}{\partial x}\,dx\,\psi_1(\theta) = {}^2V\,\psi_2(\theta) - \int \frac{\partial\,{}^2V}{\partial x}\,dx\,\psi_2(\theta),$$

et ainsi de suite; on pourra réduire ainsi le second membre de l'équation (T) dans une série ordonnée par rapport à $\psi(\theta)$, $\psi_1(\theta)$, $\psi_2(\theta)$, ..., et l'on aura pour z une suite de cette forme

$$z = N + A\,\psi(\theta) + A'\,\psi_1(\theta) + A''\,\psi_2(\theta) + \ldots;$$

si l'on substitue cette valeur de z dans l'équation

$$o = \frac{\partial z}{\partial x} + \alpha\frac{\partial z}{\partial y} + 6z + T,$$

on aura

$$o = \frac{\partial N}{\partial x} + \alpha \frac{\partial N}{\partial y} + 6N + T + A\,\psi'(\theta)\left(\frac{\partial \theta}{\partial x} + \alpha \frac{\partial \theta}{\partial y}\right)$$
$$+ \psi(\theta)\left[\frac{\partial A}{\partial x} + \alpha \frac{\partial A}{\partial y} + 6A + A'\left(\frac{\partial \theta}{\partial x} + \alpha \frac{\partial \theta}{\partial y}\right)\right]$$
$$+ \psi_1(\theta)\left[\frac{\partial A'}{\partial x} + \alpha \frac{\partial A'}{\partial y} + 6A' + A''\left(\frac{\partial \theta}{\partial x} + \alpha \frac{\partial \theta}{\partial y}\right)\right]$$
$$+ \dots\dots\dots\dots\dots\dots\dots\dots\dots\dots\dots\dots\dots\dots$$

La fonction $\psi(\theta)$ étant arbitraire, il est clair qu'il n'existe aucune relation entre $\psi'(\theta)$, $\psi(\theta)$, $\psi_1(\theta)$, ..., en sorte que, dans l'équation précédente, les coefficients de ces quantités doivent être séparément égaux à zéro; on aura donc

$$o = \frac{\partial N}{\partial x} + \alpha \frac{\partial N}{\partial y} + 6N + T,$$
$$o = \frac{\partial \theta}{\partial x} + \alpha \frac{\partial \theta}{\partial y},$$
$$o = \frac{\partial A}{\partial x} + \alpha \frac{\partial A}{\partial y} + 6A,$$
$$o = \frac{\partial A'}{\partial x} + \alpha \frac{\partial A'}{\partial y} + 6A',$$
$$\dots\dots\dots\dots\dots\dots\dots\dots$$

On peut satisfaire à toutes ces équations, excepté aux trois premières, en faisant $A' = o$, $A'' = o$, ..., et l'on aura

$$o = \frac{\partial N}{\partial y} + \alpha \frac{\partial N}{\partial y} + 6N + T,$$
$$o = \frac{\partial \theta}{\partial x} + \alpha \frac{\partial \theta}{\partial y},$$
$$o = \frac{\partial A}{\partial x} + \alpha \frac{\partial A}{\partial y} + 6A,$$
$$\dots\dots\dots\dots\dots\dots\dots\dots$$

Il suffit de trouver pour N, θ et A des valeurs particulières qui satisfassent à ces trois équations : on aura ainsi, pour l'intégrale complète de l'équation (K),

$$z = N + A\,\psi(\theta);$$

or cette forme est précisément la même que celle à laquelle nous sommes arrivés précédemment.

On peut observer ici que les fonctions arbitraires sont à peu près, dans les intégrales des équations aux différences partielles, ce que sont les constantes arbitraires dans les intégrales des équations aux différences ordinaires; or on sait que ces constantes y sont sous une forme linéaire lorsque l'équation est linéaire, et il est facile de s'en assurer *a priori* par un raisonnement analogue au précédent; car, si l'on considère l'équation

$$o = \frac{\partial z}{\partial x} + \alpha z + T,$$

α et T étant des fonctions quelconques de x, son intégrale sera

$$z = M,$$

M étant fonction de x et d'une constante arbitraire C; si l'on fait $C = I + iH$, i étant un coefficient infiniment petit et H une constante quelconque, on aura, en réduisant M dans une suite ascendante par rapport à i,

$$z = N + iHN' + i^2 H^2 N'' + \ldots;$$

en substituant cette valeur de z dans l'équation

$$o = \frac{\partial z}{\partial x} + \alpha z + T,$$

tous les termes homogènes par rapport à i doivent se détruire réciproquement; on aura donc

$$o = \frac{\partial N}{\partial x} + \alpha N + T,$$

$$o = \frac{\partial N'}{\partial x} + \alpha N',$$

$$\ldots\ldots\ldots\ldots\ldots$$

d'où il suit que l'équation

$$z = N + HN'$$

satisfait à l'équation différentielle

$$0 = \frac{\partial z}{\partial x} + \alpha z + T$$

et qu'elle en est l'intégrale complète, puisqu'elle renferme la constante arbitraire H; on voit ainsi que le même principe qui donne les constantes arbitraires sous une forme linéaire, dans les intégrales des équations linéaires aux différences ordinaires, donne pareillement les fonctions arbitraires sous une forme linéaire, dans les intégrales des équations linéaires aux différences partielles.

V.

L'équation générale linéaire aux différences partielles du second ordre est

$$\text{(L)} \qquad 0 = \frac{\partial^2 z}{\partial x^2} + \alpha \frac{\partial^2 z}{\partial x\, \partial y} + \beta \frac{\partial^2 z}{\partial y^2} + \gamma \frac{\partial z}{\partial x} + \delta \frac{\partial z}{\partial y} + \lambda z + T,$$

α, β, γ, δ et T étant des fonctions quelconques de x et de y.

On peut la mettre sous une forme plus simple, en changeant les variables x et y en d'autres, ϖ et θ, qui soient fonctions de x et de y; en regardant conséquemment z comme fonction de ces nouvelles variables, on aura

$$\frac{\partial z}{\partial x} = \frac{\partial z}{\partial \varpi} \frac{\partial \varpi}{\partial x} + \frac{\partial z}{\partial \theta} \frac{\partial \theta}{\partial x},$$

$$\frac{\partial z}{\partial y} = \frac{\partial z}{\partial \varpi} \frac{\partial \varpi}{\partial y} + \frac{\partial z}{\partial \theta} \frac{\partial \theta}{\partial y},$$

$$\frac{\partial^2 z}{\partial x^2} = \frac{\partial^2 z}{\partial \varpi^2} \frac{\partial \varpi^2}{\partial x^2} + 2 \frac{\partial^2 z}{\partial \varpi\, \partial \theta} \frac{\partial \varpi}{\partial x} \frac{\partial \theta}{\partial x} + \frac{\partial^2 z}{\partial \theta^2} \frac{\partial \theta^2}{\partial x^2} + \frac{\partial z}{\partial \varpi} \frac{\partial^2 \varpi}{\partial x^2} + \frac{\partial z}{\partial \theta} \frac{\partial^2 \theta}{\partial x^2},$$

$$\frac{\partial^2 z}{\partial x\, \partial y} = \frac{\partial^2 z}{\partial \varpi^2} \frac{\partial \varpi}{\partial x} \frac{\partial \varpi}{\partial y} + \frac{\partial^2 z}{\partial \varpi\, \partial \theta} \left(\frac{\partial \varpi}{\partial x} \frac{\partial \theta}{\partial y} + \frac{\partial \varpi}{\partial y} \frac{\partial \theta}{\partial x} \right)$$
$$+ \frac{\partial^2 z}{\partial \theta^2} \frac{\partial \theta}{\partial x} \frac{\partial \theta}{\partial y} + \frac{\partial z}{\partial \varpi} \frac{\partial^2 \varpi}{\partial x\, \partial y} + \frac{\partial z}{\partial \theta} \frac{\partial^2 \theta}{\partial x\, \partial y},$$

$$\frac{\partial^2 z}{\partial y^2} = \frac{\partial^2 z}{\partial \varpi^2} \frac{\partial \varpi^2}{\partial y^2} + 2 \frac{\partial^2 z}{\partial \varpi\, \partial \theta} \frac{\partial \varpi}{\partial y} \frac{\partial \theta}{\partial y} + \frac{\partial^2 z}{\partial \theta^2} \frac{\partial \theta^2}{\partial y^2} + \frac{\partial z}{\partial \varpi} \frac{\partial^2 \varpi}{\partial y^2} + \frac{\partial z}{\partial \theta} \frac{\partial^2 \theta}{\partial y^2};$$

si les variables ϖ et θ sont telles que l'on ait

$$(2)\qquad 0 = \frac{\partial\varpi^2}{\partial x^2} + \alpha\frac{\partial\varpi}{\partial x}\frac{\partial\varpi}{\partial y} + 6\frac{\partial\varpi^2}{\partial y^2},$$

$$(3)\qquad 0 = \frac{\partial\theta^2}{\partial x^2} + \alpha\frac{\partial\theta}{\partial x}\frac{\partial\theta}{\partial y} + 6\frac{\partial\theta^2}{\partial y^2},$$

il est aisé de voir que l'équation (L) prendra cette forme

$$(\mathrm{V})\qquad 0 = \mathrm{M}\frac{\partial^2 z}{\partial\varpi\,\partial\theta} + \mathrm{N}\frac{\partial z}{\partial\varpi} + \mathrm{L}\frac{\partial z}{\partial\theta} + \mathrm{R}z + \mathrm{T}'.$$

Il suit de là que toute équation linéaire aux différences partielles du second ordre est réductible à cette forme très simple

$$(\mathrm{Z})\qquad 0 = \frac{\partial^2 z}{\partial\varpi\,\partial\theta} + m\frac{\partial z}{\partial\varpi} + n\frac{\partial z}{\partial\theta} + lz + \mathrm{T},$$

m, n et l étant fonctions de ϖ et de θ; il ne s'agit pour cela que de déterminer ϖ et θ, de manière que ces variables satisfassent aux équations (2) et (3) ou, ce qui revient au même, à celle-ci

$$\frac{\partial\varpi}{\partial x} = \frac{\partial\varpi}{\partial y}\left(-\tfrac{1}{2}\alpha + \sqrt{\tfrac{1}{4}\alpha^2 - 6}\right),$$

$$\frac{\partial\theta}{\partial x} = \frac{\partial\theta}{\partial y}\left(-\tfrac{1}{2}\alpha - \sqrt{\tfrac{1}{4}\alpha^2 - 6}\right);$$

or, en intégrant ces équations par l'article III, on trouvera pour ϖ et pour θ une infinité de valeurs, parmi lesquelles on peut choisir les plus simples; de ces valeurs, on tirera x et y, en fonctions de ϖ et de θ, et, en substituant ces expressions de x et de y dans l'équation (V), elle se transformera dans l'équation (Z), qui a toute la généralité de l'équation (L), et qui, à cause de la simplicité de sa forme, sera l'objet des recherches suivantes.

Si l'on applique maintenant à l'équation (Z) les raisonnements de l'article IV, on trouvera que son intégrale, toutes les fois qu'elle est possible en termes finis, est nécessairement réductible à cette forme,

$$
(\lambda)\quad \left\{
\begin{aligned}
z = {} & R + A\varphi(\mu) + A'\varphi_1(\mu) + A''\varphi_2(\mu) + \ldots \\
& + B\int C\,d\varpi\,\varphi(\mu) + B'\int C'\,d\varpi\,\varphi(\mu) + \ldots \\
& + D\int E\,d\theta\,\varphi(\mu) + D'\int E'\,d\theta\,\varphi(\mu) + \ldots \\
& + F\int G\,d\varpi\int H\,d\theta\,\varphi(\mu) + \ldots \\
& + \ldots\ldots\ldots\ldots\ldots\ldots \\
& + a\psi(\nu) + a'\psi_1(\nu) + \ldots \\
& + b\int c\,d\varpi\,\psi(\nu) + \ldots \\
& + \ldots\ldots\ldots\ldots\ldots,
\end{aligned}
\right.
$$

$\varphi(\mu)$ et $\psi(\nu)$ étant deux fonctions quelconques arbitraires et indépendantes l'une de l'autre.

Pour déterminer les quantités μ et ν, dont les fonctions arbitraires sont composées, on observera que, si l'on suppose $\psi(\nu) = 0$ et que l'on réduise l'expression précédente de z en série, comme dans l'article précédent, on aura

$$z = R + S\varphi(\mu) + S'\varphi_1(\mu) + \ldots;$$

en substituant cette valeur de z dans l'équation (Z), on formera les suivantes :

$$
\begin{aligned}
& 0 = \frac{\partial^2 R}{\partial\varpi\,\partial\theta} + m\frac{\partial R}{\partial\varpi} + n\frac{\partial R}{\partial\theta} + lR + T, \\
& 0 = \frac{\partial\mu}{\partial\varpi}\,\frac{\partial\mu}{\partial\theta}, \\
& \ldots\ldots\ldots\ldots
\end{aligned}
$$

La seconde équation fait voir que μ est fonction de ϖ sans θ, ou de θ sans ϖ. On trouvera la même chose par rapport à ν; on peut donc supposer $\mu = \varpi$ et $\mu = \theta$; si l'on observe maintenant qu'un terme tel que $\int E\,d\theta\,\varphi(\varpi)$ se peut changer en $\varphi(\varpi)\int E\,d\theta$, et qu'ainsi ce terme est compris dans celui-ci $A\varphi(\theta)$, on trouvera que l'expression (λ) de z

est réductible à cette forme

$$
\begin{aligned}
z = R &+ A\,\varphi(\varpi) + A'\varphi_1(\varpi) + A''\varphi_2(\varpi) + \dots \\
&+ B\int C\,\varphi(\varpi)\,d\varpi + B'\int C'\varphi(\varpi)\,d\varpi + \dots \\
&+ D\int E\,d\theta\int F\,\varphi(\varpi)\,d\varpi + D'\int E'\,d\theta\int F'\varphi(\varpi)\,d\varpi + \dots \\
&+ G\int H\,d\varpi\int I\,d\theta\int K\,\varphi(\varpi)\,d\varpi + \dots \\
&+ \dots\dots\dots\dots\dots\dots\dots\dots\dots\dots \\
&+ a\,\psi(\theta) + a'\psi_1(\theta) + \dots \\
&+ b\int c\,\psi(\theta)\,d\theta + \dots \\
&+ \dots\dots\dots\dots\dots\dots
\end{aligned}
$$

VI.

Les recherches précédentes sont fondées sur la transformation des variables x et y dans celles-ci, ϖ et θ; mais il peut arriver qu'elle soit impossible dans deux cas qu'il est nécessaire de discuter.

Le premier a lieu lorsque $\alpha = 0$ et $\epsilon = 0$; l'équation (L) de l'article précédent devient dans ce cas

$$
0 = \frac{\partial^2 z}{\partial x^2} + \gamma\frac{\partial z}{\partial x} + \delta\frac{\partial z}{\partial y} + \lambda z + T,
$$

et l'on a

$$
\frac{\partial \varpi}{\partial x} = 0 \qquad \text{et} \qquad \frac{\partial \theta}{\partial x} = 0,
$$

ce qui indique que ϖ et θ sont fonctions de y seul, en sorte qu'il n'est pas possible alors d'avoir x en fonction de ϖ et de θ.

Le second cas a lieu lorsque $\epsilon = \frac{1}{4}\alpha^2$; on a dans ce cas

$$
\frac{\partial \varpi}{\partial x} = -\tfrac{1}{2}\alpha\frac{\partial \varpi}{\partial y} \qquad \text{et} \qquad \frac{\partial \theta}{\partial x} = -\tfrac{1}{2}\alpha\frac{\partial \theta}{\partial y};
$$

partant, ϖ est fonction de θ; les deux variables ϖ et θ ne sont donc point indépendantes l'une de l'autre, et, puisque x et y sont indépendants l'un de l'autre, ils ne peuvent être donnés chacun par une fonction de ϖ et de θ. Supposons conséquemment que, dans l'équation (L) de l'article précédent, on laisse subsister y, et que l'on détermine ϖ de manière qu'il satisfasse à l'équation

$$\frac{d\varpi}{dx} = -\tfrac{1}{2}\alpha\,\frac{d\varpi}{dy},$$

on aura x en fonction de ϖ et de y, et, si l'on considère z comme fonction de ϖ et de y, on aura

$$\frac{dz}{dx} = \frac{dz}{d\varpi}\,\frac{d\varpi}{dx},$$

$$\frac{dz}{dy} = \frac{dz}{d\varpi}\,\frac{d\varpi}{dy} + \left(\frac{dz}{dy}\right)',$$

$\left(\dfrac{dz}{dy}\right)'$ étant le coefficient de dy, dans la différence de z, considéré comme fonction de ϖ et de y; on aura ensuite

$$\frac{\partial^2 z}{\partial x^2} = \frac{\partial^2 z}{\partial \varpi^2}\,\frac{d\varpi^2}{dx^2} + \frac{\partial z}{\partial \varpi}\,\frac{\partial^2 \varpi}{\partial x^2},$$

$$\frac{\partial^2 z}{\partial x\,\partial y} = \frac{\partial^2 z}{\partial \varpi^2}\,\frac{\partial \varpi}{\partial x}\,\frac{\partial \varpi}{\partial y} + \left(\frac{\partial^2 z}{\partial \varpi\,\partial y}\right)'\frac{d\varpi}{dx} + \frac{\partial z}{\partial \varpi}\,\frac{\partial^2 \varpi}{\partial x\,\partial y},$$

$$\frac{\partial^2 z}{\partial y^2} = \frac{\partial^2 z}{\partial \varpi^2}\,\frac{\partial \varpi^2}{\partial y^2} + \left(\frac{\partial^2 z}{\partial y^2}\right)' + \frac{\partial z}{\partial \varpi}\,\frac{\partial^2 \varpi}{\partial y^2} + 2\left(\frac{\partial^2 z}{\partial \varpi\,\partial y}\right)'\frac{d\varpi}{dy}.$$

Si l'on substitue ces valeurs dans l'équation (L) de l'article précédent, et que l'on considère que $6 = \tfrac{1}{4}\alpha^2$ et $\dfrac{d\varpi}{dx} = -\tfrac{1}{2}\alpha\,\dfrac{d\varpi}{dy}$, on trouvera facilement qu'elle peut être mise sous cette forme

$$0 = \left(\frac{\partial^2 z}{\partial y^2}\right)' + \gamma'\left(\frac{\partial z}{\partial y}\right)' + \delta\,\frac{\partial z}{\partial \varpi} + 6' z + T';$$

ainsi les deux cas que nous discutons ici conduisent l'un et l'autre à une équation aux différences partielles de cette forme

$$(\mathrm{H}) \qquad 0 = \frac{\partial^2 z}{\partial x^2} + \gamma\,\frac{\partial z}{\partial x} + \delta\,\frac{\partial z}{\partial y} + 6 z + T;$$

or on prouvera comme ci-dessus que, si l'intégrale de cette équation est possible en termes finis, que l'on suppose une des fonctions arbitraires nulle, et que l'on représente par $\varphi(\mu)$ l'autre fonction arbitraire, on aura au moins par une suite infinie

$$z = R + A\,\varphi(\mu) + A'\,\varphi_1(\mu) + A''\,\varphi_2(\mu) + \ldots\,;$$

en substituant cette valeur de z dans l'équation précédente, on formera les suivantes :

$$0 = \frac{\partial^2 R}{\partial x^2} + \gamma\,\frac{\partial R}{\partial x} + \delta\,\frac{\partial R}{\partial y} - \varepsilon R - T,$$

$$0 = A\,\frac{\partial \mu^2}{\partial x^2}\,\varphi''(\mu),$$

$$0 = \left\{ \begin{array}{c} 2\dfrac{\partial A}{\partial x}\dfrac{\partial \mu}{\partial x} - \gamma A\dfrac{\partial \mu}{\partial x} + \delta A\dfrac{\partial \mu}{\partial y} \\[2mm] + A\dfrac{\partial^2 \mu}{\partial x^2} - A'\dfrac{\partial \mu^2}{\partial x^2} \end{array} \right\}\varphi'(\mu),$$

. . . .

La deuxième de ces équations donne $\frac{\partial \mu}{\partial x} = 0$; partant, μ est fonction de y seul; la troisième donne $\delta A \frac{\partial \mu}{\partial y} = 0$; donc, si δ n'est pas nul, on a $\frac{\partial \mu}{\partial y} = 0$, en sorte que μ n'est point fonction de y; ainsi μ n'étant fonction ni de x, ni de y, est nécessairement constant; d'où il résulte que l'intégrale complète de l'équation (H) est impossible, excepté dans le cas de $\delta = 0$, ce qui réduit cette équation (H) à une équation aux différences ordinaires entre z et x, dont l'intégrale renfermera deux constantes arbitraires qui seront fonctions quelconques de y.

Il est d'autant plus remarquable que l'intégrale complète de l'équation (H) soit impossible, même par une suite infinie, dans le cas où δ n'est pas nul, que cette équation est susceptible, au moins dans un grand nombre de cas, d'une infinité d'intégrales particulières. Pour en donner un exemple fort simple, supposons γ, δ et ε constants, et $T = 0$. Si l'on fait $z = A e^{mx+ny}$, e étant le nombre dont le logarithme hyperbolique est l'unité, l'équation (H) donnera

$$m^2 + \gamma m + \delta n + \varepsilon = 0;$$

partant,

$$n = - \frac{m^2 + \gamma m + \delta}{\delta} \qquad \text{et} \qquad z = A e^{m x - y \frac{m^2 + \gamma m + \delta}{\delta}} ;$$

l'équation (H) étant linéaire, il est clair que l'on peut supposer

$$z = A e^{m x - y \frac{m^2 + \gamma m + \delta}{\delta}} + A_1 e^{m_1 x - y \frac{m_1^2 + \gamma m_1 + \delta}{\delta}} + \ldots,$$

A, m, A_1, m_1, ... étant des quantités constantes quelconques. Il y a plus; si l'on fait $m = a + ib$, on aura, en réduisant en séries,

$$z = A e^{m x - y \frac{m^2 + \gamma m + \delta}{\delta}} = A e^{a x - y \frac{a^2 + \gamma a + \delta}{\delta}} \left\{ \begin{aligned} &1 + ib \left(x - y \frac{2a + \gamma + ib}{\delta} \right) \\ &+ \frac{i^2 b^2}{1.2} \left(x - y \frac{2a + \gamma + ib}{\delta} \right)^2 \\ &+ \ldots \ldots \ldots \ldots \ldots \ldots \end{aligned} \right.$$

Si l'on substitue cette valeur de z dans l'équation (H), il est clair que tous les termes homogènes, par rapport à i, doivent se détruire réciproquement; d'où il suit que, cette équation étant linéaire, on peut, à la place des différentes puissances de ib, substituer des constantes arbitraires; on aura ainsi

$$z = A e^{a x - y \frac{a^2 + \gamma a + \delta}{\delta}} \left\{ \begin{aligned} &1 + C \left(x - y \frac{2a + \gamma}{\delta} \right) \\ &+ C' \left[-\frac{y}{\delta} + \frac{1}{2} \left(x - y \frac{2a + \gamma}{\delta} \right)^2 \right] \\ &+ \ldots \ldots \ldots \ldots \ldots \ldots \end{aligned} \right.$$

A, a, C, C', ... étant des constantes quelconques; on aura ainsi

$$z = A e^{a x - y \frac{a^2 + \gamma a + \delta}{\delta}} \left[1 + C \left(x - y \frac{2a + \gamma}{\delta} \right) + \ldots \right]$$
$$+ A_1 e^{a_1 x - y \frac{a_1^2 + \gamma a_1 + \delta}{\delta}} \left[1 + D \left(x - y \frac{2a_1 + \gamma}{\delta} \right) + \ldots \right]$$
$$+ \ldots \ldots \ldots \ldots \ldots \ldots$$

On voit ainsi que l'équation (H) est susceptible d'une infinité d'intégrales particulières, sans pouvoir l'être d'une intégrale complète.

J'observerai, en passant, que la méthode précédente donne un

moyen extrémement simple d'avoir une infinité d'intégrales particulières des équations aux différences partielles linéaires, d'une manière
plus étendue que par les procédés connus; mais, mon objet étant ici
de déterminer les intégrales complètes do ces équations, lorsqu'elles
en sont susceptibles, je remets à m'occuper dans un autre Mémoire
de la recherche des intégrales particulières.

VII.

Je reprends maintenant l'équation

$$(Z) \qquad 0 = \frac{\partial^2 z}{\partial \varpi \, \partial \theta} + m \frac{dz}{d\varpi} + n \frac{dz}{d\theta} + lz + T,$$

dont l'intégrale est, comme on l'a vu,

$$\begin{aligned}
z = {}& R + A \varphi(\varpi) + A' \varphi_1(\varpi) + A'' \varphi_2(\varpi) + \dots \\
& + B \int C \, d\varpi \, \varphi(\varpi) + B' \int C' \, d\varpi \, \varphi(\varpi) + \dots \\
& + D \int E \, d\theta \int F \, d\varpi \, \varphi(\varpi) + \dots \\
& + \dots\dots\dots\dots\dots\dots\dots\dots \\
& + a \psi(\theta) + \dots \\
& + \dots\dots\dots\dots
\end{aligned}$$

Je suppose, pour simplifier, l'une des fonctions arbitraires, par
exemple $\psi(\theta)$, nulle, et que l'expression de z, considérée par rapport
à la seule fonction arbitraire $\varphi(\varpi)$, ne renferme point le signe $\int$, en
sorte que l'on ait

$$z = R + A \varphi(\varpi) + A' \varphi_1(\varpi) + A'' \varphi_2(\varpi) + \dots.$$

Comme je démontrerai ci-après que ce cas embrasse tous ceux dans
lesquels l'intégrale de l'équation (Z) est possible en termes finis, il
est très important d'avoir une méthode pour l'intégrer; j'ose me flatter
que la suivante mérite, par sa simplicité, l'attention des géomètres.

Si l'on fait d'abord $T = 0$, on aura

$$0 = \frac{\partial^2 z}{\partial \varpi \, \partial \theta} + m \frac{dz}{d\varpi} + n \frac{dz}{d\theta} + lz,$$

dont l'intégrale sera

$$z = \mathrm{A}\,\varphi(\varpi) + \mathrm{A}'\,\varphi_1(\varpi) + \mathrm{A}''\,\varphi_2(\varpi) + \dots$$

Si l'expression de z ne renferme qu'un seul terme, en sorte que l'on ait $z = \mathrm{A}\,\varphi(\varpi)$, en substituant cette valeur de z dans l'équation différentielle, et en égalant séparément à zéro les coefficients de $\varphi'(\varpi)$ et de $\varphi(\varpi)$, on aura les deux équations suivantes :

$$o = \frac{\partial \mathrm{A}}{\partial \theta} + m\mathrm{A},$$

$$o = \frac{\partial^2 \mathrm{A}}{\partial \varpi\,\partial \theta} + m\,\frac{\partial \mathrm{A}}{\partial \varpi} + n\,\frac{\partial \mathrm{A}}{\partial \theta} + l\mathrm{A}.$$

Si l'on fait

$$z^{(1)} = \frac{\partial z}{\partial \theta} + mz,$$

on aura

$$z^{(1)} = \left(\frac{\partial \mathrm{A}}{\partial \theta} + m\mathrm{A} \right) \varphi(\varpi) = o;$$

mais l'équation

$$o = \frac{\partial^2 z}{\partial \varpi\,\partial \theta} + m\,\frac{\partial z}{\partial \varpi} + n\,\frac{\partial z}{\partial \theta} + lz$$

peut être mise sous cette forme

$$o = \frac{\partial\left(\frac{\partial z}{\partial \theta} + mz \right)}{\partial \varpi} + n\left(\frac{\partial z}{\partial \theta} + mz \right) + z\left(l - \frac{\partial m}{\partial \varpi} - nm \right)$$

ou

$$o = \frac{\partial z^{(1)}}{\partial \varpi} + nz^{(1)} + z\left(l - \frac{\partial m}{\partial \varpi} - nm \right);$$

donc, à cause de $z^{(1)} = o$, on a

$$o = l - \frac{\partial m}{\partial \varpi} - nm;$$

et c'est l'équation de condition qui doit avoir lieu pour que l'on ait

$$z = \mathrm{A}\,\varphi(\varpi),$$

ou, ce qui revient au même, pour que l'expression de z ne renferme qu'un seul terme.

Si l'expression de z renferme deux termes, en sorte que l'on ait

$$z = A\,\varphi(\varpi) + A'\,\varphi_1(\varpi),$$

en substituant cette valeur de z dans l'équation différentielle, on aura les trois suivantes

$$0 = \frac{\partial A}{\partial \vartheta} + mA,$$

$$0 = \frac{\partial^2 A}{\partial \varpi\,\partial \vartheta} + m\frac{\partial A}{\partial \varpi} + n\frac{\partial A}{\partial \vartheta} + lA + \frac{\partial A'}{\partial \vartheta} + mA',$$

$$0 = \frac{\partial^2 A'}{\partial \varpi\,\partial \vartheta} + m\frac{\partial A'}{\partial \varpi} + n\frac{\partial A'}{\partial \vartheta} + lA';$$

si l'on fait

$$z^{(1)} = \frac{\partial z}{\partial \vartheta} + mz,$$

on aura

$$z^{(1)} = \left(\frac{\partial A}{\partial \vartheta} + mA\right)\varphi(\varpi) + \left(\frac{\partial A'}{\partial \vartheta} + mA'\right)\varphi_1(\varpi) = \left(\frac{\partial A'}{\partial \vartheta} + mA'\right)\varphi_1(\varpi),$$

en sorte que l'expression de $z^{(1)}$ ne renfermera qu'un seul terme; présentement, l'équation

$$0 = \frac{\partial^2 z}{\partial \varpi\,\partial \vartheta} + m\frac{\partial z}{\partial \varpi} + n\frac{\partial z}{\partial \vartheta} + lz$$

peut être mise, comme on l'a vu, sous cette forme

$$0 = \frac{\partial z^{(1)}}{\partial \varpi} + n z^{(1)} + z\left(l - \frac{\partial m}{\partial \varpi} - nm\right).$$

Soit

$$\mu = l - \frac{\partial m}{\partial \varpi} - nm,$$

on aura

$$0 = \frac{1}{\mu}\frac{\partial z^{(1)}}{\partial \varpi} + \frac{n}{\mu}z^{(1)} + z;$$

en différentiant cette équation par rapport à ϑ, on aura

$$0 = \frac{1}{\mu}\frac{\partial^2 z^{(1)}}{\partial \varpi\,\partial \vartheta} - \frac{\frac{\partial \mu}{\partial \vartheta}}{\mu^2}\frac{\partial z^{(1)}}{\partial \varpi} + \frac{n}{\mu}\frac{\partial z^{(1)}}{\partial \vartheta} + z^{(1)}\left(\frac{\frac{\partial n}{\partial \vartheta}}{\mu} - n\frac{\frac{\partial \mu}{\partial \vartheta}}{\mu^2}\right) + \frac{\partial z}{\partial \vartheta};$$

si l'on ajoute à cette dernière équation la précédente multipliée par m, on aura, à cause de $\dfrac{\partial z}{\partial \theta} + mz = z^{(1)}$,

$$0 = \frac{\partial^2 z^{(1)}}{\partial \varpi\, \partial \theta} + \frac{\partial z^{(1)}}{\partial \varpi}\left(m - \frac{\frac{\partial \mu}{\partial \theta}}{\mu} \right) + n\frac{\partial z^{(1)}}{\partial \theta} + z^{(1)}\left(\mu - n\frac{\frac{\partial \mu}{\partial \theta}}{\mu} + \frac{\partial n}{\partial \theta} + nm \right).$$

Soient

$$m - \frac{\frac{\partial \mu}{\partial \theta}}{\mu} = m^{(1)} \qquad \text{et} \qquad \mu + nm - n\frac{\frac{\partial \mu}{\partial \theta}}{\mu} + \frac{\partial n}{\partial \theta} = l^{(1)},$$

on aura

$$(Z')\qquad 0 = \frac{\partial^2 z^{(1)}}{\partial \varpi\, \partial \theta} + m^{(1)}\frac{\partial z^{(1)}}{\partial \varpi} + n\frac{\partial z^{(1)}}{\partial \theta} + l^{(1)} z^{(1)}.$$

On vient de voir que l'expression de $z^{(1)}$ ne renferme qu'un seul terme, et par ce qui précède l'équation de condition pour que cela ait lieu est

$$0 = l^{(1)} - \frac{\partial m^{(1)}}{\partial \varpi} - nm^{(1)};$$

c'est aussi l'équation de condition nécessaire pour que l'expression de z renferme deux termes.

Si l'expression de z renferme trois termes, en sorte que l'on ait

$$z = A\,\varphi(\varpi) + A'\,\varphi_1(\varpi) + A''\,\varphi_2(\varpi),$$

en substituant au lieu de z cette valeur dans l'équation différentielle, on aura les suivantes

$$0 = \frac{\partial A}{\partial \theta} + mA,$$

$$0 = \frac{\partial^2 A}{\partial \varpi\, \partial \theta} + \cdots$$

$$\cdots\cdots\cdots\cdots\cdots;$$

en faisant $z^{(1)} = \dfrac{\partial z}{\partial \theta} + mz$, on aura

$$z^{(1)} = \left(\frac{\partial A}{\partial \theta} + mA \right)\varphi(\varpi) + \left(\frac{\partial A'}{\partial \theta} + mA' \right)\varphi_1(\varpi) + \left(\frac{\partial A''}{\partial \theta} + mA'' \right)\varphi_2(\varpi)$$

$$= \left(\frac{\partial A'}{\partial \theta} + mA' \right)\varphi_1(\varpi) + \left(\frac{\partial A''}{\partial \theta} + mA'' \right)\varphi_2(\varpi).$$

en sorte que l'expression de $z^{(1)}$ dans l'équation (2') ne renferme que
deux termes; or, nous avons vu ci-dessus que, pour que l'expression
de z ne renferme que deux termes, on doit avoir l'équation de condition

$$o = l^{(1)} - \frac{\partial \mu^{(1)}}{\partial \varpi} - n m^{(1)};$$

donc, si l'on change dans cette équation m en $m - \dfrac{\dfrac{\partial \mu}{\partial \theta}}{\mu}$, et l en

$\mu + nm - n \dfrac{\dfrac{\partial \mu}{\partial \theta}}{\mu} + \dfrac{\partial n}{\partial \theta}$, on aura l'équation de condition pour que l'expression de $z^{(1)}$ ne renferme que deux termes et, par conséquent, pour
que l'expression de z en renferme trois.

Pareillement, si, dans cette nouvelle équation, on change m en
$n - \dfrac{\dfrac{\partial \mu}{\partial \theta}}{\mu}$, et l en $\mu + mn - n \dfrac{\dfrac{\partial \mu}{\partial \theta}}{\mu} + \dfrac{\partial n}{\partial \theta}$, on aura l'équation de condition pour que z renferme quatre termes, et ainsi de suite; en sorte
qu'on aura facilement, par ce moyen, l'équation de condition nécessaire pour que z renferme un nombre quelconque de termes.

De là, je tire un moyen très simple d'avoir la valeur complète de z.
Soit

$$z^{(1)} = \frac{\partial z}{\partial \theta} + m z;$$

l'équation

$$o = \frac{\partial^2 z}{\partial \varpi \, \partial \theta} + m \frac{\partial z}{\partial \varpi} + n \frac{\partial z}{\partial \theta} + l z$$

donnera

$$o = \frac{\partial z^{(1)}}{\partial \varpi} + n z^{(1)} + z \left(l - \frac{\partial m}{\partial \varpi} - n m \right);$$

d'où, en faisant

$$\mu = l - \frac{\partial m}{\partial \varpi} - n m, \qquad m^{(1)} = m - \frac{\dfrac{\partial \mu}{\partial \theta}}{\mu}.$$

et

$$l^{(1)} = \mu + n m - n \frac{\dfrac{\partial \mu}{\partial \theta}}{\mu} + \frac{\partial n}{\partial \theta},$$

on tirera
$$0 = \frac{\partial^2 z^{(1)}}{\partial \varpi \, \partial \gamma} + m^{(1)} \frac{\partial z^{(1)}}{\partial \varpi} + n \frac{\partial z^{(1)}}{\partial \gamma} + l^{(1)} z^{(1)}.$$

Soit
$$z^{(2)} = \frac{\partial z^{(1)}}{\partial \gamma} + m^{(1)} z^{(1)},$$

et l'on aura
$$0 = \frac{\partial z^{(2)}}{\partial \varpi} + n z^{(2)} + z^{(1)}\left(l^{(1)} - \frac{\partial m^{(1)}}{\partial \varpi} - n m^{(1)} \right);$$

d'où, en faisant
$$\mu^{(1)} = l^{(1)} - \frac{\partial m^{(1)}}{\partial \varpi} - n m^{(1)}, \qquad m^{(2)} = m^{(1)} - \frac{\dfrac{\partial \mu^{(1)}}{\partial \gamma}}{\mu^{(1)}}$$

et
$$l^{(2)} = \mu^{(1)} + n m^{(1)} - n \frac{\dfrac{\partial \mu^{(1)}}{\partial \gamma}}{\mu^{(1)}} + \frac{\partial n}{\partial \gamma},$$

on tirera
$$0 = \frac{\partial^2 z^{(2)}}{\partial \varpi \, \partial \gamma} + m^{(2)} \frac{\partial z^{(2)}}{\partial \varpi} + n \frac{\partial z^{(2)}}{\partial \gamma} + l^{(2)} z^{(2)}.$$

Soit
$$z^{(3)} = \frac{\partial z^{(2)}}{\partial \gamma} + m^{(2)} z^{(2)},$$

et l'on aura
$$0 = \frac{\partial z^{(3)}}{\partial \varpi} + n z^{(3)} + z^{(2)}\left(l^{(2)} - \frac{\partial m^{(2)}}{\partial \varpi} - n m^{(2)} \right);$$

d'où, en faisant
$$\mu^{(2)} = l^{(2)} - \frac{\partial m^{(2)}}{\partial \varpi} - n m^{(2)}, \qquad m^{(3)} = m^{(2)} - \frac{\dfrac{\partial \mu^{(2)}}{\partial \gamma}}{\mu^{(2)}}$$

et
$$l^{(3)} = \mu^{(2)} + n m^{(2)} - n \frac{\dfrac{\partial \mu^{(2)}}{\partial \gamma}}{\mu^{(2)}} + \frac{\partial n}{\partial \gamma},$$

on tirera
$$0 = \frac{\partial^2 z^{(3)}}{\partial \varpi \, \partial \gamma} + m^{(3)} \frac{\partial z^{(3)}}{\partial \varpi} + n \frac{\partial z^{(3)}}{\partial \varpi} + l^{(3)} z^{(3)}.$$

En continuant ainsi, on aura
$$0 = \frac{\partial z^{(r-1)}}{\partial \varpi} + n z^{(r-1)} + z^{(r-2)}\left(l^{(r-1)} - \frac{\partial m^{(r-1)}}{\partial \varpi} - n m^{(r-1)} \right);$$

d'où l'on tirera

$$0 = \frac{\partial^2 z^{(r-1)}}{\partial\varpi\,\partial\vartheta} + m^{(r-1)}\frac{\partial z^{(r-1)}}{\partial\varpi} + n\frac{\partial z^{(r-1)}}{\partial\vartheta} + l^{(r-1)}z^{(r-1)};$$

on aura ensuite, en faisant $z^{(r)} = \dfrac{\partial z^{(r-1)}}{\partial\vartheta} + m^{(r-1)}z^{(r-1)}$,

$$0 = \frac{\partial z^{(r)}}{\partial\varpi} + n z^{(r)} + z^{(r-1)}\left(l^{(r-1)} - \frac{\partial m^{(r-1)}}{\partial\varpi} - nm^{(r-1)}\right).$$

Maintenant, puisque l'expression de z, considérée par rapport à la fonction arbitraire $\varphi(\varpi)$, se termine, on peut supposer, en n'ayant égard qu'à cette seule fonction, $z^{(r)} = 0$; partant,

$$0 = l^{(r-1)} - \frac{\partial m^{(r-1)}}{\partial\varpi} - nm^{(r-1)};$$

donc

$$0 = \frac{\partial z^{(r)}}{\partial\varpi} + n z^{(r)};$$

d'où l'on tire

$$z^{(r)} = e^{-\int n\,d\varpi}\,\psi(\vartheta),$$

$\psi(\vartheta)$ étant une fonction quelconque arbitraire de ϑ; ensuite l'équation

$$z^{(r)} = \frac{\partial z^{(r-1)}}{\partial\vartheta} + m^{(r-1)}z^{(r-1)}$$

donne

$$z^{(r-1)} = e^{-\int m^{(r-1)}d\vartheta}\left[\varphi(\varpi) + \int e^{\int m^{(r-1)}d\vartheta - \int n\,d\varpi}\,d\vartheta\,\psi(\vartheta)\right];$$

ayant ainsi $z^{(r-1)}$, on aura $z^{(r-2)}$ au moyen de l'équation

$$0 = \frac{\partial z^{(r-1)}}{\partial\varpi} + n z^{(r-1)} + z^{(r-2)}\left(l^{(r-2)} - \frac{\partial m^{(r-2)}}{\partial\varpi} - nm^{(r-2)}\right),$$

ce qui donne

$$z^{(r-2)} = \frac{\dfrac{\partial z^{(r-1)}}{\partial\varpi} + n z^{(r-1)}}{nm^{(r-2)} + \dfrac{\partial m^{(r-2)}}{\partial\varpi} - l^{(r-1)}};$$

on aura pareillement

$$z^{(r-3)} = \frac{\dfrac{\partial z^{(r-2)}}{\partial\varpi} + n z^{(r-2)}}{nm^{(r-3)} + \dfrac{\partial m^{(r-3)}}{\partial\varpi} - l^{(r-2)}},$$

et ainsi de suite jusqu'à z; l'expression de z que l'on trouvera de cette manière, renfermant les deux constantes arbitraires $\varphi(\varpi)$ et $\varphi(\theta)$, sera complète.

J'observerai ici que, si les coefficients l, n, m étaient constants, on aurait

$$\mu = l - nm, \qquad m^{(1)} = m \qquad \text{et} \qquad l^{(1)} = \mu + mn = l;$$

d'où il est facile de conclure que l'on aura généralement

$$m^{(r-1)} = m \qquad \text{et} \qquad l^{(r-1)} = l;$$

l'équation de condition trouvée ci-dessus donnera, dans ce cas,

$$o = l - nm,$$

et comme on a la même équation, en considérant la fonction arbitraire $\psi(\theta)$, puisqu'il suffit alors de changer n en m, et réciproquement, il en résulte que, si cette équation n'est pas satisfaite, l'intégrale de l'équation proposée est impossible en termes finis, comme on le démontrera ci-après.

Je suppose maintenant que, dans l'équation

$$o = \frac{\partial^2 z}{\partial \varpi \, \partial \theta} + m \frac{\partial z}{\partial \varpi} + n \frac{\partial z}{\partial \theta} + lz + \mathrm{T},$$

T ne soit pas nul, on fera comme ci-dessus

$$z^{(1)} = \frac{\partial z}{\partial \theta} + mz,$$

et l'on aura

$$o = \frac{\partial z^{(1)}}{\partial \varpi} + n z^{(1)} + z\left(l - \frac{\partial m}{\partial \varpi} - nm\right) + \mathrm{T};$$

soit

$$l - \frac{\partial m}{\partial \varpi} - nm = \mu;$$

donc

$$o = \frac{1}{\mu} \frac{\partial z^{(1)}}{\partial \varpi} + \frac{n}{\mu} z^{(1)} + z + \frac{\mathrm{T}}{\mu};$$

si l'on différentie cette équation par rapport à θ, que l'on ajoute à cette équation ainsi différentiée l'équation elle-même multipliée par m, et que l'on fasse

$$\frac{\partial T}{\partial \vartheta} - T \frac{\frac{\partial \mu}{\partial \vartheta}}{\mu} + mT = T^{(1)},$$

$$m - \frac{\frac{\partial \mu}{\partial \vartheta}}{\mu} = m^{(1)},$$

$$l^{(1)} = y + mn + \frac{\partial n}{\partial \vartheta} - n \frac{\frac{\partial \mu}{\partial \vartheta}}{\mu},$$

on aura

$$o = \frac{\partial^2 z^{(1)}}{\partial \varpi\, \partial \vartheta} + m^{(1)} \frac{\partial z^{(1)}}{\partial \varpi} + n \frac{\partial z^{(1)}}{\partial \vartheta} + l^{(1)} z^{(1)} + T^{(1)};$$

on fera ensuite

$$z^{(2)} = \frac{\partial z^{(1)}}{\partial \vartheta} + m^{(1)} z^{(1)},$$

et l'on aura

$$o = \frac{\partial z^{(2)}}{\partial \varpi} + n z^{(2)} + z^{(1)} \left(l^{(1)} - \frac{\partial m^{(1)}}{\partial \varpi} - nm^{(1)} \right) + T^{(1)},$$

d'où l'on tirera, par la méthode précédente, l'équation

$$o = \frac{\partial^2 z^{(2)}}{\partial \varpi\, \partial \vartheta} + m^{(2)} \frac{\partial z^{(2)}}{\partial \varpi} + n \frac{\partial z^{(2)}}{\partial \vartheta} + l^{(2)} z^{(2)} + T^{(2)};$$

en continuant d'opérer ainsi, on parviendra aux équations suivantes :

$$o = \frac{\partial z^{(r-1)}}{\partial \varpi} + n z^{(r-1)} + z^{(r-2)} \left(l^{(r-2)} - \frac{\partial m^{(r-2)}}{\partial \varpi} - nm^{(r-2)} \right) + T^{(r-2)},$$

$$o = \frac{\partial^2 z^{(r-1)}}{\partial \varpi\, \partial \vartheta} + m^{(r-1)} \frac{\partial z^{(r-1)}}{\partial \varpi} + n \frac{\partial z^{(r-1)}}{\partial \vartheta} + l^{(r-1)} z^{(r-1)} + T^{(r-1)},$$

$$z^{(r)} = \frac{\partial z^{(r-1)}}{\partial \vartheta} + m^{(r-1)} z^{(r-1)},$$

$$o = \frac{\partial z^{(r)}}{\partial \varpi} + n z^{(r)} + z^{(r-1)} \left(l^{(r-1)} - \frac{\partial m^{(r-1)}}{\partial \varpi} - nm^{(r-1)} \right) + T^{(r-1)}.$$

Maintenant, puisque l'expression de z se termine, on a

$$o = l^{(r-1)} - \frac{\partial m^{(r-1)}}{\partial \varpi} - nm^{(r-1)};$$

donc

$$0 = \frac{dz^{(r)}}{d\varpi} + nz^{(r)} + T^{(r-1)},$$

d'où l'on tirera

$$z^{(r)} = e^{-\int n\,d\varpi}\left[\psi(\vartheta) - \int e^{\int n\,d\varpi} T^{(r-1)}\,d\varpi\right];$$

ensuite l'équation

$$z^{(r)} = \frac{dz^{(r-1)}}{d\vartheta} + m^{(r-1)} z^{(r-1)}$$

donne

$$z^{(r-1)} = e^{-\int m^{(r-1)}\,d\vartheta}\left\{\varphi(\varpi) + \int e^{\int m^{(r-1)}\,d\vartheta - \int n\,d\varpi}\,d\vartheta\left[\psi(\vartheta) - \int e^{\int n\,d\varpi} T^{(r-1)}\,d\varpi\right]\right\};$$

ayant ainsi $z^{(r-1)}$, on aura $z^{(r-2)}$ au moyen de l'équation

$$z^{(r-1)} = \frac{\dfrac{dz^{(r-1)}}{d\varpi} + nz^{(r-1)} + T^{(r-2)}}{\dfrac{\partial m^{(r-2)}}{d\varpi} + nm^{(r-2)} - l^{(r-2)}};$$

on aura pareillement

$$z^{(r-3)} = \frac{\dfrac{dz^{(r-2)}}{d\varpi} + nz^{(r-2)} + T^{(r-3)}}{\dfrac{\partial m^{(r-3)}}{d\varpi} + nm^{(r-3)} - l^{(r-3)}},$$

et ainsi de suite jusqu'à z; on ferait les mêmes opérations par rapport à la fonction arbitraire $\psi(\vartheta)$, si, dans l'expression de z, la fonction arbitraire $\varphi(\varpi)$ était enveloppée sous le signe $\int$, la fonction $\psi(\vartheta)$ ne l'étant pas.

VIII.

La méthode précédente suppose l'intégration des équations aux différences partielles

$$(2) \qquad \frac{\partial \varpi}{\partial x} = \frac{\partial \varpi}{\partial y}\left(-\tfrac{1}{2}\alpha + \sqrt{\tfrac{1}{4}\alpha^2 - \varepsilon}\right),$$

$$(3) \qquad \frac{\partial \vartheta}{\partial x} = \frac{\partial \vartheta}{\partial y}\left(-\tfrac{1}{2}\alpha - \sqrt{\tfrac{1}{4}\alpha^2 - \varepsilon}\right),$$

ou, ce qui, par l'article III, revient au même, elle suppose l'intégration des équations aux différences ordinaires

$$(4) \qquad o = dy - dx\left(\tfrac{1}{2}\alpha - \sqrt{\tfrac{1}{4}\alpha^2 - \epsilon}\right),$$

$$(5) \qquad o = dy - dx\left(\tfrac{1}{2}\alpha + \sqrt{\tfrac{1}{4}\alpha^2 - \epsilon}\right).$$

Elle suppose de plus que, ayant ϖ et θ en fonctions de x et de y, au moyen de ces équations intégrées, on en peut conclure x et y en fonctions de ϖ et de θ; or, dans l'état actuel de l'Analyse, l'une et l'autre de ces suppositions est souvent impossible. Il serait cependant utile de pouvoir s'assurer alors si l'intégrale complète de l'équation aux différences partielles est possible ou non en termes finis; on s'en assurera facilement par le procédé suivant.

Je reprends l'équation (L) de l'article V

$$(L) \qquad o = \frac{\partial^2 z}{\partial x^2} + \alpha \frac{\partial^2 z}{\partial x\,\partial y} + \epsilon \frac{\partial^2 z}{\partial y^2} + \gamma \frac{\partial z}{\partial x} + \delta \frac{\partial z}{\partial y} + \lambda z + T;$$

on a vu (même article) qu'elle pouvait se transformer dans celle-ci

$$o = M \frac{\partial^2 z}{\partial \varpi\,\partial \theta} + N \frac{\partial z}{\partial \varpi} + L \frac{\partial z}{\partial \theta} + R z + T';$$

de plus, il est facile de voir, par l'article cité ci-dessus, que l'on aura

$$M = 2\frac{\partial \varpi}{\partial x}\frac{\partial \theta}{\partial x} + \alpha\left(\frac{\partial \varpi}{\partial x}\frac{\partial \theta}{\partial y} + \frac{\partial \varpi}{\partial y}\frac{\partial \theta}{\partial x}\right) + 2\epsilon\frac{\partial \varpi}{\partial y}\frac{\partial \theta}{\partial y},$$

$$N = \frac{\partial^2 \varpi}{\partial x^2} + \alpha\frac{\partial^2 \varpi}{\partial x\,\partial y} + \epsilon\frac{\partial^2 \varpi}{\partial y^2} + \gamma\frac{\partial \varpi}{\partial x} + \delta\frac{\partial \varpi}{\partial y},$$

$$L = \frac{\partial^2 \theta}{\partial x^2} + \alpha\frac{\partial^2 \theta}{\partial x\,\partial y} + \epsilon\frac{\partial^2 \theta}{\partial y^2} + \gamma\frac{\partial \theta}{\partial x} + \delta\frac{\partial \theta}{\partial y},$$

$$R = \lambda \qquad \text{et} \qquad T' = T.$$

L'équation

$$o = \frac{\partial^2 z}{\partial \varpi\,\partial \theta} + m \frac{\partial z}{\partial \varpi} + n \frac{\partial z}{\partial \theta} + lz + T$$

donne ensuite

$$m = \frac{N}{M}, \qquad n = \frac{L}{M}, \qquad l = \frac{R}{M} \qquad \text{et} \qquad T = \frac{T'}{M}.$$

Soit présentement K = o, l'équation de condition trouvée dans l'article précédent entre m, n, l et leurs différences prises par rapport à ϖ et à θ, pour que la valeur de z, considérée par rapport à l'une des deux fonctions arbitraires, par exemple $\varphi(\varpi)$, se termine après le deuxième terme; il s'agit de savoir si cette équation a lieu, sans avoir m, n et l en fonctions de ϖ et de θ; pour cela, on substituera dans les expressions précédentes de m, n et l, au lieu de $\frac{\partial \varpi}{\partial x}$ et $\frac{\partial \theta}{\partial x}$, leurs valeurs que donnent les équations (2) et (3); on aura ainsi m, n et l en fonctions de

$$x, \quad y, \quad \frac{\partial \varpi}{\partial y}, \quad \frac{\partial^2 \varpi}{\partial y^2}, \quad \frac{\partial \theta}{\partial y} \quad \text{et} \quad \frac{\partial^2 \theta}{\partial y^2};$$

mais l'équation $K = 0$, renfermant les différences de m, n et l, prises par rapport à ϖ et à θ, il faut connaître ces différences; supposons conséquemment qu'il s'agisse d'avoir la valeur de $\frac{\partial m}{\partial \varpi}$; on différentiera l'expression de m par rapport à x et par rapport à y, ce qui donnera

$$dm = \frac{\partial m}{\partial x}\, dx + \frac{\partial m}{\partial y}\, dy;$$

donc

$$\frac{\partial m}{\partial \varpi} = \frac{\partial m}{\partial x}\, \frac{\partial x}{\partial \varpi} + \frac{\partial m}{\partial y}\, \frac{\partial y}{\partial \varpi};$$

on doit observer que les termes tels que

$$\frac{\partial^2 \varpi}{\partial x\,\partial y}, \quad \frac{\partial^3 \varpi}{\partial y^2\,\partial x}, \quad \frac{\partial^2 \theta}{\partial x\,\partial y}, \quad \frac{\partial^3 \theta}{\partial y^2\,\partial x},$$

qui se rencontrent dans les quantités $\frac{\partial m}{\partial x}$ et $\frac{\partial m}{\partial y}$, peuvent être éliminés au moyen des équations (2) et (3), en sorte que ces quantités seront réduites à être fonctions de

$$x, \quad y, \quad \frac{\partial \varpi}{\partial y}, \quad \frac{\partial^2 \varpi}{\partial y^2}, \quad \frac{\partial^3 \varpi}{\partial y^3}, \quad \frac{\partial \theta}{\partial y}, \quad \frac{\partial^2 \theta}{\partial y^2} \quad \text{et} \quad \frac{\partial^3 \theta}{\partial y^3};$$

mais θ étant supposé constant, on a

$$0 = \frac{\partial \theta}{\partial x}\, dx + \frac{\partial \theta}{\partial y}\, dy$$

ou

$$dy = -\frac{\frac{\partial\theta}{\partial x}dx}{\frac{\partial\theta}{\partial y}};$$

on a ensuite

$$d\varpi = \frac{\partial\varpi}{\partial x}dx + \frac{\partial\varpi}{\partial y}dy = \frac{\partial\varpi}{\partial x}dx - \frac{\frac{\partial\varpi}{\partial y}\frac{\partial\theta}{\partial x}dx}{\frac{\partial\theta}{\partial y}},$$

donc

$$\frac{\partial x}{\partial\varpi} = \frac{\frac{\partial\theta}{\partial y}}{\frac{\partial\varpi}{\partial x}\frac{\partial\theta}{\partial y} - \frac{\partial\varpi}{\partial y}\frac{\partial\theta}{\partial x}};$$

et changeant x en y, et réciproquement, on aura

$$\frac{\partial y}{\partial\varpi} = \frac{\frac{\partial\theta}{\partial x}}{\frac{\partial\varpi}{\partial y}\frac{\partial\theta}{\partial x} - \frac{\partial\varpi}{\partial x}\frac{\partial\theta}{\partial y}};$$

éliminant ensuite $\frac{\partial\varpi}{\partial x}$ et $\frac{\partial\theta}{\partial x}$ au moyen des équations (2) et (3), on aura $\frac{\partial m}{\partial\varpi}$ en fonction de

$$x,\quad y,\quad \frac{\partial\varpi}{\partial y},\quad \frac{\partial^2\varpi}{\partial y^2},\quad \frac{\partial^3\varpi}{\partial y^3},\quad \frac{\partial\theta}{\partial y},\quad \frac{\partial^2\theta}{\partial y^2}\quad \text{et}\quad \frac{\partial^3\varpi}{\partial y^3};$$

on aura par un procédé semblable les valeurs de

$$\frac{\partial m}{\partial\theta},\quad \frac{\partial^2 m}{\partial\varpi^2},\quad \frac{\partial^2 m}{\partial\varpi\,\partial\theta},\quad \frac{\partial^2 m}{\partial\theta^2},\quad \ldots,\quad \frac{\partial m}{\partial\varpi},\quad \ldots,\quad \frac{\partial l}{\partial\varpi},\quad \ldots;$$

l'équation $K = 0$ deviendra ainsi fonction de

$$x,\quad y,\quad \frac{\partial\varpi}{\partial y},\quad \frac{\partial^2\varpi}{\partial y^2},\quad \ldots,\quad \frac{\partial\theta}{\partial y},\quad \ldots,$$

et en réduisant tous les termes au même dénominateur, et faisant égale à zéro la somme de tous les numérateurs, on aura entre x, y, $\frac{\partial\varpi}{\partial y}$, $\frac{\partial^2\varpi}{\partial y^2}$, ..., $\frac{\partial\theta}{\partial y}$, ... une équation rationnelle et entière par rapport aux différences

$$\frac{\partial \varpi}{\partial y}, \quad \frac{\partial^2 \varpi}{\partial y^2}, \quad \ldots, \quad \frac{\partial \theta}{\partial y}, \quad \frac{\partial^2 \theta}{\partial y^2}, \quad \ldots$$

Considérons présentement un terme quelconque

$$H \frac{\partial^n \varpi}{\partial y^n} \frac{\partial^{n-\mu} \varpi}{\partial y^{n-\mu}} \cdots \frac{\partial^i \theta}{\partial y^i} \cdots$$

de cette équation de condition que nous nommerons (K). H sera fonction de x et de y; mais les équations (2) et (3), qui servent à déterminer ϖ et θ, en x et y, étant aux différences partielles du premier ordre, il est clair qu'on peut changer ϖ dans une fonction quelconque arbitraire de ϖ, et θ dans une fonction arbitraire de θ; que l'on change conséquemment ϖ en $\varphi(\varpi)$, et θ en $\psi(\theta)$, le terme $H \frac{\partial^n \varpi}{\partial y^n} \cdots$ en produira un de cette forme

$$H \frac{\partial \varpi^q}{\partial y^q} \frac{\partial \theta^r}{\partial y^r} \varphi^n(\varpi) \varphi^{n-\mu}(\varpi) \ldots \psi^i(\theta) \ldots,$$

lequel doit être séparément égal à zéro, puisque les fonctions $\varphi(\varpi)$ et $\psi(\theta)$ sont arbitraires; on aura donc $H = 0$, et, puisque x et y sont indépendants l'un de l'autre, l'équation $H = 0$ sera identique; d'où il suit que l'équation de condition (K) doit être telle, que les coefficients de chaque terme y soient identiquement égaux à zéro. Si les intégrales des équations (4) et (5) sont possibles, mais qu'il soit impossible, par les procédés connus, d'en tirer x et y en fonctions de ϖ et de θ, on aura facilement l'expression de z par les quadratures des courbes.

IX.

Pour éclaircir par un exemple la méthode de l'article VII, considérons l'équation aux différences partielles

$$0 = \frac{\partial^2 z}{\partial x^2} + a \frac{\partial^2 z}{\partial x \, \partial y} + b \frac{\partial^2 z}{\partial y^2} + \frac{c \frac{\partial z}{\partial x}}{hx + fy} + \frac{e \frac{\partial z}{\partial y}}{hx + fy} + K \frac{z}{(hx + fy)^2} + T,$$

a, b, c, e, h, f et K étant constants; cette équation est d'autant plus remarquable, qu'elle renferme les lois de la propagation du son, en y supposant $T = 0$, et en déterminant d'une manière particulière les constantes a, b, c, ...

Pour l'intégrer, on changera les variables x et y en d'autres ϖ et ϑ, telles que l'on ait

$$\frac{\partial \varpi}{\partial x} = \frac{\partial \vartheta}{\partial y}\left(-\tfrac{1}{2}a + \sqrt{\tfrac{1}{4}a^2 - b}\right),$$

$$\frac{\partial \vartheta}{\partial x} = \frac{\partial \vartheta}{\partial y}\left(-\tfrac{1}{2}a - \sqrt{\tfrac{1}{4}a^2 - b}\right),$$

ce qui donne

$$\varpi = x\left(-\tfrac{1}{2}a + \sqrt{\tfrac{1}{4}a^2 - b}\right) + y$$

et

$$\vartheta = x\left(-\tfrac{1}{2}a - \sqrt{\tfrac{1}{4}a^2 - b}\right) + y,$$

d'où l'on tire

$$x = \frac{\varpi - \vartheta}{\sqrt{a^2 - 4b}} \qquad \text{et} \qquad y = \frac{\varpi\left(a + \sqrt{a^2 - 4b}\right) - \vartheta\left(a - \sqrt{a^2 - 4b}\right)}{2\sqrt{a^2 - 4b}};$$

on aura ensuite

$$\frac{\partial z}{\partial x} = \frac{1}{2}\frac{\partial z}{\partial \varpi}\left(-a + \sqrt{a^2 - 4b}\right) + \frac{1}{2}\frac{\partial z}{\partial \vartheta}\left(-a - \sqrt{a^2 - 4b}\right),$$

$$\frac{\partial^2 z}{\partial x^2} = \frac{1}{4}\frac{\partial^2 z}{\partial \varpi^2}\left(2a^2 - 2a\sqrt{a^2 - 4b} - 4b\right)$$
$$+ 2b\frac{\partial^2 z}{\partial \varpi \partial \vartheta} + \frac{1}{4}\frac{\partial^2 z}{\partial \vartheta^2}\left(2a^2 + 2a\sqrt{a^2 - 4b} - 4b\right),$$

$$\frac{\partial z}{\partial y} = \frac{\partial z}{\partial \varpi} + \frac{\partial z}{\partial \vartheta},$$

$$\frac{\partial^2 z}{\partial x \partial y} = \frac{1}{2}\frac{\partial^2 z}{\partial \varpi^2}\left(-a + \sqrt{a^2 - 4b}\right) - a\frac{\partial^2 z}{\partial \varpi \partial \vartheta}$$
$$+ \frac{1}{2}\frac{\partial^2 z}{\partial \vartheta^2}\left(-a - \sqrt{a^2 - 4b}\right),$$

$$\frac{\partial^2 z}{\partial y^2} = \frac{\partial^2 z}{\partial \varpi^2} + 2\frac{\partial^2 z}{\partial \varpi \partial \vartheta} + \frac{\partial^2 z}{\partial \vartheta^2};$$

partant, si l'on fait, pour simplifier,

$$\frac{2h + f(a + \sqrt{a^2 - 4b})}{2\sqrt{a^2 - 4b}} = h', \qquad - \frac{2h + f(a - \sqrt{a^2 - 4b})}{2\sqrt{a^2 - 4b}} = f',$$

$$\frac{2e - ac + c\sqrt{a^2 - 4b}}{2(4b - a^2)} = c', \qquad \frac{2e - ac - c\sqrt{a^2 - 4b}}{2(4b - a^2)} = e',$$

$$\frac{K}{4b - a^2} = K' \qquad \text{et} \qquad \frac{T}{4b - a^2} = T',$$

en supposant d'ailleurs que l'on ait substitué dans T, au lieu de x et de y, leurs valeurs en ϖ et θ, on aura

$$0 = \frac{\partial^2 z}{\partial\varpi\,\partial\theta} + \frac{c'\dfrac{\partial z}{\partial\varpi}}{h'\varpi + f'\theta} + \frac{e'\dfrac{\partial z}{\partial\theta}}{h'\varpi + f'\theta} + \frac{K'z}{(h'\varpi + f'\theta)^2} + T';$$

soit encore $h'\varpi = \varpi'$ et $f'\theta = \theta'$, on aura

$$\frac{\partial z}{\partial\varpi} = h'\frac{\partial z}{\partial\varpi'}, \qquad \frac{\partial z}{\partial\theta} = f'\frac{\partial z}{\partial\theta'} \qquad \text{et} \qquad \frac{\partial^2 z}{\partial\varpi\,\partial\theta} = f'h'\frac{\partial^2 z}{\partial\varpi'\,\partial\theta'};$$

on aura ainsi

$$0 = \frac{\partial^2 z}{\partial\varpi'\,\partial\theta'} + \frac{c'\dfrac{\partial z}{\partial\varpi'}}{f'(\varpi' + \theta')} + \frac{e'\dfrac{\partial z}{\partial\theta'}}{h'(\varpi' + \theta')} + \frac{K'z}{f'h'(\varpi' + \theta')^2} + \frac{T'}{f'h'};$$

l'équation proposée sera donc ainsi réduite à une équation de cette forme

$$(Z) \qquad 0 = \frac{\partial^2 z}{\partial\varpi\,\partial\theta} + \frac{a\dfrac{\partial z}{\partial\varpi}}{\varpi + \theta} + \frac{b\dfrac{\partial z}{\partial\theta}}{\varpi + \theta} + \frac{cz}{(\varpi + \theta)^2} + T,$$

a, b, c étant des constantes qui ne signifient plus la même chose que précédemment. Pour l'intégrer, on fera, suivant la méthode de l'article VII,

$$z^{(1)} = \frac{\partial z}{\partial\theta} + \frac{az}{\varpi + \theta},$$

et l'on arrivera à une équation de cette forme

$$0 = \frac{\partial^2 z^{(1)}}{\partial\varpi\,\partial\theta} + \frac{a^{(1)}}{\varpi + \theta}\frac{\partial z^{(1)}}{\partial\varpi} + \frac{b^{(1)}}{\varpi + \theta}\frac{\partial z^{(1)}}{\partial\theta} + \frac{c^{(1)}z^{(1)}}{(\varpi + \theta)^2} + T^{(1)};$$

en faisant encore

$$z^{(2)} = \frac{\partial z^{(1)}}{\partial \theta} + \frac{a^{(1)}}{\varpi + \theta} z^{(1)}$$

et, continuant d'opérer ainsi, on arrivera à une équation de la forme suivante

$$0 = \frac{\partial^2 z^{(r)}}{\partial \varpi \, \partial \theta} + \frac{a^{(r)}}{\varpi + \theta} \frac{\partial z^{(r)}}{\partial \varpi} + \frac{b^{(r)}}{\varpi + \theta} \frac{\partial z^{(r)}}{\partial \theta} + \frac{c^{(r)} z^{(r)}}{(\varpi + \theta)^2} + \mathrm{T}^{(r)},$$

$a^{(r)}$, $b^{(r)}$ et $c^{(r)}$ étant des fonctions de r, qu'il s'agit de déterminer.

Soit

$$z^{(r+1)} = \frac{\partial z^{(r)}}{\partial \theta} + \frac{a^{(r)}}{\varpi + \theta} z^{(r)},$$

et l'on aura

$$(\tau) \qquad 0 = \frac{\partial z^{(r+1)}}{\partial \varpi} + \frac{b^{(r)}}{\varpi + \theta} z^{(r+1)} + z^{(r)} \frac{c^{(r)} + a^{(r)} - a^{(r)} b^{(r)}}{(\varpi + \theta)^2} + \mathrm{T}^{(r)},$$

d'où l'on tire

$$0 = \frac{1}{c^{(r)} + a^{(r)} - a^{(r)} b^{(r)}} \left[\frac{\partial z^{(r+1)}}{\partial \varpi} (\varpi + \theta)^2 + b^{(r)} z^{(r+1)} (\varpi + \theta) + \mathrm{T}^{(r)} (\varpi + \theta)^2 \right] + z^{(r)}.$$

En différentiant cette équation par rapport à θ, et ajoutant à cette équation ainsi différentiée l'équation elle-même multipliée par $\dfrac{a^{(r)}}{\varpi + \theta}$, on aura, en observant que

$$z^{(r+1)} = \frac{\partial z^{(r)}}{\partial \theta} + \frac{a^{(r)}}{\varpi + \theta} z^{(r)},$$

$$0 = \frac{\partial^2 z^{(r+1)}}{\partial \varpi \, \partial \theta} + \frac{a^{(r)} + 2}{\varpi + \theta} \frac{\partial z^{(r+1)}}{\partial \varpi} + \frac{b^{(r)}}{\varpi + \theta} \frac{\partial z^{(r+1)}}{\partial \theta}$$
$$+ z^{(r+1)} (a^{(r)} + b^{(r)} + c^{(r)}) + \frac{\partial \mathrm{T}^{(r)}}{\partial \theta} + \mathrm{T}^{(r)} \frac{a^{(r)} + 2}{\varpi + \theta};$$

mais on a

$$0 = \frac{\partial^2 z^{(r+1)}}{\partial \varpi \, \partial \theta} + \frac{a^{(r+1)}}{\varpi + \theta} \frac{\partial z^{(r+1)}}{\partial \varpi} + \frac{b^{(r+1)}}{\varpi + \theta} \frac{\partial z^{(r+1)}}{\partial \theta} + \frac{c^{(r+1)}}{(\varpi + \theta)^2} z^{(r+1)} + \mathrm{T}^{(r+1)};$$

donc, en comparant, on aura

$$a^{(r+1)} = a^{(r)} + 2, \qquad b^{(r+1)} = b^{(r)}, \qquad c^{(r+1)} = a^{(r)} + b^{(r)} + c^{(r)}$$

et
$$T^{(r+1)} = \frac{\partial T^{(r)}}{\partial \varpi} + T^{(r)} \frac{a^{(r)} + 2}{\varpi + \rho};$$

l'équation aux différences finies $a^{(r+1)} = a^{(r)} + 2$ donne, en l'intégrant,
$$a^{(r)} = 2r + A,$$

A étant une constante arbitraire; pour la déterminer, j'observe que, r étant nul, on a
$$a^{(r)} = a;$$
donc
$$A = a \quad \text{et} \quad a^{(r)} = a + 2r;$$
l'équation
$$b^{(r+1)} = b^{(r)}$$
donne
$$b^{(r)} = b,$$
et l'équation
$$c^{(r+1)} = a^{(r)} + b^{(r)} + c^{(r)}$$
donne
$$c^{(r+1)} - c^{(r)} = a + b + 2r;$$
en intégrant, on a
$$c^{(r)} = A + (a + b - 1)r + r^2,$$

A étant une constante arbitraire; or, en faisant $r = 0$, on a
$$c^{(r)} = c;$$
donc
$$A = c \quad \text{et} \quad c^{(r)} = c + (a + b - 1)r + r^2.$$

Pour que l'expression de z soit possible en termes finis et délivrés du signe $\int$, par rapport à la fonction arbitraire $\varphi(\varpi)$, il faut qu'en supposant $T = 0$, et n'ayant égard qu'à la seule fonction arbitraire $\varphi(\varpi)$, on ait $z^{(r+1)} = 0$, r étant zéro ou un nombre entier positif; l'équation (σ) donnera, dans ce cas,
$$0 = c^{(r)} + a^{(r)} - a^{(r)} b^{(r)};$$

en substituant au lieu de $a^{(r)}$, $b^{(r)}$ et $c^{(r)}$ leurs valeurs, on aura
$$0 = a + c - ab + (1 + a - b)r + r^2;$$

d'où l'on tire

$$r = \frac{b - a - 1 \pm \sqrt{(b + a - 1)^2 - 4c}}{2}.$$

Si l'une ou l'autre des valeurs de r est zéro ou un nombre entier positif, la proposée sera intégrable en termes finis et débarrassés du signe $\int$, par rapport à la fonction arbitraire $\varphi(\varpi)$; en changeant a en b, et réciproquement b en a, dans cette expression de r, on aura

$$r = \frac{a - b - 1 \pm \sqrt{(b + a - 1)^2 - 4c}}{2},$$

et si l'une ou l'autre de ces expressions de r est zéro, ou un nombre entier positif, la proposée sera intégrable en termes finis et délivrés du signe $\int$, par rapport à la fonction arbitraire $\psi(\theta)$; mais si aucune des quatre valeurs de r n'est zéro, ou un nombre entier positif, on sera sûr alors que l'intégrale est impossible en termes finis, comme nous le démontrerons ci-après.

Supposons maintenant que l'on ait

$$0 = c^{(r)} + a^{(r)} - a^{(r)} b^{(r)},$$

l'équation (σ) donnera

$$0 = \frac{\partial z^{(r+1)}}{\partial \varpi} + \frac{b z^{(r+1)}}{\varpi + \theta} + \mathrm{T}^{(r)};$$

pour déterminer $\mathrm{T}^{(r)}$, on observera que l'on a, par ce qui précède,

$$\mathrm{T}^{(r+1)} = \frac{\partial \mathrm{T}^{(r)}}{\partial \theta} + \frac{a + 2r + 2}{\varpi + \theta} \mathrm{T}^{(r)};$$

et si l'on fait successivement $r = 0, = 1, = 2, \ldots$, on aura

$$\mathrm{T}^{(1)} = \frac{\partial \mathrm{T}}{\partial \theta} + \frac{a + 2}{\varpi + \theta} \mathrm{T},$$

$$\mathrm{T}^{(2)} = \frac{\partial \mathrm{T}^{(1)}}{\partial \theta} + \frac{a + 4}{\varpi + \theta} \mathrm{T}^{(1)} = \frac{\partial^2 \mathrm{T}}{\partial \theta^2} + \frac{2(a + 3)}{\varpi + \theta} \frac{\partial \mathrm{T}}{\partial \theta} + \frac{(a + 2)(a + 3)}{(\varpi + \theta)^2} \mathrm{T};$$

en continuant ce procédé, on aura l'expression de $\mathrm{T}^{(r)}$; si l'on intègre ensuite l'équation précédente, on aura

$$z^{(r+1)} = (\varpi + \vartheta)^{-b} \left[\psi(\vartheta) - \int T^{(r)} (\varpi + \vartheta)^b \, d\varpi \right],$$

$\psi(\vartheta)$ étant une fonction arbitraire de ϑ; l'équation

$$z^{(r+1)} = \frac{\partial z^{(r)}}{\partial \vartheta} + \frac{a^{(r)}}{\varpi + \vartheta} z^{(r)}$$

donnera

$$z^{(r)} = (\varpi + \vartheta)^{-(a+2r)} \left| \varphi(\varpi) + \int d\vartheta (\varpi + \vartheta)^{a+2r-b} \left[\psi(\vartheta) - \int T^{(r)} (\varpi + \vartheta)^b \, d\varpi \right] \right|,$$

$\varphi(\varpi)$ étant une fonction arbitraire de ϖ; ayant ainsi $z^{(r)}$, on aura, par l'article VII,

$$z^{(r-1)} = \frac{\dfrac{\partial z^{(r)}}{\partial \varpi} + \dfrac{b \, z^{(r)}}{\varpi + \vartheta} + T^{(r-1)}}{ab - a - c + (b - a - 1)(r - 1) - (r - 1)^2},$$

$$z^{(r-2)} = \frac{\dfrac{\partial z^{(r-1)}}{\partial \varpi} + \dfrac{b \, z^{(r-1)}}{\varpi + \theta} + T^{(r-2)}}{ab - a - c + (b - a - 1)(r - 2) - (r - 2)^2},$$

et ainsi de suite jusqu'à z.

X.

J'ai supposé, article VII, que l'expression complète de z, considérée par rapport à l'une ou à l'autre des fonctions arbitraires $\varphi(\varpi)$ et $\psi(\vartheta)$, était débarrassée du signe intégral; je vais présentement discuter les cas dans lesquels ces deux fonctions sont nécessairement enveloppées sous ce signe : si l'on fait, pour plus de simplicité, $T = 0$, on aura (article VII), en ne considérant que la seule fonction arbitraire $\varphi(\varpi)$,

$$\begin{aligned}
z = {} & A\,\varphi(\varpi) + A'\,\varphi_1(\varpi) + A''\,\varphi_2(\varpi) + \ldots \\
& + B \int C\,\varphi(\varpi)\,d\varpi + B' \int C'\,\varphi(\varpi)\,d\varpi + \ldots \\
& + D \int E\,d\vartheta \int F\,\varphi(\varpi)\,d\varpi + \ldots \\
& + \ldots\ldots\ldots\ldots\ldots\ldots\ldots\ldots\ldots\ldots
\end{aligned}$$

Je suppose d'abord qu'il n'y ait que des termes affectés du simple signe $\int$, on aura

$$z = A\,\varphi(\varpi) + A'\varphi_1(\varpi) + A''\varphi_2(\varpi) + \ldots$$
$$+ B\int C\,\varphi(\varpi)\,d\varpi + B'\int C'\,\varphi(\varpi)\,d\varpi + \ldots.$$

S'il n'existe qu'un seul terme affecté du signe $\int$, en sorte que le terme $B'\int C'\varphi(\varpi)\,d\varpi$ et les suivants soient nuls, en substituant au lieu de z cette valeur dans l'équation

$$(Z) \qquad 0 = \frac{\partial^2 z}{\partial\varpi\,\partial\theta} + m\frac{\partial z}{\partial\varpi} + n\frac{\partial z}{\partial\theta} + lz,$$

on aura une équation de cette forme

$$(\gamma) \quad \left\{ \begin{aligned} 0 &= \left(\frac{\partial^2 B}{\partial\varpi\,\partial\theta} + m\frac{\partial B}{\partial\varpi} + n\frac{\partial B}{\partial\theta} + lB \right)\int C\,\varphi(\varpi)\,d\varpi \\ &\quad + \left(\frac{\partial B}{\partial\varpi} + nB \right)\int \frac{\partial C}{\partial\theta}\varphi(\varpi)\,d\varpi \\ &\quad + L\,\varphi'(\varpi) + L'\,\varphi(\varpi) + \ldots. \end{aligned} \right.$$

Si la quantité $\dfrac{\partial B}{\partial\varpi} + nB$ n'est pas nulle, en faisant

$$K = \frac{\dfrac{\partial^2 B}{\partial\varpi\,\partial\theta} + m\dfrac{\partial B}{\partial\varpi} + n\dfrac{\partial B}{\partial\theta} + lB}{\dfrac{\partial B}{\partial\varpi} + nB},$$

$$M = \frac{-L}{\dfrac{\partial B}{\partial\varpi} + nB}, \qquad M' = \frac{-L'}{\dfrac{\partial B}{\partial\varpi} + nB}, \qquad \ldots,$$

on aura

$$(\lambda) \qquad \int \frac{\partial C}{\partial\theta}\varphi(\varpi)\,d\varpi + K\int C\,\varphi(\varpi)\,d\varpi = M\,\varphi'(\varpi) + M'\,\varphi(\varpi) + \ldots.$$

En différentiant cette équation par rapport à ϖ, on aura

$$\frac{\partial C}{\partial\theta}\varphi(\varpi) + \frac{\partial K}{\partial\varpi}\int C\,\varphi(\varpi)\,d\varpi + KC\,\varphi(\varpi) = M\,\varphi''(\varpi) + \left(\frac{\partial M}{\partial\varpi} + M' \right)\varphi'(\varpi) + \ldots.$$

Si $\dfrac{\partial K}{\partial\varpi}$ n'était pas nul, il est clair que $\int C\,\varphi(\varpi)\,d\varpi$ serait donné en quantités débarrassées du signe $\int$, ce qui ne peut être; donc $\frac{\partial K}{\partial \varpi} = 0$; partant, K ne peut être fonction que de θ; on peut ainsi le faire passer sous le signe $\int$ dans le terme $K \int C \varphi(\varpi) d\varpi$; l'équation ($\lambda$) devient alors

$$\int \left(\frac{\partial C}{\partial \theta} + KC \right) \varphi(\varpi) d\varpi = M \varphi'(\varpi) + M'\varphi(\varpi) + \ldots$$

En la multipliant par $e^{\int K d\theta} d\theta$, c étant le nombre dont le logarithme hyperbolique est l'unité, on aura

$$\int e^{\int K d\theta} d\theta \left(\frac{\partial C}{\partial \theta} + KC \right) \varphi(\varpi) d\varpi = M e^{\int K d\theta} \varphi'(\varpi) d\theta + M' e^{\int K d\theta} \varphi(\varpi) d\theta + \ldots;$$

en intégrant cette équation par rapport à θ et faisant

$$\int M e^{\int K d\theta} d\theta = N, \qquad \int M' e^{\int K d\theta} d\theta = N', \qquad \ldots,$$

on aura

$$\int e^{\int K d\theta} C \varphi(\varpi) d\varpi = N \varphi'(\varpi) + N'\varphi(\varpi) + \ldots;$$

donc

$$\int C \varphi(\varpi) d\varpi = \frac{N}{e^{\int K d\theta}} \varphi'(\varpi) + \ldots,$$

équation impossible, puisque $\int C \varphi(\varpi) d\varpi$ ne peut être, par hypothèse, donné en quantités débarrassées du signe $\int$, par rapport à la fonction arbitraire $\varphi(\varpi)$.

De là, il suit que l'on a

$$\frac{\partial B}{\partial \varpi} + nB = 0;$$

or on doit avoir en même temps

$$0 = \frac{\partial^2 B}{\partial \varpi \, \partial \theta} + m \frac{\partial B}{\partial \varpi} + n \frac{\partial B}{\partial \theta} + lB,$$

car autrement l'équation (γ) donnerait

$$\int C \varphi(\varpi) d\varpi = \frac{- L \varphi'(\varpi) - L'\varphi(\varpi) - \ldots}{\dfrac{\partial^2 B}{\partial \varpi \, \partial \theta} + m \dfrac{\partial B}{\partial \varpi} + n \dfrac{\partial B}{\partial \theta} + lB},$$

ce qui ne peut avoir lieu ; maintenant, puisque l'on a

$$o = \frac{\partial B}{\partial \varpi} + n\, B$$

et

$$o = \frac{\partial^2 B}{\partial \varpi\, \partial \theta} + m\, \frac{\partial B}{\partial \varpi} + n\, \frac{\partial B}{\partial \theta} + l B,$$

il est clair que l'équation $z = B\psi(\theta)$ satisfera à l'équation (Z), en sorte que l'expression de z sera délivrée du signe $\int$, en n'ayant égard qu'à la fonction arbitraire $\psi(\theta)$.

Ce théorème important a également lieu, quel que soit le nombre des termes affectés du signe $\int$; et, quoique nous n'en ayons considéré qu'un seul, cependant la démonstration précédente s'étend au cas d'un nombre indéfini de termes semblables ; mais, comme elle exige pour cela quelques artifices d'analyse assez délicats, je vais l'appliquer au cas dans lequel l'expression de z renferme deux termes nécessairement affectés du signe $\int$, par rapport à la fonction arbitraire $\varphi(\varpi)$.

XI.

On aura pour lors

$$z = A\,\varphi(\varpi) + A'\,\varphi_1(\varpi) + A''\,\varphi_2(\varpi) + \ldots + B \int C\,\varphi(\varpi)\,d\varpi + B' \int C'\,\varphi(\varpi)\,d\varpi ;$$

en substituant cette valeur de z dans l'équation

$$(Z) \qquad o = \frac{\partial^2 z}{\partial \varpi\, \partial \theta} + m\, \frac{\partial z}{\partial \varpi} + n\, \frac{\partial z}{\partial \theta} + l z,$$

on aura une équation de cette forme

$$(F) \quad
\begin{aligned}
o = {} & \left(\frac{\partial^2 B}{\partial \varpi\, \partial \theta} + m\, \frac{\partial B}{\partial \varpi} + n\, \frac{\partial B}{\partial \theta} + l B \right) \int C\,\varphi(\varpi)\,d\varpi \\
& \left(\frac{\partial B}{\partial \varpi} + n\, B \right) \int \frac{\partial C}{\partial \theta} \varphi(\varpi)\,d\varpi \\
& \left(\frac{\partial^2 B'}{\partial \varpi\, \partial \theta} + m\, \frac{\partial B'}{\partial \varpi} + n\, \frac{\partial B'}{\partial \theta} + l B' \right) \int C'\,\varphi(\varpi)\,d\varpi \\
& + \left(\frac{\partial B'}{\partial \varpi} + n\, B' \right) \int \frac{\partial C'}{\partial \theta} \varphi(\varpi)\,d\varpi \\
& + L\,\varphi'(\varpi) + L'\,\varphi(\varpi) + L''\,\varphi_1(\varpi) + \ldots ;
\end{aligned}$$

or il peut arriver plusieurs cas que nous allons discuter séparément :

1° Les deux équations

$$o = \frac{\partial B'}{\partial \varpi} + n B',$$

$$o = \frac{\partial^2 B'}{\partial \varpi \, \partial \theta} + m \frac{\partial B'}{\partial \varpi} + n \frac{\partial B'}{\partial \theta} + l B'$$

peuvent avoir lieu en même temps ; il est visible qu'alors l'équation $z = B' \psi(\theta)$ satisfait à l'équation (Z), et qu'ainsi l'intégrale de cette dernière équation, considérée par rapport à la fonction arbitraire $\psi(\theta)$, est délivrée du signe $\int$.

2° L'équation

$$o = \frac{\partial B'}{\partial \varpi} + n B'$$

ayant lieu, il peut arriver que celle-ci

$$o = \frac{\partial^2 B'}{\partial \varpi \, \partial \theta} + m \frac{\partial B'}{\partial \varpi} + n \frac{\partial B'}{\partial \theta} + l B'$$

n'ait point lieu ; dans ce cas, l'équation (F) donnera pour $\int C' \varphi(\varpi) \, d\varpi$ une expression de cette forme

$$\int C' \varphi(\varpi) \, d\varpi = Q \int C \varphi(\varpi) \, d\varpi$$
$$+ Q' \int \frac{\partial C}{\partial \theta} \varphi(\varpi) \, d\varpi + M \varphi'(\varpi) + M' \varphi(\varpi) + \ldots ;$$

l'expression de z peut être ainsi mise sous cette forme

$$(\mu) \quad \begin{cases} z = A \varphi'(\varpi) + A' \varphi(\varpi) + A'' \varphi_1(\varpi) + \ldots \\ \qquad + H \int C \varphi(\varpi) \, d\varpi + H' \int \frac{\partial C}{\partial \theta} \varphi(\varpi) \, d\varpi. \end{cases}$$

3° L'équation

$$o = \frac{\partial B'}{\partial \varpi} + n B'$$

peut ne pas avoir lieu; en supposant dans ce cas

$$K = \frac{\dfrac{\partial^2 B'}{\partial \varpi\, \partial \vartheta} + m\, \dfrac{\partial B'}{\partial \varpi} + n\, \dfrac{\partial B'}{\partial \vartheta} + l B'}{\dfrac{\partial B'}{\partial \varpi} + n B'},$$

$$K' = \frac{\dfrac{\partial^2 B}{\partial \varpi\, \partial \vartheta} + m\, \dfrac{\partial B}{\partial \varpi} + n\, \dfrac{\partial B}{\partial \vartheta} + l b}{\dfrac{\partial B'}{\partial \varpi} + n B'},$$

$$K'' = \frac{\dfrac{\partial B}{\partial \varpi} + n B}{\dfrac{\partial B'}{\partial \varpi} + n B'},$$

$$M = - \frac{L}{\dfrac{\partial B'}{\partial \varpi} + n B'},$$

$$M' = - \frac{L'}{\dfrac{\partial B'}{\partial \varpi} + n B'},$$

$$\dots\dots\dots\dots\dots,$$

on aura

$$(\lambda') \quad \begin{cases} \displaystyle\int \frac{\partial C'}{\partial \vartheta} \varphi(\varpi)\, d\varpi + K \int C' \varphi(\varpi)\, d\varpi \\[2ex] \qquad\qquad + K' \int C\, \varphi(\varpi)\, d\varpi + K' \int \frac{\partial C}{\partial \vartheta} \varphi(\varpi)\, d\varpi \\[2ex] = M \varphi'(\varpi) + M' \varphi(\varpi) + M' \varphi_1(\varpi) + \dots; \end{cases}$$

en différentiant par rapport à π, on aura

$$\frac{\partial C'}{\partial \vartheta} \varphi(\varpi) + \frac{\partial K}{\partial \varpi} \int C' \varphi(\varpi)\, d\varpi + K C' \varphi(\varpi) + \frac{\partial K'}{\partial \varpi} \int C\, \varphi(\varpi)\, d\varpi$$

$$+ K' C\, \varphi(\varpi) + \frac{\partial K'}{\partial \varpi} \int \frac{\partial C}{\partial \vartheta} \varphi(\varpi)\, d\varpi + K' \frac{\partial C}{\partial \vartheta} \varphi(\varpi)$$

$$= M \varphi'(\varpi) + \left(\frac{\partial M}{\partial \varpi} + M' \right) \varphi'(\varpi) + \dots.$$

Si $\dfrac{\partial K}{\partial \varpi}$ n'est pas nul, on aura une valeur de $\displaystyle\int C' \varphi(\varpi)\, d\varpi$, qui, substituée dans l'expression de z, la rendra de cette forme

$$(\mu') \quad \begin{cases} z = A\,\varphi''(\varpi) + A'\,\varphi'(\varpi) + A''\,\varphi(\varpi) + A'''\,\varphi_1(\varpi) + \dots \\ \qquad + H \int C\,\varphi(\varpi)\,d\varpi + H' \int \frac{\partial C}{\partial \theta}\,\varphi(\varpi)\,d\varpi ; \end{cases}$$

si l'on a $\frac{\partial K}{\partial \varpi} = 0$, K sera fonction de ϖ sans θ; or, si dans ce cas $\frac{\partial K'}{\partial \varpi}$ et $\frac{\partial K''}{\partial \varpi}$ ne sont pas nuls, l'équation (λ') sera de forme analogue à celle de l'équation (λ) de l'article précédent; ainsi, en y appliquant le raisonnement que nous avons fait dans le même article sur l'équation (λ), on prouvera que $\int C\,\varphi(\varpi)\,d\varpi$ peut être débarrassé du signe $\int$, ce qui est contre l'hypothèse; K, K' et K'' doivent donc être fonctions de θ seul; on aura, cela posé,

$$\int\left(\frac{\partial C'}{\partial \theta} + KC'\right)\varphi(\varpi)\,d\varpi + \int\left(K'C + K''\frac{\partial C}{\partial \theta}\right)\varphi(\varpi)\,d\varpi = M\,\varphi'(\varpi) + \dots$$

En multipliant cette équation par $e^{\int K\,d\theta}\,d\theta$, on aura

$$\int\left(\frac{\partial C'}{\partial \theta} + KC'\right)e^{\int K\,d\theta}\varphi(\varpi)\,d\varpi\,d\theta$$
$$+ \int K'C\,e^{\int K\,d\theta}\varphi(\varpi)\,d\varpi\,d\theta + \int K''\frac{\partial C}{\partial \theta}e^{\int K\,d\theta}\varphi(\varpi)\,d\varpi\,d\theta = M\,e^{\int K\,d\theta}\varphi'(\varpi)\,d\theta + \dots$$

et, en intégrant par rapport à θ, on a

$$\int C'\,e^{\int K\,d\theta}\varphi(\varpi)\,d\varpi + \int \varphi(\varpi)\,d\varpi \int K'C\,e^{\int K\,d\theta}\,d\theta$$
$$+ \int \varphi(\varpi)\,K''C\,e^{\int K\,d\theta}\,d\varpi - \int \varphi(\varpi)\,d\varpi \int C\,\frac{\partial K''}{\partial \theta}e^{\int K\,d\theta}\,d\theta$$
$$= \varphi'(\varpi)\int M\,e^{\int K\,d\theta}\,d\theta + \dots \quad (1).$$

Soit

$$K'\,e^{\int K\,d\theta} - \frac{\partial K'}{\partial \theta}\,e^{\int K\,d\theta} = \frac{1}{1} \qquad \text{et} \qquad \int \frac{C\,d\theta}{1} = {}^1C,$$

---

(1) Il faudrait ajouter au premier membre de cette équation le terme

$$- \int \varphi(\varpi)\,d\varpi \int K''CK\,e^{\int K\,d\theta}\,d\theta.$$

on aura

$$C = I\frac{\partial\,'C}{\partial\theta};$$

et

$$\int \varphi(\varpi)\,d\varpi\, K''C e^{\int K d\theta} = IK'' e^{\int K d\theta}\int \frac{\partial\,'C}{\partial\theta}\varphi(\varpi)\,d\varpi,$$

parce que $IK'' e^{\int K d\theta}$, étant fonction de θ seul, peut être mis hors du signe $\int$; partant

$$\int C''\varphi(\varpi)\,d\varpi = \frac{-\int\,'C\varphi(\varpi)\,d\varpi - IK'' e^{\int K d\theta}\int\frac{\partial\,'C}{\partial\theta}\varphi(\varpi)\,d\varpi + \varphi'(\varpi)\int M e^{\int K d\theta}\,d\theta + \dots}{e^{\int K d\theta}}$$

On a ensuite

$$\int C\,d\varpi = I\int\frac{\partial\,'C}{\partial\theta}\,d\varpi;$$

substituant ces quantités dans l'expression précédente de z, elle prendra la forme que donne l'équation (μ'), et comme cette forme renferme celle que donne l'équation (μ), il en résulte généralement que l'expression de z est débarrassée du signe $\int$, par rapport à la fonction arbitraire $\psi(\theta)$, ou que, si cela n'est pas, elle est de la forme suivante, par rapport à la fonction arbitraire $\varphi(\varpi)$,

$$z = A\varphi''(\varpi) + A'\varphi'(\varpi) + A''\varphi(\varpi) + A'''\varphi_1(\varpi) + \dots$$
$$+ H\int C\varphi(\varpi)\,d\varpi + H'\int\frac{\partial C}{\partial\theta}\varphi(\varpi)\,d\varpi.$$

Cette valeur de z substituée dans l'équation (Z) produira une équation de cette forme

$$(G)\quad\left\{\begin{aligned}
&\left(\frac{\partial H'}{\partial\varpi} + nH'\right)\int\frac{\partial^2 C}{\partial\theta^2}\varphi(\varpi)\,d\varpi\\
&\quad+\left(\frac{\partial^2 H'}{\partial\varpi\,\partial\theta} + m\frac{\partial H'}{\partial\varpi} + n\frac{\partial H'}{\partial\theta} + lH' + \frac{\partial H}{\partial\varpi} + nH\right)\int\frac{\partial C}{\partial\theta}\varphi(\varpi)\,d\varpi\\
&\quad-\left(\frac{\partial^2 H}{\partial\varpi\,\partial\theta} + m\frac{\partial H}{\partial\varpi} + n\frac{\partial H}{\partial\theta} + lH\right)\int C\varphi(\varpi)\,d\varpi\\
&= L\varphi''(\varpi) + L'\varphi'(\varpi) + L''\varphi'(\varpi) + \dots
\end{aligned}\right.$$

Supposons d'abord que la quantité $\frac{\partial H'}{\partial \varpi} + nH'$ ne soit pas nulle; en faisant

$$K = \frac{\frac{\partial^2 H'}{\partial \varpi\, \partial \vartheta} + m\frac{\partial H'}{\partial \varpi} + n\frac{\partial H'}{\partial \vartheta} + lH' + \frac{\partial H}{\partial \varpi} + nH}{\frac{\partial H'}{\partial \varpi} + nH'},$$

$$K' = \frac{\frac{\partial^2 H}{\partial \varpi\, \partial \vartheta} + m\frac{\partial H}{\partial \varpi} + n\frac{\partial H}{\partial \vartheta} + lH}{\frac{\partial H'}{\partial \varpi} + nH'},$$

$$M = \frac{L}{\frac{\partial H'}{\partial \varpi} + nH'},$$

$$\dots\dots\dots\dots\dots,$$

on aura

$$\int \frac{\partial^2 C}{\partial \vartheta^2} \varphi(\varpi)\, d\varpi + K \int \frac{\partial C}{\partial \vartheta} \varphi(\varpi)\, d\varpi + K' \int C \varphi(\varpi)\, d\varpi$$
$$= M \varphi''(\varpi) + M' \varphi''(\varpi) + \dots;$$

en différentiant cette équation par rapport à ϖ, on aura

$$\frac{\partial^2 C}{\partial \vartheta^2} \varphi(\varpi) + \frac{\partial K}{\partial \varpi} \int \frac{\partial C}{\partial \vartheta} \varphi(\varpi)\, d\varpi$$
$$+ K \frac{\partial C}{\partial \vartheta} \varphi(\varpi) + \frac{\partial K'}{\partial \varpi} \int C \varphi(\varpi)\, d\varpi + K'C \varphi(\varpi) = M \varphi^{IV}(\varpi) + \dots.$$

Si $\frac{\partial K}{\partial \varpi}$ n'est pas nul, on aura $\int \frac{\partial C}{\partial \vartheta} \varphi(\varpi)\, d\varpi$ par une équation de cette forme

$$\int \frac{\partial C}{\partial \vartheta} \varphi(\varpi)\, d\varpi = I \int C \varphi(\varpi)\, d\varpi + I' \varphi^{IV}(\varpi) + \dots,$$

et l'expression de z sera ainsi réduite à ne renfermer plus qu'un seul terme affecté du signe $\int$, ce qui est contre l'hypothèse.

Si, $\frac{\partial K}{\partial \varpi}$ étant nul, $\frac{\partial K'}{\partial \varpi}$ ne l'était pas, on aurait $\int C \varphi(\varpi)\, d\varpi$ en termes délivrés du signe $\int$, ce qui est encore contre l'hypothèse; donc on a

$$\frac{\partial K}{\partial \varpi} = 0 \qquad \text{et} \qquad \frac{\partial K'}{\partial \varpi} = 0;$$

partant, K et K' sont fonctions de θ seul; on aura ainsi

$$\int \varphi(\varpi)\, d\varpi \left(\frac{\partial^2 C}{\partial \theta^2} + K \frac{\partial C}{\partial \theta} + K'C \right) = M \varphi''(\varpi) + \ldots$$

En multipliant cette équation par $\mu\, d\theta$, μ étant fonction de θ seul, on aura

$$(\lambda'')\qquad \int \varphi(\varpi)\, d\varpi \left(\mu \frac{\partial^2 C}{\partial \theta^2}\, d\theta + \mu K \frac{\partial C}{\partial \theta}\, d\theta + \mu K'C\, d\theta \right) = \mu M \varphi''(\varpi)\, d\theta + \ldots;$$

or il est toujours possible, comme l'on sait, de prendre μ tel que

$$\mu \frac{\partial^2 C}{\partial \theta^2}\, d\theta + \mu K \frac{\partial C}{\partial \theta}\, d\theta + \mu K'C\, d\theta$$

soit une différentielle exacte et égale à $d\left(\mu \frac{\partial C}{\partial \theta} + \alpha C \right)$, α étant fonction de θ seul; il suffit pour cela de déterminer μ et α, de manière que l'on ait

$$K\mu = \frac{\partial \mu}{\partial \theta} + \alpha \qquad \text{et} \qquad K'\mu = \frac{\partial \alpha}{\partial \theta};$$

si l'on intègre l'équation (λ'') par rapport à θ, on aura

$$\int \varphi(\varpi)\, d\varpi \left(\mu \frac{\partial C}{\partial \theta} + \alpha C \right) = \varphi''(\varpi) \int M \mu\, d\theta + \ldots,$$

donc

$$\int \frac{\partial C}{\partial \theta} \varphi(\varpi)\, d\varpi = - \frac{\alpha}{\mu} \int C \varphi(\varpi)\, d\varpi + \varphi''(\varpi) \frac{1}{\mu} \int M \mu\, d\theta + \ldots;$$

l'expression de z se trouvera donc ainsi réduite à ne renfermer qu'un seul terme affecté du signe $\int$, ce qui est contre l'hypothèse.

Supposons maintenant que l'on ait

$$o = \frac{\partial H'}{\partial \varpi} + nH';$$

on aura pareillement

$$o = \frac{\partial^2 H'}{\partial \varpi\, \partial \theta} + m \frac{\partial H'}{\partial \varpi} + n \frac{\partial H'}{\partial \theta} + lH' + \frac{\partial H}{\partial \varpi} + nH$$

et

$$o = \frac{\partial^2 H}{\partial \varpi\, \partial \theta} + m \frac{\partial H}{\partial \varpi} + n \frac{\partial H}{\partial \theta} + lH,$$

car il est visible que, si l'une ou l'autre de ces équations n'avait pas lieu, on pourrait, à l'aide de l'équation (G), réduire la valeur de z à ne renfermer qu'un seul terme affecté du signe $\int$, ce qui ne se peut.

Présentement, si l'on a les trois équations

$$o = \frac{\partial H'}{\partial \varpi} + n\,H',$$

$$o = \frac{\partial^2 H'}{\partial \varpi\, \partial \vartheta} + m\frac{\partial H'}{\partial \varpi} + n\frac{\partial H'}{\partial \vartheta} + l H' + \frac{\partial H}{\partial \varpi} + n\,H,$$

$$o = \frac{\partial^2 H}{\partial \varpi\, \partial \vartheta} + m\frac{\partial H}{\partial \varpi} + n\frac{\partial H}{\partial \vartheta} + l H,$$

il est clair que l'équation

$$z = H'\,\psi(\vartheta) + H\,\psi_1(\vartheta)$$

satisfera à l'équation (Z); donc, toutes les fois que l'intégrale de l'équation (Z), considérée par rapport à la fonction arbitraire $\varphi(\varpi)$, est susceptible de cette forme

$$z = A\,\varphi(\varpi) + A'\,\varphi_1(\varpi) + \ldots + B\int C\,\varphi(\varpi)\,d\varpi + B'\int C'\,\varphi(\varpi)\,d\varpi,$$

son intégrale considérée par rapport à la fonction arbitraire $\psi(\vartheta)$ est susceptible de cette forme

$$z = H\,\psi(\vartheta) + H'\,\psi_1(\vartheta);$$

elle est ainsi délivrée du signe $\int$.

En suivant ce raisonnement, on prouvera généralement que si l'expression de z, considérée par rapport à $\varphi(\varpi)$, est de cette forme

$$z = A\,\varphi(\varpi) + A'\,\varphi'(\varpi) + \ldots + B\int C\,\varphi(\varpi)\,d\varpi$$
$$+ B'\int C'\,\varphi(\varpi)\,d\varpi + B^2\int C^2\,\varphi(\varpi)\,d\varpi + \ldots,$$

cette même expression, considérée par rapport à la fonction arbitraire $\psi(\vartheta)$, est de la forme suivante :

$$z = H\,\psi(\vartheta) + H'\,\psi_1(\vartheta) + H''\,\psi_2(\vartheta) + \ldots.$$

XII.

Le raisonnement précédent peut s'appliquer encore au cas où l'expression de z renferme des termes nécessairement affectés du double signe $\int\int$, par rapport aux deux fonctions arbitraires $\varphi(\varpi)$ et $\psi(\vartheta)$: pour le faire voir d'une manière fort simple, ne considérons que la seule fonction arbitraire $\varphi(\varpi)$, en sorte que l'on ait

$$z = A\,\varphi(\varpi) + A'\,\varphi_1(\varpi) + A''\,\varphi_2(\varpi) + \dots$$
$$+ B\int C\,\varphi(\varpi)\,d\varpi + B'\int C'\,\varphi(\varpi)\,d\varpi + \dots$$
$$+ D\int E\,d\vartheta\int F\,\varphi(\varpi)\,d\varpi + D'\int E'\,d\vartheta\int F'\,\varphi(\varpi)\,d\varpi + \dots$$

Supposons qu'il n'y ait qu'un seul terme affecté du double signe $\int\int$, on aura

$$z = A\,\varphi(\varpi) + A'\,\varphi_1(\varpi) + \dots$$
$$+ B\int C\,\varphi(\varpi)\,d\varpi + B'\int C'\,\varphi(\varpi)\,d\varpi + \dots + D\int E\,d\vartheta\int F\,\varphi(\varpi)\,d\varpi.$$

En substituant cette valeur de z dans l'équation (Z), on aura une équation de cette forme

$$(R) \quad \left\{ \begin{aligned}
0 &= \left(\frac{\partial^2 D}{\partial\varpi\,\partial\vartheta} + m\frac{\partial D}{\partial\varpi} + n\frac{\partial D}{\partial\vartheta} + lD\right)\int E\,d\vartheta\int F\,\varphi(\varpi)\,d\varpi \\
&+ \left(\frac{\partial D}{\partial\vartheta} + mD\right)\int \frac{\partial E}{\partial\varpi}\,d\vartheta\int F\,\varphi(\varpi)\,d\varpi \\
&+ H\int L\,\varphi(\varpi)\,d\varpi + H'\int L'\,\varphi(\varpi)\,d\varpi + \dots \\
&+ M\,\varphi'(\varpi) + M'\,\varphi(\varpi) + \dots.
\end{aligned} \right.$$

Si la quantité $\dfrac{\partial D}{\partial\vartheta} + mD$ n'est pas nulle, en faisant

$$K = \frac{\dfrac{\partial^2 D}{\partial\varpi\,\partial\vartheta} + m\dfrac{\partial D}{\partial\varpi} + n\dfrac{\partial D}{\partial\vartheta} + lD}{\dfrac{\partial D}{\partial\vartheta} + mD},$$

$$P = - \frac{H}{\frac{\partial D}{\partial \theta} + mD},$$

$$P' = - \frac{H'}{\frac{\partial D}{\partial \theta} + mD},$$

$$\dots\dots\dots\dots\dots\dots,$$

$$N = - \frac{M}{\frac{\partial D}{\partial \theta} + mD},$$

$$\dots\dots\dots\dots\dots,$$

on aura

$$\int \frac{\partial E}{\partial \varpi}\, d\theta \int F\, \varphi(\varpi)\, d\varpi + K \int E\, d\theta \int F\, \varphi(\varpi)\, d\varpi$$

$$= P \int L\, \varphi(\varpi)\, d\varpi + \dots + N\, \varphi'(\varpi) + \dots ;$$

cette équation différentiée par rapport à θ donne

$$\frac{\partial E}{\partial \varpi} \int F\, \varphi(\varpi)\, d\varpi + \frac{\partial K}{\partial \theta} \int E\, d\theta \int F\, \varphi(\varpi)\, d\varpi + KE \int F\, \varphi(\varpi)\, d\varpi$$

$$= \frac{\partial P}{\partial \theta} \int L\, \varphi(\varpi)\, d\varpi + P \int \frac{\partial L}{\partial \theta}\, \varphi(\varpi)\, d\varpi + \dots + \frac{\partial N}{\partial \theta}\, \varphi'(\varpi) + \dots .$$

Si $\frac{\partial K}{\partial \theta}$ n'était pas nul, il est clair que $\int E\, d\theta \int F\, \varphi(\varpi)\, d\varpi$ serait donné en termes sans $\int$ et en termes affectés du simple signe $\int$, ce qui est contre l'hypothèse ; on a donc

$$\frac{\partial K}{\partial \theta} = 0,$$

partant K est fonction de ϖ seul ; on aura, cela posé,

$$\int \left(\frac{\partial E}{\partial \varpi} + KE \right) d\theta \int F\, \varphi(\varpi)\, d\varpi = P \int L\, \varphi(\varpi)\, d\varpi + \dots + N\, \varphi'(\varpi) + \dots ;$$

en multipliant cette équation par $e^{\int K\, d\varpi}\, d\varpi$, elle devient

$$\int \left(\frac{\partial E}{\partial \varpi} + KE \right) e^{\int K\, d\varpi}\, d\varpi\, d\theta \int F\, \varphi(\varpi)\, d\varpi$$

$$= P e^{\int K\, d\varpi}\, d\varpi \int L\, \varphi(\varpi)\, d\varpi + \dots + N e^{\int K\, d\varpi}\, \varphi'(\varpi)\, d\varpi + \dots ;$$

en intégrant par rapport à ϖ, et faisant

$$V = \int EF\, d\theta, \qquad R = \int P e^{\int K\, d\varpi}\, d\varpi, \qquad \ldots,$$

on a

$$\int e^{\int K\, d\varpi} E\, d\theta \int F\varphi(\varpi)\, d\varpi - \int V e^{\int K\, d\varpi} \varphi(\varpi)\, d\varpi$$
$$= R \int L \varphi(\varpi)\, d\varpi - \int RL \varphi(\varpi)\, d\varpi + \int N e^{\int K\, d\varpi} \varphi(\varpi)\, d\varpi + \ldots$$

Donc

$$\int E\, d\theta \int F\varphi(\varpi)\, d\varpi = \frac{1}{e^{\int K\, d\varpi}} \int V e^{\int K\, d\varpi} \varphi(\varpi)\, d\varpi + \frac{R}{e^{\int K\, d\varpi}} \int L \varphi(\varpi)\, d\varpi + \ldots,$$

d'où l'on voit que $\int E\, d\theta \int F\varphi(\varpi)\, d\varpi$ est donné en termes affectés du simple signe $\int$, ce qui ne se peut. Il résulte de là que, dans l'équation (R), on a

$$0 = \frac{\partial D}{\partial \theta} + mD,$$

mais on doit pareillement avoir

$$0 = \frac{\partial^2 D}{\partial \varpi\, \partial \theta} + m \frac{\partial D}{\partial \varpi} + n \frac{\partial D}{\partial \theta} + lD,$$

sans quoi $\int E\, d\theta \int F\varphi(\varpi)\, d\varpi$ serait donné en termes affectés du simple signe $\int$; présentement, si l'on a les deux équations

$$0 = \frac{\partial D}{\partial \theta} + mD$$

et

$$0 = \frac{\partial^2 D}{\partial \varpi\, \partial \theta} + m \frac{\partial D}{\partial \varpi} + n \frac{\partial D}{\partial \theta} + lD,$$

il est clair que l'équation

$$z = D\varphi(\varpi)$$

satisfera à l'équation différentielle (Z). On voit donc que le raisonnement de l'article X s'applique également au cas dans lequel l'expression de z renferme un terme affecté du simple signe $\int$; on prouvera, par un raisonnement analogue à celui de l'article XI, que, si l'expression de z renferme deux termes nécessairement affectés du double signe $\int\int$, l'équation

$$z = D\varphi(\varpi) + D'\varphi(\varpi)$$

satisfera à l'équation différentielle (Z). Et comme les mêmes raisonnements ont lieu, quel que soit le nombre des termes affectés du signe $\int$, et quel que soit le nombre de ces signes dans chaque terme, on doit en conclure généralement que, toutes les fois que l'intégrale complète de l'équation (Z) est possible en termes finis, elle est nécessairement débarrassée du signe $\int$, par rapport à l'une ou l'autre des fonctions arbitraires $\varphi(\varpi)$ ou $\psi(\theta)$ et, dans ce cas, on peut toujours obtenir cette intégrale, par la méthode de l'article VII. On voit ainsi que cette méthode donne généralement les intégrales complètes des équations linéaires aux différences partielles, lorsqu'elles sont possibles en termes finis; ayant une fois ces intégrales, il ne peut rester de difficulté que dans la détermination des fonctions arbitraires; or la méthode de l'article VII a encore l'avantage de donner un moyen très simple pour cet objet, dans un cas très général et qui paraît être celui de presque tous les problèmes physico-mathématiques.

XIII.

L'équation

$$(L) \qquad 0 = \frac{\partial^2 z}{\partial x^2} + \alpha \frac{\partial^2 z}{\partial x \partial y} + \epsilon \frac{\partial^2 z}{\partial y^2} + \gamma \frac{\partial z}{\partial x} + \delta \frac{\partial z}{\partial y} + \lambda z + T$$

étant donnée, son intégrale complète, si elle en est susceptible, renfermera deux fonctions arbitraires $\varphi(\varpi)$ et $\psi(\theta)$, de manière que l'une ou l'autre de ces fonctions y existera sans être affectée du signe $\int$: supposons que ce soit $\varphi(\varpi)$. Pour déterminer maintenant la nature des fonctions $\varphi(\varpi)$ et $\psi(\theta)$, supposons que l'on ait les valeurs de z et $\frac{\partial z}{\partial y}$ ou de z et $\frac{\partial z}{\partial x}$ à l'origine de l'intégrale; cette origine est déterminée, ou parce que, à ce point, l'une des deux variables x ou y est constante ou nulle, ou parce que l'une est donnée en fonction de l'autre: supposons, conséquemment, que l'on ait à l'origine de l'intégrale

$$y = J(x), \qquad z = \Pi(x) \qquad \text{et} \qquad \frac{\partial z}{\partial x} = \Gamma(x).$$

$J(x)$, $\Pi(x)$ et $\Gamma(x)$ seront des fonctions connues de x.

Si l'on transforme l'équation (L) dans la suivante

$$(Z) \qquad 0 = \frac{\partial^2 z}{\partial \varpi \, \partial \theta} + m \frac{\partial z}{\partial \varpi} + n \frac{\partial z}{\partial \theta} + lz + T,$$

il est clair : 1° que, ϖ et θ étant donnés en fonction de x et de y, l'équation donnée entre x et y à l'origine de l'intégrale en donnera une entre ϖ et θ à cette origine ; 2° que l'équation

$$z = \Pi(x)$$

se changera dans celle-ci

$$z = \Sigma(\theta),$$

$\Sigma(\theta)$ étant une fonction connue de θ ; on aura donc à l'origine de l'intégrale

$$dz = d\theta \, \Sigma'(\theta),$$

$\Sigma'(\theta)$ étant la différence de $\Sigma(\theta)$ divisée par $d\theta$; mais on a

$$dz = \frac{\partial z}{\partial \theta} \, d\theta + \frac{\partial z}{\partial \varpi} \, d\varpi,$$

et l'équation entre ϖ et θ donne

$$d\varpi = H \, d\theta,$$

H étant une fonction de θ ; donc

$$dz = d\theta \left(\frac{\partial z}{\partial \theta} + H \frac{\partial z}{\partial \varpi} \right) = d\theta \, \Sigma'(\theta)$$

ou

$$\Sigma'(\theta) = \frac{\partial z}{\partial \theta} + H \frac{\partial z}{\partial \varpi} ;$$

3° que l'équation

$$\frac{\partial z}{\partial y} = \Gamma(x)$$

se changera dans celle-ci

$$\frac{\partial z}{\partial y} = \Delta(\theta) ;$$

or on a

$$\frac{\partial z}{\partial y} = \frac{\partial z}{\partial \theta} \frac{\partial \theta}{\partial y} + \frac{\partial z}{\partial \varpi} \frac{\partial \varpi}{\partial y} ;$$

d'ailleurs $\frac{\partial \vartheta}{\partial y}$ et $\frac{\partial \varpi}{\partial y}$ étant connus en fonctions de x et de y seront donnés en fonctions de ϑ, à l'origine de l'intégrale; soit

$$\frac{\partial \vartheta}{\partial y} = M \qquad \text{et} \qquad \frac{\partial \varpi}{\partial y} = N,$$

M et N étant fonctions de ϑ, on aura

$$\Delta(\vartheta) = M\frac{\partial z}{\partial \vartheta} + N\frac{\partial z}{\partial \varpi};$$

au moyen de cette équation et de celle-ci

$$\Sigma'(\vartheta) = \frac{\partial z}{\partial \vartheta} + H\frac{\partial z}{\partial \varpi},$$

on aura $\frac{\partial z}{\partial \vartheta}$ et $\frac{\partial z}{\partial \varpi}$ en fonctions de ϑ, à l'origine de l'intégrale.

Présentement, si l'on suit le procédé de l'article VII, en faisant

$$z^{(1)} = \frac{\partial z}{\partial \vartheta} + mz,$$

on transformera l'équation (Z) dans celle-ci

$$(Z') \qquad 0 = \frac{\partial^2 z^{(1)}}{\partial \varpi \partial \vartheta} + m^{(1)}\frac{\partial z^{(1)}}{\partial \varpi} + n\frac{\partial z^{(1)}}{\partial \vartheta} + l^{(1)}z^{(1)} + T^{(1)};$$

or, connaissant $\frac{\partial z}{\partial \vartheta} + mz$ en fonction de ϑ, à l'origine de l'intégrale, si l'on nomme K cette fonction, on aura

$$z^{(1)} = K$$

à cette origine; on a ensuite

$$\frac{\partial z^{(1)}}{\partial \vartheta} = \frac{\partial^2 z}{\partial \vartheta^2} + m\frac{\partial z}{\partial \vartheta} + z\frac{\partial m}{\partial \vartheta};$$

ainsi, pour avoir $\frac{\partial z^{(1)}}{\partial \vartheta}$ à l'origine de l'intégrale, il ne s'agit plus que d'avoir $\frac{\partial^2 z}{\partial \vartheta^2}$ à cette origine; or on a

$$d\frac{\partial z}{\partial \vartheta} = \frac{\partial^2 z}{\partial \vartheta^2}d\vartheta + \frac{\partial^2 z}{\partial \varpi \partial \vartheta}d\varpi = \left(\frac{\partial^2 z}{\partial \vartheta^2} + H\frac{\partial^2 z}{\partial \varpi \partial \vartheta}\right)d\vartheta;$$

mais, si l'on nomme P la valeur de $\frac{\partial z}{\partial \theta}$, à l'origine de l'intégrale, P étant fonction connue de θ, on aura

$$d\frac{\partial z}{\partial \theta} = d\theta \frac{\partial P}{\partial \theta};$$

donc

$$\frac{\partial P}{\partial \theta} = \frac{\partial^2 z}{\partial \theta^2} + H \frac{\partial^2 z}{\partial \varpi \, \partial \theta};$$

l'équation (Z) donnera $\frac{\partial^2 z}{\partial \varpi \, \partial \theta}$ en fonction de θ, à l'origine de l'intégrale; on aura ainsi à ce point la valeur de $\frac{\partial^2 z}{\partial \theta^2}$, et partant aussi celle de $\frac{\partial z^{(1)}}{\partial \theta}$ en fonction de θ. L'équation $z^{(1)} = K$ donne

$$dz^{(1)} = \frac{\partial K}{\partial \theta} d\theta;$$

or on a

$$dz^{(1)} = \frac{\partial z^{(1)}}{\partial \theta} d\theta + \frac{\partial z^{(1)}}{\partial \varpi} d\varpi = \frac{\partial z^{(1)}}{\partial \theta} d\theta + H \frac{\partial z^{(1)}}{\partial \varpi} d\theta;$$

donc

$$\frac{\partial K}{\partial \theta} = \frac{\partial z^{(1)}}{\partial \theta} + H \frac{\partial z^{(1)}}{\partial \varpi},$$

d'où l'on aura $\frac{\partial z^{(1)}}{\partial \varpi}$ en fonction de θ; on aura, par conséquent, $z^{(1)}$, $\frac{\partial z^{(1)}}{\partial \varpi}$ et $\frac{\partial z^{(1)}}{\partial \theta}$ en fonction de θ, à l'origine de l'intégrale.

Si l'on fait ensuite

$$z^{(2)} = \frac{\partial z^{(1)}}{\partial \theta} + m^{(1)} z^{(1)},$$

on transformera l'équation (Z') dans la suivante

$$(Z'') \qquad 0 = \frac{\partial^2 z^{(2)}}{\partial \varpi \, \partial \theta} + m^{(2)} \frac{\partial z^{(2)}}{\partial \varpi} + n \frac{\partial z^{(2)}}{\partial \varpi} + l^{(2)} z + T^{(2)};$$

et l'on aura, comme ci-dessus, $z^{(2)}$, $\frac{\partial z^{(2)}}{\partial \varpi}$ et $\frac{\partial z^{(2)}}{\partial \theta}$ en fonctions de θ à l'origine de l'intégrale; en continuant ainsi, on aura les valeurs de $z^{(r)}$ et de $\frac{\partial z^{(r)}}{\partial \theta}$ en fonctions de θ; soit

$$z^{(r)} = \nabla(\theta),$$

on a (art. VII)

$$z^{(r)} = e^{-\int n\, d\varpi}\left[\psi(\theta) - \int e^{\int n\, d\varpi}\, T^{(r-1)}\, d\varpi\right];$$

mais, ϖ étant donné en fonction de θ, à l'origine de l'intégrale, on aura à ce point

$$e^{-\int n\, d\varpi} \qquad \text{et} \qquad e^{-\int n\, d\varpi}\int e^{\int n\, d\varpi}\, T^{(r-1)}\, d\varpi,$$

en fonction de θ; soit

$$e^{-\int n\, d\varpi} = \mathrm{R} \qquad \text{et} \qquad e^{-\int n\, d\varpi}\int e^{\int n\, d\varpi}\, T^{(r-1)}\, d\varpi = \mathrm{V},$$

on aura

$$\mathrm{V}(\theta) = \mathrm{R}\,\psi(\theta) - \mathrm{V};$$

donc

$$\psi(\theta) = \frac{\mathrm{V} + \mathrm{V}(\theta)}{\mathrm{R}};$$

or $\mathrm{V}, \mathrm{V}(\theta)$ et R étant des fonctions connues de θ, on aura la forme de la fonction arbitraire $\psi(\theta)$.

Pour avoir celle de la fonction arbitraire $\varphi(\varpi)$, on observera que l'on a

$$z^{(r-1)} = e^{-\int m^{(r-1)}\, d\theta}\left\{\varphi(\varpi) + \int e^{\int m^{(r-1)}\, d\theta - \int n\, d\varpi}\, d\theta\left[\psi(\theta) - \int e^{\int n\, d\varpi}\, T^{(r-1)}\, d\varpi\right]\right\};$$

or on a, à l'origine de l'intégrale, $z^{(r-1)}$ en fonction de θ, et à cause de la relation qui existe à ce point, entre ϖ et θ, on aura $z^{(r-1)}$ en fonction de ϖ; on aura pareillement

$$e^{-\int m^{(r-1)}\, d\theta} \qquad \text{et} \qquad e^{-\int m^{(r-1)}\, d\theta}\int e^{\int m^{(r-1)}\, d\theta - \int n\, d\varpi}\, d\theta\left[\psi(\theta) - \int e^{\int n\, d\varpi}\, T^{(r-1)}\, d\varpi\right]$$

en fonctions de ϖ; nommons donc Q la première de ces quantités, $-$ S la seconde, et faisons $z^{(r-1)} = \mathrm{F}$, nous aurons

$$\mathrm{F} = \mathrm{Q}\,\varphi(\varpi) - \mathrm{S};$$

donc

$$\varphi(\varpi) = \frac{\mathrm{F} + \mathrm{S}}{\mathrm{Q}},$$

équation au moyen de laquelle on connaitra $\varphi(\varpi)$.

Pour donner un exemple de cette méthode, considérons l'équation aux différences partielles

$$(V) \qquad 0 = \frac{\partial^2 z}{\partial \varpi \, \partial \theta} + \frac{a}{\varpi + \theta} \frac{\partial z}{\partial \varpi} + \frac{b}{\varpi + \theta} \frac{\partial z}{\partial \theta},$$

laquelle est intégrable (art. IX) si l'une des quatre valeurs suivantes de r,

$$r = b - 1, \qquad r = -a, \qquad r = a - 1, \qquad r = -b,$$

est un nombre entier positif. Soit $a = -1$, et l'on aura (art. IX) $r = 1$; mais on a, par le même article,

$$0 = \frac{\partial z^{(2)}}{\partial \varpi} + \frac{b}{\varpi + \theta} z^{(2)},$$

ce qui donne, en intégrant,

$$z^{(2)} = (\varpi + \theta)^{-b} \psi(\theta);$$

on aura ensuite (même article)

$$z^{(1)} = \frac{\partial z^{(1)}}{\partial \theta} + \frac{1}{\varpi + \theta} z^{(1)};$$

d'où l'on tire, en intégrant,

$$z^{(1)} = \frac{1}{\varpi + \theta} \left[\varphi(\varpi) + \int (\varpi + \theta)^{1-b} \psi(\theta) \, d\theta \right];$$

on a enfin

$$z = \frac{\dfrac{\partial z^{(1)}}{\partial \varpi} + \dfrac{b}{\varpi + \theta} z^{(1)}}{1 - b} = \frac{1}{(1 - b)(\varpi + \theta)} \left[\varphi'(\varpi) + (1 - b) \int (\varpi + \theta)^{-b} \psi(\theta) \, d\theta \right]$$
$$- \frac{1}{(\varpi + \theta)^2} \left[\varphi(\varpi) + \int (\varpi + \theta)^{1-b} \psi(\theta) \, d\theta \right].$$

Pour déterminer présentement les fonctions arbitraires $\varphi(\varpi)$ et $\psi(\theta)$, supposons que, à l'origine de l'intégrale, on ait

$$\varpi = \theta, \qquad z = \sin\theta \qquad \text{et} \qquad \frac{\partial z}{\partial \theta} = \frac{\sin\theta}{2\theta};$$

on aura, à cette origine,

$$dz = \cos\theta \, d\theta = \frac{\partial z}{\partial \theta} \, d\theta + \frac{\partial z}{\partial \varpi} \, d\varpi;$$

partant,

$$\cos \vartheta = \frac{\sin \vartheta}{2\vartheta} + \frac{\partial z}{\partial \varpi},$$

ce qui donne

$$\frac{\partial z}{\partial \varpi} = \cos \vartheta - \frac{\sin \vartheta}{2\vartheta};$$

on a donc ainsi, à l'origine de l'intégrale,

$$z = \sin \vartheta, \qquad \frac{\partial z}{\partial \vartheta} = \frac{\sin \vartheta}{2\vartheta}, \qquad \frac{\partial z}{\partial \varpi} = \cos \vartheta - \frac{\sin \vartheta}{2\vartheta}.$$

On a ensuite (art. IX), dans le cas présent,

$$z^{(1)} = \frac{\partial z}{\partial \vartheta} - \frac{z}{\varpi + \vartheta} \qquad \text{et} \qquad z^{(2)} = \frac{\partial z^{(1)}}{\partial \vartheta} + \frac{z^{(1)}}{\varpi + \vartheta},$$

d'où l'on tire, à l'origine de l'intégrale,

$$z^{(1)} = 0 \qquad \text{et} \qquad z^{(2)} = \frac{\partial z^{(1)}}{\partial \vartheta};$$

or on a

$$\frac{\partial z^{(1)}}{\partial \vartheta} = \frac{\partial^2 z}{\partial \vartheta^2} - \frac{\dfrac{\partial z}{\partial \vartheta}}{\varpi + \vartheta} + \frac{z}{(\varpi + \vartheta)^2},$$

ce qui donne, à l'origine de l'intégrale,

$$\frac{\partial z^{(1)}}{\partial \vartheta} = \frac{\partial^2 z}{\partial \vartheta^2};$$

ainsi, pour avoir $\frac{\partial z^{(1)}}{\partial \vartheta}$ et, par conséquent, $z^{(2)}$ à l'origine de l'intégrale, il ne s'agit que de connaître à ce point la valeur de $\frac{\partial^2 z}{\partial \vartheta^2}$. Pour cela, on observera que

$$d\frac{\partial z}{\partial \vartheta} = \frac{\partial^2 z}{\partial \vartheta^2} \partial \vartheta + \frac{\partial^2 z}{\partial \varpi\, \partial \vartheta} \partial \varpi = \frac{\partial^2 z}{\partial \vartheta^2} \partial \vartheta + \frac{\partial^2 z}{\partial \varpi\, \partial \vartheta} \partial \vartheta;$$

or on a

$$d\frac{\partial z}{\partial \vartheta} = d\frac{\sin \vartheta}{2\vartheta} = \frac{\cos \vartheta\, d\vartheta}{2\vartheta} - \frac{\sin \vartheta\, d\vartheta}{2\vartheta^2},$$

partant,

$$\frac{\cos \vartheta}{2\vartheta} - \frac{\sin \vartheta}{2\vartheta^2} = \frac{\partial^2 z}{\partial \vartheta^2} + \frac{\partial^2 z}{\partial \varpi\, \partial \vartheta};$$

l'équation (V) donne ensuite, à l'origine de l'intégrale,

$$\frac{\partial^2 z}{\partial \varpi \, \partial \theta} = \frac{\dfrac{\partial z}{\partial \varpi} - b \dfrac{\partial z}{\partial \theta}}{2\theta} = \frac{\cos\theta}{2\theta} - \frac{\sin\theta}{4\theta^2} - \frac{b\sin\theta}{4\theta^2};$$

on aura donc

$$\frac{\partial^2 z}{\partial \theta^2} = \frac{(b-1)\sin\theta}{4\theta^2} = z^{(2)};$$

or l'équation

$$z^{(2)} = (\varpi + \theta)^{-b}\,\psi(\theta)$$

donne, à l'origine de l'intégrale,

$$z^{(2)} = (2\theta)^{-b}\,\psi(\theta);$$

partant,

$$\psi(\theta) = \frac{(b-1)\sin\theta}{(2\theta)^{1-b}}.$$

Pour avoir maintenant $\varphi(\varpi)$, on observera que l'équation

$$z^{(1)} = \frac{1}{\varpi + \theta}\left[\varphi(\varpi) + \int (\varpi + \theta)^{1-b}\,\psi(\theta)\,d\theta\right]$$

donne à l'origine de l'intégrale, où $z^{(1)} = 0$, comme on vient de le voir,

$$\varphi(\varpi) = \int (\varpi + \theta)^{1-b}(1-b)\frac{\sin\theta\, d\theta}{(2\theta)^{1-b}};$$

on aura ainsi $\varphi(\varpi)$, en intégrant le second membre de cette équation et en changeant ensuite dans l'intégrale θ en ϖ.

Il resterait présentement à donner des méthodes pour intégrer par approximation les équations aux différences partielles, et pour avoir leurs intégrales particulières, lorsque l'intégrale complète est impossible; mais l'un et l'autre de ces deux objets exige des recherches très délicates, que la longueur déjà trop grande de ce Mémoire m'oblige de remettre à un autre temps.

RECHERCHES

SUR PLUSIEURS POINTS

DU SYSTÈME DU MONDE.

RECHERCHES

SUR PLUSIEURS POINTS

DU SYSTÈME DU MONDE [1]

Mémoires de l'Académie royale des Sciences de Paris, année 1775; 1778.

I.

Les objets que je me propose de traiter dans ce Mémoire sont : 1º la loi de la pesanteur à la surface des sphéroïdes homogènes en équilibre; 2º le phénomène du flux et du reflux de la mer, la précession des équinoxes et la nutation de l'axe de la Terre qui résultent de ce phénomène; 3º les oscillations de l'atmosphère occasionnées par l'action du Soleil et de la Lune.

Sur la loi de la pesanteur à la surface des sphéroïdes homogènes en équilibre.

Ces recherches sont une extension de celles que j'ai données dans la seconde Partie des *Mémoires de l'Académie* pour l'année 1772, page 536 ([2]). En supposant en équilibre une masse fluide homogène dont toutes les parties s'attirent en raison réciproque du carré des distances et qui, en tournant autour d'un axe, forme un solide de révolution infiniment peu différent d'une sphère, j'ai démontré que si, à l'équateur de ce sphéroïde, on nomme P la pesanteur et αm le rapport

[1] Remis le 15 novembre 1777.
[2] *OEuvres de Laplace*, t. VIII, p. 481.

de la force centrifuge à la pesanteur, α étant supposé infiniment petit,
la pesanteur à un point quelconque du sphéroïde, dont θ est le complément de la latitude, sera $P(1 + \frac{3}{4}\alpha m \cos^2\theta)$. Ce théorème est d'autant plus remarquable que j'ai fait voir, dans le même endroit, qu'il
n'est nullement démontré que la figure elliptique soit la seule qui convienne à l'équilibre, qu'il y a peut-être une infinité d'autres figures
qui y satisfont pareillement; mais que, sur tous ces sphéroïdes, la loi
de la pesanteur est la même. Je me propose ici de généraliser ces
recherches et de chercher la loi de la pesanteur, sans m'astreindre à
la supposition que le sphéroïde est de révolution. Je suppose conséquemment une masse fluide homogène, dont toutes les parties s'attirent en raison réciproque du carré de la distance, tourner autour
d'un axe quelconque, de manière que la force centrifuge soit infiniment petite relativement à la pesanteur; je suppose de plus tous les
points de cette masse animés par des forces quelconques infiniment
petites, et je vais déterminer *a priori*, et indépendamment de la connaissance de la figure du sphéroïde, la loi de la pesanteur à la surface,
dans le cas de l'équilibre.

L'action d'une pyramide MR'CBD (*fig.* 1), dont la base R'CBD est
infiniment petite, sur son sommet M, est égale à la section RR'OR''

Fig. 1.

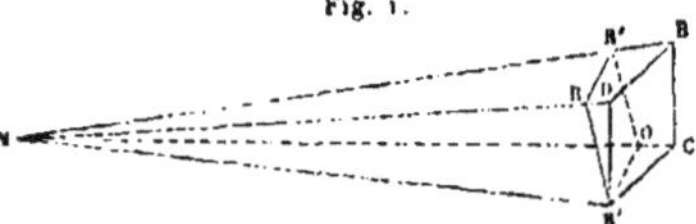

faite perpendiculairement à MR et divisée par MR; en sorte que, si l'on
nomme V cette section et r la droite MR, on aura $\frac{V}{r}$ pour l'action de
la pyramide sur le point M; cette proposition est trop facile à démontrer pour nous y arrêter.

Cela posé, considérons un sphéroïde quelconque AMB (*fig.* 2); soit
tirée la droite MC, et par le point M les deux droites IMV et MQ, perpendiculaires, la première à MC dans le plan AMB, et la seconde au

plan AMB; soit, de plus, R un point quelconque placé à la surface du
sphéroïde, et dont Z est la projection sur le plan AMB; que l'on fasse
$MR = r$, l'angle $QMR = p$, et l'angle $IMZ = q$; en faisant varier le
point R de manière que, l'angle p restant invariable ainsi que la

Fig. 2.

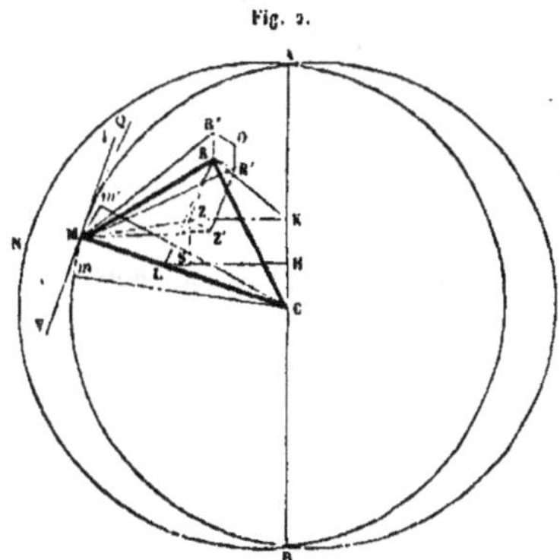

droite MR, l'angle q devienne $q + dq$, on aura un nouveau point R',
dont Z' sera la projection sur le plan AMB, et la droite RR' sera égale
à ZZ'; or on a

$$ZZ' = MZ\, dq \qquad \text{et} \qquad MZ = r \sin p;$$

donc

$$ZZ' = r \sin p\, dq = RR'.$$

Si l'on fait ensuite mouvoir le petit triangle MRR', de manière que,
q et r restant invariables, p devienne $p + dp$, le point en R viendra en
R″ et le point R' en O; de plus, il est visible que la base RR'OR″ de la
pyramide MRR'OR″ est égale à

$$r^2 \sin p\, dp\, dq,$$

et qu'elle est perpendiculaire sur MR, en sorte que l'action de cette
pyramide sur le point M sera, par ce qui précède, égale à

$$r \sin p\, dp\, dq;$$

cette action, décomposée suivant les trois droites MC, MV et MQ, donnera :

1° Suivant MC, une action égale à

$$r \sin^2 p \sin q \, dp \, dq;$$

2° Suivant MV, une action égale à

$$- r \sin^2 p \cos q \, dp \, dq;$$

3° Suivant MQ, une action égale à

$$r \sin p \cos p \, dp \, dq.$$

On aura donc pour l'action entière du sphéroïde :

1° Suivant MC

$$\int_0^\pi \int_0^\pi r \sin^2 p \sin q \, dp \, dq :$$

je nomme A cette action;

2° Suivant MV

$$-\int_0^\pi \int_0^\pi r \sin^2 p \cos q \, dp \, dq :$$

je nomme B cette action;

3° Suivant MQ

$$\int_0^\pi \int_0^\pi r \sin p \cos p \, dp \, dq :$$

je nomme C cette action.

Il ne s'agit plus maintenant que de connaitre r en fonction de p et de q.

Pour cela, imaginons que le solide soit infiniment peu différent d'une sphère dont C soit le centre et CA le rayon. Soient $CA = a$ et l'angle $MCA = 0$; concevons ensuite un plan fixe ANB, et soit ϖ l'angle qu'il forme avec le plan AMB, angle que je nommerai *longitude du point* M. Cela posé, MC ne diffère, par l'hypothèse, de AC que d'une quantité infiniment petite; soit $\alpha a \mu$ cette quantité, en sorte que l'on ait

$$MC = a(1 + \alpha \mu),$$

α étant infiniment petit; μ sera une fonction de ϖ et de θ; soient encore θ' l'angle RCA, et ϖ' la longitude du point R, on aura

$$RC = a(1 + \alpha\mu'),$$

μ' étant pareille fonction de ϖ' et de θ' que μ l'est de ϖ et de θ. Si des points R et Z on abaisse les perpendiculaires RL et ZL, sur MC, on aura

$$\overline{RL}^2 = \overline{ZL}^2 + \overline{RZ}^2;$$

or

$$ZL = r \sin p \cos q$$

et

$$RL = r \cos p;$$

donc

$$\overline{RL}^2 = r^2 \sin^2 p \cos^2 q + r^2 \cos^2 p;$$

de plus

$$ML = r \sin p \sin q;$$

donc

$$CL = a(1 + \alpha\mu) - r \sin p \sin q;$$

partant,

$$\overline{CR}^2 = \overline{CL}^2 + \overline{RL}^2 = a^2(1 + \alpha\mu)^2 - 2a(1 + \alpha\mu)r \sin p \sin q + r^2 = a^2(1 + \alpha\mu')^2;$$

on aura donc, en négligeant les quantités de l'ordre α^2, comme nous le ferons toujours dans la suite,

$$r^2 - 2ar(1 + \alpha\mu) \sin p \sin q = 2\alpha a^2(\mu' - \mu),$$

d'où l'on tire

$$r = a(1 + \alpha\mu)\sin p \sin q \pm \left[a \sin p \sin q(1 + \alpha\mu) + \frac{\alpha a(\mu' - \mu)}{\sin p \sin q} \right].$$

Il faut substituer dans μ', au lieu de ϖ' et de θ', les valeurs qui leur conviennent; or, en adoptant le signe $-$, on a

$$r = \frac{\alpha a(\mu' - \mu)}{\sin p \sin q},$$

ce qui indique que le point R est infiniment voisin du point M, et alors on a, aux quantités près de l'ordre α,

$$\varpi' = \varpi \quad \text{et} \quad \theta' = 0;$$

d'où l'on tire, aux quantités près de l'ordre α^2,

$$\alpha\mu' = \alpha\mu;$$

partant,

$$r = 0,$$

ce qui, d'ailleurs, est visible *a priori*. En adoptant le signe $+$, on a

$$r = 2a(1 + \alpha\mu)\sin p \sin q + \frac{\alpha a(\mu' - \mu)}{\sin p \sin q},$$

et c'est l'expression de MR; il faut, présentement, déterminer θ' et ϖ' en fonctions de p et de q. Pour cela, on abaissera des points R et Z les perpendiculaires RK et ZK sur AB; en négligeant les quantités de l'ordre α, comme cela est ici permis, θ' et ϖ' ne se trouvant que dans μ' qui est déjà multiplié par α, on aura

$$CK = a\cos\theta';$$

de plus, si l'on mène LH perpendiculairement sur AC et ZS perpendiculairement sur LH, on aura

$$CH = CL\cos\theta = (a - r\sin p \sin q)\cos\theta$$

et

$$ZS = KH = r\sin p \cos q \sin\theta;$$

donc

$$CK = CH + HK = a\cos\theta + r\sin p(\sin\theta\cos q - \cos\theta\sin q);$$

donc

$$\cos\theta' = \cos\theta + 2\sin^2 p \sin q \sin(\theta - q);$$

on a ensuite

$$\sin(\varpi' - \varpi) = \frac{RZ}{RK} = \frac{r\cos p}{a\sin\theta'} = \frac{2\sin p \cos p \sin q}{\sin\theta'};$$

on déterminera donc ϖ' et θ' au moyen des équations

$$\sin(\varpi' - \varpi) = \frac{2\sin p \cos p \sin q}{\sin\theta'},$$

$$\cos\theta' = \cos\theta + 2\sin^2 p \sin q \sin(\theta - q)$$

ou

$$\cos \theta' = \cos \theta \cos^2 p + \sin^2 p \cos(\theta - 2q);$$

si l'on substitue maintenant, au lieu de r, sa valeur dans les expressions de A, B et C, on aura

$$A = \int_0^\pi \int_0^\pi \left[2a \sin^3 p \sin^2 q (1 + 2\mu) + 2a(\mu' - \mu) \sin p \right] dp\, dq,$$

$$B = - \int_0^\pi \int_0^\pi \left[2a \sin^3 p \sin q \cos q (1 + 2\mu) + 2a(\mu' - \mu) \sin p \frac{\cos q}{\sin q} \right] dp\, dq,$$

$$C = \int_0^\pi \int_0^\pi \left[2a \sin^3 p \cos p \sin q (1 + 2\mu) + 2a(\mu' - \mu) \frac{\cos p}{\sin q} \right] dp\, dq;$$

les intégrales précédentes devant être prises depuis p et q égaux à zéro jusqu'à p et q égaux à π, il est clair qu'on peut négliger, dans le développement des différentielles, les termes dans lesquels $\cos p$ ou $\cos q$ se trouvent élevés à des puissances impaires; car soit $P \cos q\, dq$ un de ces termes, P étant fonction de $\sin q$ et de $\cos^2 q$, il est visible que P sera le même pour deux valeurs de q, équidistantes de $\frac{\pi}{2}$, mais dont l'une est au-dessus et l'autre au-dessous de ce point; donc, $\cos q$ étant le même pour ces deux valeurs, avec des signes contraires, $P \cos q\, dq$ sera aussi le même avec des signes contraires; en sorte que l'on aura, depuis $q = 0$ jusqu'à $q = \pi$,

$$\int_0^\pi P \cos q\, dp = 0;$$

on a ensuite

$$\int_0^\pi \sin^2 q\, dq = \frac{\pi}{2},$$

de plus

$$\int_0^\pi \sin^2 p\, dp = \tfrac{1}{2};$$

donc

$$\int_0^\pi \int_0^\pi 2 \sin^2 p \sin^2 q\, dp\, dq = \tfrac{1}{2} \pi;$$

on a encore

$$\int_0^\pi \int_0^\pi \sin p \, dp \, dq = 2\pi;$$

en faisant donc, pour plus de simplicité, $a = 1$, on aura

$$A = \tfrac{1}{2}\pi - \tfrac{1}{2}\alpha\pi\mu + \alpha \int_0^\pi \int_0^\pi \mu' \sin p \, dp \, dq,$$

$$B = \alpha \int_0^\pi \int_0^\pi \sin p \, \frac{\cos q}{\sin q} (\mu - \mu') \, dp \, dq = -\alpha \int_0^\pi \int_0^\pi \sin p \, \frac{\cos q}{\sin q} \mu' \, dp \, dq,$$

$$C = \alpha \int_0^\pi \int_0^\pi \frac{\cos p}{\sin q} (\mu' - \mu) \, dp \, dq = \alpha \int_0^\pi \int_0^\pi \frac{\cos p}{\sin q} \mu' \, dp \, dq;$$

si l'on intègre l'expression de B par rapport à p, on aura

$$B = \alpha \cos p \int_0^\pi \frac{\cos q}{\sin q} (\mu' - \mu) \, dq - \alpha \int_0^\pi \int_0^\pi \cos p \, \frac{\cos q}{\sin q} \frac{\partial \mu'}{\partial p} \, dp \, dq,$$

$\frac{\partial \mu'}{\partial p}$ désignant le coefficient de dp, dans la différentielle de μ'; or, p étant supposé nul, on a $\varpi' = \varpi$ et $\theta' = \theta$, donc $\mu' = \mu$. Les mêmes équations ont encore lieu lorsque $p = \pi$; on a donc

$$\alpha \cos p \int_0^\pi \frac{\cos q}{\sin q} (\mu' - \mu) \, dq = 0;$$

partant,

$$B = -\alpha \int_0^\pi \int_0^\pi \cos p \, \frac{\cos q}{\sin q} \frac{\partial \mu'}{\partial p} \, dp \, dq;$$

on a présentement

$$\frac{\partial \mu'}{\partial p} = \frac{\partial \mu'}{\partial \theta'} \frac{\partial \theta'}{\partial p} + \frac{\partial \mu'}{\partial \varpi'} \frac{\partial \varpi'}{\partial p},$$

et l'équation

$$\cos \theta' = \cos \theta + 2 \sin^2 p \sin q \sin (\theta - q)$$

donne, en faisant varier θ' et p,

$$\sin \theta' \, d\theta' = -4 \sin p \cos p \sin q \sin (\theta - q) \, dp.$$

Partant,

$$\frac{\partial \theta'}{\partial p} = -\frac{4 \sin p \cos p \sin q \sin (\theta - q)}{\sin \theta'};$$

en différentiant présentement l'équation

$$\sin(\varpi' - \varpi) = \frac{2 \sin p \cos p \sin q}{\sin \theta'}$$

par rapport à ϖ' et p, on aura

$$\cos(\varpi' - \varpi)\, d\varpi' = \frac{2\sin q\,(\cos^2 p - \sin^2 p)\, dp}{\sin \theta'} - \frac{2\sin p \cos p \sin q \dfrac{\partial \theta'}{\partial p} \cos \theta'\, dp}{\sin^2 \theta'};$$

partant,

$$\frac{d\varpi'}{dp} = \frac{2(\cos^2 p - \sin^2 p)\sin q}{\sin \theta' \cos(\varpi' - \varpi)} + \frac{8\sin^2 p \cos^2 p \sin^2 q \sin(\theta - q)\cos \theta'}{\sin^3 \theta' \cos(\varpi' - \varpi)};$$

on aura donc

$$\frac{B}{2} = \alpha \int_0^\pi \int_0^\pi \left\{ \begin{array}{l} \dfrac{\partial \mu'}{\partial \theta'}\, \dfrac{2\sin p \cos^2 p \cos q \sin(\theta - q)}{\sin \theta'} \\[2mm] - \dfrac{\partial \mu'}{\partial \varpi'}\left[\dfrac{\cos p \cos q\,(\cos^2 p - \sin^2 p)}{\sin \theta' \cos(\varpi' - \varpi)} \right. \\[2mm] \left. + \dfrac{4\sin^2 p \cos^2 p \sin q \cos q \sin(\theta - q)\cos \theta'}{\sin^3 \theta' \cos(\varpi' - \varpi)} \right] \end{array} \right\} dp\, dq,$$

d'où l'on tirera facilement

$$\frac{B}{2} = \alpha \int_0^\pi \int_0^\pi \left\{ \begin{array}{l} \dfrac{\partial \mu'}{\partial \theta'}\, \dfrac{\sin p \cos^2 p\,[\sin \theta + \sin(\theta - 2q)]}{\sin \theta'} \\[2mm] - \dfrac{\partial \mu'}{\partial \varpi'}\left[\dfrac{\cos p \cos q\,(\cos^2 p - \sin^2 p)}{\sin \theta' \cos(\varpi' - \varpi)} \right. \\[2mm] \left. + \dfrac{2\sin^2 p \cos^2 p \sin q \cos \theta'\,[\sin \theta + \sin(\theta - 2q)]}{\sin^3 \theta' \cos(\varpi' - \varpi)} \right] \end{array} \right\} dp\, dq;$$

si l'on différentie l'expression de A, par rapport à θ, on aura

$$\frac{\partial A}{\partial \theta} = -\tfrac{1}{2} \alpha \pi \frac{\partial \mu}{\partial \theta} + \alpha \int_0^\pi \int_0^\pi \sin p \left(\frac{\partial \mu'}{\partial \theta'} \frac{\partial \theta'}{\partial \theta} + \frac{\partial \mu'}{\partial \varpi'} \frac{\partial \varpi'}{\partial \theta} \right) dp\, dq.$$

Or, en différentiant l'équation

$$\cos \theta' = \cos \theta \cos^2 p + \sin^2 p \cos(\theta - 2q)$$

par rapport à θ' et θ, on a

$$\sin \theta'\, d\theta' = \sin \theta \cos^2 p\, d\theta + \sin^2 p \sin(\theta - 2q)\, d\theta,$$

ce qui donne

$$\frac{\partial \theta'}{\partial \theta} = \frac{\sin \theta \cos^2 p + \sin^2 p \sin(\theta - 2q)}{\sin \theta'};$$

si l'on différentie ensuite l'équation

$$\sin(\varpi' - \varpi) = \frac{2 \sin p \cos p \sin q}{\sin \theta'}$$

par rapport à ϖ' et θ, on aura

$$\cos(\varpi' - \varpi)\, d\varpi' = -\frac{2 \sin p \cos p \sin q \cos \theta'}{\sin^2 \theta'} \frac{\partial \theta'}{\partial \theta}\, d\theta;$$

d'où l'on tire, en substituant au lieu de $\frac{\partial \theta'}{\partial \theta}$ sa valeur,

$$\frac{\partial \varpi'}{\partial \theta} = -\frac{2 \sin p \cos p \sin q \cos \theta'}{\sin^3 \theta' \cos(\varpi' - \varpi)} [\sin \theta \cos^2 p + \sin^2 p \sin(\theta - 2q)].$$

$$\frac{\partial A}{\partial \theta} = -\tfrac{1}{3} \alpha \pi \frac{\partial \mu}{\partial \theta}$$

$$+ \alpha \int_0^\pi \int_0^\pi \left\{ \frac{\partial \mu'}{\partial \theta'} \frac{\sin \theta \cos^2 p + \sin^2 p \sin(\theta - 2q)}{\sin \theta'} \sin p \right.$$

$$\left. - \frac{\partial \mu'}{\partial \varpi'} \frac{2 \sin^2 p \cos p \sin q \cos \theta'}{\sin^3 \theta' \cos(\varpi' - \varpi)} [\sin \theta \cos^2 p + \sin^2 p \sin(\theta - 2q)] \right\} dp\, dq;$$

partant,

$$\frac{\partial A}{\partial \theta} - \tfrac{1}{2} B = -\tfrac{2}{3} \alpha \pi \frac{\partial \mu}{\partial \theta}$$

$$+ \alpha \int_0^\pi \int_0^\pi (\sin^2 p - \cos^2 p) \left\{ \frac{\partial \mu'}{\partial \theta'} \frac{\sin p \sin(\theta - 2q)}{\sin \theta'} \right.$$

$$- \frac{\partial \mu'}{\partial \varpi'} \left[\frac{\cos p \cos q}{\sin \theta' \cos(\varpi' - \varpi)} \right.$$

$$\left. \left. + \frac{2 \sin^2 p \cos p \sin q \cos \theta' \sin(\theta - 2q)}{\sin^3 \theta' \cos(\varpi' - \varpi)} \right] \right\} dp\, dq.$$

Maintenant on a

$$\frac{\partial \mu'}{\partial q} = \frac{\partial \mu'}{\partial \theta'} \frac{\partial \theta'}{\partial q} + \frac{\partial \mu'}{\partial \varpi'} \frac{\partial \varpi'}{\partial q};$$

or, si l'on différentie l'équation

$$\cos \theta' = \cos \theta \cos^2 p + \sin^2 p \cos(\theta - 2q).$$

par rapport à θ' et à q, on aura

$$\sin\theta'\, d\theta' = -2\sin^2 p \sin(\theta - 2q)\, dq;$$

partant

$$\frac{\partial\theta'}{\partial q} = -\frac{2\sin^2 p \sin(\theta - 2q)}{\sin\theta'};$$

en différentiant ensuite l'équation

$$\sin(\varpi' - \varpi) = \frac{2\sin p \cos p \sin q}{\sin\theta'},$$

par rapport à ϖ' et à q, on aura

$$\cos(\varpi' - \varpi)\, d\varpi' = \frac{2\sin p \cos p \cos q\, dq}{\sin\theta'} - \frac{2\sin p \cos p \sin q \cos\theta' \dfrac{\partial\theta'}{\partial q}\, dq}{\sin^2\theta'},$$

d'où l'on tirera, en substituant au lieu de $\dfrac{\partial\theta'}{\partial q}$ sa valeur,

$$\frac{\partial\varpi'}{\partial q} = \frac{2\sin p \cos p \cos q}{\sin\theta' \cos(\varpi' - \varpi)} + \frac{4\sin^3 p \cos p \sin q \cos\theta' \sin(\theta - 2q)}{\sin^3\theta' \cos(\varpi' - \varpi)};$$

partant

$$\frac{\partial\mu'}{\partial q} = -\frac{\partial\mu'}{\partial\theta'}\frac{2\sin^2 p \sin(\theta - 2q)}{\sin\theta'}$$
$$+ \frac{\partial\mu'}{\partial\varpi'}\left[\frac{2\sin p \cos p \cos q}{\sin\theta'\cos(\varpi' - \varpi)} + \frac{4\sin^3 p \cos p \sin q \cos\theta' \sin(\theta - 2q)}{\sin^3\theta'\cos(\varpi' - \varpi)}\right];$$

on aura donc

$$\frac{\partial A}{\partial\theta} - \tfrac{1}{2}B = -\tfrac{2}{3}\alpha\pi\frac{\partial\mu}{\partial\theta} - \tfrac{1}{4}\alpha\int_0^\pi\int_0^\pi \frac{\partial\mu'}{\partial q}\frac{\sin^2 p - \cos^2 p}{\sin p}\, dp\, dq:$$

or, en intégrant par rapport à q, on a

$$\int\frac{\partial\mu'}{\partial q}\, dq = \mu' + \mathrm{H}.$$

La constante arbitraire doit se déterminer par la condition que l'intégrale commence lorsque $q = 0$; et, dans ce cas, on a $\theta' = 0$ et $\varpi' = \varpi$; donc $\mu' = \mu$; partant $\mathrm{H} = -\mu$, et

$$\int\frac{\partial\mu'}{\partial q}\, dq = \mu' - \mu;$$

mais l'intégrale doit se terminer lorsque $q = \pi$; et, dans ce cas, on a
$\theta' = 0$ et $\varpi' = \varpi$, partant $\mu' = \mu$; donc

$$\int_0^\pi \frac{\partial \mu'}{\partial q}\, dq = 0,$$

ce qui donne

$$(a) \qquad \frac{\partial A}{\partial \theta} - \tfrac{1}{2} B + \tfrac{2}{3} \alpha \pi \frac{\partial \mu}{\partial \theta} = 0,$$

équation analogue à celle que j'ai donnée pour les sphéroïdes de révolution, dans les *Mémoires de l'Académie* déjà cités, page 545 ([1]).

On aura, en suivant la même analyse, une équation à peu près semblable entre A et C; mais, au lieu de recommencer les mêmes calculs, il est plus simple de tirer cette équation de l'équation (a). Pour cela, considérons un point m, infiniment voisin de M, placé en même temps à la surface du sphéroïde et dans le plan AMB; si l'on fait $MCm = d\theta$, et que l'on nomme $'A$ ce que devient A pour le point m, et $'\mu$ ce que devient μ pour le même point, on aura

$$\frac{'A - A}{d\theta} = \frac{\partial A}{\partial \theta} \qquad \text{et} \qquad \frac{'\mu - \mu}{d\theta} = \frac{\partial \mu}{\partial \theta};$$

l'équation (a) devient conséquemment

$$(\lambda) \qquad 'A - A - \tfrac{1}{2} B\, d\theta + \tfrac{2}{3} \alpha \pi ('\mu - \mu) = 0.$$

Imaginons par les points M et C un plan QMC, perpendiculaire au plan AMB, et considérons un point m', infiniment voisin de M, placé en même temps à la surface du sphéroïde et dans le plan QMC; soit $d\varphi$ l'angle MCm', et soient A_1 et μ_1 ce que deviennent A et μ au point m'; il est clair que, par la même raison que l'équation (λ) a lieu, celle-ci

$$(\lambda') \qquad A_1 - A - \tfrac{1}{2} C\, d\varphi + \tfrac{2}{3} \alpha \pi (\mu_1 - \mu) = 0$$

doit avoir lieu; présentement, l'angle $m'CA$ ne diffère de l'angle MCA que d'un infiniment petit du second ordre, en sorte que, si l'on sup-

[1] *OEuvres de Laplace*, T. VIII, p. 491.

pose la longitude du point m' égale à $\varpi + d\varpi$, on aura

$$A_1 - A = \frac{\partial A}{\partial \varpi} d\varpi \qquad \text{et} \qquad \mu_1 - \mu = \frac{\partial \mu}{\partial \varpi} d\varpi;$$

de plus, en négligeant les quantités de l'ordre α, comme cela est ici permis, C étant infiniment petit de l'ordre α, on a $d\varphi = d\varpi \sin\theta$; l'équation ($\lambda'$) deviendra donc

$$(a') \qquad \frac{\partial A}{\partial \varpi} - \tfrac{1}{3} C \sin\theta + \tfrac{2}{3} \alpha \pi \frac{\partial \mu}{\partial \varpi} = 0;$$

et les équations (a) et (a') ont lieu, quelle que soit la figure du sphéroïde, pourvu qu'il diffère infiniment peu de la sphère.

Supposons maintenant que le sphéroïde ait un mouvement de rotation et, de plus, que toutes ses parties soient animées par des forces quelconques, et déterminons les équations de l'équilibre. D'abord, il est clair que l'axe de rotation peut être censé passer par le centre de gravité du sphéroïde; soit donc AB cet axe, C étant le centre de gravité de la masse entière; soit encore αf la force centrifuge à l'équateur du sphéroïde, ou lorsque $\theta = \frac{\pi}{2}$; cette force sera au point M égale à $\alpha f \sin\theta$, en négligeant les quantités de l'ordre α^2, et elle donnera, suivant l'élément Mm du sphéroïde, une force égale à $\alpha f \sin\theta \cos\theta$; cette même force, décomposée suivant l'élément Mm', sera nulle et, décomposée suivant MC, elle donnera une force égale à $- \alpha f \sin^2\theta$; je lui donne le signe $-$, parce qu'elle agit en sens contraire de MC.

L'action A du sphéroïde sur le point M, décomposée suivant Mm, donnera une force égale à A$\cos$CMm; or on a

$$\cos\text{CM}m = - \alpha \frac{\partial \mu}{\partial \theta};$$

donc l'action A produira, suivant Mm, une force égale à

$$- \alpha A \frac{\partial \mu}{\partial \theta} = - \tfrac{4}{3} \alpha \pi \frac{\partial \mu}{\partial \theta},$$

en négligeant les quantités de l'ordre α^2. Cette même force A, décomposée suivant Mm', donnera une force égale à

$$- \tfrac{1}{3} \alpha \pi \frac{\frac{\partial \mu}{\partial \varpi}}{\sin \vartheta}.$$

La force B, étant de l'ordre α, donnera suivant Mm, en négligeant les quantités de l'ordre α^2, une force égale à B, et suivant Mm' une force nulle. Pareillement, la force C donnera suivant Mm une force nulle, et suivant Mm' une force égale à C. Supposons ensuite que le point M soit animé : 1° d'une force αM, dirigée de M vers V; 2° d'une force αN, dirigée de M vers Q; 3° d'une force αR, dirigée de M vers C; M, N et R étant des fonctions quelconques de ϖ et de θ, on aura pour la force entière, dont le point M est animé suivant Mm,

$$\alpha f \sin \vartheta \cos \vartheta + \alpha \mathrm{M} + \mathrm{B} - \tfrac{1}{2} \alpha \pi \frac{\partial \mu}{\partial \theta};$$

et, comme cette force doit être nulle par la condition de l'équilibre, on aura l'équation

$$(a^{\cdot}) \qquad \alpha f \sin \vartheta \cos \vartheta + \alpha \mathrm{M} + \mathrm{B} = \tfrac{1}{2} \alpha \pi \frac{\partial \mu}{\partial \vartheta}.$$

On aura semblablement pour la force entière, dont le point M est animé suivant Mm',

$$\alpha \mathrm{N} + \mathrm{C} - \tfrac{1}{2} \alpha \pi \frac{\frac{\partial \mu}{\partial \varpi}}{\sin \vartheta},$$

et, cette force devant être encore nulle dans le cas de l'équilibre, on aura l'équation

$$(a^{\cdot\cdot}) \qquad \sin \vartheta (\mathrm{C} + \alpha \mathrm{N}) = \tfrac{1}{2} \alpha \pi \frac{\partial \mu}{\partial \varpi};$$

enfin, la force entière dont le point M est animé suivant MC est A $-\alpha f \sin^2 \theta + \alpha$R; or il est facile de s'assurer que la pesanteur au point M, ou, ce qui revient au même, que la résultante des trois forces, suivant MC, MV et MQ, ne diffère de la force, suivant MC, que d'une quantité de l'ordre α^2; donc, si l'on nomme P la pesanteur au point M, on aura

$$(a^{\text{iv}}) \qquad\qquad P = A - \alpha f \sin^2\theta + \alpha R.$$

Si l'on différentie cette équation successivement par rapport à θ et à ϖ, on aura

$$\frac{\partial P}{\partial\theta}\,d\theta = \frac{\partial A}{\partial\theta}\,d\theta + \alpha\frac{\partial R}{\partial\theta}\,d\theta - 2\alpha f\sin\theta\cos\theta\,d\theta,$$

$$\frac{\partial P}{\partial\varpi}\,d\varpi = \frac{\partial A}{\partial\varpi}\,d\varpi + \alpha\frac{\partial R}{\partial\varpi}\,d\varpi;$$

en substituant dans ces équations, au lieu de $\frac{\partial A}{\partial\theta}$ et de $\frac{\partial A}{\partial\varpi}$, leurs valeurs que donnent les équations (a) et (a'), on aura

$$\frac{\partial P}{\partial\theta}\,d\theta = \tfrac{1}{2}B\,d\theta - \tfrac{1}{3}\alpha\pi\frac{\partial\mu}{\partial\theta}\,d\theta + \alpha\frac{\partial R}{\partial\theta}\,d\theta - 2\alpha f\sin\theta\cos\theta\,d\theta,$$

$$\frac{\partial P}{\partial\varpi}\,d\varpi = \tfrac{1}{2}C\sin\theta\,d\varpi - \tfrac{1}{3}\alpha\pi\frac{\partial\mu}{\partial\varpi}\,d\varpi + \alpha\frac{\partial R}{\partial\varpi}\,d\varpi,$$

et, si l'on substitue, au lieu de B et de C, leurs valeurs que donnent les équations (a'') et (a''') de l'équilibre, on aura

$$\frac{\partial P}{\partial\theta}\,d\theta = -\tfrac{1}{2}\alpha f\sin\theta\cos\theta\,d\theta - \tfrac{1}{2}\alpha M\,d\theta + \alpha\frac{\partial R}{\partial\theta}\,d\theta,$$

$$\frac{\partial P}{\partial\varpi}\,d\varpi = -\tfrac{1}{2}\alpha N\sin\theta\,d\varpi + \alpha\frac{\partial R}{\partial\varpi}\,d\varpi;$$

en ajoutant ces deux équations, on aura

$$dP = -\tfrac{1}{2}\alpha f\sin\theta\cos\theta\,d\theta - \tfrac{1}{2}\alpha(M\,d\theta + N\sin\theta\,d\varpi) + \alpha\,dR;$$

pour que cette équation et, par conséquent, pour que l'équilibre soient possibles, $M\,d\theta + N\sin\theta\,d\varpi$ doit être une différence exacte: soit dV cette différence, et l'on aura

$$P = P' + \tfrac{1}{2}\alpha f\cos^2\theta - \tfrac{1}{2}\alpha V + \alpha R,$$

P' étant une constante arbitraire ajoutée en intégrant, et cette équation exprime généralement la loi de la pesanteur à la surface du sphéroïde.

Lorsque les forces αM, αN et αR sont produites par les attractions de tant de corps que l'on voudra, placés près ou loin du sphéroïde, mais tels cependant : 1° que leur action sur le sphéroïde altère infiniment peu sa figure; 2° qu'ils participent au mouvement de rotation du sphéroïde, autrement il ne pourrait jamais y avoir équilibre, ou bien s'ils ne tournent point avec le sphéroïde, qu'ils soient en nombre infini, et distribués également et circulairement autour du sphéroïde, comme il est très naturel de présumer que toutes les parties de l'anneau de Saturne sont disposées autour de cette planète; $M\,d\theta + N\,d\varpi \sin\theta$ sera toujours dans ce cas une différence exacte; car, soient S un de ces corps, r sa distance au point M, et h sa distance au point C; r peut être considéré comme fonction de θ, ϖ et du rayon CM, que je nomme s; présentement, l'action de S sur M est $\frac{S}{r^2}$; cette action, décomposée suivant MV est $\frac{S}{r^2 s}\frac{\partial r}{\partial\theta}$; cette même action décomposée suivant MQ est $\frac{S}{r^2 s \sin\theta}\frac{\partial r}{\partial\varpi}$; enfin cette action décomposée suivant MC est $-\frac{S}{r^2}\frac{\partial r}{\partial s}$. Pour être en droit de regarder le centre C comme immobile, il faut retrancher des forces précédentes l'action de S sur C, décomposée suivant les mêmes lignes, et, pour avoir cette action, il suffit de faire s infiniment petit dans les quantités précédentes; soient r' ce que devient r dans ce cas, et s' ce que devient s, on aura

$$\alpha M = \frac{S}{r^2 s}\frac{\partial r}{\partial\theta} - \frac{S}{r'^2 s'}\frac{\partial r'}{\partial\theta},$$

$$\alpha N = \frac{S}{r^2 s \sin\theta}\frac{\partial r}{\partial\varpi} - \frac{S}{r'^2 s' \sin\theta}\frac{\partial r'}{\partial\varpi}$$

et

$$\alpha R = \frac{S}{r'^2}\frac{\partial r'}{\partial s'} - \frac{S}{r^2}\frac{\partial r}{\partial s};$$

partant

$$\alpha M\,d\theta + \alpha N \sin\theta\,d\varpi = \frac{S}{r^2 s}\,dr - \frac{S}{r'^2 s'}\,dr',$$

en ne considérant que ϖ et θ de variables; on aura donc

$$P = P' + \tfrac{1}{2}\alpha f \cos^2\theta + \frac{S}{2\,r s} - \frac{S}{2\,r' s'} + \frac{S}{r'^2}\frac{\partial r'}{\partial s} - \frac{S}{r^2}\frac{\partial r}{\partial s}.$$

Supposons qu'en réduisant $\frac{1}{r}$, dans une suite ascendante par rapport à s, on ait

$$\frac{1}{r} = \frac{1}{h} + bs + b^{(1)}s^2 + \ldots,$$

b, $b^{(1)}$, ... étant des fonctions de θ et de ϖ, on aura

$$-\frac{S}{2r's'} = -\frac{S}{2hs'} - \frac{Sb}{2} - \frac{Sb^{(1)}s'}{2} - \ldots;$$

de plus, on aura

$$\frac{S}{r'^2}\frac{dr'}{ds'} = -S\frac{d\frac{1}{r'}}{ds'} = -Sb - 2Sb^{(1)}s' - \ldots;$$

et, si l'on considère que le terme $-\frac{S}{2hs'}$, étant constant, peut être censé compris dans la constante arbitraire P', on trouvera, en faisant $s' = 0$,

$$P = P' + \tfrac{1}{3}\alpha f \cos^2\theta + \frac{S}{2rs} - \frac{3Sb}{2} - \frac{S}{r^2 s}\frac{dr}{ds};$$

désignant donc par $\sum\left(\frac{S}{2rs} - \frac{3Sb}{2} - \frac{S}{r^2 s}\frac{dr}{ds}\right)$ la somme des quantités $\frac{S}{2rs} - \tfrac{3}{2}Sb - \frac{S}{r^2 s}\frac{dr}{ds}$, relative à tant de corps que l'on voudra, on aura

$$P = P' + \tfrac{1}{3}\alpha f \cos^2\theta + \sum\left(\frac{S}{2rs} - \tfrac{3}{2}Sb - \frac{S}{r^2 s}\frac{dr}{ds}\right).$$

Partant, si l'on connaissait la figure et la densité de l'anneau de Saturne, et sa position par rapport à l'axe de rotation de cette planète, on pourrait, en supposant la planète homogène, déterminer la loi de la pesanteur à sa surface; l'équation précédente réduit, comme l'on voit, le problème à la quadrature des courbes, parce qu'alors S devient infiniment petit et que la caractéristique intégrale Σ, relative aux différences finies, se change dans la caractéristique intégrale $\int$, relative aux différences infiniment petites.

II.

*Sur le flux et le reflux de la mer, et sur la précession des équinoxes
et la nutation de l'axe de la Terre qui résultent de ce phénomène.*

Il ne s'agit point ici de chercher une nouvelle cause du flux et du
reflux de la mer, mais de bien faire usage de celle que nous lui con-
naissons incontestablement, et qui, comme l'on sait, consiste dans
l'inégale pesanteur des eaux de la mer et du centre de la Terre vers le
Soleil et la Lune. Je me propose d'assujettir à une analyse plus rigoureuse qu'on ne l'a fait encore les effets de cette inégalité de pesanteur
et les oscillations qui en résultent. Presque tous les géomètres qui se
sont occupés jusqu'ici de cet objet ont supposé d'abord un astre immobile au-dessus d'une planète immobile et recouverte d'un fluide; ils
ont cherché la figure que le fluide devait prendre pour être en équilibre; considérant ensuite le cas où l'astre a un mouvement réel ou
apparent autour de la planète, ils ont supposé que la figure du fluide
en équilibre, qu'ils avaient déterminée dans le cas de l'astre immobile,
n'était point altérée par ce mouvement, dont tout l'effet, suivant eux,
est de changer à chaque instant la position de cette figure relativement
à la planète, en lui conservant toujours la même situation par rapport
à l'astre. C'est ainsi que MM. Newton, Daniel Bernoulli et Maclaurin
ont déterminé les effets des attractions du Soleil et de la Lune sur la
mer; mais il est aisé de sentir le peu de conformité de ces suppositions avec ce qui a lieu dans la nature, et l'on doit aux grands
géomètres que je viens de citer la justice d'observer qu'ils en ont
eux-mêmes reconnu l'inexactitude et l'insuffisance pour expliquer
plusieurs phénomènes des marées. Celui qui s'éloigne le plus de leur
théorie est la différence très petite que l'observation donne entre les
deux marées d'un même jour, quelle que soit la déclinaison des deux
astres, tandis que, en suivant leur résultat, cette différence doit souvent être très considérable et beaucoup plus grande qu'aucune autre

inégalité des marées : or une théorie qui diffère à ce point de l'observation doit être entièrement abandonnée. Heureusement cela ne porte aucune atteinte au principe de la gravitation universelle, et il n'en résulte que la nécessité d'avoir égard, dans la détermination des oscillations de la mer, au mouvement de rotation de la Terre, et à ceux du Soleil et de la Lune dans leurs orbites. Cette recherche présente alors de bien plus grandes difficultés que celle de l'équilibre, et c'est vraisemblablement ce qui a déterminé les géomètres à se borner à ce dernier cas; j'en excepte, cependant, MM. Euler et d'Alembert; le premier de ces deux grands géomètres, après avoir fait sentir, dans sa pièce sur le flux et le reflux de la mer, la difficulté de soumettre à un calcul précis les oscillations des eaux de la mer et le peu de ressources que présentaient alors à cet égard l'Analyse et la théorie des fluides, s'est borné à déterminer ces oscillations dans l'hypothèse qui lui a paru la plus vraisemblable sur l'effort des eaux pour reprendre leur état d'équilibre lorsqu'elles s'en sont dérangées. C'est donc, à proprement parler, à M. d'Alembert qu'il faut rapporter les premières recherches exactes qui aient paru sur cet important objet; cet illustre auteur s'étant proposé dans son excellent Ouvrage qui a pour titre : *Réflexions sur la cause des vents*, de calculer les effets de l'action du Soleil et de la Lune sur notre atmosphère, y détermine d'une manière synthétique et fort belle les oscillations d'un fluide de peu de profondeur qui recouvre une planète immobile, au-dessus de laquelle répond un astre immobile; il cherche ensuite à déterminer ces oscillations dans le cas où, la planète étant toujours supposée immobile, l'astre se meut uniformément sur un parallèle à l'équateur, et il parvient, par une analyse aussi savante qu'ingénieuse, aux véritables équations de ce problème; mais la difficulté de les intégrer l'a forcé de recourir à des suppositions qui en rendent la solution incertaine; on trouvera dans ces recherches la solution rigoureuse de ce même problème, quelle que soit la densité du fluide et le mouvement de l'astre attirant dans l'espace. Au reste, je dois à M. d'Alembert la justice d'observer que, si j'ai été assez heureux pour ajouter quelque chose à ses excellentes *Réflexions sur la cause des vents*, j'en suis principalement redevable à ces Réflexions elles-mêmes et aux belles découvertes de ce grand géomètre sur la Théorie des fluides et sur le Calcul intégral aux différences partielles, dont on voit les premières traces dans l'Ouvrage que je viens de citer. Si l'on considère combien les premiers pas sont difficiles en tout genre et surtout dans une matière aussi compliquée ; si l'on fait attention aux progrès immenses de l'Analyse depuis l'impression de son Ouvrage, on ne sera pas surpris qu'il nous ait laissé quelque chose à faire encore et que, aidés par des théories que nous tenons de lui presque tout entières, nous soyons en état d'avancer plus loin dans une carrière qu'il a le premier ouverte.

Il semble que la solution du problème précédent renferme toute la théorie du flux et du reflux de la mer : car, quoique on y suppose la planète immobile, ce qui n'est pas vrai pour la Terre, cependant, le mouvement de rotation de cette planète paraissant n'avoir d'autre effet que de changer la position du Soleil et de la Lune par rapport aux eaux de la mer, on pourrait croire que, pour être en droit de regarder la Terre comme immobile, il suffit de transporter en sens contraire à ces deux astres son mouvement angulaire de rotation ; mais, en réfléchissant avec attention sur la nature du problème, on aperçoit bientôt que le changement dans la position du Soleil et de la Lune par rapport à la mer n'est pas le seul effet qui résulte de la rotation de la Terre, et l'on s'en convaincra facilement par la remarque suivante, qui n'a point échappé à M. Maclaurin dans son excellente pièce sur le flux et le reflux de la mer, quoique ce savant auteur ne l'ait point soumise au calcul. Lorsqu'on suppose à la planète un mouvement de rotation commun au fluide, la vitesse d'une molécule du fluide étant supposée rester la même dans le sens du parallèle, son mouvement angulaire de rotation augmente ou diminue, suivant qu'elle s'éloigne ou qu'elle s'approche de l'équateur, en sorte qu'elle change de méridien par cela seul qu'elle change de parallèle : or ce changement pour les eaux de la mer est du même ordre que les mouvements immédiatement excités par l'action du Soleil et de la Lune.

On voit par là l'imperfection de toutes les théories connues sur le flux et sur le reflux de la mer, et combien il était nécessaire de résoudre, avec plus de rigueur qu'on ne l'a fait encore, ce problème, l'un des plus intéressants et des plus compliqués de toute l'Astronomie physique; c'est à remplir cet objet, au moins autant qu'il m'a été possible, que sont destinées les recherches suivantes, et j'ose espérer que l'importance et la difficulté de la matière pourront leur mériter quelque attention de la part des géomètres; je devais naturellement m'attendre à ce que, ayant fait entrer dans ma solution toutes les circonstances essentielles du problème, mes résultats approcheraient beaucoup plus de l'observation que ceux de la théorie ordinaire, sur le peu de différence qui existe entre les deux marées d'un même jour : aussi ai-je eu la satisfaction de voir qu'ils donnent, dans les hypothèses les plus vraisemblables sur la profondeur de la mer, une infinité de moyens d'expliquer pourquoi cette différence est aussi peu considérable : je regarde l'explication de ce phénomène comme un des principaux avantages de mes recherches. Elles m'ont donné lieu de faire une remarque qui me parait utile dans la théorie de la précession des équinoxes et de la nutation de l'axe de la Terre; il ne suffit pas, dans cette théorie, de considérer l'action du Soleil et de la Lune sur la partie solide de cette planète : il faut encore avoir égard à l'action de ces deux astres sur les eaux de la mer. Imaginons, en effet, que la Terre soit un ellipsoïde de révolution recouvert par la mer; il est clair que, tant que le Soleil sera dans le plan de l'équateur, son action sur la Terre et sur les eaux qui la recouvrent étant égale et symétrique des deux côtés de l'équateur, il ne peut en résulter aucun dérangement dans la position de l'axe de rotation de la Terre; mais, si l'on suppose le Soleil décliner vers l'un ou vers l'autre pôle, son action ne sera plus la même sur les deux moitiés de la Terre formées par la section du plan de l'équateur; les eaux de la mer, distribuées différemment sur ces moitiés par l'action du Soleil, les attireront d'une manière différente et presseront inégalement leurs surfaces. On conçoit donc qu'alors il doit y avoir un dérangement dans la position de l'axe de la Terre, produit non seule-

ment par l'action directe du Soleil et de la Lune sur la partie solide de
cette planète, mais encore par l'attraction et par la pression du fluide
dont elle est recouverte; or le calcul m'a montré que les effets qui
résultent de cette seconde cause sont du même ordre que ceux qui
dépendent de la première, toutes les fois que la densité du fluide est
comparable à la densité moyenne de la planète. J'ai cru que les *géomètres* ne seraient pas fâchés de voir la théorie de ces dérangements ;
je l'expose conséquemment ici avec tout le détail que peut exiger son
importance; cette recherche m'a paru d'autant plus nécessaire, que
tous ceux qui ont jusqu'à présent résolu le problème de la précession
des équinoxes ont négligé d'avoir égard à l'action du Soleil et de la
Lune sur la mer, et M. d'Alembert, à qui nous en devons la première
solution rigoureuse, pense que cette action ne peut avoir aucune influence sur ce phénomène; je m'écarte d'autant plus volontiers du
sentiment de cet illustre auteur, que cela n'affecte en rien sa belle méthode qui est un chef-d'œuvre de Dynamique, et à laquelle la mécanique des corps solides est redevable des découvertes intéressantes
qui l'ont enrichie depuis trente ans. Il ne résulte même de l'action du
Soleil et de la Lune sur la mer aucun changement dans les lois de la
précession des équinoxes et de la nutation de l'axe de la Terre; cette
action n'influe que sur le rapport de la quantité de la nutation à celle
de la précession, et son influence, qui pourrait être considérable dans
une infinité d'hypothèses sur la profondeur et sur la densité de la
mer, est très petite dans celles qui sont le plus conformes à la Nature;
car on verra dans la suite qu'elle est proportionnelle à la différence
des marées de dessus et de dessous, différence qui, suivant l'observation, est presque insensible. Le phénomène de la précession des équinoxes a cela de remarquable que l'on retrouve toujours les mêmes
lois, quelques hypothèses que l'on emploie sur la profondeur de la
mer et sur la figure de la Terre; c'est un théorème que je démontre
ici rigoureusement, en supposant que le solide recouvert par les eaux
est un sphéroïde de révolution peu différent d'une sphère, et divisé
en deux parties égales et semblables par l'équateur; la rapidité du

mouvement de rotation de la Terre me donne lieu de croire que ce
théorème est généralement vrai, quelle que soit la loi de la profondeur
de la mer et la figure du solide qu'elle recouvre, pourvu qu'il diffère
peu d'une sphère, et qu'il tourne à très peu près autour d'un de ses
axes principaux de rotation ; c'est là, si je ne me trompe, la raison
pour laquelle la théorie est si bien d'accord sur ce point avec l'observation, tandis qu'elle s'en éloigne sensiblement sur la figure de la
Terre.

Concevons une planète très peu différente d'une sphère, et recouverte d'un fluide d'une densité homogène ; il est clair que, si la planète
tourne sur son axe et que le fluide ne soit agité par aucune force extérieure, il prendra à la longue le mouvement de rotation de la planète,
et parviendra enfin à être en équilibre. Supposons-le parvenu à cet
état et qu'ensuite, par l'attraction d'un nombre quelconque d'astres,

Fig. 3.

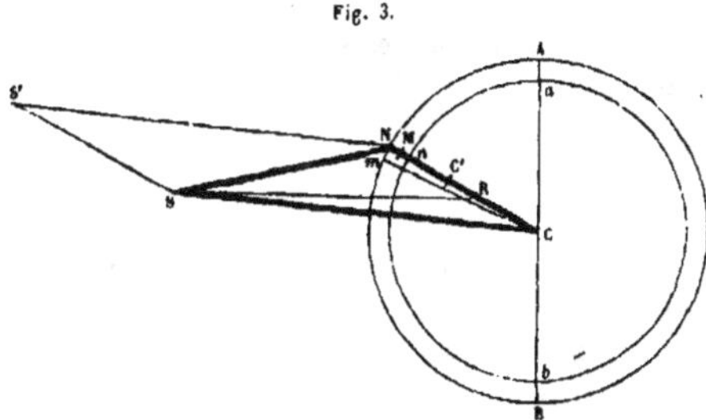

il en soit dérangé de manière qu'il fasse des oscillations infiniment
petites ; il s'agit de déterminer la nature de ces oscillations. Pour
cela, soient (*fig.* 3) $anbCa$ la planète et $ANBAanba$ le fluide qui la
recouvre ; considérons une molécule quelconque M du fluide, telle
qu'à l'origine du mouvement l'on ait eu $CM = s$, l'angle $NCA = 0$, et
que la longitude de ce point ait été ϖ, C étant le centre de gravité de
la planète, et le premier méridien, d'où l'on commence à compter les
longitudes, étant supposé immobile, ou ne point participer au mouve-

ment de rotation de la planète ; soit nt le mouvement angulaire de rotation commun au fluide et à la planète, t désignant le temps écoulé
depuis l'origine du mouvement, et supposons qu'après ce temps θ se
change en $\theta + \alpha u$, ϖ en $\varpi + nt + \alpha v$ et s en $s + \alpha r$, α étant une quantité infiniment petite ; u, v et r seront fonctions de θ, ϖ, s et du temps t.
Imaginons présentement au point M un prisme fluide rectangle dont
les trois dimensions soient

$$ds + \alpha \frac{\partial r}{\partial s} ds,$$

$$(s + \alpha r)\left(d\theta + \alpha \frac{\partial u}{\partial \theta} d\theta\right)$$

et

$$(s + \alpha r)\left(d\varpi + \alpha \frac{\partial v}{\partial \varpi} d\varpi\right)\sin(\theta + \alpha u),$$

les quantités $\frac{\partial r}{\partial s}$, $\frac{\partial u}{\partial \theta}$, $\frac{\partial v}{\partial \varpi}$ exprimant, suivant la notation reçue, les coefficients de ds, $d\theta$ et $d\varpi$, dans les différentielles de r, u et v ; la solidité
de ce prisme sera, en négligeant les quantités de l'ordre α^2 et nommant
Δ la densité du fluide,

$$(\text{A})\quad \Delta\, ds\, d\theta\, d\varpi \left[s^2 \sin\theta \left(1 + \alpha \frac{\partial r}{\partial s} + \alpha \frac{\partial u}{\partial \theta} + \alpha \frac{\partial v}{\partial \varpi} + \alpha u \frac{\cos\theta}{\sin\theta} \right) + 2\alpha rs \sin\theta \right].$$

Dans l'instant suivant, ce prisme se changera dans un solide d'une
autre figure ; mais il est aisé de s'assurer que, si l'on détermine la masse
de ce nouveau solide, comme s'il était un prisme rectangle, on ne se
trompera que de quantités infiniment petites du second ordre par rapport à celles que l'on considère ; on peut donc, en négligeant ces quantités, supposer nulle la différentielle de la quantité (A), prise en ne
faisant varier que le temps t ; d'où l'on tire, en intégrant par rapport à t,

$$ds\, d\theta\, d\varpi \left[s^2 \sin\theta \left(1 + \alpha \frac{\partial r}{\partial s} + \alpha \frac{\partial u}{\partial \theta} + \alpha \frac{\partial v}{\partial \varpi} + \alpha u \frac{\cos\theta}{\sin\theta} \right) + 2\alpha rs \sin\theta \right]$$

$$= \varphi(s, \varpi, \theta)\, ds\, d\theta\, d\varpi.$$

$\varphi(s, \varpi, \theta)$ étant une fonction de s, ϖ et θ sans t ; or on a à l'origine du mouvement, ou lorsque $t = 0$, $r = 0$, $u = 0$ et $v = 0$; donc

$$\varphi(s, \varpi, \theta) = s^2 \sin\theta;$$

partant, on a

(1) $$0 = \frac{\partial.s^2 r}{\partial s} + s^2\left(\frac{\partial u}{\partial \theta} + \frac{\partial v}{\partial \varpi} + u\frac{\cos\theta}{\sin\theta}\right).$$

III.

Imaginons présentement la position du point M déterminée par les trois coordonnées rectangles x, y, z, qui aient pour origine commune le centre C, de manière que l'axe des x soit l'axe Ca de rotation de la planète, que l'axe des y soit perpendiculaire à Ca dans le plan du premier méridien, et que l'axe de z soit perpendiculaire à ce plan ; on aura

$$x = (s + \alpha r)\cos(\theta + \alpha u),$$
$$y = (s + \alpha r)\sin(\theta + \alpha u)\cos(\varpi + nt + \alpha v),$$
$$z = (s + \alpha r)\sin(\theta + \alpha u)\sin(\varpi + nt + \alpha v).$$

Cela posé, concevons la molécule M sollicitée par tant de forces attractives F, F′, F″, … que l'on voudra, et nommons f, f' f'', … les distances des centres d'attraction à la molécule ; f, f', f'', … seront fonctions de ϖ, θ, s, du temps t et de constantes ; soit encore p la pression du fluide au point M, p étant pareillement fonction de ϖ, θ, s et t ; si l'on désigne par la caractéristique δ les différences des quantités prises en regardant le temps t comme constant, on aura l'équation suivante :

(B) $$0 = F\,\partial f + F'\,\partial f' + F''\,\partial f'' + \ldots + \frac{\partial p}{\Delta} + \partial x\frac{d^2 x}{dt^2} + \partial y\frac{d^2 y}{dt^2} + \partial z\frac{d^2 z}{dt^2}.$$

Cette équation est un corollaire du principe suivant de l'équilibre, qui peut être utile dans beaucoup d'autres circonstances :

Si un nombre quelconque de forces R, R′, R″, … *agissent sur un point* M, *suivant des droites quelconques dont* γ, γ', γ'', … *représentent les longueurs depuis le point* M *jusqu'à leurs origines, que l'on peut prendre* *à volonté et vers lesquelles elles sont supposées tendre; γ, γ', γ'' seront fonctions des quantités θ, ϖ et s, qui déterminent la position du point M; cela posé, dans le cas où ce point sollicité par ces forces est en équilibre, la somme des produits de chaque force, par l'élément de la direction, est nulle, ce qui donne l'équation suivante*

$$o = R\,\delta\gamma + R'\,\delta\gamma' + R''\,\delta\gamma' + \ldots,$$

les différences $\delta\gamma$, $\delta\gamma'$, $\delta\gamma''$, … étant prises en faisant mouvoir les droites γ, γ', γ'', … autour de leurs origines, et en faisant varier les quantités θ, ϖ et s, relatives à la position du point M.

Si les différentielles $d\theta$, $d\varpi$ et ds n'ont aucun rapport entre elles, l'équation précédente étant vraie, quelles que soient ces différences, tiendra lieu de trois équations; mais, s'il existait entre θ, ϖ et s une équation quelconque, si, par exemple, le point M était forcé de se mouvoir sur une surface courbe, on pourrait alors éliminer de l'équation de l'équilibre une de ces différences, et cette équation ne tiendrait plus lieu que de deux autres; elle ne tiendrait lieu que d'une seule, s'il existait deux équations entre les trois variables θ, ϖ et s, par exemple, si le point M était forcé de se mouvoir le long d'une ligne courbe.

Voici maintenant comment, de ce principe, on peut conclure l'équation (B); pour cela, supposons que la molécule placée en M soit un parallélépipède infiniment petit, $dx\,dy\,dz$; la pression p du fluide sur ce parallélépipède, parallèlement aux x, est égale à la différence de pression sur les deux faces opposées, égales chacune à $dy\,dz$; elle sera donc $-\dfrac{\partial p}{\partial x}\,dx\,dy\,dz$, p étant ici considéré comme fonction de x, de y et de z, et le temps t étant regardé comme constant: en divisant cette pression par la masse $\Delta\,.\,dx\,dy\,dz$ du parallélépipède, on aura $-\dfrac{\frac{\partial p}{\partial x}}{\Delta}$ pour la force accélératrice dont il est sollicité parallèlement aux x, en vertu de la pression du fluide; on aura pareillement $-\dfrac{\frac{\partial p}{\partial z}}{\Delta}$, $-\dfrac{\frac{\partial p}{\partial y}}{\Delta}$

pour les forces accélératrices dans le sens des y et des z; de plus, les vitesses $\frac{dx}{dt}$, $\frac{dy}{dt}$, $\frac{dz}{dt}$ du point M, parallèlement aux x, aux y et aux z, se changent dans l'instant suivant en

$$\frac{dx}{dt} + dt\frac{d^2 x}{dt^2}, \quad \frac{dy}{dt} + dt\frac{d^2 y}{dt^2}, \quad \frac{dz}{dt} + dt\frac{d^2 z}{dt^2};$$

cela posé, il est visible, par les principes connus de Dynamique, que ce point doit être en équilibre en vertu des forces F, F′, F″, ...,

$$-\frac{\frac{\partial p}{\partial x}}{\Delta}, \quad -\frac{\frac{\partial p}{\partial y}}{\Delta}, \quad -\frac{\frac{\partial p}{\partial z}}{\Delta},$$

$$-\frac{d^2 x}{dt^2}, \quad -\frac{d^2 y}{dt^2}, \quad -\frac{d^2 z}{dt^2};$$

et comme les six dernières de ces forces agissent en sens contraire de l'origine des x, des y et des z, l'équation précédente de l'équilibre donnera

$$(B) \qquad 0 = F\,\partial f + F'\,\partial f' + F''\,\partial f'' + \ldots + \frac{\partial p}{\Delta} + \partial x\frac{d^2 x}{dt^2} + \partial y\frac{d^2 y}{dt^2} + \partial z\frac{d^2 z}{dt^2};$$

si l'on substitue maintenant, au lieu de x, y, z, leurs valeurs en θ, ϖ, s, αr, αu, αv, on aura, en négligeant les quantités de l'ordre α^2,

$$(2) \quad \left\{ \begin{aligned} &\alpha\left(\cos\theta\,\frac{d^2 r}{dt^2} - s\sin\theta\,\frac{d^2 u}{dt^2}\right)\partial(s\cos\theta) \\[4pt] &\quad - \frac{n^2}{2}\partial[(s+\alpha r)\sin(\theta + \alpha u)]^2 \\[4pt] &\quad + 2\alpha ns\sin\theta\,\partial\varpi\left(\sin\theta\,\frac{dr}{dt} + s\cos\theta\,\frac{du}{dt}\right) \\[4pt] &\quad + \alpha\left(\sin\theta\,\frac{d^2 r}{dt^2} + s\cos\theta\,\frac{d^2 u}{dt^2}\right)\partial(s\sin\theta) \\[4pt] &\quad - \alpha ns\sin\theta\,\frac{dv}{dt}\partial(s\sin\theta) + \alpha s^2\sin^2\theta\,\partial\varpi\,\frac{d^2 v}{dt^2} \\[4pt] &= - F\,\partial f - F'\,\partial f' - \ldots - \frac{\partial p}{\Delta}. \end{aligned} \right.$$

Les équations (1) et (2) appartiennent à tous les points de l'inté-

rieur du fluide, mais l'équation (2) prend une forme un peu différente à la surface extérieure. Pour la déterminer, nommons $\frac{p'}{\Delta}$ la
force accélératrice résultante de la pression du fluide sur le point N ,
placé à la surface extérieure; cette pression agit, comme l'on sait,
dans la direction du rayon osculateur; soit p ce rayon, et l'on aura,
par ce qui précède,

$$0 = F\,\partial f + F'\,\partial f' + \ldots + \frac{p'}{\Delta}\,\partial p - \partial x \frac{d^2 x}{dt^2} + \partial y \frac{d^2 y}{dt^2} + \partial z \frac{d^2 z}{dt^2};$$

maintenant, si l'on suppose que les différentielles ∂x, ∂y, ∂z soient
celles de la surface elle-même, on aura, par la nature du rayon oscula-
teur, $\partial p = 0$; partant

$$0 = F\,\partial f + F'\,\partial f' + \ldots + \partial x \frac{d^2 x}{dt^2} + \partial y \frac{d^2 y}{dt^2} + \partial z \frac{d^2 z}{dt^2};$$

l'équation (2) aura donc lieu pour tous les points de la surface extérieure du fluide, pourvu qu'on y suppose $\partial p = 0$ et que les différentielles $\partial \varpi$, $\partial \theta$ et ∂s soient celles de la surface elle-même.

Il faut ensuite assujettir le mouvement des points de la surface inté-
rieure du fluide à ce que les différences $\partial \varpi$, $\partial \theta$ et ∂s aient entre elles
les mêmes rapports que les différentielles de l'équation à la surface du
sphéroïde $anba$; il faut enfin satisfaire aux conditions primitives du
mouvement du fluide.

IV.

Nous supposons ici que le fluide était primitivement en équilibre
sur le sphéroïde; soit donc 1 le demi-axe Ca du sphéroïde, et $1 + q\lambda$
un rayon quelconque Cn, λ étant, pour plus de simplicité, fonction de θ
seul et q étant extrêmement petit, en sorte que le sphéroïde soit un
solide de révolution très peu différent de la sphère. Supposons ensuite
que, dans l'état d'équilibre, la profondeur Nn du fluide soit $l\gamma$, l étant
pareillement extrêmement petit et γ étant fonction de θ seul; le rayon
CN était conséquemment, dans l'état d'équilibre, $1 + q\lambda + l\gamma$; nous
nous permettrons dans la suite de négliger les quantités multipliées

par q ou par l, eu égard à celles du même genre qui ont un coefficient fini; de plus, comme n^2 représente à très peu près la force centrifuge à l'équateur du sphéroïde, nous supposerons cette quantité très petite, en sorte que, si l'on nomme g la pesanteur à l'équateur, n^2 sera du même ordre que gq ou gl. Cela posé, il est clair que, pour les points du fluide contigus au sphéroïde, r est très petit par rapport à u et à v; car, s étant pour tous ces points égal à $1 + q\lambda$, s se change en $1 + q\lambda + \alpha qu\frac{\partial\lambda}{\partial\theta}$, lorsque θ se change en $\theta + \alpha u$; donc alors

$$r = qu\frac{\partial\lambda}{\partial\theta},$$

en sorte que r est du même ordre que qu, et l'on peut conséquemment négliger r vis-à-vis de u. Voyons maintenant si cette supposition est permise pour tous les autres points du fluide, et si en l'admettant nous pouvons satisfaire, non seulement aux équations précédentes, mais encore aux conditions primitives du mouvement du fluide; car, si nous trouvons qu'elle y satisfait, non seulement elle sera permise, mais elle sera encore nécessaire, ainsi que les résultats auxquels elle pourra nous conduire, attendu que le fluide, en partant du même état et étant soumis aux mêmes forces accélératrices, n'a pas deux manières possibles de se mouvoir.

L'équation (2) prend, en vertu de cette supposition, la forme suivante :

$$(3)\qquad\begin{aligned}
&\alpha s^2\,\partial\theta\left(\frac{d^2 u}{dt^2} - 2n\frac{dv}{dt}\sin\theta\cos\theta\right)\\
&\quad + \alpha s^2\,\partial\varpi\left(\sin^2\theta\,\frac{d^2 v}{dt} + 2n\sin\theta\cos\theta\,\frac{du}{dt}\right)\\
&\quad - 2\alpha ns\,\partial s\sin^2\theta\frac{dv}{dt} - \frac{n^2}{2}\partial[(s+\alpha r)\sin(\theta+\alpha u)]^2\\
&= -F\,\partial f - F'\,\partial f' - \ldots - \frac{\partial p}{\Delta}.
\end{aligned}$$

Toutes les forces accélératrices dont le fluide est animé se réduisent aux attractions de toutes les parties du fluide, du sphéroïde et des différents astres que l'on suppose circuler autour de la planète; en sorte que, dans la question présente, F est fonction de f, F' est fonction de f', et ainsi de suite; le second membre de l'équation précédente est, par conséquent, une différentielle exacte; le premier membre doit donc l'être pareillement, le temps t étant regardé comme constant. Partant, la quantité

$$s^2\,\partial\theta\left(\frac{d^2u}{dt^2} - 2n\frac{dv}{dt}\sin\theta\cos\theta\right)$$
$$+ s^2\,\partial\varpi\left(\sin^2\theta\,\frac{d^2v}{dt^2} + 2n\sin\theta\cos\theta\,\frac{du}{dt}\right) - 2ns\,\partial s\sin^2\theta\,\frac{dv}{dt}$$

est elle-même une différence exacte, ce qui produit les deux équations suivantes :

$$\frac{\partial\left(\dfrac{d^2u}{dt^2} - 2n\sin\theta\cos\theta\,\dfrac{dv}{dt}\right)}{\partial\varpi} = \frac{\partial\left(\sin^2\theta\,\dfrac{d^2v}{dt^2} + 2\sin\theta\cos\theta\,\dfrac{du}{dt}\right)}{\partial\theta},$$

$$\frac{\partial\left(s^2\,\dfrac{d^2u}{dt^2} - 2ns^2\sin\theta\cos\theta\,\dfrac{dv}{dt}\right)}{\partial s} = -2ns\,\frac{\partial\left(\sin^2\theta\,\dfrac{dv}{dt}\right)}{\partial\theta}.$$

En intégrant ces équations par rapport à t, et observant que, à l'origine du mouvement, on a

$$u = 0, \qquad \frac{du}{dt} = 0, \qquad v = 0 \qquad \text{et} \qquad \frac{dv}{dt} = 0,$$

on aura

$$(4) \qquad \frac{\partial\left(\dfrac{du}{dt} - 2nv\sin\theta\cos\theta\right)}{\partial\varpi} = \frac{\partial\left(\sin^2\theta\,\dfrac{dv}{dt} + 2nu\sin\theta\cos\theta\right)}{\partial\theta},$$

$$(5) \qquad \frac{\partial\left(s^2\,\dfrac{du}{dt} - 2ns^2v\sin\theta\cos\theta\right)}{\partial s} = -2ns\,\frac{\partial(v\sin^2\theta)}{\partial\theta},$$

et ces deux équations tiendront lieu de l'équation (3), parce que, p étant indéterminé, si ces équations sont satisfaites, on pourra déterminer p de manière que l'équation (3) soit pareillement satisfaite; mais, p disparaissant, comme on l'a vu, de l'équation à la surface supérieure, il faut, pour les points de cette surface, non seulement que les équations (4) et (5) soient satisfaites, mais que l'équation (3) le soit encore, en y supposant $\delta p = 0$; voyons ce que devient alors cette équation.

V.

Soit G l'attraction du sphéroïde et du fluide à l'origine du mouvement sur un point m de la surface, pour lequel l'angle mCa était égal à $\theta + \alpha u$, le rayon Cm égal à $1 + q\lambda + l\gamma + \alpha qu\frac{\partial\lambda}{\partial\theta} + \alpha lu\frac{\partial\gamma}{\partial\theta}$, et la longitude égale à $\varpi + nt + \alpha v$; soit encore ς la droite suivant laquelle agit cette attraction ; cette droite coïncide avec le rayon Cm, aux quantités près de l'ordre q, en sorte que si l'on fait, pour abréger, $Cm = s'$, on pourra supposer

$$\delta\varsigma = \delta s' + q\,\delta N,$$

N étant fonction de θ ; maintenant, dans l'équation (3), on a pour le cas de l'équilibre

$$\frac{du}{dt} = 0, \qquad \frac{d^2 u}{dt} = 0, \qquad \frac{dv}{dt} = 0, \qquad \frac{d^2 v}{dt^2} = 0;$$

de plus, comme il s'agit d'un point placé à la surface, il y faut supposer $\delta p = 0$; si donc l'on observe que dans ce cas $s + \alpha r = s'$ et que la somme des termes $F\,\delta f + F'\,\delta f' + \ldots$ est égale à l'attraction du sphéroïde et du fluide multipliée par l'élément de sa direction et, par conséquent, égale à $G(\delta s' + q\,\delta N)$, on aura

$$\frac{n^2}{2}\,\delta[s'\sin(\theta + \alpha u)]^2 = G(\delta s' + q\,\delta N).$$

Lorsque le point N arrive pendant l'oscillation sur le rayon Cm, il ne se trouve point à la distance s' du centre C, mais à la distance $s + \alpha r$: la différence est $s + \alpha r - s'$ ou $\alpha\left(r - qu\frac{\partial\lambda}{\partial\theta} - lu\frac{\partial\gamma}{\partial\theta}\right)$; soit

$$r - qu\frac{\partial\lambda}{\partial\theta} - lu\frac{\partial\gamma}{\partial\theta} = y;$$

en sorte que αy exprime la hauteur du point N du fluide au-dessus

de la surface d'équilibre, que nous regarderons comme le véritable
niveau du fluide; l'attraction du sphéroïde et du fluide tels qu'ils
étaient à l'origine du mouvement, sur le point N, ne diffère de G que
d'une quantité de l'ordre αy. Soit $G + \alpha y H$ cette attraction; elle n'agit
plus, comme précédemment, suivant la droite $\mathcal{E}$, mais suivant une nouvelle droite $\mathcal{E}'$, dont la direction coïnciderait avec celle du rayon Cm,
si l'on avait $t = 0$ et $q = 0$, et qui serait égale à $\mathcal{E}$, si l'on avait $\alpha y = 0$;
on peut donc supposer

$$\delta \mathcal{E}' = \delta s' + \alpha \, \delta y + q \, \delta N + \alpha q y \, \delta N';$$

l'attraction du fluide et du sphéroïde, tels qu'ils étaient à l'origine, sur
le point N, placé à la distance $s + \alpha r$ du centre C, cette attraction,
dis-je, multipliée par l'élément de sa direction, est conséquemment
égale à $(G + \alpha y H)(\delta s' + \alpha \, \delta y + q \, \delta N + \alpha q y \, \delta N')$; donc, si l'on néglige
les quantités des ordres $\alpha y q$, $\alpha n^2 r$, $\alpha n^2 q u$ et si l'on observe en même
temps que $\delta s'$ est de l'ordre $q \, \delta \theta$, et que G est, aux quantités près de
l'ordre q, égal à la pesanteur g, on aura

$$(G + \alpha y H) \delta \mathcal{E}' - \frac{n^2}{2} \delta [(s + \alpha r) \sin(\theta + \alpha u)]^2 = \alpha g \, \delta y.$$

Après le temps t, le fluide n'a plus la même figure qu'à l'origine du
mouvement, et l'attraction de la masse du fluide est visiblement égale
à ce qu'elle était à l'origine, plus à l'attraction de la différence de deux
sphéroïdes de même densité que le fluide, dont l'un aurait s' et l'autre
$s + \alpha y$ pour rayon; cette attraction est, aux quantités près de l'ordre
$\alpha y q$, la même que la différence des attractions d'une sphère de même
densité que le fluide, et dont le rayon est 1, et d'un sphéroïde de
pareille densité, et dont le rayon est $1 + \alpha y$; soit donc $\alpha y A$ cette différence d'attractions et ε la droite suivant laquelle elle agit; on aura
pour l'attraction du sphéroïde et du fluide, après le temps t, multipliée par l'élément de sa direction,

$$(G + \alpha y H) \delta \mathcal{E}' + \alpha y A \, \delta \varepsilon.$$

Considérons maintenant un astre quelconque S, dont la distance au centre C soit h, et la distance au point N soit f, f étant fonction de $s + \alpha r$, $0 + \alpha u$, $\varpi + nt + v$, et des quantités qui déterminent la position de l'astre S; on aura $\dfrac{S}{f^2}$ pour l'action de cet astre sur le point N: en multipliant cette force par l'élément δf de sa direction, on aura $-S\,\delta\dfrac{1}{f}$ pour produit. Comme nous ne nous proposons pas ici de déterminer les oscillations absolues du fluide dans l'espace, mais ses oscillations sur le sphéroïde, nous supposerons le centre C immobile; il faut conséquemment transporter en sens contraire au point N l'action de S sur C; pour cela, concevons que l'action à transporter soit celle de S sur un point R, éloigné du centre C de la distance $CR = a$; cette action, multipliée par l'élément de sa direction, sera $-S\,\delta\dfrac{1}{f'}$, f' étant ce que devient f lorsqu'on y change $s + \alpha r$ en a; or l'action de S sur R, transportée au point N, est la même que l'action d'un second astre S', égal en tout au premier, et situé, par rapport à N, de la même manière que S l'est par rapport à R; en prenant donc C', tel que $C'N = CR$, C' pourra être considéré comme le centre des angles différentiels $\delta 0$ et $\delta \varpi$, dans la différence $\delta\dfrac{1}{f'}$; mais, si l'on transporte le centre de ces angles au point C, il est clair qu'il faut alors changer. dans $\delta\dfrac{1}{f'}$, $\delta 0$ en $\dfrac{(s + \alpha r)\,\delta 0}{a}$, $\delta \varpi$ en $\dfrac{(s + \alpha r)\,\delta \varpi}{a}$ et δa en $\delta s + \alpha \dfrac{dr}{ds}\,\delta s$.

Soit $\left(\delta\dfrac{1}{f'}\right)$ ce que devient alors $\delta\dfrac{1}{f'}$; si l'on fait ensuite dans cette quantité $a = 0$, on aura $S\left(\delta\dfrac{1}{f'}\right)$ pour l'attraction de S sur C, transportée en sens contraire au point N, et multipliée par l'élément de sa direction; l'attraction de l'astre S produit donc, en vertu de la supposition du centre C immobile, les deux termes $+S\,\delta\dfrac{1}{f} - S\left(\delta\dfrac{1}{f'}\right)$, dans le second membre de l'équation (3).

Nous observons ici que, par la même raison pour laquelle nous avons transporté en sens contraire au point N l'action de S sur le centre C, on doit également transporter en sens contraire à ce même point l'attraction sur le point C d'un sphéroïde dont la densité est δ et le rayon $1 + \alpha y$, moins l'attraction d'une sphère de même densité, et dont le rayon est 1, et comme cette dernière attraction est évidemment nulle, il suffit de transporter en sens contraire au point N l'action du sphéroïde précédent sur le point C; mais il est aisé de s'assurer *a priori* que cette action doit être nulle; car c'est un théorème connu et facile à démontrer, que si un nombre indéfini de corpuscules très voisins les uns des autres sont attirés par un astre éloigné, le centre de gravité du système de ces corpuscules est attiré de la même manière que s'ils étaient tous réunis à leur centre commun de gravité; on sait d'ailleurs que la position de ce centre ne change point par l'action mutuelle des corpuscules les uns sur les autres; en rapprochant ces deux théorèmes, il est aisé d'en conclure que le point C étant, à l'origine du mouvement, le centre de gravité du fluide et du sphéroïde qu'il recouvre, si on lui transporte à chaque instant en sens contraire l'action qu'il éprouve de la part de l'astre S que nous supposons ici à une distance considérable de la planète, ce point restera immobile et sera toujours le lieu du centre de gravité du fluide et du sphéroïde; d'où il résulte que l'action du fluide sur ce point sera toujours nulle. On pourra d'ailleurs s'en assurer *a posteriori*, lorsque nous aurons déterminé la valeur de y. Nous négligeons encore l'attraction du fluide sur le sphéroïde qu'il recouvre et la pression qu'il exerce lorsqu'il est dérangé de son état d'équilibre. Ces deux forces doivent produire de petits changements dans la position de l'axe de rotation du sphéroïde et dans le mouvement même de rotation, ce qui peut influer sur les valeurs de u, v et y; mais ces changements sont de l'ordre $\alpha y q$, puisqu'ils seraient nuls si l'on avait $y = 0$ ou si le sphéroïde était une sphère; nous pouvons donc ici nous permettre de les négliger. Au reste, le calcul de ces altérations est très intéressant, puisqu'elles peuvent influer sur la nutation de l'axe de la Terre et sur la précession des équinoxes; nous le donnerons dans la suite de ces recherches.

Si l'on suppose maintenant dans l'équation (3) $\delta p = 0$, et que l'on considère qu'à la surface δs est de l'ordre $q \delta \theta$, et que l'on peut supposer $s = 1$, on aura pour tous les points de cette surface

$$(\gamma) \quad \left\{ \begin{aligned} &\alpha\,\delta\theta\left(\frac{d^2 u}{dt^2} - 2n\frac{dv}{dt}\sin\theta\cos\theta\right) + \alpha\,\delta\varpi\left(\sin^2\theta\,\frac{d^2 v}{dt^2} + 2n\frac{du}{dt}\sin\theta\cos\theta\right) \\ &\quad = -\alpha g\,\delta y - \alpha y\Lambda\left(\frac{\partial\varepsilon}{\partial\theta}\,\delta\theta + \frac{\partial\varepsilon}{\partial\varpi}\,\delta\varpi\right) + \mathrm{S}\left(\delta\frac{1}{f} - \delta\frac{1}{f'}\right). \end{aligned} \right.$$

Soient présentement v l'angle $\mathrm{S}Ca$, et φ la longitude de l'astre S; la différence des longitudes de l'astre et du point N sera donc $\varphi - \varpi - nt - \alpha v$; nommons ψ cette différence; cela posé, la distance perpendiculaire de l'astre au plan de l'équateur est $h\cos v$; sa distance à l'axe Ca est $h\sin v$; donc sa distance au méridien qui passe par le point N est $h\sin v\sin\psi$, et sa distance au plan qui, passant par le centre C, est perpendiculaire à l'équateur et au méridien du point N, est $h\sin v\cos\psi$; on aura les distances respectives du point N à ces mêmes plans, en changeant dans les quantités précédentes v en $\theta + \alpha u$, h en $s + \alpha r$, et en y supposant $\psi = 0$; on aura donc

$$f^2 = [h\cos v - (s + \alpha r)\cos(\theta + \alpha u)]^2 + h^2\sin^2 v\sin^2\psi$$
$$+ [h\sin v\cos\psi - (s + \alpha r)\sin(\theta + \alpha u)]^2;$$

d'où l'on tire

$$\frac{1}{f} = \frac{1}{h}\left\{ 1 + \frac{(s + \alpha r)}{h}[\cos v\cos(\theta + \alpha u) + \sin(\theta + \alpha u)\sin v\cos\psi] - \frac{(s + \alpha r)^2}{2h^2} \right.$$
$$\left. + \frac{3(s + \alpha r)^2}{2h^2}[\cos v\cos(\theta + \alpha u) + \sin(\theta + \alpha u)\sin v\cos\psi]^2 + \dots \right\};$$

si l'on change, dans cette expression de $\frac{1}{f}$, $s + \alpha r$ en a, on aura $\frac{1}{f'}$; donc, si l'on suppose h très grand, que l'on fasse

$$\frac{3\mathrm{S}}{2h^3} = \alpha\mathrm{K},$$

et que l'on observe qu'à la surface δs est de l'ordre $q\,\delta\theta$, et que s est à très peu près égal à 1, on aura

$$\mathrm{S}\left(\delta\frac{1}{f} - \delta\frac{1}{f'}\right) = \alpha\mathrm{K}\,\delta[\cos\theta\cos v + \sin\theta\sin v\cos(\varphi - nt - \varpi)]^2.$$

Il est aisé de voir que $-\alpha y A \frac{\partial t}{\partial \vartheta}$ est l'attraction perpendiculaire à CN dans le plan du méridien, d'un sphéroïde dont le rayon est $1 + \alpha y$, et dont la densité est Δ, et que $-\frac{\alpha y A}{\sin \vartheta} \frac{\partial t}{\partial \varpi}$ est l'attraction du même sphéroïde, perpendiculairement au plan NCa, ou dans le sens du parallèle ; nommant donc $\alpha B \Delta$ la première de ces attractions, et $\alpha C \Delta$ la seconde, on aura

$$- \alpha y A \left(\frac{\partial t}{\partial \vartheta} d\vartheta + \frac{\partial t}{\partial \varpi} d\varpi \right) = \alpha B \Delta \, d\vartheta + \alpha C \Delta \, d\varpi \sin \vartheta.$$

Les quantités B et C ont entre elles un rapport remarquable et qui nous sera utile dans la suite ; nommons f la distance d'une molécule quelconque infiniment petite du sphéroïde que nous venons de considérer au point N ; soit m la masse de cette molécule ; son attraction sur le point N, perpendiculairement à CN dans le plan du méridien NCa, est

$$- \frac{m}{s + \alpha r} \left(\frac{\partial \frac{1}{f}}{\partial \vartheta} \right),$$

et son attraction perpendiculairement au plan NCa est

$$- \frac{m}{(s + \alpha r) \sin \vartheta} \left(\frac{\partial \frac{1}{f}}{\partial \varpi} \right);$$

soit b la première de ces attractions et c la seconde, on aura

$$\frac{\partial b}{\partial \varpi} = \frac{\partial . c \sin \vartheta}{\partial \vartheta};$$

cette équation ayant lieu, quelle que soit la position de la molécule m, il est clair que la même relation doit exister encore entre les deux attractions du sphéroïde entier, en sorte que l'on a

$$\frac{\partial B}{\partial \varpi} = \frac{\partial . C \sin \vartheta}{\partial \vartheta}.$$

En faisant les substitutions précédentes dans l'équation (γ), elle se changera dans la suivante

$$(\gamma')\ \begin{cases} \delta\vartheta\left(\dfrac{d^2u}{dt^2}-2n\dfrac{dv}{dt}\sin\vartheta\cos\vartheta\right)+\delta\varpi\left(\sin^2\vartheta\dfrac{d^2v}{dt^2}+2n\dfrac{du}{dt}\sin\vartheta\cos\vartheta\right) \\[2mm] =-g\dfrac{\partial\gamma}{\partial\vartheta}\delta\vartheta-g'\dfrac{\partial\gamma}{\partial\varpi}\delta\varpi+\mathrm{B}\,\Delta\,\delta\vartheta+\mathrm{C}\,\Delta\,\delta\varpi\sin\vartheta \\[2mm] +\mathrm{K}\,\delta\vartheta\left\{\sin2\vartheta\left[\tfrac{1}{4}\sin^2\nu-\cos^2\nu+\tfrac{1}{2}\sin^2\nu\cos(2\varphi-2nt-2\varpi)\right]\right. \\[1mm] \left.\qquad\qquad+2\cos2\vartheta\sin\nu\cos\nu\cos(\varphi-nt-\varpi)\right\} \\[2mm] +\mathrm{K}\,\delta\varpi\sin\nu\cos\nu\sin2\vartheta\sin(\varphi-nt-\varpi) \\[2mm] +\mathrm{K}\,\delta\varpi\sin^2\nu\sin^2\vartheta\sin(2\varphi-2nt-2\varpi). \end{cases}$$

VI.

Reprenons l'équation (1) de l'article II; si l'on ne fait varier s que de la profondeur du fluide, cette profondeur étant supposée fort petite, on peut, en intégrant cette équation, considérer dans toute l'étendue de l'intégrale les quantités s et $s^2\left(\dfrac{\partial u}{\partial\vartheta}+\dfrac{\partial v}{\partial\varpi}+u\dfrac{\cos\vartheta}{\sin\vartheta}\right)$ comme constantes et comme étant les mêmes qu'à la surface du fluide, ce qui donne, en intégrant l'équation depuis la surface du sphéroïde jusqu'à celle du fluide,

$$s^2r+s^2l\gamma\left(\dfrac{\partial u}{\partial\vartheta}+\dfrac{\partial v}{\partial\varpi}+u\dfrac{\cos\vartheta}{\sin\vartheta}\right)-s^2(r)=0,$$

(r) étant ce que devient r à la surface du sphéroïde; or on a $(r)=qu\dfrac{\partial\lambda}{\partial\vartheta}$, donc

$$r=-l\gamma\left(\dfrac{\partial u}{\partial\vartheta}+\dfrac{\partial v}{\partial\varpi}+u\dfrac{\cos\vartheta}{\sin\vartheta}\right)+qu\dfrac{\partial\lambda}{\partial\vartheta};$$

partant, y étant égal à $r-qu\dfrac{\partial\lambda}{\partial\vartheta}-lu\dfrac{\partial\gamma}{\partial\vartheta}$, on a

$$(6)\qquad\qquad y=-l\gamma\left(\dfrac{\partial u}{\partial\vartheta}+\dfrac{\partial v}{\partial\varpi}+u\dfrac{\cos\vartheta}{\sin\vartheta}\right)-lu\dfrac{\partial\gamma}{\partial\vartheta}.$$

Rapprochons maintenant toutes les équations auxquelles nous devons satisfaire; nous aurons d'abord l'équation (6); de plus, comme dans l'équation (γ'), les différentielles $\delta\varpi$ et $\delta\vartheta$ sont entièrement indépendantes, elle donnera les suivantes

$$
(7) \quad
\begin{cases}
\dfrac{d^2 u}{dt^2} - 2n \dfrac{dv}{dt} \sin\theta \cos\theta \\[2ex]
\quad = - g \dfrac{\partial \gamma}{\partial\theta} + \mathbf{B}\Delta \\[2ex]
\quad + \mathbf{K}\left\{ \sin 2\theta\left[\tfrac{1}{2}\sin^2 v - \cos^2 v + \tfrac{1}{2}\sin^2 v \cos(2\varphi - 2nt - 2\varpi)\right] \right. \\[1ex]
\qquad\qquad\qquad\qquad \left. + 2\cos 2\theta \sin v \cos v \cos(\varphi - nt - \varpi) \right\}
\end{cases}
$$

ou, en substituant au lieu de γ sa valeur,

$$
(8) \quad
\begin{cases}
\dfrac{d^2 u}{dt^2} - 2n \dfrac{dv}{dt} \sin\theta \cos\theta \\[2ex]
\quad = lg\gamma \dfrac{\partial^2 u}{\partial\theta^2} + 2 lg \dfrac{\partial\gamma}{\partial\theta} \dfrac{\partial u}{\partial\theta} + lg u \dfrac{\partial^2\gamma}{\partial\theta^2} + lg\gamma \dfrac{\partial^2 v}{\partial\varpi\,\partial\theta} \\[2ex]
\quad + lg \dfrac{\partial v}{\partial\varpi} \dfrac{\partial\gamma}{\partial\theta} + lg\gamma \dfrac{\partial . u \dfrac{\cos\theta}{\sin\theta}}{\partial\theta} + lg \dfrac{\partial\gamma}{\partial\theta} \dfrac{u\cos\theta}{\sin\theta} + \mathbf{B}\Delta \\[2ex]
\quad + \mathbf{K}\left\{ \begin{array}{l} \sin 2\theta[\tfrac{1}{2}\sin^2 v - \cos^2 v + \tfrac{1}{4}\sin^2 v \cos(2\varphi - 2nt - 2\varpi)]\} \\ \quad + 2\cos 2\theta \sin v \cos v \cos(\varphi - nt - \varpi) \end{array} \right\},
\end{cases}
$$

$$
(9) \quad
\begin{cases}
\dfrac{d^2 v}{dt^2} \sin^2\theta + 2n \dfrac{du}{dt} \sin\theta\cos\theta = - g \dfrac{\partial\gamma}{\partial\varpi} + \mathbf{C}\Delta \sin\theta \\[2ex]
\qquad\qquad\qquad\qquad + \mathbf{K}\sin v \cos v \sin 2\theta \sin(\varphi - nt - \varpi) \\[1ex]
\qquad\qquad\qquad\qquad + \mathbf{K}\sin^2 v \sin^2\theta \sin(2\varphi - 2nt - 2\varpi);
\end{cases}
$$

ou, en substituant au lieu de γ sa valeur,

$$
(10) \quad
\begin{cases}
\dfrac{d^2 v}{dt^2} \sin^2\theta + 2n \dfrac{du}{dt} \sin\theta\cos\theta \\[2ex]
\quad = lg\gamma \dfrac{\partial^2 v}{\partial\varpi^2} + lg\gamma \dfrac{\partial^2 u}{\partial\varpi\,\partial\theta} + lg\gamma \dfrac{\cos\theta}{\sin\theta} \dfrac{\partial u}{\partial\varpi} + lg \dfrac{\partial\gamma}{\partial\theta} \dfrac{\partial u}{\partial\varpi} + \mathbf{C}\Delta \sin\theta \\[2ex]
\quad + \mathbf{K}\sin v \cos v \sin 2\theta \sin(\varphi - nt - \varpi) \\[1ex]
\quad + \mathbf{K}\sin^2 v \sin^2\theta \sin(2\varphi - 2nt - 2\varpi).
\end{cases}
$$

Il faut ensuite satisfaire pour tous les points du fluide aux deux équations

$$
(4) \quad \frac{\partial\left(\dfrac{du}{dt} - 2nv \sin\theta \cos\theta\right)}{\partial\varpi} = \frac{\partial\left(\sin^2\theta \dfrac{dv}{dt} + 2nu \sin\theta \cos\theta\right)}{\partial\theta},
$$

et

$$(5) \qquad \frac{\partial \left(s^2 \frac{du}{dt} - 2 n s^2 v \sin\theta \cos\theta \right)}{\partial\theta} = - 2 n s \frac{\partial . v \sin^2\theta}{\partial\theta}.$$

Il faut enfin satisfaire à ces conditions : que l'on ait à l'origine du mouvement $y = 0$, $\frac{dy}{dt} = 0$, $u = 0$, $\frac{du}{dt} = 0$, $v = 0$ et $\frac{dv}{dt} = 0$.

VII.

Supposons d'abord que la planète et le fluide n'ont aucun mouvement de rotation et que, à l'origine du mouvement, leurs figures ont été sphériques ; il faut faire alors dans les équations précédentes $n = 0$ et $\gamma = 1$, ce qui réduit les équations (6), (8) et (10) aux suivantes :

$$(11) \qquad y = - l \left(\frac{\partial u}{\partial\theta} + \frac{\partial v}{\partial\varpi} + u \frac{\cos\theta}{\sin\theta} \right),$$

$$(12) \quad \left\{ \begin{aligned} \frac{d^2 u}{dt^2} = {}& lg \frac{\partial^2 u}{\partial\theta^2} + lg \frac{\partial^2 v}{\partial\varpi \, \partial\theta} + lg \frac{\partial . u \frac{\cos\theta}{\sin\theta}}{\partial\theta} \\ & + B\Delta + K \sin 2\theta [\tfrac{1}{4} \sin^2 v - \cos^2 v + \tfrac{1}{4} \sin^2 v \cos(2\varphi - 2\varpi)] \\ & + 2K \cos 2\theta \sin v \cos v \cos(\varphi - \varpi), \end{aligned} \right.$$

$$(13) \quad \left\{ \begin{aligned} \frac{d^2 v}{dt^2} \sin^2\theta = {}& lg \frac{\partial^2 v}{\partial\varpi^2} + lg \frac{\partial^2 u}{\partial\varpi \, \partial\theta} + lg \frac{\cos\theta}{\sin\theta} \frac{\partial u}{\partial\varpi} \\ & + C\Delta \sin\theta + K \sin v \cos v \sin 2\theta \sin(\varphi - \varpi) \\ & + K \sin^2 v \sin^2\theta \sin(2\varphi - 2\varpi); \end{aligned} \right.$$

l'équation (4) donne, en y faisant $n = 0$ et en l'intégrant par rapport à t,

$$(14) \qquad \frac{\partial u}{\partial\varpi} = \frac{\partial . v \sin^2\theta}{\partial\theta},$$

et l'équation (5) donne

$$(15) \qquad \frac{\partial . s^2 u}{\partial s} = 0.$$

Supposons d'abord le fluide infiniment rare, ou $\Delta = 0$, et cherchons les valeurs de u et de v qui peuvent satisfaire à ces équations; en considérant l'équation (12), il est assez naturel de croire que l'expression de u peut avoir la forme suivante

$$u = x \sin 2\theta + z \cos 2\theta;$$

x et z étant fonctions de ϖ et de t, sans θ, voyons conséquemment si cette supposition peut se soutenir et quelles sont les valeurs de u et de v qui en résultent.

En substituant la valeur précédente de u dans l'équation (14), on aura

$$\frac{\partial . v \sin^2\theta}{\partial\theta} = \sin 2\theta \frac{\partial x}{\partial\varpi} + \cos 2\theta \frac{\partial z}{\partial\varpi};$$

d'où l'on tire, en intégrant par rapport à θ,

$$v \sin^2\theta = -\frac{1}{2}\cos 2\theta \frac{\partial x}{\partial\varpi} + \frac{1}{2}\sin 2\theta \frac{\partial z}{\partial\varpi} + H,$$

H étant une constante qui sera fonction de ϖ et de t, sans θ; donc

$$v = \frac{\sin 2\theta}{2\sin^2\theta}\frac{\partial z}{\partial\varpi} - \frac{\cos 2\theta}{2\sin^2\theta}\frac{\partial x}{\partial\varpi} + \frac{H}{\sin^2\theta}.$$

On peut mettre cette expression de v sous une forme un peu plus simple, en considérant que l'on a

$$\sin 2\theta = 2 \sin\theta \cos\theta, \qquad 1 - \cos 2\theta = 2 \sin^2\theta,$$

et que l'on peut supposer

$$H = \frac{1}{2}\frac{\partial x}{\partial\varpi} + H',$$

H′ ne renfermant point θ; on aura ainsi

$$v = \frac{\cos\theta}{\sin\theta}\frac{\partial z}{\partial\varpi} + \frac{\partial x}{\partial\varpi} + \frac{H'}{\sin^2\theta}.$$

Substituant maintenant ces valeurs de u et de v dans l'équation (12), elle deviendra

$$\sin 2\theta \frac{d^2 x}{dt^2} + \cos 2\theta \frac{d^2 z}{dt^2} = - 6 lg\, x \sin 2\theta - 4 lg\, z \cos 2\theta + lg \frac{d^2 z}{d\varpi^2} \frac{\partial \frac{\cos\theta}{\sin\theta}}{\partial\theta}$$

$$+ lg\, z \frac{\partial \frac{\cos\theta}{\sin\theta} \cos 2\theta}{\partial\theta} - 2 lg \frac{\cos\theta}{\sin^3\theta} \frac{\partial H'}{\partial\varpi}$$

$$+ K \sin 2\theta [\tfrac{1}{2} \sin^2\nu - \cos^2\nu + \tfrac{1}{2} \sin^2\nu \cos(2\varphi - 2\varpi)]$$

$$+ 2 K \cos 2\theta \sin\nu \cos\nu \cos(\varphi - \varpi);$$

il est aisé de voir que cette équation peut se simplifier par la supposition de $\frac{d^2 z}{d\varpi^2} = - z$, et qu'alors la somme des deux termes

$$lg \frac{d^2 z}{d\varpi^2} \frac{\partial \frac{\cos\theta}{\sin\theta}}{\partial\theta} \qquad \text{et} \qquad lg\, z \frac{\partial \left(\frac{\cos\theta}{\sin\theta} \cos 2\theta \right)}{\partial\theta}$$

se réduit au terme

$$- 2 lg\, z \cos 2\theta :$$

l'équation précédente devient ainsi

$$\sin 2\theta \left\{ \frac{d^2 x}{dt^2} + 6 lg\, x - K [\tfrac{1}{2} \sin^2\nu - \cos^2\nu + \tfrac{1}{2} \sin^2\nu \cos(2\varphi - 2\varpi)] \right\}$$

$$+ \cos 2\theta \left[\frac{d^2 z}{dt^2} + 6 lg\, z - 2 K \sin\nu \cos\nu \cos(\varphi - \varpi) \right] + 2 lg \frac{\cos\theta}{\sin^3\theta} \frac{\partial H'}{\partial\varpi} = 0 ;$$

en égalant séparément à zéro les coefficients de $\sin 2\theta$ et de $\cos 2\theta$, on aura les trois équations suivantes :

$$(16) \qquad 0 = \frac{d^2 x}{dt^2} + 6 lg\, x - K [\tfrac{1}{2} \sin^2\nu - \cos^2\nu + \tfrac{1}{2} \sin^2\nu \cos(2\varphi - 2\varpi)],$$

$$(17) \qquad 0 = \frac{d^2 z}{dt^2} + 6 lg\, z - 2 K \sin\nu \cos\nu \cos(\varphi - \varpi),$$

$$(18) \qquad 0 = \frac{\partial H'}{\partial\varpi} .$$

Voyons maintenant si ces mêmes équations satisfont à l'équation (13). En y substituant, au lieu de u et de ν, leurs valeurs et supposant comme ci-dessus $\dfrac{\partial^2 z}{\partial \varpi^2} = -z$, elle devient

$$\sin 2\theta \left[\frac{1}{2} \frac{\partial^2 z}{\partial \varpi\, \partial t^2} + 3 lg \frac{\partial z}{\partial \varpi} - \mathrm{K} \sin \nu \cos \nu \sin(\varphi - \varpi) \right]$$
$$+ \sin^2\theta \left[\frac{\partial^2 x}{\partial \varpi\, \partial t^2} - \frac{lg}{\sin^2\theta} \frac{\partial^2 x}{\partial \varpi^2} - 2 lg \frac{\cos 2\theta}{\sin^2\theta} \frac{\partial x}{\partial \varpi} \right.$$
$$\left. - 2 lg \frac{\cos^2\theta}{\sin^2\theta} \frac{\partial x}{\partial \varpi} - \mathrm{K} \sin^2\nu \sin(2\varphi - 2\varpi) \right]$$
$$+ \frac{d^2 \mathrm{H}'}{dt^2} - \frac{lg}{\sin^2\theta} \frac{d^2 \mathrm{H}'}{d\varpi^2} = 0;$$

en égalant à zéro le coefficient de $\sin 2\theta$, on aura

$$\frac{\partial^2 z}{\partial \varpi\, \partial t^2} + 6 lg \frac{\partial z}{\partial \varpi} - 2 \mathrm{K} \sin \nu \cos \nu \sin(\varphi - \varpi) = 0,$$

équation qui résulte de l'équation (17), en la différentiant par rapport à ϖ; si l'on égale pareillement à zéro le coefficient de $\sin^2\theta$, on aura, en observant que $\cos 2\theta = 1 - 2\sin^2\theta$,

$$\frac{\partial^2 x}{\partial \varpi\, \partial t^2} - \frac{lg}{\sin^2\theta} \left(\frac{\partial^2 x}{\partial \varpi^2} + 4 \frac{\partial x}{\partial \varpi} \right) + 6 lg \frac{\partial x}{\partial \varpi} - \mathrm{K} \sin^2\nu \sin(2\varphi - 2\varpi) = 0.$$

Si l'on suppose

$$\frac{\partial^2 x}{\partial \varpi^2} = - 4 \frac{\partial x}{\partial \varpi},$$

l'équation précédente donnera

$$\frac{\partial^2 x}{\partial \varpi\, \partial t^2} + 6 lg \frac{\partial x}{\partial \varpi} - \mathrm{K} \sin^2\nu \sin(2\varphi - 2\varpi) = 0;$$

or cette équation résulte de l'équation (16), en la différentiant par rapport à ϖ; on aura enfin

$$0 = \frac{d^2 \mathrm{H}'}{dt^2} + \frac{lg}{\sin^2\theta} \frac{\partial^2 \mathrm{H}'}{\partial \varpi^2};$$

or, on satisfera à cette équation et à l'équation (18) en supposant $\mathrm{H}' = 0$.

VIII.

Reprenons les équations

$$(16) \qquad 0 = \frac{d^2 x}{dt^2} + 6lgx - K\left[\tfrac{1}{2}\sin^2\nu - \cos^2\nu + \tfrac{1}{2}\sin^2\nu \cos(2\varphi - 2\varpi)\right],$$

$$(17) \qquad 0 = \frac{d^2 z}{dt^2} + 6lgz - 2K \sin\nu \cos\nu \cos(\varphi - \varpi);$$

leurs intégrales renferment chacune deux constantes arbitraires, au moyen desquelles on peut remplir les conditions de

$$u = 0, \qquad \frac{du}{dt} = 0, \qquad v = 0, \qquad \frac{dv}{dt} = 0, \qquad y = 0, \qquad \frac{dy}{dt} = 0,$$

à l'origine du mouvement; car il est aisé de voir, par ce qui précède, que ces conditions seront remplies si l'on a, à cette origine,

$$x = 0, \qquad \frac{dx}{dt} = 0, \qquad z = 0 \quad \text{et} \quad \frac{dz}{dt} = 0;$$

mais, comme nous ne sommes arrivés aux équations (16) et (17) qu'en supposant

$$\frac{\partial^2 z}{\partial\varpi^2} = -z \quad \text{et} \quad \frac{\partial^2 x}{\partial\varpi^2} = -4\frac{\partial x}{\partial\varpi},$$

il faut, avant que de les admettre, s'assurer si ces nouvelles équations sont compatibles avec elles; pour cela, différentions deux fois de suite l'équation (17) par rapport à ϖ; en faisant

$$\frac{\partial^2 z}{\partial\varpi^2} = -z',$$

nous aurons l'équation suivante

$$0 = \frac{d^2 z'}{dt^2} + 6lgz' - 2K \sin\nu \cos\nu \cos(\varphi - \varpi).$$

Cette équation est précisément la même que l'équation (17); de plus, les deux constantes arbitraires de son intégrale sont encore les

mêmes que celles de l'équation (17), car puisque, à l'origine du mouvement, on a

$$z = 0 \quad \text{et} \quad \frac{dz}{dt} = 0,$$

on aura pareillement à cette origine

$$\frac{\partial^2 z}{\partial \varpi^2} = 0 \quad \text{ou} \quad z' = 0$$

et

$$\frac{\partial^3 z}{\partial \varpi^2 \partial t} = 0 \quad \text{ou} \quad \frac{dz'}{dt} = 0;$$

donc, les constantes arbitraires de l'équation en z' sont déterminées
par les mêmes conditions que celles de l'équation en z; partant,

$$z = z' \quad \text{ou} \quad \frac{\partial^2 z}{\partial \varpi^2} = -z.$$

Pareillement, si l'on différentie l'équation (16) une fois par rapport
à ϖ, et que l'on fasse

$$\frac{\partial x}{\partial \varpi} = x',$$

on aura

$$0 = \frac{d^2 x'}{dt^2} + 6lg\,x' - K\sin^2\nu \sin(2\varphi - 2\varpi);$$

si l'on différentie cette dernière équation deux fois de suite par rapport
à ϖ, et que l'on fasse

$$\frac{\partial^2 x'}{\partial \varpi^2} = -4x'',$$

on aura

$$0 = \frac{d^2 x''}{dt^2} + 6lg\,x'' - K\sin^2\nu \sin(2\varphi - 2\varpi);$$

cette équation est la même que l'équation en x'; de plus, les constantes arbitraires sont les mêmes, puisque, ayant à l'origine du mouvement

$$x = 0 \quad \text{et} \quad \frac{dx}{dt} = 0,$$

on a à cette même origine

$$\frac{\partial x}{\partial \varpi} = 0 \quad \text{ou} \quad x' = 0,$$

$$\frac{\partial^2 x}{\partial \varpi \, \partial t} = 0 \quad \text{ou} \quad \frac{dx'}{dt} = 0,$$

$$\frac{\partial^3 x}{\partial \varpi^3} = 0 \quad \text{ou} \quad x'' = 0$$

et

$$\frac{\partial^4 x}{\partial \varpi^3 \, \partial t} = 0 \quad \text{ou} \quad \frac{dx''}{dt} = 0;$$

on a donc

$$x' = x'';$$

partant,

$$\frac{\partial^2 x'}{\partial \varpi^2} = -4 x' \quad \text{ou} \quad \frac{\partial^3 x}{\partial \varpi^3} = -4 \frac{\partial x}{\partial \varpi}.$$

Il résulte de là que les valeurs de u et de v ont été bien choisies, puisqu'elles satisfont aux équations (12), (13) et (14) et aux conditions primitives du mouvement; rassemblant donc les expressions précédentes, nous aurons

$$u = x \sin 2\theta + z \cos 2\theta,$$

$$v = \frac{\cos\theta}{\sin\theta} \frac{\partial z}{\partial \varpi} + \frac{\partial x}{\partial \varpi};$$

l'équation (11) donnera

$$y = l \left(3 z \sin 2\theta - 3 x \cos 2\theta - x - \frac{\partial^2 x}{\partial \varpi^2} \right),$$

et l'on déterminera x et z au moyen des deux équations

$$(16) \quad 0 = \frac{d^2 x}{dt^2} + 6 lg\, x - K \left[\tfrac{1}{4} \sin^2 v - \cos^2 v + \tfrac{1}{2} \sin^2 v \cos(2\varphi - 2\varpi) \right],$$

$$(17) \quad 0 = \frac{d^2 z}{dt^2} - 6 lg\, z - 2 K \sin v \cos v \cos(\varphi - \varpi).$$

Les équations précédentes servent à déterminer le mouvement du fluide à la surface; on aura celui de tous les points intérieurs, en considérant que l'équation (15) donne, en l'intégrant, $s^2 u$ égal à une fonction indépendante de s; donc, s étant toujours très peu différent de l'unité, l'expression de u sera la même pour tous les points originaire-

ment situés sur le même rayon CN. Il est facile de conclure pareillement de l'équation (14) que la valeur de v est la même pour tous ces
points; enfin l'équation (1) donne, en l'intégrant et en considérant
que la profondeur du fluide est toujours fort petite,

$$r = \cdots \sigma \left(\frac{\partial u}{\partial \vartheta} + \frac{\partial v}{\partial \varpi} + u \frac{\cos \theta}{\sin \theta} \right) + qu \frac{\partial \lambda}{\partial \vartheta},$$

σ étant la distance primitive du point du fluide que l'on considère à la
surface du sphéroïde; la détermination du mouvement de tous les
points du fluide se trouve ainsi réduite à l'intégration des équations
(16) et (17); or la loi du mouvement de l'astre étant supposée connue,
on aura h, v et φ en fonctions du temps t; ainsi on pourra intégrer ces
équations par les méthodes connues.

IX.

Nous avons supposé dans les articles précédents, la densité Δ du
fluide égale à zéro, et cela nous était nécessaire pour connaître la
figure qu'il peut prendre; supposons maintenant Δ quelconque; pour
intégrer dans cette supposition les équations (12) et (13) de l'article VII, il est nécessaire de connaître $B\Delta$ et $C\Delta$; nous avons vu (art. V)
que $\alpha B\Delta$ est l'attraction horizontale dans le sens du méridien d'un
sphéroïde dont la densité est Δ, et le rayon $1 + \alpha y$, et que $\alpha C\Delta$ est l'attraction horizontale du même sphéroïde dans le sens du parallèle; or
j'ai fait voir ci-dessus (*voir* les recherches précédentes *Sur la loi de
la pesanteur à la surface des sphéroïdes homogènes*) (¹) que l'on a

$$\alpha B\Delta = \cdots \alpha\Delta \int_0^\pi \int_0^\pi \sin p \, \frac{\cos q}{\sin q} \, y' \, dp \, dq$$

et

$$\alpha C\Delta = \alpha\Delta \int_0^\pi \int_0^\pi \frac{\cos p}{\sin q} \, y' \, dp \, dq,$$

où l'on doit observer : 1° que y' est pareille fonction de θ' et de ϖ',

____
(¹) Page 78.

que y l'est de θ et de ϖ; 2° que l'on a

$$\cos\theta' = \cos\theta + 2\sin^2 p \sin q \sin(\theta - q) = \cos\theta\cos^2 p + \sin^2 p \cos(\theta - 2q)$$

et

$$\sin(\varpi' - \varpi) = \frac{2\sin p \cos p \sin q}{\sin^2\theta'};$$

3° enfin que les doubles intégrales précédentes doivent être prises depuis p et q égaux à zéro jusqu'à p et q égaux à π, et qu'ainsi l'on peut rejeter les termes de la forme $P\cos p\, dq\, dp$, P ne renfermant que des puissances paires de $\cos p$. Concevons, cela posé, que l'on ait, comme précédemment,

$$y = l\left(3z\sin 2\theta - 3x\cos 2\theta - x - \frac{\partial^2 x}{\partial\varpi^2}\right),$$

$$u = x\sin 2\theta + z\cos 2\theta$$

et

$$v = \frac{\cos\theta}{\sin\theta}\frac{\partial z}{\partial\varpi} + \frac{\partial x}{\partial\varpi};$$

x et z étant des fonctions de t et de ϖ sans θ, telles que l'on ait

$$\frac{\partial^2 z}{\partial\varpi^2} + z = 0 \qquad \text{et} \qquad \frac{\partial^2 x}{\partial\varpi^2} + 4\frac{\partial x}{\partial\varpi} = 0;$$

en intégrant ces deux dernières équations, on aura

$$z = a\sin(\varphi - \varpi) + b\cos(\varphi - \varpi)$$

et

$$x = c + a'\sin(2\varphi - 2\varpi) + b'\cos(2\varphi - 2\varpi);$$

a, b, c, a', b' étant des fonctions de t sans ϖ ni θ; en substituant ces valeurs de z et de x dans l'expression de y, on aura

$$y = 2lc(1 - 3\cos^2\theta) + 6l\sin\theta\cos\theta[a\sin(\varphi - \varpi) + b\cos(\varphi - \varpi)]$$
$$+ 6l\sin^2\theta[a'\sin(2\varphi - 2\varpi) + b'\cos(2\varphi - 2\varpi)].$$

Supposons, pour plus de généralité,

$$y = z(3\cos^2\theta - 1)$$
$$+ [a\sin(\varphi - \varpi) + b\cos(\varphi - \varpi)]\sin\theta\cos\theta(f + f^{(1)}\sin^2\theta + f^{(2)}\sin^4\theta + \ldots + f^{(r)}\sin^{2r}\theta)$$
$$+ [a'\sin(2\varphi - 2\varpi) + b'\cos(2\varphi - 2\varpi)]\sin^2\theta(p + p^{(1)}\sin^2\theta + p^{(2)}\sin^4\theta + \ldots + p^{(r)}\sin^{2r}\theta),$$

on aura

$$y' = \varepsilon\,(3\cos^2\theta' - 1)$$
$$+ [a\sin(\varphi - \varpi') + b\cos(\varphi - \varpi')]\sin\theta'\cos\theta'\,(f + f^{(1)}\sin^2\theta' + \ldots + f^{(r)}\sin^{2r}\theta')$$
$$+ [a'\sin(2\varphi - 2\varpi') + b'\cos(2\varphi - 2\varpi')]\sin^2\theta'\,(p + p^{(1)}\sin^2\theta' + \ldots + p^{(r)}\sin^{2r}\theta');$$

maintenant on a

$$\sin(\varphi - \varpi') = \sin(\varphi - \varpi)\cos(\varpi' - \varpi) - \cos(\varphi - \varpi)\sin(\varpi' - \varpi),$$
$$\cos(\varphi - \varpi') = \cos(\varphi - \varpi)\cos(\varpi' - \varpi) + \sin(\varphi - \varpi)\sin(\varpi' - \varpi),$$
$$\sin(2\varphi - 2\varpi') = \sin(2\varphi - 2\varpi)\cos(2\varpi' - 2\varpi) - \cos(2\varphi - 2\varpi)\sin(2\varpi' - 2\varpi),$$
$$\cos(2\varphi - 2\varpi') = \cos(2\varphi - 2\varpi)\cos(2\varpi' - 2\varpi) + \sin(2\varphi - 2\varpi)\sin(2\varpi' - 2\varpi);$$

donc

$$y' = \varepsilon\,(3\cos^2\theta' - 1)$$
$$+ \Big\{ [a\sin(\varphi - \varpi) + b\cos(\varphi - \varpi)]\cos(\varpi' - \varpi) + [b\sin(\varphi - \varpi) - a\cos(\varphi - \varpi)]\sin(\varpi' - \varpi) \Big\}$$
$$\times \sin\theta'\cos\theta'\,(f + f^{(1)}\sin^2\theta' + \ldots + f^{(r)}\sin^{2r}\theta')$$
$$+ \Big\{ [a'\sin(2\varphi - 2\varpi) + b'\cos(2\varphi - 2\varpi)]\cos(2\varpi' - 2\varpi) + [b'\sin(2\varphi - 2\varpi) - a'\cos(2\varphi - 2\varpi)]\sin(2\varpi' - 2\varpi) \Big\}$$
$$\times \sin^2\theta'\,(p + p^{(1)}\sin^2\theta' + \ldots + p^{(r)}\sin^{2r}\theta').$$

On tirera facilement, des valeurs de $\cos\theta'$ et de $\sin(\varpi' - \varpi)$,

$$\cos(\varpi' - \varpi) = \frac{\sin\theta - 2\sin^2 p\sin q\cos(\theta - q)}{\sin\theta'},$$
$$\sin(2\varpi' - 2\varpi) = \frac{4\sin\theta\sin p\cos^2 p\sin q + 4\sin^3 p\cos p\sin q\sin(\theta - 2q)}{\sin^4\theta'},$$
$$\cos(2\varpi' - 2\varpi) = \frac{[\sin\theta\cos^2 p + \sin^2 p\sin(\theta - 2q)]^2 - 4\sin^2 p\cos^2 p\sin^2 q}{\sin^2\theta'};$$

on aura, cela posé, en négligeant les termes qu'il est permis de négliger d'après la remarque que nous avons faite ci-dessus,

$$C = \int_0^\pi \int_0^\pi \frac{\cos p}{\sin q}\, y'\, dp\, dq$$
$$= [b\sin(\varphi - \varpi) - a\cos(\varphi - \varpi)]\int_0^\pi \int_0^\pi 2\sin p\cos^2 p\cos\theta'(f + f^{(1)}\sin^2\theta' + \ldots + f^{(r)}\sin^{2r}\theta')\, dp\, dq$$
$$- [b'\sin(2\varphi - 2\varpi) - a'\cos(2\varphi - 2\varpi)]\int_0^\pi \int_0^\pi 4\sin p\cos^2 p\sin\theta(p + p^{(1)}\sin^2\theta' + \ldots + p^{(r)}\sin^{2r}\theta')\, dp\, dq$$
$$+ [b'\sin(2\varphi - 2\varpi) - a'\cos(2\varphi - 2\varpi)]\int_0^\pi \int_0^\pi 4\sin^3 p\cos^2 p\sin(\theta - 2q)(p + p^{(1)}\sin^2\theta' + \ldots + p^{(r)}\sin^{2r}\theta')\, dp\, dq.$$

Or on a généralement

$$\int_0^\pi \sin(\theta - 2q) \sin^{2\mu}\theta' \, dq$$
$$= \int_0^\pi \sin(\theta - 2q)\{1 - [\cos\theta \cos^2 p + \sin^2 p \cos(\theta - 2q)]^2\}^\mu \, dq = 0;$$

on a, de plus,

$$\int_0^\pi \int_0^\pi \sin p \cos^2 p \cos^{2\mu+1}\theta' \, dp \, dq$$
$$= \int_0^\pi \int_0^\pi \sin p \cos^2 p [\cos\theta \cos^2 p + \sin^2 p \cos(\theta - 2q)]^{2\mu+1} \, dp \, dq;$$

si l'on considère maintenant que

$$\int_0^\pi \cos^i(\theta - 2q) \, dq = 0$$

lorsque i est impair, que

$$\int_0^\pi \cos^i(\theta - q) \, dq = \frac{1.3.5\ldots i-1}{2.4.6\ldots i}\,\pi$$

lorsque i est un nombre pair, et que

$$\int_0^\pi \sin p \cos^{2i} p (1 - \cos^2 p)^s \, dp = 2\,\frac{2.4.6\ldots 2s}{(2i+1)(2i+3)(2i+5)\ldots(2i+2s+1)},$$

on trouvera

$$\int_0^\pi \int_0^\pi \sin p \cos^2 p \cos^{2\mu+1}\theta' \, dp \, dq$$
$$= \frac{2\pi}{4\mu+5}\left\{
\begin{aligned}
&\cos^{2\mu+1}\theta + \frac{2}{1}\frac{(2\mu+1)2\mu}{(4\mu+3)(4\mu+1)}\cos^{2\mu-1}\theta \\
&+ \frac{3.4}{1.2}\frac{(2\mu+1)2\mu(2\mu-1)(2\mu-3)}{(4\mu+3)(4\mu+1)(4\mu-1)(4\mu-3)}\cos^{2\mu-3}\theta \\
&+ \frac{4.5.6}{1.2.3}\frac{(2\mu+1)\ldots(2\mu-4)}{(4\mu+3)\ldots(4\mu-7)}\cos^{2\mu-5}\theta \\
&+ \ldots\ldots\ldots\ldots\ldots\ldots\ldots\ldots\ldots\ldots\ldots\ldots
\end{aligned}
\right\};$$

On aura pareillement

$$\int_0^\pi \int_0^\pi \sin p \cos^3 p \cos^{2\mu}\vartheta'\, dp\, dq$$

$$= \frac{2\pi}{4\mu+3}\left\{ \begin{array}{l} \cos^{2\mu}\theta + \dfrac{2}{1}\,\dfrac{2\mu(2\mu-1)}{(4\mu+3)(4\mu+1)}\cos^{2\mu-2}\theta \\[2ex] + \dfrac{3.4}{1.2}\,\dfrac{2\mu(2\mu-1)(2\mu-2)(2\mu-3)}{(4\mu+3)(4\mu+1)(4\mu-1)(4\mu-3)}\cos^{2\mu-4}\theta \\[2ex] + \dots\dots\dots\dots\dots\dots\dots\dots\dots\dots\dots\dots\dots \end{array}\right\}.$$

Si l'on substitue présentement, au lieu de $\sin^2\theta'$, $1-\cos^2\theta'$, dans la valeur précédente de C, et que, après avoir intégré, on restitue $1-\sin^2\theta$ au lieu de $\cos^2\theta$, on trouvera pour $C\Delta$ une expression de cette forme

$$C\Delta = [b\sin(\varphi-\varpi) - a\cos(\varphi-\varpi)]\cos\vartheta(\lambda + \lambda^{(1)}\sin^2\vartheta + \lambda^{(2)}\sin^4\theta + \dots + \lambda^{(r)}\sin^{2r}\vartheta)$$
$$- [b'\sin(2\varphi-2\varpi) - a'\cos(2\varphi-2\varpi)]\sin\vartheta(\ell + \ell^{(1)}\sin^2\theta + \ell^{(2)}\sin^4\vartheta + \dots + \ell^{(r)}\sin^{2r}\vartheta),$$

λ, $\lambda^{(1)}$, ..., ℓ, $\ell^{(1)}$, ... étant des coefficients constants que l'on déterminera facilement par ce qui précède, et l'on aura

$$\lambda^{(r)} = \frac{4\,\Delta\pi\, f^{(r)}}{4r+5} \qquad \text{et} \qquad \ell^{(r)} = \frac{8\,\Delta\pi\, p^{(r)}}{4r+5};$$

ayant ainsi $C\Delta$, on aura sur-le-champ $B\Delta$, par la remarque de l'article V, car l'équation

$$\frac{\partial B}{\partial\varpi} = \frac{\partial.C\sin\vartheta}{\partial\vartheta},$$

que nous avons trouvée dans cet article, donne

$$B\Delta = \Delta\int_0^\pi \frac{\partial.C\sin\theta}{\partial\vartheta}\, d\varpi + H\Delta,$$

H étant une fonction de θ sans ϖ; or B étant, comme on l'a vu, égal à
$-\int_0^\pi \int_0^\pi \sin p\,\frac{\cos q}{\sin q}\,y'\, dp\, dq$, il est clair que l'on aura

$$H = -\int_0^\pi \int_0^\pi \varepsilon \sin p\,\frac{\cos q}{\sin q}(3\cos^2\vartheta'-1)\, dp\, dq;$$

d'où l'on tire

$$H = -\tfrac{12}{5}\pi\varepsilon\sin 2\theta.$$

Dans la question présente, nous avons

$$\varepsilon = -2lc, \qquad r = 0, \qquad f = 6l \qquad \text{et} \qquad p = 6l;$$

partant,

$$C\Delta = [b\sin(\varphi - \varpi) - a\cos(\varphi - \varpi)]\,\tfrac{4}{3}\pi\Delta l\cos\theta$$
$$+ [b'\sin(2\varphi - 2\varpi) - a'\cos(2\varphi - 2\varpi)]\,\tfrac{4}{5}\pi\Delta l\sin\theta$$

ou

$$C\Delta = \tfrac{4}{3}\pi\Delta l\left(\cos\theta\,\frac{\partial z}{\partial\varpi} + \sin\theta\,\frac{\partial x}{\partial\varpi}\right);$$

donc

$$\alpha\,C\Delta = \tfrac{4}{3}\pi\alpha\,\Delta lv\sin\theta;$$

on aura pareillement

$$B\Delta = \tfrac{4}{3}\pi\Delta lc\sin2\theta + \int_0^\pi \frac{\partial.\,C\sin\theta}{\partial\theta}\,\partial\varpi;$$

d'où l'on tirera facilement

$$\alpha\,B\Delta = \tfrac{4}{3}\alpha\pi\,\Delta lu;$$

les équations (12) et (13) deviendront ainsi

$$\frac{d^2u}{dt^2} = lg\,\frac{\partial^2 u}{\partial\theta^2} + lg\,\frac{\partial^2 v}{\partial\varpi\,\partial\theta} + lg\,\frac{\partial\,\dfrac{u\cos\theta}{\sin\theta}}{\partial\theta} + \tfrac{4}{3}\pi\Delta lu$$
$$+ K\left\{\sin2\theta[\tfrac{1}{3}\sin^2 v - \cos^2 v + \tfrac{1}{3}\sin^2 v\cos(2\varphi - 2\varpi)] + 2\cos2\theta\sin v\cos v\cos(\varphi - \varpi)\right\},$$

$$\frac{d^2v}{dt^2}\sin^2\theta = lg\,\frac{\partial^2 v}{\partial\varpi^2} + lg\,\frac{\partial^2 u}{\partial\varpi\,\partial\theta} + lg\,\frac{\cos\theta}{\sin\theta}\,\frac{\partial u}{\partial\varpi}$$
$$+ \tfrac{4}{3}\pi\Delta lv\sin^2\theta + K\sin v\cos v\sin2\theta\sin(\varphi - \varpi) + K\sin^2 v\sin^2\theta\sin(2\varphi - 2\varpi);$$

en intégrant ces équations par la méthode de l'article VII, on parviendra aux deux suivantes :

$$(19)\quad 0 = \frac{d^2 x}{dt^2} + (6lg - \tfrac{4}{5}\pi\Delta l)x - K[\tfrac{1}{3}\sin^2 v - \cos^2 v + \tfrac{1}{3}\sin^2 v\cos(2\varphi - 2\varpi)],$$

$$(20)\quad 0 = \frac{\partial^2 z}{\partial t^2} + (6lg - \tfrac{2}{3}\pi\Delta l)z - 2K\sin v\cos v\cos(\varphi - \varpi),$$

équations qui ne diffèrent des équations (16) et (17) qu'en ce que g se change en $g - \frac{1}{3}\pi\Delta$; d'où l'on voit qu'à cette différence près, lorsque le fluide a une densité quelconque, son mouvement se détermine précisément de la même manière que lorsqu'il est infiniment rare.

X.

Pour donner une application des formules précédentes, supposons que l'astre reste toujours à la même distance du centre C de la planète et sur le même parallèle, mais qu'il tourne autour de la planète avec un mouvement angulaire égal à mt; K et ν seront alors constants, et si, pour plus de simplicité, on prend pour premier méridien celui où l'astre se trouvait à l'origine du mouvement, ou lorsque $t = 0$, on aura $\varphi = mt$; soit de plus

$$6 \, lg - \tfrac{11}{3}\pi\Delta l = a^2,$$

on aura, en intégrant les équations (19) et (20),

$$x = \mathrm{H}\sin at + \mathrm{L}\cos at + \frac{\mathrm{K}}{a^2}\left(\tfrac{1}{3}\sin^2\nu - \cos^2\nu\right) + \frac{\mathrm{K}\sin^2\nu}{2\,a^2 - 8\,m^2}\cos(2\,mt - 2\varpi),$$

$$z = \mathrm{M}\sin at + \mathrm{N}\cos at + \frac{2\,\mathrm{K}\sin\nu\cos\nu}{a^2 - m^2}\cos(mt - \varpi);$$

H, L, M et N étant des constantes arbitraires qu'il faut déterminer par la supposition de

$$x = 0, \qquad \frac{dx}{dt} = 0, \qquad z = 0 \qquad \text{et} \qquad \frac{dz}{dt} = 0,$$

lorsque $t = 0$, ce qui donne les quatre équations suivantes

$$0 = \mathrm{L} + \frac{\mathrm{K}}{a^2}\left(\tfrac{1}{3}\sin^2\nu - \cos^2\nu\right) + \frac{\mathrm{K}\sin^2\nu}{2\,a^2 - 8\,m^2}\cos 2\varpi,$$

$$0 = a\mathrm{H} + \frac{m\,\mathrm{K}\sin^2\nu}{a^2 - 4\,m^2}\sin 2\varpi,$$

$$0 = \mathrm{N} + \frac{2\,\mathrm{K}\sin\nu\cos\nu}{a^2 - m^2}\cos\varpi,$$

$$0 = a\mathrm{M} + \frac{2\,m\,\mathrm{K}\sin\nu\cos\nu}{a^2 - m^2}\sin\varpi;$$

on aura ainsi

$$x = \frac{K}{a^2}\left(\tfrac{1}{2}\sin^2 \nu - \cos^2 \nu\right)(1 - \cos at)$$
$$- \frac{K\sin^2 \nu}{2a^2 - 8m^2}\left[\cos(2mt - 2\varpi) - \cos 2\varpi \cos at - \frac{2m}{a}\sin 2\varpi \sin at\right]$$
$$z = \frac{2K\sin \nu \cos \nu}{a^2 - m^2}\left[\cos(mt - \varpi) - \cos\varpi \cos at - \frac{m}{a}\sin\varpi \sin at\right],$$

ce qui donne

$$u = \frac{K}{a^2}\sin 2\theta\left(\tfrac{1}{2}\sin^2 \nu - \cos^2 \nu\right)(1 - \cos at)$$
$$+ \frac{K\sin^2 \nu}{2a^2 - 8m^2}\sin 2\theta\left[\cos(2mt - 2\varpi) - \cos 2\varpi \cos at - \frac{2m}{a}\sin 2\varpi \sin at\right]$$
$$+ \frac{2K\sin \nu \cos \nu}{a^2 - m^2}\cos 2\theta\left[\cos(mt - \varpi) - \cos\varpi \cos at - \frac{m}{a}\sin\varpi \sin at\right]$$
$$v = \frac{\cos\theta}{\sin\theta}\,\frac{2K\sin \nu \cos \nu}{a^2 - m^2}\left[\sin(mt - \varpi) + \sin\varpi \cos at - \frac{m}{a}\cos\varpi \sin at\right]$$
$$+ \frac{K\sin^2 \nu}{a^2 - 4m^2}\left[\sin(2mt - 2\varpi) + \sin 2\varpi \cos at - \frac{2m}{a}\cos 2\varpi \sin at\right]$$
$$y = \frac{6lK\sin \nu \cos \nu}{a^2 - m^2}\sin 2\theta\left[\cos(mt - \varpi) - \cos\varpi \cos at - \frac{m}{a}\sin\varpi \sin at\right]$$
$$+ \frac{3lK\sin^2 \nu}{a^2 - 4m^2}\sin^2 \theta\left[\cos(2mt - 2\varpi) - \cos 2\varpi \cos at - \frac{2m}{a}\sin 2\varpi \sin at\right]$$
$$- \frac{lK}{a^2}\left(\tfrac{1}{2}\sin^2 \nu - \cos^2 \nu\right)(1 + 3\cos 2\theta)(1 - \cos at);$$

telles seraient les valeurs de u, v et y, si la planète n'avait aucun mouvement de rotation.

Si l'on suppose l'astre attirant au-dessus du pôle ou à l'origine de l'angle θ, on aura le cas que M. d'Alembert a traité dans ses excellentes *Recherches sur la cause des vents*; dans ce cas, $\nu = o$; partant on a

$$u = \frac{K}{a^2}\sin 2\theta(\cos at - 1),$$
$$v = o,$$
$$y = \frac{lK}{a^2}(1 + 3\cos 2\theta)(1 - \cos at).$$

XI.

Le cas que nous venons de considérer serait à peu près celui du
Soleil et de la Lune par rapport à la Terre, si cette planète n'avait
pas de mouvement de rotation sur son axe; on aurait donc alors, par
l'article précédent, les lois des oscillations des eaux de la mer, en la
supposant partout de la même profondeur; mais on doit observer que
les termes qui, dans ces expressions, sont indépendants de la position
actuelle de l'astre attirant, ou, ce qui revient au même, de son aspect
par rapport aux différents points du fluide, doivent s'anéantir à la
longue en vertu du frottement et de la ténacité des parties fluides; ces
termes sont évidemment ceux qui sont multipliés par $\sin at$ et par
$\cos at$; en les négligeant, on aura

$$
u = \frac{K}{a^2}\left(\tfrac{1}{2}\sin^2 v - \cos^2 v\right)\sin 2\theta
$$
$$
+ \frac{K\sin^2 v}{2a^2 - 8m^2}\sin 2\theta\cos(2mt - 2\varpi) + \frac{2K\sin v\cos v}{a^2 - m^2}\cos 2\theta\cos(mt - \varpi),
$$

$$
v = \frac{\cos\theta}{\sin\theta}\frac{2K\sin v\cos v}{a^2 - m^2}\sin(mt - \varpi) + \frac{K\sin^2 v}{a^2 - \tfrac{1}{4}m^2}\sin(2mt - 2\varpi),
$$

$$
y = \frac{lK}{a^2}\left(\cos^2 v - \tfrac{1}{2}\sin^2 v\right)(1 + 3\cos 2\theta)
$$
$$
+ \frac{6lK\sin v\cos v}{a^2 - m^2}\sin 2\theta\cos(mt - \varpi) + \frac{3lK\sin^2 v}{a^2 - \tfrac{1}{4}m^2}\sin^2\theta\cos(2mt - 2\varpi).
$$

On peut parvenir à ces mêmes expressions en supposant que les molécules fluides éprouvent une légère résistance proportionnelle à la
vitesse; sur cela, nous observerons que cette supposition, qui semble
limitée, a cependant toute la généralité possible; car, toutes les hypothèses de résistance que l'on peut physiquement admettre devant ramener à la longue le fluide à un même état de mouvement, il est indif-
férent, pour déterminer cet état, d'employer telle ou telle hypothèse de
résistance; les résultats seront toujours les mêmes après un long intervalle de temps, et ils ne différeront entre eux que près de l'origine du

mouvement, lorsque le fluide n'est pas encore parvenu à son état de permanence.

La supposition d'une légère résistance, proportionnelle à la vitesse, introduit dans le second membre de l'équation (12) le terme $-\rho\frac{du}{dt}$, et dans le second membre de l'équation (13) le terme $-\rho\frac{du}{dt}\sin^2\theta$, ρ étant une très petite quantité constante, dépendante de l'intensité de la résistance; or, en suivant le calcul des articles VII, VIII et IX, il est aisé de voir qu'il ne résulte de changement, par l'introduction de ces nouveaux termes, qu'en ce que les équations (19) et (20) prennent la forme suivante

$$0 = \frac{d^2x}{dt^2} + \rho\frac{dx}{dt} + a^2 x - K[\tfrac{1}{3}\sin^2\nu - \cos^2\nu + \tfrac{1}{3}\sin^2\nu\cos(2mt - 2\varpi)],$$

$$0 = \frac{d^2z}{dt^2} + \rho\frac{dz}{dt} + a^2 z - 2K\sin\nu\cos\nu\cos(mt - \varpi),$$

a^2 étant, comme précédemment, égal à $G/g - \tfrac{24}{5}\pi\Delta l$. Si l'on intègre ces deux équations, et qu'ensuite on néglige dans les intégrales les quantités périodiques multipliées par ρ, à cause de la petitesse de cette quantité, on aura

$$x = e^{-\frac{1}{2}\rho t}\left(H\sin t\sqrt{a^2 - \tfrac{1}{4}\rho^2} + L\cos t\sqrt{a^2 - \tfrac{1}{4}\rho^2}\right)$$
$$+ \frac{K}{a^2}\left(\tfrac{1}{3}\sin^2\nu - \cos^2\nu\right) + \frac{K\sin^2\nu}{2a^2 - 8m^2}\cos(2mt - 2\varpi),$$

$$z = e^{-\frac{1}{2}\rho t}\left(M\sin t\sqrt{a^2 - \tfrac{1}{4}\rho^2} + N\cos t\sqrt{a^2 - \tfrac{1}{4}\rho^2}\right)$$
$$+ \frac{2K\sin\nu\cos\nu}{a^2 - m^2}\cos(mt - \varpi),$$

e étant le nombre dont le logarithme hyperbolique est l'unité, et H, L, M et N étant des constantes arbitraires qui dépendent des valeurs de x, $\frac{dx}{dt}$, z et $\frac{dz}{dt}$ à l'origine du mouvement; or, quelles que soient ces valeurs, il est clair qu'après un temps considérable $e^{-\frac{1}{2}\rho t}$ devient extrêmement petit; on pourra donc, après ce temps, supposer

$$x = \frac{K}{a^3}\left(\tfrac{1}{2}\sin^2 v - \cos^2 v\right) + \frac{K \sin^2 v}{2a^2 - 8m^2}\cos(2mt - 2\varpi),$$

$$z = \frac{2K \sin v \cos v}{a^2 - m^2}\cos(mt - \varpi);$$

d'où l'on tire les valeurs précédentes de u, v et y.

Si l'on supposait le globe recouvert d'un nombre n de fluides de densités différentes, et tels que la somme de leurs profondeurs fût très petite relativement au rayon du globe, on parviendrait facilement, en ayant égard aux attractions et aux pressions de ces différents fluides, à des équations différentielles dont on déterminerait les intégrales par la méthode que nous venons d'exposer dans les articles précédents; les valeurs de u, v et y auraient pour chaque fluide une forme analogue à celle que nous avons trouvée, et il n'y aurait de différence qu'en ce que les quantités x et z, relatives à chaque fluide, seraient déterminées par un nombre $2n$ d'équations différentielles du second ordre, dans lesquelles ces variables seraient mêlées les unes avec les autres, les x étant mêlées avec les x et les z avec les z; mais toutes ces équations sont facilement intégrables par les méthodes connues. Je supprime ici tous les calculs que j'ai faits sur cette matière, parce qu'ils n'ont plus, d'après ce qui précède, d'autre difficulté que leur longueur; cette discussion étant d'ailleurs purement mathématique, je préfère exposer avec étendue une nouvelle méthode qui, par sa simplicité, peut mériter l'attention des géomètres, et qui me servira dans la suite pour déterminer les oscillations du fluide, lorsque la planète a un mouvement de rotation, ce qui est le cas de la nature.

XII.

Concevons un astre immobile au-dessus d'une planète pareillement immobile, et considérons comme le pôle de cette planète le point au-dessus duquel l'astre répond; si l'on fait abstraction du frottement et de la ténacité du fluide, il résulte des formules que nous avons don-

nées pour ce cas à la fin de l'article X, que ce fluide ferait éternellement des oscillations et que chacun de ses points reviendrait à sa position primitive, toutes les fois que, par l'accroissement successif de
l'angle at, $\cos at$ redeviendrait égal à l'unité, c'est-à-dire lorsqu'on
aurait at égal à un multiple de la circonférence; partant, la durée de
chaque oscillation serait égale à $\frac{2\pi}{a}$; mais il est aisé de voir que le frottement et la ténacité des parties fluides doivent altérer sans cesse ces
oscillations, en sorte qu'elles cesseront après un temps considérable,
et le fluide finira par être en équilibre sous l'astre qui l'attire. Con-
sidérons-le dans cet état d'équilibre et voyons la figure qu'il doit
prendre.

On aura, dans ce cas, $\frac{d^2 u}{dt^2} = 0$; de plus, l'astre étant supposé au pôle,
on a $\nu = 0$; et comme le fluide, par l'action de cet astre, n'a éprouvé
aucun déplacement en longitude, on a $v = 0$; les équations (11) et (12)
de l'article VII donneront ainsi, en supposant la densité Δ du fluide
égale à zéro,

$$y = -\frac{l}{\sin\theta}\cdot\frac{d.u\sin\theta}{d\theta} \qquad \text{et} \qquad 0 = -g\frac{\partial y}{\partial\theta} - \mathbf{K}\sin 2\theta,$$

d'où l'on tire, en intégrant,

$$y = c + \frac{\mathbf{K}}{2g}\cos 2\theta;$$

pour déterminer la constante arbitraire c, on observera que, la quantité
du fluide restant toujours la même, on a

$$\int^{\pi}\int_{0}^{2\pi} y\,\sin\theta\,d\theta\,d\varpi = 0;$$

de là on tirera

$$c = \frac{\mathbf{K}}{6g};$$

partant,

$$y = \frac{\mathbf{K}}{6g}(1 + 3\cos 2\theta);$$

l'équation

$$y = - \frac{l}{\sin\theta}\,\frac{\partial . u \sin\theta}{\partial\theta}$$

donne ensuite, en l'intégrant,

$$u \sin\theta = - \frac{K}{6\,lg}\left(\tfrac{1}{2}\cos\theta - \tfrac{1}{2}\cos 3\theta\right) + A;$$

pour déterminer la constante A, on observera que l'astre étant supposé au pôle, on doit avoir $u = 0$ pour tous les points du fluide situés au pôle; partant,

$$A = 0 \qquad \text{et} \qquad u = - \frac{K}{6\,lg}\sin 2\theta.$$

Supposons maintenant le fluide d'une densité quelconque, et concevons que dans cette supposition u soit égal à $e \sin 2\theta$, on aura, par l'article IX,

$$B\Delta = \tfrac{14}{8}\pi\Delta\,le\,\sin 2\theta;$$

l'équation (12) donnera donc

$$0 = - g\frac{\partial y}{\partial\theta} - \left(K - \tfrac{2}{3}\pi\Delta\,le\right)\sin 2\theta;$$

soit

$$K' = K - \tfrac{24}{3}\Delta\pi\,le,$$

et l'on aura, comme précédemment,

$$y = \frac{K'}{6g}(1 + 3\cos 2\theta) \qquad \text{et} \qquad u = - \frac{K'}{6\,lg}\sin 2\theta;$$

partant,

$$- \frac{K'}{6\,lg} = e \qquad \text{ou} \qquad \frac{\tfrac{24}{3}\pi\Delta\,le - K}{6\,lg} = e;$$

d'où l'on tire

$$e = - \frac{K}{a^2},$$

a^2 étant égal à $6lg - \tfrac{24}{3}\pi\,\Delta l$; donc

$$u = - \frac{K}{a^2}\sin 2\theta \qquad \text{et} \qquad y = \frac{lK}{a^2}(1 + 3\cos 2$$

XIII.

Considérons présentement le cas dans lequel l'astre se meut uniformément sur le même parallèle, en conservant toujours la même distance au centre C de la planète, et voyons quel doit être alors l'effet du frottement et de la ténacité du fluide. Par la même raison pour laquelle nous venons de voir que les oscillations du fluide doivent s'anéantir à la longue, lorsque l'astre est immobile au-dessus du pôle, quels qu'aient été d'ailleurs la figure et le mouvement primitifs du fluide, il est visible que tous les termes qui, dans les expressions de u, v et y, dépendent de la position primitive de l'astre au-dessus de la planète, doivent disparaître après un temps considérable, en sorte qu'il sera impossible de reconnaître par l'observation, et la position de l'astre attirant, à l'origine du mouvement, et l'instant auquel on doit fixer cette origine. Ces expressions seraient donc encore les mêmes, si l'astre avait eu une position différente à l'origine du mouvement, ou si cette origine était plus reculée, ou même encore si à cette époque le mouvement et la figure du fluide eussent été entièrement différents. De là, il est aisé de conclure que u, v et y ne seront plus fonctions que de θ, des sinus et des cosinus de l'angle $mt - \varpi$; car, si elles renfermaient encore ϖ, il est clair que les expressions de ces quantités seraient différentes pour les différents points du fluide situés sous le même parallèle; or cette différence ne peut évidemment résulter que de la différence de la position primitive de l'astre; pareillement, si elles renfermaient encore le temps t écoulé depuis l'origine du mouvement, l'angle θ et les sinus et cosinus de l'angle $mt - \varpi$ et de ses multiples restant les mêmes, les valeurs de u, v et y seraient différentes, suivant que t serait un peu plus ou un peu moins grand, c'est-à-dire suivant que l'on avancerait ou que l'on reculerait l'époque de l'origine du mouvement. Il suit de là que, si l'on suppose comme ci-dessus $\varphi = mt$, on aura

$$\frac{du}{dt} = - m \frac{\partial u}{\partial \varpi}, \quad \frac{d^2 u}{dt^2} = m^2 \frac{\partial^2 u}{\partial \varpi^2}, \quad \frac{dv}{dt} = - m \frac{\partial v}{\partial \varpi}, \quad \frac{d^2 v}{dt^2} = m^2 \frac{\partial^2 v}{\partial \varpi^2};$$

les équations (11), (12) et (13) donneront conséquemment

$$(\Gamma)\quad\begin{cases}
y = -l\left(\dfrac{\partial u}{\partial\theta} + \dfrac{\partial v}{\partial\varpi} + u\,\dfrac{\cos\theta}{\sin\theta}\right),\\[2ex]
m^2\dfrac{\partial^2 u}{\partial\varpi^2} = -g\dfrac{\partial y}{\partial\theta} + B\Delta\\[1ex]
\qquad + K\sin 2\theta\left[\tfrac{1}{2}\sin^2 v - \cos^2 v + \tfrac{1}{2}\sin^2 v\cos(2mt - 2\varpi)\right]\\[1ex]
\qquad + 2K\cos 2\theta\sin v\cos v\cos(mt - \varpi),\\[2ex]
m^2\dfrac{\partial^2 v}{\partial\varpi^2}\sin^2\theta = -g\dfrac{\partial y}{\partial\varpi} + C\Delta\sin\theta\\[1ex]
\qquad + K\sin v\cos v\sin 2\theta\sin(mt - \varpi)\\[1ex]
\qquad + K\sin^2 v\sin^2\theta\sin(2mt - 2\varpi).
\end{cases}$$

En différentiant la première de ces équations deux fois de suite par rapport à ϖ et en la multipliant par $m^2\sin^2\theta$, on aura

$$(\sigma)\qquad m^2\dfrac{\partial^2 y}{\partial\varpi^2}\sin^2\theta = -lm^2\sin^2\theta\dfrac{\partial^3 v}{\partial\varpi^3} - lm^2\sin\theta\dfrac{\partial^3.u\sin\theta}{\partial\varpi^2\partial\theta};$$

si l'on multiplie la seconde par $\sin\theta$ et qu'on la différentie une fois par rapport à θ, on aura

$$m^2\dfrac{\partial^3.u\sin\theta}{\partial\varpi^2\partial\theta} = -g\dfrac{\partial^2 y}{\partial\theta^2}\sin\theta - g\dfrac{\partial y}{\partial\theta}\cos\theta + \Delta\dfrac{\partial.B\sin\theta}{\partial\theta}$$
$$\qquad + K\dfrac{\partial.\sin\theta\sin 2\theta}{\partial\theta}\left[\tfrac{1}{2}\sin^2 v - \cos^2 v + \tfrac{1}{2}\sin^2 v\cos(2mt - 2\varpi)\right]$$
$$\qquad + 2K\dfrac{\partial.\sin\theta\cos 2\theta}{\partial\theta}\sin v\cos v\cos(mt - \varpi);$$

enfin, si l'on différentie la troisième une fois par rapport à ϖ, on aura

$$m^2\dfrac{\partial^3 v}{\partial\varpi^3}\sin^2\theta = -g\dfrac{\partial^2 y}{\partial\varpi^2} + \Delta\sin\theta\dfrac{\partial C}{\partial\varpi}$$
$$\qquad - K\sin v\cos v\sin 2\theta\cos(mt - \varpi)$$
$$\qquad - 2K\sin^2 v\sin^2\theta\cos(2mt - 2\varpi);$$

en substituant les valeurs de $\dfrac{\partial^3.u\sin\theta}{\partial\varpi^2\partial\theta}$ et de $\dfrac{\partial^3 v}{\partial\varpi^3}$, que donnent ces deux dernières équations, dans l'équation (σ), on aura

$$(\Lambda) \quad \left\{ \begin{aligned}
\frac{\partial^2 y}{\partial \varpi^2}(m^2 \sin^2 \theta - lg) &= lg \frac{\partial^2 y}{\partial \theta^2} \sin^2 \theta + lg \sin \theta \cos \theta \frac{\partial y}{\partial \theta} \\
&\quad - \Delta l \sin \theta \frac{\partial . \mathrm{B} \sin \theta}{\partial \theta} - \Delta l \sin \theta \frac{\partial \mathrm{C}}{\partial \varpi} \\
&\quad - l\mathrm{K} \sin \theta \frac{\partial . \sin \theta \sin 2\theta}{\partial \theta}(\tfrac{1}{2} \sin^2 \nu - \cos^2 \nu) \\
&\quad + 12 l\mathrm{K} \sin \nu \cos \nu \sin^3 \theta \cos \theta \cos(mt - \varpi) \\
&\quad + 3 l\mathrm{K} \sin^2 \nu \sin^4 \theta \cos(2mt - 2\varpi).
\end{aligned} \right.$$

Supposons d'abord $\Delta = 0$, et l'on aura pour déterminer y une équation aux différences partielles du second ordre, dont l'intégrale complète, si elle est possible, se déterminera facilement par la méthode que j'ai donnée pour cet objet dans les *Mémoires de l'Académie* pour l'année 1773 ([1]); mais il n'est pas nécessaire ici, comme nous le verrons bientôt, de connaître cette intégrale complète, il suffit d'avoir une intégrale particulière. Pour cela, soit

$$y = \iota + \lambda \cos(mt - \varpi) + 6 \cos(2mt - 2\varpi),$$

ε, λ et 6 étant fonctions de θ seul et de constantes; en substituant cette valeur de y dans l'équation précédente, on aura, pour déterminer ces fonctions, les trois équations suivantes :

$$0 = g \frac{\partial . \frac{\partial \varepsilon}{\partial \theta} \sin \theta}{\partial \theta} - \mathrm{K}(\tfrac{1}{2} \sin^2 \nu - \cos^2 \nu) \frac{\partial . \sin \theta \sin 2\theta}{\partial \theta},$$

$$-\lambda(m^2 \sin^2 \theta - lg) = lg \frac{\partial^2 \lambda}{\partial \theta^2} \sin^2 \theta + lg \sin \theta \cos \theta \frac{\partial \lambda}{\partial \theta} + 12 l\mathrm{K} \sin \nu \cos \nu \sin^3 \theta \cos \theta,$$

$$-46(m^2 \sin^2 \theta - lg) = lg \frac{\partial^2 6}{\partial \theta^2} \sin^2 \theta + lg \sin \theta \cos \theta \frac{\partial 6}{\partial \theta} + 3 l\mathrm{K} \sin^2 \nu \sin^4 \theta.$$

Pour satisfaire à ces équations, on fera

$$\iota = a + b \cos 2\theta,$$
$$\lambda = c \sin 2\theta,$$
$$6 = e \sin^2 \theta;$$

[1] Page 5 du présent volume.

a, b, c et e étant des coefficients constants, et l'on trouvera facilement

$$b = \frac{K}{2g}(\cos^2\nu - \tfrac{1}{2}\sin^2\nu),$$

$$c = \frac{6l K \sin\nu \cos\nu}{6lg - m^2},$$

$$c = \frac{3l K \sin^2\nu}{6lg - 4m^2};$$

partant, on aura

$$y = a + \frac{K}{2g}(\cos^2\nu - \tfrac{1}{2}\sin^2\nu)\cos 2\vartheta$$

$$+ \frac{6l K \sin\nu \cos\nu}{6lg - m^2}\sin 2\vartheta \cos(mt - \varpi)$$

$$+ \frac{3l K \sin\nu^2}{6lg - 4m^2}\sin^2\vartheta \cos(2mt - 2\varpi);$$

pour déterminer la constante a, on observera que l'on doit avoir, comme on l'a vu dans l'article précédent,

$$\int_0^\pi \int_0^{2\pi} y \sin\vartheta \, d\vartheta \, d\varpi = 0;$$

d'où l'on tire

$$a = \frac{K}{6g}(\cos^2\nu - \tfrac{1}{2}\sin^2\nu).$$

XIV.

La valeur précédente de y satisfait à la vérité à l'équation (A), mais elle n'est pas la seule, car, si l'on nomme Y cette valeur et que l'on fasse $y = y' + Y$, on aura, pour déterminer y', l'équation

$$\frac{\partial^2 y'}{\partial\varpi^2}(m^2\sin^2\vartheta - lg) = lg\,\frac{\partial^2 y'}{\partial\vartheta^2}\sin^2\vartheta + lg\,\frac{\partial y'}{\partial\vartheta}\sin\vartheta\cos\vartheta.$$

Soit $y' = R$ l'intégrale complète de cette équation, R devant être, par ce qui précède, fonction de ϑ, de $\sin(mt - \varpi)$ et de $\cos(mt - \varpi)$, on aura $y = R + Y$ pour l'expression complète de y dans le cas de $\Delta = 0$; d'où l'on voit que les oscillations du fluide peuvent être variées à l'infini, et qu'il peut en avoir une infinité dépendantes des angles θ et $mt - \varpi$, en ne supposant aucun astre attirant; mais il sera facile par cette considération même de les distinguer, car les valeurs de u, v et y, que l'on aurait dans ce cas, satisferaient aux équations différentielles (Γ) de l'article précédent, en supposant $K = 0$ et $\Delta = 0$ dans ces équations; il est visible de plus que tous les termes des expressions de u, v et y, qui dans ces mêmes suppositions satisfont à ces équations, subsisteraient encore quand il n'y aurait aucun astre; mais, dans ce cas, le frottement et la ténacité du fluide anéantiraient à la longue les oscillations qui en résultent, et, comme ces oscillations sont visiblement produites par les termes qui renferment le temps t, on doit rejeter de l'expression complète de y tous les termes qui, renfermant le temps t, satisfont aux équations (Γ) en supposant $K = 0$ et $\Delta = 0$ dans ces équations, et admettre tous ceux qui, renfermant pareillement le temps t, ne peuvent y satisfaire. Cela posé, il est clair que tous les termes de la quantité R qui dépendent du temps doivent être rejetés, puisqu'ils auraient encore lieu dans le cas où la masse de l'astre attirant serait nulle; la quantité R se réduit ainsi à une fonction de θ seul, que nous nommerons H, en sorte que l'on aura $y = H + Y$. Voyons présentement quels sont les termes qu'il faut encore rejeter de cette expression de y; pour cela, supposons dans les équations (Γ),

$$K = 0, \qquad \Delta = 0,$$

$$y = H + Y = H + t + \lambda \cos(mt - \varpi) + \varsigma \cos(2mt - 2\varpi),$$

ε, λ et ς étant des fonctions de θ que nous avons déterminées dans l'article précédent; la seconde des équations (Γ) donnera, en l'intégrant deux fois de suite par rapport à ϖ,

$$m^2 u = -\frac{g}{2}\left(\frac{\partial H}{\partial \theta} + \frac{\partial \varepsilon}{\partial \theta}\right)(mt - \varpi)^2 + H'(mt - \varpi) + H''$$

$$+ g\frac{\partial \lambda}{\partial \theta}\cos(mt - \varpi) + \frac{g}{4}\frac{\partial \varsigma}{\partial \theta}\cos(2mt - 2\varpi),$$

H' et H'' étant deux constantes arbitraires qui peuvent être fonctions quelconques de θ; la troisième des équations (Γ) donnera, en l'intégrant une fois par rapport à ϖ,

$$m'\frac{\partial v}{\partial \varpi}\sin^2\theta = -g(\mathrm{H}+\varepsilon)+\mathrm{G} - g\lambda\cos(mt-\varpi) - g\mathfrak{6}\cos(2mt-2\varpi),$$

G étant une constante arbitraire qui peut être fonction quelconque de θ; si l'on substitue, au lieu de y, u et $\frac{\partial v}{\partial \varpi}$, ces valeurs dans l'équation

$$y = -l\left(\frac{\partial u}{\partial \theta} + \frac{\partial v}{\partial \varpi} + u\frac{\cos\theta}{\sin\theta}\right)$$

et que l'on compare séparément les coefficients de $(mt-\varpi)^2$, $(mt-\varpi)$, $\cos(mt-\varpi)$ et $\cos(2mt-2\varpi)$, on verra facilement que les valeurs trouvées dans l'article précédent, pour λ et $\mathfrak{6}$, ne peuvent satisfaire aux équations de condition qui en résultent; d'où il suit que les deux termes $\lambda\cos(mt-\varpi)$ et $\mathfrak{6}\cos(2mt-2\varpi)$ sont uniquement dus à l'action de l'astre et qu'ils doivent conséquemment être admis. Partant, si dans l'expression

$$\mathrm{H}+\varepsilon+\lambda\cos(mt-\varpi)+\mathfrak{6}\cos(2mt-2\varpi)$$

de y il y a quelques termes à rejeter, ils ne peuvent se rencontrer que parmi ceux de la quantité $\mathrm{H}+\varepsilon$; pour déterminer ces termes, supposons $\Delta = 0$ et K quelconque dans la seconde des deux équations (Γ); si au lieu de y on y substitue $\mathrm{H}+\varepsilon+\lambda\cos(mt-\varpi)+\mathfrak{6}\cos(2mt-2\varpi)$ et que l'on observe que la quantité u ne devant renfermer que des quantités périodiques, afin que αu reste toujours de l'ordre α, comme nous le supposons ici, $\frac{\partial^2 u}{\partial \varpi^2}$ ne doit renfermer aucun terme qui soit fonction de θ seul, on aura

$$-g\frac{\partial \mathrm{H}}{\partial \theta} - g\frac{\partial \varepsilon}{\partial \theta} + \mathrm{K}\sin 2\theta(\tfrac{1}{2}\sin^2\nu - \cos^2\nu) = 0;$$

mais, par la nature de ε, on a

$$0 = -g\frac{\partial \varepsilon}{\partial \theta} + \mathrm{K}\sin 2\theta(\tfrac{1}{3}\sin^2\nu - \cos^2\nu);$$

partant, $\frac{\partial \mathrm{H}}{\partial \theta} = 0$, ce qui réduit H à une constante que l'on déterminera au moyen de l'équation

$$\int_0^\pi \int_0^{2\pi} y \sin\theta \, d\theta \, d\varpi = 0,$$

d'où l'on tirera facilement $\mathrm{H} = 0$; il suit de là que l'on doit conserver tous les termes de Y, et que cette intégrale particulière de l'équation (A), lorsqu'on y suppose $\Delta = 0$, est la plus générale qu'on puisse admettre dans la question présente.

Considérons maintenant le fluide comme ayant une densité quelconque Δ, si l'on suppose

$$y = a(1 + 3\cos 2\theta) + c\sin 2\theta \cos(mt - \varpi) + e\sin^2\theta \cos(2mt - 2\varpi),$$

on aura, par l'article IX,

$$\mathrm{B}\Delta = - \tfrac{2}{5}\pi \Delta a \sin 2\theta + \tfrac{3}{5}\pi \Delta c \cos 2\theta \cos(mt - \varpi)$$
$$+ \tfrac{1}{5}\pi \Delta e \sin 2\theta \cos(2mt - 2\varpi),$$

$$\mathrm{C}\Delta = \tfrac{3}{5}\pi \Delta c \cos\theta \sin(mt - \varpi) + \tfrac{2}{5}\pi \Delta e \sin\theta \sin(2mt - 2\varpi);$$

en substituant ces valeurs dans l'équation (A) de l'article XIII, on aura

$$\frac{\partial^2 y}{\partial \varpi^2}(m^2 \sin^2\theta - lg)$$
$$= lg \frac{\partial^2 y}{\partial\theta^2}\sin^2\theta + lg \sin\theta \cos\theta \frac{\partial y}{\partial\theta}$$
$$+ \left[\tfrac{2}{5}\pi \Delta la - l\mathrm{K}(\tfrac{1}{3}\sin^2\nu - \cos^2\nu)\right]\sin\theta \frac{\partial . \sin\theta \sin 2\theta}{\partial\theta}$$
$$+ (\tfrac{4}{5}\pi \Delta lc + 12\, l\mathrm{K}\sin\nu \cos\nu)\sin^2\theta \cos\theta \cos(mt - \varpi)$$
$$+ (3\, l\mathrm{K}\sin^2\nu + \tfrac{2}{3}\pi \Delta le)\sin^2\theta \cos(2mt - 2\varpi);$$

en substituant dans cette équation, au lieu de y sa valeur, on trouvera

$$a = \frac{\mathrm{K}(\cos^2\nu - \tfrac{1}{3}\sin^2\nu)}{6g - \tfrac{2}{5}\pi\Delta},$$

$$c = \frac{6\, l\mathrm{K}\sin\nu \cos\nu}{6\, lg - \tfrac{2}{5}\pi \Delta l - m^2},$$

$$e = \frac{3\, l\mathrm{K}\sin^2\nu}{6\, lg - \tfrac{2}{5}\pi \Delta l - 4m^2};$$

ayant ainsi y, on aura la vitesse de chaque molécule du fluide, en observant que cette vitesse dans le sens du méridien est $\alpha\frac{du}{dt}$ ou $-\alpha m\frac{du}{d\varpi}$, et que, dans le sens du parallèle, cette vitesse est $\alpha\frac{dv}{dt}\sin\theta$ ou $-\alpha m\frac{dv}{d\varpi}\sin\theta$. Si l'on intègre présentement la seconde et la troisième des équations (Γ), en remarquant que u et v ne devant renfermer que des quantités périodiques, $\frac{du}{d\varpi}$ et $\frac{dv}{d\varpi}$ ne doivent renfermer aucun terme qui soit fonction de θ seul, on aura

$$\frac{du}{dt} = -\frac{2mK\sin\nu\cos\nu}{6lg' - \frac{2}{3}\pi\Delta l - m^2}\cos 2\theta \sin(mt - \varpi)$$
$$-\frac{mK\sin^2\nu}{6lg' - \frac{2}{3}\pi\Delta l - 4m^2}\sin 2\theta \sin(2mt - 2\varpi),$$

$$\frac{dv}{dt}\sin\theta = \frac{2mK\sin\nu\cos\nu}{6lg' - \frac{2}{3}\pi\Delta l - m^2}\cos\theta \cos(mt - \varpi)$$
$$+\frac{2mK\sin^2\nu}{6lg' - \frac{2}{3}\pi\Delta l - 4m^2}\sin\theta \cos(2mt - 2\varpi).$$

Si l'on suppose maintenant que l'astre, au lieu de se mouvoir uniformément sur le même parallèle et à la même distance du centre de la planète, change lentement de parallèle et de distance, et que sa vitesse soit un peu variable ou, ce qui revient au même, si l'on suppose que h, v et m, au lieu d'être constants, sont très peu variables, de manière que leurs différences divisées par l'élément du temps soient, par exemple, de l'ordre l, il suffira de substituer, au lieu de ces quantités, leurs véritables valeurs variables ; l'expression de y sera ainsi exacte aux quantités de l'ordre l^2, et celles de $\frac{du}{dt}$ et de $\frac{dv}{dt}\sin\theta$ le seront aux quantités près de l'ordre l ; on peut donc les employer sans craindre aucune erreur sensible ; au reste, si l'on voulait avoir les petites corrections qui résultent de la variabilité des quantités h, v et m, on pourrait faire usage de la méthode que nous exposerons (art. XXI).

Si l'on compare les résultats auxquels nous venons de parvenir avec ceux que nous avons trouvés (art. XI), on verra qu'ils sont parfaitement d'accord entre eux; les deux méthodes qui nous y ont conduit sont conséquemment exactes et pourraient, si cela était nécessaire, se servir de confirmation l'une à l'autre; la première, il est vrai, a sur la seconde l'avantage de s'étendre au cas où l'astre a un mouvement quelconque dans l'espace, mais celle-ci a, de son côté, l'avantage de donner directement le véritable mouvement que le fluide doit prendre à la longue, quels qu'aient été d'ailleurs sa figure et son mouvement primitifs, et, comme elle est beaucoup plus simple que la première, nous allons l'appliquer au cas de la nature, dans lequel la planète a un mouvement de rotation sur son axe.

XV.

Reprenons les équations (6), (7) et (9) de l'article VI et supposons, comme précédemment, $\varphi = mt$; si l'on fait $n - m = i$, on prouvera par les mêmes raisonnements de l'article XIII que, après un temps considérable, u, v et y ne seront plus fonctions que de l'angle ϑ, et des sinus et cosinus de l'angle $it + \varpi$, et qu'ainsi l'on aura

$$\frac{du}{dt} = i\frac{\partial u}{\partial \varpi}, \qquad \frac{d^2 u}{dt^2} = i^2 \frac{\partial^2 u}{\partial \varpi^2},$$

$$\frac{dv}{dt} = i\frac{\partial v}{\partial \varpi} \qquad \text{et} \qquad \frac{d^2 v}{dt^2} = i^2 \frac{\partial^2 v}{\partial \varpi^2};$$

on aura donc

$$(1)\quad
\begin{cases}
y = -\, l\gamma\left(\frac{\partial u}{\partial \vartheta} + \frac{\partial v}{\partial \varpi} + u\,\frac{\cos\vartheta}{\sin\vartheta}\right) - lu\,\frac{\partial \gamma}{\partial \vartheta}, \\[2ex]
i^2 \frac{\partial^2 u}{\partial \varpi^2} - 2\,ni\,\frac{\partial v}{\partial \varpi}\sin\vartheta\cos\vartheta \\[1ex]
\qquad = -\,g\,\frac{\partial \gamma}{\partial \vartheta} + B\Delta + K\Big\{\sin 2\vartheta\big[\tfrac{1}{4}\sin^2\nu - \cos^2\nu + \tfrac{1}{2}\sin^2\nu\cos(2it + 2\varpi)\big] \\[1ex]
\qquad\qquad\qquad\qquad\qquad\qquad + 2\cos 2\vartheta\sin\nu\cos\nu\cos(it + \varpi)\Big\}, \\[2ex]
i^2 \frac{\partial^2 v}{\partial \varpi^2}\sin^2\vartheta + 2\,ni\,\frac{\partial u}{\partial \varpi}\sin\vartheta\cos\vartheta \\[1ex]
\qquad = -\,g\,\frac{\partial \gamma}{\partial \varpi} + C\Delta\sin\vartheta - K\sin\nu\cos\nu\sin 2\vartheta\sin(it + \varpi) \\[1ex]
\qquad\qquad\qquad - K\sin^2\nu\sin^2\vartheta\sin(2it + 2\varpi);
\end{cases}$$

si l'on intègre par rapport à ϖ la dernière de ces équations, on aura

$$\frac{dv}{d\varpi} = -\frac{2nu\cos\theta}{i\sin\theta} - \frac{gy}{i^2\sin^2\theta} + \frac{\Delta\int C\,d\varpi\sin\theta}{i^2\sin^2\theta}$$
$$+\frac{2K}{i^2}\sin\nu\cos\nu\frac{\cos\theta}{\sin\theta}\cos(it+\varpi) + \frac{K}{2i^2}\sin^2\nu\cos(2it+2\varpi) + H,$$

H étant une fonction de θ ajoutée en intégrant; soit

$$gy - \Delta\int C\,d\varpi\sin\theta = gy',$$

et l'on aura

$$\frac{dv}{d\varpi} = -\frac{2nu\cos\theta}{i\sin\theta} - \frac{gy'}{i^2\sin^2\theta}$$
$$-\frac{2K}{i^2}\sin\nu\cos\nu\frac{\cos\theta}{\sin\theta}\cos(it+\varpi) + \frac{K}{2i^2}\sin^2\nu\cos(2it+2\varpi) + H;$$

or, si l'on nomme a et $a^{(1)}$ les parties des expressions de y' et de u, qui sont indépendantes de l'angle $it+\varpi$, et que l'on considère que v ne devant renfermer que des quantités périodiques (*voir* ci-après l'article XXI), $\frac{dv}{d\varpi}$ ne peut renfermer de termes qui soient fonctions de θ seul, on aura

$$H = \frac{2na^{(1)}\cos\theta}{i\sin\theta} + \frac{ga}{i^2\sin^2\theta};$$

partant,

$$(\nearrow) \quad \left\{ \begin{aligned} \frac{dv}{d\varpi} &= \frac{2n\cos\theta}{i\sin\theta}(a^{(1)}-u) + \frac{g(a-y')}{i^2\sin^2\theta} \\ &+ \frac{2K\cos\theta}{i^2\sin\theta}\sin\nu\cos\nu\cos(it+\varpi) + \frac{K\sin^2\nu}{2i^2}\cos(2it+2\varpi); \end{aligned} \right.$$

si l'on observe présentement que l'équation

$$\frac{d B}{d\varpi} = \frac{\partial.C\sin\theta}{\partial\theta}$$

trouvée (art. V) donne, en l'intégrant,

$$B = \int\frac{\partial.C\sin\theta}{\partial\theta}\,d\varpi,$$

on aura

$$-g\frac{dy}{d\theta} + B\Delta = -g\frac{dy'}{d\theta};$$

substituant donc, au lieu de $\frac{\partial v}{\partial \varpi}$ et de $g \frac{\partial y}{\partial \theta}$, leurs valeurs dans la première et dans la seconde des équations (J), on aura les deux suivantes

$$(21) \quad \left\{ \begin{aligned} y &= - l\gamma \frac{\partial u}{\partial \theta} + \frac{l\gamma \cos \theta}{i \sin \theta} [(2n - i)u - 2na^{(1)}] - lu \frac{\partial \gamma}{\partial \theta} + \frac{lg\gamma(y' - u)}{i^2 \sin^2 \theta} \\ &\quad - \frac{2K l\gamma \cos \theta}{i^2 \sin \theta} \sin \nu \cos \nu \cos(it + \varpi) - \frac{lK y \sin^2 \nu}{2 i^2} \cos(2it + 2\varpi), \end{aligned} \right.$$

$$(22) \quad \left\{ \begin{aligned} i^2 & \frac{\partial^2 u}{\partial \varpi^2} + 4n^2 (u - a^{(1)}) \cos^2 \theta \\ &= - g \frac{\partial y'}{\partial \theta} + \frac{2ng \cos \theta}{i \sin \theta} (a - y') \\ &\quad + \frac{2K}{i} \sin \nu \cos \nu [(2n + 2i) \cos^2 \theta - i] \cos(it + \varpi) \\ &\quad + K \sin 2\theta (\tfrac{1}{2} \sin^2 \nu - \cos^2 \nu) + K \sin^2 \nu \sin 2\theta \frac{n + i}{2i} \cos(2it + 2\varpi); \end{aligned} \right.$$

pour satisfaire à ces équations, faisons d'abord $\mathcal{E} = 0$, en sorte que l'on ait $y' = y$, et supposons

$$y = a + b \cos(it + \varpi) + c \cos(2it + 2\varpi),$$
$$u = a^{(1)} + b^{(1)} \cos(it + \varpi) + c^{(1)} \cos(2it + 2\varpi),$$

a, b, c, $a^{(1)}$, $b^{(1)}$, $c^{(1)}$ étant des fonctions de θ seul, qu'il s'agit de déterminer; en substituant ces valeurs dans les équations (21) et (22), et comparant séparément les coefficients de $\cos(it + \varpi)$ et de $\cos(2it + 2\varpi)$, on aura les six équations suivantes :

$$(L) \quad \left\{ \begin{aligned} & a \sin \theta = - l \frac{\partial . \gamma a^{(1)} \sin \theta}{\partial \theta}, \\[4pt] & g \frac{da}{d\theta} = K \sin 2\theta (\tfrac{1}{2} \sin^2 \nu - \cos^2 \nu), \\[4pt] & b = - l\gamma \frac{\partial b^{(1)}}{\partial \theta} + \frac{2n - i}{i} l\gamma b^{(1)} \frac{\cos \theta}{\sin \theta} - lb^{(1)} \frac{\partial \gamma}{\partial \theta} + \frac{lgb\gamma}{i^2 \sin^2 \theta} - \frac{2lK\gamma \cos \theta}{i^2 \sin \theta} \sin \nu \cos \nu, \\[4pt] & b^{(1)}(4n^2 \cos^2 \theta - i^2) = - g \frac{\partial b}{\partial \theta} - \frac{2ngb \cos \theta}{i \sin \theta} + \frac{2K}{i} \sin \nu \cos \nu [(2n + 2i) \cos^2 \theta - i], \\[4pt] & c = - l\gamma \frac{\partial c^{(1)}}{\partial \theta} + \frac{2n - i}{i} l\gamma c^{(1)} \frac{\cos \theta}{\sin \theta} - lc^{(1)} \frac{\partial \gamma}{\partial \theta} + \frac{lgc\gamma}{i^2 \sin^2 \theta} - \frac{lK\gamma \sin^2 \nu}{2 i^2}, \\[4pt] & 4c^{(1)}(n^2 \cos^2 \theta - i^2) = - g \frac{\partial c}{\partial \theta} - \frac{2ngc \cos \theta}{i \sin \theta} + \frac{n + i}{2i} K \sin^2 \nu \sin 2\theta; \end{aligned} \right.$$

toute la difficulté de la détermination des oscillations du fluide se trouve ainsi réduite à satisfaire à ces équations.

La quantité γ ou, ce qui revient au même, la loi de la profondeur du fluide étant indéterminée dans ces équations, la supposition la plus naturelle que l'on puisse faire sur cette profondeur consiste à regarder le sphéroïde et le fluide comme ayant eu primitivement une figure elliptique; dans ce cas, on a

$$\gamma = 1 + \frac{q}{l}\sin^2\vartheta,$$

q étant un coefficient constant; nous adopterons conséquemment cette valeur de γ dans la suite de ces recherches; cela posé, si l'on intègre la seconde des équations (L), on aura

$$n = \frac{K}{2g}\cos 2\theta\,(\cos^2 v - \tfrac{1}{2}\sin^2 v) + F,$$

F étant une constante que nous déterminerons dans la suite; en substituant cette valeur dans la première de ces équations, on aura en l'intégrant,

$$\gamma a^{(1)}\sin\vartheta = -\frac{1}{l}\int a\,d\vartheta\sin\vartheta;$$

partant,

$$a^{(1)} = -\frac{\displaystyle\int a\,d\vartheta\sin\vartheta}{\left(1 + \frac{q}{l}\sin^2\vartheta\right) l\sin\vartheta}$$
$$-\frac{K(\cos^2 v - \tfrac{1}{2}\sin^2 v)(3\cos\vartheta - \cos 3\theta) - 12gF\cos\vartheta + F'}{12gl\sin\vartheta\left(1 + \frac{q}{l}\sin^2\theta\right)},$$

F' étant une nouvelle constante ajoutée en intégrant. Pour satisfaire maintenant à la troisième et à la quatrième des équations (L), supposons

$$b = \sin\vartheta\cos\vartheta\,(f + f^{(1)}\sin^2\vartheta + f^{(3)}\sin^4\vartheta + \ldots + f^{(r)}\sin^{2r}\vartheta),$$
$$b^{(1)} = e + e^{(1)}\sin^2\vartheta + e^{(3)}\sin^4\vartheta + \ldots + e^{(r)}\sin^{2r}\vartheta,$$

$f, f^{(1)}, f^{(2)}, \ldots, e, e^{(1)}, e^{(2)}, \ldots$ étant des coefficients constants. En substituant ces valeurs de b et de $b^{(1)}$, dans la troisième des équations (L), on aura d'abord, en comparant les coefficients de $\frac{\cos\theta}{\sin\theta}$, l'équation suivante

(23)
$$\frac{2n-i}{i}e + \frac{gf}{i^2} - \frac{2K}{i^2}\sin\nu\cos\nu = 0;$$

en divisant ensuite tous les autres termes de l'équation par $\sin\theta\cos\theta$, on aura une équation de cette forme

$$f + f^{(1)}\sin^2\theta + f^{(2)}\sin^4\theta + \ldots + f^{(r)}\sin^{2r}\theta$$
$$= A + A^{(1)}\sin^2\theta + A^{(2)}\sin^4\theta + \ldots + A^{(r)}\sin^{2r}\theta,$$

A, $A^{(1)}$, $A^{(2)}$, ..., $A^{(r)}$ étant des fonctions de $f, f^{(1)}, \ldots, e, e^{(1)}, \ldots$ très faciles à déterminer, et l'on aura

$$A^{(r)} = \frac{qg f^{(r)}}{i^2} - \left(2r + \frac{3i-2n}{i}\right) qe^{(r)};$$

en comparant séparément les coefficients des différentes puissances de $\sin\theta$, on aura les $r + 1$ équations suivantes

$$A = f, \qquad A^{(1)} = f^{(1)}, \qquad A^{(2)} = f^{(2)}, \qquad \ldots, \qquad A^{(r)} = f^{(r)},$$

et cette dernière équation donne, en y substituant au lieu de $A^{(r)}$ sa valeur,

(24)
$$(qg - i^2)f^{(r)} = q(2ri^2 + 3i^2 - 2ni)e^{(r)}.$$

Si l'on substitue pareillement les valeurs précédentes de b et de $b^{(1)}$, dans la quatrième des équations (L), on aura une équation de cette forme
$$(4n^2 - i^2)e + [(4n^2 - i^2)e^{(1)} - 4n^2c]\sin^2\theta$$
$$+ [(4n^2 - i^2)e^{(2)} - 4n^2c^{(1)}]\sin^4\theta + \ldots$$
$$+ [(4n^2 - i^2)e^{(r)} - 4n^2c^{(r-1)}]\sin^{2r}\theta - 4n^2e^{(r)}\sin^{2r+2}\theta$$
$$= {}^{1}B + B^{(1)}\sin^2\theta + B^{(2)}\sin^4\theta + \ldots + B^{(r+1)}\sin^{2r+2}\theta,$$

${}^{1}B$, $B^{(1)}$, $B^{(2)}$, ... étant des coefficients faciles à déterminer, et l'on trouvera
$$^{1}B = -\frac{2n+i}{i}gf + \frac{2n+i}{i}2K\sin\nu\cos\nu$$

et

$$B^{(r+1)} = gf^{(r)}\left(2r + 2 + \frac{2n}{i}\right).$$

Si l'on compare maintenant les coefficients des puissances de $\sin\theta$, on aura

$$(4n^2 - i^2)e = {}^1B$$

ou

$$(4n^2 - i^2)e = -\frac{2n+i}{i}gf + \frac{2n+i}{i}2K\sin\nu\cos\nu;$$

partant,

$$\frac{2n+i}{i}e - \frac{gf}{i^2} - \frac{2K}{i^2}\sin\nu\cos\nu = 0,$$

équation qui est la même que l'équation (23). On aura ensuite

$$(4n^2 - i^2)e^{(1)} - 4n^2c = B^{(1)},$$
$$(4n^2 - i^2)e^{(2)} - 4n^2e^{(1)} = B^{(2)},$$
$$\dots\dots\dots\dots\dots\dots\dots\dots\dots\dots,$$
$$- 4n^2e^{(r)} = B^{(r+1)}$$

ou

$$- 4n^2e^{(r)} = gf^{(r)}\left(2r + 2 + \frac{2n}{i}\right).$$

Si l'on compare cette équation avec l'équation (24), on en tirera

$$q = \frac{2n^2}{g\left(2r^2 + 5r + 3 + \frac{n}{i}\right)};$$

on déterminera ensuite les $2r + 2$ quantités f, $f^{(1)}$, $f^{(2)}$, $\dots$, $f^{(r)}$, e, $e^{(1)}$, $e^{(2)}$, $\dots$, $e^{(r)}$ au moyen des équations (23) et (24), et des $2r$ équations

$$f = A, \qquad f^{(1)} = A^{(1)}, \qquad \dots, \qquad f^{(r-1)} = A^{(r-1)},$$
$$(4n^2 - i^2)e^{(1)} - 4n^2c = B^{(1)},$$
$$(4n^2 - i^2)e^{(2)} - 4n^2e^{(1)} = B^{(2)},$$
$$\dots\dots\dots\dots\dots\dots\dots\dots\dots\dots,$$
$$(4n^2 - i^2)e^{(r)} - 4n^2e^{(r-1)} = B^{(r)}.$$

Pour satisfaire ensuite à la cinquième et à la sixième des équations (L).

supposons

$$c\;\;=\sin^2\theta(p+p^{(1)}\sin^2\theta+p^{(2)}\sin^4\theta+\ldots+p^{(r)}\sin^{2r}\theta),$$
$$c^{(1)}=\sin\theta\cos\theta(6+6^{(1)}\sin^2\theta+6^{(2)}\sin^4\theta+\ldots+6^{(r-1)}\sin^{2r-2}\theta),$$

$p, p^{(1)}, p^{(2)}, \ldots, 6, 6^{(1)}, 6^{(2)}, \ldots$ étant des coefficients constants qu'il s'agit de déterminer. Si l'on substitue ces valeurs de c et de $c^{(1)}$ dans la cinquième des équations (L), et que l'on ordonne cette équation par rapport aux puissances de $\sin\theta$, on aura d'abord, en comparant les termes qui ne renferment point $\sin\theta$,

$$(25)\qquad o=\frac{3n-2i}{i}6+\frac{gp}{i^2}-\frac{\mathrm{K}\sin^2\gamma}{2i^2};$$

et si l'on divise tous les autres termes de l'équation par $\sin^2\theta$, on aura une équation de cette forme

$$p+p^{(1)}\sin^2\theta+p^{(2)}\sin^4\theta+\ldots+p^{(r)}\sin^{2r}\theta$$
$$=\mathrm{D}+\mathrm{D}^{(1)}\sin^2\theta+\mathrm{D}^{(2)}\sin^4\theta+\ldots+\mathrm{D}^{(r)}\sin^{2r}\theta,$$

$\mathrm{D}, \mathrm{D}^{(1)}, \mathrm{D}^{(2)}$ étant des fonctions de $p, p^{(1)}, \ldots$ et de $6, 6^{(1)}, \ldots$ très faciles à déterminer, et l'on trouvera

$$\mathrm{D}^{(r)}=q6^{(r-1)}\frac{2ri-2n+3i}{i}+\frac{gqp^{(r)}}{i^2}.$$

En comparant les coefficients des différentes puissances de $\sin\theta$, on a

$$p=\mathrm{D},\qquad p^{(1)}=\mathrm{D}^{(1)},\qquad p^{(2)}=\mathrm{D}^{(2)},\qquad \ldots,\qquad p^{(r)}=\mathrm{D}^{(r)},$$

ou, en substituant au lieu de $\mathrm{D}^{(r)}$ sa valeur,

$$(26)\qquad p^{(r)}=q6^{(r-1)}\frac{2ri-2n+3i}{i}+\frac{gqp^{(r)}}{i^2};$$

si l'on substitue pareillement au lieu de c et de $c^{(1)}$ leurs valeurs dans la sixième des équations (L), en la divisant par $\sin\theta\cos\theta$ et l'ordonnant ensuite par rapport aux différentes puissances de $\sin\theta$, on aura une équation de cette forme

$$(4n^2-4i^2)6+[(4n^2-4i^2)6^{(1)}-4n^26]\sin^2\theta+\ldots-4n^26^{(r-1)}\sin^{2r}$$
$$=\mathrm{E}+\mathrm{E}^{(1)}\sin^2\theta+\mathrm{E}^{(2)}\sin^4\theta+\ldots+\mathrm{E}^{(r)}\sin^{2r}\theta,$$

E, $E^{(1)}$, $E^{(2)}$, ... étant des fonctions de p, faciles à déterminer, et l'on trouvera

$$E = \frac{n + i}{i}(K \sin^2 \nu - 2gp),$$

$$E^{(r)} = - gp^{(r)} \frac{2ri + 2i + 2n}{i}.$$

Si l'on compare maintenant les coefficients des différentes puissances de $\sin\theta$, on aura d'abord

$$(4n^2 - 4i^2)\delta = \frac{n + i}{i}(K \sin^2 \nu - 2gp),$$

d'où l'on tire

$$\frac{2n - 2i}{i}\epsilon + \frac{gp}{i^2} - \frac{K \sin^2 \nu}{2i^2} = 0,$$

équation qui est la même que l'équation (25); on aura ensuite

$$(4n^2 - 4i^2)\epsilon^{(1)} - 4n^2\epsilon = E^{(1)},$$
$$\dots\dots\dots\dots\dots\dots\dots\dots,$$
$$- 4n^2\epsilon^{(r-1)} = E^{(r)},$$

ou, en substituant au lieu de $E^{(r)}$ sa valeur,

$$2n^2\epsilon^{(r-1)} = gp^{(r)} \frac{ri + i + n}{i}.$$

Si l'on combine cette équation avec l'équation (26), on en tirera

$$q = \frac{2n^2}{g\left(2r^2 + 5r + 3 + \dfrac{n}{i}\right)};$$

on déterminera ensuite les $2r + 1$ coefficients p, $p^{(1)}$, $p^{(2)}$, ..., $p^{(r)}$, ϵ, $\epsilon^{(1)}$, ..., $\epsilon^{(r-1)}$, au moyen des équations (25) et (26) et des $2r - 1$ équations

$$p = D, \qquad p^{(1)} = D^{(1)}, \qquad \dots, \qquad p^{(r-1)} = D^{(r-1)},$$
$$(4n^2 - 4i^2)\epsilon^{(1)} - 4n^2\epsilon = E^{(1)},$$
$$(4n^2 - 4i^2)\epsilon^{(2)} - 4n^2\epsilon^{(1)} = E^{(1)},$$
$$\dots\dots\dots\dots\dots\dots\dots\dots\dots,$$
$$(4n^2 = 4i^2)\epsilon^{(r-1)} - 4n^2\epsilon^{(r-1)} = E^{(r-1)}.$$

La valeur de q, que nous venons de trouver, étant la même que celle que nous avons trouvée ci-dessus, lorsqu'il s'agissait de satisfaire à la troisième et à la quatrième des équations (L), il en résulte que les valeurs précédentes de b, $b^{(i)}$, c et $c^{(i)}$ ont été bien choisies; si l'on reprend maintenant la valeur précédente de y, et que l'on considère que l'on a

$$\int_0^\pi \int_0^{2\pi} y \sin \vartheta \, d\vartheta \, d\varpi = 0,$$

on trouvera facilement que la constante arbitraire F de l'expression de a est égale à $\frac{K}{6g}(\cos^2 \nu - \tfrac{1}{2}\sin^2 \nu)$; partant, on a

$$y = \frac{K}{6g}(\cos^2 \nu - \tfrac{1}{2}\sin^2 \nu)(1 + 3\cos 2\vartheta)$$
$$+ \sin \vartheta \cos \vartheta \cos(it + \varpi)(f + f^{(1)}\sin^2 \vartheta + \ldots + f^{(r)}\sin^{2r}\vartheta)$$
$$+ \sin^2 \vartheta \cos(2it + 2\varpi)(p + p^{(1)}\sin^2 \vartheta + \ldots + p^{(r)}\sin^{2r}\vartheta);$$

on aura ensuite la vitesse horizontale $\alpha \frac{du}{dt}$ du fluide dans le sens du méridien, en considérant que

$$\frac{du}{dt} = i\frac{du}{d\varpi} = -i\sin(it + \varpi)(e + e^{(1)}\sin^2 \vartheta + e^{(2)}\sin^4 \vartheta + \ldots + e^{(r)}\sin^{2r}\vartheta)$$
$$- 2i\sin(2it + 2\varpi \sin \vartheta \cos \vartheta (6 + 6^{(1)}\sin^2 \vartheta + \ldots + 6^{(r-1)}\sin^{2r-2}\vartheta);$$

enfin l'équation ($\diagup$) donnera la vitesse du fluide dans le sens du parallèle, en observant que cette vitesse est égale à $\alpha \frac{dv}{dt}\sin \vartheta = \alpha i \frac{dv}{d\varpi}\sin \vartheta$.

Si l'on applique maintenant à la valeur précédente de y la méthode de l'article XIV, on s'assurera facilement qu'elle doit être admise en entier, ainsi que les valeurs correspondantes que nous avons trouvées pour $\frac{du}{dt}$ et $\frac{dv}{dt}$, et que ces valeurs sont les seules que l'on doive admettre dans la question présente; comme ce calcul ne présente aucune difficulté d'après ce que nous avons dit article XIV, nous ne nous y arrêterons pas.

XVI.

Considérons le cas dans lequel le fluide a une densité quelconque Δ, et supposons qu'alors l'expression de y ait la forme suivante

$$y = \varepsilon(3\cos^2\vartheta - 1) + \sin\vartheta\cos\vartheta\cos(it + \varpi)(f + f^{(1)}\sin^2\vartheta + f^{(1)}\sin^4\vartheta + \ldots + f^{(r)}\sin^{2r}\vartheta)$$
$$+ \sin^2\vartheta\cos(2it + 2\varpi)(p + p^{(1)}\sin^2\vartheta + p^{(3)}\sin^4\vartheta + \ldots + p^{(r)}\sin^{2r}\vartheta).$$

$\varepsilon, f, f^{(1)}, \ldots, p, p^{(1)}, p^{(2)}, \ldots$ étant des coefficients constants qu'il s'agit de déterminer; il est facile de s'assurer que cette valeur de y satisfait à l'équation

$$\int_0^{\pi}\int_0^{2\pi} y\,\sin\vartheta\,d\vartheta\,d\varpi = 0;$$

voyons ensuite si elle peut satisfaire aux équations (21) et (22) de l'article précédent; on a, par cet article,

$$y' = y - \frac{\Delta}{k}\int C\,d\varpi\,\sin\vartheta;$$

de plus, on a, par l'article IX,

$$C\Delta = -\ldots\sin(it + \varpi)\cos\vartheta(\lambda + \lambda^{(1)}\sin^2\vartheta + \ldots - \lambda^{(r)}\sin^{2r}\vartheta)$$
$$-\sin(2it + 2\varpi)\sin\vartheta(\ell + \ell^{(1)}\sin^2\vartheta + \ldots + \ell^{(r)}\sin^{2r}\vartheta);$$

$\lambda, \lambda^{(1)}, \lambda^{(2)}, \ldots, \ell, \ell^{(1)}, \ell^{(2)}, \ldots$ étant des fonctions de $f, f^{(1)}, f^{(2)}, \ldots, p, p^{(1)}, p^{(2)}, \ldots$ que l'on déterminera par le même article; on aura donc

$$\int C\Delta\,d\varpi\,\sin\vartheta = G - \sin\vartheta\cos\vartheta\cos(it + \varpi)(\lambda + \lambda^{(1)}\sin^2\vartheta + \ldots + \lambda^{(r)}\sin^{2r}\vartheta)$$
$$+ \tfrac{1}{2}\sin^2\vartheta\cos(2it + 2\varpi)(\ell + \ell^{(1)}\sin^2\vartheta + \ldots + \ell^{(r)}\sin^{2r}\vartheta),$$

G étant une constante arbitraire qui peut être fonction de ϑ; pour la déterminer, on observera que nous avons supposé dans l'article précédent,

$$B\Delta = \Delta\int\frac{\partial . C\sin\vartheta}{\partial\vartheta}\,d\varpi;$$

d'où il suit que $\dfrac{\partial G}{\partial\vartheta}$ doit être égal à la partie de l'expression de $B\Delta$ qui est fonction de θ seul; or nous avons vu, article IX, que cette partie est égale à $-\frac{12}{5}\pi\,\Delta\varepsilon\sin 2\theta$; donc

$$\frac{\partial G}{\partial\theta}=-\frac{12\pi}{5}\,\Delta\varepsilon\sin 2\theta ;$$

partant,

$$G=\tfrac{6}{5}\pi\,\Delta\varepsilon\cos 2\theta+F,$$

F étant une constante quelconque à laquelle nous sommes libres de donner ici telle valeur que nous voudrons. Nous la supposerons, pour plus de simplicité, égale à $\tfrac{2}{3}\pi\,\Delta\varepsilon$, ce qui donne

$$G=\tfrac{2}{5}\pi\,\Delta\varepsilon\,(3\cos^2\theta-1).$$

Faisons maintenant

$$\varepsilon\left(1-\frac{4\,\Delta\pi}{5\,g}\right)=\varepsilon_1,$$

$$f\ -\frac{\lambda}{g}=f_1,\qquad\qquad p\ -\frac{\lambda}{2g}=p_1,$$

$$f^{(1)}-\frac{\lambda^{(1)}}{g}=f_1^{(1)},\qquad\qquad p^{(1)}-\frac{\lambda^{(1)}}{2g}=p_1^{(1)},$$

$$f^{(2)}-\frac{\lambda^{(2)}}{g}=f_1^{(2)},\qquad\qquad \dots\dots\dots\dots\dots\dots,$$

$$\dots\dots\dots\dots\dots\dots,\qquad\qquad \dots\dots\dots\dots\dots\dots,$$

$$f^{(r)}-\frac{\lambda^{(r)}}{g}=f_1^{(r)},\qquad\qquad p^{(r)}-\frac{\lambda^{(r)}}{2g}=p_1^{(r)},$$

et nous aurons

$$y'=\varepsilon_1(3\cos^2\theta-1)+\sin\theta\cos\theta\cos(it+\varpi)\,(f_1+f_1^{(1)}\sin^2\theta+f_1^{(2)}\sin^4\theta+\dots+f_1^{(r)}\sin^{2r}\theta)$$
$$+\sin^2\theta\cos(2it+2\varpi)\,(p_1+p_1^{(1)}\sin^2\theta+p_1^{(2)}\sin^4\theta+\dots+p_1^{(r)}\sin^{2r}\theta).$$

Supposons ensuite, comme précédemment,

$$u=a^{(1)}+\cos(it+\varpi)\,(e+e^{(1)}\sin^2\theta+e^{(2)}\sin^4\theta+\dots+e^{(r)}\sin^{2r}\theta)$$
$$+\sin\theta\cos\theta\cos(2it+2\varpi)\,(\mathfrak{E}+\mathfrak{E}^{(1)}\sin^2\theta+\dots+\mathfrak{E}^{(r-1)}\sin^{2r-2}\theta).$$

Si l'on substitue ces valeurs dans les équations (21) et (22), et que l'on y fasse $\gamma=1+\frac{q}{l}\sin^2\theta$, on aura d'abord, en comparant les termes indépendants de l'angle $it + \varpi$ dans l'équation (21),

$$\varepsilon \sin\theta(3\cos^2\theta - 1) = -l\,\frac{d.a^{(1)}\sin\theta\left(1 + \frac{q}{l}\sin^2\theta\right)}{d\theta};$$

l'équation (22) donnera pareillement

$$\varepsilon_1 = \frac{K}{3g}(\cos^2\nu - \tfrac{1}{2}\sin^2\nu);$$

partant,

$$\varepsilon = \frac{K}{3g\left(1 - \frac{4\Delta\pi}{5g}\right)}(\cos^2\nu - \tfrac{1}{2}\sin^2\nu).$$

La comparaison des coefficients de $\cos(it + \varpi)$ dans l'équation (21) donnera

$$(27) \qquad \frac{2n - i}{i}e + \frac{gf_1}{i^2} - \frac{2K}{i^2}\sin\nu\cos\nu = 0,$$

et cette équation répond à l'équation (23) de l'article précédent; on aura ensuite

$$f = A_1, \qquad f^{(1)} = A_1^{(1)}, \qquad f^{(2)} = A_1^{(2)}, \qquad \ldots, \qquad f^{(r)} = A_1^{(r)},$$

A_1, $A_1^{(1)}$, $A_1^{(2)}$, ... étant pareilles fonctions de f_1, $f_1^{(1)}$, $f_1^{(2)}$, ... que les quantités que nous avons nommées A, $A^{(1)}$, $A^{(2)}$, ... le sont de f, $f^{(1)}$, $f^{(2)}$, ... On aura donc

$$A_1^{(r)} = \frac{gq}{i^2}f_1^{(r)} - \left(2r + \frac{3i - 2n}{i}\right)qe^{(r)};$$

partant,

$$f^{(r)} = \frac{gq}{i^2}f_1^{(r)} - \left(2r + \frac{3i - 2n}{i}\right)qe^{(r)};$$

or on a

$$f_1^{(r)} = f^{(r)} - \frac{\lambda^{(r)}}{g}$$

et, par l'article IX,

$$\lambda^{(r)} = \frac{4\Delta\pi f^{(r)}}{4r + 5};$$

donc

$$f_1^{(r)} = f^{(r)}\left[1 - \frac{4\Delta\pi}{(4r + 5)g}\right],$$

ce qui donne

$$(28) \qquad f^{(r)} \left\{ qg \left[1 - \frac{4\Delta\pi}{(4r+5)g} \right] - i^2 \right\} = q(2ri^2 + 3i^2 - 2ni)e^{(r)},$$

et cette équation répond à l'équation (24) de l'article précédent.

Si l'on compare les coefficients de $\cos(it + \varpi)$ dans l'équation (22), on trouvera d'abord l'équation (27); on trouvera ensuite les équations suivantes

$$(4n^2 - i^2)e^{(1)} - 4n^2 c \qquad = B_1^{(1)},$$
$$(4n^2 - i^2)e^{(2)} - 4n^2 e^{(1)} \qquad = B_1^{(2)},$$
$$\dots\dots\dots\dots\dots\dots\dots\dots\dots\dots\dots,$$
$$(4n^2 - i^2)e^{(r)} - 4n^2 e^{(r-1)} = B_1^{(r)},$$
$$- 4n^2 e^{(r)} = B_1^{(r+1)},$$

$B_1^{(1)}$, $B_1^{(2)}$, ..., $B_1^{(r+1)}$ étant pareilles fonctions de f_1, $f_1^{(1)}$, $f_1^{(2)}$, ..., $f_1^{(r)}$, que $B^{(1)}$, $B^{(2)}$, ..., $B^{(r+1)}$ le sont de f, $f^{(1)}$, $f^{(2)}$, ..., $f^{(r)}$; on aura donc

$$B_1^{(r+1)} = g f_1^{(r)} \left(2r + 2 + \frac{2n}{i} \right)$$

ou

$$B_1^{(r+1)} = g \left[1 - \frac{4\Delta\pi}{(4r+5)g} \right] f^{(r)} \left(2r + 2 + \frac{2n}{i} \right);$$

partant,

$$- 2n^2 e^{(r)} = g f^{(r)} \left[1 - \frac{4\Delta\pi}{(4r+5)g} \right] \left(r + 1 + \frac{n}{i} \right).$$

Si l'on compare cette équation avec l'équation (28), on en tirera

$$q = \frac{2n^2}{g \left[1 - \frac{4\Delta\pi}{(4r+5)g} \right] \left(2r^2 + 5r + 3 + \frac{n}{i} \right)};$$

on déterminera ensuite les $2r + 2$ quantités $f, f^{(1)}, f^{(2)}, \dots, f^{(r)}$; $c, c^{(1)}, c^{(2)}, \dots, c^{(r)}$ au moyen des équations (27) et (28), et des $2r$ équations

$$f = A_1, \qquad f^{(1)} = A_1^{(1)}, \qquad f^{(2)} = A_1^{(2)}, \qquad \dots, \qquad f^{(r-1)} = A_1^{(r-1)};$$
$$(4n^2 - i^2)e^{(1)} - 4n^2 c \qquad = B_1^{(1)},$$
$$(4n^2 - i^2)e^{(2)} - 4n^2 e^{(1)} \qquad = B_1^{(2)},$$
$$\dots\dots\dots\dots\dots\dots\dots\dots\dots\dots\dots,$$
$$(4n^2 - i^2)e^{(r)} - 4n^2 e^{(r-1)} = B_1^{(r)}.$$

Si l'on compare maintenant les coefficients de $\cos(2it + 2\varpi)$ dans l'équation (21), on aura d'abord

$$(29) \qquad 0 = \frac{2n - 2i}{i}\,6 + \frac{gp_1}{i^2} - \frac{K\sin^2 v}{2i^4},$$

et cette équation répond à l'équation (25) de l'article précédent; on aura ensuite

$$p = D_1, \qquad p^{(1)} = D_1^{(1)}, \qquad p^{(2)} = D_1^{(2)}, \qquad \ldots, \qquad p^{(r)} = D_1^{(r)},$$

$D_1, D_1^{(1)}, D_1^{(2)}, \ldots, D_1^{(r)}$ étant pareilles fonctions de $p_1, p_1^{(1)}, p_1^{(2)}, \ldots, p_1^{(r)}$, que $D, D^{(1)}, D^{(2)}, \ldots, D^{(r)}$ le sont de $p, p^{(1)}, p^{(2)}, \ldots, p^{(r)}$; on aura donc

$$D_1^{(r)} = q\,6^{(r-1)}\frac{2ri - 2n + 3i}{i} + \frac{gp}{i^2}\,p_1^{(r)};$$

donc

$$p_1^{(r)} = q\,6^{(r-1)}\frac{2ri + 3i - 2n}{i} - \frac{gp}{i^2}\,p_1^{(r)};$$

or on a

$$p_1^{(r)} = p^{(r)} - \frac{l^{(r)}}{2g}$$

et, par l'article IX,

$$l^{(r)} = \frac{8\,\Delta\pi\,p^{(r)}}{4r + 5};$$

donc

$$p_1^{(r)} = p^{(r)}\left[1 - \frac{4\,\Delta\pi}{(4r + 5)g}\right];$$

partant,

$$(30) \qquad \left[i^2 - qg\left(1 - \frac{4\,\Delta\pi}{(4r + 5)g}\right)\right]p^{(r)} = q\,6^{(r-1)}\frac{2ri^2 - 2ni + 3i^2}{i};$$

cette équation répond à l'équation (26).

Si l'on compare ensuite les coefficients de $\cos(2it + 2\varpi)$ dans l'équation (22), on aura d'abord l'équation (29); ensuite on aura

$$(4n^2 - 4i^2)6^{(1)} - 4n^2 6 = E_1^{(1)},$$
$$(4n^2 - 4i^2)6^{(2)} - 4n^2 6^{(1)} = E_1^{(2)},$$
$$\ldots\ldots\ldots\ldots\ldots\ldots\ldots\ldots\ldots\ldots,$$
$$- 4n^2 6^{(r-1)} = E_1^{(r)},$$

E_1, $E_1^{(1)}$, $E_1^{(2)}$, ..., $E_1^{(r)}$ étant pareilles fonctions de p_1, $p_1^{(1)}$, $p_1^{(2)}$, ..., $p_1^{(r)}$,
que $E^{(1)}$, $E^{(2)}$, ..., $E^{(r)}$ le sont de p, $p^{(1)}$, $p^{(2)}$, ..., $p^{(r)}$; on aura donc

$$E_1^{(r)} = - gp_1^{(r)} \frac{2ri + 2i + 2n}{i} = - gp^{(r)}\left[1 - \frac{4\Delta\pi}{(4r+5)g}\right]\frac{2ri + 2i + 2n}{i};$$

partant,

$$2n^2 \delta^{(r-1)} = gp^{(r)}\left[1 - \frac{4\Delta\pi}{(4r+5)g}\right]\frac{ri + i + n}{i};$$

en combinant cette équation avec l'équation (30), on en tirera

$$q = \frac{2n^2}{g\left[1 - \frac{4\Delta\pi}{(4r+5)g}\right]\left(2r^2 + 5r + 3 + \frac{n}{i}\right)};$$

on déterminera ensuite les $2r+1$ coefficients p, $p^{(1)}$, $p^{(2)}$, ..., $p^{(r)}$; δ,
$\delta^{(1)}$, ..., $\delta^{(r-1)}$ au moyen des équations (29) et (30) et des $2r-1$ équations

$$p = D_1, \qquad p^{(1)} = D_1^{(1)}, \qquad p^{(2)} = D_1^{(2)}, \qquad ..., \qquad p^{(r-1)} = D_1^{(r-1)};$$
$$(4n^2 - 4i^2)\delta^{(1)} \quad - 4n^2\delta \qquad = E_1^{(1)},$$
$$(4n^2 - 4i^2)\delta^{(2)} \quad - 4n^2\delta^{(1)} \qquad = E_1^{(2)},$$
$$\cdots\cdots\cdots\cdots\cdots\cdots\cdots\cdots\cdots$$
$$(4n^2 - 4i^2)\delta^{(r-1)} - 4n^2\delta^{(r-2)} = E_1^{(r-1)}.$$

Les deux valeurs de q que nous venons de trouver dans cet article
étant entièrement les mêmes, il en résulte que les valeurs précédentes
de u et de y ont été bien choisies; nous pouvons conséquemment déterminer par la méthode précédente les oscillations du fluide, toutes les
fois que sa profondeur sera égale à

$$l + \frac{2n^2\sin^2\theta}{g\left[1 - \frac{4\Delta\pi}{(4r+5)g}\right]\left(2r^2 + 5r + 3 + \frac{n}{i}\right)};$$

l étant une constante quelconque très petite relativement au demi-axe
du sphéroïde, et r étant un nombre entier quelconque, ce qui donne
une infinité de cas dans lesquels la détermination rigoureuse du flux
et du reflux de la mer est possible.

Si l'on nomme $\Delta^{(1)}$ la densité moyenne du sphéroïde, on aura à très peu près $g = \frac{4}{3}\pi\Delta^{(1)}$; la quantité précédente peut donc être mise sous la forme suivante :

$$l + \frac{a\,n^2 \sin^2\theta}{g\left[1 - \dfrac{3\Delta}{(4r+5)\Delta^{(1)}}\right]\left(2r^3 + 5r + 3 + \dfrac{n}{i}\right)} \cdot$$

Si $n = 0$, cette quantité se réduit à la constante l, et nous aurons le cas que nous avons discuté ci-dessus avec étendue.

XVII.

$\dfrac{n^2}{g}$ exprime, comme l'on sait, le rapport de la force centrifuge à l'équateur à la pesanteur; ce rapport est pour la Terre égal à $\frac{1}{289}$; la quantité précédente devient ainsi

$$l - \frac{a \sin^2\theta}{289\left[1 - \dfrac{3\Delta}{(4r+5)\Delta^{(1)}}\right]\left(2r^3 + 5r + 3 + \dfrac{n}{i}\right)};$$

on supposera donc la loi de la profondeur de la mer représentée par cette quantité, et l'on déterminera dans cette supposition les valeurs de y, $\dfrac{du}{dt}$ et $\dfrac{dv}{dt}$ résultantes de l'action de la Lune. Les quantités h, v et m, au lieu d'être constantes comme nous l'avons supposé, sont un peu variables; mais on pourra substituer au lieu de m sa valeur moyenne dans la formule qui exprime la loi de la profondeur de la mer, et dans toutes les autres quantités on pourra, conformément à la remarque de l'article XIV, substituer au lieu de v, h et m leurs véritables valeurs variables; nous verrons dans la suite jusqu'à quel point cette supposition est exacte.

Lorsqu'on aura calculé l'effet de la Lune sur la mer, il suffira de changer dans les résultats les quantités relatives à la Lune dans celles qui sont relatives au Soleil, et en ajoutant la somme de ces effets on aura l'effet total résultant de l'action du Soleil et de la Lune sur la mer.

Il y a cependant une observation essentielle à faire et qui peut donner lieu à une difficulté qu'il est à propos de résoudre. La loi de la profondeur du fluide dépend de la valeur de i, et cette quantité dépend elle-même du mouvement de l'astre attirant dans l'espace; il résulte de là que, dans les mêmes hypothèses sur la profondeur de la mer, dans lesquelles on peut déterminer l'effet de la Lune, il est impossible, par la méthode précédente, de déterminer celui du Soleil. Pour répondre à cette difficulté, nous observerons que le mouvement angulaire du Soleil et de la Lune autour de la Terre, résultant de leur mouvement réel dans l'espace, est très petit relativement au mouvement de rotation de la Terre, puisque pour la Lune il n'en est que $\frac{1}{27}$ environ et que pour le Soleil il en est à peu près $\frac{1}{365}$; on peut donc supposer sans erreur sensible pour ces deux astres i ou $n - m = n$, en négligeant m par rapport à n, et alors la loi de la profondeur de la mer est entièrement indépendante des mouvements du Soleil et de la Lune. Pour avoir l'erreur qui résulte de la supposition de $i = n$, considérons le cas le plus défavorable dans lequel m est à peu près égal à $\frac{n}{27}$: on aura

$$i = \tfrac{26}{27} n;$$

la loi de la profondeur de la mer devient ainsi

$$l + \frac{2\sin^2\theta}{289\left[1 - \dfrac{3\Delta}{(4r+5)\Delta^{(1)}}\right](2r^2 + 5r + 4 + \tfrac{1}{16})}$$

ou, à peu près,

$$l + \frac{2\sin^2\theta}{289\left[1 - \dfrac{3\Delta}{(4r+5)\Delta^{(1)}}\right](2r^2 + 5r + 4)}\left[1 - \frac{1}{26(2r^2 + 5r + 4)}\right];$$

en sorte que ce que l'on néglige dans la supposition de $n = i$ est

$$\frac{\sin^2\theta}{13.289\left[1 - \dfrac{3\Delta}{(4r+5)\Delta^{(1)}}\right](2r^2 + 5r + 4)^2},$$

quantité absolument insensible et qui ne va pas à $\frac{1}{200}$ de lieue, dans le cas même où l'on suppose $\Delta = \Delta^{(1)}$, $r = 1$ et $\sin\theta = 1$.

Examinons présentement comment on peut concilier la loi précédente de la profondeur de la mer avec la figure de la Terre qui résulte des observations; pour cela, supposons que le sphéroïde que la mer recouvre soit un ellipsoïde tel que les densités et les ellipticités de ses différentes couches varient du centre à la surface. Soit $R\Delta$ la densité d'une couche dont le demi-axe est s; soit ρ l'ellipticité de cette couche, et que l'on fasse

$$A = \int R s^2 \, ds, \qquad D = \int R \, d.s^3 \rho,$$

les intégrales étant prises depuis $s = 0$ jusqu'à $s = 1$; soient encore a l'ellipticité de la surface du sphéroïde et h l'ellipticité que les observations donnent à la Terre, on aura $a + q = h$, et l'on trouvera, par les formules que M. Clairaut donne dans sa théorie de la figure de la Terre, en observant qu'ici la profondeur de la mer est supposée très petite,

$$a + q = h = \frac{6D - 6a + 15A\,\frac{n^2}{g}}{30A - 6}.$$

Si l'on nomme maintenant f le rapport de la densité moyenne de la Terre à celle de l'eau, qui parait résulter des observations faites nouvellement dans les montagnes d'Écosse, il est aisé de voir que l'on aura

$$f = \frac{\int R\Delta s^2 \, ds}{\int \Delta s^2 \, ds} = 3A;$$

nous devons donc satisfaire aux trois équations suivantes

$$a + q = h, \qquad f = 3A,$$

$$h = \frac{6D - 6a + 15A\,\frac{n^2}{g}}{30A - 6};$$

de ces trois équations, on tirera

$$a = h - q, \qquad A = \tfrac{1}{3}f,$$

$$D = \frac{10fh - 6q - 5f\,\frac{n^2}{g}}{6};$$

la première de ces équations donne l'ellipticité du sphéroïde; quant
aux deux autres, on peut y satisfaire d'une infinité de manières. Pour
le faire voir, supposons $R = \mu \varphi(s)$, $\varphi(s)$ étant une fonction quelconque de s, et μ étant un coefficient constant quelconque; on satisfera à l'équation $A = \frac{1}{3}f$, en prenant

$$\mu = \frac{f}{3 \int s^2 \varphi(s)\, ds},$$

et, comme la fonction $\varphi(s)$ est indéterminée, il en résulte qu'il y a une
infinité de manières de satisfaire à cette équation.

On peut satisfaire pareillement d'une infinité de manières à l'équation

$$D = \frac{10 f h - 6 q - 5 f \frac{n^2}{g}}{6};$$

car soit $\psi(s)$ une fonction quelconque de s; on peut supposer

$$\int R\, d.r^3 \rho \qquad \text{ou} \qquad \mu \int \varphi(s)\, d.s^3 \rho = \psi(s);$$

il suffit pour cela de prendre

$$\rho = \frac{1}{s^3} \int \frac{d.\psi(s)}{\mu \varphi(s)} + C.$$

et de déterminer la constante arbitraire C de manière que l'on ait
$\rho = a$ lorsque $s = 1$; or, la fonction $\psi(s)$ étant indéterminée, on peut
faire en sorte, et cela d'une infinité de manières, qu'elle soit égale à
$\dfrac{10 f h - 6 q - 5 f \frac{n^2}{g}}{6}$ lorsque $s = 1$.

XVIII.

En considérant l'expression trouvée ci-dessus pour la profondeur de
la mer, dans le cas où, par la méthode précédente, nous pouvons en
déterminer les oscillations, il est aisé de voir que, si l'on suppose r un
peu considérable, on aura à très peu près le cas où la mer a partout la

même profondeur; supposons, par exemple, $r = 10$, et l'on aura, pour l'expression de la profondeur de la mer,

$$l + \frac{2 \sin^2 \theta}{289.254\left(1 - \frac{3\Delta}{45\,\Delta^{(1)}}\right)},$$

quantité qui se réduit à très peu près à l, car le terme

$$\frac{2 \sin^2 \theta}{289.254\left(1 - \frac{3\Delta}{45\,\Delta^{(1)}}\right)}$$

n'excède pas $\frac{1}{20}$ de lieue, dans le cas même où l'on suppose $\sin\theta = 1$ et $\Delta = \Delta^{(1)}$.

Pour éclaircir maintenant par un exemple la méthode des articles XV et XVI, nous allons considérer ici le cas de $r = 1$ et déterminer les valeurs de y, $\frac{du}{dt}$ et $\frac{dv}{dt}\sin\theta$. Pour cela, nous observerons que dans ce cas on a

$$y = \varepsilon(3\cos^2\theta - 1) + \sin\theta\cos\theta(f + f^{(1)}\sin^2\theta)\cos(it + \varpi)$$
$$+ \sin^2\theta(p + p^{(1)}\sin^2\theta)\cos(2it + 2\varpi).$$

$$\frac{du}{dt} = i\frac{du}{d\varpi} = - i(e + e^{(1)}\sin^2\theta)\sin(it + \varpi)$$
$$- 2i\delta\sin\theta\cos\theta\sin(2it + 2\varpi);$$

et l'équation $(\nearrow)$ de l'article XV nous donnera

$$\sin\theta\frac{dv}{dt} = i\sin\theta\frac{\partial v}{\partial\varpi}$$
$$= \cos\theta\cos(it + \varpi)\left[\frac{2\mathrm{K}}{i^2}\sin v\cos v - \frac{2ne}{i} - \frac{gf_1}{i^2} - \sin^2\theta\left(\frac{2ne^{(1)}}{i} + \frac{gf_1^{(1)}}{i^2}\right)\right],$$
$$- \sin\theta\cos(2it + 2\varpi)\left[\frac{\mathrm{K}}{2i^2}\sin^2 v - \frac{2n}{i}\delta - \frac{gp_1}{i^2} + \sin^2\theta\left(\frac{2n\delta}{i} - \frac{gp_1^{(1)}}{i^2}\right)\right];$$

tout se réduit donc à déterminer $\varepsilon, f, f_1, f^{(1)}, f_1^{(1)}; p, p_1, p^{(1)}, p_1^{(1)}; e, e^{(1)}$ et δ.

On aura d'abord, par l'article XVI,

$$\varepsilon = - \frac{\mathrm{K}}{3g\left(1 - \frac{4}{5}\frac{\Delta\pi}{g}\right)}(\cos^2 v - \tfrac{1}{3}\sin^2 v);$$

et, si l'on nomme $\Delta^{(1)}$ la densité moyenne de la planète, on aura, à cause de $g = \frac{4}{3}\pi\Delta^{(1)}$,

$$\varepsilon = \frac{K}{3g\left(1 - \frac{3\Delta}{5\Delta^{(1)}}\right)}\,(\cos^2 \nu - \tfrac{1}{3}\sin^2 \nu);$$

on aura ensuite, par le même article, les quatre équations

$$\frac{2n - i}{i}\,e + \frac{gf_1}{i^2} - \frac{2K}{i^2}\sin \nu \cos \nu = 0,$$

$$f = A_1,$$

$$(4n^2 - i^2)e^{(1)} - 4n^2 e = B_1^{(1)},$$

$$- 2n^2 e^{(1)} = \frac{n + 3i}{i}\,gf^{(1)}\left(1 - \frac{4\pi\Delta}{9g}\right);$$

on trouvera, par l'article XV,

$$A = \frac{2n - 3i}{i}\,(le^{(1)} + qe) + \frac{g}{i^2}(qf + lf^{(1)}) - \frac{2q}{i^2}\,K \sin \nu \cos \nu,$$

$$B^{(1)} = \frac{n + i}{i}\,2gf - \frac{2n + 3i}{i}\,gf^{(1)} - 4\frac{n + i}{i}\,K \sin \nu \cos \nu;$$

donc A_1 et $B_1^{(1)}$ étant pareilles fonctions de f_1 et de $f_1^{(1)}$ que A et $B^{(1)}$ le sont de f et de $f^{(1)}$, on aura

$$A_1 = \frac{2n - 3i}{i}\,(le^{(1)} + qe) + \frac{g}{i^2}(qf_1 + lf_1^{(1)}) - \frac{2q}{i^2}\,K \sin \nu \cos \nu,$$

$$B_1^{(1)} = \frac{n + i}{i}\,2gf_1 - \frac{2n + 3i}{i}\,gf_1^{(1)} - 4\frac{n + i}{i}\,K \sin \nu \cos \nu;$$

de plus, on a, par l'article XVI,

$$f_1 = f - \frac{\lambda}{g} \qquad \text{et} \qquad f_1^{(1)} = f^{(1)} - \frac{\lambda^{(1)}}{g},$$

et l'on trouvera facilement, par l'article IX,

$$\frac{\lambda}{g} = \frac{3\Delta}{5\Delta^{(1)}}\,f + \frac{16\Delta}{105\Delta^{(1)}}\,f^{(1)},$$

$$\frac{\lambda^{(1)}}{g} = \frac{\Delta}{3\Delta^{(1)}}\,f^{(1)},$$

ce qui donne

$$f_1 = f\left(1 - \frac{3\Delta}{5\Delta^{(1)}}\right) - \frac{16\Delta}{105\Delta^{(1)}} f^{(1)},$$

$$f_1^{(1)} = f^{(1)}\left(1 - \frac{\Delta}{3\Delta^{(1)}}\right);$$

partant, on aura les quatre équations

$$0 = \frac{2n - i}{i} e + \frac{gf}{i^2}\left(1 - \frac{3\Delta}{5\Delta^{(1)}}\right) - \frac{16\Delta}{105\Delta^{(1)}} \frac{gf^{(1)}}{i^2} - \frac{2K}{i^2} \sin v \cos v,$$

$$f = \frac{2n - 3i}{i} (le^{(1)} + qe) + \frac{gp}{i^2} f\left(1 - \frac{3\Delta}{5\Delta^{(1)}}\right) - \frac{gq}{i^2} \frac{16\Delta}{105\Delta^{(1)}} f^{(1)}$$

$$+ \frac{lg}{i^2} f^{(1)}\left(1 - \frac{\Delta}{3\Delta^{(1)}}\right) - \frac{2q K}{i^2} \sin v \cos v,$$

$$(4n^2 - i^2)e^{(1)} - 4n^2 e = 2g \frac{n + i}{i} f\left(1 - \frac{3\Delta}{5\Delta^{(1)}}\right) - 2g \frac{n + i}{i} \frac{16\Delta}{105\Delta^{(1)}} f^{(1)}$$

$$- \frac{2n + 3i}{i} gf^{(1)}\left(1 - \frac{\Delta}{3\Delta^{(1)}}\right) - 4K \frac{n + i}{i} \sin v \cos v,$$

$$- 2n^2 e^{(1)} = \frac{n + 2i}{i} gf^{(1)}\left(1 - \frac{\Delta}{3\Delta^{(1)}}\right);$$

on tirera facilement de ces équations les valeurs de e, $e^{(1)}$, f et $f^{(1)}$; et si, pour abréger, l'on fait

$$\frac{n^2}{g} = \mu,$$

$$P = (2n - i)\left(1 - \frac{\Delta}{3\Delta^{(1)}}\right)[2n^2(2n + 3i) - (n + 2i)(4n^2 - i^2)]$$

$$+ \frac{64\Delta n^2}{105\Delta^{(1)}}[(n + i)(2n - i) - 2n^2],$$

$$Q = 4n^2\left(1 - \frac{3\Delta}{5\Delta^{(1)}}\right)[(n + i)(2n - i) - 2n^2],$$

$$R = \left(1 - \frac{\Delta}{3\Delta^{(1)}}\right)\Big\{(2n - 3i)q[2n^2(2n + 3i) - (n + 2i)(4n^2 - i^2)]$$

$$+ 4n^2 l[2n^2 - (2n - 3i)(n + 2i)]\Big\}$$

$$+ 4n^2 q[(2n - 3i)(n + i) - 2n^2]\frac{16\Delta}{105\Delta^{(1)}},$$

$$S = 8n^2 i^2 \mu + 4n^2 q\left(1 - \frac{3\Delta}{5\Delta^{(1)}}\right)[(2n - 3i)(n + i) - 2n^2],$$

on aura

$$f = \frac{8K}{g}\, n^2 \sin\nu \cos\nu\; \frac{(2n-i)(n+i)R - 3n^2R + 2n^2qP - (2n-3i)(n+i)qP}{RQ - PS},$$

$$f^{(1)} = \frac{8K}{g}\, n^2 \sin\nu \cos\nu\; \frac{(2n-i)(n+i)S - 2n^2S + 2n^2qQ - (2n-3i)(n+i)qQ}{RQ - PS};$$

on déterminera ensuite e et $e^{(1)}$ au moyen des équations

$$c = \frac{2K\sin\nu\cos\nu - gf\left(1 - \dfrac{3\Delta}{5\Delta^{(1)}}\right) + gf^{(1)}\dfrac{16\Delta}{105\Delta^{(1)}}}{2ni - i^2},$$

$$e^{(1)} = -\frac{n+2i}{2i}\,\frac{f^{(1)}}{\mu}\left(1 - \frac{\Delta}{3\Delta^{(1)}}\right).$$

Si l'on suppose n infiniment petit, on aura $i = -m$; d'ailleurs q sera infiniment petit de l'ordre n^2, en sorte que la profondeur de la mer sera partout égale à la constante l; nous devons donc retrouver ici les mêmes résultats que nous avons trouvés pour ce cas, article XI; or on a, en faisant n infiniment petit,

$$P = -2m^2\left(1 - \frac{\Delta}{3\Delta^{(1)}}\right),$$

$$Q = -4m^2n^2\left(1 - \frac{3\Delta}{5\Delta^{(1)}}\right),$$

$$R = \left(1 - \frac{\Delta}{3\Delta^{(1)}}\right)(24n^2m^2l - 6m^4q),$$

$$S = \frac{8n^4m^2}{g} - 12n^2m^2q\left(1 - \frac{3\Delta}{5\Delta^{(1)}}\right);$$

d'où l'on tirera

$$f = \frac{12\,lK\sin\nu\cos\nu}{6\,lg\left(1 - \dfrac{3\Delta}{5\Delta^{(1)}}\right) - m^2},$$

$$f^{(1)} = \frac{4K\dfrac{n^2}{g}\sin\nu\cos\nu}{\left[6\,lg\left(1 - \dfrac{3\Delta}{5\Delta^{(1)}}\right) - m^2\right]\left(1 - \dfrac{\Delta}{3\Delta^{(1)}}\right)}$$

et

$$e = \frac{2\,\mathrm{K}\sin\nu\cos\nu}{6\,lg\left(1 - \dfrac{3\Delta}{5\Delta^{(i)}}\right) - m^2},$$

$$e^{(1)} = \frac{4\,\mathrm{K}\sin\nu\cos\nu}{6\,lg\left(1 - \dfrac{3\Delta}{5\Delta^{(i)}}\right) - m^2},$$

ce qui est conforme à ce que nous avons trouvé, article **XI**. Si l'on fait $i = n$, ce qui a lieu à peu près pour la Terre, on aura, en observant que $q = \dfrac{2\,n^2}{11\,g\left(1 - \dfrac{\Delta}{3\Delta^{(i)}}\right)}$,

$$f = -\frac{\dfrac{8\,\mathrm{K}}{g}\sin\nu\cos\nu}{7 - \dfrac{19\Delta}{15\Delta^{(i)}}},$$

$$f^{(1)} = 0,$$

$$e = \frac{\dfrac{22\,\mathrm{K}}{g}\,\dfrac{g}{n^2}\sin\nu\cos\nu\left(1 - \dfrac{\Delta}{3\Delta^{(i)}}\right)}{7 - \dfrac{19\Delta}{15\Delta^{(i)}}},$$

$$e^{(1)} = 0.$$

Cherchons présentement les valeurs de p, p_1, $p^{(1)}$, $p_1^{(1)}$ et 6, on aura, par l'article **XVI**, les trois équations

$$\frac{2n - 2i}{i}6 + \frac{gp_1}{i^2} = \frac{\mathrm{K}}{2i^2}\sin^2\nu,$$

$$p = \mathrm{D}_1,$$

$$2\,n^2\,6 = gp^{(1)}\left(1 - \frac{\Delta}{3\Delta^{(i)}}\right);$$

on trouvera facilement

$$\mathrm{D}_1 = \frac{3i - 2n}{i}6l + \frac{2n - 4i}{i}6q + \frac{g}{i^2}(p_1 q + p_1^{(1)}l) - \frac{q\,\mathrm{K}}{2i^2}\sin^2\nu;$$

on a ensuite

$$p_1 = p - \frac{l}{2g}, \qquad p_1^{(1)} = p^{(1)} - \frac{l^{(1)}}{2g},$$

et, par l'article IX, on aura

$$\frac{\lambda}{2g} = \frac{3\Delta}{5\Delta^{(1)}}p + \frac{8\Delta}{35\Delta^{(1)}}p^{(1)}, \qquad \frac{\lambda^{(1)}}{2g} = \frac{\Delta}{3\Delta^{(1)}};$$

partant,

$$p_1 = p\left(1-\frac{3\Delta}{5\Delta^{(1)}}\right) - \frac{8\Delta}{35\Delta^{(1)}}p^{(1)} \qquad \text{et} \qquad p_1^{(1)} = p^{(1)}\left(1-\frac{\Delta}{3\Delta^{(1)}}\right);$$

les trois équations précédentes donneront ainsi les deux suivantes

$$\frac{n-i}{i}\frac{g}{n^2}p^{(1)}\left(1-\frac{\Delta}{3\Delta^{(1)}}\right) + \frac{g}{i^2}p\left(1-\frac{3\Delta}{5\Delta^{(1)}}\right) - \frac{g}{i^2}\frac{8\Delta}{35\Delta^{(1)}}p^{(1)} = \frac{K}{2i^2}\sin^2\nu,$$

$$p = \frac{g}{2n^2}p^{(1)}\left(1-\frac{\Delta}{3\Delta^{(1)}}\right)\left(\frac{3i-2n}{i}l - \frac{2n-4i}{i}q\right)$$
$$+ \frac{gl}{i^2}p^{(1)}\left(1-\frac{\Delta}{3\Delta^{(1)}}\right) + \frac{gq}{i^2}p\left(1-\frac{3\Delta}{5\Delta^{(1)}}\right) - \frac{8\Delta}{35\Delta^{(1)}}\frac{2g}{i^2}p^{(1)} - \frac{qK}{2i^2}\sin^2\nu;$$

et si, pour abréger, on fait

$$P' = \frac{i^2-ni}{n^2}\left(1-\frac{\Delta}{3\Delta^{(1)}}\right) + \frac{8\Delta}{35\Delta^{(1)}},$$

$$Q' = \left(1-\frac{\Delta}{3\Delta^{(1)}}\right)\left(\frac{3i^2-2ni-2n^2}{2n^2}l + \frac{ni-2i^2}{n^2}q\right) - \frac{8\Delta q}{35\Delta^{(1)}},$$

on aura

$$p = \frac{\dfrac{K}{2g}\sin^2\nu(Q'-qP')}{Q'\left(1-\dfrac{3\Delta}{5\Delta^{(1)}}\right) - P'\left[\dfrac{i^2}{g} - q\left(1-\dfrac{3\Delta}{5\Delta^{(1)}}\right)\right]},$$

$$p^{(1)} = \frac{\dfrac{K}{2g}\dfrac{i^2}{g}\sin^2\nu}{Q'\left(1-\dfrac{3\Delta}{5\Delta^{(1)}}\right) - P'\left[\dfrac{i^2}{g} - q\left(1-\dfrac{3\Delta}{5\Delta^{(1)}}\right)\right]};$$

on déterminera 6 au moyen de l'équation

$$6 = \frac{g}{2n^2}p^{(1)}\left(1-\frac{\Delta}{3\Delta^{(1)}}\right).$$

Si l'on suppose n infiniment petit, on aura

$$P' = \frac{m^2}{n^2}\left(1-\frac{\Delta}{3\Delta^{(1)}}\right), \qquad Q' = \frac{3m^2l}{2n^2}\left(1-\frac{\Delta}{3\Delta^{(1)}}\right),$$

d'où l'on tirera

$$p = \frac{3\,l\mathrm{K}\sin^2\nu}{6\,lg\left(1 - \frac{3\Delta}{5\Delta^{(1)}}\right) - 4m^2},$$

$$p^{(1)} = \frac{2\mathrm{K}\,\frac{n^2}{g}\sin^2\nu}{\left(1 - \frac{\Delta}{3\Delta^{(1)}}\right)\left[6\,lg\left(1 - \frac{3\Delta}{5\Delta^{(1)}}\right) - 4m^2\right]};$$

partant,

$$6 = \frac{\mathrm{K}\sin^2\nu}{6\,lg\left(1 - \frac{3\Delta}{5\Delta^{(1)}}\right) - 4m^2},$$

ce qui est conforme à ce que nous avons trouvé (art. XI). Si l'on fait $i = n$, on aura

$$\mathrm{P}' = \frac{8\Delta}{35\Delta^{(1)}}, \qquad \mathrm{Q}' = \left(1 - \frac{\Delta}{3\Delta^{(1)}}\right)\left(\tfrac{3}{2}l - q\right) - \frac{8\Delta q}{35\Delta^{(1)}},$$

d'où l'on tirera

$$p = \frac{\left(1 - \frac{\Delta}{3\Delta^{(1)}}\right)\left(\tfrac{3}{2}l - q\right)\frac{\mathrm{K}}{2g}\sin^2\nu}{\left(1 - \frac{3\Delta}{5\Delta^{(1)}}\right)\left(1 - \frac{\Delta}{3\Delta^{(1)}}\right)\left(\tfrac{3}{2}l - q\right) - \frac{8\Delta}{35\Delta^{(1)}}\frac{n^2}{g}},$$

$$p^{(1)} = \frac{\frac{\mathrm{K}}{2g}\sin^2\nu\,\frac{n^2}{g}}{\left(1 - \frac{3\Delta}{5\Delta^{(1)}}\right)\left(1 - \frac{\Delta}{3\Delta^{(1)}}\right)\left(\tfrac{3}{2}l - q\right) - \frac{8\Delta}{35\Delta^{(1)}}\frac{n^2}{g}};$$

la valeur de y sera donc, dans le cas où $i = n$ et $r = 1$,

$$y = \frac{\mathrm{K}}{6g\left(1 - \frac{3\Delta}{5\Delta^{(1)}}\right)}(\cos^2\nu - \tfrac{1}{4}\sin^2\nu)(1 + 3\cos 2\vartheta)$$

$$- \frac{\frac{8\mathrm{K}}{g}\sin\nu\cos\nu\sin\vartheta\cos\vartheta}{7 - \frac{19\Delta}{15\Delta^{(1)}}}\cos(it + \varpi)$$

$$+ \frac{\mathrm{K}}{2g}\sin^2\nu\,\frac{\left(1 - \frac{\Delta}{3\Delta^{(1)}}\right)\left(\tfrac{3}{2}l - q\right) + \frac{n^2}{g}\sin^2\vartheta}{\left(1 - \frac{3\Delta}{5\Delta^{(1)}}\right)\left(1 - \frac{\Delta}{3\Delta^{(1)}}\right)\left(\tfrac{3}{2}l - q\right) - \frac{8\Delta}{35\Delta^{(1)}}\frac{n^2}{g}}\sin^2\vartheta\cos(2it + 2\varpi).$$

XIX.

Il est aisé de voir, par les articles XV et XVI, que l'on aura généralement, quelle que soit la loi de la profondeur de la mer,

$$y = \mathrm{H} + \mathrm{M} \sin\nu \cos\nu \sin\theta \cos\theta \cos(it + \varpi) + \mathrm{N} \sin^2\nu \sin^2\theta \cos(2it + 2\varpi),$$

H, M et N étant fonctions de θ; pour avoir la plus grande élévation et le plus grand abaissement des eaux, il faut faire $\dfrac{dy}{dt} = 0$, ce qui donne

$$0 = \mathrm{M} \cos\nu \cos\theta \sin(it + \varpi) + 2\mathrm{N} \sin\nu \sin\theta \sin(2it + 2\varpi);$$

or on a

$$\sin(2it + 2\varpi) = 2 \sin(it + \varpi) \cos(it + \varpi);$$

l'équation précédente se partage ainsi dans les deux suivantes

$$0 = \sin(it + \varpi),$$
$$0 = \mathrm{M} \cos\nu \cos\theta + 4\mathrm{N} \sin\nu \sin\theta \cos(it + \varpi);$$

la première de ces équations se rapporte à la plus grande élévation, qui a lieu, par conséquent, lorsque $it + \varpi$ est égal à zéro ou à 180°, c'est-à-dire lorsque l'astre passe au méridien; la seconde équation est relative aux plus grands abaissements et donne

$$\cos(it + \varpi) = - \frac{\mathrm{M} \cos\nu \cos\theta}{4\mathrm{N} \sin\nu \sin\theta}.$$

Il suit de là que la valeur de y, dans la marée de dessus, est

$$y = \mathrm{H} + \mathrm{M} \sin\nu \cos\nu \sin\theta \cos\theta + \mathrm{N} \sin^2\nu \sin^2\theta,$$

et que cette valeur dans le plus grand abaissement des eaux, est

$$y = \mathrm{H} - \frac{\mathrm{M}^2}{8\mathrm{N}} \cos^2\nu \cos^2\theta - \mathrm{N} \sin^2\nu \sin^2\theta;$$

la différence de ces deux valeurs est la différence de la haute à la basse mer, que l'observation donne immédiatement; on aura donc pour cette différence

$$\frac{2}{N}\left(N \sin\nu \sin\vartheta + \frac{M}{4} \cos\nu \cos\vartheta\right)^2;$$

la valeur de y, dans la marée de dessous, est

$$y =: H - M \sin\nu \cos\nu \sin\vartheta \cos\vartheta + N \sin^2\nu \sin^2\vartheta;$$

la différence des deux marées de dessus et de dessous est conséquemment

$$2M \sin\nu \cos\nu \sin\vartheta \cos\vartheta,$$

et le rapport de cette différence à la différence de la haute à la basse mer est

$$\frac{NM \sin\nu \cos\nu \sin\vartheta \cos\vartheta}{\left(N \sin\nu \sin\vartheta + \frac{M}{4} \cos\nu \cos\vartheta\right)^2};$$

cette quantité que nous nommerons (A) est nulle lorsque l'astre ou lorsque le lieu de l'observation sont dans l'équateur; mais, si le rapport de M à N était un peu grand, la quantité (A) serait considérable dans nos ports, lorsque le Soleil et la Lune seraient dans leurs plus grandes déclinaisons australes. Cherchons ce rapport dans la théorie ordinaire : cette théorie revient à supposer m infiniment petit dans la valeur de y de l'article XI et à changer m en $-i$, dans les angles $mt - \varpi$ et $2mt - 2\varpi$; on aura donc, en observant que $a^2 = 6lg\left(1 - \frac{3\Delta}{5\Delta^{(1)}}\right)$, dans cette valeur

$$y = \frac{K}{6g\left(1 - \dfrac{3\Delta}{5\Delta^{(1)}}\right)} (\cos^2\nu - \tfrac{1}{2}\sin^2\nu)(1 + 3\cos 2\vartheta)$$

$$+ \frac{2K}{g\left(1 - \dfrac{3\Delta}{5\Delta^{(1)}}\right)} \sin\nu \cos\nu \sin\vartheta \cos\vartheta \cos(it + \varpi)$$

$$+ \frac{K}{2g\left(1 - \dfrac{3\Delta}{5\Delta^{(1)}}\right)} \sin^2\nu \sin^2\vartheta \cos(2it + 2\varpi),$$

ce qui donne $M = 4N$, partant,

$$(A) = \frac{4 \sin\nu \cos\nu \sin\vartheta \cos\vartheta}{(\sin\nu \sin\vartheta + \cos\nu \cos\vartheta)^3} = \frac{\sin 2\nu \sin 2\vartheta}{\cos^3(\vartheta - \nu)};$$

dans nos ports et dans les grandes déclinaisons australes du Soleil et
de la Lune, (A) serait négatif et plus grand que — 2; or cette valeur
de (A) est très considérable et beaucoup plus grande que suivant
toutes les observations qui donnent pour (A) une quantité presque
insensible.

Dans le cas où, en supposant la Terre immobile, on transporterait
en sens contraire à l'astre attirant son mouvement angulaire de rotation, on trouverait par l'article XI

$$\frac{M}{N} = \frac{24\,lg\left(1 - \frac{3\Delta}{5\Delta^{(1)}}\right) - 16i^2}{6\,lg\left(1 - \frac{3\Delta}{5\Delta^{(1)}}\right) - i^2};$$

ce rapport serait très petit si la profondeur l de la mer différait très

peu de $\dfrac{4i^2}{6g\left(1 - \frac{3\Delta}{5\Delta^{(1)}}\right)}$, et l'on pourrait expliquer ainsi pourquoi la dif-

férence des deux marées d'un même jour est aussi peu considérable ;

mais, d'un autre côté, N étant égal à $\dfrac{3K\,l}{6g\left(1 - \frac{3\Delta}{5\Delta^{(1)}}\right) - 4i^2}$, la hauteur

des marées serait alors extrêmement grande, ce qui paraît contraire
aux observations faites nouvellement dans la mer du Sud, suivant
lesquelles le plus grand effet de l'action du Soleil et de la Lune pour
élever les eaux de la mer n'excède pas 2 pieds.

Voyons maintenant si, en ayant égard au mouvement de rotation de
la Terre, il ne serait pas possible de satisfaire aux observations, et
pour cela cherchons directement la loi de la profondeur de la mer,
dans laquelle on aurait $M = 0$.

Reprenons les équations (21) et (22) de l'article XV; soit $b^{(1)}$ le
coefficient de $\cos(it + \varpi)$ dans l'expression de u; puisque, par l'hypothèse, le coefficient de ce cosinus est nul dans l'expression de y, il est
clair qu'il sera pareillement nul dans l'expression de y'. Cela posé, si
dans les équations (21) et (22) on suppose $i = n$, ce qui est à peu
près vrai pour la Terre, et que l'on n'y considère que les coefficients

de $\cos(it + \varpi)$, on aura, par la comparaison de ces coefficients, les deux équations suivantes

$$o = -\gamma \frac{\partial b^{(1)}}{\partial \vartheta} + \gamma b^{(1)} \frac{\cos\vartheta}{\sin\vartheta} - b^{(1)} \frac{\partial\gamma}{\partial\vartheta} - \frac{2K}{n^2} \gamma \sin\nu \cos\nu \frac{\cos\vartheta}{\sin\vartheta},$$

$$n^2 b^{(1)} (4\cos^2\vartheta - 1) = 2K \sin\nu \cos\nu (4\cos^2\vartheta - 1);$$

cette seconde équation donne

$$b^{(1)} = \frac{2K}{n^2} \sin\nu \cos\nu;$$

substituant cette valeur de $b^{(1)}$ dans la première, on en tirera $\frac{\partial\gamma}{\partial\vartheta} = o$; partant $l\gamma$ est égal à une constante que l'on peut représenter par l.

Il suit du calcul précédent non seulement que, dans la supposition de $M = o$, la profondeur de la mer est constante, mais encore que, cette profondeur étant constante, on a $M = o$, car, en supposant

$$M = o, \qquad b^{(1)} = \frac{2K}{n^2} \sin\nu \cos\nu \qquad \text{et} \qquad l\gamma = l,$$

on satisfait aux équations (21) et (22), et l'on prouvera, par les raisonnements de l'article XIV, que dans la question présente il n'y a que ce seul moyen d'y satisfaire dont on doive faire usage. Il est d'autant plus remarquable que l'on ait toujours $M = o$, lorsque la profondeur de la mer est constante, que si l'on suppose la Terre immobile, en transportant en sens contraire à l'astre son mouvement angulaire de rotation, la valeur que l'on trouve pour M peut être très considérable et qu'elle ne devient nulle que dans le seul cas où l'on a

$$l = -\frac{4i^2}{6g\left(1 - \frac{3\Delta}{5\Delta^{(1)}}\right)},$$

ce qui fait voir d'une manière très sensible combien il est différent de supposer la Terre immobile, ou d'avoir égard à son mouvement de rotation.

En comparant les coefficients de $\cos(2it + 2\varpi)$ dans les équations (21) et (22), et supposant toujours $l\gamma = l$, on trouvera facilement que la supposition de $N = o$ ne peut y satisfaire et que, ainsi, non seulement $(A) = o$, lorsque la profondeur de la mer est constante, mais que cette équation indique nécessairement une profondeur constante et, comme dans la nature cette équation a lieu à très peu près, il parait naturel d'en conclure que, si l'on en excepte le voisinage des côtes, la mer a partout à peu près la même profondeur. On peut même déterminer par la théorie précédente la loi des petites variations de la profondeur de la mer, en supposant, toutefois, les observations exactes. Cette détermination est fondée sur une remarque qui nous sera très utile dans la suite, et qui consiste en ce que l'on peut toujours avoir la valeur de M, dans le cas où le sphéroïde que recouvre la mer est un ellipsoïde de révolution. Pour cela, supposons d'abord la densité du fluide nulle, et considérons la troisième et la quatrième des équations (L) de l'article XV; si l'on y fait $i = n$, ce qui a lieu à peu près pour la Terre, elles se changeront dans les deux suivantes

$$b = - l\gamma \frac{\partial b^{(1)}}{\partial \theta} + l\gamma b^{(1)} \frac{\cos \theta}{\sin \theta} - l b^{(1)} \frac{\partial \gamma}{\partial \theta} + \frac{lgb\gamma}{n^3 \sin^3 \theta} - \frac{2lK\gamma}{n^2} \frac{\cos \theta}{\sin \theta} \sin \nu \cos \nu,$$

$$n^2 b^{(1)} (4 \cos^2 \theta - 1) = - g \frac{\partial b}{\partial \theta} - 2gb \frac{\cos \theta}{\sin \theta} + 2K \sin \nu \cos \nu (4 \cos^2 \theta - 1);$$

pour satisfaire à ces équations, soit

$$b = f \sin \theta \cos \theta;$$

la seconde équation donnera

$$n^2 b^{(1)} (4 \cos^2 \theta - 1) = - gf(4 \cos^2 \theta - 1) + 2K \sin \nu \cos(4 \cos^2 \theta - 1);$$

partant,

$$b^{(1)} = \frac{- gf + 2K \sin \nu \cos \nu}{n^2}.$$

Observons présentement que, dans le cas où le sphéroïde recouvert par la mer est un ellipsoïde de révolution, on a

$$\gamma = 1 + \frac{q}{l} \sin^2 \theta,$$

q étant une quantité quelconque positive ou négative; si l'on substitue ces valeurs de γ, b et $b^{(1)}$, dans la première des deux équations précédentes, on trouvera

$$f = \frac{2q}{n^2}\,(gf - 2\mathrm{K}\sin\nu\cos\nu);$$

partant,

$$f = \frac{4\mathrm{K}q\sin\nu\cos\nu}{2qg - n^2}.$$

On prouvera facilement, par la méthode de l'article XIV, que ces deux valeurs de b et de $b^{(1)}$ sont les seules que l'on doive admettre dans la question présente.

Si l'on a égard à la densité Δ du fluide, on trouvera par l'article XVI

$$b^{(1)} = \frac{-gf\left(1 - \frac{3\Delta}{5\Delta^{(1)}}\right) + 2\mathrm{K}\sin\nu\cos\nu}{n^2},$$

$$f = \frac{4\mathrm{K}q\sin\nu\cos\nu}{2qg\left(1 - \frac{3\Delta}{5\Delta^{(1)}}\right) - n^2};$$

on observera ici que M est égal à $\dfrac{f}{\sin\nu\cos\nu}$, et que, ainsi, l'on a, quel que soit q,

$$\mathrm{M} = \frac{4\mathrm{K}q}{2qg\left(1 - \frac{3\Delta}{5\Delta^{(1)}}\right) - n^2};$$

cette valeur de M est d'autant plus remarquable, que d'elle seule dépend, comme nous le verrons dans la suite, l'effet de l'attraction et de la pression des eaux de la mer sur la précession des équinoxes et la nutation de l'axe terrestre, et qu'elle nous met ainsi en état de déterminer généralement cet effet, dans le cas où la Terre est un ellipsoïde quelconque de révolution recouvert par la mer.

Nous venons de voir que, pour satisfaire aux observations, q doit être très petit, et dans ce cas le dénominateur de l'expression M est une quantité négative; or, si l'on s'en rapporte aux observations dont M. Cassini fait mention dans les *Mémoires de l'Académie* pour l'année 1714, page 256, la marée du soir à Brest est un peu plus grande que celles du matin dans les syzygies d'été, et un peu moindre dans les syzygies d'hiver, ce qui suppose que M est une très petite quantité positive; d'où il suit que la profondeur de la mer est un peu plus grande aux pôles qu'à l'équateur; mais cette conséquence étant fondée sur des observations fort délicates, puisque la différence des deux marées d'un même jour est toujours fort petite, on ne peut la regarder comme certaine que lorsqu'on aura un plus grand nombre d'observations faites en différents endroits.

La variation de la profondeur de la mer étant fort petite, on peut, sans erreur sensible, calculer la valeur de N comme si l'on avait $r = \infty$ ou, ce qui revient à très peu près au même, comme si r était égal à un nombre un peu considérable, tel que 10, 11 ou 12, et l'on aura ainsi la loi des hauteurs des marées suivant les différentes latitudes; mais, comme il est impossible de comparer sur ce point la théorie avec les observations, parce que les causes locales, telles que la situation des côtes, la pente des rivages, etc. produisent dans la hauteur des marées des différences prodigieuses à latitudes égales, il est entièrement inutile de calculer cette valeur de N; il nous suffit d'avoir montré comment il est possible de concilier la théorie avec l'observation, sur le peu de différence qui existe entre les deux marées d'un même jour. L'explication de ce phénomène nous conduit à déterminer le temps des plus grandes marées dans nos ports; il est difficile de se refuser au grand nombre d'observations qui établissent directement que les plus grandes marées arrivent dans les équinoxes, et cela paraît être une suite du peu de différence qui existe entre les deux marées d'un même jour; car, si cette différence était exactement nulle, on aurait

$$y = H + N \sin^2 v \sin^2 \theta \cos(2it + 2\varpi);$$

la différence de la haute à la basse mer serait $2N \sin^2 \theta \sin^2 v$, laquelle est à son maximum lorsque $\sin v = 1$, ou lorsque l'astre est dans l'équateur; or on a observé que, dans nos ports, plus cette différence est grande, plus la hauteur absolue de la mer est considérable (*Mémoires de l'Académie*, année 1712, p. 94): d'où il suit que les plus grandes marées arrivent dans les équinoxes. Pour ce qui regarde les autres phénomènes des marées, comme leur explication est ici la même que dans la théorie ordinaire, nous renvoyons, à cet égard, à l'excellente pièce de M. Daniel Bernoulli, sur le flux et le reflux de la mer.

XX.

La considération des équations (4) et (5) de l'article VI nous donne facilement la vitesse d'un point quelconque pris dans l'intérieur du fluide; car elles nous montrent que cette vitesse est fonction de θ, ϖ, t et s, et qu'ainsi, la profondeur du fluide étant supposée très petite, la vitesse est la même pour tous les points pour lesquels θ et ϖ sont les mêmes; connaissant donc, par ce qui précède, cette vitesse à un point quelconque de la surface extérieure, on aura celle de tous les points du fluide, situés sur le même rayon.

Supposons maintenant que l'on veuille déterminer la pression du fluide sur le sphéroïde qu'il recouvre; nommons (p) la pression du fluide dans le cas de l'équilibre sur le point n de la surface du sphéroïde, pour lequel l'angle $n\mathrm{CA} = \theta + \alpha u$ (*fig.* 3, p. 93); soit, dans cette même supposition, Q l'attraction du fluide et du sphéroïde sur ce point, et $\delta\sigma$ l'élément de la direction suivant laquelle elle agit; l'équation (3) de l'article IV nous donnera

$$ -\frac{n^2}{3}\delta[(s+\alpha r)\sin(\theta+\alpha u)]^2 = -Q\,\delta\sigma - \frac{\delta(p)}{\Delta}; $$

soit présentement la pression $p = (p) + \alpha p'$; il est aisé de voir que l'action de l'astre attirant et l'attraction de la différence d'une sphère, dont le rayon est 1 et dont la densité est la même que celle du fluide, et d'un sphéroïde de même densité et dont le rayon est $1 + \alpha y$, il est aisé de voir, dis-je, que ces attractions multipliées par les éléments de leurs directions, donnent sensiblement les mêmes produits pour le point n placé à la surface du sphéroïde que pour le point N placé à la surface du fluide; l'équation (3) se changera conséquemment dans la suivante, en observant qu'à la surface du sphéroïde δs est de l'ordre $q\,\delta\theta$, et en négligeant ce qu'il est permis de négliger,

$$\alpha\,\delta\theta\left(\frac{d^2 u}{dt^2} - 2n\frac{dv}{dt}\sin\theta\cos\theta\right) + \alpha\,\delta\varpi\left(\sin^2\theta\,\frac{d^2 v}{dt^2} + 2n\sin\theta\cos\theta\,\frac{du}{dt}\right)$$
$$= -\alpha y\Lambda\left(\frac{\partial\varepsilon}{\partial\theta}\delta\theta + \frac{\partial\varepsilon}{\partial\varpi}\delta\varpi\right) + S\left(\partial\frac{1}{f} - \partial\frac{1}{f'}\right) - \alpha\frac{\partial p'}{\Delta};$$

mais les quantités $\frac{du}{dt}$ et $\frac{dv}{dt}$ étant les mêmes, comme nous venons de le voir, au point n qu'au point N, l'équation (γ) de l'article V donne

$$\alpha\,\delta\theta\left(\frac{d^2 u}{dt^2} - 2n\frac{dv}{dt}\sin\theta\cos\theta\right) + \alpha\,\delta\varpi\left(\sin^2\theta\,\frac{d^2 v}{dt^2} + 2n\sin\theta\cos\theta\,\frac{du}{dt}\right)$$
$$= -\alpha y\Lambda\left(\frac{\partial\varepsilon}{\partial\theta}\delta\theta + \frac{\partial\varepsilon}{\partial\varpi}\delta\varpi\right) + S\left(\partial\frac{1}{f} - \partial\frac{1}{f'}\right) - \alpha g\,\delta y;$$

on aura donc $\frac{\partial p'}{\Delta} = g\,\delta y$ et, en intégrant, $p' = \Delta gy + G$, G étant une constante arbitraire qui peut être fonction de t, sans θ ni ϖ; si l'on observe cependant que, par les mêmes raisons pour lesquelles nous avons vu précédemment que y, u et v doivent être fonctions de θ et de l'angle $it + \varpi$, p' ne peut être pareillement que fonction de ces deux quantités, on en conclura que G, ne renfermant point ϖ, ne peut renfermer le temps t, et qu'ainsi cette quantité doit être indépendante de t, θ et ϖ.

Au moyen de cette valeur de p' et de celle que nous avons trouvée précédemment pour y, on pourra déterminer la précession des équinoxes et la nutation de l'axe de la Terre qui résultent de l'action du Soleil et de la Lune sur la mer; nous allons nous occuper de cette recherche intéressante, mais il ne sera pas inutile de faire auparavant quelques réflexions sur le degré de précision de la théorie précédente.

XXI.

Nous avons supposé, dans cette théorie, h, ι et ν constants; supposons, maintenant, que l'on veuille avoir égard à la variabilité de ces quantités; on reprendra les équations (6), (7) et (9) de l'article VI :

$$(6) \qquad \gamma = - \, l\gamma \left(\frac{\partial u}{\partial \vartheta} + \frac{\partial v}{\partial \varpi} + u\,\frac{\cos\vartheta}{\sin\vartheta} \right) - lu\,\frac{\partial \gamma}{\partial \vartheta},$$

$$
(7) \quad
\begin{cases}
\dfrac{d^2 u}{dt^2} - 2\,n\,\dfrac{dv}{dt}\sin\vartheta\cos\vartheta \\[2mm]
\quad = -\,g\,\dfrac{\partial \gamma}{\partial \vartheta} + \Delta \mathrm{B} \\[2mm]
\quad\quad + \mathrm{K}\sin 2\vartheta\,[\tfrac{1}{2}\sin^2 v - \cos^2 v + \tfrac{1}{2}\sin^2 v \cos(2\varphi - 2nt - 2\varpi)] \\[2mm]
\quad\quad + 2\,\mathrm{K}\cos 2\vartheta \sin v \cos v \cos(\varphi - nt - \varpi),
\end{cases}
$$

$$
(9) \quad
\begin{cases}
\dfrac{d^2 v}{dt^2}\sin^2\vartheta + 2\,n\,\dfrac{du}{dt}\sin\vartheta\cos\vartheta \\[2mm]
\quad = -\,g\,\dfrac{\partial \gamma}{\partial \varpi} + \Delta \mathrm{C}\sin\vartheta + \mathrm{K}\sin v \cos v \sin 2\vartheta \sin(\varphi - nt - \varpi) \\[2mm]
\quad\quad + \mathrm{K}\sin^2 v \sin^2\vartheta \sin(2\varphi - 2nt - 2\varpi).
\end{cases}
$$

Prenons pour premier méridien celui qui est perpendiculaire au plan de l'écliptique; soit s la latitude de l'astre au-dessus du plan de l'écliptique, s étant toujours une très petite quantité dont nous négligerons le carré et les puissances supérieures; soit encore $90° - \varepsilon$ l'angle que forme le plan de l'écliptique avec celui de l'équateur, et nommons z le mouvement vrai de l'astre rapporté à l'écliptique, en prenant pour origine l'équinoxe du printemps; φ exprimera la distance de l'astre au premier méridien comptée sur l'équateur, et si l'on fait passer un plan par le centre de la Terre, par celui de l'astre et par le point de l'équinoxe, l'angle que formera ce plan avec l'équateur sera $90° - \varepsilon + \dfrac{s}{\sin z}$; or, en considérant le triangle sphérique formé par ce plan, par l'équateur et par le méridien de l'astre, on trouvera par la Trigonométrie sphérique

$$\frac{\cos\left(\varepsilon - \dfrac{s}{\sin z} \right)}{\cos v} = \frac{1}{\sin z};$$

partant, on aura

$$\cos v = \cos \varepsilon \sin z + s \sin \varepsilon;$$

d'où l'on tire

$$\sin v = \sqrt{\cos^2 z + \sin^2 \varepsilon \sin^2 z - 2s \sin \varepsilon \cos \varepsilon \sin z};$$

on aura ensuite

$$\frac{1}{\sin\left(\varepsilon - \dfrac{s}{\sin z}\right)} = \frac{\sin z \sin \varphi}{\cos z \cos \varphi},$$

d'où l'on tire

$$\cos \varphi = \frac{\sin \varepsilon \sin z - s \cos \varepsilon}{\sqrt{\cos^2 z + \sin^2 \varepsilon \sin^2 z - 2s \sin \varepsilon \cos \varepsilon \sin z}},$$

$$\sin \varphi = \frac{- \cos z}{\sqrt{\cos^2 z + \sin^2 \varepsilon \sin^2 z - 2s \sin \varepsilon \cos \varepsilon \sin z}};$$

partant,

$$\sin v \cos v \sin \varphi = - (\cos \varepsilon \sin z + s \sin \varepsilon) \cos z$$

et

$$\sin v \cos v \cos \varphi = (\sin \varepsilon \sin z - s \cos \varepsilon)(\cos \varepsilon \sin z + s \sin \varepsilon);$$

on a présentement

$$\alpha K = \frac{3S}{2h^3}$$

et

$$\cos(\varphi - nt - \varpi) = \sin \varphi \sin(nt + \varpi) + \cos \varphi \cos(nt + \varpi);$$

substituant donc, au lieu de h, s et z, leurs valeurs en temps moyen dans la quantité

$$K \sin v \cos v \cos(\varphi - nt - \varpi),$$

on aura une suite de termes de cette forme

$$K' \cos(nt + mt + \varpi + A).$$

On substituera la somme de tous ces termes au lieu de

$$K \sin v \cos v \cos(\varphi - nt - \varpi),$$

dans l'équation (7), et comme la quantité

$$K \sin v \cos v \sin(\varphi - nt - \varpi)$$

de l'équation (9) résulte de la différentiation de la quantité

$$K \sin v \cos v \cos(\varphi - nt - \varpi)$$

par rapport à ϖ, il est clair que chaque terme tel que

$$\mathrm{K}' \cos(nt + mt + \varpi + \mathrm{A})$$

de l'expression de

$$\mathrm{K} \sin\nu \cos\nu \cos(\varphi - nt - \varpi)$$

donnera le terme

$$- \mathrm{K}' \sin(nt + mt + \varpi + \mathrm{A}),$$

dans l'expression de

$$\mathrm{K} \sin\nu \cos\nu \sin(\varphi - nt - \varpi),$$

et ce sera la somme de tous ces termes qu'il faudra substituer au lieu de cette quantité dans l'équation (9).

On a pareillement

$$\cos(2\varphi - 2nt - 2\varpi) = \sin 2\varphi \sin(2nt + 2\varpi) + \cos 2\varphi \cos(2nt + 2\varpi);$$

de plus, on a par ce qui précède

$$\sin^2\nu \sin 2\varphi = - 2 \cos z \,(\sin \varepsilon \sin z - s \cos \varepsilon),$$
$$\sin^2\nu \cos 2\varphi = \sin^2\varepsilon \sin^2 z - \cos^2 z - 2 s \sin \varepsilon \cos \varepsilon \sin z;$$

on aura donc, au lieu de

$$\mathrm{K} \sin^2\nu \cos(2\varphi - 2nt - 2\varpi),$$

une suite de termes de cette forme

$$\mathrm{K}' \cos(2nt + 2mt + 2\varpi + 2\mathrm{A}),$$

et comme on a

$$\mathrm{K} \sin^2\nu \sin(2\varphi - 2nt - 2\varpi) = \frac{1}{2} \frac{d.\,\mathrm{K} \sin^2\nu \cos(2\varphi - 2nt - 2\varpi)}{d\varpi},$$

le terme

$$\mathrm{K}' \cos(2nt + 2mt + 2\varpi + 2\mathrm{A})$$

donnera le terme

$$- \mathrm{K}' \sin(2nt + 2mt + 2\varpi + 2\mathrm{A}),$$

dans la quantité

$$\mathrm{K} \sin^2\nu \sin(2\varphi - 2nt - 2\varpi)$$

de l'équation (9).

Enfin la quantité

$$\tfrac{1}{2}K(\sin^2 v - 2\cos^2 v) \quad \text{ou} \quad \tfrac{1}{3}K(1 - 3\cos^2 v)$$

donnera une suite de termes de la forme

$$K'\cos(mt + A).$$

Considérons maintenant un terme quelconque de l'équation (7), tel que

$$2K'\cos 2\vartheta \cos(nt + mt + \varpi + A),$$

et supposons, pour plus de simplicité, la densité du fluide nulle ; on pourra facilement y avoir égard ensuite, comme nous l'avons fait précédemment. Le correspondant du terme

$$2K'\cos 2\vartheta \cos(nt + mt + \varpi + A)$$

sera, dans l'équation (9),

$$- K'\sin 2\vartheta \sin(nt + mt + \varpi + A);$$

en n'ayant égard qu'à ces termes, on supposera, conformément à la méthode précédente,

$$y = a\cos(nt + mt + \varpi + A),$$
$$u = b\cos(nt + mt + \varpi + A)$$

et

$$v = c\,\sin(nt + mt + \varpi + A),$$

a, b et c étant fonctions de ϑ seul ; en substituant ces valeurs de y, u et v dans les équations (6), (7) et (9), on aura les trois suivantes

$$a = - t\gamma\left(\frac{\partial b}{\partial \vartheta} + c + b\,\frac{\cos \vartheta}{\sin \vartheta}\right) - tb\,\frac{\partial \gamma}{\partial \vartheta},$$

$$-(n + m)^2 b - 2n(n + m)c \sin\vartheta\cos\vartheta = -g\,\frac{\partial a}{\partial \vartheta} + 2K'\cos 2\vartheta,$$

$$-(n + m)^2 c \sin^2\vartheta - 2n(n + m)b \sin\vartheta\cos\vartheta = ga - K'\sin 2\vartheta.$$

Lorsque m est très petit par rapport à n, on peut, sans craindre aucune erreur sensible, déterminer a, b et c, comme si l'on avait $m = o$; d'où il suit qu'alors les parties des expressions de y, u et v, qui dépendent des quantités

$$2\,\mathrm{K}\cos 2\theta \sin v \cos v \cos(\varphi - nt - \varpi)$$

et

$$\mathrm{K}\sin v \cos v \sin 2\theta \sin(\varphi - nt - \varpi),$$

seront à très peu près les mêmes que celles que l'on aurait en regardant φ, v et K comme constants dans l'intégration, et en substituant ensuite, au lieu de ces quantités, leurs véritables valeurs variables, ainsi que nous l'avons prescrit dans l'article XVII.

Considérons un autre terme quelconque de l'équation (7), tel que

$$\tfrac{1}{4}\mathrm{K}'\sin 2\theta \cos(2nt + 2m't + 2\varpi + 2\mathrm{A}'),$$

dont le correspondant dans l'équation (9) est

$$-\,\mathrm{K}'\sin^2\theta \sin(2nt + 2m't + 2\varpi + 2\mathrm{A}');$$

on supposera, en n'ayant égard qu'à ce terme,

$$y = a'\cos(2nt + 2m't + 2\varpi + 2\mathrm{A}'),$$
$$u = b'\cos(2nt + 2m't + 2\varpi + 2\mathrm{A}'),$$
$$v = c'\sin(2nt + 2m't + 2\varpi + 2\mathrm{A}'),$$

et l'on aura, pour déterminer a', b' et c', les trois équations

$$o = -l\gamma\left(\frac{\partial b'}{\partial\theta} + 2c' + b'\frac{\cos\theta}{\sin\theta}\right) - lb'\frac{\partial\gamma}{\partial\theta},$$

$$-4(n+m')^2 b' - 4n(n+m')c'\sin\theta\cos\theta = -\,g\frac{\partial a'}{\partial\theta} + \tfrac{1}{4}\mathrm{K}'\sin 2\theta,$$

$$-4(n+m')^2 c'\sin^2\theta - 4n(n+m')b'\sin\theta\cos\theta = 2ga' - \mathrm{K}'\sin^2\theta;$$

on voit facilement encore que, si m' est très petit par rapport à n, les parties des expressions de y, u et v qui dépendent des quantités

$$\tfrac{1}{4}\mathrm{K}\sin 2\theta \sin^2 v \cos(2\varphi - 2nt - 2\varpi)$$

et

$$\mathrm{K}\sin^2 v \sin^2\theta \sin(2\varphi - 2nt - 2\varpi)$$

sont à très peu près les mêmes que celles que l'on aurait en regardant φ, v et K comme constants durant l'intégration, et en substituant ensuite, au lieu de ces quantités, leurs valeurs variables.

Relativement au Soleil, les quantités m, m', ... sont très petites par rapport à n, parce que le mouvement moyen du Soleil dans son orbite n'est que la $\frac{1}{365}$ partie environ du mouvement de rotation de la Terre; ainsi les parties des expressions de y, u et v qui dépendent des quantités

$$\tfrac{1}{2} K \sin 2\theta \sin^2 v \cos(2\varphi - 2nt - 2\varpi),$$

$$K \sin^2 v \sin^2 \theta \sin(2\varphi - 2nt - 2\varpi),$$

$$2 K \cos 2\theta \sin v \cos v \cos(\varphi - nt - \varpi),$$

$$K \sin v \cos v \sin 2\theta \sin(\varphi - nt - \varpi),$$

qui se trouvent dans les équations (7) et (9), sont à très peu près les mêmes pour le Soleil que celles que nous avons déterminées par la théorie précédente. L'approximation est un peu moins exacte pour la Lune, parce que son mouvement est plus rapide; mais, comme il n'est encore que $\frac{1}{27}$ de celui de rotation de la Terre, on peut la regarder comme suffisamment exacte.

Il nous reste présentement à considérer les termes de la forme

$$K' \sin 2\theta \cos(mt + A),$$

que donne le développement de la quantité

$$K \sin 2\theta (\tfrac{1}{2} \sin^2 v - \cos^2 v).$$

On supposera, comme précédemment,

$$y = a \cos(mt + A),$$
$$u = b \cos(mt + A)$$

et

$$v = c \sin(mt + A),$$

et l'on aura, pour déterminer a, b, c, les équations

$$a = - l\gamma \left(\frac{\partial b}{\partial \theta} + b \frac{\cos \theta}{\sin \theta} \right) - lb \frac{\partial \gamma}{\partial \theta},$$

$$- m^2 b - 2 nmc \sin \theta \cos \theta = - g \frac{\partial a}{\partial \theta} + K' \sin 2\theta,$$

$$- m^2 c \sin^2 \theta - 2 nmb \sin \theta \cos \theta = 0.$$

Si l'on supposait la Terre immobile, en transportant en sens contraire
à l'astre son mouvement angulaire de rotation, il faudrait faire $n = 0$
dans les équations précédentes; on aurait alors $c = 0$, et en négligeant
les quantités de l'ordre m^2, ce qui est permis, à cause de la lenteur du
mouvement de l'astre dans son orbite, on aurait les deux équations

$$a = -\, l\gamma \left(\frac{\partial b}{\partial \theta} + b\, \frac{\cos\theta}{\sin\theta} \right) - lb\, \frac{\partial \gamma}{\partial \theta},$$

$$0 = -\, g\, \frac{\partial a}{\partial \theta} + \mathrm{K}'\sin 2\theta;$$

d'où il résulte que les parties des expressions de y, u et v qui dépendent de la quantité

$$\mathrm{K}\sin 2\theta (\tfrac{1}{3}\sin^2 v - \cos^2 v)$$

seraient alors à très peu près les mêmes que celles que l'on aurait en
regardant v et K comme constants; mais il n'en est pas ainsi lorsqu'on
a égard au mouvement de rotation de la Terre : dans ce cas, on a

$$c = -\, \frac{2n}{m}\, b\, \frac{\cos\theta}{\sin\theta},$$

et l'on déterminera a et b au moyen des deux équations

$$a = -\, l\gamma \left(\frac{\partial b}{\partial \theta} + b\, \frac{\cos\theta}{\sin\theta} \right) - lb\, \frac{\partial \gamma}{\partial \theta},$$

$$b(4n^2\cos^2\theta - m^2) = -\, g\, \frac{\partial a}{\partial \theta} + \mathrm{K}'\sin 2\theta,$$

en sorte que a et b ne sont plus ici les mêmes que dans la supposition
de $n = 0$; la valeur de c, et par conséquent celle de v, sera fort grande,
si m est très petit par rapport à n, ce qui a lieu pour le Soleil, car on
verra facilement, par ce qui précède, que mt est égal au double du
moyen mouvement du Soleil, qui est très petit par rapport à $2nt$, en
sorte que $\frac{2n}{nt}$ est fort grand et à peu près égal à 365; mais le terme le
plus considérable de v est celui qui dépend de l'inclinaison de l'orbite

lunaire, car il est facile de s'assurer que la quantité

$$K(\tfrac{1}{3}\sin^2 v - \cos^2 v)$$

produira un terme de cette forme

$$K' p \sin 2\theta \cos(m't + A'),$$

p étant la tangente de l'inclinaison moyenne de l'orbite de la Lune et $m't$ représentant le mouvement moyen de son nœud; or ce mouvement étant environ dix-huit fois moindre que celui du Soleil, on aura, à peu près,

$$\frac{2n}{m'} = 36.365,$$

partant

$$c = -36.365 \frac{\cos\theta}{\sin\theta} b;$$

à la vérité, la tangente p étant fort petite, b et a seront eux-mêmes peu considérables, et la valeur de c en sera beaucoup diminuée; malgré cette diminution, le terme $c\sin(m't + A')$ restera encore le plus considérable de l'expression de v.

Il résulte de là que les parties des expressions de y, u et v qui dépendent de la quantité

$$K \sin 2\theta (\tfrac{1}{3}\sin^2 v - \cos^2 v)$$

sont bien différentes de celles que l'on a en regardant K et v comme constants; mais on doit observer qu'à cause de la lenteur avec laquelle les angles mt, $m't$, ... croissent, on ne peut se dispenser, dans la détermination des quantités a, b et c, d'avoir égard à la résistance que les eaux de la mer éprouvent, et en vertu de laquelle elles se remettraient bientôt dans leur état d'équilibre si l'action du Soleil et de la Lune venait à cesser. Supposons ici que cette résistance soit proportionnelle à la vitesse, il faut alors ajouter au premier membre de l'équation (7) la quantité $\rho\frac{\partial u}{\partial t}$, et, au premier membre de l'équation (9), la quantité $\rho\frac{\partial v}{\partial t}\sin^2\theta$, ρ étant un coefficient constant dépendant de l'intensité de la résistance. Pour avoir ensuite les parties des expressions de y, u et v qui dépendent du terme $K'\sin 2\theta \cos(mt + A)$, on fera

$$y = a \cos(mt + A) + a' \sin(mt + A),$$
$$u = b \cos(mt + A) + b' \sin(mt + A),$$
$$v = c \sin(mt + A) + c' \cos(mt + A),$$

et, en substituant ces valeurs dans les équations (6), (7) et (9), on aura, pour déterminer les six quantités a, a', b, b', c, c', les six équations suivantes :

$$a = -l\gamma\left(\frac{\partial b}{\partial \theta} + b\,\frac{\cos\theta}{\sin\theta}\right) - lb\,\frac{\partial\gamma}{\partial\theta},$$

$$a' = -l\gamma\left(\frac{\partial b'}{\partial \theta} + b'\,\frac{\cos\theta}{\sin\theta}\right) - lb'\,\frac{\partial\gamma}{\partial\theta},$$

$$- m^2 b + \rho m b' - 2nmc \sin\theta \cos\theta = -g\,\frac{\partial a}{\partial\theta} + K'\sin 2\theta,$$

$$- m^2 b' - \rho m b + 2nmc'\sin\theta \cos\theta = -g\,\frac{\partial a'}{\partial\theta},$$

$$- m^2 c \sin^2\theta - \rho m c'\sin^2\theta - 2nmb \sin\theta\cos\theta = 0,$$
$$- m^2 c'\sin^2\theta + \rho m c \sin^2\theta + 2nmb'\sin\theta\cos\theta = 0;$$

si ρ est beaucoup plus grand que m, les quatre dernières de ces équations donneront, en négligeant les quantités de l'ordre m,

$$c = -\frac{2n}{\rho}\,b'\,\frac{\cos\theta}{\sin\theta}, \qquad c' = -\frac{2n}{\rho}\,b\,\frac{\cos\theta}{\sin\theta},$$

$$o = -g\,\frac{\partial a'}{\partial\theta} \qquad \text{et} \qquad -g\,\frac{\partial a}{\partial\theta} + K'\sin 2\theta = 0.$$

On satisfera donc à toutes les équations précédentes, en faisant

$$b' = o, \qquad c = o, \qquad a' = o$$

et en déterminant a, b, c' au moyen des équations

$$a = -l\gamma\left(\frac{\partial b}{\partial \theta} + b\,\frac{\cos\theta}{\sin\theta}\right) - lb\,\frac{\partial\gamma}{\partial\theta},$$

$$o = -g\,\frac{\partial a}{\partial\theta} + K'\sin 2\theta,$$

$$c = -\frac{2n}{\rho}\,b\,\frac{\cos\theta}{\sin\theta}.$$

On voit ainsi que les valeurs de a et b se détermineront comme si l'on avait $m = o$, et qu'ainsi la partie de l'expression de y qui dépend de la quantité

$$K(\tfrac{1}{3}\sin^2 v - \cos^2 v)$$

est alors à peu près la même que celle que l'on trouve en regardant K et v comme constants.

La supposition de ρ beaucoup plus grand que m paraît être vraie par rapport au Soleil, car on peut supposer ρ proportionnel au temps qui serait nécessaire pour que la mer reprît son état d'équilibre si l'action du Soleil et de la Lune venait à cesser; or il est très vraisemblable que ce temps serait beaucoup moindre qu'une année; d'où il suit que la valeur entière de y, que nous avons déterminée par la théorie précédente, peut être regardée comme fort approchée par rapport au Soleil. Cette même supposition de ρ beaucoup plus grand que m pourrait n'être pas exacte par rapport à la Lune, et alors la partie de l'expression de y qui dépend de la quantité

$$K(\tfrac{1}{3}\sin^2 v - \cos^2 v)$$

pourrait être sensiblement différente de celle que l'on trouve en supposant K et v constants; il paraît impossible de la déterminer par la théorie, parce qu'on ignore la loi de la résistance en vertu de laquelle la mer tend sans cesse à se remettre en équilibre; heureusement cette quantité n'influe que sur les hauteurs absolues de la mer, suivant les différentes déclinaisons de la Lune, et ne change rien aux autres phénomènes des marées, en sorte que, si l'on suppose, en vertu de l'action de la Lune,

$$y = a + b\sin v \cos v \cos(it + \varpi) + c\sin^2 v \cos(2it + 2\varpi),$$

b et c seront à peu près les mêmes que par la théorie précédente, et il ne peut rester d'incertitude que sur la valeur de a; nous croyons cependant que cette valeur ne s'éloigne pas beaucoup de celle que donne notre théorie.

La considération d'une résistance proportionnelle à la vitesse peut servir à lever une difficulté que l'on pourrait faire sur ce que nous avons supposé, article XV, que $\frac{\partial v}{\partial \varpi}$ ne renferme aucun terme constant, c'est-à-dire indépendant du temps t. En considérant, en effet, les articles II et III, on voit que, pour l'exactitude de nos calculs, il suffit que y, u et $\frac{\partial v}{\partial \varpi}$ ne renferment que des termes constants ou périodiques, en sorte que v peut, sans nuire à cette exactitude, renfermer un terme proportionnel au temps ; mais, si l'on reprend les équations (J) de l'article XV, on verra facilement que la supposition d'une résistance proportionnelle à la vitesse introduit, dans le premier membre de la seconde de ces équations, le terme $\rho i \frac{\partial u}{\partial \varpi}$, et, dans le premier membre de la troisième de ces équations, le terme $\rho i \frac{\partial v}{\partial \varpi} \sin^2 \theta$; or il est impossible de satisfaire alors à cette dernière équation, en supposant que $\frac{\partial v}{\partial \varpi}$ renferme un terme constant, sans que $\frac{\partial u}{\partial \varpi}$ ou $\frac{\partial y}{\partial \varpi}$ en renferme.

On peut faire une remarque entièrement semblable sur toutes les manières de satisfaire aux équations (J) de l'article XV, différentes de celle que nous avons employée : il est clair, en effet, que la supposition d'une légère résistance proportionnelle à la vitesse ne fera que changer extrêmement peu les valeurs que nous avons trouvées ci-dessus pour y, u et v ; or, dans l'hypothèse d'une résistance proportionnelle à la vitesse, le fluide n'a qu'une manière possible de se mouvoir ; car, si l'on suppose, par exemple, qu'il en existe deux, et que l'on nomme y', u' et v' ce que sont y, u et v dans la première et y'', u'' et v'' ce que sont y, u et v dans la seconde, les équations du problème étant linéaires, il est clair que $y'' - y'$, $u'' - u'$ et $v'' - v'$ satisferont pour y, u et v à ces mêmes équations, en y supposant $K = o$, c'est-à-dire en supposant l'astre attirant anéanti ; mais il est évident que, dans ce cas, le fluide doit à la longue se mettre en équilibre, ce qui donne

$$y'' - y' = o, \qquad u'' - u' = o \qquad \text{et} \qquad v'' - v' = o.$$

Donc le fluide n'a qu'une façon possible de se mouvoir dans l'hypothèse d'une légère résistance proportionnelle à la vitesse; or, en négligeant les termes de l'ordre de cette résistance, on aura pour y, u et v les valeurs que nous avons trouvées précédemment, ce qui peut servir de confirmation aux raisonnements de l'article XIV.

RECHERCHES

SUR PLUSIEURS POINTS

DU SYSTÈME DU MONDE.

(SUITE.)

RECHERCHES

SUR PLUSIEURS POINTS

DU SYSTÈME DU MONDE [1]

(SUITE.)

Mémoires de l'Académie royale des Sciences de Paris, année 1776: 1779.

Les recherches qui font l'objet de ce Mémoire étant une suite de celles que j'ai données dans le Volume précédent (p. 75 et suiv.) [2] et que leur longueur ne m'avait pas permis d'y insérer en entier, je conserverai ici l'ordre des articles et les dénominations de mon premier Mémoire; et, comme il est nécessaire pour l'intelligence de ce qui suit d'en rappeler les principaux résultats, je saisirai cette occasion pour les présenter d'une manière plus simple, à quelques égards, que celle dont j'ai fait usage, et pour les développer avec plus d'étendue.

XXII.

Considérons une molécule fluide M, placée à la surface de la mer, et dont, à l'origine du mouvement, θ soit le complément de la latitude, ϖ la longitude par rapport à un premier méridien fixe, ou qui ne participe point au mouvement de rotation de la Terre; supposons qu'après le temps t, θ se change en $\theta + \alpha u$, ϖ en $\varpi + nt + \alpha v$, nt représentant le mouvement de rotation de la Terre, et α étant un coefficient extrê-

[1] Remis le 7 octobre 1778.
[2] *OEuvres de Laplace*, t. IX. p. 69 et suiv.

moment petit; soit αy l'élévation de la molécule au-dessus de la surface de la mer considérée dans l'état d'équilibre auquel elle serait
parvenue depuis longtemps, sans l'action du Soleil et de la Lune.
Représentons par $\alpha B\Delta$ et $\alpha C\Delta$ les composantes de l'attraction d'un
sphéroïde aqueux dont le rayon est $1 + \alpha y$ sur la molécule M, décomposée perpendiculairement au rayon du sphéroïde, dans le plan du
méridien et dans celui du parallèle, Δ exprimant la densité des eaux
de la mer. Soient encore S la masse de l'astre attirant, ν le complément de sa déclinaison, φ sa longitude comptée sur l'équateur depuis
le premier méridien, h sa distance au centre de la Terre, que nous
supposons très considérable relativement au rayon du sphéroïde terrestre dont nous prenons le demi petit axe pour unité; que l'on fasse

$$\frac{3S}{2h^3} = \alpha K,$$

et que l'on désigne par g la pesanteur, et par $l\gamma$ la profondeur de la
mer, l étant très petit, et γ étant une fonction quelconque de θ; cela
posé, nous sommes parvenu (art. VI) aux trois équations suivantes,
dont dépend la détermination des oscillations de la mer,

$$(6) \qquad y = - \frac{l}{\sin\theta} \frac{\partial . u\gamma \sin\theta}{\partial\theta} - l\gamma\frac{\partial v}{\partial\varpi},$$

$$(7) \qquad \frac{d^2 u}{dt^2} - 2n\frac{dv}{dt}\sin\theta\cos\theta = - g\frac{\partial y}{\partial\theta} + B\Delta + \frac{\partial R}{\partial\theta},$$

$$(9) \qquad \frac{d^2 v}{dt^2}\sin^2\theta + 2n\frac{du}{dt}\sin\theta\cos\theta = - g\frac{\partial y}{\partial\varpi} + C\Delta\sin\theta + \frac{\partial R}{\partial\varpi},$$

R étant égal à $K[\cos\theta\cos\nu + \sin\theta\sin\nu\cos(\varphi - nt - \varpi)]^2$.

Nous observerons d'abord sur ces équations qu'elles supposent immobile le centre de gravité du sphéroïde recouvert par le fluide, et
cette supposition est légitime, comme nous l'avons prouvé dans l'article V, toutes les fois que le fluide est dérangé de l'état d'équilibre
par l'attraction d'un astre quelconque éloigné; mais le fluide peut à
l'origine du mouvement avoir reçu un ébranlement tel que ce centre

ne reste pas immobile, et qu'il fasse des oscillations autour du centre de gravité du système entier du sphéroïde et du fluide, que l'on peut toujours regarder comme immobile. Pour être en droit de considérer alors le centre de gravité du sphéroïde comme étant en repos, il faut transporter continuellement en sens contraire aux molécules fluides les forces qui l'agitent. Maintenant il est clair que ce centre ne peut faire que des oscillations de l'ordre αy; d'où il suit que la force qui l'anime à chaque instant ne peut être que de l'ordre de $\alpha \frac{d^2 y}{dt^2}$; en transportant en sens contraire cette force à la molécule M, il en résultera, dans les équations précédentes, des termes de l'ordre de $\alpha \frac{d^2 y}{dt^2}$, que l'on peut rejeter comme étant de l'ordre de $\alpha l \frac{d^2 u}{dt^2}$. Ces équations expriment donc généralement les oscillations d'un fluide qui recouvre un sphéroïde dont le centre est supposé immobile, quelle qu'ait été d'ailleurs la nature de l'ébranlement primitif, pourvu qu'on le suppose de l'ordre α.

Nous observerons ensuite que l'on a par l'article I, en y changeant μ en y et en y supposant $a = 1$,

$$B = 2 \frac{\partial A}{\partial \vartheta} + \frac{4}{3} \alpha \pi \frac{\partial y}{\partial \vartheta},$$

$$C \sin \vartheta = 2 \frac{\partial A}{\partial \varpi} + \frac{4}{3} \alpha \pi \frac{\partial y}{\partial \varpi},$$

π exprimant le rapport de la demi-circonférence au rayon; donc

$$B \, d\vartheta + C \, d\varpi \sin \vartheta = 2 \left(\frac{\partial A}{\partial \vartheta} d\vartheta + \frac{\partial A}{\partial \varpi} d\varpi \right) + \frac{4}{3} \alpha \pi \left(\frac{\partial y}{\partial \vartheta} d\vartheta + \frac{\partial y}{\partial \varpi} d\varpi \right).$$

Soit

$$D = 2A - \tfrac{4}{3} \pi + \tfrac{4}{3} \alpha \pi y,$$

et l'on aura

$$B \Delta = \frac{\partial D}{\partial \vartheta} \Delta, \qquad C \Delta \sin \vartheta = \frac{\partial D}{\partial \varpi} \Delta.$$

La valeur de D est facile à déterminer lorsqu'on connait le rayon $1 + \alpha y$ du sphéroïde, car on a, par l'article I,

$$A = \int_0^\pi \int_0^\pi [2 \sin^2 p \sin^2 q (1 + \alpha y) + \alpha(y' - y) \sin p] \, dp \, dq$$

$$= \tfrac{1}{2}\pi - \tfrac{1}{2}\alpha\pi y + \alpha \int_0^\pi \int_0^\pi y' \sin p \, dp \, dq,$$

ce qui donne

$$D = 2\alpha \int_0^\pi \int_0^\pi y' \sin p \, dp \, dq.$$

XXIII.

Si l'on suppose $n = 0$ et $\gamma = 1$, les équations (6), (7) et (9) de l'article précédent, deviendront

$$y \sin \vartheta = - l \frac{\partial . u \sin \vartheta}{\partial \vartheta} - l \frac{\partial v}{\partial \varpi} \sin \vartheta,$$

$$\frac{d^2 u}{dt^2} = - g \frac{\partial y}{\partial \vartheta} + \frac{\partial D}{\partial \vartheta} \Delta + \frac{\partial R}{\partial \vartheta},$$

$$\frac{d^2 v}{dt^2} \sin^2 \vartheta = - g \frac{\partial y}{\partial \varpi} + \frac{\partial D}{\partial \varpi} \Delta + \frac{\partial R}{\partial \varpi}.$$

La seconde de ces équations donne

$$- l \frac{d^2}{dt^2} \frac{\partial . u \sin \vartheta}{\partial \vartheta} = lg \frac{\partial^2 y}{\partial \vartheta^2} \sin \vartheta + lg \frac{\partial y}{\partial \vartheta} \cos \vartheta$$

$$- l \frac{\partial^2 D}{\partial \vartheta^2} \Delta \sin \vartheta - l \frac{\partial D}{\partial \vartheta} \Delta \cos \vartheta$$

$$- l \frac{\partial^2 R}{\partial \vartheta^2} \sin \vartheta - l \frac{\partial R}{\partial \vartheta} \cos \vartheta.$$

La troisième donne

$$- l \frac{d^2}{dt^2} \frac{\partial v}{\partial \varpi} \sin \vartheta = \frac{lg}{\sin \vartheta} \frac{\partial^2 y}{\partial \varpi^2} - \frac{l}{\sin \vartheta} \frac{\partial^2 D}{\partial \varpi^2} \Delta - \frac{l}{\sin \vartheta} \frac{\partial^2 R}{\partial \varpi^2}.$$

En ajoutant ces deux équations membre à membre, et observant que l'équation

$$y \sin\theta = - l\, \frac{\partial.u \sin\theta}{\partial\theta} - l\, \frac{\partial v}{\partial\varpi} \sin\theta$$

donne

$$\frac{d^2 y}{dt^2} \sin\theta = - l\, \frac{d^2}{dt^2}\, \frac{\partial.u \sin\theta}{\partial\theta} - l\, \frac{d^2}{dt^2}\, \frac{\partial v}{\partial\varpi} \sin\theta,$$

on aura

$$(S)\quad \left\{ \begin{aligned}
\frac{d^2 y}{dt^2} &= lg\, \frac{\partial^2 y}{\partial\theta^2} + lg\, \frac{\partial y}{\partial\theta}\, \frac{\cos\theta}{\sin\theta} + \frac{lg}{\sin^2\theta}\, \frac{\partial^2 y}{\partial\varpi^2} \\[2mm]
&\quad - l\frac{\partial^2 D}{\partial\theta^2}\, \Delta - l\frac{\partial D}{\partial\theta}\, \frac{\cos\theta}{\sin\theta}\, \Delta - \frac{l}{\sin^2\theta}\, \frac{\partial^2 D}{\partial\varpi^2}\, \Delta \\[2mm]
&\quad - l\frac{\partial^2 R}{\partial\theta^2} - l\frac{\partial R}{\partial\theta}\, \frac{\cos\theta}{\sin\theta} - \frac{l}{\sin^2\theta}\, \frac{\partial^2 R}{\partial\varpi^2}.
\end{aligned} \right.$$

C'est à l'intégration de cette équation aux différences partielles que se réduit alors la détermination des oscillations du fluide.

Il paraît extrêmement difficile de l'intégrer généralement en y supposant $\Delta = o$, et à plus forte raison en supposant Δ quelconque; car, quoiqu'il soit facile de conclure la valeur de D de celle de y, cependant la première ne dépend pas, à proprement parler, de la seconde, suivant un rapport analytique; tout ce que l'on peut faire, dans l'état actuel de l'Analyse, est donc de satisfaire à cette équation dans les cas particuliers, dont aucun ne mérite plus d'attention que celui dans lequel on considère le fluide comme ayant été primitivement en équilibre.

Pour déterminer, dans ce cas, les oscillations du fluide, nous observerons que l'on a, par des réductions fort simples,

$$\frac{\partial^2 R}{\partial\theta^2} + \frac{\partial R}{\partial\theta}\, \frac{\cos\theta}{\sin\theta} + \frac{1}{\sin^2\theta}\, \frac{\partial^2 R}{\partial\varpi^2}$$

$$= - K(1 + 3 \cos 2\theta)\, (\cos^2 v - \tfrac{1}{2}\sin^2 v)$$

$$- 6K \sin 2\theta \sin v \cos v \cos(\varphi - nt - \varpi)$$

$$- 3K \sin^2\theta \sin^2 v \cos(2\varphi - 2nt - 2\varpi);$$

l'équation (S) deviendra donc, en y supposant d'abord $\Delta = 0$,

$$(\text{S}')\quad\left\{\begin{aligned}
\frac{d^2 y}{dt^2} =&\ lg\,\frac{\partial^2 y}{\partial\theta^2} + lg\,\frac{\partial y}{\partial\theta}\,\frac{\cos\theta}{\sin\theta} + \frac{lg}{\sin^2\theta}\,\frac{\partial^2 y}{\partial\varpi^2} \\
&+ l\mathrm{K}(1 + 3\cos 2\theta)(\cos^2\nu - \tfrac{1}{3}\sin^2\nu) \\
&+ 6l\mathrm{K}\sin 2\theta\sin\nu\cos\nu\cos(\varphi - nt - \varpi) \\
&+ 3l\mathrm{K}\sin^2\theta\sin^2\nu\cos(2\varphi - 2nt - 2\varpi).
\end{aligned}\right.$$

Il est assez naturel de penser que la forme

$$x(1 + 3\cos 2\theta) + x'\sin 2\theta + x''\sin^2\theta$$

peut satisfaire pour y à cette équation, x étant fonction de t seul, et x' et x'' étant fonctions de t et de ϖ. En effet, si l'on suppose

$$\frac{\partial^2 x'}{\partial\varpi^2} = -x' \qquad \text{et} \qquad \frac{\partial^2 x''}{\partial\varpi^2} = -4x'',$$

on parviendra facilement aux trois équations suivantes :

$$\frac{d^2 x}{dt^2} + 6lg\,x = l\mathrm{K}(\cos^2\nu - \tfrac{1}{3}\sin^2\nu),$$

$$\frac{d^2 x'}{dt^2} + 6lg\,x' = 6l\mathrm{K}\sin\nu\cos\nu\cos(\varphi - nt - \varpi),$$

$$\frac{d^2 x''}{dt^2} + 6lg\,x'' = 3l\mathrm{K}\sin^2\nu\cos(2\varphi - 2nt - 2\varpi).$$

Ces trois équations sont faciles à intégrer par les méthodes connues, et l'on déterminera les constantes arbitraires de leurs intégrales par ces conditions que $\frac{dx}{dt}$, x', $\frac{dx'}{dt}$, x'', $\frac{dx''}{dt}$ doivent être zéro lorsque $t = 0$. Il résulte de ces mêmes conditions que les suppositions de $\frac{\partial^2 x'}{\partial\varpi^2} = -x'$ et de $\frac{\partial^2 x''}{\partial\varpi^2} = -4x''$ sont légitimes, car, en différentiant l'équation en x' deux fois de suite par rapport à ϖ, et faisant $\frac{\partial^2 x'}{\partial\varpi^2} = -s'$, on aura

$$\frac{d^2 s'}{dt^2} + 6lg\,s' = 6l\mathrm{K}\sin\nu\cos\nu\cos(\varphi - nt - \varpi).$$

Or cette équation est la même que l'équation en x'; de plus, les deux constantes arbitraires de son intégrale sont les mêmes, car, puisque, à l'origine du mouvement, on a

$$x' = 0 \qquad \text{et} \qquad \frac{dx'}{dt} = 0,$$

il est clair que l'on a, à cette origine,

$$\frac{\partial^2 x'}{\partial \varpi^2} = 0 \qquad \text{et} \qquad \frac{d}{dt}\frac{\partial^2 x'}{\partial \varpi^2} = 0;$$

partant,

$$s' = 0 \qquad \text{et} \qquad \frac{\partial s'}{\partial t} = 0;$$

donc

$$s' = x' \qquad \text{ou} \qquad \frac{\partial^2 x'}{\partial \varpi^2} = -x'.$$

Si l'on différentie pareillement l'équation en x'' deux fois de suite par rapport à ϖ, et que l'on fasse

$$\frac{\partial^2 x'}{\partial \varpi^2} = -4s'',$$

on aura

$$\frac{d^2 s'}{dt^2} + 6\,l g s' = 3\,l\mathrm{K}\sin^2 v \cos(2\varphi - 2nt - 2\varpi),$$

équation qui est la même que celle en x''; et, comme on a, à l'origine du mouvement,

$$s'' = 0 \qquad \text{et} \qquad \frac{ds''}{dt} = 0,$$

on aura

$$x'' = s'';$$

partant,

$$\frac{\partial^2 x''}{\partial \varpi^2} = -4x''.$$

Lorsqu'on aura déterminé, par ce qui précède, la valeur de y, on aura celles de u et de v, en intégrant les équations

$$\frac{d^2 u}{dt^2} = -g\frac{\partial y}{\partial \theta} + \frac{\partial \mathrm{R}}{\partial \theta}, \qquad \frac{d^2 v}{dt^2}\sin^2\theta = -g\frac{\partial y}{\partial \varpi} + \frac{\partial \mathrm{R}}{\partial \varpi}$$

et en déterminant les constantes arbitraires, de manière que l'on ait, à l'origine du mouvement,

$$u = 0, \qquad \frac{du}{dt} = 0, \qquad v = 0, \qquad \frac{dv}{dt} = 0.$$

Supposons maintenant Δ quelconque, et voyons si fla orme précédente de y peut subsister et si l'on peut toujours faire

$$y = x(1 + 3\cos 2\theta) + x'\sin 2\theta + x''\sin^2\theta$$

ou

$$y = 2x(3\cos^2\theta - 1) + 2x'\sin\theta\cos\theta + x''\sin^2\theta,$$

x' et x'' étant des fonctions de ϖ et de t, telles que

$$\frac{\partial^2 x'}{\partial\varpi^2} = -x' \qquad \text{et} \qquad \frac{\partial^2 x''}{\partial\varpi^2} = -4x''.$$

En intégrant ces deux équations, on aura

$$x' = a\,\sin\,(\varphi - \varpi) + b\,\cos\,(\varphi - \varpi),$$
$$x'' = a'\sin 2(\varphi - \varpi) + b'\cos 2(\varphi - \varpi);$$

donc

$$y = 2x(3\cos^2\theta - 1) + 2\sin\theta\cos\theta\,[a\,\sin(\varphi - \varpi) + b\,\cos(\varphi - \varpi)]$$
$$+ \sin^2\theta\,[a'\sin(2\varphi - 2\varpi) + b'\cos(2\varphi - 2\varpi)].$$

Supposons, pour plus de généralité,

$$y = h + h^{(1)}\cos\theta + h^{(2)}\cos^2\theta + \ldots + h^{(s)}\cos^s\theta$$
$$+ [a\,\sin(\varphi - \varpi) + b\,\cos(\varphi - \varpi)]\sin\theta\cos\theta(f + f^{(1)}\sin^2\theta + \ldots + f^{(r)}\sin^{2r}\theta)$$
$$+ [a'\sin(2\varphi - 2\varpi) + b'\cos(2\varphi - 2\varpi)]\sin^2\theta(p + p^{(1)}\sin^2\theta + \ldots + p^{(r)}\sin^{2r}\theta),$$

l'équation

$$\frac{\partial D}{\partial\varpi}\Delta = C\Delta\sin\theta$$

donnera

$$D\Delta = \Delta\int C\sin\theta\,d\varpi;$$

on aura donc, par l'article IX,

$$D\Delta = G + [a\,\sin(\varphi - \varpi) + b\,\cos(\varphi - \varpi)]\sin\theta\cos\theta(\lambda + \lambda^{(1)}\sin^2\theta + \ldots + \lambda^{(r)}\sin^{2r}\theta)$$
$$+ \tfrac{1}{2}[a'\sin(2\varphi - 2\varpi) + b'\cos(2\varphi - 2\varpi)]\sin^2\theta(\lambda + \lambda^{(1)}\sin^2\theta + \ldots + \lambda^{(r)}\sin^{2r}\theta),$$

λ, $\lambda^{(1)}$, $\lambda^{(2)}$, ..., ℓ, $\ell^{(1)}$, $\ell^{(2)}$, ... étant des coefficients faciles à déterminer par l'article cité; $\lambda^{(r)}$ étant égal à $\dfrac{4\pi\Delta}{4r+5}f^{(r)}$, et $\ell^{(r)}$ égal à $\dfrac{8\pi\Delta}{4r+5}p^{(r)}$. G est une constante arbitraire qui peut être fonction quelconque de θ; or il est clair que cette fonction n'est autre chose que la valeur de $D\Delta$, lorsqu'on suppose

$$y = h + h^{(1)}\cos\theta + \ldots + h^{(s)}\cos^s\theta;$$

et comme on a

$$D\Delta = 2\alpha\Delta\int_0^\pi\int_0^\pi y'\sin p\, dp\, dq,$$

on aura, par l'article IX, pour G une expression de cette forme

$$G = \sigma + \sigma^{(1)}\cos\theta + \sigma^{(2)}\cos^2\theta + \ldots + \sigma^{(s)}\cos^s\theta,$$

σ, $\sigma^{(1)}$, ... étant faciles à déterminer, et $\sigma^{(s)}$ étant égal à $\dfrac{4\pi\Delta}{2s+1}h^{(s)}$; partant,

$$D\Delta = \sigma + \sigma^{(1)}\cos\theta + \sigma^{(2)}\cos^2\theta + \ldots + \sigma^{(s)}\cos^s\theta$$
$$+\ [a\sin(\varphi-\varpi) + b\cos(\varphi-\varpi)]\sin\theta\cos\theta(\lambda + \lambda^{(1)}\sin^2\theta + \ldots + \lambda^{(r)}\sin^{2r}\theta)$$
$$+ \tfrac{1}{2}[a'\sin(2\varphi-2\varpi) + b'\cos(2\varphi-2\varpi)]\sin^2\theta(\ell + \ell^{(1)}\sin^2\theta + \ldots + \ell^{(r)}\sin^{2r}\theta).$$

Dans le cas présent,

$$s = 2, \qquad h^{(2)} = 6x, \qquad h^{(1)} = 0, \qquad r = 0, \qquad f = 2, \qquad p = 1;$$

d'où il est aisé de conclure

$$\sigma^{(2)} = \tfrac{24}{5}\pi x\Delta, \qquad \sigma^{(1)} = 0, \qquad \lambda = \tfrac{2}{3}\pi\Delta, \qquad \ell = \tfrac{8}{5}\pi\Delta;$$

partant,

$$D\Delta = \tfrac{4}{5}\pi\Delta x(3\cos^2\theta - 1) + \tfrac{8}{3}\pi\Delta x'\sin\theta\cos\theta + \tfrac{4}{3}\pi\Delta x''\sin^2\theta + \sigma + \tfrac{8}{3}\pi\Delta x$$
$$= \tfrac{4}{3}\pi\Delta y + \sigma + \tfrac{8}{3}\pi\Delta x;$$

l'équation (S) se changera ainsi dans la suivante

$$\frac{d^2 y}{dt^2} = l\left(g - \tfrac{4}{3}\pi\Delta\right)\left(\frac{\partial^2 y}{\partial\theta^2} + \frac{\partial y}{\partial\theta}\frac{\cos\theta}{\sin\theta} + \frac{1}{\sin^2\theta}\frac{\partial^2 y}{\partial\varpi^2}\right)$$
$$- l\frac{\partial^2 R}{\partial\theta^2} - l\frac{\partial R}{\partial\theta}\frac{\cos\theta}{\sin\theta} - \frac{l}{\sin^2\theta}\frac{\partial^2 R}{\partial\varpi^2},$$

qui ne diffère de l'équation (S') qu'en ce que g se change en $g - \frac{1}{3}\pi\Delta$; d'où l'on voit que, à ce changement près, le cas de Δ quelconque rentre dans celui de $\Delta = 0$, ce qui s'accorde avec ce que nous avons trouvé dans l'article IX.

XXIV.

Considérons maintenant le cas de la Nature, dans lequel n n'est pas nul. Au lieu de chercher à ramener, comme dans le cas précédent, la détermination des oscillations du fluide à une seule équation différentielle, il est plus simple de considérer les équations (6), (7) et (9) de l'article XXII, dont elles dépendent, sous cette forme

$$y \sin\theta = - l\frac{\partial u'}{\partial\theta} - l z \frac{\partial v}{\partial\varpi},$$

$$\frac{d^2 u'}{dt^2} - 2n\frac{dv}{dt} z \sin\theta\cos\theta = - g z \frac{\partial y'}{\partial\theta},$$

$$\frac{d^2 v}{dt^2}\sin^2\theta + 2n\frac{du'}{dt}\frac{\sin\theta\cos\theta}{z} = - g\frac{\partial y'}{\partial\varpi},$$

y' étant égal à $y - \frac{\Delta}{g}D - \frac{1}{g}R$, z étant égal à $\gamma\sin\theta$, et u' étant égal à $u z$.

Pour satisfaire à ces équations, supposons

$$y = a \cos(it + s\varpi + A),$$
$$y' = a' \cos(it + s\varpi + A),$$
$$u' = b \cos(it + s\varpi + A),$$
$$v = c \sin(it + s\varpi + A),$$

i et s étant des coefficients constants quelconques, et a, a', b, c étant des fonctions de θ seul. Les trois équations précédentes donneront, cela posé, les suivantes :

$$(Z)\quad\begin{cases} a\sin\theta = - l\frac{\partial b}{\partial\theta} - lsc z, \\[2mm] i^2 b + 2nic z \sin\theta\cos\theta = g z \frac{\partial a'}{\partial\theta}, \\[2mm] i^2 c\sin^2\theta + \dfrac{2nib\sin\theta\cos\theta}{z} = - gsa'. \end{cases}$$

On tirera des deux dernières

$$b = \frac{g\,s\left(i\sin\theta\,\dfrac{\partial a'}{\partial\theta} + 2\,nsa'\cos\theta\right)}{i\sin\theta\,(i^2 - 4\,n^2\cos^2\theta)},$$

$$c = -\frac{g\left(isa' + 2\,n\sin\theta\cos\theta\,\dfrac{\partial a'}{\partial\theta}\right)}{i\sin^2\theta\,(i^2 - 4\,n^2\cos^2\theta)};$$

en sorte que l'on connaîtra b et c, et par conséquent les vitesses horizontales $\frac{du}{dt}$ et $\frac{dv}{dt}\sin\theta$ du fluide lorsqu'on aura déterminé a'. Si l'on substitue présentement ces valeurs de b et de c dans l'équation

$$a\sin\theta = -l\,\frac{\partial b}{\partial\theta} - lsc\,s,$$

et que l'on fasse $\sin\theta = x$ et dx constant, on aura

$$(\mathrm{T})\quad
\left\{
\begin{aligned}
&i x^2 a\,(i^2 - 4\,n^2 + 4\,n^2 x^2)^2 \\
&= -\,lg\,s\,i x^2(1 - x^2)(i^2 - 4\,n^2 + 4\,n^2 x^2)\frac{\partial^2 a'}{\partial x^2} \\
&\quad +\,lg\,s\,i x^3\,\frac{da'}{dx}\,(i^2 + 4\,n^2 - 4\,n^2 x^2) \\
&\quad +\,lg\,s\,a'\big[(is + 2n)(i^2 - 4\,n^2 + 4\,n^2 x^2) + 16\,n^3 x^2(1 - x^2)\big] \\
&\quad -\,lg\,\frac{\partial s}{\partial x}\,x(1 - x^2)(i^2 - 4\,n^2 + 4\,n^2 x^2)\left(i x\,\frac{da'}{dx} + 2\,nsa'\right).
\end{aligned}
\right.$$

Cette équation renferme toute la théorie des oscillations de la mer; il n'est même pas nécessaire de l'intégrer : il suffit d'y satisfaire, car nous n'avons besoin que de connaître la partie des oscillations du fluide qui dépend de l'action du Soleil et de la Lune, et nullement celle qui est relative à l'état primitif du fluide, puisqu'il est évident qu'elle doit s'anéantir à la longue, en vertu des frottements et généralement des résistances que le fluide éprouve, et qui depuis longtemps l'auraient fait parvenir à l'état d'équilibre, sans les attractions du Soleil et de la Lune qui l'en dérangent sans cesse. Pour satisfaire à l'équation (T), il est nécessaire de connaître i et s; il faut, de plus, connaître a' en a. Or, si l'on suppose que le coefficient de

$$\cos(it + s\varpi + A),$$

dans R, soit N, et que celui du même cosinus dans $D\Delta$, soit e, on aura

$$a' = a - \frac{e}{b'} - \frac{1}{b'}N;$$

on déterminera e par l'article XXIII, lorsqu'on connaîtra la forme de a, et, pour y parvenir, on cherchera d'abord la valeur de a dans la supposition de $\Delta = 0$; on supposera ensuite à l'expression de a la même forme dans le cas de Δ quelconque, avec des coefficients indéterminés, et l'on en tirera la valeur de e et, partant, celle de a'; en substituant ensuite ces valeurs de a et de a' dans l'équation (T), on déterminera les coefficients indéterminés de l'expression de a. Cette méthode suppose, à la vérité, que la valeur de a est de la même forme dans les deux cas de $\Delta = 0$ et de Δ quelconque; mais il est facile de s'assurer, par les articles IX et XXIII, que cette supposition est légitime toutes les fois que la valeur de a peut être exprimée par une fonction rationnelle et entière de $\sin\theta$ et de $\cos\theta$.

Considérons, cela posé, les différents termes de l'expression de R; on a, par l'article XXII,

$$\begin{aligned}
R &= K[\cos\theta \cos\nu + \sin\theta \sin\nu \cos(\varphi - nt - \varpi)]^2 \\
&= K\cos^2\nu + \tfrac{1}{2}K\sin^2\theta(\sin^2\nu - 2\cos^2\nu) \\
&\quad + 2K\sin\theta\cos\theta\sin\nu\cos\nu\cos(nt + \varpi - \varphi) \\
&\quad + \tfrac{1}{2}K\sin^2\theta\sin^2\nu\cos(2nt + 2\varpi - 2\varphi).
\end{aligned}$$

K, ν et φ sont donnés par la loi du mouvement de l'astre en fonctions du temps t; et, si l'on développe par la méthode de l'article XXI la valeur précédente de R, on aura : $1°$ au lieu de

$$K\cos^2\nu + \tfrac{1}{2}K\sin^2\theta(\sin^2\nu - 2\cos^2\nu),$$

une suite de termes de la forme

$$(K' + K'\sin^2\theta)\cos(it + A);$$

2° au lieu de

$$2\,\mathrm{K}\sin\theta\cos\theta\sin\nu\cos\nu\cos(nt+\varpi-\varphi),$$

une suite de termes de la forme

$$\mathrm{K}'\sin\theta\cos\theta\cos(it+\varpi+\Lambda);$$

3° au lieu de

$$\tfrac{1}{4}\,\mathrm{K}\sin^2\theta\sin^2\nu\cos(2nt+2\varpi-2\varphi).$$

une suite de termes de la forme

$$\mathrm{K}'\sin^2\theta\cos(it+2\varpi+\Lambda),$$

K', K'' et A étant des coefficients constants quelconques. La valeur de i sera peu considérable par rapport à n dans les termes de la première forme; car on aurait $i = 0$ si l'astre attirant n'avait aucun mouvement dans son orbite, auquel cas K, ν et φ seraient constants; donc, les mouvements du Soleil et de la Lune dans leurs orbites étant beaucoup moindres que le mouvement de rotation de la Terre, i est très petit par rapport à n, et il résulte de l'article XXI que, si l'on considère l'orbite de l'astre comme circulaire, i est égal à zéro ou à $2m$, mt exprimant son moyen mouvement. Dans les termes de la seconde forme, i diffère très peu de n, et cette différence est, par l'article XXI, zéro ou $2m$, dans le cas de la circularité de l'orbite; enfin, dans les termes de la troisième forme, i est peu différent de $2n$, et cette différence est encore zéro ou $2m$, dans le cas où l'orbite de l'astre est circulaire. Nous pouvons donc ranger dans trois classes différentes les termes de l'expression de R et, par conséquent, ceux de y; la première comprend les termes de la forme

$$(\mathrm{K}'+\mathrm{K}''\sin^2\theta)\cos(it+\Lambda);$$

ces termes sont indépendants de ϖ, et la longueur de leur période est proportionnelle au temps de la révolution de l'astre dans son orbite: la seconde classe comprend les termes de la forme

$$\mathrm{K}'\sin\theta\cos\theta\cos(it+\varpi+\Lambda),$$

dont la période est d'un jour à peu près; la troisième comprend les termes de la forme

$$K' \sin^2 \theta \cos(it + 2\varpi + A),$$

dont la période est d'environ un demi-jour. Nous allons discuter séparément ces termes et leur influence sur le flux et le reflux de la mer.

XXV.

Examen des termes de la première classe.

Les termes de cette classe que renferme l'expression de R et qui, comme nous venons de le voir, résultent du développement de

$$K \cos^2 \theta \cos^2 v + \tfrac{1}{2} K \sin^2 \theta \sin^2 v$$

ou de

$$K \cos^2 v + \tfrac{1}{2} K \sin^2 \theta (\sin^2 v - 2 \cos^2 v),$$

sont visiblement de la forme

$$(K' + K'' \sin^2 \theta) \cos(it + A).$$

En représentant donc, comme ci-dessus, par a, a' et e les coefficients de $\cos(it + A)$ dans γ, γ' et $D\Delta$, on aura, par l'article précédent,

$$a' = a - \frac{e}{g} - \frac{1}{g}(K' + K''x^2).$$

De plus, il faudra supposer $s = 0$ dans l'équation (T), et, comme i est très petit par rapport à n, on pourra y négliger i, eu égard à n^2. Si l'on considère ensuite le sphéroïde terrestre comme un ellipsoïde de révolution, la profondeur de la mer sera $l + q \sin^2 \theta$, en sorte que l'on aura

$$\gamma = 1 + \frac{q}{l} \sin^2 \theta,$$

ce qui donne

$$z = x + \frac{q}{l} x^2,$$

q étant un coefficient constant quelconque très petit et du même ordre que l; l'équation (T) deviendra ainsi

$$(\mathrm{T}') \qquad \begin{cases} \dfrac{4n^2}{lg'}\,ax(1-x^2) = x\dfrac{\partial^2 a'}{\partial x^2}\left[1 + \left(\dfrac{q}{l}-1\right)x^2 - \dfrac{q}{l}\,x^4\right] \\[2ex] \qquad\qquad + \dfrac{\partial a'}{\partial x}\left(1 + \dfrac{3q}{l}\,x^2 - \dfrac{2q}{l}\,x^4\right). \end{cases}$$

Pour y satisfaire, supposons

$$a = h + h^{(1)}x^2 + h^{(2)}x^4 + h^{(3)}x^6 + \ldots$$

Nous aurons, par l'article XXIII,

$$\frac{e}{g'} = \frac{1}{g'}(\sigma + \sigma^{(1)}x^2 + \sigma^{(2)}x^4 + \sigma^{(3)}x^6 + \ldots);$$

partant,

$$a' = h - \frac{\sigma}{g'} - \frac{1}{g'}\mathrm{K}' + \left(h^{(1)} - \frac{\sigma^{(1)}}{g'} - \frac{1}{g'}\mathrm{K}''\right)x^2 + \left(h^{(2)} - \frac{\sigma^{(2)}}{g'}\right)x^4 + \ldots$$

En substituant ces valeurs de a et de a' dans l'équation (T'), et comparant les coefficients des différentes puissances de x, nous aurons une suite d'équations dont la $(r+3)^{\text{ième}}$ sera

$$\begin{aligned} \frac{4n^2}{lg}(h^{(r+2)} - h^{(r+1)}) = {}& (2r+6)^2\left(h^{(r+3)} - \frac{\sigma^{(r+3)}}{g'}\right) \\[1ex] & + (2r+4)\left[\frac{q}{l}(2r+6) - (2r+3)\right]\left(h^{(r+2)} - \frac{\sigma^{(r+2)}}{g'}\right) \\[1ex] & - (2r+2)(2r+3)\frac{q}{l}\left(h^{(r+1)} - \frac{\sigma^{(r+1)}}{g'}\right). \end{aligned}$$

Si l'on suppose que la suite $h + h^{(1)}x^2 + h^{(2)}x^4 + \ldots$ se termine après le terme $h^{(r+1)}x^{2r+2}$, on aura, non seulement

$$h^{(r+2)} = 0, \qquad h^{(r+3)} = 0,$$

mais encore

$$\sigma^{(r+2)} = 0, \qquad \sigma^{(r+3)} = 0, \qquad \ldots$$

De plus, on a par l'article XXIII

$$\frac{\sigma^{(r+1)}}{g'} = \frac{4\pi h^{(r+1)}\Delta}{(4r+5)g};$$

l'équation précédente donnera ainsi

$$\frac{4n^2}{lg} = (2r+2)(2r+3)\frac{q}{l}\left[1 - \frac{4\pi\Delta}{(4r+5)g}\right].$$

Or, si l'on nomme $\Delta^{(1)}$ la densité moyenne du sphéroïde terrestre, on a à très peu près $g = \frac{1}{3}\pi\Delta^{(1)}$; on aura donc

$$q = \frac{2n^2}{g\left[1 - \frac{3\Delta}{(4r+5)\Delta^{(1)}}\right](2r^2+5r+3)}.$$

On déterminera ensuite $h, h^{(1)}, h^{(2)}, \ldots, h^{(r+1)}$ au moyen des $r+2$ équations que donne la comparaison des coefficients des puissances de x.

Si l'on prend un grand nombre de termes dans la suite

$$h + h^{(1)}x^2 + h^{(2)}x^4 + \ldots$$

ou, ce qui revient au même, si l'on suppose r considérable, on aura à très peu près $q = 0$, en sorte que la valeur de a, que l'on déterminera par la méthode précédente, sera la même à très peu près que si la profondeur de la mer était constante; cette méthode peut donc servir à trouver des valeurs approchées de a, dans cette hypothèse de profondeur qui, comme nous le verrons dans l'article suivant, est à peu près celle de la nature : il n'est pas même nécessaire de prendre pour r un très grand nombre, car, en faisant par exemple $r = 10$, on a

$$q = \frac{2n^2}{253\,g\left(1 - \frac{\Delta}{15\Delta^{(1)}}\right)};$$

or cette valeur de q, étant du même ordre que $\left(\frac{n^2}{g}\right)^2$, peut sans erreur sensible être supposée égale à zéro.

Il est essentiel de prévenir ici une difficulté fondée sur ce que la masse entière du fluide doit rester constamment la même, ce qui exige, ainsi que nous l'avons remarqué dans l'article XII, que la double intégrale

$$\int_0^\pi \int_0^{2\pi} y \sin\theta\, d\theta\, d\varpi$$

soit nulle. Or il est nécessaire pour cela que l'on ait dans les mêmes limites

$$o = \int_0^\pi \int_0^{2\pi} a \sin\vartheta \cos(it + \mathrm{A})\, d\vartheta\, d\varpi$$

et, par conséquent,

$$o = \int_0^\pi a \sin\vartheta\, d\vartheta;$$

en substituant au lieu de a sa valeur que nous venons de trouver, il semble qu'il doit en résulter une nouvelle équation entre les coefficients h, $h^{(1)}$, $h^{(2)}$, ..., et, comme on a déjà entre ces mêmes coefficients un nombre d'équations suffisant pour les déterminer, en substituant dans la nouvelle équation leurs valeurs connues, on aura une équation de condition entre les quantités n, l, Δ et $\Delta^{(1)}$, en sorte que la solution précédente ne paraît pas s'étendre au cas général où ces quantités sont quelconques.

Cette difficulté cessera d'en être une si nous faisons voir que, lorsqu'on aura déterminé a par la méthode précédente, la quantité $\int_0^\pi a \sin\vartheta\, d\vartheta$ s'évanouira d'elle-même; pour cela, reprenons la première des équations (Z) de l'article précédent, et observons que, dans le cas présent, elle devient

$$a \sin\vartheta = - l \frac{\partial b}{\partial\vartheta};$$

partant,

$$\int_0^\pi a \sin\vartheta\, d\vartheta = - lb + \mathrm{H} = - \frac{lg\, z\, \frac{\partial a'}{\partial\vartheta}}{i^2 - 4 n^2 \cos\vartheta^2} + \mathrm{H},$$

H étant une constante arbitraire qui doit être telle que $\int_0^\pi a \sin\vartheta\, d\vartheta$ soit nulle lorsque $\vartheta = o$, et comme on a dans ce cas

$$- lg\, z\, \frac{\partial a'}{\partial\vartheta} = o,$$

on aura

$$\mathrm{H} = o;$$

de plus, l'intégrale $\int_0^\pi a \sin\theta\, d\theta$ devant se terminer lorsque $\theta = \pi$, on a encore dans ce cas

$$- lg\, z\, \frac{\partial a'}{\partial \theta} = 0;$$

partant, on aura

$$\int_0^\pi a \sin\theta\, d\theta = 0,$$

pourvu que la valeur de a soit telle qu'elle satisfasse à l'équation (T'); d'où il suit que la condition d'une quantité de fluide toujours constante est remplie par la nature même des équations qui nous servent à déterminer les coefficients h, $h^{(1)}$, $h^{(2)}$, ...

L'analyse précédente suppose que, dans $\cos(it + A)$, i n'est pas exactement nul; mais il est facile de s'assurer que l'expression de R renferme des termes de la forme

$$(K' + K'x^1)\cos A.$$

Pour déterminer la partie de l'expression de y qui répond à ces termes, il faut recourir aux équations (Z) de l'article précédent et y supposer $i = 0$ et $s = 0$; elles se réduisent alors, quel que soit z, aux deux suivantes

$$a \sin\theta = - l\frac{\partial b}{\partial \theta} \qquad \text{et} \qquad 0 = g\frac{\partial a'}{\partial \theta},$$

d'où l'on tirera facilement, comme dans l'article XII,

$$a = \frac{-K'}{6g\left(1 - \dfrac{3\Delta}{5\Delta^{(1)}}\right)}(1 + 3\cos 2\theta);$$

en sorte que la partie de l'expression de y qui répond aux termes de la forme $(K' + K''x^2)\cos A$ dans R est

$$y = \frac{-K'\cos A}{6g\left(1 - \dfrac{3\Delta}{5\Delta^{(1)}}\right)}(1 + 3\cos 2\theta).$$

On voit par là que les suppositions de $i = 0$ et de i très petit donnent pour *a* des résultats entièrement différents, et que ces résultats sont sensiblement les mêmes pour toutes les valeurs de *i*, quelle que soit leur petitesse, pourvu qu'elles ne soient pas nulles; mais il est très essentiel d'observer ici que, les oscillations du fluide qui dépendent des termes de la forme $\cos(it + A)$ étant extrêmement lentes, les résistances en tout genre que le fluide éprouve doivent les dénaturer d'autant plus que leurs périodes sont plus longues, de manière que l'on peut supposer à *i* une si petite valeur que, sans être exactement nulle, elle donne cependant pour *a* la même quantité que la supposition de $i = 0$. Nous sommes déjà parvenus à ce résultat dans l'article XXI en supposant que le fluide éprouve une légère résistance proportionnelle à la vitesse; on peut s'en assurer encore *a priori* de la manière suivante.

La partie de l'expression de *y* qui répond aux termes

$$K \cos^2\theta \cos^2 v + \tfrac{1}{2} K \sin^2\theta \sin^2 v$$

de l'expression de R représente les oscillations de la mer dans le cas où elle serait attirée par quatre astres dont les masses seraient chacune le quart de la masse de l'astre S et qui, placés aux mêmes distances que lui de l'équateur et du centre de la Terre, auraient des mouvements entièrement semblables, le premier se confondant avec l'astre S même, le second en étant constamment à 90° de distance en longitude, le troisième à 180° et le quatrième à 270°; en effet, si, dans l'expression

$$K[\cos\theta \cos v + \sin\theta \sin v \cos(\varphi - nt - \varpi)]^2$$

de R, on change S en $\tfrac{1}{4}$S, ou, ce qui revient au même, K en $\tfrac{1}{4}$K; que l'on y fasse successivement φ égal à φ, à $\varphi + 90°$, $\varphi + 180°$, $\varphi + 270°$, et que l'on ajoute les quatre valeurs de R qui en résultent, il est visible que leur somme sera

$$K \cos^2\theta \cos^2 v + \tfrac{1}{2} K \sin^2\theta \sin^2 v.$$

Il suit de là que, si les quatre astres dont il s'agit ne changeaient ni de parallèle, ni de distance au centre de la Terre, quel que fût d'ailleurs leur mouvement, le fluide soumis à leur attraction finirait à la longue par prendre l'état d'équilibre, et, comme alors K et ν seraient constants, on aurait par ce qui précède

$$y = \frac{K(\cos^2\nu - \frac{1}{3}\sin^2\nu)}{6g\left(1 - \frac{3\Delta}{5\Delta^{(1)}}\right)}(1 + 3\cos 2\theta).$$

Supposons maintenant que T soit le temps nécessaire au fluide pour se mettre en équilibre, en vertu des résistances qu'il éprouve et en partant d'un état donné, et que, dans cet intervalle, K et ν changent extrêmement peu, il est clair que, lorsque, après un temps considérable, K et ν auront éprouvé un changement sensible et seront devenus 'K et 'ν, le fluide prendra l'état d'équilibre qui convient aux nouvelles quantités 'K et 'ν, et qu'ainsi l'on aura

$$y = \frac{'K(\cos^2{'\nu} - \frac{1}{3}\sin^2{'\nu})}{6g\left(1 - \frac{3\Delta}{5\Delta^{(1)}}\right)}(1 + 3\cos 2\theta);$$

on peut donc employer alors généralement l'expression

$$y = \frac{K(\cos^2\nu - \frac{1}{3}\sin^2\nu)}{6g\left(1 - \frac{3\Delta}{5\Delta^{(1)}}\right)}(1 + 3\cos 2\theta),$$

K et ν étant considérés comme des fonctions du temps t, qui varient très peu durant le temps T. L'exactitude du résultat précédent dépend de la petitesse de ces variations et de l'intensité de la résistance; le moyen le plus simple de juger de cette exactitude dans un cas donné est d'imaginer d'abord les quatre astres précédents mus dans le plan de l'équateur, et le fluide en équilibre, de transporter ensuite par la pensée ces astres sur le parallèle le plus éloigné de l'équateur auquel ils puissent parvenir et de les faire mouvoir sur ce parallèle jusqu'à ce que le fluide ait pris l'état d'équilibre qui convient à ces nouvelles positions; si le temps nécessaire au fluide pour prendre ce nouvel état d'équilibre est beaucoup moindre que celui que les astres emploient à parvenir de l'équateur à leur plus grande déclinaison, on pourra, sans erreur sensible, faire usage de la valeur précédente de y.

Quoique nous ignorions la loi des résistances que la mer éprouve, il est cependant très vraisemblable que ce temps serait considérablement plus petit que trois mois, et qu'il n'excéderait peut-être pas douze ou quinze jours : on peut donc supposer, relativement au Soleil, que la partie de l'expression de y qui répond aux termes

$$\mathrm{K} \cos^2 \theta \cos \nu + \tfrac{1}{2} \mathrm{K} \sin^2 \theta \sin^2 \nu$$

est

$$\frac{\mathrm{K} \left(\cos^2 \nu - \tfrac{1}{2} \sin^2 \nu \right)}{6g \left(1 - \dfrac{3\Delta}{5\Delta^{(1)}} \right)} (1 + 3 \cos 2\theta).$$

Cette supposition est moins exacte pour la Lune à cause de la rapidité de son mouvement ; mais, vu l'ignorance où nous sommes sur la nature et la loi de résistance qu'éprouvent les eaux de la mer, il paraît impossible de fixer par la théorie la valeur de y correspondante à ces termes : nous nous en tiendrons conséquemment à la précédente, l'erreur qui en résulte étant de peu d'importance dans la théorie du flux et du reflux, puisqu'elle ne peut influer sensiblement que sur les hauteurs absolues des eaux, relativement aux différentes déclinaisons de la Lune, et nullement sur les différences de la haute à la basse mer.

XXVI.

Examen des termes de la seconde classe.

Les termes de la seconde classe que renferme l'expression de R, et qui, comme nous l'avons vu, résultent du développement de

$$2\mathrm{K} \sin \nu \cos \nu \sin \theta \cos \theta \cos(nt + \varpi - \varphi),$$

sont de la forme

$$\mathrm{K}' \sin \theta \cos \theta \cos(it + \varpi + \mathrm{A});$$

il faut donc supposer $s = 1$, dans l'équation (T) de l'article XXIV, que l'on pourra mettre ainsi sous cette forme

$$ix^3 a(i^2 - 4n^2 + 4n^2 x^2)^2$$
$$= - lg\, z\, i^2 x^3 \sqrt{1 - x^2}\; \frac{\partial \frac{\partial a'}{\partial x}\sqrt{1 - x^2}}{\partial x}$$
$$+ 4n^2 lg\, z\, i\, x^3 (1 - x^2)^2 \frac{\partial^2 a'}{\partial x^2} + 4n^2 lg\, z\, i\, x^3 (1 - x^2)\frac{\partial a'}{\partial x}$$
$$+ lg\, z\, a'[(i + 2n)(i^2 - 4n^2 + 4n^2 x^2) + 16 n^3 x^2 (1 - x^2)]$$
$$- lg\, x\, \frac{\partial z}{\partial x}(1 - x^2)(i^2 - 4n^2 + 4n^2 x^2)\left(ix\frac{\partial a'}{\partial x} + 2na'\right);$$

or, si l'on y suppose, comme dans l'article précédent,

$$z = x + \frac{q}{i}x^2$$

et que l'on fasse

$$a = \sin\theta\cos\theta(f + f^{(1)}\sin^2\theta + f^{(2)}\sin^4\theta + \ldots + f^{(r)}\sin^{2r}\theta),$$

il est aisé de s'assurer, par un calcul analogue à celui de l'article précédent et par quelques considérations fort simples sur la formation de l'équation (T), qu'elle sera satisfaite, pourvu que l'on ait

$$q = \frac{2n^2}{g\left[1 - \frac{3\Delta}{(4r + 5)\Delta^{(1)}}\right]\left(2r^2 + 5r + 3 + \frac{n}{i}\right)},$$

ce qui s'accorde avec ce que nous avons trouvé par une autre méthode, dans l'article XVI; quant à la condition d'une quantité de fluide toujours constante, ou, ce qui revient au même, à l'équation

$$0 = \int_0^\pi \int_0^{2\pi} y \sin\theta\, d\theta\, d\varpi,$$

elle est évidemment satisfaite, parce que l'on a

$$\int_0^{2\pi} \cos(it + \varpi + A)\, d\varpi = 0;$$

mais, pour ne pas nous embarrasser ici dans des calculs inutiles, nous supposerons, conformément à ce qui a lieu dans la nature, que i est à peu près égal à n, en sorte qu'en cherchant à satisfaire à l'équation (T) nous négligerons la différence $i - n$. Cette équation deviendra ainsi

$$n^2 x^2 a (3 - 4 x^2)^2 = lg z x^2 (1 - x^2)(3 - 4 x^2)\frac{\partial^2 a'}{\partial x^2}$$
$$+ lg z x^2 \frac{\partial a'}{\partial x}(5 - 4 x^2)$$
$$+ lg z a' [16 x^2 (1 - x^2) - 3 (3 - 4 x^2)]$$
$$+ lg \frac{\partial z}{\partial x}(1 - x^2)(3 - 4 x^2)\left(x^2 \frac{\partial a'}{\partial x} + 3 x a' \right);$$

or on peut y satisfaire en supposant

$$a = f \sin \theta \cos \theta = f x \sqrt{1 - x^2},$$

car alors on a, par l'article XXIII,

$$\frac{e}{g} = \frac{4 \Delta \pi}{5 g} f x \sqrt{1 - x^2} = \frac{3 \Delta}{5 \Delta^{(1)}} f x \sqrt{1 - x^2};$$

l'équation

$$a' = a - \frac{c}{g} - \frac{\mathrm{K}'}{g} \sin \theta \cos \theta$$

donnera donc

$$a' = \left[f\left(1 - \frac{3 \Delta}{5 \Delta^{(1)}} \right) - \frac{\mathrm{K}'}{g} \right] x \sqrt{1 - x^2}.$$

En supposant donc, dans l'équation différentielle précédente.

$$z = x + \frac{q}{l} x^3,$$

et en y substituant ces valeurs de a et de a', on trouvera facilement qu'elles y satisfont, pourvu que l'on ait

$$f = \frac{2 \mathrm{K}' q}{2 q g \left(1 - \dfrac{3 \Delta}{5 \Delta^{(1)}} \right) - n^2}.$$

Il suit de là que la partie de l'expression de y qui répond au terme

$K' \sin\theta \cos\theta \cos(it + \varpi + A)$ de l'expression de R est à très peu près

$$\frac{2q}{2q g\left(1 - \dfrac{3\Delta}{5\Delta^{(1)}}\right) - n^2}\, K' \sin\theta \cos\theta \cos(it + \varpi + A),$$

et ce résultat est d'autant plus exact que i diffère moins de n.

Si l'on désigne par $\Sigma K' \sin\theta \cos\theta \cos(it + \varpi + A)$ la somme de tous les termes de la forme

$$K' \sin\theta \cos\theta \cos(it + \varpi + A)$$

que donne le développement de R, et par Y la partie de l'expression de y, correspondante à cette somme, on aura

$$Y = \frac{2q}{2q g\left(1 - \dfrac{3\Delta}{5\Delta^{(1)}}\right) - n^2}\, \Sigma K' \sin\theta \cos\theta \cos(it + \varpi + A);$$

or tous les termes de la forme

$$K' \sin\theta \cos\theta \cos(it + \varpi + A),$$

dans R, venant du développement de

$$2K \sin\nu \cos\nu \sin\theta \cos\theta \cos(nt + \varpi - \varphi),$$

on a

$$\Sigma K' \sin\theta \cos\theta \cos(it + \varpi + A) = 2K \sin\nu \cos\nu \sin\theta \cos\theta \cos(nt + \varpi - \varphi);$$

donc

$$Y = \frac{4 K q \sin\nu \cos\nu \sin\theta \cos\theta}{2 q g\left(1 - \dfrac{3\Delta}{5\Delta^{(1)}}\right) - n^2}\, \cos(nt + \varpi - \varphi),$$

équation à laquelle on serait directement arrivé, en n'ayant point égard aux variations de K, ν et φ, et qui, par cette raison, est d'autant plus exacte, que ces variations sont moindres dans un temps donné.

La valeur de Y est la plus grande possible, lorsque $nt + \varpi - \varphi$ est égal à zéro ou à 180°, et par conséquent lorsque l'astre attirant passe au méridien de l'endroit où l'on observe, et si la plus grande valeur positive de Y a lieu lors du passage de l'astre dans la partie supérieure du méridien, sa plus grande valeur négative aura lieu lors du passage de l'astre dans la partie inférieure du méridien, et réciproquement. La différence de la plus grande valeur positive de Y à sa plus grande valeur négative, ou, ce qui revient au même, le double de la plus grande valeur positive, donne conséquemment la différence des deux marées d'un même jour, qui sera d'autant plus grande que le coefficient $\dfrac{4 K q \sin v \cos v \sin \theta \cos \theta}{2 q g \left(1 - \dfrac{3\Delta}{5\Delta^{(1)}}\right) - n^2}$ sera plus considérable; or, les observations ayant fait voir que cette différence est extrêmement petite, on doit en conclure que ce coefficient est très petit lui-même, ce qui suppose à q une valeur nulle ou presque nulle, et comme la profondeur de la mer est égale à $l + q \sin^2\theta$, il en résulte que, pour satisfaire aux phénomènes du flux et du reflux, cette profondeur doit être à très peu près constante, ce qui s'accorde avec ce que nous avons trouvé dans l'article XIX.

Il résulte des observations faites dans nos ports que, dans les syzygies, la marée de dessus est un peu plus grande en été, et un peu moindre en hiver que celle de dessous, ce qui demande que $\dfrac{q}{2 q g \left(1 - \dfrac{3\Delta}{5\Delta^{(1)}}\right) - n^2}$ soit une quantité positive; or le dénominateur $2 q g \left(1 - \dfrac{3\Delta}{5\Delta^{(1)}}\right) - n^2$ étant nécessairement négatif à cause de la petitesse de q, le numérateur doit être pareillement négatif, ce qui semble indiquer, comme nous l'avons déjà observé dans l'article XIX, que la mer est un peu plus profonde aux pôles qu'à l'équateur; mais la différence des deux marées d'un même jour, n'étant tout au plus que $\frac{1}{16}$ de leur hauteur absolue, est du même ordre que la différence $i - n$, que nous avons négligée dans l'équation (T); il pourrait donc arriver qu'elle fût le résultat de la petite correction qu'exige la supposition de $i = n$, dans le cas où la profondeur de la mer est constante. Un moyen très simple de s'en assurer est de calculer les différents termes de la valeur de Y, en supposant, dans l'équation (T), i quelconque par rapport à n et $z = x + \frac{q}{l} x^3$; car nous avons vu que l'on pouvait toujours avoir une expression finie de ces termes, dans le cas où

$$q = \frac{2n^2}{g\left[1 - \frac{3\Delta}{(4r+5)\Delta^{(1)}}\right]\left(2r^2 + 3r + 3 + \frac{n}{i}\right)};$$

or, pour peu que r soit considérable, cette valeur de q se réduit à très peu près à zéro, et l'on a le cas d'une profondeur constante; mais il serait inutile d'entreprendre ce calcul, qui n'a d'autre difficulté que sa longueur, parce que les petites corrections qui en résulteraient sont du même ordre que celles qui sont dues au frottement et à la ténacité du fluide, auxquels il n'est pas possible d'avoir égard, vu l'impossibilité de connaitre la loi de ces résistances. Nous pourrons donc considérer dans la suite, sans craindre aucune erreur sensible, la profondeur de la mer comme constante et égale à l; dans ce cas, on aura à très peu près $Y = o$ et $a' = -\frac{2K}{g}\sin\nu\cos\nu\sin\theta\cos\theta$; d'où l'on conclura, par l'article XXIV,

$$b = \frac{2K}{n^2}\sin\nu\cos\nu\sin\theta,$$

$$c = -\frac{2K}{n^2}\sin\nu\cos\nu\frac{\cos\theta}{\sin\theta};$$

il suit de là que, si l'on nomme u et U les parties de u et de v qui correspondent aux termes de la seconde classe de l'expression de R, on aura

$$u = \frac{2K}{n^2}\sin\nu\cos\nu\cos(nt + \varpi - \varphi),$$

$$U = -\frac{2K}{n^2}\sin\nu\cos\nu\frac{\cos\theta}{\sin\theta}\sin(nt + \varpi - \varphi).$$

En considérant avec attention ces expressions de u et de U, il est aisé de voir qu'en n'ayant égard qu'au terme

$$2K\sin\nu\cos\nu\sin\theta\cos\theta\cos(nt + \varpi - \varphi)$$

de l'expression de R, et à la force que ce terme représente, les molécules fluides se meuvent à très peu près comme si elles étaient isolées, en sorte qu'elles n'ont aucune réaction sensible les unes sur les autres. Imaginons, en effet, une tranche de fluide comprise entre deux méridiens et deux parallèles infiniment proches; il est clair que, la valeur de u étant la même pour toutes les molécules situées sous le même méridien, la largeur de la tranche dans ce sens restera toujours la même; mais, à mesure que le fluide coule vers l'équateur, l'espace compris entre les deux méridiens augmente, d'où il suit que, la largeur de la tranche augmentant dans le sens du parallèle, le fluide devrait s'abaisser, si, en vertu de la vitesse des molécules de cette tranche dans le sens du parallèle, les deux méridiens qui la renferment ne tendaient pas à se rapprocher et à diminuer sa largeur dans le sens de la longitude; or il est facile de s'assurer que la diminution que reçoit cette largeur, par la valeur de U, est égale à l'augmentation qu'elle reçoit par le mouvement de la tranche vers l'équateur; d'où il suit qu'elle est toujours constante dans le sens du parallèle, et qu'ainsi la hauteur de la tranche n'est point sensiblement altérée par le mouvement du fluide; c'est la raison pour laquelle, dans le cas où la profondeur de la mer est constante, la différence des deux marées d'un même jour est presque insensible. Je me suis un peu étendu sur ce phénomène, parce qu'il est très important dans la théorie des marées et que d'ailleurs il est entièrement contraire à la théorie connue du flux et du reflux de la mer; pour le faire sentir d'une manière frappante, déterminons, d'après cette théorie, pour la latitude de Brest, qui est de $48°22'55''$, la différence des deux marées d'un même jour, lorsque le Soleil et la Lune ont $20°$ de déclinaison méridionale et sont en opposition ou en conjonction.

Si l'on prend pour unité la différence de la marée de dessus à la basse mer, on aura, par l'article XIX, suivant la théorie ordinaire,

$$1 + \frac{\sin 40° \sin 83°14'10''}{\cos^2 68°22'55''}$$ pour la différence de la marée de dessous à la basse mer; or, cette quantité étant égale à $5,703$, il en résulte que la différence de la marée de dessous à la basse mer est près de six fois plus grande que celle de la marée de dessus à la basse mer, et cette différence serait plus considérable encore si le Soleil et la Lune avaient

une plus grande déclinaison méridionale : cependant une suite d'observations faites avec soin pendant plusieurs années donnent ces différences presque égales pour les deux marées (*voir* les *Mémoires de l'Académie pour l'année* 1714). M. Daniel Bernoulli, dans l'article XI de son excellente pièce sur le flux et le reflux de la mer, cherche à rendre raison de cette égalité des deux marées d'un même jour par le mouvement de rotation de la Terre, qui, suivant ce grand géomètre, est trop rapide pour que les marées puissent s'accommoder aux résultats de la théorie. Mais il suit de ce que nous avons dit dans l'article XIX : 1° que, malgré la rapidité du mouvement de rotation de la Terre, les deux marées d'un même jour pourraient être fort inégales, si la mer n'avait point partout la même profondeur; 2° que, dans le cas où elle a une profondeur constante, ces marées pourraient être encore très inégales, si l'on supposait la Terre immobile, en transportant en sens contraire au Soleil et à la Lune, son mouvement angulaire de rotation; on pourrait cependant dire alors, avec M. Bernoulli, que la rapidité du mouvement de ces deux astres empêche les marées de s'accommoder aux conclusions de la théorie. Il me parait résulter de ces considérations qu'il n'y avait qu'une explication fondée sur un calcul rigoureux, tel que celui que nous avons donné dans l'article XIX et dans celui-ci, qui pût mettre à l'abri de toute objection à cet égard le principe de la gravitation universelle.

XXVII.

Examen des termes de la troisième classe et conjectures
sur la profondeur moyenne de la mer.

Les termes de cette classe que renferme l'expression de R, et qui, comme nous l'avons vu, résultent du développement de

$$\tfrac{1}{2}K \sin^2\theta \sin^2\nu \cos(2nt + 2\varpi - 2\varphi),$$

sont de la forme

$$K' \sin^2\theta \cos(it + 2\varpi + A);$$

il faut donc supposer $s = 2$ dans l'équation (T) de l'article XXIV; or, si l'on y suppose, comme dans les articles précédents,

$$s = x + \frac{q}{l} x^3,$$

et que l'on fasse

$$a = \sin^2\theta(p + p^{(1)}\sin^2\theta + p^{(2)}\sin^4\theta + \ldots + p^{(r)}\sin^{2r}\theta),$$

il est aisé de s'assurer, par un calcul analogue à celui de l'article XIV, qu'elle sera satisfaite, pourvu que l'on ait

$$q = \frac{2n^2}{g\left[1 - \dfrac{3\Delta}{(4r+5)\Delta^{(1)}}\right]\left(2r^2 + 5r + 3 + \dfrac{2n}{l}\right)},$$

ce qui s'accorde avec ce que nous avons trouvé d'une autre manière dans l'article XVI, et, comme on a

$$\int_0^\pi \cos(it + 2\varpi + A)\,d\varpi = 0,$$

la condition d'une quantité de fluide toujours la même est nécessairement remplie.

En supposant r un nombre un peu considérable, on aura, à très peu près, le cas d'une profondeur constante; ce dernier cas étant celui de la nature, on peut donc déterminer d'une manière très approchée, par la méthode précédente, les oscillations de la mer dépendantes des termes de cette troisième classe, quelles que soient la densité Δ et la profondeur l.

i différant très peu de $2n$, on peut, comme nous l'avons fait dans l'article précédent, relativement aux termes de la seconde classe, n'avoir aucun égard aux variations de K, ν et φ dans le terme

$$\tfrac{1}{4}K\sin^2\theta\sin^2\nu\cos(2nt + 2\varpi - 2\varphi);$$

on n'aura ainsi qu'une seule valeur de a à calculer, et l'expression de y, correspondante à ce terme, sera

$$a\cos(2nt + 2\varpi - 2\varphi);$$

elle sera à son maximum lorsque $2nt + 2\varpi - 2\varphi$ sera égal à zéro ou
à 180°; d'où il suit que, si la plus grande valeur positive a lieu lors du
passage de l'astre par le méridien, sa plus grande valeur négative aura
lieu environ six heures après : le double $2a$ de la plus grande valeur
positive de cette expression donnera donc la différence de la haute à
la basse mer. Or, si la profondeur l influait d'une manière sensible sur
la valeur de a, on pourrait par des observations exactes sur les marées,
faites dans les mers libres et loin des continents, déterminer avec
assez de précision la profondeur moyenne de la mer, sur laquelle on
n'a formé jusqu'ici que des conjectures vagues et incertaines : cette
considération mérite d'autant plus d'attention, que nous n'avons peut-
être que ce seul moyen pour connaître un élément aussi important de
la théorie de la Terre; c'est ce qui me détermine à donner ici le calcul
des hauteurs des marées pour différentes profondeurs; je ferai, pour
plus de simplicité, abstraction de la densité de la mer, parce qu'elle
n'est pas bien connue, et que d'ailleurs, d'après les observations faites
sur les attractions des montagnes, elle paraît être beaucoup moindre
que la densité moyenne de la Terre, en sorte qu'en la regardant
comme nulle nos résultats s'éloigneront moins de la vérité que les
observations auxquelles on pourra les comparer, et qui, dans les mers
les plus libres, sont modifiées par un grand nombre de circonstances
étrangères. Pour déterminer présentement le terme

$$a \cos(2nt + 2\varpi - 2\varphi)$$

de l'expression de y qui correspond au terme

$$\frac{K}{2} \sin^2\nu \sin^2\theta \cos(2nt + 2\varpi - 2\varphi)$$

de l'expression de R, on pourra faire usage de la méthode que nous
avons indiquée ci-dessus; mais on peut le trouver plus simplement de
la manière suivante. Pour cela, nous observerons que la supposition
de $\Delta = 0$ donne, par l'article XXIV,

$$a' = a - \frac{K}{2g} \sin^2\nu \sin^2\theta;$$

de plus, l'hypothèse d'une profondeur constante revient à faire $s = x$ dans l'équation (T) du même article; si l'on y suppose ensuite $s = 2$ et $i = 2n$, et que, pour abréger, l'on fasse

$$\frac{3 n^2}{l g} = \mu \quad \text{et} \quad \frac{K \sin^2 \nu}{g} = 6,$$

elle deviendra

$$(\text{R}) \qquad 0 = x^2 (1 - x^2) \frac{\partial^2 a}{\partial x^2} - x \frac{\partial a}{\partial x} - 2 a (4 - x^2 - \mu x^2) + 46 x^2.$$

Pour satisfaire à cette équation, supposons

$$a = \text{A} + \text{A}^{(1)} x^2 + \text{A}^{(2)} x^4 + \text{A}^{(3)} x^6 + \ldots;$$

nous aurons généralement, entre les coefficients

$$\text{A}^{(r+1)}, \quad \text{A}^{(r)} \quad \text{et} \quad \text{A}^{(r-1)},$$

l'équation

$$0 = \text{A}^{(r+1)} (2 r^2 + 2 r - 4) - \text{A}^{(r)} (2 r^2 - r - 1) + \mu \text{A}^{(r-1)}.$$

Cette équation est aux différences finies du second ordre, et l'on déterminera les deux constantes arbitraires de son intégrale au moyen des valeurs de A et de $\text{A}^{(1)}$; or la substitution de l'expression de a dans l'équation (R) donne $\text{A} = 0$ et $\text{A}^{(1)} = \frac{1}{2} 6$; il reste présentement à intégrer l'équation précédente, ce qui paraît très difficile; nous nous bornerons ainsi à déterminer successivement, au moyen de cette équation, les valeurs de $\text{A}^{(2)}$, $\text{A}^{(3)}$, ...

En y faisant $r = 1$, $\text{A} = 0$ et $\text{A}^{(1)} = \frac{1}{2} 6$, on trouve l'équation identique $0 = 0$; en y faisant $r = 2$, on a

$$0 = 8 \text{A}^{(3)} - 5 \text{A}^{(2)} + \mu \text{A}^{(1)},$$

équation au moyen de laquelle on déterminerait $\text{A}^{(3)}$, si l'on connaissait $\text{A}^{(2)}$; si l'on fait $r = 3$, on aura

$$0 = 20 \text{A}^{(4)} - 14 \text{A}^{(3)} + \mu \text{A}^{(2)},$$

équation au moyen de laquelle on déterminerait $\text{A}^{(4)}$ si l'on connaissait $\text{A}^{(3)}$; on verra de la même manière que la connaissance de $\text{A}^{(2)}$ dépend de celle de $A^{(4)}$, et ainsi de suite à l'infini, d'où il semble impossible d'avoir la valeur de A ; voici comment on peut résoudre ce cas singulier qui peut se présenter dans d'autres circonstances.

Supposons que la suite $A + A^{(1)}x^2 + A^{(2)}x^4 + A^{(3)}x^6 + \ldots$ se termine après le terme $A^{(r+1)}x^{2r+2}$, ou, ce qui revient au même, supposons $A^{(r+2)} = 0$, $A^{(r+3)} = 0$, $A^{(r+4)} = 0$, $\ldots$, nous aurons les équations

$$(f)\quad\begin{cases} 0 = 8A^{(3)} - 5A^{(2)} + \mu A^{(1)}, \\ 0 = 20A^{(4)} - 14A^{(3)} + \mu A^{(1)}, \\ 0 = 36A^{(5)} - 27A^{(4)} + \mu A^{(3)}, \\ \ldots\ldots\ldots\ldots\ldots\ldots\ldots\ldots\ldots ; \\ 0 = A^{(r+1)}[2(r-1)^2 + 6(r-1)] - A^{(r)}[2(r-1)^2 + 3(r-1)] + \mu A^{(r-1)}, \\ 0 = -A^{(r+1)}(2r^2 + 3r) + \mu A^{(r)}, \\ 0 = \mu A^{(r+1)}; \end{cases}$$

en faisant abstraction de la dernière de ces équations, on aura un nombre r d'équations au moyen desquelles on pourra déterminer les r quantités $A^{(2)}$, $A^{(3)}$, $A^{(4)}$, $\ldots$, $A^{(r+1)}$, et si l'on suppose

$$\mu^{(r)} = 2r^2 + 3r,$$
$$\mu^{(r-1)} = 2(r-1)^2 + 3(r-1) - 2\mu\frac{(r-1)^2 + 3(r-1)}{\mu^{(r)}},$$
$$\mu^{(r-2)} = 2(r-2)^2 + 3(r-2) - 2\mu\frac{(r-2)^2 + 3(r-2)}{\mu^{(r-1)}},$$
$$\mu^{(r-3)} = 2(r-3)^2 + 3(r-3) - 2\mu\frac{(r-3)^2 + 3(r-3)}{\mu^{(r-2)}},$$
$$\ldots\ldots\ldots\ldots\ldots\ldots\ldots\ldots\ldots\ldots\ldots\ldots ,$$

on aura

$$A^{(r+1)} = \frac{\mu}{\mu^{(r)}}A^{(r)},$$
$$A^{(r)} = \frac{\mu}{\mu^{(r-1)}}A^{(r-1)},$$
$$A^{(r-1)} = \frac{\mu}{\mu^{(r-2)}}A^{(r-2)},$$
$$\ldots\ldots\ldots\ldots\ldots\ldots\ldots ,$$
$$A^{(2)} = \frac{\mu}{\mu^{(1)}}A^{(1)} = \frac{\mu 6}{2\mu^{(1)}};$$

on aura donc

$$A^{(3)} = \frac{\mu^2 6}{2\,\mu^{(1)}\mu^{(2)}},$$

$$A^{(4)} = \frac{\mu^3 6}{2\,\mu^{(1)}\mu^{(2)}\mu^{(3)}},$$

$$A^{(5)} = \frac{\mu^4 6}{2\,\mu^{(1)}\mu^{(2)}\mu^{(3)}\mu^{(4)}},$$

$$\dots\dots\dots\dots\dots\dots\dots\dots\dots,$$

$$A^{(r+1)} = \frac{\mu^r 6}{2\,\mu^{(1)}\mu^{(2)}\mu^{(3)}\dots\mu^{(r)}}.$$

Ces valeurs de $A^{(2)}$, $A^{(3)}$, $A^{(4)}$, … satisfont aux équations (f), si l'on excepte la dernière de ces équations; mais, si l'on ajoutait au second membre de l'équation (R) le terme $\dfrac{-\mu^{r+1}6\,x^{2r+6}}{\mu^{(1)}\mu^{(2)}\dots\mu^{(r)}}$, il est visible que cette dernière équation se changerait dans la suivante

$$o = \frac{-\mu^{r+1}6}{2\,\mu^{(1)}\mu^{(2)}\dots\mu^{(r)}} + \mu A^{(r+1)},$$

ce qui donnerait pour $A^{(r+1)}$ la même valeur que précédemment; d'où il suit que l'équation finie

$$a = \tfrac{1}{2}6x^2 + A^{(2)}x^4 + A^{(3)}x^6 + \dots + A^{(r+1)}x^{2r+2}$$

satisfait exactement à l'équation différentielle

$$o = x^2(1 - x^2)\frac{\partial^2 a}{\partial x^2} - x\frac{\partial a}{\partial x} - 2a(4 - x^2 - \mu x^4) + 46x^2 - \frac{\mu^{r+1}6\,x^{2r+6}}{\mu^{(1)}\mu^{(2)}\dots\mu^{(r)}}.$$

Si le terme $\dfrac{\mu^{r+1}6\,x^{2r+6}}{\mu^{(1)}\mu^{(2)}\dots\mu^{(r)}}$ était extrèmement petit, on pourrait, sans erreur sensible, employer l'équation précédente au lieu de l'équation (R), et l'erreur serait d'autant moindre que ce terme serait plus petit; or, quel que soit μ, il est facile de s'assurer que l'on peut toujours supposer à r une telle valeur que ce terme soit moindre qu'aucune grandeur donnée, en sorte que $\dfrac{\mu^{r+1}}{\mu^{(1)}\mu^{(2)}\dots\mu^{(r)}}$ devient infiniment petit lorsque r est infini.

Pour appliquer la théorie précédente à des profondeurs déterminées, nous choisirons celles qui répondent à $\mu = 20$, $\mu = 10$, $\mu = 5$ et $\mu = \frac{5}{2}$; μ étant égal à $\frac{2n^2}{lg}$, la profondeur l de la mer sera, dans ces quatre hypothèses, $\frac{n^2}{10g}$, $\frac{n^2}{5g}$, $\frac{2n^2}{5g}$, $\frac{4n^2}{5g}$; or on a, comme on sait,

$$\frac{n^2}{g} = \frac{1}{289},$$

et le rayon de la Terre que nous avons pris jusqu'ici pour unité est de 1445 lieues, à raison de 13573 pieds, ou d'environ 2262 toises par lieue; d'où il suit que la profondeur de la mer relative aux quatre valeurs précédentes de μ est de $\frac{1}{2}$ lieue, de 1 lieue, de 2 lieues et de 4 lieues. Considérons d'abord le cas de $\mu = 20$, ou d'une demi-lieue de profondeur.

Si l'on suppose $r = 12$, ou, ce qui revient au même, si l'on considère treize termes de la suite

$$A^{(1)} x^2 + A^{(2)} x^4 + A^{(3)} x^6 + \ldots,$$

on trouvera

$$
\begin{aligned}
A^{(1)} &= 0,58\,\xi, & A^{(8)} &= -0,22516\,\xi, \\
A^{(2)} &= 10,0931\,\xi, & A^{(9)} &= -0,03434\,\xi, \\
A^{(3)} &= 5,0582\,\xi, & A^{(10)} &= -0,004078\,\xi, \\
A^{(4)} &= -6,5523\,\xi, & A^{(11)} &= -0,0003889\,\xi, \\
A^{(5)} &= -7,7244\,\xi, & A^{(12)} &= -0,00003039\,\xi, \\
A^{(6)} &= -3,7290\,\xi, & A^{(13)} &= -0,0000018\,76\,\xi. \\
A^{(7)} &= -1,0987\,\xi, &
\end{aligned}
$$

Le terme $\dfrac{-\mu^{r+1}6\,x^{2r+6}}{\mu^{(1)}\mu^{(2)}\ldots\mu^{(r)}}$, qu'il faudrait ajouter à l'équation différentielle (R), pour que l'équation

$$a = A^{(1)} x^2 + A^{(2)} x^4 + A^{(3)} x^6 + \ldots + A^{(13)} x^{26}$$

y satisfît exactement, étant égal à $-2\mu A^{(r+1)} x^{2r+6}$, est conséquemment égal à $-0,0000750,46 x^{30}$; or ce terme, étant excessivement petit par rapport à $46 x^2$, peut, sans erreur sensible, être ajouté à

l'équation (R), en sorte que l'on doit regarder comme très approchée
la valeur suivante de a :

$$a = 6\sin^2\theta \left\{ \begin{aligned}
&0,5 + 10,0931\sin^2\theta + 5,0582\sin^4\theta \\
&- 6,5523\sin^6\theta - 7,7244\sin^8\theta \\
&- 3,7290\sin^{10}\theta - 1,0987\sin^{12}\theta \\
&- 0,2251\sin^{14}\theta - 0,03434\sin^{16}\theta \\
&- 0,004078\sin^{18}\theta - 0,0003889\sin^{20}\theta \\
&- 0,00003039\sin^{22}\theta - 0,000001876\sin^{24}\theta
\end{aligned} \right.$$

On peut même négliger, dans les coefficients numériques des dernières
puissances de $\sin\theta$, les chiffres qui occupent après la virgule la cinquième place et les suivantes, parce que dans le calcul des coefficients
des premières puissances de $\sin\theta$ nous n'avons porté l'exactitude que
jusqu'aux dix-millièmes inclusivement, ce qui est plus que suffisant
dans ces recherches.

Si l'on se rappelle maintenant ce que nous avons dit dans les articles XXV et XXVI, il est aisé d'en conclure que l'on a généralement,
dans la supposition de $\Delta = 0$,

$$\alpha y = \frac{\alpha K}{h}(\cos^2\nu - \tfrac{1}{2}\sin^2\nu)\cdot\frac{1 + 3\cos 2\theta}{6} + \alpha a\cos(2nt + 2\varpi - 2\psi) :$$

or, en supposant que les quantités K, ν et φ sont relatives au Soleil, et
que h exprime sa moyenne distance à la Terre, et mt son moyen mouvement, on a, par la théorie des forces centrifuges,

$$\frac{S}{h^2} = m^2 ;$$

partant,

$$\frac{3S}{2h^3 g} = \frac{3n^2}{2g}\left(\frac{m}{n}\right)^2 = \frac{3}{2.289(365,3)^2} = 0,0000000388g.$$

Cette quantité est une fraction du rayon de la Terre que nous avons
pris pour unité; pour la réduire en pieds, il faut donc la multiplier
par le nombre de pieds que renferme ce rayon, c'est-à-dire par

1445 × 13573 pieds; on aura ainsi

$$\frac{3S}{2h^3 g} = \frac{\alpha K}{g} = 0^{P},7629,$$

et il faudra faire varier cette quantité réciproquement comme le cube de la distance actuelle du Soleil à la Terre au cube de sa moyenne distance.

Si l'on nomme ensuite c le rapport de la masse de la Lune, divisée par le cube de sa moyenne distance à la Terre, à la masse du Soleil, divisée par le cube de sa moyenne distance, on aura, pour la Lune,

$$\frac{\alpha K}{g} = 0^{P},7629\, c,$$

quantité qu'il faudra faire varier encore réciproquement comme le cube de la distance actuelle de la Lune au cube de sa moyenne distance; il suit de là que, si l'on désigne par v' et φ' pour la Lune les quantités que nous avons nommées v et φ pour le Soleil, on aura, en vertu des actions réunies de ces deux astres, dans le cas où la mer n'a qu'une demi-lieue de profondeur et où, par conséquent, $\mu = 20$,

$$\alpha y = 0^{P},7629\,\frac{1 + 3\cos 2\vartheta}{6}\left[\cos^2 v - \tfrac{1}{4}\sin^2 v + c\left(\cos^2 v' - \tfrac{1}{4}\sin^2 v'\right)\right]$$

$$+\ 0^{P},7629\sin^2\vartheta \left\{ \begin{aligned} & 0,5 + 10,0931\ \sin^2\vartheta \\ & +\ 5,0582\ \sin^4\vartheta \\ & -\ 6,5523\ \sin^6\vartheta \\ & -\ 7,7244\ \sin^8\vartheta \\ & -\ 3,7290\ \sin^{10}\vartheta \\ & -\ 1,0987\ \sin^{12}\vartheta \\ & -\ 0,2251\ \sin^{14}\vartheta \\ & -\ 0,0343\ \sin^{16}\vartheta \\ & -\ 0,00408\ \sin^{18}\vartheta \\ & -\ 0,00039\ \sin^{20}\vartheta \\ & -\ 0,00003\ \sin^{22}\vartheta \end{aligned}\right\} \left\{ \begin{aligned} & e\sin^2 v'\cos(2nt + 2\varpi - 2\varphi') \\ & +\ \sin^2 v\cos(2nt + 2\varpi - 2\varphi) \end{aligned}\right\}.$$

Si l'on suppose le Soleil et la Lune dans leurs moyennes distances à la Terre et en opposition ou en conjonction dans le plan de l'équateur; si, de plus, on fait, avec M. Daniel Bernoulli, $e = \frac{1}{3}$, on trouve 19^p,85 pour la différence de la haute à la basse mer à l'équateur; mais une singularité très remarquable est que la basse mer a lieu lorsque les deux astres sont dans le méridien, et la haute mer lorsqu'ils sont à l'horizon, en sorte que l'Océan s'abaisse à l'équateur, sous l'astre qui l'attire : en avançant de l'équateur vers les pôles, on trouve que, vers le seizième degré de latitude tant boréale qu'australe, la différence de la haute à la basse mer est nulle; d'où il suit que, dans toute la zone comprise entre les deux parallèles de 16°, la basse mer a lieu lors du passage des astres par le méridien et que, au delà de ces parallèles, la haute mer a lieu à ce même instant.

En comparant ces résultats aux observations, on voit qu'il est impossible de les admettre; car, d'un côté, la différence entre la haute et la basse mer dans les syzygies est moindre que 19^p,85 dans les mers libres situées sous l'équateur, et, d'un autre côté, le moment de la haute mer approche beaucoup plus de l'instant du midi que de celui où le Soleil est à l'horizon. Nous pouvons donc assurer que la profondeur moyenne de la mer n'est pas d'une demi-lieue.

Dans le cas de $\mu = 10$, et par conséquent d'une lieue de profondeur, on trouvera, par un calcul analogue au précédent,

$$\alpha y = 0^p,7629 \cdot \frac{1 + 3\cos 2\theta}{6} \left[\cos^2 v - \tfrac{1}{4}\sin^2 v + e\left(\cos^2 v' - \tfrac{1}{2}\sin^2 v'\right)\right]$$

$$+ 0^p,7629 \sin^2\theta \left\{ \begin{array}{l} 0,5 - 0,1245\ \sin^2\theta \\ -\ 0,7028\ \sin^4\theta \\ -\ 0,4297\ \sin^6\theta \\ -\ 0,1270\ \sin^8\theta \\ -\ 0,0231\ \sin^{10}\theta \\ -\ 0,00288\ \sin^{12}\theta \\ -\ 0,00026\ \sin^{14}\theta \\ -\ 0,00002\ \sin^{16}\theta \end{array} \right\} \left\{ \begin{array}{l} e\sin^2 v'\cos(2nt + 2\varpi - 2\varphi') \\ +\ \sin^2 v\cos(2nt + 2\varpi - 2\varphi) \end{array} \right\}.$$

En supposant le Soleil et la Lune dans leurs moyennes distances et en opposition ou en conjonction dans le plan de l'équateur, et faisant, comme ci-dessus, $e = \frac{3}{2}$, on trouve $4^p,86$ pour la différence de la haute à la basse mer à l'équateur. L'instant de la basse mer est celui du midi, depuis l'équateur jusqu'au trente-septième degré de latitude, tant boréale qu'australe, où la différence de la haute à la basse mer est nulle, et au delà duquel l'instant de la haute mer arrive à midi ; or, ces résultats étant contraires aux observations, on peut en conclure que la profondeur moyenne de la mer n'est pas d'une lieue.

Dans le cas de $\mu = 5$ ou d'une profondeur de deux lieues, on trouvera

$$x y = 0^p,7629 \frac{1 + 3\cos 2\theta}{6} \left[\cos^2 v - \tfrac{1}{4}\sin^2 v + e(\cos^2 v' - \tfrac{1}{4}\sin^2 v') \right]$$

$$- 0^p,7629 \sin^2\theta \left\{ \begin{array}{l} 0,5 + 3,0980 \quad \sin^2\theta \\ + 1,6237 \quad \sin^4\theta \\ + 0,3619 \quad \sin^6\theta \\ + 0,04596 \quad \sin^8\theta \\ + 0,00379 \quad \sin^{10}\theta \\ + 0,000211 \sin^{12}\theta \end{array} \right\} \left\{ \begin{array}{l} e\sin^2 v' \cos(2nt + 2\varpi - 2\varphi') \\ + \sin^2 v \cos(2nt + 2\varpi - 2\varphi) \end{array} \right\}.$$

Et l'on aura, dans les mêmes suppositions que ci-dessus, $30^p,09$ pour la différence de la haute à la basse mer à l'équateur ; mais ici l'instant de la haute mer est, pour tous les climats, celui du passage des astres par le méridien. La différence $30^p,09$ étant beaucoup plus grande que suivant les observations, on ne peut supposer à la mer une profondeur moyenne de deux lieues.

Enfin, dans le cas de $\mu = \frac{5}{3}$ ou d'une profondeur de quatre lieues, on trouvera

$$x y = 0^p,7629 \frac{1 + 3\cos 2\theta}{6} \left[\cos^2 v - \tfrac{1}{4}\sin^2 v + e(\cos^2 v' - \tfrac{1}{4}\sin^2 v') \right]$$

$$- 0^p,7629 \sin^2\theta \left\{ \begin{array}{l} 0,5 + 0,3752 \quad \sin^2\theta \\ + 0,0783 \quad \sin^4\theta \\ + 0,00787 \sin^6\theta \\ + 0,00047 \sin^8\theta \\ + 0,00002 \sin^{10}\theta \end{array} \right\} \left\{ \begin{array}{l} e\sin^2 v' \cos(2nt + 2\varpi - 2\varphi') \\ + \sin^2 v \cos(2nt + 2\varpi - 2\varphi) \end{array} \right\}$$

L'instant de la haute mer est ici, comme dans le cas précédent, celui du passage des astres par le méridien, et l'on trouve, dans les mêmes suppositions que ci-dessus, $5^p,137$ pour la différence de la haute à la basse mer à l'équateur. Ces résultats étant assez conformes à ce que l'on observe, nous n'avons aucune raison de rejeter une profondeur moyenne de quatre lieues; mais, si la différence $5^p,137$ paraissait trop considérable, il faudrait admettre alors une profondeur plus grande que quatre lieues; car, en augmentant la profondeur de la mer ou, ce qui revient au même, en diminuant la valeur de μ, on a de plus petites marées. Pour le faire voir, considérons la loi des valeurs de $\mu^{(r)}$, $\mu^{(r-1)}$, $\mu^{(r-2)}$, ...; il est facile d'en conclure que, si, dans le cas de $\mu = i$, toutes ces valeurs sont positives jusqu'à $\mu^{(r-2)}$ inclusivement, dans le cas de $\mu = i - f$, elles seront encore positives et plus grandes que dans le premier cas, si l'on excepte cependant la valeur de $\mu^{(r)}$ qui, dans ces deux cas, est égale à $2r^2 + 3r$; car $\mu^{(r-1)}$, par exemple, étant égal à $2(r-1)^2 + 3(r-1) - 2\mu \dfrac{(r-1)^2 + 3(r-1)}{\mu^{(r)}}$, augmente lorsque μ diminue, puisque la partie négative $-2\mu \dfrac{(r-1)^2 + 3(r-1)}{\mu^{(r)}}$ est d'autant moindre que μ est plus petit. Il suit de là que, les valeurs de $\mu^{(r)}$, $\mu^{(r-1)}$, $\mu^{(r-2)}$, ... ayant été trouvées positives dans le cas de $\mu = 5$, lorsque μ sera moindre que 5, ces valeurs seront encore positives et deviendront d'autant plus considérables que μ sera plus petit, et comme on a

$$A^{(1)} = \tfrac{1}{2}\,6, \qquad A^{(2)} = \frac{\mu}{2\mu^{(1)}}\,6, \qquad A^{(3)} = \frac{\mu^2}{2\mu^{(1)}\mu^{(2)}}\,6, \qquad \dots$$

et

$$a = A^{(1)} x^2 + A^{(2)} x^4 + A^{(3)} x^6 + \dots,$$

il est clair que, tant que μ sera égal ou au-dessous de 5 ou, ce qui est la même chose, tant que la profondeur moyenne de la mer sera égale ou au-dessus de deux lieues, la valeur de a, dont dépend la différence de la hauteur des marées, sera positive et deviendra plus petite lorsque cette profondeur sera plus grande; mais cette diminution de la valeur de a a des limites; car, dans le cas de μ infiniment petit, on aurait $a = \frac{1}{2}6x^2$, ce qui donnerait à l'équateur, dans les pleines et nouvelles Lunes des équinoxes, $2^P,67$ pour la différence de la haute à la basse mer; or cette différence est (art. XIX) celle que donne la théorie ordinaire.

Il résulte des calculs précédents que la profondeur de la mer influe d'une manière très sensible sur la hauteur des marées, et qu'elles sont susceptibles à l'équateur de toutes les variétés possibles, par la seule variation de cette profondeur; nous allons déterminer ici ces variétés pour toutes les valeurs de μ comprises entre $\mu = 20$ et $\mu = 0$, ou, ce qui revient au même, pour toutes les profondeurs de la mer égales ou plus grandes qu'une demi-lieue.

Pour cela, nous observerons d'abord que si l'on nomme B et $B^{(1)}$ les valeurs de a et de $\frac{da}{dx}$ à l'équateur, ou lorsque $x = 1$, l'équation (R) donnera, en faisant $x = 1$,

$$(i) \qquad\qquad -B^{(1)} - 2B(3-\mu) + 46 = 0.$$

Nous observerons ensuite que, dans le cas où $\mu = 20$, toutes les valeurs de $\mu^{(r)}$ sont positives, excepté celles de $\mu^{(3)}$, et c'est pour cela que les valeurs de $A^{(r)}$ sont toutes négatives lorsque r est plus grand que 3; donc, si $\mu = 20 - f$, toutes les valeurs de $\mu^{(r)}$, au-dessus de $\mu^{(3)}$, seront positives et plus grandes que lorsque $\mu = 20$; or on a

$$\mu^{(3)} = 27 - \frac{36(20 - f)}{\mu^{(4)}},$$

$$\mu^{(2)} = 14 - \frac{20(20 - f)}{\mu^{(3)}},$$

$$\mu^{(1)} = 5 - \frac{8(20 - f)}{\mu^{(2)}} = 5 - \cfrac{8}{\cfrac{14}{20-f} - \cfrac{20}{\mu^{(3)}}}.$$

Cela posé, si, lorsque $\mu = 20 - f$, $\mu^{(3)}$ est négatif, il sera moindre que dans le cas de $\mu = 20$, car $\mu^{(4)}$ étant positif et plus grand dans le premier de ces deux cas que dans le second, la partie négative $-36\frac{20-f}{\mu^{(4)}}$ sera moindre dans le premier cas. La valeur de $\mu^{(2)}$ sera alors évidemment positive dans les deux cas; celle de $\mu^{(1)}$ sera pareillement positive, car la quantité négative $\dfrac{8}{\dfrac{14}{20-f}-\dfrac{20}{\mu^{(3)}}}$ est visiblement moindre dans le cas de $\mu = 20 - f$ que dans le cas de $\mu = 20$; donc, la valeur de $\mu^{(1)}$ étant positive dans ce dernier cas, elle le sera à plus forte raison dans le premier.

Si, lorsque $\mu = 20 - f$, $\mu^{(3)}$ est positif et $\mu^{(2)}$ négatif, il est clair que $\mu^{(1)}$ sera positif; d'où il suit généralement que, μ étant égal ou au-dessous de 20, il ne peut y avoir qu'une seule des valeurs de $\mu^{(r)}$ négative, et cette valeur ne peut être que $\mu^{(1)}$, $\mu^{(2)}$ ou $\mu^{(3)}$; l'expression de a ne peut donc être alors que de l'une des quatre formes suivantes

$$a = \tfrac{1}{2}6x^2 + fx^4 + f^{(1)}x^6 - f^{(2)}x^8 - f^{(3)}x^{10} - \ldots,$$
$$a = \tfrac{1}{2}6x^2 + fx^4 - f^{(1)}x^6 - f^{(2)}x^8 - f^{(3)}x^{10} - \ldots,$$
$$a = \tfrac{1}{2}6x^2 - fx^4 - f^{(1)}x^6 - f^{(2)}x^8 - f^{(3)}x^{10} - \ldots,$$
$$a = \tfrac{1}{2}6x^2 + fx^4 + f^{(1)}x^6 + f^{(2)}x^8 + f^{(3)}x^{10} + \ldots,$$

f, $f^{(1)}$, $f^{(2)}$, … étant des quantités positives.

Dans tout l'intervalle compris entre $\mu = 20$ et $\mu = 10$, les trois premières formes peuvent avoir lieu; lorsque $\mu = 10$, toutes les valeurs de $\mu^{(r)}$ sont positives, excepté $\mu^{(1)}$, et par cette raison l'expression de a est, dans ce cas, de la troisième forme; les expressions de a correspondantes aux valeurs de μ comprises entre 10 et 5 ne peuvent donc être que de la troisième ou de la quatrième forme, et, comme dans le cas de $\mu = 5$, toutes les valeurs de $\mu^{(r)}$ sont positives, elles le seront encore dans tout l'intervalle compris entre $\mu = 5$ et $\mu = 0$, et l'expression de a sera de la quatrième forme.

Présentement, il est visible que, si l'on suppose

$$B^{(1)} = 6B - 2D,$$

D sera nécessairement négatif dans le cas des deux premières formes. En substituant cette valeur de $B^{(1)}$ dans l'équation (i), on aura

$$B = \frac{2\delta + D}{6 - \mu};$$

d'où il suit que, lorsque, dans l'intervalle compris entre $\mu = 20$ et $\mu = 6$, la valeur de a est susceptible de l'une des deux premières formes, B est négatif; mais, dans ce cas, l'Océan s'abaisse à l'équateur sous l'astre qui l'attire, en sorte que l'instant de la basse mer est celui du passage de l'astre au méridien. On doit donc exclure toutes les valeurs de μ comprises entre 20 et 6 qui donneraient pour a une valeur de la première ou de la seconde forme.

Si l'on suppose

$$B^{(1)} = 2B - 2D,$$

D sera nécessairement négatif dans le cas de la troisième forme; en substituant cette valeur de $B^{(1)}$ dans l'équation (i), on aura $B = \dfrac{26 - D}{4 - \mu}$; d'où il suit que, dans tous les cas où, μ étant compris entre 20 et 4, a est de la troisième forme, B est négatif, et qu'ainsi on doit exclure tous ces cas; μ étant plus grand que 5, si la valeur de a est de la quatrième forme, elle sera, par ce qui précède, plus grande que dans le cas de $\mu = 5$, qui, comme nous l'avons vu, donne des marées beaucoup trop fortes. On doit donc généralement exclure toutes les valeurs de μ comprises entre 20 et 5, et, par conséquent, rejeter toutes les profondeurs intermédiaires entre une demi-lieue et deux lieues; au-dessus de deux lieues, toutes les valeurs de a sont positives, et les hauteurs des marées vont en diminuant à mesure que l'on fait croître la profondeur, en sorte que, dans la supposition de quatre lieues de profondeur moyenne, on n'a plus qu'environ cinq pieds de différence à l'équateur entre la haute et la basse mer. Je n'ai point examiné le cas où μ est plus grand que 20 et où, par conséquent, l'Océan a moins d'une demi-lieue de profondeur, parce qu'il me parait vraisemblable que, la mer ayant recouvert autrefois des montagnes fort élevées au-dessus desquelles elle a laissé des marques incontestables de son séjour, on ne peut lui supposer moins d'une demi-lieue de profondeur moyenne.

Suivant les observations faites dans les mers libres et loin des continents aux environs de l'équateur, la hauteur des marées n'excède pas cinq pieds; il y a même tout lieu de croire que, sans la réaction des

continents, la pente des rivages et mille autres causes dont l'effet est
très sensible sur nos côtes, cette hauteur serait moindre. On peut donc
regarder au moins comme très probable que la profondeur moyenne
de la mer n'est pas au-dessous de quatre lieues; nous pourrions prononcer avec plus de certitude sur cet objet important, si nous connais-
sions exactement le rapport de la densité de la mer à la densité moyenne
de la Terre, et si nous avions un plus grand nombre d'observations
faites avec soin dans la mer du Sud et le plus loin qu'il est possible
des continents; indépendamment de l'utilité dont elles nous seraient
dans la discussion présente, elles serviraient encore à nous éclairer
sur un phénomène des marées, dont la théorie ne peut rendre raison,
et qui me parait être l'effet des obstacles que la mer éprouve dans ses
oscillations. Il résulte des formules précédentes que, dans les nouvelles et pleines lunes, la haute mer doit arriver à midi, et que le
temps des syzygies est celui où la différence de la haute à la basse mer
est à son maximum; or on observe assez généralement que la haute
mer n'arrive dans les syzygies qu'une heure ou deux après midi et que
les plus hautes marées n'ont lieu qu'un jour ou deux après les syzygies. On pourrait cependant justifier la théorie, en considérant que
nos formules ne représentent que la partie des oscillations de la mer
qui est due à l'action du Soleil et de la Lune et qu'il serait possible,
en ayant égard aux oscillations qui dépendent de l'état primitif de la
mer, d'expliquer les retards que l'on observe dans les marées; mais,
en réfléchissant de nouveau sur les raisons qui m'ont déterminé à négliger ces oscillations, il me parait de plus en plus indubitable que,
sans l'action continue du Soleil et de la Lune, les eaux de la mer
seraient depuis longtemps parvenues à l'état d'équilibre, en vertu des
frottements et des résistances en tout genre qu'elles éprouvent : il est
donc extrêmement probable que ces retards sont l'effet des obstacles
que les continents et les îles opposent aux oscillations de la mer, puisque sur nos côtes, où l'influence de ces obstacles est plus sensible, les
retards des marées sont très variables d'un port à l'autre, et qu'en général la théorie se rapproche d'autant plus des observations, qu'elles

ont été faites dans des mers plus libres; d'ailleurs les intervalles observés des marées ont à très peu près avec les mouvements du Soleil et de la Lune le rapport que donne la théorie, ce qui serait impossible si la cause de ces retards était indépendante des mouvements de ces astres et si elle n'était pas une modification de leur action sur la mer.

XXVIII.

De l'équilibre ferme des planètes.

Je terminerai ces recherches sur le flux et le reflux de la mer par quelques réflexions qu'elles m'ont donné lieu de faire sur l'état d'équilibre que les géomètres ont nommé *ferme*, dans la théorie de la figure de la Terre. Un système de corps étant supposé en équilibre, si on le dérange infiniment peu de cet état d'une manière quelconque, l'état d'équilibre sera ferme, toutes les fois que les différents corps du système ne feront que des oscillations infiniment petites autour de leurs points d'équilibre; d'où il suit que, si l'on représente par x, y, z, x', y', z', ... les coordonnées qui représentent la position de ces corps par rapport à ces points, leurs expressions doivent être, dans le cas d'un équilibre ferme, des fonctions périodiques du temps t, ou au moins des fonctions de ce temps, telles qu'elles n'aillent pas en croissant à l'infini, et si l'une d'elles, par exemple z, renfermait un terme proportionnel au temps, l'équilibre ne serait ferme que par rapport aux autres variables. En partant de cette définition, déterminons quelles sont les conditions qui rendent ferme l'équilibre d'un fluide qui recouvre un sphéroïde de révolution tournant sur son axe.

Pour considérer cet objet avec toute la généralité dont il est susceptible, il serait nécessaire de reprendre les équations (6), (7) et (9) de l'article XXII et de les intégrer généralement en y supposant R = o et en déterminant les fonctions arbitraires de leurs intégrales de manière qu'elles satisfassent aux conditions de l'ébranlement primitif du fluide; mais, l'intégration générale de ces équations étant impossible, au moins dans l'état actuel de l'Analyse, nous nous bornerons ici à examiner quelques cas particuliers fort étendus.

En faisant $R = o$, dans les équations (6), (7) et (9), elles deviendront

$$y \sin\vartheta = -l\,\frac{\partial . u\gamma \sin\vartheta}{\partial\vartheta} - l\gamma\,\frac{\partial v}{\partial\varpi}\sin\vartheta,$$

$$\frac{d^2 u}{dt^2} - 2n\,\frac{dv}{dt}\sin\vartheta\cos\vartheta = -g\,\frac{\partial y}{\partial\vartheta} + \frac{\partial D}{\partial\vartheta}\Delta,$$

$$\frac{d^2 v}{dt^2}\sin^2\vartheta + 2n\,\frac{du}{dt}\sin\vartheta\cos\vartheta = -g\,\frac{\partial y}{\partial\varpi} + \frac{\partial D}{\partial\varpi}\Delta;$$

pour les simplifier, nous supposerons l'ébranlement primitif tel que le fluide conserve toujours la figure d'un solide de révolution, ce qui donne

$$\frac{\partial y}{\partial\varpi} = o, \qquad \frac{\partial v}{\partial\varpi} = o$$

et

$$\frac{\partial D}{\partial\varpi} = o.$$

Nous supposerons ensuite que le solide recouvert par la mer est un ellipsoïde de révolution; la profondeur $l\gamma$ du fluide est alors égale à $l + q\sin^2\vartheta$, q pouvant être positif ou négatif, mais devant être dans ce dernier cas moindre que $-l$, autrement le fluide ne recouvrirait pas le sphéroïde à l'équateur. Les trois équations précédentes se changeront ainsi dans les suivantes :

$$y \sin\vartheta = -l\,\frac{\partial.\left(1 + \frac{q}{l}\sin^2\vartheta\right)u\sin\vartheta}{\partial\vartheta},$$

$$\frac{d^2 u}{dt^2} - 2n\,\frac{dv}{dt}\sin\vartheta\cos\vartheta = -g\,\frac{\partial y}{\partial\vartheta} + \frac{\partial D}{\partial\vartheta}\Delta,$$

$$\frac{d^2 v}{dt^2}\sin^2\vartheta + 2n\,\frac{du}{dt}\sin\vartheta\cos\vartheta = o.$$

Il est aisé de s'assurer par l'article III que ces équations subsisteraient encore dans le cas où v renfermerait un terme proportionnel au temps t, et, par conséquent, où $\frac{dv}{dt}$ renfermerait un terme indépendant de t, mais que, pour leur exactitude, il est nécessaire que $\frac{dy}{dt}$ et $\frac{du}{dt}$ ne renferment aucun terme semblable. Pour satisfaire présentement à ces équations, supposons

$$y = a\,e^{it} + a', \qquad D = f\,e^{it} + f',$$
$$u = b\,e^{it} + b',$$
$$\frac{dv}{dt} = c\,e^{it} + c',$$

e étant le nombre dont le logarithme hyperbolique est l'unité, et a, a', f, f', b, b', c, c' étant des fonctions de θ seul; on formera les cinq équations

$$a'\sin\vartheta = -\,l\,\frac{\partial\,.\,b'\sin\vartheta\left(1 + \frac{q}{l}\sin^2\vartheta\right)}{\partial\vartheta},$$

$$-2nc'\sin\vartheta\cos\vartheta = -g\frac{\partial a'}{\partial\vartheta} + \frac{\partial f'}{\partial\vartheta}\Delta,$$

$$a\sin\vartheta = -\,l\,\frac{\partial\,.\,b\sin\vartheta\left(1 + \frac{q}{l}\sin^2\vartheta\right)}{\partial\vartheta},$$

$$i^2 b - 2nc\sin\vartheta\cos\vartheta = -g\frac{\partial a}{\partial\vartheta} + \frac{\partial f}{\partial\vartheta}\Delta,$$

$$c\sin^2\vartheta + 2nb\sin\vartheta\cos\vartheta = 0.$$

Au moyen des deux premières équations, on déterminera deux des trois quantités a', b' et c', lorsqu'on connaitra la troisième; la cinquième équation donne $c = -2nb\frac{\cos\theta}{\sin\vartheta}$; la troisième et la quatrième deviendront ainsi

$$a\sin\vartheta = -\,l\,\frac{\partial\,.\,b\sin\vartheta\left(1 + \frac{q}{l}\sin^2\vartheta\right)}{\partial\vartheta},$$

$$(i^2 + 4n^2\cos^2\vartheta)\,b = -g\frac{\partial a}{\partial\vartheta} + \frac{\partial f}{\partial\vartheta}\Delta.$$

Supposons que l'on ait déterminé a et b de manière à satisfaire à ces équations, on aura, pour un temps quelconque t, les valeurs de y, u et et $\frac{dv}{dt}$, dans le cas où l'ébranlement primitif a été tel qu'à l'origine du mouvement on ait eu

$$y = a + a', \qquad \frac{dy}{dt} = ia,$$

$$u = b + b', \qquad \frac{du}{dt} = ib,$$

$$\frac{dv}{dt} = c + c'.$$

Les équations précédentes ne renfermant que le carré de i, il est clair que l'on peut prendre i en $+$ ou en $-$, en sorte que l'on peut supposer

$$y = a(e^{it} + \varepsilon e^{-it}) + a',$$

$$u = b(e^{it} + \varepsilon e^{-it}) + b',$$

$$\frac{dv}{dt} = c(e^{it} + \varepsilon e^{-it}) + c',$$

ε étant un coefficient quelconque indépendant de θ et de t; ce sont les valeurs de y, u, $\frac{dv}{dt}$, qui conviennent au fluide dans le cas où l'on a à l'origine du mouvement

$$y = a(1 + \varepsilon) + a', \qquad \frac{dy}{dt} = ia(1 - \varepsilon),$$

$$u = b(1 + \varepsilon) + b', \qquad \frac{du}{dt} = ib(1 - \varepsilon),$$

$$\frac{dv}{dt} = c(1 + \varepsilon) + c'.$$

Si l'on voulait qu'à cette origine $\frac{dy}{dt}$, $\frac{du}{dt}$ et $\frac{dv}{dt}$ fussent zéro, il faudrait supposer $\varepsilon = 1$ et $c' = -2c$.

La stabilité de l'équilibre exige en général que i^2 soit une quantité négative; car il est aisé de s'assurer, par la théorie connue des exponentielles, que les valeurs précédentes de y, u et $\frac{dv}{dt}$ ne renfermeront alors que des sinus et des cosinus du temps t, et seront par conséquent des fonctions périodiques de ce temps, au lieu que, i^2 étant positif, ces valeurs renfermeront des quantités exponentielles qui peuvent croître à l'infini, et les oscillations du fluide cesseront d'être infiniment petités; il faut cependant excepter le cas où, i^2 étant positif, on supposerait i négatif et $\mathcal{E} = o$; car alors la quantité exponentielle e^{it} irait toujours en diminuant, et le fluide approcherait sans cesse de l'état d'équilibre.

Lorsque i^2 est négatif, les valeurs précédentes de y et de u sont, à la vérité, périodiques et l'équilibre est ferme relativement à ces valeurs, mais il ne l'est par rapport à v que dans le cas où $c' = o$, ce qui suppose, à l'origine du mouvement, $\frac{dv}{dt} = c(\imath + \mathcal{E})$, en sorte que la stabilité de l'équilibre par rapport à v exige une certaine vitesse initiale aux molécules fluides, dans le sens de la longitude. Au reste, on peut, dans la recherche de la figure des planètes, se contenter d'un équilibre ferme relativement à y, u et $\frac{dv}{dt}$, parce que la stabilité de l'équilibre par rapport à la figure ne dépend que de y. Appliquons maintenant l'analyse précédente à quelques cas particuliers.

Le plus simple de tous est celui dans lequel on suppose $a = h\cos\theta$; on trouvera facilement dans ce cas, par l'article XXIII,

$$f\Delta = \tfrac{1}{3}\pi\Delta h\cos\theta = g\,\frac{\Delta}{\Delta^{(1)}}\,h\cos\theta,$$

g étant, comme on l'a vu précédemment, égal à $\tfrac{1}{3}\pi\Delta^{(1)}$; l'équation

$$(i^2 - 4n^2\cos^2\theta)\,b = -g\,\frac{\partial a}{\partial\theta} + \frac{\partial f}{\partial\theta}\,\Delta$$

donnera donc

$$b = \frac{g\left(\imath - \dfrac{\Delta}{\Delta^{(1)}}\right)h\sin\theta}{i^2 + 4n^2 - 4n^2\sin^2\theta},$$

et l'équation

$$a\sin\theta = -l\,\frac{\partial.b\sin\theta\left(\imath + \dfrac{q}{l}\sin^2\theta\right)}{\partial\theta}$$

donnera

$$\sin\theta\cos\theta = \frac{-lg\left(\imath - \dfrac{\Delta}{\Delta^{(1)}}\right)}{i^2 + 4n^2}\,\frac{\partial\,\sin^2\theta\left(\imath + \dfrac{q}{l}\sin^2\theta\right)\left(\imath - \dfrac{4n^2}{i^2 + 4n^2}\sin^2\theta\right)}{\partial\theta}.$$

Cette équation ne peut visiblement avoir lieu que dans le cas où

$$\frac{q}{l} = -\frac{4\,n^2}{i^2 + 4\,n^2},$$

et alors elle donnera

$$1 = -\frac{2\,lg\left(1 - \frac{\Delta}{\Delta^{(1)}}\right)}{i^2 + 4\,n^2},$$

d'où l'on tire

$$q = -\frac{2\,n^2}{g\left(1 - \frac{\Delta}{\Delta^{(1)}}\right)},$$

et ce n'est que dans le cas où q a cette valeur que l'expression de u est susceptible de la forme $h\cos\theta$. Si l'on veut que l'équilibre soit ferme relativement à c, on fera $c' = 0$, partant $a' = 0$ et $b' = 0$; on aura ainsi

$$y = h\cos\theta\,(e^{lt} + 6e^{-lt}),$$

$$u = \frac{g\left(1 - \frac{\Delta}{\Delta^{(1)}}\right)h\sin\theta}{(i^2 + 4\,n^2)\left(1 + \frac{q}{l}\sin^2\theta\right)}\cdot(e^{lt} + 6e^{-lt}),$$

$$\frac{dv}{dt} = -\frac{2\,ng\left(1 - \frac{\Delta}{\Delta^{(1)}}\right)h\cos\theta}{(i^2 + 4\,n^2)\left(1 + \frac{q}{l}\sin^2\theta\right)}\cdot(e^{lt} + 6e^{-lt}).$$

La supposition de i^2 négatif entraîne nécessairement celle de Δ moindre que $\Delta^{(1)}$, car alors l'équation $q = \frac{-4\,n^2 l}{i^2 + 4\,n^2}$ ne peut avoir lieu qu'en supposant $-i^2$ plus grand que $4\,n^2$; autrement on aurait $-q$ plus grand que l, ce qui est impossible. Soit donc

$$i^2 = -4\,n^2 - i'^2,$$

i'^2 étant nécessairement positif, l'équation

$$1 = -\frac{2\,lg\left(1 - \frac{\Delta}{\Delta^{(1)}}\right)}{i^2 + 4\,n^2}$$

donnera

$$1 = \frac{2\,lg\left(1 - \dfrac{\Delta}{\Delta^{(1)}}\right)}{i'^2};$$

or cette équation ne peut subsister que lorsque l'on a $\Delta < \Delta^{(1)}$; dans ce cas, i^2 est négatif et l'équilibre du fluide est ferme; mais, si Δ est plus grand que $\Delta^{(1)}$, i^2 sera positif et l'équilibre ne sera ferme qu'en supposant i négatif et $\varepsilon = 0$ dans les formules précédentes.

Dans le cas que nous venons de discuter, le fluide conserve toujours la même figure elliptique et le même axe de révolution que lorsqu'il est en équilibre, avec cette seule différence que le centre du sphéroïde fluide, au lieu de coïncider, comme dans l'état d'équilibre, avec celui du sphéroïde qu'il recouvre, en est éloigné de la quantité

$$xh(e^{it} + \varepsilon e^{-it});$$

d'où il suit que, dans la supposition de i^2 négatif ou, ce qui revient au même, de Δ moindre que $\Delta^{(1)}$, le centre du sphéroïde fluide fait des oscillations continuelles autour du centre du sphéroïde recouvert par le fluide et qu'il s'en approche sans cesse lorsque l'on a $\Delta > \Delta^{(1)}$, pourvu que l'on suppose alors i négatif et $\varepsilon = 0$.

Considérons présentement le cas général où l'on a

$$a = h\cos^r \vartheta + h^{(1)} \cos^{r-1}\vartheta + h^{(2)}\cos^{r-2}\vartheta + \ldots,$$

et, pour avoir un équilibre ferme par rapport à v, supposons $a' = 0$, $b' = 0$ et $c' = 0$; nous aurons, par l'article XXIII, pour $f\Delta$, une expression de cette forme

$$f\Delta = \sigma \cos^r \vartheta + \sigma^{(1)} \cos^{r-1}\vartheta + \ldots,$$

σ étant égal à $\dfrac{4\pi\Delta.h}{2r+1}$; l'équation

$$(i^2 + 4n^2\cos^2\vartheta)b = -g\frac{\partial a}{\partial\vartheta} + \frac{\partial f}{\partial\vartheta}\Delta$$

donnera donc

$$b = \sin\vartheta\,\frac{(gh - \sigma)r\cos^{r-1}\vartheta + (gh^{(1)} - \sigma^{(1)})(r-1)\cos^{r-2}\vartheta + (gh^{(2)} - \sigma^{(2)})(r-2)\cos^{r-3}\vartheta + \ldots}{i^2 + 4n^2 - 4n^2\sin^2\vartheta}.$$

Supposons, comme précédemment, $\dfrac{q}{l} = -\dfrac{4n^2}{i^2 + 4n^2}$, l'équation

$$a \sin\theta = -l \frac{\partial . b \sin\theta \left(1 + \dfrac{q}{l} \sin^2\theta\right)}{\partial\theta}$$

donnera

$$h \sin\theta \cos^r\theta + h^{(1)} \sin\theta \cos^{r-1}\theta + \ldots$$
$$= -\frac{l \sin\theta}{i^2 + 4n^2} [r(r+1)(gh - \sigma) \cos^r\theta$$
$$+ r(r-1)(gh^{(1)} - gh - \sigma^{(1)} + \sigma) \cos^{r-1}\theta + \ldots];$$

en comparant les différentes puissances de $\cos\theta$, on aura d'abord

$$h = -\frac{lr(r+1)(gh - \sigma)}{i^2 + 4n^2} = -\frac{lgr(r+1)}{i^2 + 4n^2}\left[1 - \frac{3\Delta}{(2r+1)\Delta^{(1)}}\right]h,$$

ce qui donne

$$q = \frac{4n^2}{r(r+1)g\left[1 - \dfrac{3\Delta}{(2r+1)\Delta^{(1)}}\right]};$$

on déterminera ensuite le rapport des coefficients $h^{(1)}$, $h^{(2)}$, ... au coefficient h au moyen des autres équations que donne la comparaison des puissances de $\cos\theta$, et h restera arbitraire.

On prouvera facilement, comme ci-dessus, que la supposition de i^2 négatif entraine celle de 3Δ moindre que $(2r+1)\Delta^{(1)}$ et, dans ce cas, l'équilibre sera ferme; mais, si l'on a $3\Delta > (2r+1)\Delta^{(1)}$, i^2 sera positif et l'équilibre ne sera ferme qu'en faisant i négatif et $6 = 0$.

Si l'on suppose $r = 1$, on aura le cas que nous avons discuté précédemment; en supposant $r = 2$, on aura celui dans lequel la figure du sphéroïde reste elliptique durant l'oscillation et s'aplatit plus ou moins que dans l'état d'équilibre, qui ne sera ferme alors que dans la supposition de 3Δ moindre que $5\Delta^{(1)}$, à moins que, dans la supposition contraire, on ne fasse i négatif et $6 = 0$.

Examinons, d'après ces calculs, les conditions que quelques géomètres ont exigées dans la recherche de la figure des planètes et les raisons sur lesquelles ils se sont fondés.

Si l'on conçoit que le fluide supposé en équilibre sur un sphéroïde elliptique prend instantanément une figure de révolution infiniment peu différente de la première, de manière que le rayon du sphéroïde fluide soit augmenté de la quantité xy, il est aisé de voir, par les articles V et XXII, qu'il en résultera dans le sens du méridien une force tangentielle égale à $-g\frac{\partial y}{\partial\theta}+\frac{\partial D}{\partial\theta}\Delta$; cette force tend à éloigner le fluide du pôle si elle est positive ou à l'en rapprocher si elle est négative. Imaginons maintenant que la figure du fluide reste elliptique et que son centre coïncide toujours avec celui du sphéroïde; l'expression de y sera de cette forme $p+p^{(1)}\sin^2\theta$, et cette figure sera plus ou moins aplatie que dans le cas de l'équilibre, suivant que $p^{(1)}$ sera positif ou négatif; or on a, par l'article XXIII,

$$D\Delta = \sigma + \sigma^{(1)}\sin^2\theta,$$

$\sigma^{(1)}$ étant égal à $\frac{1}{5}\pi p^{(1)}\Delta$, ce qui donne

$$-g\frac{\partial y}{\partial\theta}+\frac{\partial D}{\partial\theta}\Delta = -2g\left(1-\frac{3\Delta}{5\Delta^{(1)}}\right)p^{(1)}\sin\theta\cos\theta.$$

Cela posé, on a exigé, pour la stabilité de l'équilibre, que la force $-2g\left(1-\frac{3\Delta}{5\Delta^{(1)}}\right)p^{(1)}\sin\theta\cos\theta$ soit dirigée vers les pôles ou vers l'équateur, suivant que la ligne du fluide est plus ou moins aplatie que dans le cas de l'équilibre, afin d'allonger cette figure dans le premier cas et de l'aplatir dans le second; or cette condition suppose visiblement que $-2g\left(1-\frac{3\Delta}{5\Delta^{(1)}}\right)p^{(1)}$ est d'un signe différent de $p^{(1)}$ et, par conséquent, que $1-\frac{3\Delta}{5\Delta^{(1)}}$ est une quantité positive ou, ce qui revient au même, que l'on a $\Delta < \frac{5}{3}\Delta^{(1)}$.

Il est aisé de voir que ce raisonnement ne s'étend qu'au cas particulier où l'ébranlement primitif a conservé au fluide la figure d'un ellipsoïde de révolution dont le centre coïncide avec celui de la planète et que, dans ce cas même, il suppose que, durant les oscillations du fluide, cette figure reste constamment elliptique, ce qui n'a lieu,

par ce qui précède, que dans la supposition où la profondeur du fluide
est télle que

$$\eta = \frac{3n^2}{3g\left(1 - \frac{3\Delta}{5\Delta^{(1)}}\right)};$$

on ne peut donc en conclure, généralement, que l'équilibre sera ferme
toutes les fois que l'on aura $3\Delta < 5\Delta^{(1)}$, et qu'il ne sera ferme que dans
cette hypothèse de densité. Ce n'est qu'en ayant égard au mouvement
du fluide et non point à la nature de la force tangentielle qui l'anime
à l'origine du mouvement que l'on peut prononcer sur la stabilité de
l'équilibre. Un état d'équilibre ferme absolu est celui dans lequel le
fluide ne pourrait faire que des oscillations infiniment petites, en le
supposant infiniment peu dérangé de cet état d'une manière quelconque; cela posé, la condition de $3\Delta < 5\Delta^{(1)}$ est bien éloignée de
donner un équilibre ferme, car il résulte de ce que nous avons fait
voir ci-dessus que, dans la supposition de $\Delta > \Delta^{(1)}$, il y a une infinité
de manières d'ébranler le fluide dans lesquelles il cessera de faire
des oscillations infiniment petites, quoique la condition de $3\Delta < 5\Delta^{(1)}$
puisse être remplie. Au lieu de la condition de $3\Delta < 5\Delta^{(1)}$, on pourrait choisir celle de $\Delta < \Delta^{(1)}$, et alors la condition générale de

$$3\Delta < (2r+1)\Delta^{(1)},$$

que nous avons trouvée précédemment, serait satisfaite; mais, comme
cette condition elle-même ne s'étend qu'à une espèce particulière
d'ébranlements primitifs, il ne suit pas de ce qu'elle est remplie que
l'équilibre est ferme dans tous les cas possibles. Il parait même extrêmement vraisemblable que, quelques hypothèses que l'on fasse sur la
profondeur et sur la densité du fluide, il y a toujours une infinité de
manières de l'ébranler infiniment peu, dans lesquelles il cessera de
faire des oscillations infiniment petites; de là, on peut, ce me semble,
conclure que la condition de $3\Delta < 5\Delta^{(1)}$ est illusoire dans la recherche
de la figure des planètes; on peut même dire généralement que, dans
cette recherche, la considération de la stabilité de l'équilibre est inu-

tile, puisqu'il n'y a point vraisemblablement d'équilibre ferme absolu et que la stabilité est toujours relative à la nature de l'ébranlement primitif.

XXIX.

De la précession des équinoxes et de la nutation de l'axe de la Terre, qui résultent de l'action du Soleil et de la Lune sur le sphéroïde terrestre et sur les eaux qui le recouvrent.

J'ai déjà remarqué (art. II) qu'il ne suffisait pas, dans les recherches sur la précession des équinoxes, d'avoir égard à l'action du Soleil et de la Lune sur la partie solide de la Terre, et que les eaux qui la recouvrent, agitées par les attractions de ces deux astres, pouvaient influer très sensiblement sur ce phénomène; je me propose ici de soumettre cette influence à un calcul rigoureux et de donner ainsi à la théorie de la précession des équinoxes un nouveau degré d'exactitude d'autant plus nécessaire que tous ceux qui, jusqu'à présent, se sont occupés de cet objet, ont pensé que la réaction des eaux ne peut occasionner aucun changement dans la position de l'axe terrestre. En supposant que la Terre est un solide quelconque de révolution recouvert par la mer et divisé en deux parties égales et semblables par l'équateur, je fais voir que les lois de la précession et de la nutation sont constamment les mêmes, quelques hypothèses que l'on fasse d'ailleurs sur la figure et la densité des couches du sphéroïde terrestre et sur la profondeur et la densité de la mer, en sorte que ces différentes hypothèses ne peuvent que changer les quantités absolues de la précession et de la nutation. En considérant ensuite l'hypothèse adoptée jusqu'ici sur la figure de la Terre, et suivant laquelle cette planète est un ellipsoïde de révolution, je parviens à représenter la précession des équinoxes et la nutation de l'axe terrestre par deux formules très simples, qui, en y faisant évanouir certaines quantités, rentrent dans les formules connues, mais qui, lorsque ces mêmes quantités ne sont pas nulles, en peuvent tellement différer, qu'elles ne donnent ni précession ni nuta-

tion dans une infinité de cas où l'une et l'autre seraient très considérables si l'on n'avait aucun égard à la réaction de la mer. J'observe
ensuite que, dans la supposition où la mer a partout la même profondeur, supposition qui, comme nous l'avons vu précédemment, a lieu
à très peu près dans la Nature, la réaction de ses eaux n'a aucune influence sur le phénomène de la précession; mais je fais voir en même
temps que cette réaction serait très sensible dans la théorie ordinaire
du flux et du reflux, en sorte que, si la densité de la mer était égale à la
densité du sphéroïde terrestre supposé homogène, il n'y aurait alors
ni précession ni nutation; d'où je tire cette conséquence singulière,
savoir que si Newton eût adopté, dans sa solution du problème de la
précession des équinoxes, les résultats de sa théorie du flux et du
reflux de la mer et de la figure de la Terre, ce grand géomètre aurait
trouvé la précession nulle en résolvant exactement ce problème. Enfin
je démontre qu'il est impossible de concilier les observations de la
précession des équinoxes et de la nutation de l'axe terrestre avec l'hypothèse où le sphéroïde recouvert par les eaux est un ellipsoïde de
révolution. M. d'Alembert a déjà fait une remarque semblable pour le
cas où la Terre est entièrement solide (*voir* le Chapitre IX de ses excellentes *Recherches sur la précession des équinoxes*); il croit cependant
que l'on peut concilier ces deux choses en supposant le sphéroïde terrestre recouvert d'un fluide de profondeur variable, et cela serait possible, si, comme le prétend cet illustre auteur, dans la détermination
des mouvements de l'axe de la Terre, il ne fallait point avoir égard à la
réaction de la partie fluide; mais, en la faisant entrer, comme cela est
indispensable, dans le calcul de la précession des équinoxes, il arrive
que l'équation, qui montre l'impossibilité de concilier les observations
de ce phénomène avec les mesures des degrés terrestres, est précisément la même lorsque la Terre est entièrement solide ou lorsqu'elle
est recouverte d'un fluide. Si l'on joint à cette impossibilité celle où
l'on est d'assujettir à une même figure elliptique les degrés du méridien mesurés à différentes latitudes; si, de plus, on considère que, suivant les observations faites nouvellement dans les montagnes d'Écosse,

les eaux de l'Océan, dont la plus grande partie de la surface du globe
est recouverte, sont d'une densité moindre que sa densité moyenne, et
que certaines parties des continents sont fort élevées au-dessus du niveau de la mer, il est impossible de se refuser à croire que si la Terre
a été primitivement elliptique, comme il est naturel de le supposer,
elle a dû éprouver de grandes révolutions qui ont très sensiblement
altéré sa figure, ce qui d'ailleurs est indiqué par un grand nombre
d'observations d'Histoire naturelle ; mais, à travers toutes les irrégularités que ces révolutions ont occasionnées à sa surface, on démêle
encore, si je puis m'exprimer ainsi, les traits d'une figure régulière et
conforme à la théorie, car les points équinoxiaux ont un mouvement
rétrograde tel que l'exige l'aplatissement du sphéroïde terrestre, et les
degrés du méridien vont en augmentant ainsi que la pesanteur de
l'équateur aux pôles.

Soient C le centre de la Terre (*fig.* 1); CA un de ses principaux axes
de rotation autour duquel elle tourne à très peu près, et que nous regar-

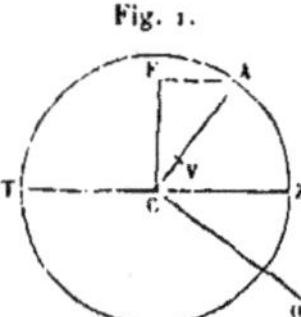

derons comme l'axe commun à tous les méridiens ; CF la projection de
cet axe sur un plan fixe que nous supposerons être celui de l'écliptique ;
A le pôle boréal ; TCZ la ligne des équinoxes ou l'intersection du plan
de l'équateur terrestre avec celui de l'écliptique ; Z l'équinoxe du printemps et T celui d'automne ; CO une droite invariable prise sur le plan
de l'écliptique ; que l'on nomme ε l'angle ACF qui est visiblement le
complément de l'obliquité de l'écliptique ; φ' l'angle OCZ et p la distance à l'équinoxe du printemps d'un méridien pris à volonté, et
que nous regarderons comme premier méridien, cette distance étant
comptée sur l'équateur suivant l'ordre des signes ; que l'on nomme

ensuite ψ, ψ', ψ'', ... les différentes forces dont le sphéroïde terrestre est animé, et $d\lambda$, $d\lambda'$, $d\lambda''$, ... les petits espaces que les différents points auxquels elles sont appliquées parcourent dans les directions de ces forces, en vertu des variations de ε, φ' et ρ; que l'on désigne enfin par R la densité de la couche du sphéroïde terrestre dont le demi petit axe ou, ce qui revient au même, le demi-axe perpendiculaire au plan de l'équateur est r, R étant une fonction quelconque de r; et par H l'intégrale

$$\tfrac{4}{3}\pi\int_0^1 R\, r^4\, dr,$$

π exprimant toujours le rapport de la demi-circonférence au rayon, le demi petit axe du sphéroïde terrestre étant supposé égal à l'unité. Cela posé, si, dans les équations générales du mouvement d'un corps de figure quelconque, auxquelles M. de la Grange est parvenu dans son excellente pièce sur la libration de la Lune, on suppose, comme cela a lieu pour la Terre, que ce corps est très peu différent d'une sphère, on en tirera facilement les trois suivantes

$$(\text{V})\quad\begin{cases} 0 = \psi\,\dfrac{\partial\lambda}{\partial\rho} + \psi'\,\dfrac{\partial\lambda'}{\partial\rho} + \psi''\,\dfrac{\partial\lambda''}{\partial\rho} + \ldots - \text{H}\,\dfrac{d(d\rho + \sin\varepsilon\, d\varphi')}{dt^2}, \\[2ex] 0 = \psi\,\dfrac{\partial\lambda}{\partial\varphi'} + \psi'\,\dfrac{\partial\lambda'}{\partial\varphi'} + \psi''\,\dfrac{\partial\lambda''}{\partial\varphi'} + \ldots - \text{H}\,\dfrac{d(d\varphi' + \sin\varepsilon\, d\rho)}{dt^2}, \\[2ex] 0 = \psi\,\dfrac{\partial\lambda}{\partial\varepsilon} + \psi'\,\dfrac{\partial\lambda'}{\partial\varepsilon} + \psi''\,\dfrac{\partial\lambda''}{\partial\varepsilon} + \ldots + \text{H}\left(\cos\varepsilon\,\dfrac{d\varphi'\,d\rho}{dt^2} - \dfrac{d^2\varepsilon}{dt^2}\right), \end{cases}$$

l'élément dt du temps étant supposé constant. La recherche des mouvements du sphéroïde terrestre autour de son centre d'inertie se réduit donc à déterminer exactement, et sans rien omettre, les forces ψ, ψ', ψ'', ... et à intégrer ensuite les trois équations précédentes.

XXX.

Toutes les forces dont la partie solide de la Terre est animée peuvent se réduire aux attractions du Soleil et de la Lune et à la réaction du fluide qui la recouvre; or le fluide qui recouvre un sphéroïde ne peut en déranger la position que par l'attraction de ses molécules et par sa pression sur sa surface ; c'est dans la détermination de ces deux forces que consiste la principale difficulté du problème, mais elle peut être extrêmement simplifiée par la considération suivante.

L'objet que nous nous proposons ici est de connaître les mouvements du sphéroïde autour de son centre d'inertie ; nous ne devons donc considérer que les forces dont la direction ne passe pas par ce centre, en sorte que, dans le calcul de l'attraction et de la pression du fluide, il suffit d'avoir égard au petit changement que produit dans sa figure l'action de l'astre qui l'attire, puisque sans cette action le fluide aurait été en équilibre sur le sphéroïde et n'aurait dans cet état occasionné aucun mouvement dans son axe. Il suit de là que cette attraction et cette pression sont à très peu près les mêmes que celles d'un sphéroïde fluide dont le rayon est $1 + \alpha y$, moins celles d'une sphère de même densité, et dont le rayon est 1, ce qui réduit la question à déterminer l'attraction et la pression d'un sphéroïde dont le rayon est $1 + \alpha y$, en ne conservant dans le résultat que les termes multipliés par α ; il n'est pas même nécessaire de considérer ici tous les termes de l'expression de y : il n'y a d'utile que la partie Y de cette expression qui dépend des termes de la seconde classe, que nous avons discutée dans l'article XXVI et que nous sommes parvenus à déterminer dans le cas où la Terre est un ellipsoïde de révolution. Pour le faire voir, reprenons les équations (6), (7) et (9) de l'article XXII, et nommons Y, u, U, B' et C' les parties des expressions de y, u, v, B et C qui répondent au terme

$$3K \sin\nu \cos\nu \sin\theta \cos\theta \cos(nt + \varpi - \varphi)$$

de l'expression de R, et Y', u', U', B'' et C'' les parties des expressions de ces mêmes quantités qui répondent aux termes

$$K \cos^2\theta \cos^2\nu + \tfrac{1}{2}K \sin^2\theta \sin^2\nu + \tfrac{1}{2}K \sin^2\theta \sin^2\nu \cos(2nt + 2\varpi - 2\varphi)$$

de l'expression de R ; nous aurons les deux systèmes suivants d'équations :

Premier système.

$$Y = - \frac{l}{\sin\vartheta} \frac{\partial . u\gamma \sin\vartheta}{\partial\vartheta} - l\gamma \frac{\partial U}{\partial\varpi},$$

$$\frac{d^2 u}{dt^2} - 2n \frac{dU}{dt} \sin\vartheta\cos\vartheta$$

$$= - g \frac{\partial Y}{\partial\vartheta} + B'\Delta + 2K \cos 2\vartheta \sin\nu \cos\nu \cos(nt + \varpi - \varphi),$$

$$\frac{d^2 U}{dt^2} \sin^2\vartheta + 2n \frac{du}{dt} \sin\vartheta\cos\vartheta$$

$$= - g \frac{\partial Y}{\partial\varpi} + C'\Delta\sin\vartheta + K \sin 2\vartheta \sin\nu \cos\nu \sin(\varphi - nt - \varpi).$$

Second système.

$$Y' = - \frac{l}{\sin\vartheta} \frac{\partial . u'\gamma \sin\vartheta}{\partial\vartheta} - l\gamma \frac{\partial U'}{\partial\varpi},$$

$$\frac{d^2 u'}{dt^2} - 2n \frac{dU'}{dt} \sin\vartheta\cos\vartheta$$

$$= - g \frac{\partial Y'}{\partial\vartheta} + B'\Delta + K \sin 2\vartheta [\tfrac{1}{2}\sin^2\nu - \cos^2\nu + \tfrac{1}{2}\sin^2\nu \cos(2nt + 2\varpi - 2\varphi)],$$

$$\frac{d^2 U'}{dt^2} \sin^2\theta + 2n \frac{du'}{dt} \sin\vartheta\cos\vartheta$$

$$= - g \frac{\partial Y'}{\partial\varpi} + C''\Delta\sin\vartheta + K \sin^2\nu \sin^2\vartheta \sin(2\varphi - 2nt - 2\varpi).$$

L'attraction et la pression d'un sphéroïde, dont le rayon est $1 + \alpha y$, sont, en ne conservant que les termes multipliés par α, les mêmes que celles de deux sphéroïdes de même densité, dont les rayons sont $1 + \alpha Y$ et $1 + \alpha Y'$. Cela posé, imaginons deux astres dont les masses soient chacune la moitié de celle de l'astre S, et qui se meuvent, de la même manière que cet astre, des deux côtés opposés de l'axe de la Terre, aux mêmes distances que lui du centre de cette planète et du plan de l'équateur, mais dont le premier soit constamment à 180° de distance en longitude du second; il est clair que l'on aura, pour déterminer les oscillations du fluide qui résultent de l'action de ces deux astres, le second système d'équations, parce que le terme

$$K \sin\nu \cos\nu \sin\vartheta \cos\vartheta \cos(nt + \varpi - \varphi)$$

de l'expression de R, que produit l'attraction de l'un de ces astres,
étant détruit par un terme semblable, mais affecté d'un signe contraire que l'attraction de l'autre produit, le premier système d'équations devient inutile; or ces deux astres, étant semblablement placés
des deux côtés opposés de l'axe terrestre, agiront de la même manière
sur l'Océan et lui donneront une figure telle que la résultante de son
attraction et de sa pression passera par le centre de la Terre et ne cau-
sera aucun dérangement dans la position de son axe. Il suit de là que
nous pouvons négliger ici la pression et l'attraction du sphéroïde dont
le rayon est $1 + \alpha Y'$ et ne considérer que celles du sphéroïde dont le
rayon est $1 + \alpha Y$.

Il résulte de l'article XXVI que, dans le cas de la nature, où le mouvement de l'astre dans son orbite est très lent relativement au mouvement de rotation de la Terre, la valeur de Y est de cette forme

$$Y = K\mu \sin\theta \cos\theta \sin\nu \cos\nu \cos(nt + \varpi - \varphi).$$

Si l'on suppose, comme nous le ferons dans la suite, que le sphéroïde terrestre est partagé en deux parties égales et semblables par le
plan de l'équateur, μ sera fonction de $\cos^2\theta$, c'est-à-dire une fonction
telle qu'elle reste la même, quels que soient les signes de $\sin\theta$ et de
$\cos\theta$; car il est clair que la valeur de Y, relative à une molécule située
semblablement que la molécule M de l'autre côté de l'équateur, est
égale à ce que devient cette même valeur pour la molécule M, lorsque
la déclinaison de l'astre change de signe, et de boréale, par exemple,
devient australe; d'où il suit que l'expression de Y doit rester la
même, soit que l'on y change ν en $180 - \nu$ ou θ en $180 - \theta$. Le premier de ces deux changements se réduit à conserver le signe de $\sin\nu$
et à changer celui de $\cos\nu$; le second se réduit à conserver le signe de
$\sin\theta$ et à changer celui de $\cos\theta$. Soit μ' ce que devient μ par ce dernier changement, on aura donc

$$- K\mu \sin\nu \cos\nu \sin\theta \cos\theta \cos(nt + \varpi - \varphi)$$
$$= - K\mu' \sin\nu \cos\nu \sin\theta \cos\theta \cos(nt + \varpi - \varphi),$$

ce qui donne $\mu = \mu'$, en sorte que μ ne change point en y changeant le signe de $\cos\theta$. Pareillement, la valeur de Y, relative à une molécule située sur le même parallèle que la molécule M, mais distante de celle-ci de 180° en longitude, est égale à ce que devient cette même valeur pour la molécule M lorsque la longitude de l'astre est augmentée de 180°; d'où il suit que l'expression de Y doit rester la même, soit que l'on y change φ en $180 + \varphi$ ou θ en $-\theta$. Le premier de ces deux changements se réduit à changer le signe de $\cos(nt + \varpi - \varphi)$, le second se réduit à conserver le signe de $\cos\theta$ et à changer celui de $\sin\theta$; soit $\mu_{\prime}$ ce que devient μ par ce changement, on aura

$$- K\mu \, \sin\nu \cos\nu \sin\theta \cos\theta \cos(nt + \varpi - \varphi)$$
$$= - K\mu_{\prime} \sin\nu \cos\nu \sin\theta \cos\theta \cos(nt + \varpi - \varphi),$$

ce qui donne $\mu = \mu_{\prime}$, en sorte que μ ne change point en y changeant le signe de $\sin\theta$; cette fonction reste donc constamment la même, quels que soient les signes de $\sin\theta$ et de $\cos\theta$.

Il s'agit présentement de déterminer l'attraction et la pression d'un sphéroïde fluide dont la densité est Δ et le rayon

$$1 + \alpha K\mu \sin\theta \cos\theta \sin\nu \cos\nu \cos(nt + \varpi - \varphi),$$

en ne conservant que les termes multipliés par α. La pression est facile à conclure de ce que nous avons démontré dans l'article XX, car, si l'on nomme $\alpha p'$ cette pression, il résulte de l'article cité que

$$\alpha p' = \alpha \Delta g \, K\mu \sin\theta \cos\theta \sin\nu \cos\nu \cos(nt + \varpi - \varphi).$$

Pour déterminer ensuite l'attraction du même sphéroïde, regardons pour un moment comme premier méridien celui dans lequel l'astre se trouve; il est clair que, dans ce cas, l'angle $nt + \varpi - \varphi$ exprimera la longitude de la molécule fluide M. Soit ALB (*fig.* 2) le plan de ce méridien qui partage évidemment le sphéroïde en deux parties égales et semblables; soient encore ACB l'axe du sphéroïde et C son centre d'inertie. Le rayon mené de ce centre à un point quelconque R de la surface, dont la longitude est ϖ', et pour lequel l'angle $RCA = \theta'$, sera

$$1 + \alpha K \mu' \sin\theta' \cos\theta' \sin\nu \cos\nu \cos\varpi',$$

μ' étant pareille fonction de θ' que μ l'est de θ. Cherchons maintenant l'attraction du sphéroïde sur un point quelconque N pris dans son intérieur, dont la longitude est ϖ, et pour lequel l'angle $NCA = \theta$ et le rayon $CN = s$.

Soit tirée la droite CL perpendiculairement à CA dans le méridien de l'astre, et par le point N soit mené le plan aNb parallèle au plan ALB;

Fig. 2.

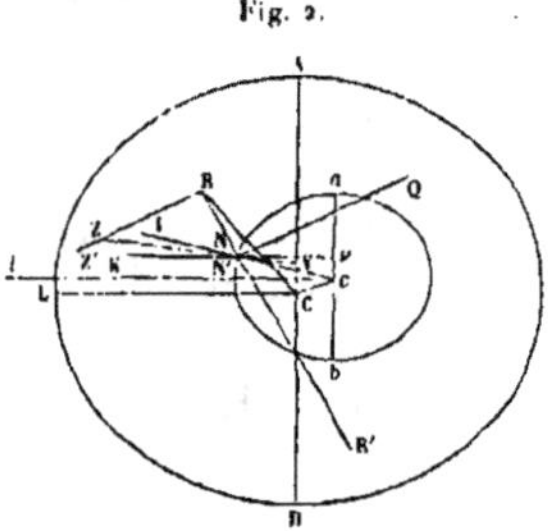

du point C soit élevée la perpendiculaire Cc à ces deux plans, et par les points c et N soient menées la droite cNl, la droite ca parallèle à CA, et les deux droites cl et vNK parallèles à CL; soit encore Z la projection du point R sur le plan aNb, et, ayant élevé NQ perpendiculairement à ce plan, soient nommés p l'angle RNQ, q l'angle ZNK, r la droite NR et r' le prolongement de cette droite jusqu'à son autre point R' de sortie du sphéroïde. Cela posé, considérons les deux pyramides infiniment petites opposées, qui ont leurs sommets au point N et dont les bases, situées aux points R et R' de la surface du sphéroïde, sont formées par les variations infiniment petites de p et de q; il est aisé de voir, par l'article I, que les sections de ces pyramides, faites en R et R' perpendiculairement aux droites r et r', sont

$$r^2 \sin p \, dp \, dq \quad \text{et} \quad r'^2 \sin p \, dp \, dq,$$

et, comme ces pyramides agissent en sens contraire, il en résulte
(art. I) une seule action de N vers R égale à

$$(r - r') \sin p \, dp \, dq.$$

Si l'on décompose cette action en trois autres, la première suivant NK
ou parallèlement à CL, la seconde suivant Nc et la troisième suivant
NQ ou perpendiculairement au plan ALB, on aura pour la première :

$$(r - r') \sin^2 p \, \frac{\sin \text{ZNI}}{\sin \text{KNI}} \, dp \, dq \, ;$$

or on a

$$\sin \text{ZNI} = \sin(\text{KNI} - q),$$

partant

$$\frac{\sin \text{ZNI}}{\sin \text{KNI}} = \cos q - \sin q \, \frac{\cos \text{KNI}}{\sin \text{KNI}} = \cos q - \sin q \, \frac{\text{N}v}{cv} \, ;$$

mais on a

$$cv = s \cos \theta, \qquad \text{N}v = s \sin \theta \cos \varpi \, ;$$

donc

$$\frac{\text{N}v}{cv} = \frac{\sin \theta \cos \varpi}{\cos \theta} \qquad \text{et} \qquad \frac{\sin \text{ZNI}}{\sin \text{KNI}} = \frac{\cos \theta \cos q - \sin \theta \cos \varpi \sin q}{\cos \theta},$$

On aura ainsi pour la force, suivant NK,

$$(r - r') \sin^2 p \, \frac{\cos \theta \cos q - \sin \theta \cos \varpi \sin q}{\cos \theta} \, dp \, dq.$$

Quant aux deux autres forces, il est inutile d'y avoir égard, car :
1° l'action du sphéroïde entier sur le point N, suivant NQ, est détruite
par l'action du même sphéroïde sur un point N' semblablement placé
que le point N de l'autre côté du plan ALB ; 2° la résultante des deux
actions réunies du sphéroïde sur les points N et N' parallèlement à Nc,
c'est-à-dire parallèlement à la projection de NC sur le plan ALB, passe
par le centre C et n'influe, par conséquent, en aucune manière sur les
mouvements du sphéroïde autour de son centre d'inertie.

L'action entière du sphéroïde sur le point N parallèlement à CL est

$$\int_0^\pi \int_0^\pi (r - r') \sin^2 p \, \frac{\cos \theta \cos q - \sin \theta \cos \varpi \sin q}{\cos \theta} \, dp \, dq.$$

Pour exécuter cette double intégration, il faut connaître r et r' en fonctions de p et de q; nous observerons pour cela que la distance RZ du point R au plan aNb est $r\cos p$, et que la distance du plan aNb où, ce qui revient au même, du point N au plan ALB est $s\sin\theta\sin\varpi$; partant, la distance RZ' du point R au plan ALB est $s\sin\theta\sin\varpi + r\cos p$; la distance du point Z à la droite ca est $r\sin p\cos q + s\sin\theta\cos\varpi$, et sa distance à la droite cl est $s\cos\theta + r\sin p\sin q$; ce sont aussi les distances du point Z' aux droites CA et CL. On aura ainsi

$$CR^2 = (s\sin\theta\sin\varpi + r\cos p)^2 + (s\sin\theta\cos\varpi + r\sin p\cos q)^2$$
$$+ (s\cos\theta + r\sin p\sin q)^2$$
$$= r^2 + s^2 + 2sr[\sin\theta\sin\varpi\cos p + \sin\theta\cos\varpi\sin p\cos q + \cos\theta\sin p\sin q].$$

Or on a, en négligeant les quantités de l'ordre α^2,

$$CR^2 = 1 + 2\alpha K\mu'\sin\nu\cos\nu\sin\theta'\cos\theta'\cos\varpi';$$

en comparant donc ces deux valeurs de CR^2 et faisant, pour abréger,

$$M = \sin\theta\sin\varpi\cos p + \sin\theta\cos\varpi\sin p\cos q + \cos\theta\sin p\sin q,$$

on aura

$$r = -sM \pm \sqrt{1 - s^2 + s^2 M^2 + 2\alpha K\mu'\sin\nu\cos\nu\sin\theta'\cos\theta'\cos\varpi'},$$

partant

$$r = -sM \pm \sqrt{1 - s^2 + s^2 M^2} \pm \frac{\alpha K\mu'\sin\nu\cos\nu\sin\theta'\cos\theta'\cos\varpi'}{\sqrt{1 - s^2 + s^2 M^2}};$$

$\cos\theta'$ est, en négligeant les quantités de l'ordre α, égal à la distance du point Z' à la droite CL, et $\sin\theta'\cos\varpi'$ est égal à la distance de ce même point à l'axe CA, ce qui donne

$$\cos\theta' = s\cos\theta + r\sin p\sin q$$
$$= s\cos\theta - sM\sin p\sin q \pm \sin p\sin q\sqrt{1 - s^2 + s^2 M^2},$$
$$\sin\theta'\cos\varpi' = s\sin\theta\cos\varpi + r\sin p\cos q$$
$$= s\sin\theta\cos\varpi - sM\sin p\cos q \pm \sin p\cos q\sqrt{1 - s^2 + s^2 M^2}.$$

En substituant ces valeurs dans les quantités multipliées par α de l'expression précédente de r, on observera que, si l'on prend le radical avec le signe $+$, on aura la valeur de r, et que si on le prend avec le signe $-$, on aura la valeur de $- r'$; d'où l'on tirera facilement

$$r - r' = - 2sM + \alpha K\, ({}^{1}\mu + {}^{11}\mu)\sin\nu\cos\nu \left\{ \begin{array}{l} s\cos\theta\,\sin p\,\cos q \\ + s\sin\theta\cos\varpi\,\sin p\,\sin q \\ - 2\,s\,M\sin^2 p\,\sin q\,\cos q \end{array} \right\}$$

$$+ \frac{\alpha K\,({}^{1}\mu - {}^{11}\mu)\,\sin\nu\cos\nu}{\sqrt{1 - s^2 + s^2 M^2}} \left\{ \begin{array}{l} s^2\sin\theta\cos\theta\cos\varpi - s^2 M\sin\theta\cos\varpi\sin p\,\sin q \\ - s^2 M\cos\theta\sin p\,\cos q \\ + \sin^2 p\,\sin q\,\cos q\,(1 - s^2 + 2\,s^2 M^2) \end{array} \right\},$$

${}^{1}\mu$ étant ce que devient μ' lorsqu'on y substitue

$$s\cos\theta - sM\sin p\,\sin q + \sin p\,\sin q\sqrt{1 - s^2 + s^2 M^2}$$

au lieu de $\cos\theta'$, et ${}^{11}\mu$ étant ce que devient cette même quantité lorsqu'on y substitue

$$s\cos\theta - sM\sin p\,\sin q - \sin p\,\sin q\sqrt{1 - s^2 + s^2 M^2}$$

au lieu de $\cos\theta'$.

On peut extrêmement simplifier le calcul de la double intégration de la différentielle

$$(r - r')\sin^2 p\,\frac{\cos\theta\cos q - \sin\theta\cos\varpi\sin q}{\cos\theta}\,dp\,dq$$

par les considérations suivantes :

1° On peut rejeter les termes de la forme $P'\cos p\,dp\,dq$, P' étant fonction de $\sin q$, $\cos q$, $\sin p$ et $\cos^2 p$, parce que ces termes étant les mêmes avec des signes contraires lorsque p se change en $180° - p$, il est clair que l'intégrale entière $\int_0^\pi P'\cos p\,dp$ doit être nulle; par la même raison, on peut rejeter les termes de la forme $Q\cos q\,dp\,dq$, Q étant fonction de $\sin p$, $\cos p$, $\sin q$ et $\cos^2 q$.

2° L'attraction du sphéroïde sur le point N' semblablement placé que le point N, de l'autre côté du plan ALB, décomposée parallèlement à CL, est la même que sur le point N; en sorte que, si l'on abaisse NV perpendiculairement sur CA, la résultante de ces deux actions peut être censée appliquée au point V. Cette résultante est le double de la force dont le point N est animé parallèlement à CL; mais si, comme nous le ferons dans la suite, au lieu de la force parallèle à CL, on considère cette résultante, ce qui revient à doubler l'intégrale précédente, il faudra ne faire varier θ et ϖ que depuis zéro jusqu'à π dans le calcul de l'attraction du sphéroïde sur la couche entière qui passe par le point N.

Il suit de là que, dans la double intégrale

$$\int_0^\pi \int_0^\pi (r - r') \sin^2 p \, \frac{\cos\theta \cos q - \sin\theta \cos\varpi \sin q}{\cos\theta} \, dp \, dq,$$

on peut rejeter les termes de la forme $P'' \cos\varpi$, P'' étant fonction de $\sin\theta$, $\cos\theta$, $\sin\varpi$, $\cos^2\varpi$; car les forces que ces termes représentent sont les mêmes avec des signes contraires pour les deux points de la couche qui passe par le point N, pour lesquels s et θ sont les mêmes, et dont les longitudes sont ϖ et $180° - \varpi$. On peut encore rejeter les termes de la forme Q'', Q'' étant fonction de $\sin\varpi$, $\cos\varpi$, $\sin\theta$, $\cos^2\theta$, parce que les forces représentées par ces termes étant les mêmes pour les deux points pour lesquels s et ϖ sont les mêmes, et les angles θ sont θ pour l'un et $180° - \theta$ pour l'autre, il est clair que leur résultante projetée sur le plan du méridien de l'astre passe par le centre C du sphéroïde; on aura donc, en ne conservant que les termes multipliés par α,

$$2 \int_0^\pi \int_0^\pi (r - r') \sin^2 p \, \frac{\cos\theta \cos q - \sin\theta \cos\varpi \sin q}{\cos\theta} \, dp \, dq = \frac{\alpha KP \sin v \cos v}{\cos\theta},$$

P étant une fonction de s, $\sin\theta$, $\cos^2\theta$, $\sin\varpi$ et $\cos^2\varpi$, c'est-à-dire une fonction telle qu'elle reste la même, quels que soient les signes de $\cos\theta$ et de $\cos\varpi$. La quantité précédente, multipliée par la densité Δ du fluide, exprimera la résultante de l'attraction du sphéroïde parallèlement à CL, sur les deux points N et N' de la couche qui passe par le point N.

Si l'on considère pareillement la résultante de l'action de l'astre S sur les deux points N et N', parallèlement à la droite CL, en transportant en sens contraire à ces points son action sur le centre C et en décomposant ces actions parallèlement aux droites cNI, CL et perpendiculairement au plan ALB, on trouvera facilement, en rejetant tout ce qu'il est permis de rejeter d'après les considérations précédentes,

$$\frac{4\alpha K s \sin\nu\cos\nu}{\cos\theta}(\cos^2\theta - \sin^2\theta\cos^2\varpi)$$

pour cette résultante, que l'on pourra concevoir encore appliquée au point V; en l'ajoutant à la force précédente, on aura

$$\frac{\alpha K \sin\nu\cos\nu}{\cos\theta}(P\Delta + 4s\cos^2\theta - 4s\sin^2\theta\cos^2\varpi)$$

pour la force entière dont le point V est animé parallèlement à CL, en vertu des attractions de l'astre et du fluide sur les deux points N et N'.

Supposons, par exemple, μ constant, c'est-à-dire indépendant de θ, on aura $\mu = {}'\mu = {}''\mu$, partant

$$2\int_0^\pi \int_0^\pi (r - r')\sin^2 p\, \frac{\cos\theta\cos q - \sin\theta\cos\varpi\sin q}{\cos\theta}\, dp\, dq$$
$$= 4\alpha K \mu \frac{\sin\nu\cos\nu}{\cos\theta}\int_0^\pi \int_0^\pi \sin^2 p\,(\cos\theta\cos q - \sin\theta\cos\varpi\sin q)\, dp\, dq$$
$$\times (s\cos\theta\sin p\cos q - 2sM\sin^2 p\sin q\cos q$$
$$+ s\sin\theta\cos\varpi\sin p\sin q),$$

d'où l'on tirera aisément

$$P = \tfrac{1}{3}s\mu\pi(\cos^2\theta - \sin^2\theta\cos^2\varpi),$$

en sorte que, dans ce cas, la force entière appliquée en V, en vertu des attractions de l'astre et du fluide sur les points N et N', est

$$\frac{4\alpha K s \sin\nu\cos\nu}{\cos\theta}(\tfrac{1}{3}\pi\mu\Delta + 1)(\cos^2\theta - \sin^2\theta\cos^2\varpi).$$

Reprenons maintenant les équations (V) de l'article XXIX; nous pourrons y supposer

$$\psi = \frac{\alpha K \sin \nu \cos \nu}{\cos \theta} (P\Delta + 4s\cos^2\theta - 4s\sin^2\theta\cos^2\varpi).$$

Il nous reste présentement à déterminer les petits espaces

$$\frac{\partial\lambda}{\partial\rho}\,d\rho, \quad \frac{\partial\lambda}{\partial\varphi'}\,d\varphi', \quad \frac{\partial\lambda}{\partial\varepsilon}\,d\varepsilon,$$

que le point V, auquel la force ψ est appliquée, parcourt dans la direction de cette force, en vertu des variations de ρ, φ' et ε. D'abord il est visible qu'en vertu de la variation de ρ ce point reste immobile, puisque, par hypothèse, le sphéroïde tourne autour de l'axe CA (*fig.* 1) en vertu de la variation de ρ; on aura donc $\frac{\partial\lambda}{\partial\rho} = 0$. Si l'on nomme ensuite U la distance du méridien de l'astre à l'équinoxe d'automne, cette distance étant comptée sur l'équateur suivant l'ordre des signes, on aura 90 — U pour l'angle que forme ce méridien avec celui qui est perpendiculaire au plan de l'écliptique; cela posé, si l'on suppose à la projection de l'axe AC sur l'écliptique un mouvement angulaire autour du centre C et égal à $d\varphi'$, le mouvement du point V sera visiblement égal à $s\cos\theta\cos\varepsilon\,d\varphi'$, et ce mouvement, décomposé suivant la direction de la force ψ, sera $s\cos\theta\cos\varepsilon\,d\varphi'\cos U$; on aura donc

$$\frac{\partial\lambda}{\partial\varphi'} = s\cos\theta\cos\varepsilon\cos U.$$

Pareillement, si l'on suppose l'axe AC décrire autour du centre C, dans le plan du méridien perpendiculaire à l'écliptique, l'angle différentiel $d\varepsilon$, le mouvement du point V sera $s\cos\theta\,d\varepsilon$, et ce mouvement, décomposé dans la direction de la puissance ψ, sera $s\cos\theta\,d\varepsilon\sin U$; on aura ainsi

$$\frac{\partial\lambda}{\partial\varepsilon} = s\cos\theta\sin U,$$

partant

$$\psi \frac{\partial \lambda}{\partial \rho} = 0,$$

$$\psi \frac{\partial \lambda}{\partial \varphi'} = \alpha K s \sin\nu \cos\nu \cos U \cos\varepsilon (P\Delta + 4s\cos^2\theta - 4s\sin^2\theta\cos^2\varpi),$$

$$\psi \frac{\partial \lambda}{\partial \varepsilon} = \alpha K s \sin\nu \cos\nu \sin U (P\Delta + 4s\cos^2\theta - 4s\sin^2\theta\cos^2\varpi).$$

Supposons maintenant que le rayon s de la couche du sphéroïde terrestre qui passe par le point N soit $r + \gamma'$, r étant le demi-axe de cette couche perpendiculaire au plan de l'équateur et γ' étant une très petite fonction de r et de $\cos\theta'$; soit encore, comme dans l'article XXIX, R la densité de cette couche, R étant fonction de r; on multipliera les valeurs précédentes de $\psi \frac{\partial \lambda}{\partial \varphi'}$ et de $\psi \frac{\partial \lambda}{\partial \varepsilon}$ par la quantité

$$R(r + \gamma')^2 \, d\theta \, d\varpi \sin\theta \, dr \left(\cdot + \frac{\partial\gamma'}{\partial r} \right)$$

qui représente la masse de la particule du sphéroïde située au point N, et, après avoir substitué dans ces valeurs $r + \gamma'$ au lieu de s, on intégrera successivement ces produits par rapport à θ, ϖ et r; soit donc

$$F = \int_0^1 \int_0^\pi \int_0^\pi R(r + \gamma')^3 \sin\theta \left(1 + \frac{\partial\gamma'}{\partial r} \right) dr \, d\theta \, d\varpi (P\Delta + 4s\cos^2\theta - 4s\sin^2\theta\cos^2\varpi);$$

on aura, pour la somme des termes $\psi \frac{\partial \lambda}{\partial \varphi'}$, $\psi' \frac{\partial \lambda'}{\partial \varphi'}$, $\cdots$ qui résultent des attractions de l'astre et du fluide,

$$\alpha KF \sin\nu \cos\nu \cos\varepsilon \cos U,$$

et pour la somme des termes $\psi \frac{\partial \lambda}{\partial \varepsilon}$, $\psi' \frac{\partial \lambda'}{\partial \varepsilon}$, $\cdots$ qui résultent de ces mêmes attractions, on aura

$$\alpha KF \sin\nu \cos\nu \sin U.$$

On peut simplifier le calcul de F en observant que, si le sphéroïde était une sphère, ou, ce qui revient au même, si l'on avait $\gamma' = 0$, on

aurait $F = o$, puisque la résultante des attractions du fluide et de
l'astre passerait alors par le centre C du sphéroïde; on peut donc
rejeter tous les termes qui ne sont point multipliés par γ' ou par sa différence; de plus, cette quantité étant extrèmement petite, on peut négliger les termes de l'ordre γ'^2.

Il faut présentement ajouter aux quantités précédentes celles qui
résultent de la pression de la mer sur la surface du sphéroïde qu'elle
recouvre; nous avons vu ci-dessus que cette expression est égale à

$$\alpha g \mu K \Delta \sin\theta \cos\theta \sin\nu \cos\nu \cos(nt + \varpi - \varphi);$$

soit donc $1 + \gamma''$ le rayon CM (*fig.* 3) du sphéroïde terrestre, γ'' étant
une très petite fonction de θ; la pression en M étant perpendiculaire à

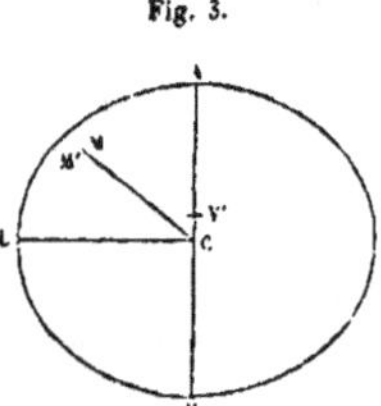

Fig. 3.

la surface de ce sphéroïde, sa direction va rencontrer l'axe CA dans un
point V', tel que, si l'on néglige les quantités de l'ordre γ''^2, on aura

$$CV' = - \frac{\partial\gamma'}{\partial\theta \sin\theta};$$

en concevant donc cette pression immédiatement appliquée au point V',
on la décomposera en trois autres : la première perpendiculaire au
plan ALB du méridien de l'astre et à laquelle il est inutile d'avoir
égard, parce qu'elle est détruite par une force semblable qui résulte
de la pression du sphéroïde sur un point M' semblablement placé que
le point M, de l'autre côté du plan ALB; la seconde suivant l'axe CA,
et que l'on peut négliger, parce qu'elle passe par le centre C du sphé-

roïde ; la troisième enfin parallèlement à CL, et qui est à très peu près
égale à

$$- \alpha \Delta g \, \mathrm{K} \mu \sin^2 \vartheta \cos \vartheta \sin \nu \cos \nu \cos^2 (nt + \varpi - \varphi);$$

nous lui donnons le signe —, parce qu'elle est dirigée vers l'axe CA
du sphéroïde ; en représentant donc cette force par ψ, on trouvera fort
aisément, par ce qui précède,

$$\psi \frac{\partial \lambda}{\partial \rho} = 0,$$

$$\psi \frac{\partial \lambda}{\partial \varphi'} = \alpha \Delta g \mu \mathrm{K} \sin \vartheta \cos \vartheta \frac{\partial \gamma''}{\partial \vartheta} \sin \nu \cos \nu \cos \varepsilon \cos \mathrm{U} \cos (nt + \varpi - \varphi),$$

$$\psi \frac{\partial \lambda}{\partial \varepsilon} = \alpha \Delta g \mu \mathrm{K} \sin \vartheta \cos \vartheta \frac{\partial \gamma''}{\partial \vartheta} \sin \nu \cos \nu \sin \mathrm{U} \cos^2 (nt + \varpi - \varphi).$$

Pour étendre ces valeurs à toute la surface du sphéroïde, on les multi-
pliera par $d\varpi \, d\vartheta \sin \vartheta$ et l'on en prendra l'intégrale depuis $\varpi = 0$ jusqu'à $\varpi = 2\pi$, et depuis $\vartheta = 0$ jusqu'à $\vartheta = \pi$; soit donc

$$\mathrm{F}' = \pi \Delta g \int \mu \sin^2 \vartheta \cos \vartheta \frac{\partial \gamma''}{\partial \vartheta} d\vartheta,$$

et l'on aura, pour la somme des termes $\psi \frac{\partial \lambda}{\partial \varphi'}$, $\psi' \frac{\partial \lambda'}{\partial \varphi'}$, $\cdots$ qui résultent
de la pression du fluide sur la surface du sphéroïde terrestre,

$$\alpha \mathrm{KF}' \sin \nu \cos \nu \cos \varepsilon \cos \mathrm{U},$$

et, pour la somme des termes $\psi \frac{\partial \lambda}{\partial \varepsilon}$, $\psi' \frac{\partial \lambda'}{\partial \varepsilon}$, $\cdots$ qui résultent de cette
même pression, on aura

$$\alpha \mathrm{KF} \sin \nu \cos \nu \sin \mathrm{U};$$

soit $\dfrac{\mathrm{F} + \mathrm{F}'}{\mathrm{H}} = \mathrm{E}$, les équations (V) de l'article **XXIX** donneront

$$(\mathrm{V}') \quad \begin{cases} 0 = d(d\rho + \sin \varepsilon \, d\varphi'), \\ 0 = - \alpha \mathrm{KE} \sin \nu \cos \nu \cos \varepsilon \cos \mathrm{U} \, dt^2 + d(d\varphi' + \sin \varepsilon \, d\rho), \\ 0 = \alpha \mathrm{KE} \sin \nu \cos \nu \sin \mathrm{U} \, dt^2 + \cos \varepsilon \, d\varphi' \, d\rho - d^2 \varepsilon. \end{cases}$$

XXXI.

La première des équations (V′) donne, en l'intégrant,

$$(31) \qquad d\rho = a\, dt - d\varphi'\sin\varepsilon,$$

a étant une constante arbitraire; cette équation servira à déterminer ρ, lorsqu'on connaitra φ' et ε en fonctions du temps t; pour cela nous observerons que $\dfrac{d\rho}{dt}$ ne diffère de n que de quantités de l'ordre α, puisque nous supposons ici que la Terre tourne à très peu près uniformément autour de l'axe AC; de plus $\dfrac{d\varphi'}{dt}$ et $\dfrac{d\varepsilon}{dt}$ sont de l'ordre α; la troisième des équations (V′) devient donc, en négligeant les quantités de l'ordre α^2,

$$o = \alpha \mathbf{KE}\sin\nu\cos\nu\sin \mathbf{U}\, dt^2 + n\cos\varepsilon\, dt\, d\varphi' - d^2\varepsilon;$$

d'où l'on tire, en intégrant,

$$(32) \qquad \frac{d\varepsilon}{dt} = n\varphi'\cos\varepsilon + \int \alpha \mathbf{KE}\sin\nu\cos\nu\sin \mathbf{U}\, dt,$$

équation au moyen de laquelle on aura ε, lorsqu'on aura déterminé φ'.

La seconde des équations (V′) donne

$$o = \alpha \mathbf{KE}\sin\nu\cos\nu\cos\varepsilon\cos \mathbf{U}\, dt^2 + d^2\varphi' + n\cos\varepsilon\, dt\, d\varepsilon + \sin\varepsilon\, d^2\rho,$$

et la première donne

$$- d^2\varphi'\sin^2\varepsilon = d^2\rho\sin\varepsilon,$$

partant

$$o = \alpha \mathbf{KE}\sin\nu\cos\nu\cos\varepsilon\cos \mathbf{U}\, dt^2 + \cos^2\varepsilon\, d^2\varphi' + n\cos\varepsilon\, d\varepsilon\, dt;$$

en substituant dans cette équation, au lieu de $d\varepsilon$, sa valeur que donne l'équation (32), on aura

$$o = \frac{d^2\varphi'}{dt^2} + n^2\varphi' + \alpha n\mathbf{E}\int \frac{\mathbf{K}}{\cos\varepsilon}\sin\nu\cos\nu\sin \mathbf{U}\, dt - \frac{\alpha \mathbf{KE}}{\cos\varepsilon}\sin\nu\cos\nu\cos \mathbf{U};$$

cette équation donnera en l'intégrant la valeur de φ'; l'équation (32) donnera ensuite celle de ε, et l'équation (31) donnera celle de ρ. Il est aisé de voir que les intégrales de ces équations renfermeront en tout six constantes arbitraires, que l'on déterminera par les conditions primitives du mouvement du sphéroïde. Pour intégrer ces équations, il faut connaître K, $\sin v \cos v \sin U$ et $\sin v \cos v \cos U$, en fonctions du temps t; or on a

$$\alpha K = \frac{3S}{a h^2},$$

et h est connu en fonction de t par la loi du mouvement de l'astre; de plus, il est visible que $180° + U$ exprime son ascension droite et $90° - v$ sa déclinaison. Soient donc z sa longitude et q' sa latitude rapportées à l'écliptique; on tirera facilement des formules connues de la Trigonométrie, pour réduire l'ascension droite et la déclinaison d'un astre en longitude et latitude rapportées à l'écliptique,

$$\cos v = \sin \varepsilon \sin q' + \cos \varepsilon \cos q' \sin z,$$
$$\sin v \cos U = - \cos q' \cos z,$$
$$\sin v \sin U = \cos \varepsilon \sin q' - \sin \varepsilon \cos q' \sin z,$$

partant

$$\sin v \cos v \cos U = - \cos q' \cos z (\sin \varepsilon \sin q' + \cos \varepsilon \cos q' \sin z),$$
$$\sin v \cos v \sin U = (\cos \varepsilon \sin q' - \sin \varepsilon \cos q' \sin z)(\sin \varepsilon \sin q' + \cos \varepsilon \cos q' \sin z).$$

Nous supposerons ici, pour plus de simplicité, que l'orbite de l'astre projetée sur le plan de l'écliptique est circulaire, et que son inclinaison est très petite, en sorte que, parmi les termes multipliés par la tangente de cette inclinaison, nous ne conserverons que ceux qui peuvent devenir fort grands par les intégrations; il sera facile d'avoir égard si l'on veut aux différentes inégalités du mouvement de l'astre. Supposons conséquemment

$$z = mt - A \qquad \text{et} \qquad \tang q' = c \sin(m' t + A'),$$

c représentant la tangente de l'inclinaison moyenne de l'orbite; $(m - m')t + A - A'$ exprimera la distance moyenne du nœud ascendant de l'orbite lunaire à l'équinoxe du printemps; et, comme le moyen mouvement du nœud est très lent relativement à celui de la Lune, $m - m'$ est très peu considérable par rapport à m; on a ensuite, à très peu près,

$$\sin q' = \tang q' \quad \text{et} \quad \cos q' = 1.$$

Cela posé, si l'on néglige les quantités de l'ordre c^2 et que, parmi les termes de l'ordre c, on ne conserve que les sinus et les cosinus de l'angle $(m - m')t + A - A'$, parce qu'ils deviennent très considérables par les intégrations, on aura

$$\alpha KE \sin\nu \cos\nu \cos U = \frac{\alpha KE}{2}\left\{ c\sin\varepsilon \sin[(m - m')t + A - A'] - \cos\varepsilon \sin(2mt + 2A)]\right\},$$

$$\alpha KE \sin\nu \cos\nu \sin U = \frac{\alpha KE}{2}\left\{ \sin\varepsilon \cos\varepsilon[\cos(2mt + 2A) - 1] + c(1 - 2\sin^2\varepsilon)\cos[(m - m')t + A - A']\right\};$$

on aura ainsi

$$0 = \frac{d^2\varphi'}{dt^2} + n^2\varphi' + \frac{\alpha KE}{2}\left\{ \left(\frac{n}{2m}\sin\varepsilon + 1\right)\sin(2mt + 2A) + H' - nt\sin\varepsilon \right. \\ \left. + \frac{\dfrac{nc}{m - m'}(1 - 2\sin^2\varepsilon) - c\sin\varepsilon}{\cos\varepsilon}\sin[(m - m')t + A - A'] \right\},$$

H' étant une constante arbitraire qui résulte de l'intégrale

$$\int K \sin\nu \cos\nu \sin U \, dt;$$

on aura donc, en intégrant et observant que, m étant très petit par rapport à n, on peut négliger m^2 vis-à-vis de n^2,

$$\varphi' = N \sin nt + N'\cos nt \\ - \frac{\alpha KE}{2n^2}\left\{ H' - nt\sin\varepsilon + \left(\frac{n}{2m}\sin\varepsilon + 1\right)\sin(2mt + 2A) \right. \\ \left. + \frac{\dfrac{nc}{m - m'}(1 - 2\sin^2\varepsilon) - c\sin\varepsilon}{\cos\varepsilon}\sin[(m - m')t + A - A'] \right\}$$

ou, à très peu près,

$$\varphi' = N \sin nt + N' \cos nt$$
$$- \frac{\alpha KE}{2 n^2} \left\{ \begin{array}{l} H' - nt \sin\varepsilon + \frac{n}{2 m} \sin\varepsilon \sin(2mt + 2A) \\[2mm] + \frac{nc}{m - m'} \frac{\cos 2\varepsilon}{\cos\varepsilon} \sin[(m - m')t + A - A'] \end{array} \right\}'$$

N et N′ étant deux constantes arbitraires; l'équation (32) donnera ensuite

$$\varepsilon = H' - N \cos\varepsilon \cos nt + N' \cos\varepsilon \sin nt$$
$$+ \frac{\alpha KE}{2 n^2} \left\{ \frac{n}{2 m} \cos\varepsilon \cos(2mt + 2A) - \frac{nc}{m - m'} \sin\varepsilon \cos[(m - m')t + A - A'] \right\},$$

H″ étant une nouvelle constante arbitraire; en substituant ces valeurs dans l'équation (31), on en tirera facilement la valeur de ρ en fonction du temps t.

Supposons que les valeurs précédentes de φ', ε et ρ soient celles qui résultent de l'action de la Lune, on aura celles qui résultent de l'action du Soleil en y supposant $c = 0$ et en y changeant les quantités relatives à la Lune dans celles qui sont relatives au Soleil; soit K′ ce qu'est pour le Soleil la quantité K relative à la Lune, la précession moyenne des équinoxes sera, en vertu des actions réunies du Soleil et de la Lune,

$$\frac{\alpha E}{2 n^2} (K + K') nt \sin\varepsilon,$$

l'équation la plus sensible de la précession sera

$$- \frac{\alpha KE}{2 n^2} \frac{nc \cos 2\varepsilon}{(m - m') \cos\varepsilon} \sin[(m - m')t + A - A'],$$

et l'équation la plus sensible de la nutation de l'axe de la Terre sera

$$- \frac{\alpha KE}{2 n^2} \frac{nc}{m - m'} \sin\varepsilon \cos[(m - m')t + A - A'].$$

XXXII.

En comparant les résultats précédents aux observations, il nous serait aisé de faire voir leur accord avec les phénomènes de la précession et de la nutation; mais, cette comparaison ayant été faite avec soin dans plusieurs excellents Ouvrages, et principalement dans les belles recherches de M. d'Alembert sur cette matière, nous nous bornerons ici à faire sur nos résultats quelques remarques nouvelles, et qui auront principalement pour objet leur différence de ceux qui sont déjà connus.

Nous observerons d'abord que la précession moyenne des équinoxes, résultante de l'action du Soleil et de la Lune, n'est pas la même dans les différents siècles, puisqu'elle est proportionnelle au cosinus de l'obliquité de l'écliptique, qui, comme l'on sait, n'est pas constante; supposons, par exemple, que dans ce siècle cette précession soit de $50''\frac{1}{3}$ par année, et qu'au temps d'Hipparque l'obliquité de l'écliptique ait été de r minutes plus grande qu'aujourd'hui, on trouvera facilement que, en vertu de l'action du Soleil et de la Lune, la précession moyenne des équinoxes était alors égale à

$$50''\tfrac{1}{3} - r.0'',006355;$$

la longueur de l'année tropique était donc, par cette seule considération, plus grande au temps d'Hipparque que de nos jours d'environ $r.0'',155$; en sorte que, si l'on suppose, conformément aux anciennes observations, $r = 23$, on aura $3''\frac{1}{2}$ à peu près pour la différence qui en résulte entre l'année tropique moderne et celle du temps d'Hipparque; or cette différence n'est point à négliger dans une détermination exacte de la durée de l'année tropique.

Nous observerons ensuite que, quelle que soit la loi de la profondeur de la mer, pourvu que le sphéroïde qu'elle recouvre soit un solide de révolution divisé en deux parties égales et semblables par l'équateur, les lois de la précession des équinoxes seront les mêmes, c'est-à-dire

que la précession des équinoxes sera toujours représentée par un
terme qui croît uniformément et par un autre terme proportionnel au
sinus de la distance du nœud de la Lune à l'équinoxe, et que la nutation sera toujours représentée par un terme proportionnel au cosinus
de cette même distance. Tous ces termes augmenteront ou diminue-
ront proportionnellement dans les différentes suppositions sur la loi
de la profondeur de la mer et sur celle de la densité des couches du
sphéroïde qu'elle recouvre; elles ne peuvent donc influer que sur la
valeur absolue des coefficients de ces termes. Nous allons déterminer
ces coefficients dans le cas où le sphéroïde que la mer recouvre est un
ellipsoïde de révolution.

Dans ce cas, la loi de la profondeur de la mer peut être représentée
par $l + q \sin^2 \theta$, et l'on a, par l'article XXVI, .

$$Y = \frac{4 K q \sin \nu \cos \nu \sin \theta \cos \theta}{2 q g \left(1 - \dfrac{3 \Delta}{5 \Delta^{(1)}} \right) - n^2} \cos(n t + \varpi - \varphi),$$

en sorte que la quantité que nous avons nommée μ dans l'article XXX
est ici constante et égale à $\dfrac{4 q}{2 q g \left(1 - \dfrac{3 \Delta}{5 \Delta^{(1)}} \right) - n^2}$; on aura donc, par le

même article XXX et en observant que $g = \frac{4}{3} \pi \Delta^{(1)}$,

$$P = \frac{\dfrac{24}{5} s q}{\left[2 q \left(1 - \dfrac{3 \Delta}{5 \Delta^{(1)}} \right) - \dfrac{n^2}{g} \right] \Delta^{(1)}} (\cos^2 \theta - \sin^2 \theta \cos^2 \varpi);$$

partant, si l'on suppose $\gamma' = r \varepsilon \sin^2 \theta$, ε étant une fonction quelconque
très petite de r, qui représente l'ellipticité de la couche du sphéroïde
dont le demi petit axe est r, on aura

$$F = - \frac{16}{15} \pi \frac{2 q - \dfrac{n^2}{g}}{2 q \left(1 - \dfrac{3 \Delta}{5 \Delta^{(1)}} \right) - \dfrac{n^2}{g}} \int R \, d.r^2 \varepsilon.$$

Si l'on nomme ensuite q' la valeur de ε lorsque $r = 1$, ou, ce qui revient au même, l'ellipticité du sphéroïde que la mer recouvre, on aura

$$\gamma'' = q' \sin^2 \theta,$$

partant

$$F' = \cfrac{\dfrac{32\pi}{15} q q' \Delta}{2q\left(1 - \dfrac{3\Delta}{5\Delta^{(1)}}\right) - \dfrac{n^2}{g}};$$

on aura donc

$$E = \frac{F + F'}{H} = \cfrac{4\Delta q q' - \left(4q - \dfrac{2n^2}{K}\right) \int R\, d.\mathcal{E} r^3}{\left[2q\left(1 - \dfrac{3\Delta}{5\Delta^{(1)}}\right) - \dfrac{n^2}{g}\right] \int R\, dr^3}.$$

Si l'on suppose $q = 0$, on aura le cas dans lequel la réaction de la mer n'a aucune influence sur le phénomène de la précession des équinoxes ; dans ce cas,

$$E = - \frac{2 \int R\, d.\mathcal{E} r^3}{\int R\, dr^3};$$

d'où il suit que la précession moyenne des équinoxes et la nutation de l'axe de la Terre, lorsqu'on a égard à la réaction des eaux de la mer, sont à cette précession et à cette nutation, lorsqu'on n'y a aucun égard, dans le rapport de

$$\left(2q - \frac{n^2}{g}\right) \int R\, d.\mathcal{E} r^3 - 2\Delta q q'$$

à

$$\left[2q\left(1 - \frac{3\Delta}{5\Delta^{(1)}}\right) - \frac{n^2}{g}\right] \int R\, d.\mathcal{E} r^3.$$

On voit par là que, si q et Δ ont un rapport sensible à l'ellipticité et à la densité du sphéroïde terrestre, la précession des équinoxes sera très sensiblement différente dans ces deux cas ; mais, pour mettre cette différence dans un plus grand jour, nous allons considérer ici quelques exemples particuliers.

Soit $q = \dfrac{n^2}{2g} = \dfrac{1}{578}$, on aura $F = 0$, quelle que soit la densité Δ de la mer ; et, comme cette quantité exprime l'effet des attractions de

l'Océan, du Soleil et de la Lune sur le sphéroïde terrestre, il en résulte
que ces attractions n'ont alors aucune influence sur la précession des
équinoxes, et que ce phénomène est uniquement dû à la pression de
la mer sur la surface du sphéroïde qu'elle recouvre; il est vrai que,
dans ce cas, l'effet de cette pression est indépendant de la densité Δ
de la mer, car on a

$$F' = -\frac{16\pi}{9}\Delta^{(1)}q' \qquad \text{et} \qquad E = -\frac{10\Delta^{(1)}q'}{3\int R\,dr^3}.$$

Dans cet exemple, la précession et la nutation sont à ce qu'elles
seraient si l'on n'avait aucun égard à la réaction de la mer comme
$5\Delta^{(1)}q'$ est à $3\int R\,d.6r^3$, et, par conséquent, comme 5 est à 3 si le
sphéroïde terrestre est homogène, parce qu'alors

$$\int R\,d.6r^3 = \Delta^{(1)}q'.$$

En général, dans la supposition de l'homogénéité du sphéroïde terrestre, on a, quel que soit q,

$$E = -\frac{3q'\left[\frac{n^2}{2g} - q\left(1 - \frac{\Delta}{\Delta^{(1)}}\right)\right]}{\frac{n^2}{2g} - q\left(1 - \frac{3\Delta}{5\Delta^{(1)}}\right)}.$$

Si $q = \frac{n^2}{2g}\frac{\Delta^{(1)}}{\Delta^{(1)} - \Delta}$, on a $E = 0$; d'où il suit que, dans ce cas, il n'y a
ni précession ni nutation dans l'axe de la Terre, quoique l'une et
l'autre puissent être très sensibles lorsqu'on néglige la réaction de
la mer.

Ces deux exemples suffisent pour faire voir combien il serait nécessaire d'avoir égard à cette réaction dans la théorie de la précession
des équinoxes, si la valeur de q était un peu considérable; mais nous
avons observé, dans l'article XXVI, que, pour satisfaire aux observations sur le peu de différence qui existe entre les deux marées d'un
même jour, il fallait supposer q extrêmement petit eu égard à l'ellipticité du sphéroïde terrestre; en sorte que, dans la Nature, la réaction

des eaux de la mer sur le sphéroïde terrestre n'a qu'une très petite influence sur la précession des équinoxes et sur la nutation de l'axe de la Terre. Il n'en est pas ainsi dans la théorie ordinaire, dans laquelle on suppose, d'après Newton, que les eaux de la mer prennent instantanément l'état où elles seraient en équilibre si l'astre qui les attire était immobile et si la Terre n'avait point de mouvement de rotation; dans ce cas, on a, par l'article XIX,

$$Y = \frac{2K}{g\left(1 - \frac{3\Delta}{5\Delta^{(1)}}\right)} \sin\nu \cos\nu \sin\vartheta \cos\vartheta \cos(nt + \varpi - \varphi),$$

en sorte que

$$\mu = -\frac{2}{g\left(1 - \frac{3\Delta}{5\Delta^{(1)}}\right)},$$

ce qui revient à faire $n = 0$ dans l'expression précédente de μ et par conséquent aussi dans celle de E; on aura donc dans cette hypothèse

$$E = \frac{2\Delta q' - 2\int R\,d.6\,r^3}{\left(1 - \frac{3\Delta}{5\Delta^{(1)}}\right)\int R\,dr^3}.$$

Si l'on supposait le sphéroïde terrestre homogène, on aurait

$$E = -\frac{10\,q'(\Delta^{(1)} - \Delta)}{5\Delta^{(1)} - 3\Delta}.$$

Partant, si la densité Δ de la mer était égale à la densité $\Delta^{(1)}$ du sphéroïde, on aurait $E = 0$; il n'y aurait conséquemment ni précession, ni nutation, quelle que fût d'ailleurs l'ellipticité du sphéroïde terrestre.

Ces suppositions de $\Delta = \Delta^{(1)}$ et de l'homogénéité du sphéroïde terrestre sont précisément celles dont Newton a fait usage dans sa Théorie du flux et du reflux de la mer et dans celle de la figure de la Terre; d'où il suit que, si ce géomètre eût adopté les résultats de ces théories dans sa solution du problème de la précession des équinoxes, il aurait trouvé la précession nulle en résolvant exactement ce problème.

XXXIII.

Suivant les observations, la précession moyenne des équinoxes est, contre l'ordre des signes, égale à $50''\frac{1}{3}$ et la nutation de l'axe de la Terre est de $18''$; en représentant donc par T une année et par $n't$ le moyen mouvement du Soleil, on aura

$$nT = \frac{n}{n'}\,n'T = \frac{n}{n'}\,360^\circ;$$

partant, on aura

$$\frac{\alpha E \sin \varepsilon}{2\,n^2}\,(K + K')\,\frac{n}{n'}\,360^\circ = -\,50''\tfrac{1}{3}.$$

Or

$$\frac{n}{n'} = 365,3$$

à peu près, et

$$\sin \varepsilon = \cos 23^\circ 28' 16'',$$

d'où l'on tirera

$$-\,\alpha\,\frac{K + K'}{2\,n^2}\,E = 0,0000001159;$$

on aura ensuite

$$-\,\frac{\alpha KE}{2\,n^2}\,\frac{nc}{m - m'}\,\sin \varepsilon = \pi\,\frac{9''}{180^\circ}.$$

Or on a

$$\log \pi = 0,4971499,$$

et les observations donnent

$$\frac{n}{m} = \frac{27^j 7^h 43^m}{(1)}, \qquad c = \tang 5'' 9'$$

et

$$\frac{m - m'}{m} = 0,0040189;$$

de là, on tirera

$$-\,\frac{\alpha KE}{2\,n^2} = 0,0000007764,$$

partant

$$\frac{K + K'}{K} = 1,4929;$$

donc

$$\frac{K'}{K} = 0,4929 = \frac{1}{2}$$

à peu près, en sorte que l'effet de la Lune sur la précession des équinoxes et sur le flux et le reflux de la mer est double de celui du Soleil.

Si l'on désigne par S la masse du Soleil et par h' sa moyenne distance à la Terre, on aura, par la théorie des forces centrifuges,

$$\frac{S}{h'^2} = n'^2 h';$$

or

$$\alpha K' = \frac{3}{2}\frac{S}{h'^3}.$$

On aura donc

$$\frac{\alpha K'}{2 n^2} = \frac{3 n'^2}{4 n^2} = \frac{3}{4(365,3)^2},$$

partant

$$\frac{\alpha K}{2 n^2} = \frac{3}{4 \cdot 0,4929(365,3)^2},$$

ce qui donne

$$E = -0,00681 = -\frac{1}{147}$$

à peu près; or on a, par l'article précédent,

$$E = \frac{4\Delta q q' - \left(4q - \frac{2n^2}{g}\right)\int R\, d.\, \mathfrak{S} r^3}{\left[2q\left(1 - \frac{3\Delta}{5\Delta^{(1)}}\right) - \frac{n^2}{g}\right]\int R\, dr^3},$$

donc

$$(35)\qquad \frac{\left(2q - \frac{n^2}{g}\right)\int R\, d.\, \mathfrak{S} r^3 - 2\Delta q q'}{2q\left(1 - \frac{3\Delta}{5\Delta^{(1)}}\right) - \frac{n^2}{g}} = 0,003405 \int R\, dr^3.$$

Il faut présentement combiner cette équation avec celle de l'équilibre du fluide. En supposant, comme nous l'avons fait jusqu'ici, la profondeur de la mer très petite relativement au rayon du sphéroïde terrestre, on tirera facilement l'équation suivante des formules que donne M. Clairaut dans sa *Théorie de la figure de la Terre* (*voir* l'article XXIX de la seconde Partie de cet excellent Ouvrage) :

$$(36)\quad (q+q')\left(10\int R\,dr^3 - 6\Delta\right) = 6\int R\,d.6r^5 - 6\Delta q' + \frac{5n^2}{6}.\int R\,dr^3.$$

Nous observerons ici que $\int R\,dr^3$ est égal à $\Delta^{(1)}$; soit donc

$$q+q' = q'',$$

q'' représentant l'ellipticité de la Terre qui résulte de la mesure des degrés du méridien; les équations (35) et (36) donneront, en éliminant $\int R\,d.6r^5$,

$$q'' = \frac{n^2}{2g} + 0,002043\,\frac{\int R\,dr^5}{\int R\,dr^3};$$

or

$$\frac{n^2}{2g} = \frac{1}{578} = 0,001730,$$

partant

$$(37)\qquad q'' = 0,001730 + 0,002043\,\frac{\int R\,dr^5}{\int R\,dr^3}.$$

Il est très remarquable que rien de ce qui a rapport au fluide n'entre dans cette équation, en sorte que les conséquences auxquelles elle va donner lieu sont les mêmes dans l'hypothèse où la Terre est entièrement solide et dans celle où elle est recouverte d'un fluide d'une profondeur variable et d'une densité quelconque.

Supposons que la densité des couches du sphéroïde terrestre aille en diminuant du centre à la surface, $\int R\,dr^5$ sera moindre que $\int R\,dr^3$, car on a

$$\int R\,dr^5 - \int R\,dr^3 = \int(1-r^2)r^3\,dR;$$

or, r étant moindre que 1, et dR étant par hypothèse une quantité négative, $\int(1-r^2)\,dR$ est négatif; d'où il suit que l'on a

$$\int R\,dr^5 < \int R\,dr^3.$$

Lorsque

$$\int R\, dr^4 = \int R\, dr^3,$$

l'équation (37) donne

$$q'' : \frac{1}{265};$$

partant, on a

$$q'' < \frac{1}{265},$$

lorsque les densités vont en diminuant du centre à la surface; si elles vont en augmentant, on a

$$\int R\, dr^3 > \int R\, dr^3,$$

parce que, dans ce cas, dR étant une quantité positive, $\int (1 - r^2) r^3\, dR$ est positif; mais $\dfrac{\int R\, dr^5}{\int R\, dr^3}$ est moindre que $\frac{5}{3}$, car on a

$$\frac{\int R\, dr^4}{\int R\, dr^3} = \frac{5}{3} \cdot \frac{\int R r^4\, dr}{\int R r^2\, dr}.$$

Or, $R r^4$ étant moindre que $R r^2$ tant que r est moindre que l'unité, il est clair que $\dfrac{\int R r^4\, dr}{\int R r^2\, dr}$ est moindre que 1; il est facile de s'assurer, par un raisonnement analogue, que, si l'on suppose les densités alternativement croissantes et décroissantes du centre à la surface, on aura toujours

$$\frac{\int R\, dr^5}{\int R\, dr^3} < \frac{5}{3}.$$

Dans le cas où cette quantité est égale à $\frac{5}{3}$, on trouve

$$q'' = \frac{1}{195};$$

cette fraction doit donc être regardée comme la plus grande valeur dont q'' soit susceptible, et il est à remarquer que cette valeur serait encore moindre si l'on supposait le rapport de l'effet de la Lune à celui du Soleil plus grand que 2 et égal à $\frac{5}{2}$, comme M. Daniel Bernoulli l'a conclu de la comparaison des observations sur les marées. Si l'on considère d'ailleurs que les hypothèses les plus naturelles que l'on puisse admettre sur la loi des densités des différentes couches du sphéroïde terrestre sont celles de l'homogénéité ou celle des densités croissantes de la surface au centre, et qu'elles sont nécessaires si la Terre a été primitivement fluide, on peut en conclure que, physiquement parlant, les observations de la précession des équinoxes et de la nutation de l'axe de la Terre ne permettent pas de supposer q'' plus grand que $\frac{1}{165}$; cette valeur de q'' est bien différente de celle qui résulte de la mesure des degrés de France et du Nord, et qui, comme l'on sait, est égale à $\frac{1}{178}$. Il paraît donc impossible de concilier ces mesures avec les observations du phénomène de la précession des équinoxes, dans l'hypothèse où la Terre est un ellipsoïde de révolution recouvert par un fluide d'une profondeur variable ou constante.

XXXIV.

Nous avons vu (art. XXVI) que, dans le cas où l'on suppose une figure elliptique au sphéroïde que la mer recouvre, on a   .

$$Y = \frac{4\,K\,q\,\sin v \cos v \sin\theta \cos\theta}{3\,q\varepsilon\left(1 - \dfrac{3\,\Delta}{5\,\Delta^{(1)}}\right) - n^2}\cos(nt + \varpi - \varphi);$$

cette valeur de Y est d'autant plus exacte que l'astre se meut avec plus de lenteur. Nous en avons déduit les lois de la précession des équinoxes et de la nutation de l'axe de la Terre, et, comme nos résultats sont indépendants de la rapidité du mouvement de l'astre dans son orbite et qu'il n'y entre que les seuls mouvements du nœud de l'orbite lunaire et de la rotation de la Terre, il semble que l'on peut en conclure que ces lois subsisteraient encore dans le cas où le mouvement de la Lune serait comparable à celui de la rotation de la Terre.

pourvu que le mouvement de ses nœuds fût extrêmement lent; on s'en assurera d'ailleurs de la manière suivante.

Pour cela, nous observerons que, parmi les termes de la seconde classe qui (art. XXVI) forment l'expression de Y, il n'y a que ceux de la forme

$$\mathrm{H}\cos(it + \varpi + \mathrm{A}),$$

dans lesquels i est égal à n ou en diffère extrêmement peu, qui puissent influer sensiblement sur la précession des équinoxes et sur la nutation de l'axe de la Terre, parce que, dans les calculs auxquels conduit la détermination de ce phénomène, ces termes deviennent d'autant plus grands que $i - n$ est plus petit; on peut donc négliger dans l'expression de Y les termes de la forme précédente dans lesquels $(i - n)t$ est égal, par exemple, au double du moyen mouvement de la Lune dans son orbite, et ne conserver que ceux dans lesquels $(i - n)t$ est égal au moyen mouvement du nœud de l'orbite lunaire. Il suit de là que, dans le développement de

$$2\,\mathrm{K}\sin\nu\cos\nu\cos(nt + \varpi - \varphi),$$

il suffit de conserver les termes de la forme

$$\mathrm{K}'\cos(nt + \varpi + \mathrm{A})$$

et de celle-ci

$$\mathrm{K}'\cos(nt \pm mt + \varpi + \mathrm{A}),$$

mt représentant le moyen mouvement du nœud, et l'on aura, par l'article XXVI, pour Y, une suite de termes de la forme

$$\frac{2\mathrm{K}'q\sin\theta\cos\theta\cos(nt + \varpi + \mathrm{A})}{2qg\left(1 - \dfrac{3\Delta}{5\Delta^{(1)}}\right) - n^2}$$

et de celle-ci

$$\frac{2\mathrm{K}'q\sin\theta\cos\theta}{2qg\left(1 - \dfrac{3\Delta}{5\Delta^{(1)}}\right) - n^2}\cos(nt \pm mt + \varpi + \mathrm{A}),$$

et cette valeur de Y sera d'autant plus exacte que m sera plus petit par rapport à n; or il est clair que l'on trouvera la même suite en développant l'expression

$$\frac{4\,\mathrm{K}q\,\sin\nu\,\cos\nu\,\sin\theta\,\cos\theta}{2\,q g\left(1-\dfrac{3\Delta}{5\,\Delta^{(1)}}\right)-n^2}\cos(nt+\varpi-\varphi)$$

de Y, dont nous avons fait usage, pourvu que dans ce développement on ne conserve que les termes de la forme

$$\mathrm{H}\cos(nt+\varpi+\mathrm{A})\qquad\text{et}\qquad\mathrm{H}\cos(nt\pm mt+\varpi+\mathrm{A});$$

donc, quelle que soit la rapidité du moyen mouvement de la Lune dans son orbite, les résultats relatifs à la précession des équinoxes et à la nutation de l'axe de la Terre, que nous avons tirés précédemment de l'équation

$$\mathrm{Y}=\frac{4\,\mathrm{K}q\,\sin\nu\,\cos\nu\,\sin\theta\,\cos\theta}{2\,q g\left(1-\dfrac{3\Delta}{5\,\Delta^{(1)}}\right)-n^2}\cos(nt+\varpi-\varphi),$$

seront toujours vrais, si le moyen mouvement du nœud de l'orbite est très lent par rapport au mouvement de rotation de la Terre, et comme il n'en est que $\frac{1}{6570}$, on peut regarder ces résultats comme très approchés, quand bien même la rapidité du mouvement de la Lune dans son orbite produirait une erreur sensible sur la valeur précédente de Y.

Addition à l'article I.

Lorsqu'on cherche *a priori* la figure d'un sphéroïde homogène de révolution infiniment peu différent de la sphère dans le cas de l'équilibre, on est conduit à une équation différentielle d'un degré infini qui indique conséquemment que le problème est susceptible d'une infinité de solutions (voir *Mémoires de l'Académie*, IIe Partie, p. 536 et suiv.; année 1772) (^{1}), et, quoique je sois parvenu à exclure un grand nombre de figures, il me paraît cependant extrêmement vraisemblable qu'il y en a une infinité d'autres que la sphère qui satisfont à l'équi-

(^{1}) *OEuvres de Laplace*, T. VIII, p. 496.

libre. Si l'on en connaissait une seule, on pourrait en conclure une
infinité qui ne seraient pas même de révolution, et cela par la considération suivante qui, plus approfondie, pourra servir peut-être à déterminer ces figures. Que l'on prenne à volonté sur le sphéroïde un
point que l'on regarde comme *pôle*, et auquel on fixera l'origine de
l'angle θ, θ étant ainsi le complément de la latitude des différents
points du sphéroïde dont nous désignerons par ϖ la longitude; supposons ensuite que $1 + \alpha y$ soit le rayon d'un sphéroïde homogène en
équilibre, α étant infiniment petit et y étant fonction de θ et de ϖ; en
nommant αB l'attraction tangentielle des sphéroïdes homogènes infiniment peu différents de la sphère, B étant fonction quelconque de θ
et de ϖ, on aura, dans le cas de l'équilibre, $\alpha B = o$. Cette équation
ayant lieu quels que soient θ et ϖ, il est clair qu'elle subsisterait
encore en changeant θ en $\theta + a$ et ϖ en $\varpi + b$, a, b étant des constantes quelconques; soit y' ce que devient y en vertu de ces change-
ments, le rayon $1 + \alpha y'$ satisfera donc à l'équilibre et, par conséquent,
aussi le rayon $1 + \alpha y + \alpha n y'$, n étant une constante quelconque ; or,
a et b étant arbitraires, il est clair que l'on aura ainsi une infinité de
figures qui satisferont à l'équilibre. Mais un rapport singulier qui
existe entre l'attraction des sphéroïdes homogènes, suivant la tangente,
et leur attraction verticale ou perpendiculaire à la tangente, détermine
la loi de la pesanteur à la surface de ceux qui sont en équilibre et la
rend unique, malgré la multiplicité infinie de figures dont ils paraissent susceptibles. Ce rapport consiste en ce que l'attraction d'un sphéroïde homogène quelconque, infiniment peu différent d'une sphère,
parallèlement à la tangente et multipliée par le petit côté du sphéroïde, est le double de la différence des attractions verticales du sphéroïde aux deux extrémités de ce côté. J'ai démontré ce théorème dans
l'article I, mais il peut l'être plus simplement par la méthode suivante,
qui, de plus, a l'avantage de s'étendre au cas où l'attraction est comme
une puissance quelconque n de la distance.

Imaginons un point R placé sur une sphère MRB (*fig.* 4) dont le
rayon est 1 et C le centre; nommons R la masse de ce point, f sa di-

stance au point M, f' sa distance au point quelconque m pris sur la surface de la sphère, infiniment près de M; en abaissant du point R la perpendiculaire RH sur MC, et du point m la perpendiculaire mh sur RM, et décomposant l'attraction Rf^n du point R sur le point M en trois

Fig. 4.

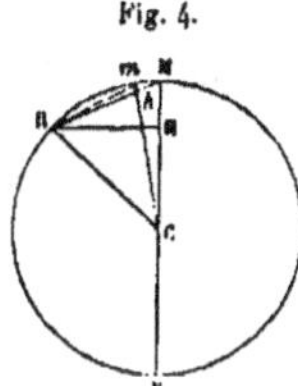

autres, dont la première, que nous nommerons v, soit dirigée suivant le rayon MC; dont la seconde, que nous nommerons b, soit dirigée suivant le côté Mm, et dont la troisième soit perpendiculaire au plan MCm, on aura

$$b = Rf^n \frac{Mh}{Mm},$$

partant

$$b.Mm = Rf^n Mh;$$

on aura ensuite

$$v = Rf^n \frac{MH}{RM}.$$

Or, RM étant, par la propriété connue du cercle, moyenne proportionnelle entre MH et le diamètre entier MB, on a

$$\frac{MH}{RM} = \frac{f}{2},$$

donc

$$v = \frac{R}{2} f^{n+1};$$

soit v' l'attraction du point R sur le point m suivant le rayon mC, on aura

$$v' = \frac{R}{2} f'^{n+1},$$

donc

$$v' - v = \frac{R}{2}\left(f'^{n+1} - f^{n+1}\right) = -\frac{n+1}{2}\,R f'^n M h,$$

ce qui donne

$$v' - v = -\frac{n+1}{2}\,b.Mm.$$

Il suit de là que, si l'on suppose une infinité de points distribués d'une manière quelconque sur la surface de la sphère, et que l'on nomme V et V' la somme de leurs attractions sur les points M et m, dirigées vers le centre C, et B la somme de leurs attractions sur le point M parallèlement à Mm, on aura

$$V' - V = -\frac{n+1}{2}\,B.Mm.$$

Considérons maintenant un sphéroïde quelconque AMB (*fig.* 5), dont le rayon mené du centre C d'inertie à sa surface soit $1 + \alpha y$,

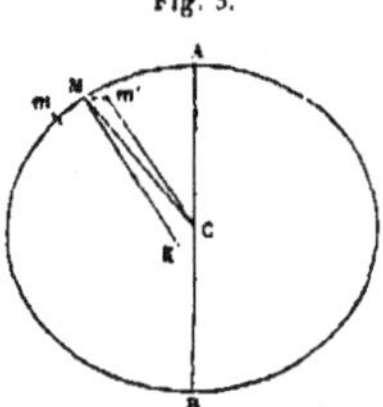

Fig. 5.

α étant infiniment petit et y étant une fonction quelconque continue ou discontinue de θ et de ϖ; si l'on imagine une sphère dont le rayon soit 1 et qui soit tangente intérieurement à la surface du sphéroïde au point M, il est clair que le centre de cette sphère sera infiniment peu distant du point C, et que le rayon mené de son centre à la surface du sphéroïde ne différera de l'unité que d'une quantité de l'ordre α. Cela posé, l'attraction du sphéroïde est égale à l'attraction de la sphère, plus à l'attraction de l'excès du sphéroïde sur la sphère; or on peut concevoir cet excès comme composé d'une infinité de petites masses

placées aux extrémités des rayons de la sphère, ces masses devant être
supposées négatives partout où le rayon de la sphère excède celui du
sphéroïde; d'où il suit que, si l'on nomme S l'attraction de la sphère
sur le point M, αV et $\alpha V'$ les attractions verticales de l'excès du sphéroïde sur la sphère sur les points M et m, et αB son attraction horizontale, on aura, par ce qui précède,

$$V' - V = - \frac{n+1}{2} B \cdot M m.$$

Si l'on nomme A l'attraction verticale du sphéroïde sur le point M, et
A' son attraction verticale sur le point m, on aura

$$A = S + \alpha V \qquad \text{et} \qquad A' = S + \alpha V',$$

donc

$$A' - A = - \frac{n+1}{2} \alpha B \cdot M m.$$

L'attraction du sphéroïde sur le point M, décomposée suivant le rayon
MC ou suivant toute autre direction qui ne fait avec MC qu'un angle de
l'ordre α, ne diffère de A que d'une quantité de l'ordre α^2, ce qui suit
évidemment de ce que l'attraction entière du sphéroïde sur le point M
est dirigée suivant une droite MK, qui ne fait avec MC qu'un angle de
l'ordre α; A peut donc également représenter et la pesanteur à la surface du sphéroïde et cette pesanteur décomposée suivant le rayon MC.

De là résulte cette conséquence singulière, savoir, que, si l'attraction
suivait la raison réciproque de la simple distance, la pesanteur serait
constante à la surface de tout sphéroïde homogène infiniment peu différent d'une sphère, puisque l'on aurait alors

$$- \frac{n+1}{2} B \cdot M m = 0,$$

partant

$$A = A'.$$

Considérons AB comme l'axe commun à tous les méridiens du sphéroïde, et nommons θ l'angle MCA; en supposant le point m placé sur le

méridien AMB, nous aurons, aux quantités près de l'ordre α,

$$\mathrm{M}m = d\theta;$$

partant, en négligeant les quantités de l'ordre α^2, nous aurons

$$\mathrm{A}' - \mathrm{A} = -\frac{n+1}{2}\alpha \mathrm{B}\,d\theta$$

ou

$$\frac{\partial \mathrm{A}}{\partial \theta} = -\frac{n+1}{2}\alpha \mathrm{B}.$$

Nommons ensuite ϖ l'angle que forme le méridien AMB avec un premier méridien; si l'on prend sur la surface du sphéroïde un point m' infiniment voisin de M, et tel que l'angle $m'\mathrm{CA} = \mathrm{MCA}$, nous aurons, aux quantités près de l'ordre α,

$$\mathrm{M}m' = d\varpi \sin\theta.$$

Soit, de plus, $\alpha\mathrm{C}$ l'attraction du sphéroïde sur le point M, décomposée suivant la tangente $\mathrm{M}m'$, nous aurons

$$d\mathrm{A} = -\frac{n+1}{2}\alpha\mathrm{C}\,d\varpi \sin\theta,$$

θ étant regardé comme constant dans la différentielle $d\mathrm{A}$; partant

$$\frac{\partial \mathrm{A}}{\partial \varpi} = -\frac{n+1}{2}\alpha\mathrm{C}\sin\theta.$$

Si l'on suppose $n = -2$, ce qui est le cas de la Nature, on aura les deux équations

$$\frac{\partial \mathrm{A}}{\partial \theta} = \frac{1}{2}\alpha\mathrm{B}, \qquad \frac{\partial \mathrm{A}}{\partial \varpi} = \frac{1}{2}\alpha\mathrm{C}\sin\theta;$$

or on s'assurera facilement que ces équations répondent aux équations (a) et (a') de l'article I.

Si l'on suppose que le sphéroïde tourne autour de l'axe AB, de manière qu'à l'équateur la force centrifuge soit αf, il est aisé de voir que cette force au point M sera $\alpha f \sin\theta$, que, décomposée suivant $\mathrm{M}m$, elle sera $\alpha f \sin\theta \cos\theta$, et que, décomposée suivant MC, elle sera $-\alpha f \sin^2\theta$; si l'on suppose, de plus, que le point M du sphéroïde soit animé, suivant les droites Mm, Mm' et MC, des forces quelconques αM, αN et αR, on aura

$$\alpha B + \alpha M + \alpha f \sin\theta \cos\theta$$

pour la force tangentielle suivant Mm;

$$\alpha C + \alpha N$$

pour la force tangentielle suivant Mm', et

$$A + \alpha R - \alpha f \sin^2\theta$$

pour la force suivant MC, et qui ne diffère de la pesanteur au point M ou, ce qui revient au même, de la résultante des trois forces suivant MC, Mm et Mm', que des quantités de l'ordre α^2; soit donc P la pesanteur, on aura

$$P = A + \alpha R - \alpha f \sin^2\theta;$$

dans le cas de l'équilibre, les forces tangentielles sont nulles, ce qui donne les deux équations

$$\alpha B = - \alpha M - \alpha f \sin\theta \cos\theta,$$
$$\alpha C = - \alpha N.$$

Si l'on différentie l'équation $P = A + \alpha R - \alpha f \sin^2\theta$ en faisant varier θ et ϖ, on aura

$$dP = \frac{\partial A}{\partial \theta} d\theta + \frac{\partial A}{\partial \varpi} d\varpi + \alpha \, dR - 2\alpha f \, d\theta \sin\theta \cos\theta;$$

en substituant dans cette équation, au lieu de $\frac{\partial A}{\partial \theta}$ et $\frac{\partial A}{\partial \varpi}$, leurs valeurs

$$-\frac{n+1}{2}\alpha B \quad \text{et} \quad -\frac{n+1}{2}\alpha C \sin\theta,$$

on aura

$$dP = -\frac{n+1}{2}\alpha (B \, d\theta + C \, d\varpi \sin\theta) + \alpha \, dR - 2\alpha f \, d\theta \sin\theta \cos\theta;$$

si l'on substitue encore, au lieu de B et de C, leurs valeurs

$$- M - f \sin\theta \cos\theta \quad \text{et} \quad - N,$$

on aura

$$dP = \frac{n+1}{2}\alpha (M \, d\theta + N \, d\varpi \sin\theta) + \alpha \, dR + \frac{n-3}{2}\alpha f \, d\theta \sin\theta \cos\theta.$$

Pour que cette équation, et, par conséquent, pour que l'équilibre soit possible, M $d\theta$ + N $d\varpi \sin\theta$ doit être une différence exacte, et c'est ce qui a toujours lieu lorsque les forces αM et αN sont le résultat des attractions; soit donc dZ cette différence, et l'on aura, en intégrant l'équation précédente,

$$P = P' + \frac{n+1}{2}\alpha Z + \alpha R + \frac{n-3}{4}\alpha f \sin^2\theta,$$

P′ étant une constante arbitraire.

Si le sphéroïde n'est animé d'aucune force étrangère, on a

$$Z = 0 \qquad \text{et} \qquad R = 0,$$

partant

$$P = P' + \frac{n-3}{4}\alpha f \sin^2\theta,$$

P′ exprimant alors la pesanteur au pôle; dans le cas de la Nature, où $n = -2$, on a

$$P = P' - \frac{5}{4}\alpha f \sin^2\theta,$$

ce qui est conforme à ce que l'on sait d'ailleurs; mais il est très remarquable que, dans le cas où $n = 3$, on ait P = P′; d'où il suit que, si l'attraction était en raison composée de la masse et du cube de la distance, la pesanteur à la surface des sphéroïdes homogènes en équilibre serait constante aux quantités près de l'ordre α^2, quel que fût le mouvement de rotation des sphéroïdes.

Je réserve pour un autre Mémoire les recherches sur les oscillations de l'atmosphère.

RECHERCHES

SUR PLUSIEURS POINTS

DU SYSTÈME DU MONDE.

(SUITE.)

RECHERCHES

SUR PLUSIEURS POINTS

DU SYSTÈME DU MONDE [1]

(SUITE.)

Mémoires de l'Académie royale des Sciences de Paris, année 1776; 1779.

XXXV.

Sur les oscillations de l'atmosphère.

Le fluide qui forme notre atmosphère est élastique, et sa densité
varie suivant une fonction de la pression et de la chaleur; celle-ci
n'est pas constante pour un point donné de l'atmosphère : comme elle
est principalement occasionnée par la présence du Soleil, elle change
à chaque instant du jour par le mouvement de rotation de la Terre, qui
présente successivement à cet astre les différents points de sa surface,
et, à chaque jour de l'année, par l'inclinaison de l'écliptique sur
l'équateur, qui rend inégale la durée des différents jours et qui augmente ou diminue les hauteurs méridiennes du Soleil. On voit aisément que les variations de la chaleur, qui résultent de ces différentes
causes, doivent exciter dans l'atmosphère des oscillations qu'il parait
impossible de soumettre au calcul, parce que la loi de ces variations,
suivant les différentes latitudes et les différentes hauteurs de l'air
au-dessus de la surface de la Terre, n'a pas encore été suffisamment

---

[1] Remis le 25 décembre 1778.

déterminée; d'ailleurs, un si grand nombre de circonstances influent sur ces variations, que, dans le cas même où l'on aurait toutes les données nécessaires pour résoudre ce problème, on rencontrerait vraisemblablement, du côté de l'Analyse, des difficultés insurmontables. Dans cette impossibilité d'assujettir à un calcul rigoureux les oscillations de l'atmosphère, il ne nous reste qu'à faire, sur son état, les suppositions les plus approchantes de la nature et qui soient en même temps susceptibles d'être traitées par les méthodes que nous offre l'Analyse; or, dans le nombre infini de ces hypothèses, la plus naturelle, et tout à la fois la plus simple, est celle dans laquelle on suppose à tous les points de l'atmosphère un même degré de chaleur toujours constant et égal au milieu arithmétique de tous les degrés de chaleur que la masse entière de l'air éprouve à chaque instant; j'adopterai conséquemment cette supposition dans les recherches suivantes : je suis bien éloigné de la regarder comme exacte, mais elle suffit pour donner une idée approchée du genre d'oscillations que l'action du Soleil et de la Lune peut exciter dans l'atmosphère. Je supposerai de plus que, à un degré de chaleur constant, la densité de l'air est proportionnelle à la force comprimante, ce qui est vrai à très peu près, surtout lorsque les variations de densité sont fort petites; il en résulte que, à la rigueur, la hauteur de l'atmosphère est très grande et même infinie par rapport au rayon de la Terre; mais il est facile de s'assurer que, en partant de cette loi sur la variation de la densité de l'air, ce fluide est excessivement rare à la hauteur d'un petit nombre de lieues au-dessus de la surface de la Terre; en sorte que, dans la recherche de ses oscillations, on peut, sans craindre aucune erreur sensible, négliger son action au-dessus d'une médiocre hauteur.

Il résulte des calculs suivants que l'action du Soleil et de la Lune n'excite dans l'atmosphère que des mouvements périodiques analogues à ceux de la mer, mais trop faibles pour pouvoir être observés; d'où il suit que le mouvement constant de l'air d'orient en occident que l'on observe dans la zone torride, sous le nom de *vents alizés*, n'est point occasionné par les attractions de ces deux astres. L'effet le plus sensible qu'elles produisent est une légère variation dans la hauteur du baromètre; cette variation est d'environ un quart de ligne à l'équateur où elle est à son maximum; mais elle peut être beaucoup augmentée par les circonstances locales, telles que de hautes montagnes qui, en resserrant l'atmosphère, en rendraient sensibles au baromètre les plus petites oscillations. Une chose digne de remarque est que, dans les suppositions les plus vraisemblables sur la profondeur de la mer, la marche des variations du baromètre à l'équateur est contraire à celle des marées, c'est-à-dire que l'instant de la haute mer est celui de la plus grande dépression du mercure et réciproquement. Comme il est très intéressant de s'assurer de l'existence et de la loi de ces variations, je finis par exposer une méthode fort simple pour cet objet et par inviter les observateurs à suivre d'une manière particulière un phénomène aussi curieux.

Considérons une molécule de l'atmosphère dont, à l'origine du mouvement, Δ' soit la densité; $s + s'$ le rayon mené du centre de la Terre à cette molécule, s représentant la partie de ce rayon qui va du centre de la Terre à la surface de la mer considérée dans l'état d'équilibre, et s' représentant l'autre partie comprise entre cette surface et la molécule; soit θ l'angle formé par ce rayon et par l'axe de rotation du sphéroïde terrestre; ϖ la longitude de la molécule par rapport à un méridien fixe ou qui ne participe point au mouvement de rotation de la Terre. Supposons que, après le temps t, Δ' se change en $\Delta'(1 + \alpha\rho)$; s en $s + \alpha r$; s' en $s' + \alpha r'$; θ en $\theta + \alpha u'$; et ϖ en $\varpi + nt + \alpha v'$, nt représentant le mouvement de rotation de la Terre et α étant un coefficient extrêmement petit. Cela posé, imaginons que la molécule atmosphérique est un petit prisme rectangle dont les trois dimensions sont

$$ds'\left(1 + \alpha\,\frac{dr'}{ds'}\right),$$

$$(s + s' + \alpha r + \alpha r')\,d\theta\left(1 + \alpha\,\frac{\partial u'}{\partial\theta}\right)$$

et

$$(s + s' + \alpha r + \alpha r')\,d\varpi\,\sin(\theta + \alpha u')\left(1 + \alpha\,\frac{\partial v'}{\partial\varpi}\right);$$

la solidité de ce prisme sera, en négligeant les quantités de l'ordre α^2,

$$\Delta'\,ds'\,d\theta\,d\varpi\,\sin\theta\left[(s+s')^3\left(1+\alpha\frac{\partial r'}{\partial s'}+\alpha\frac{\partial u'}{\partial\theta}+\alpha\frac{\partial v'}{\partial\varpi}+\alpha u'\frac{\cos\theta}{\sin\theta}+\alpha\rho\right)\right.$$
$$\left.+2\alpha(s+s')(r+r')\right].$$

Dans l'instant suivant, ce prisme se changera dans un solide d'une autre figure; mais il est aisé de s'assurer que, en calculant la masse de ce nouveau solide comme s'il était un prisme rectangle, on ne négligera que des quantités infiniment petites du second ordre, par rapport à celles que l'on considère; on peut donc supposer nulle la différentielle de la quantité précédente, prise en ne faisant varier que le temps t, ce qui demande que l'on ait

$$(s+s')^3\sin\theta\left(1+\alpha\frac{\partial r'}{\partial s'}+\alpha\frac{\partial u'}{\partial\theta}+\alpha\frac{\partial v'}{\partial\varpi}+\alpha u'\frac{\cos\theta}{\sin\theta}+\alpha\rho\right)$$
$$+2\alpha(s+s')(r+r')\sin\theta=\varphi(s+s',\theta,\varpi),$$

$\varphi(s+s',\theta,\varpi)$ étant une fonction indépendante du temps t; or on a, à l'origine du mouvement,

$$r=0,\qquad r'=0,\qquad u'=0\qquad\text{et}\qquad v'=0;$$

donc

$$\varphi(s+s',\theta,\varpi)=(s+s')^3\sin\theta;$$

on aura ainsi

$$0=\frac{\partial r'}{\partial s'}+\frac{\partial u'}{\partial\theta}+\frac{\partial v'}{\partial\varpi}+u'\frac{\cos\theta}{\sin\theta}+\rho+2\frac{r+r'}{s+s'},$$

et, comme r et r' peuvent être négligées relativement à u', par des considérations analogues à celles de l'article IV, on aura

$$(1')\qquad 0=\frac{\partial r'}{\partial s'}+\frac{\partial u'}{\partial\theta}+\frac{\partial v'}{\partial\varpi}+u'\frac{\cos\theta}{\sin\theta}+\rho;$$

équation qui, pour les fluides élastiques, répond à l'équation (1) de l'article II, relative aux fluides incompressibles.

Il est aisé de voir que l'équation (3) de l'article IV aura encore lieu pour le cas que nous discutons ici, pourvu que l'on y change s en

$s + s'$, ∂s en $\partial s'$, Δ en $\Delta'(1 + \alpha p)$, u en u' et v en v'; on aura ainsi

$$(3')\quad\left\{\begin{aligned}
&\alpha(s + s')^2\,\delta\vartheta\left(\frac{d^2 u'}{dt^2} - 2n\frac{dv'}{dt}\sin\theta\cos\theta\right)\\[4pt]
&\quad + \alpha(s + s')^2\,\delta\varpi\left(\sin^2\theta\frac{d^2 v'}{dt^2} + 2n\frac{du'}{dt}\sin\theta\cos\theta\right)\\[4pt]
&\quad - 2\alpha n(s + s')\,\delta s'\sin^2\theta\frac{dv'}{dt}\\[4pt]
&\quad - \frac{n^2}{2}\,\delta\left[(s + s' + \alpha r + \alpha r')\sin(\theta + \alpha u')\right]^2\\[4pt]
&= - F\,\delta f - F'\,\delta f' - \ldots - \frac{\delta p}{\Delta'(1 + \alpha p)},
\end{aligned}\right.$$

la caractéristique δ servant à désigner, comme dans l'article cité, les différences des quantités prises en regardant le temps t comme constant, ou, ce qui revient au même, en ne considérant que θ, ϖ et s comme variables; les différences δf, $\delta f'$, ... représentant les éléments des directions des forces F, F'', ... qui animent la molécule atmosphérique, et p exprimant la pression qu'elle éprouve.

Considérons maintenant l'air et les eaux de la mer, tels qu'ils étaient à l'origine du mouvement, c'est-à-dire dans l'état d'équilibre, et cherchons l'équation de l'équilibre pour une molécule de l'atmosphère, dont la distance au centre de la Terre soit $s + s' + \alpha r + \alpha r'$, dont la longitude soit $\varpi + nt + \alpha v'$, et pour laquelle l'angle θ soit $\theta + \alpha u'$. Si l'on nomme, comme ci-dessus, Δ' la densité de l'atmosphère, qui répond aux quantités θ et $s + s'$, et p' la pression correspondante à ces mêmes quantités; si, de plus, on considère que, dans l'état d'équilibre, Δ' et p' sont les mêmes pour toutes les molécules également élevées au-dessus du niveau de la mer, il est aisé d'en conclure que la densité de la molécule dont il s'agit est $\Delta' + \alpha r'\dfrac{\partial\Delta'}{\partial s'}$, en négligeant les quantités de l'ordre α^2, et que la pression qu'elle éprouve est $p' + \alpha r'\dfrac{\partial p'}{\partial s'}$. Nommons présentement G l'attraction du sphéroïde terrestre des eaux de la mer et de l'air sur cette molécule, et $\mathcal{E}$ la droite suivant laquelle elle agit; nous aurons, dans le cas de l'équilibre,

$$F\,\delta f + F'\,\delta f' + \ldots = G\,\delta\mathcal{E},$$

et comme ce même cas donne

$$\frac{du'}{dt} = 0, \qquad \frac{dv'}{dt} = 0,$$

l'équation (3′) se changera dans la suivante

$$-\frac{n^2}{2}\,\delta[(s+s'+\alpha r+\alpha r')\sin(\theta+\alpha u')]^2 = -\,G\,\delta\epsilon - \frac{\delta\left(p'+\alpha r'\dfrac{\partial p'}{\partial s'}\right)}{\Delta'+\alpha r'\dfrac{\partial\Delta'}{\partial s'}}.$$

En retranchant cette équation de l'équation (3′), on aura

$$\alpha(s+s')^2\,\delta\vartheta\left(\frac{d^2 u'}{dt^2} - 2n\frac{dv'}{dt}\sin\theta\cos\theta\right)$$

$$+\,\alpha(s+s')^2\,\delta\varpi\left(\sin^2\theta\frac{d^2 v'}{dt^2} + 2n\frac{du'}{dt}\sin\theta\cos\theta\right)$$

$$-\,2\alpha n(s+s')\,\delta s'\sin^2\theta\frac{dv'}{dt}$$

$$= G\,\delta\epsilon - F\,\delta f - F'\,\delta f' - \ldots - \frac{\delta p}{\Delta'(1+\alpha\rho)} + \frac{\delta\left(p'+\alpha r'\dfrac{\partial p'}{\partial s'}\right)}{\Delta'+\alpha r'\dfrac{\partial\Delta'}{\partial s'}}.$$

Supposons $p' = l'g\Delta'$, g représentant la pesanteur et l' étant une très petite quantité constante pour un même degré de chaleur, et qui, comme on le verra dans la suite, est $\frac{1}{122}$ du rayon terrestre, ou à très peu près égale à deux lieues; nous aurons $p = l'g\Delta'(1+\alpha\rho)$, ce qui donne, en négligeant les quantités de l'ordre α^2,

$$\frac{\delta\left(p'+\alpha r'\dfrac{\partial p'}{\partial s'}\right)}{\Delta'+\alpha r'\dfrac{\partial\Delta'}{\partial s'}} - \frac{\delta p}{\Delta'(1+\alpha\rho)} = -\,\alpha l'g\,\delta\left(\rho - \frac{r'\dfrac{\partial\Delta'}{\partial s'}}{\Delta'}\right).$$

Il est clair que $\alpha\left(\Delta'\rho - r'\dfrac{\partial\Delta'}{\partial s'}\right)$ exprime la différence de densité de deux molécules d'air qui occupent le même lieu, la première dans l'état de mouvement et la seconde dans l'état d'équilibre; mais ces deux molécules sont différemment situées au-dessus de la surface de la mer, dont les eaux s'élèvent (art. V) de la quantité αy au-dessus de leur surface d'équilibre. Il suit de là que, pour avoir la différence de densité de deux molécules d'air, situées sur le même rayon et également élevées au-dessus de la surface de la mer, la première dans l'état de mouvement et la seconde dans l'état d'équilibre, il faut ajouter à la différence précédente le terme $\alpha y \frac{\partial \Delta'}{\partial s'}$, ce qui donne $\alpha \left[\Delta' \rho + (y - r') \frac{\partial \Delta'}{\partial s'}\right]$ pour la différence cherchée ; or la loi des densités de l'air dont nous partons dans ces recherches donne

$$- \frac{\partial \Delta'}{\partial s'} = \frac{\Delta'}{l'} ;$$

la quantité précédente devient ainsi $\alpha \Delta' \left(\rho + \frac{r' - y}{l'}\right)$; représentons-la par $\frac{\alpha \Delta' y'}{l'}$ et nous aurons

$$- \alpha l' g \, \delta \left(\rho - r' \frac{\frac{\partial \Delta'}{\partial s'}}{\Delta'}\right) = - \alpha g \, \delta y' - \alpha g \, \delta y.$$

Présentement il est aisé de s'assurer, par l'article V, que, en supposant Δ' extrêmement petit, on a à très peu près

$$\mathrm{G} \, \delta \delta - \mathrm{F} \, \delta f - \mathrm{F}' \, \delta f' - \ldots = - \alpha y \mathrm{A} \, \delta \varepsilon + \mathrm{S} \left(\delta \frac{1}{f} - \delta \frac{1}{f'}\right),$$

$- \alpha y \mathrm{A} \delta \varepsilon$ étant relatif à l'attraction de la mer, $\mathrm{S}\left(\delta \frac{1}{f} - \delta \frac{1}{f'}\right)$ étant relatif à l'attraction de l'astre que l'on suppose agir sur l'atmosphère, et ces deux quantités étant telles que nous les avons définies dans ce même article V ; on aura donc

$$(4') \quad \left\{ \begin{aligned} & \alpha(s + s')^2 \, \delta \mathfrak{I} \left(\frac{d^2 u'}{dt^2} - 2n \frac{dv'}{dt} \sin \vartheta \cos \vartheta\right) \\ & + \alpha(s + s')^2 \, \delta \varpi \left(\sin^2 \vartheta \frac{d^2 v'}{dt^2} + 2n \frac{du'}{dt} \sin \vartheta \cos \vartheta\right) \\ & - 2 \alpha n (s + s') \, \delta s' \sin^2 \vartheta \frac{dv'}{dt} \\ & = - \alpha y \mathrm{A} \, \delta \varepsilon - \alpha g (\delta y' + \delta y) + \mathrm{S} \left(\delta \frac{1}{f} - \delta \frac{1}{f'}\right). \end{aligned} \right.$$

Il résulte de cette équation que $\frac{\partial y'}{\partial s'}$ n'est que de l'ordre $\frac{n'}{g} u^2$, et comme on a $y' = l' \rho + r' - y$, il est clair que $\frac{\partial r'}{\partial s'}$ sera pareillement du même ordre; en négligeant donc cette quantité dans l'équation ($1'$), elle donnera

$$\rho = -\frac{\partial u'}{\partial \vartheta} - \frac{\partial v'}{\partial \varpi} - u' \frac{\cos \vartheta}{\sin \vartheta}.$$

On aura ensuite aux quantités près de l'ordre $\frac{n^2}{g} u'$, r' constant pour toutes les molécules d'air situées sur le même rayon; or, à la surface de la mer, $r' = y$; on pourra donc supposer à r' cette valeur pour toutes les hauteurs de l'atmosphère; la quantité $\alpha \Delta' \left(\rho + \frac{r' - y}{l'} \right)$ se réduira ainsi à $\alpha \Delta' \rho$, et ce terme exprimera la différence de densité de deux molécules d'air situées sur le même rayon et également élevées au-dessus de la surface de la mer, la première dans l'état de mouvement et la seconde dans l'état d'équilibre; de plus, on aura $y' = l' \rho$; partant

$$(5') \qquad y' = -l' \left(\frac{\partial u'}{\partial \vartheta} + \frac{\partial v'}{\partial \varpi} + u' \frac{\cos \vartheta}{\sin \vartheta} \right).$$

Si l'on considère le mouvement des molécules d'air contiguës à la surface de la mer ou celui des molécules d'une même couche aérienne parallèle à cette surface, il faudra supposer $\delta s' = 0$; l'équation ($4'$) donnera, par les articles V et VI, les deux suivantes, en y supposant $s + s' = 1$,

$$(6') \qquad \frac{d^2 u'}{dt^2} - 2n \frac{dv'}{dt} \sin \vartheta \cos \vartheta = -g \frac{\partial y'}{\partial \vartheta} - g \frac{\partial y}{\partial \vartheta} + \Delta \frac{\partial D}{\partial \vartheta} + \frac{\partial R}{\partial \vartheta},$$

$$(7') \qquad \frac{d^2 v'}{dt^2} \sin^2 \vartheta + 2n \frac{du'}{dt} \sin \vartheta \cos \vartheta = -g \frac{\partial y'}{\partial \varpi} - g \frac{\partial y}{\partial \varpi} + \Delta \frac{\partial D}{\partial \varpi} + \frac{\partial R}{\partial \varpi},$$

D étant tel que nous l'avons défini dans l'article XXII, et R étant, comme dans le même article, égal à

$$K\{\cos \vartheta \cos v + \sin \vartheta \sin v \cos(nt + \varpi - \varphi)\}^2.$$

Au moyen des équations ($5'$), ($6'$) et ($7'$), on déterminera les oscillations de l'atmosphère lorsqu'on aura déterminé celle de la mer; si l'on suppose, en effet, $\gamma = 1$ dans l'équation (6) de l'article XXII et qu'on la retranche de l'équation (5′); si l'on retranche pareillement les équations (7) et (9) du même article, des équations (6′) et (7′), on aura, en faisant $u' - u = u''$ et $v' - v = v''$,

$$\frac{\gamma}{l} - \frac{\gamma'}{l'} = \frac{\partial u''}{\partial \vartheta} + \frac{\partial v''}{\partial \varpi} + u'' \frac{\cos \vartheta}{\sin \vartheta},$$

$$\frac{d^2 u''}{dt^2} - 2n \frac{dv''}{dt} \sin \vartheta \cos \vartheta = -g \frac{\partial \gamma'}{\partial \vartheta},$$

$$\frac{d^2 v''}{dt^2} \sin^2 \vartheta + 2n \frac{du''}{dt} \sin \vartheta \cos \vartheta = -g \frac{\partial \gamma'}{\partial \varpi}.$$

On cherchera donc y par les méthodes que nous avons données précédemment pour cet objet; on déterminera ensuite, par les mêmes méthodes, y', u'' et v'', d'où il sera facile de conclure tout ce qui est relatif aux oscillations de l'atmosphère.

XXXVI.

Considérons d'abord le cas où l'air recouvre immédiatement le sphéroïde terrestre; on aura $y = 0$, $D = 0$, et les équations (5′), (6′) et (7′) deviendront

$$y' = -l' \left(\frac{\partial u'}{\partial \vartheta} + \frac{\partial v'}{\partial \varpi} + u' \frac{\cos \vartheta}{\sin \vartheta} \right),$$

$$\frac{d^2 u'}{dt^2} - 2n \frac{dv'}{dt} \sin \vartheta \cos \vartheta = -g \frac{\partial \gamma'}{\partial \vartheta} + \frac{\partial R}{\partial \vartheta},$$

$$\frac{d^2 v'}{dt^2} \sin^2 \vartheta + 2n \frac{du'}{dt} \sin \vartheta \cos \vartheta = -g \frac{\partial \gamma'}{\partial \varpi} + \frac{\partial R}{\partial \varpi}.$$

En comparant ces équations aux équations (6), (7) et (9) de l'article XXII, on voit qu'elles sont les mêmes que celles d'un fluide incompressible et infiniment rare, dont la profondeur est l', et dont $\alpha y'$ exprime la hauteur au-dessus de la surface d'équilibre; il nous sera donc facile, par la méthode de l'article XXVII, d'avoir $\alpha y'$, lorsqu'on connaîtra l'; pour cela, nous observerons qu'à la surface de la mer la pression $l' \Delta' g$ de l'atmosphère équivaut à celle d'une colonne d'eau de 32 pieds; d'ailleurs, si l'on nomme Δ la densité de l'eau, on a $\Delta = 850\,\Delta'$; on aura donc $l'\Delta'g = 32^p.850\,\Delta'g$, ce qui donne $l' = 32^p.850 = 2$ lieues à très peu près, la lieue étant supposée de 13573 pieds. Cette profondeur est une de celles pour lesquelles nous avons déterminé, dans l'article XXVII, les oscillations de la mer; on aura donc, en adoptant toutes les dénominations du même article,

$$\alpha y' = 0^p,7629\,\frac{1 + 3\cos 2\theta}{6}\,[\cos^2\nu - \tfrac{1}{2}\sin^2\nu + e(\cos^2\nu' - \tfrac{1}{2}\sin^2\nu')]$$

$$+ 0^p,7629\sin^2\theta \left\{ \begin{array}{ll} 0,5 + 3,0980 & \sin^2\theta \\ + 1,6237 & \sin^4\theta \\ + 0,3619 & \sin^6\theta \\ + 0,04596 & \sin^8\theta \\ + 0,00379 & \sin^{10}\theta \\ + 0,000211 & \sin^{12}\theta \end{array} \right\} \left\{ \begin{array}{l} e\sin^2\nu'\cos(2nt + 2\varpi - 2\varphi') \\ + \sin^2\nu\cos(2nt + 2\varpi - 2\varphi) \end{array} \right\}.$$

Pour déterminer présentement la variation du baromètre correspondante à $\alpha y'$, rappelons-nous que $\alpha y' = \alpha l'\rho$, et considérons que $\alpha\Delta'\rho$ exprime, dans le cas présent, la variation de densité de l'atmosphère, pour un lieu fixe pris au-dessus de la surface de la Terre; la variation du baromètre sera donc à sa hauteur moyenne que nous supposerons de 28 pouces, comme $\alpha\Delta'\rho$ est à Δ'; d'où il suit que cette variation est égale à $28^{po}\,\dfrac{\alpha y'}{l'}$; or on a

$$\frac{28^{po}.0^p,7629}{l'} = \frac{28^{lig}.0,7629.12}{32.850} = 0^{lig},009424;$$

partant, la variation du baromètre est égale à

$$0^{lig},009424\,\frac{1 + 3\cos 2\theta}{6}\,[\cos^2\nu - \tfrac{1}{2}\sin^2\nu + e(\cos^2\nu' - \tfrac{1}{2}\sin^2\nu')]$$

$$+ 0^{lig},009424\sin^2\theta \left\{ \begin{array}{ll} 0,5 + 3,0980 & \sin^2\theta \\ + 1,6237 & \sin^4\theta \\ + 0,3619 & \sin^6\theta \\ + 0,04596 & \sin^8\theta \\ + 0,00379 & \sin^{10}\theta \\ + 0,000211 & \sin^{12}\theta \end{array} \right\} \left\{ \begin{array}{l} e\sin^2\nu'\cos(2nt + 2\varpi - 2\varphi') \\ + \sin^2\nu\cos(2nt + 2\varpi - 2\varphi) \end{array} \right\}.$$

On voit ainsi que les variations du baromètre sont assujetties aux mêmes lois que le flux et le reflux de la mer, et que, en vertu de l'action du Soleil et de la Lune, il s'élève et s'abaisse alternativement deux fois par jour; mais ces variations sont très peu sensibles, car si l'on suppose le Soleil et la Lune dans leurs moyennes distances et en conjonction ou en opposition dans le plan de l'équateur, et que l'on fasse, avec M. Daniel Bernoulli, $e = \frac{1}{3}$, on trouve $0^{lig},3716$ pour la différence de la plus grande élévation à la plus grande dépression du mercure dans le baromètre à l'équateur, dans l'intervalle de la haute à la basse mer; cette différence diminue en approchant des pôles, en sorte que, à la latitude de 45°, elle est plus de quatre fois moindre qu'à l'équateur et, par conséquent, tout à fait insensible.

Considérons maintenant le cas de la nature dans lequel l'air surnage au-dessus de l'océan; il est aisé de voir que les oscillations de l'atmosphère dépendent alors de la profondeur et de la densité de la mer; nous supposerons ici, comme dans l'article XXVII, cette densité très petite relativement à celle du sphéroïde terrestre, et, comme il résulte du même article qu'en attribuant à la mer une profondeur moyenne de quatre lieues on satisfait assez bien aux observations du flux et du reflux, nous adopterons cette supposition dans les calculs suivants. Nous aurons ainsi par l'article cité, en n'ayant égard qu'à l'action du Soleil,

$$\alpha y = 0^{P},7629\,\frac{1 + 3\cos 2\vartheta}{6}\left(\cos^2 v - \tfrac{1}{2}\sin^2 v\right)$$

$$+\,0^{P},7629\sin^2\vartheta\left\{\begin{array}{l}0,5 + 0,3752\ \sin^2\vartheta \\ +\ 0,0783\ \sin^4\vartheta \\ +\ 0,00787\sin^6\vartheta \\ +\ 0,00047\sin^8\vartheta \\ +\ 0,00002\sin^{10}\vartheta\end{array}\right\}\sin^2 v\cos(2nt + 2\varpi - 2\varphi).$$

Cela posé, si l'on traite les équations (5′), (6′) et (7′) par la méthode des articles XXIV et suivants, on trouvera d'abord, par l'article XXV, que la partie de l'expression de $\alpha y'$ qui répond aux termes

$$\alpha K \cos^2\vartheta\cos^2 v + \frac{\alpha K}{2}\sin^2\vartheta\sin^2 v \quad \text{et} \quad 0^{P},7629\,\frac{1 + 3\cos 2\vartheta}{6}\left(\cos^2 v - \tfrac{1}{2}\sin^2 v\right)$$

des expressions de αR et de αy est nulle, parce que, en n'ayant égard qu'à ces termes, on a

$$0 = -g\frac{\partial y}{\partial \theta} + \frac{\partial R}{\partial \theta}.$$

On trouvera ensuite, par l'article XXVI, que la partie de l'expression de $\alpha y'$ qui répond au terme

$$2K \sin\nu \cos\nu \sin\theta \cos\theta \cos(nt + \varpi - \varphi)$$

de l'expression de R est encore nulle. Enfin on trouvera par les articles XXIV et XXVII que, si l'on nomme a le coefficient de $\cos(2nt + 2\varpi - 2\varphi)$ dans l'expression de y; a' et a'' ceux du même cosinus dans les expressions de y' et de $y' + y - \frac{R}{g}$, on aura à très peu près

$$0 = x^2(1 - x^2)\frac{\partial^2 a'}{\partial x^2} - x\frac{\partial a'}{\partial x} - 2a''(4 - x^2) + \frac{4n^2}{l'g}a'x^4,$$

x étant égal à $\sin\theta$. Or, si l'on fait $\frac{K\sin^2\nu}{g} = \beta$, on aura

$$a'' = a' + a - \frac{\beta}{2}x^2,$$

partant

$$a' = a'' - a + \frac{\beta}{2}x^2;$$

de plus, l' étant égal à 2 lieues, on a, par l'article XXVII,

$$\frac{2n^2}{l'g} = 5,$$

et, par le même article, on a

$$\frac{\alpha K}{g} = 0^p,7629;$$

l'équation précédente deviendra donc, en y substituant, au lieu de a, sa valeur

$$(r)\quad \left\{ \begin{aligned} &\alpha x^4(1-x^2)\frac{\partial^2 a''}{\partial x^2} - \alpha x\,\frac{\partial a''}{\partial x} - 2\alpha a''(4-x^2-5x^4)\\[1mm] &= 7^{\mathrm{p}},629\sin^2 v\,x^6 \left\{ \begin{aligned} 0,3752 &+ 0,0783\;x^2\\ &+ 0,00787\,x^4\\ &+ 0,00047\,x^6\\ &+ 0,00003\,x^8 \end{aligned}\right\}. \end{aligned}\right.$$

Pour intégrer cette équation, on supposera, conformément à la méthode de l'article XXVII,

$$\alpha a'' = 7^{\mathrm{p}},629\sin^2 v\,x^4(A + A^{(1)}x^2 + A^{(1)}x^4 + A^{(3)}x^6 + A^{(4)}x^8 + A^{(5)}x^{10} + A^{(6)}x^{12}),$$

et l'on aura les huit équations suivantes :

$$\begin{aligned} 16A^{(1)} - 10A &= 0,\\ 40A^{(2)} - 28A^{(1)} + 10A &= 0,3752,\\ 72A^{(3)} - 54A^{(2)} + 10A^{(1)} &= 0,0783,\\ 112A^{(4)} - 88A^{(3)} + 10A^{(2)} &= 0,00787,\\ 160A^{(5)} - 130A^{(4)} + 10A^{(3)} &= 0,00047,\\ 216A^{(6)} - 180A^{(5)} + 10A^{(4)} &= 0,00002,\\ - 238A^{(6)} + 10A^{(5)} &= 0,\\ 10A^{(6)} &= 0. \end{aligned}$$

(s)

En ne considérant que les sept premières, on aura

$$\begin{aligned} A &= -0,2344, & A^{(4)} &= -0,0003649,\\ A^{(1)} &= -0,1465, & A^{(5)} &= -0,00002135,\\ A^{(2)} &= -0,03457, & A^{(6)} &= -0,0000008970.\\ A^{(3)} &= -0,004402, \end{aligned}$$

Maintenant, il est clair que si l'on ajoutait au second membre de l'équation (r) le terme

$$-7^{\mathrm{p}},629.0,00000897\sin^2 v\,x^{20},$$

on aurait, au lieu de l'équation (s), la suivante

$$10\,A^{(6)} = -\,0,00000897,$$

ce qui donnerait pour $A^{(6)}$ la même valeur que précédemment, d'où il suit que l'expression précédente de $\alpha a''$ satisferait alors exactement à l'équation (r) ; or le terme

$$-\,7^{p},629.0,00000897 \sin^{2} v\, x^{20},$$

étant excessivement petit par rapport aux autres termes de cette équation, peut lui être ajouté sans craindre aucune erreur sensible. On doit donc regarder comme fort approchée la valeur précédente de $\alpha a''$: il est facile d'en conclure la valeur $\alpha y'$, car on a, par ce qui précède,

$$\alpha y' = \alpha a' \cos(2\,nt + 2\varpi - 2\varphi) = \left(\alpha a'' - \alpha a' + \alpha\frac{6}{2}x^{2}\right)\cos(2\,nt + 2\varpi - 2\varphi).$$

Pour déterminer présentement les variations de la hauteur du baromètre, nous nous rappellerons d'abord que $\alpha y' = \alpha l' \rho$, et que $\alpha \Delta' \rho$ exprime la différence de densité de deux molécules d'air également élevées au-dessus de la surface de la mer, la première dans l'état de mouvement et la seconde dans l'équilibre ; nous considérerons ensuite que le baromètre étant fixé au-dessus de la surface de la Terre est moins élevé au-dessus de la mer que dans le cas d'équilibre de la quantité αy. La variation de densité des molécules d'air qui pressent la surface du mercure est donc égale à

$$\alpha \Delta' \rho - \alpha y\frac{\partial \Delta'}{\partial s'} = \alpha \Delta' \rho + \frac{\alpha \Delta' y}{l'} = \frac{\alpha \Delta'}{l'}(y' + y);$$

d'où il suit que, pour avoir la variation des hauteurs du baromètre, il faut ajouter les valeurs de $\alpha y'$ et de αy et les multiplier par le rapport de 28^{p0} à $32^{p}.850$. On aura ainsi, en vertu des actions réunies du Soleil et de la Lune, la variation de la hauteur du baromètre, égale à

$$o^{lig},009424 \frac{1 + 3\cos 2\theta}{6} [\cos^2 v - \tfrac{1}{2}\sin^2 v + e(\cos^2 v' - \tfrac{1}{4}\sin^2 v')]$$

$$+ o^{lig},009424 \sin^2\theta \left\{ \begin{array}{l} 0,5 - 2,344\sin^2\theta \\ - 1,465\sin^4\theta \\ - 0,346\sin^6\theta \\ - 0,044\sin^8\theta \\ - 0,004\sin^{10}\theta \end{array} \right\} \left\{ \begin{array}{l} e\sin^2 v'\cos(2nt + 2\varpi - 2\varphi') \\ + \ \sin^2 v\cos(2nt + 2\varpi - 2\varphi) \end{array} \right\}.$$

Dans les nouvelles et pleines lunes des équinoxes, et en supposant $e = \tfrac{5}{7}$, la différence de la plus grande élévation à la plus grande dépression du mercure dans le baromètre, à l'équateur, est égale à $o^{lig},244$; mais, ce qui est très remarquable, l'instant de la plus grande dépression est celui de la haute mer, et réciproquement; et comme il n'est pas vraisemblable que la profondeur de la mer soit beaucoup moindre que quatre lieues, puisqu'on aurait autrement des marées trop peu considérables, il en résulte que cette singularité a lieu dans les suppositions les plus probables sur la profondeur de la mer, en sorte que si, par une longue suite d'observations barométriques, on parvenait à démêler les effets de l'action du Soleil et de la Lune sur l'atmosphère, il y a beaucoup d'apparence que, dans les lieux situés près de l'équateur, on trouverait la marche des oscillations du baromètre contraire à celle des marées : il suit au moins de nos calculs qu'il est très différent, dans la recherche des variations du baromètre, de considérer l'air comme recouvrant immédiatement le sphéroïde terrestre ou comme surnageant au-dessus de l'océan.

Il est facile, au moyen des valeurs précédentes de y' et de y, de déterminer les vitesses $\alpha\frac{du'}{dt}$ et $\alpha\frac{dv'}{dt}\sin\theta$ de l'air dans le sens du méridien et dans celui du parallèle; il suffit pour cela de substituer ces valeurs dans les équations $(6')$ et $(7')$ de l'article précédent et de satisfaire ensuite à ces équations en y supposant $\Delta = o$. En faisant ce calcul, on trouvera que la vitesse de l'atmosphère résultante de l'action du Soleil et de la Lune est inappréciable par l'observation, et qu'il est impossible de la démêler d'avec toutes les variations auxquelles les vents sont assujettis : pour le faire voir, déterminons le mouvement d'une molécule aérienne située sous l'équateur lorsque l'astre attirant est dans le plan de ce grand cercle; on aura dans ce cas $u' = 0$, et l'équation $(7')$ de l'article précédent deviendra

$$\alpha \frac{d^2 v'}{dt^2} = -\alpha g \frac{\partial \gamma'}{\partial \varpi} - \alpha g \frac{\partial \gamma}{\partial \varpi} - \alpha K \sin(2nt + 2\varpi - 2\varphi);$$

en substituant dans cette équation, au lieu de $\frac{\partial \gamma'}{\partial \varpi} + \frac{\partial \gamma}{\partial \varpi}$, sa valeur

$$-2(a' + a)\sin(2nt + 2\varpi - 2\varphi),$$

on aura, en observant que $2\alpha g(a' + a) - \alpha K = 2\alpha g a''$,

$$\alpha \frac{d^2 v'}{dt^2} = -2g \cdot 7^{\mathrm{p}},629.0,4203 \sin(2nt + 2\varpi - 2\varphi),$$

ce qui donne, en intégrant,

$$\alpha \frac{dv'}{dt} = H + \frac{g}{n} 7^{\mathrm{p}},629.0,4203 \cos(2nt + 2\varpi - 2\varphi),$$

H étant une constante arbitraire. Or, si l'on suppose que l'élément dt du temps soit d'une seconde, $\alpha\, dv'$ représentera l'espace parcouru dans l'intervalle d'une seconde; de plus, en nommant T le temps d'une révolution de la Terre sur son axe, on a nT égal à 360°, le rayon étant pris pour l'unité; par conséquent

$$nT = \frac{2.355}{113},$$

ce qui donne

$$n\, dt = \frac{2.355}{113} \frac{1''}{23^{\mathrm{h}} 56^{\mathrm{m}}} = \frac{355}{113} \frac{1}{30.1436}.$$

D'ailleurs $\frac{g}{n^2} = \frac{1}{289}$; on aura donc

$$\frac{g}{n^2} n\, dt \cdot 7^{\mathrm{p}},629.0,4203 = 0^{\mathrm{p}},06758,$$

partant

$$\alpha\, dv' = \alpha H' + 0^{\mathrm{p}},06758 \cos(2nt + 2\varpi - 2\varphi),$$

la constante $\alpha H'$ étant égale à $H\,dt$. Si cette constante n'était pas nulle, il en résulterait à l'équateur un vent constant d'occident en orient ou d'orient en occident, suivant qu'elle serait positive ou négative, et l'on pourrait expliquer par là les vents alizés que l'on observe sous la zone torride; mais la valeur de cette constante dépend du mouvement initial de l'atmosphère, et nous avons observé dans l'article XXI que la vitesse qu'elle a pu produire a dû être anéantie depuis longtemps, en vertu des résistances en tous genres que les molécules de l'air éprouvent en oscillant; d'où l'on peut généralement conclure que les vents alizés ne sont point occasionnés par l'action du Soleil et de la Lune sur l'atmosphère.

Si l'on suppose ces deux astres en opposition ou en conjonction dans le plan de l'équateur, et si l'on fait $e = \frac{3}{4}$, on aura $0^P,2365$ pour le plus grand espace qu'une molécule d'air parcoure dans l'intervalle d'une seconde, en vertu de leurs actions réunies : or il paraît impossible de s'assurer, par l'observation, de l'existence d'un vent aussi peu considérable dans une atmosphère d'ailleurs très agitée; mais il n'en est pas ainsi des variations barométriques, vu surtout l'extrême précision dont les variations du baromètre sont susceptibles; dans ce cas, on pourra faire usage de la méthode suivante pour démêler ces variations d'avec celles que le baromètre peut éprouver par d'autres causes.

Nous supposons ici que l'on ait un excellent baromètre, garni d'un nonius, pour observer jusqu'aux petites fractions de ligne. Cela posé, concevons que, dans les syzygies, l'instant de la plus grande dépression barométrique soit celui de midi, l'instant de la plus grande hauteur aura lieu environ six heures après; on observera conséquemment la hauteur du baromètre à ces deux instants, et l'on retranchera la première de la seconde : le jour suivant, on fera une observation semblable, en ayant égard au retard du flux atmosphérique, à raison du mouvement relatif de la Lune par rapport au Soleil; et pour déterminer ce retard, on suivra la même règle dont on fait usage dans les ports pour déterminer le retard des marées. En comparant ainsi une

longue suite d'observations et rejetant, pour plus d'exactitude, celles
dans lesquelles les variations du baromètre auront été très considérables dans un petit intervalle de temps, en vertu des grands changements que l'atmosphère a subis d'ailleurs, on fera une somme de
toutes les différences que l'on aura trouvées, et en la divisant par le
nombre des observations, on aura à très peu près la quantité moyenne
des variations barométriques qui résultent de l'action du Soleil et de
la Lune.

Le système d'observations dont nous venons de parler suppose que,
dans les syzygies, l'instant de la plus grande dépression arrive à midi ;
mais comme, dans nos ports, le moment de la haute mer arrive presque
toujours plus tard que suivant la théorie, la même chose peut avoir lieu
pour l'atmosphère. De là résulte la nécessité de former plusieurs systèmes d'observations semblables au précédent, avec cette différence
que, au lieu de fixer l'instant de la plus grande dépression barométrique à 0^h, on le fixera successivement à 0^h30^m, à 1^h, à 1^h30^m, à 2^h,
à 2^h30^m, à 3^h, etc., et le système qui donnera la plus grande variation est celui qu'il faut préférer. Lorsqu'on se sera bien assuré par là
du véritable instant de la plus grande dépression du baromètre pour
le lieu où l'on observe, on pourra facilement déterminer la loi de ses
variations, relativement aux différentes positions du Soleil et de la
Lune. Tout cela suppose que l'action de ces deux astres sur le baromètre est sensible; or nous avons vu que, à l'équateur, elle le fait
varier d'un quart de ligne à peu près; mais cette variation peut être
considérablement augmentée par les circonstances locales et surpasser
une et même deux lignes, ainsi que nous voyons la mer s'élever, dans
beaucoup d'endroits, quinze ou vingt fois plus que suivant le calcul.
Quoiqu'il soit impossible d'indiquer avec certitude, autrement que
par l'expérience, les lieux où ces variations barométriques sont les
plus considérables, il paraît cependant que ce sont principalement
ceux qui, situés près de l'équateur, sont traversés par de hautes montagnes qui, en resserrant l'atmosphère, peuvent en rendre sensibles les
plus légères oscillations. Un phénomène aussi curieux mérite assuré-

ment l'attention des observateurs et nous les invitons à le suivre d'une
manière particulière.

XXXVII.

Sur les ondes.

Si l'on agite une eau tranquille, on voit aussitôt se former autour
du centre d'agitation des cercles qui s'agrandissent sans cesse en
s'éloignant de ce point; ces cercles, formés par les élévations et les
abaissements successifs du fluide, ont été nommés *ondes*. Newton est
le seul, que je sache, qui se soit proposé d'en déterminer la nature
(Livre II des *Principes*, propos. 46); ce grand géomètre, considérant
une eau stagnante renfermée dans un canal infiniment étroit et d'une
largeur constante, suppose que la superficie de cette eau monte et
descend par des ondes successives, dont nous représenterons par A,
C, E, ... les sommets et par B, D, F, ... les points les plus bas;
en comparant ces ascensions et descensions alternatives aux oscillations de l'eau dans un canal recourbé, il trouve que, si l'on prend un
pendule dont la longueur soit égale à la largeur AC ou BD des ondes,
elles parcourront, en avançant, un espace égal à cette longueur, dans
le même temps durant lequel le pendule achèvera une oscillation;
d'où il suit que la vitesse des ondes est en raison sous-doublée de leur
largeur; il étend ensuite ces résultats aux ondes formées dans un
canal d'une longueur et d'une largeur indéfinies, où, par conséquent,
elles se propagent circulairement; mais il observe qu'alors le temps
de la propagation n'est déterminé par là qu'à peu près. On sent aisément que cette théorie étant fondée sur l'analogie des ondes avec les
oscillations de l'eau renfermée dans un canal recourbé, analogie que
Newton suppose sans la démontrer, ses résultats sont très incertains;
il est donc utile de traiter de nouveau cette matière, en n'employant
que les principes les plus incontestables du mouvement des fluides.
C'est ce que je me propose de faire dans cet article, en ne me permettant d'autre supposition que celle des ondulations infiniment petites;

je ne considérerai ici que le cas traité par Newton, et dans lequel on
suppose l'eau renfermée dans un canal infiniment étroit, d'une longueur indéfinie et dont la profondeur et la largeur sont constantes. Je
réserve pour un autre Mémoire la discussion du cas où le canal a une
longueur et une largeur indéfinies.

La manière la plus simple de concevoir la formation des ondes est
d'imaginer une courbe quelconque, plongée dans le fluide jusqu'à une
profondeur très petite et retenue dans cet état jusqu'à ce que tout le
fluide soit en équilibre; en la retirant ensuite hors du canal, il est
clair que le fluide tendra à reprendre son état d'équilibre, en formant
des ondes successives. La nature et la propagation des ondes ainsi formées seront l'objet des recherches suivantes.

Soient

l la profondeur du canal dans l'état d'équilibre;

X et Z les deux coordonnées horizontales et verticales qui déterminent, à l'origine du mouvement, la position d'un point quelconque du fluide;

$X + \alpha x$ et $Z + \alpha z$ les coordonnées qui déterminent la position de ce
même point après le temps t, α étant supposé infiniment petit.

Si l'on considère présentement un parallélépipède infiniment petit,
dont la largeur soit égale à la largeur infiniment petite du canal, que
nous désignerons par $\mathfrak{b}$, dont la longueur soit $dX\left(1 + \alpha \dfrac{\partial x}{\partial X}\right)$ et dont
la hauteur soit $dZ\left(1 + \alpha \dfrac{\partial z}{\partial Z}\right)$, en nommant Δ la densité du fluide et
négligeant les quantités de l'ordre α^2, on aura pour l'expression de la
masse de ce parallélépipède

$$\Delta \mathfrak{b}\, dX\, dZ\left(1 + \alpha \dfrac{\partial x}{\partial X} + \alpha \dfrac{\partial z}{\partial Z}\right);$$

dans l'instant suivant, ce parallélépipède se changera dans un solide
d'une autre figure; mais il est facile de s'assurer que, si l'on calcule la
masse de ce nouveau solide comme s'il était un prisme rectangle, on

ne négligera que des quantités infiniment petites du second ordre par rapport à celles que l'on considère; on peut donc supposer nulle la différentielle de la quantité précédente prise en ne faisant varier que le temps t, ce qui exige que cette quantité soit égale à une fonction indépendante du temps; on aura donc

$$\Delta\vartheta\, d\mathrm{X}\, d\mathrm{Y}\left(1 + \alpha\frac{\partial x}{\partial \mathrm{X}} + \vartheta\frac{\partial z}{\partial \mathrm{Z}}\right) = \Delta\vartheta\, d\mathrm{X}\, d\mathrm{Y}\,\varphi(\mathrm{X}, \mathrm{Y}),$$

$\varphi(\mathrm{X}, \mathrm{Y})$ étant une fonction quelconque de X et de Y sans t: mais, x et z étant nuls à l'origine du mouvement, cette fonction se trouve déterminée et égale à l'unité; partant on aura

$$(\mathrm{R})\qquad\qquad 0 = \frac{\partial x}{\partial \mathrm{X}} + \frac{\partial z}{\partial \mathrm{Z}}.$$

Si l'on nomme ensuite p la pression qu'éprouve la molécule fluide et g la pesanteur, l'équation (B) de l'article III donnera, dans le cas présent,

$$(\mathrm{S})\qquad\qquad 0 = g\,\delta(\mathrm{Z} + \alpha z) + \alpha\, d\mathrm{X}\frac{d^2 x}{dt^2} + \alpha\, d\mathrm{Z}\frac{d^2 z}{dt^2} + \frac{\delta p}{\Delta},$$

la caractéristique δ servant, comme dans l'article cité, à désigner les différentielles des quantités prises en regardant le temps t comme constant. Cette équation a encore lieu, par le même article, pour tous les points de la surface extérieure du fluide, pourvu qu'on y suppose $\delta p = 0$ et que les différences $d\mathrm{X}$ et $d\mathrm{Z}$ soient celles de la surface même.

Pour que l'équation précédente soit possible, il faut que

$$d\mathrm{X}\frac{d^2 x}{dt^2} + d\mathrm{Z}\frac{d^2 z}{dt^2}$$

soit une différence exacte et qu'ainsi l'on ait

$$\frac{\partial \frac{d^2 x}{dt^2}}{\partial \mathrm{Z}} = \frac{\partial \frac{d^2 z}{dt^2}}{\partial \mathrm{X}};$$

en intégrant cette équation deux fois de suite par rapport à t et observant que, par la formation précédente des ondes, on a

$$x = 0, \qquad z = 0, \qquad \frac{dx}{dt} = 0 \qquad \text{et} \qquad \frac{dz}{dt} = 0,$$

lorsque $t = 0$, on aura

$$\frac{\partial x}{\partial Z} = \frac{\partial z}{\partial X},$$

partant

$$\frac{\partial^2 x}{\partial X \partial Z} = \frac{\partial^2 z}{\partial X^2};$$

or l'équation (R) donne

$$\frac{\partial^2 x}{\partial X \partial Z} = -\frac{\partial^2 z}{\partial Z^2};$$

on aura donc

$$0 = \frac{\partial^2 z}{\partial X^2} + \frac{\partial^2 z}{\partial Z^2}.$$

Cette équation est aux différences partielles du second ordre, et son
intégrale complète est, comme l'on sait,

$$z = \varphi(X + Z\sqrt{-1}) + \psi(X - Z\sqrt{-1}),$$

$\varphi(X)$ et $\psi(X)$ étant des fonctions quelconques arbitraires de X qui
renferment le temps t; les deux équations

$$\frac{\partial x}{\partial X} + \frac{\partial z}{\partial Z} = 0 \qquad \text{et} \qquad \frac{\partial x}{\partial Z} = \frac{\partial z}{\partial X}$$

donneront ensuite

$$x = -\sqrt{-1}\left[\varphi(X + Z\sqrt{-1}) - \psi(X - Z\sqrt{-1})\right].$$

On doit donc observer ici que, Z étant nul, on a

$$z = 0,$$

quels que soient X et t; on a donc

$$\varphi(X) = -\psi(X),$$

partant

$$z = \varphi(X + Z\sqrt{-1}) - \varphi(X - Z\sqrt{-1}),$$

$$x = -\sqrt{-1}\left[\varphi(X + Z\sqrt{-1}) + \varphi(X - Z\sqrt{-1})\right],$$

on aura, au moyen de ces équations, les valeurs de x et de z relatives
à tous les points du fluide, lorsqu'on aura déterminé ces valeurs en X
et en t pour tous les points de la surface; or l'équation (S) devient à
la surface

$$o = g\,\delta(Z + \alpha z) + \alpha\,dX\frac{d^2x}{dt^2} + \alpha\,dZ\frac{d^2z}{dt^2};$$

d'où il suit que dZ est de l'ordre α. Soit donc à la surface du fluide

$$Z = l + \alpha u,$$

u étant une fonction quelconque de X; on aura, en négligeant les
quantités de l'ordre α^2,

(T)
$$o = g\frac{\partial u}{\partial X} + g\frac{\partial z}{\partial X} + \frac{d^2x}{dt^2}.$$

Il faut maintenant satisfaire à cette équation et à ces deux-ci

$$z = \varphi(X + l\sqrt{-1}) - \varphi(X - l\sqrt{-1}),$$
$$x = -\sqrt{-1}\left[\varphi(X + l\sqrt{-1}) + \varphi(X - l\sqrt{-1})\right];$$

or cela paraît très difficile en général, c'est-à-dire en donnant à u une
valeur quelconque arbitraire; il ne nous reste donc qu'à y satisfaire
dans des suppositions particulières pour u.

Supposons $u = a\left(\cos\dfrac{X}{c} - \cos\dfrac{h}{c}\right)$, de manière que l'on ait $u = o$,
tant que X n'est pas compris entre les limites $+h$ et $-h$, ce qui
revient à faire au delà de ces limites $\cos\dfrac{X}{c}$ constamment égal à $\cos\dfrac{h}{c}$;
l'équation (T) devient alors

(T')
$$o = -\frac{ga}{c}\sin\frac{X}{c} + g\frac{\partial z}{\partial X} + \frac{d^2x}{dt^2}.$$

On peut y satisfaire et remplir toutes les conditions du mouvement,
en supposant

$$x = A\sin\frac{X}{c}\left(e^{\frac{z}{c}} + e^{-\frac{z}{c}}\right),$$
$$z = -A\cos\frac{X}{c}\left(e^{\frac{z}{c}} - e^{-\frac{z}{c}}\right),$$

e étant le nombre dont le logarithme hyperbolique est l'unité, et A étant fonction de t seul, car il est aisé de voir que ces valeurs de x et de z satisfont aux équations

$$\frac{\partial x}{\partial X} + \frac{\partial z}{\partial Z} = 0, \qquad \frac{\partial x}{\partial Z} = \frac{\partial z}{\partial X}$$

et à la condition de $z = 0$ lorsque $Z = 0$. Si l'on change dans ces valeurs Z en t et qu'ensuite on les substitue dans l'équation (T'), on aura

$$0 = -\frac{ga}{c} + \frac{g A}{c}\left(e^{\frac{t}{c}} - e^{\frac{t}{c}}\right) + \frac{d^2 A}{dt^2}\left(e^{\frac{t}{c}} + e^{\frac{-t}{c}}\right).$$

Si l'on intègre cette équation, en ayant soin de déterminer les constantes arbitraires de manière qu'à l'origine du mouvement on ait $A = 0$ et $\frac{dA}{dt} = 0$, on trouvera facilement

$$A = \frac{a}{e^{\frac{t}{c}} - e^{\frac{-t}{c}}}(1 - \cos nt),$$

n étant égale à $\sqrt{\dfrac{\frac{g}{c}\left(e^{\frac{t}{c}} - e^{\frac{-t}{c}}\right)}{e^{\frac{t}{c}} + e^{\frac{-t}{c}}}}$; partant, on a généralement

$$x = a\,\frac{e^{\frac{z}{c}} + e^{\frac{-z}{c}}}{e^{\frac{t}{c}} - e^{\frac{-t}{c}}}\sin\frac{X}{c}(1 - \cos nt),$$

$$z = -a\,\frac{e^{\frac{z}{c}} - e^{\frac{-z}{c}}}{e^{\frac{t}{c}} - e^{\frac{-t}{c}}}\cos\frac{X}{c}(1 - \cos nt).$$

Il résulte de ces expressions que les molécules intérieures du fluide oscillent d'une manière semblable à celles de la surface, avec cette seule différence que leur mouvement dans le sens vertical est moindre dans la raison de $e^{\frac{z}{c}} - e^{\frac{-z}{c}}$ à $e^{\frac{t}{c}} - e^{\frac{-t}{c}}$, et que leur mouvement dans le sens horizontal est moindre dans la raison de $e^{\frac{z}{c}} + e^{-\frac{z}{c}}$ à $e^{\frac{t}{c}} + e^{-\frac{t}{c}}$; d'où il suit que, si c est peu considérable, le mouvement du fluide sera presque insensible à une médiocre profondeur : il ne s'agit donc plus que de bien déterminer, pour tous les points situés à la surface du fluide, la signification des valeurs précédentes de x et de z, qui, ayant été données par l'intégration d'équations aux différences partielles, doivent être plutôt regardées comme des symboles que comme de véritables expressions analytiques. Si l'on considérait, en effet, sous ce dernier rapport le facteur $1 - \cos nt$ qu'elles renferment, on serait naturellement porté à conclure que la masse entière du fluide doit s'ébranler dès le premier instant du mouvement, et que chaque molécule fera éternellement des oscillations dont la durée est égale à $\frac{360^{\omega}}{n}$; or l'une et l'autre de ces conséquences est démentie par l'expérience, qui nous montre que les parties du fluide s'ébranlent successivement et que chaque molécule ne fait qu'un nombre fini d'oscillations, déterminé par la nature de l'ébranlement primitif, après quoi elle reste en repos. La solution de cette difficulté mérite une attention particulière, en ce qu'elle renferme une application délicate du Calcul intégral aux différences partielles.

L'expression de z devient, à la surface du fluide,

$$z = a \cos \frac{X}{c}\,(\cos nt - 1) = a\left[\frac{1}{2}\cos\left(\frac{X}{c} - nt\right) + \frac{1}{2}\cos\left(\frac{X}{c} + nt\right) - \cos\frac{X}{c}\right];$$

la hauteur de la molécule fluide au-dessus du niveau du canal, étant égale à $\alpha u + \alpha z$, sera conséquemment égale à

$$\alpha a\left[\frac{1}{2}\cos\left(\frac{X}{c} - nt\right) + \frac{1}{2}\cos\left(\frac{X}{c} + nt\right) - \cos\frac{h}{c}\right];$$

il faut donc déterminer la fonction arbitraire $\varphi(X)$ de l'expression générale de $\alpha u + \alpha z$, de manière que cette expression soit égale à la quantité précédente; or on doit se rappeler ici que, t étant nul, la valeur de $\alpha u + \alpha z$ est nulle, quel que soit X, lorsqu'il cesse d'être compris entre les limites $+ h$ et $- h$, en sorte que l'on a, au delà de ces limites, $\cos\frac{X}{c} = \cos\frac{h}{c}$. Cette considération doit donc nous guider dans la détermination des valeurs de $\cos\left(\frac{X}{c} \pm nt\right)$, et nous devons supposer ce cosinus constamment égal à $\cos\frac{h}{c}$, lorsque l'angle $\frac{X}{c} \pm nt$ n'est pas compris entre les limites $+\frac{h}{c}$ et $-\frac{h}{c}$; d'où résulte cette conséquence, savoir, que la molécule déterminée par les coordonnées X et Z ne commence à s'ébranler que lorsque le temps t est tel que l'angle $\frac{X}{c} \pm nt$ commence à être compris entre ces limites, et qu'elle cesse d'être ébranlée lorsque cet angle cesse d'y être compris.

Ne considérons ici que les valeurs positives de X (on pourra faire des remarques entièrement semblables sur les valeurs négatives); supposons, de plus, X plus grand que h; on aura, dans ce cas, $\cos\left(\frac{X}{c} - nt\right) = \cos\frac{h}{c}$, et l'expression précédente de $\alpha u + \alpha z$ deviendra

$$\frac{\alpha a}{3}\left[\cos\left(\frac{X}{c} - nt\right) - \cos\frac{h}{c}\right];$$

la molécule fluide ne commencera donc à s'ébranler que lorsqu'on aura $\frac{X}{c} - nt = \frac{h}{c}$, ce qui donne $t = \frac{X - h}{nc}$; elle cessera de s'ébranler lorsqu'on aura $\frac{X}{c} - nt = -\frac{h}{c}$, ce qui donne $t = \frac{X + h}{nc}$; partant, la durée de l'ébranlement sera $\frac{2h}{nc}$. Le temps de l'oscillation d'un pendule dont b représente la longueur est $\pi\sqrt{\frac{b}{g}}$, π exprimant le rapport de la demi-circonférence au rayon; nommant donc T ce temps, on aura, pour le temps après lequel la molécule fluide commence à s'ébranler,

$$t = \frac{X - h}{nc} = \frac{(X - h)\sqrt{c'^2 + c^2}}{\pi\sqrt{bc}\sqrt{c'^2 - c^2}}\,\mathrm{T},$$

et le temps de l'ébranlement sera

$$\frac{2h}{nc} = \frac{2hT}{\pi\sqrt{bc}}\sqrt{\frac{e^{\frac{t}{c}}+e^{-\frac{t}{c}}}{e^{\frac{t}{c}}-e^{-\frac{t}{c}}}}$$

Si la profondeur l du fluide est considérable par rapport à c, le temps t sera à très peu près égal à $\frac{X - h}{\pi\sqrt{bc}}T$; d'où il suit qu'alors la profondeur plus ou moins grande du canal n'influe que d'une manière insensible sur le temps de la propagation des ondes; si dans ce même cas h est très petit, on aura sensiblement $t = \frac{X}{\pi\sqrt{bc}}T$; or la largeur de l'onde ou, ce qui revient au même, l'étendue de la partie fluide ébranlée dans le même instant, est égale à $2h$; cette largeur influe donc extrêmement peu sur le temps de la propagation, ce qui est bien contraire au résultat de Newton, suivant lequel ce temps est réciproquement comme la racine carrée de h, au lieu que, suivant notre théorie, il est réciproquement comme la racine carrée de c.

Le cas que nous venons de discuter est très remarquable en ce qu'il embrasse tous ceux dans lesquels on suppose les ondes formées par l'immersion d'une courbe très peu plongée dans l'eau; car, si l'on nomme r le rayon osculateur de la courbe au point le plus bas qui plonge dans l'eau, on aura à très peu près $\alpha u = r\left(\cos\frac{X}{r} - \cos\frac{h}{r}\right)$, $\frac{h}{r}$ étant ici supposé de l'ordre α. On aura donc, par ce qui précède, et en négligeant h par rapport à X,

$$t = \frac{X}{\pi\sqrt{rb}}T\sqrt{\frac{e^{\frac{t}{c}}+e^{-\frac{t}{c}}}{e^{\frac{t}{c}}-e^{-\frac{t}{c}}}};$$

d'où il suit que, la courbe étant plongée plus ou moins profondément dans l'eau, le temps de la propagation des ondes à une distance donnée sera toujours le même, à peu près comme le temps des oscillations d'un pendule est constant, quels que soient les arcs qu'il décrit, pourvu qu'ils soient fort petits. Si l est très grand par rapport à r, on aura $t = \dfrac{X}{\pi\sqrt{rb}}\,T$; en sorte que, dans ce cas, les temps de la propagation des ondes engendrées par différentes courbes, ou par la même dans différentes situations, sont réciproquement comme les racines carrées des rayons osculateurs, et les vitesses des ondes sont directement comme ces mêmes racines; il n'en est donc pas de la vitesse des ondes comme de celle du son, qui, comme l'on sait, est indépendante de l'ébranlement primitif de l'air.

MÉMOIRE SUR L'USAGE

DU

CALCUL AUX DIFFÉRENCES PARTIELLES

DANS

LA THÉORIE DES SUITES.

MÉMOIRE SUR L'USAGE

DU

CALCUL AUX DIFFÉRENCES PARTIELLES

DANS

LA THÉORIE DES SUITES [1].

Mémoires de l'Académie royale des Sciences de Paris, année 1777; 1780.

I.

Soit u une fonction quelconque de x, que l'on propose de développer dans une suite ordonnée par rapport aux puissances de x. En représentant ainsi cette suite

$$u = v + x q_1 + x^2 q_2 + x^3 q_3 + \ldots + x^n q_n + x^{n+1} q_{n+1} + \ldots,$$

$v, q_1, q_2, \ldots$ étant des quantités indépendantes de x, il est clair que v est ce que devient u lorsqu'on y suppose $x = 0$, et que l'on a, quel que soit n,

$$\frac{d^n u}{dx^n} = 1.2.3\ldots n.q_n + 2.3\ldots(n+1)x q_{n+1} + \ldots,$$

la différence $d^n u$ étant prise en faisant varier tout ce qui, dans u, doit varier avec x; partant, si l'on suppose après les différentiations $x = 0$ dans l'expression de $\dfrac{d^n u}{dx^n}$, on aura

$$q_n = \frac{\dfrac{d^n u}{dx^n}}{1.2.3\ldots n}.$$

[1] Remis le 16 juin 1779.

Si u est fonction des deux quantités α et α_1, et qu'il s'agisse de développer cette fonction dans une suite ordonnée par rapport aux puissances et aux produits de α et de α_1, en représentant ainsi cette suite

$$
\begin{aligned}
u = v &+ \alpha\, q_{1,0} + \alpha^2\, q_{2,0} + \ldots \\
&+ \alpha_1\, q_{0,1} + \alpha\alpha_1\, q_{1,1} + \ldots \\
&\qquad + \alpha_1^2\, q_{0,2} + \ldots \\
&\qquad\qquad + \ldots,
\end{aligned}
$$

le coefficient q_{n,n_1} du terme $\alpha^n \alpha_1^{n_1} q_{n,n_1}$ sera pareillement égal à

$$
\frac{\dfrac{\partial^{n+n_1} u}{\partial \alpha^n \partial \alpha_1^{n_1}}}{1.2.3\ldots n . 1.2.3 \ldots n_1},
$$

α et α_1 étant supposés nuls après les différentiations.

En général, si u est fonction de α, α_1, α_2, ... et que, en la développant dans une suite ordonnée par rapport aux puissances et aux produits de α, α_1, α_2, ..., on représente par $\alpha^n \alpha_1^{n_1} \alpha_2^{n_2} \ldots q_{n,n_1,n_2\ldots}$ le terme de l'ordre $\alpha^n \alpha_1^{n_1} \alpha_2^{n_2} \ldots$ de cette suite, on aura

$$
q_{n,n_1,n_2\ldots} = \frac{\dfrac{\partial^{n+n_1+n_2+\ldots} u}{\partial \alpha^n \partial \alpha_1^{n_1} \partial \alpha_2^{n_2} \ldots}}{1.2.3\ldots n . 1.2.3 \ldots n_1 . 1.2.3 \ldots n_2 \ldots},
$$

pourvu que l'on suppose α, α_1, α_2, ... égaux à zéro après les différentiations.

Supposons maintenant que u soit fonction de α, α_1, α_2, ... et des variables t, t_1, t_2, ...; si, par la nature de cette fonction ou par une équation aux différences partielles qui la représente, on parvient à obtenir $\dfrac{\partial^{n+n_1+\ldots} u}{\partial \alpha^n \partial \alpha_1^{n_1} \ldots}$ en fonction de u et de ses différences prises par rapport à t, t_1, t_2, ..., en nommant K cette fonction, lorsqu'on y change u en v, v étant ce que devient u lorsqu'on y suppose α, α_1, α_2, ... égaux à zéro, il est visible que l'on aura $q_{n,n_1\ldots}$ en divisant K par le produit

$$
1.2.3\ldots n . 1.2.3 \ldots n_1 . 1.2.3 \ldots n_2 \ldots;
$$

on aura donc ainsi la loi de la série dans laquelle u est développé.

C'est sous ce point de vue que le calcul aux différences partielles peut être utile dans la théorie des suites, et nous allons en voir découler les principaux théorèmes sur cet objet, auxquels les géomètres ne sont parvenus que par des méthodes particulières.

II.

Supposons d'abord u égal à une fonction quelconque de $t + \alpha$, $t_1 + \alpha_1$, $t_2 + \alpha_2$, ... que nous désignerons par

$$\varphi(t + \alpha, t_1 + \alpha_1, t_2 + \alpha_2, \ldots);$$

dans ce cas, la différence quelconque i^{ieme} de u, prise par rapport à α et divisée par $\partial \alpha^i$, est évidemment égale à cette même différence prise par rapport à t et divisée par ∂t^i. La même égalité a lieu entre les différences prises par rapport à α_1 et t_1, ou par rapport à α_2 et t_2, ou ..., d'où il suit que l'on a généralement

$$\frac{\partial^{n+n_1+n_2+\cdots} u}{\partial \alpha^n \, \partial \alpha_1^{n_1} \, \partial \alpha_2^{n_2} \ldots} = \frac{\partial^{n+n_1+n_2+\cdots} u}{\partial t^n \, \partial t_1^{n_1} \, \partial t_2^{n_2} \ldots}.$$

En changeant dans le second membre de cette équation u en v ou, ce qui revient au même, en $\varphi(t, t_1, t_2, \ldots)$, on aura, par l'article précédent,

$$q_{n, n_1, n_2, \ldots} = \frac{\partial^{n+n_1+n_2+\cdots} \varphi(t, t_1, t_2, \ldots)}{1.2.3 \ldots n \, \partial t^n . 1.2.3 \ldots n_1 \, \partial t_1^{n_1} . 1.2.3 \ldots n_2 \, \partial t_2^{n_2} \ldots}.$$

Si u est seulement fonction de $t + \alpha$, on aura

$$q_n = \frac{\partial^n \varphi(t)}{1.2.3 \ldots n \, \partial t^n},$$

partant

$$\varphi(t + \alpha) = \varphi(t) + \alpha \frac{\partial \varphi(t)}{\partial t} + \frac{\alpha^2}{1.2} \frac{\partial^2 \varphi(t)}{\partial t^2} + \frac{\alpha^3}{1.2.3} \frac{\partial^3 \varphi(t)}{\partial t^3} + \ldots.$$

Cette suite a été donnée par Taylor dans l'Ouvrage qui a pour titre : *Methodus incrementorum*.

III.

Le théorème de l'article précédent donne immédiatement en série la différence finie d'une fonction quelconque u de t, t_1, t_2, ... lorsqu'on y suppose t croître de α, t_1 croître de α_1, t_2 croître de α_2, ..., car, en nommant u' ce que devient u par ces accroissements, on aura, en vertu de ce théorème,

$$u' = u + \alpha \frac{\partial u}{\partial t} + \alpha_1 \frac{\partial u}{\partial t_1} + \ldots + \frac{\alpha^2}{1.2} \frac{\partial^2 u}{\partial t^2} + \ldots;$$

en désignant donc, comme à l'ordinaire, par Δu la différence finie $u' - u$, on aura

$$\Delta u = \alpha \frac{\partial u}{\partial t} + \alpha_1 \frac{\partial u}{\partial t_1} + \ldots.$$

Il est aisé d'en déduire les différences finies successives de u; mais, pour ne point nous embarrasser dans de trop longs calculs, nous ne considérerons ici qu'une seule variable t : il sera facile ensuite d'étendre les résultats suivants à un nombre quelconque de variables.

Dans le cas d'une seule variable t, on a

$$(1) \qquad \Delta u = \alpha \frac{\partial u}{\partial t} + \frac{\alpha^2}{1.2} \frac{\partial^2 u}{\partial t^2} + \frac{\alpha^3}{1.2.3} \frac{\partial^3 u}{\partial t^3} + \ldots.$$

En prenant la différence finie de cette équation, on aura

$$\Delta^2 u = \alpha \Delta \frac{\partial u}{\partial t} + \frac{\alpha^2}{1.2} \Delta \frac{\partial^2 u}{\partial t^2} + \frac{\alpha^3}{1.2.3} \Delta \frac{\partial^3 u}{\partial t^3} + \ldots.$$

Or on a, en changeant successivement dans l'équation (1) u en $\frac{\partial u}{\partial t}$, $\frac{\partial^2 u}{\partial t^2}$, ...,

$$\alpha \, \Delta \frac{\partial u}{\partial t} = \alpha^2 \frac{\partial^2 u}{\partial t^2} + \frac{\alpha^3}{1.2} \frac{\partial^3 u}{\partial t^3} + \ldots,$$

$$\alpha^2 \Delta \frac{\partial^2 u}{\partial t^2} = \alpha^3 \frac{\partial^3 u}{\partial t^3} + \frac{\alpha^4}{1.2} \frac{\partial^4 u}{\partial t^4} + \ldots,$$

$$\ldots\ldots\ldots\ldots\ldots\ldots\ldots\ldots\ldots\ldots\ldots$$

On aura donc pour $\Delta^2 u$ une expression de cette forme

$$\Delta^2 u = \alpha^2 \frac{\partial^2 u}{\partial t^2} + a\,\alpha^3 \frac{\partial^3 u}{\partial t^3} + a'\,\alpha^4 \frac{\partial^4 u}{\partial t^4} + \ldots,$$

a, a', ... étant des coefficients numériques; si l'on différentie de nouveau cette équation aux différences finies, on aura

$$\Delta^3 u = \alpha^2 \Delta \frac{\partial^2 u}{\partial t^2} + \ldots,$$

d'où l'on conclura

$$\Delta^3 u = \alpha^3 \frac{\partial^3 u}{\partial t^3} + \ldots.$$

En suivant ce procédé, on aura généralement

$$(2) \qquad \Delta^i u = \alpha^i \frac{\partial^i u}{\partial t^i} + h\,\alpha^{i+1} \frac{\partial^{i+1} u}{\partial t^{i+1}} + h'\,\alpha^{i+2} \frac{\partial^{i+2} u}{\partial t^{i+2}} + \ldots,$$

h, h', ... étant des coefficients indépendants de α et de t qu'il s'agit de déterminer.

Pour cela, soit $u = e^t$, on aura

$$e^t = u = \frac{\partial u}{\partial t} = \frac{\partial^2 u}{\partial t^2} = \ldots;$$

on a d'ailleurs

$$\Delta u \;= e^{t+\alpha} - e^t \qquad\qquad = (e^\alpha - 1)e^t,$$
$$\Delta^2 u = (e^\alpha - 1)(e^{t+\alpha} - e^t) = (e^\alpha - 1)^2 e^t,$$

et généralement

$$\Delta^i u = (e^\alpha - 1)^i e^t;$$

l'équation (2) donnera donc

$$(e^\alpha - 1)^i = \alpha^i + h\,\alpha^{i+1} + h'\,\alpha^{i+2} + \ldots,$$

en sorte que l'on aura

$$\alpha^i \frac{\partial^i u}{\partial t^i} + h\,\alpha^{i+1} \frac{\partial^{i+1} u}{\partial t^{i+1}} + h'\,\alpha^{i+2} \frac{\partial^{i+2} u}{\partial t^{i+2}} + \ldots = \left(e^{\alpha \frac{\partial u}{\partial t}} - 1 \right)^i,$$

pourvu que, dans le développement du second membre de cette équation, on applique à la caractéristique ∂ les exposants des puissances de ∂u, et qu'ainsi l'on écrive $\frac{\partial^n u}{\partial t^n}$ au lieu de $\left(\frac{\partial u}{\partial t}\right)^n$; on aura donc, dans cette supposition,

$$(3) \qquad \Delta^i u = \left(e^{a\frac{\partial u}{\partial t}} - 1\right)^i.$$

IV.

Si l'on suppose $\frac{\partial^i u}{\partial t^i} = \Sigma^i z$, la caractéristique Σ servant à désigner, comme à l'ordinaire, l'intégrale finie des quantités, on aura

$$u = \Sigma^i \int^i z \, dt^i \qquad \text{et} \qquad \Delta^i u = \int^i z \, dt^i;$$

l'équation (2) de l'article précédent donnera donc

$$\Sigma^i z = \frac{\int^i z \, dt^i}{\alpha^i} - h \alpha \, \Sigma^i \frac{\partial z}{\partial t} - h' \alpha^2 \, \Sigma^i \frac{\partial^2 z}{\partial t^2} - \ldots,$$

d'où l'on tirera, en différentiant,

$$\alpha \, \Sigma^i \frac{\partial z}{\partial t} = \frac{\int^{i-1} z \, dt^{i-1}}{\alpha^{i-1}} - h \alpha^2 \, \Sigma^i \frac{\partial^2 z}{\partial t^2} - \ldots.$$

Cette valeur de $\alpha \, \Sigma^i \frac{\partial z}{\partial t}$, substituée dans l'expression de $\Sigma^i z$, lui donnera la forme suivante

$$\Sigma^i z = \frac{\int^i z \, dt^i}{\alpha^i} - \frac{h \int^{i-1} z \, dt^{i-1}}{\alpha^{i-1}} - m \alpha^2 \, \Sigma^i \frac{\partial^2 z}{\partial t^2} - \ldots.$$

En différentiant cette équation deux fois de suite, on aura

$$\alpha^2 \, \Sigma^i \frac{\partial^2 z}{\partial t^2} = \frac{\int^{i-2} z \, dt^{i-2}}{\alpha^{i-2}} - \frac{h \int^{i-3} z \, dt^{i-3}}{\alpha^{i-3}} - m \alpha^4 \, \Sigma^i \frac{\partial^4 z}{\partial t^4} - \ldots.$$

Cette valeur de $\alpha^2 \Sigma^i \frac{\partial^2 z}{\partial t^2}$, substituée dans l'expression de $\Sigma^i z$, donnera

$$\Sigma^i z = \frac{\int^i z \, dt^i}{\alpha^i} - h \frac{\int^{i-1} z \, dt^{i-1}}{\alpha^{i-1}} - m \frac{\int^{i-2} z \, dt^{i-2}}{\alpha^{i-2}} - \ldots;$$

et, continuant d'opérer ainsi, il est aisé de voir que l'on aura généralement

$$(4) \quad \left\{ \begin{aligned} \Sigma^i z = {} & \frac{\int^i z\, dt^i}{\alpha^i} + r\, \frac{\int^{i-1} z\, dt^{i-1}}{\alpha^{i-1}} + r'\, \frac{\int^{i-2} z\, dt^{i-2}}{\alpha^{i-2}} + \ldots \\ & + sz + s'\alpha \frac{\partial z}{\partial t} + s''\alpha^2 \frac{\partial^2 z}{\partial t^2} + \ldots, \end{aligned} \right.$$

$r, r', \ldots, s, s', \ldots$ étant des coefficients indépendants de α et de t.

Pour les déterminer, soit $z = e^t$, et l'on aura

$$e^t = z = \frac{\partial z}{\partial t} = \frac{\partial^2 z}{\partial t^2} = \ldots = \int z\, dt = \int^2 z\, dt^2 = \ldots.$$

On a d'ailleurs

$$\Sigma z = \frac{e^t}{e^\alpha - 1},$$

partant

$$\Sigma^2 z = \frac{1}{e^\alpha - 1}\, \Sigma e^t = \frac{e^t}{(e^\alpha - 1)^2},$$

et généralement

$$\Sigma^i z = \frac{e^t}{(e^\alpha - 1)^i};$$

l'équation (4) donnera donc

$$\frac{1}{(e^\alpha - 1)^i} = \frac{1}{\alpha^i} + \frac{r}{\alpha^{i-1}} + \frac{r'}{\alpha^{i-2}} + \ldots + s + \alpha s' + \alpha^2 s'' + \ldots,$$

en sorte que l'on aura

$$\frac{\int^i z\, dt^i}{\alpha^i} + \frac{r \int^{i-1} z\, dt^{i-1}}{\alpha^{i-1}} + \frac{r' \int^{i-2} z\, dt^{i-2}}{\alpha^{i-2}} + \ldots + sz + \alpha s' \frac{\partial z}{\partial t} + \ldots = \frac{1}{\left(e^{\alpha \frac{\partial z}{\partial t}} - 1 \right)^i},$$

pourvu que, dans le développement du second membre de cette équation, on applique à la caractéristique ∂ les exposants des puissances de ∂z et que l'on change les différences négatives en intégrales, c'est-à-dire qu'au lieu de $\left(\frac{\partial z}{\partial t} \right)^n$ on écrive $\frac{\partial^n z}{\partial t^n}$, et, si n est négatif et égal à $-m$, qu'au lieu de $\frac{\partial^{-m} z}{\partial t^{-m}}$ on écrive $\int^m z\, dt^m$; on aura donc, avec ces conditions,

$$\Sigma^i z = \frac{1}{\left(e^{a\frac{\partial z}{\partial t}} - 1\right)^i};$$

et, comme cette équation a lieu quelle que soit la fonction z, en changeant z en u, on aura

$$(5) \qquad \Sigma^i u = \frac{1}{\left(e^{a\frac{\partial u}{\partial t}} - 1\right)^i}.$$

V.

Dans la supposition de $i = 1$, l'équation (5) devient

$$\Sigma u = \frac{1}{e^{a\frac{\partial u}{\partial t}} - 1},$$

en sorte que, en développant la quantité $\dfrac{1}{e^{a\frac{\partial u}{\partial t}} - 1}$, on aura la loi des termes de la série qui exprime l'intégrale finie de la fonction u. Cette loi est très importante dans la théorie des suites; on peut y parvenir directement de la manière suivante :

Supposons

$$\frac{\alpha}{e^{\alpha} - 1} = \frac{1}{\alpha} + q_0 + \alpha q_1 + \alpha^2 q_2 + \alpha^3 q_3 + \ldots + \alpha^{n-1} q_{n-1} + \ldots,$$

on aura, par ce qui précède,

$$\Sigma u = \frac{\int u \, dt}{\alpha} + q_0 u + \alpha q_1 \frac{\partial u}{\partial t} + \alpha^2 q_2 \frac{\partial^2 u}{\partial t^2} + \alpha^3 q_3 \frac{\partial^3 u}{\partial t^3} + \ldots.$$

Tout se réduit donc à déterminer la loi des coefficients q_0, q_1, q_2, q_3, …; or il est visible que l'on a

$$q_{n-1} = \frac{d^n \frac{\alpha}{e^{\alpha} - 1}}{1 . 2 . 3 \ldots n \, dx^n},$$

pourvu que l'on suppose $\alpha = 0$ après les différentiations; on a ensuite

$$(6)\qquad \frac{\alpha}{e^{\alpha}-1} = \frac{\frac{\alpha}{2}}{e^{\frac{\alpha}{2}}-1} - \frac{\frac{\alpha}{2}}{e^{\frac{\alpha}{2}}+1};$$

de plus, il est clair que, si l'on suppose $\alpha = 0$ après les différentiations, on a

$$\frac{d^n \dfrac{\frac{\alpha}{2}}{e^{\frac{\alpha}{2}} \pm 1}}{\left(\dfrac{d\alpha}{2}\right)^n} = \frac{d^n \dfrac{\alpha}{e^{\alpha} \pm 1}}{d\alpha^n},$$

ce qui donne

$$\frac{d^n \dfrac{\frac{\alpha}{2}}{e^{\frac{\alpha}{2}} \pm 1}}{d\alpha^n} = \frac{1}{2^n}\,\frac{d^n \dfrac{\alpha}{e^{\alpha} \pm 1}}{d\alpha^n};$$

l'équation (6) donnera, par conséquent,

$$\frac{d^n \dfrac{\alpha}{e^{\alpha}-1}}{d\alpha^n} = \frac{1}{2^n}\,\frac{d^n \dfrac{\alpha}{e^{\alpha}-1}}{d\alpha^n} - \frac{1}{2^n}\,\frac{d^n \dfrac{\alpha}{e^{\alpha}+1}}{d\alpha^n}.$$

Partant, si l'on suppose toujours $\alpha = 0$ après les différentiations, on aura

$$\frac{d^n \dfrac{\alpha}{e^{\alpha}-1}}{d\alpha^n} = -\,\frac{d^n \dfrac{\alpha}{e^{\alpha}+1}}{(2^n-1)\,d\alpha^n} = -\,\frac{n\,d^{n-1}\dfrac{1}{e^{\alpha}+1}}{(2^n-1)\,d\alpha^{n-1}},$$

parce que

$$d^n \frac{\alpha}{e^{\alpha}+1} = \alpha\, d^n \frac{1}{e^{\alpha}+1} + n\,d\alpha\, d^{n-1}\frac{1}{e^{\alpha}+1} = n\,d\alpha\, d^{n-1}\frac{1}{e^{\alpha}+1},$$

lorsque l'on suppose $\alpha = 0$; donc

$$q_{n-1} = -\,\frac{d^{n-1}\dfrac{1}{e^{\alpha}+1}}{1.2.3\ldots(n-1)(2^n-1)\,d\alpha^{n-1}}.$$

Si l'on différentie présentement la quantité $\dfrac{1}{e^x+1}$, on trouvera

$$\frac{d\,\dfrac{1}{e^x+1}}{dx} = \frac{-e^x}{(e^x+1)^2}, \qquad \frac{d^2\,\dfrac{1}{e^x+1}}{dx^2} = \frac{e^{2x}-e^x}{(e^x+1)^3},$$

et, en continuant de procéder ainsi, on voit que l'on aura généralement

$$(7) \qquad \frac{d^{n-1}\,\dfrac{1}{e^x+1}}{dx^{n-1}} = \frac{A\,e^{(n-1)x} + A^{(1)}e^{(n-2)x} + A^{(2)}e^{(n-3)x} + \ldots}{(e^x+1)^n},$$

A, $A^{(1)}$, $A^{(2)}$, ... étant des coefficients indépendants de α, et le numérateur du second membre de cette équation ne renfermant que des puissances positives de e^x, en sorte que la plus petite des quantités $n-1$, $n-2$, $n-3$, ... ne peut être zéro ou négative. Pour déterminer ce numérateur, nous observerons que l'on a

$$(e^x+1)^n\,\frac{d^{n-1}\,\dfrac{1}{e^x+1}}{dx^{n-1}} = A\,e^{(n-1)x} + A^{(1)}e^{(n-2)x} + \ldots\,;$$

il ne s'agit donc que de développer en série la fonction

$$(e^x+1)^n\,\frac{d^{n-1}(e^x+1)^{-1}}{dx^{n-1}},$$

en rejetant toutes les puissances de e^x, qui sont zéro ou négatives, et dont les coefficients doivent, par conséquent, se détruire d'eux-mêmes; or on a

$$(e^x+1)^{-1} = e^{-x}(1+e^{-x})^{-1} = e^{-x} - e^{-2x} + e^{-3x} - e^{-4x} + \ldots,$$

partant

$$\frac{d^{n-1}(e^x+1)^{-1}}{dx^{n-1}} = \pm\,(e^{-x} - 2^{n-1}e^{-2x} + 3^{n-1}e^{-3x} - 4^{n-1}e^{-4x} + \ldots),$$

le signe $+$ ayant lieu si n est impair, et le signe $-$ s'il est pair; en multipliant cette quantité par $(e^x+1)^n$ et rejetant les puissances négatives ou nulles de e^{α}, on aura

$$(e^{\alpha}+1)^{n}\frac{d^{n-1}(e^{\alpha}+1)^{-1}}{d\alpha^{n-1}}\ldots = \pm\left\{\begin{array}{l} e^{(n-1)\alpha} - e^{(n-2)\alpha}(2^{n-1}-n) \\[4pt] + e^{(n-3)\alpha}\left[3^{n-1}-2^{n-1}n+\dfrac{n(n-1)}{1.2}\right] \\[4pt] -e^{(n-4)\alpha}\left[4^{n-1}-3^{n-1}n+2^{n-1}\dfrac{n(n-1)}{1.2}-\dfrac{n(n-1)(n-2)}{1.2.3}\right] \\[4pt] +\ldots\ldots\ldots\ldots\ldots\ldots\ldots\ldots\ldots\ldots\ldots\ldots\ldots\ldots\ldots\ldots \\[4pt] = A e^{(n-1)\alpha} + A^{(1)}e^{(n-2)\alpha} + \ldots. \end{array}\right.$$

Si l'on substitue cette valeur de $Ae^{(n-1)\alpha}+\ldots$ dans l'équation (7), et que l'on y suppose $\alpha = 0$, on aura

$$\frac{d^{n-1}\frac{1}{e^{\alpha}+1}}{d\alpha^{n-1}} = \pm\frac{\left\{\begin{array}{l} 1-(2^{n-1}-n)+\left[3^{n-1}-2^{n-1}n+\dfrac{n(n-1)}{1.2}\right] \\[4pt] -\left[4^{n-1}-3^{n-1}n+2^{n-1}\dfrac{n(n-1)}{1.2}-\dfrac{n(n-1)(n-2)}{1.2.3}\right] \\[4pt] +\ldots\ldots\ldots\ldots\ldots\ldots\ldots\ldots\ldots\ldots\ldots\ldots\ldots\ldots\ldots \end{array}\right\}}{2^{n}},$$

partant

$$q_{n-1} = \frac{\pm 1}{1.2.3\ldots(n-1)(2^{n}-1)2^{n}}$$
$$\times\left\{\begin{array}{l} 1-(2^{n-1}-n)+\left[3^{n-1}-2^{n-1}n+\dfrac{n(n-1)}{1.2}\right] \\[4pt] -\ldots\ldots\ldots\ldots\ldots\ldots\ldots\ldots\ldots\ldots\ldots\ldots\ldots \\[4pt] \pm\left[(n-1)^{n-1}-(n-2)^{n-1}n+(n-3)\dfrac{n(n-1)}{1.2}-\ldots\right] \end{array}\right\},$$

le signe supérieur ayant lieu dans cette dernière équation si n est pair, et l'inférieur s'il est impair.

La formule précédente n'a lieu qu'autant que n est plus grand que 1, et l'on ne peut trouver par son moyen la valeur de q_{0}; mais cette valeur est très facile à déterminer en considérant que

$$\frac{1}{e^{\alpha}-1} - \frac{1}{\alpha+\dfrac{\alpha^{2}}{1.2}+\ldots} = \frac{1}{\alpha} - \frac{1}{3} + \ldots,$$

d'où l'on tire

$$q_{0} = -\frac{1}{2}.$$

Dans le cas où n est impair et plus grand que l'unité, il est très remarquable que l'expression de q_{n-1} se réduise toujours à zéro; pour le faire voir, nous observerons que si l'on ne considère dans les premiers membres des équations suivantes que les puissances $(n-r)^{n-1}$, dans lesquelles $n-r$ est positif, on aura, par la théorie connue des différences finies,

$$(n-1)^{n-1} - n(n-2)^{n-1} + \frac{n(n-1)}{1.2}(n-3)^{n-1} - \ldots$$
$$= \Delta^n(n-1)^{n-1} + 1,$$

$$(n-2)^{n-1} - n(n-3)^{n-1} + \frac{n(n-1)}{1.2}(n-4)^{n-1} - \ldots$$
$$= \Delta^n(n-2)^{n-1} + 2^{n-1} - n,$$

$$(n-3)^{n-1} - n(n-4)^{n-1} + \frac{n(n-1)}{1.2}(n-5)^{n-1} - \ldots$$
$$\Delta^n(n-3)^{n-1} + 3^{n-1} \ldots 2^{n-1}n + \frac{n(n-1)}{1.2}.$$

De plus, on a généralement $\Delta^n x^{n-1} = 0$; en substituant ces valeurs dans l'expression de q_{n-1}, on trouvera facilement qu'elle se réduit à zéro dans le cas où n est impair, et que, dans le cas où n est pair et égal à $2s$, on a

$$q_{2s-1} = \frac{\pm 1}{1.2.3 \ldots (2s-1)2^{2s-1}(2^{2s}-1)}$$
$$\times \left\{ \begin{array}{l} \frac{1}{2}\left[s^{2s-1} - 2s(s-1)^{2s-1} + \frac{2s(2s-1)}{1.2}(s-2)^{2s-1} - \ldots \right] \\ - \left[(s-1)^{2s-1} - 2s(s-2)^{2s-1} + \ldots\right] \\ + \left[(s-2)^{2s-1} - \ldots\right] \\ - \ldots\ldots\ldots\ldots\ldots\ldots \end{array} \right\},$$

expression que l'on peut mettre sous cette forme très simple

$$q_{2s-1} = \frac{\pm 1}{1.2.3 \ldots (2s-1)2^{2s-1}(2^{2s}-1)}$$
$$\times \left\{ \begin{array}{l} \frac{1}{2}s^{2s-1} - (s-1)^{2s-1}\left(1 + \frac{1}{2}2s\right) + (s-2)^{2s-1}\left[1 + 2s + \frac{1}{2}\frac{2s(2s-1)}{1.2}\right] \\ - (s-3)^{2s-1}\left[1 + 2s + \frac{2s(2s-1)}{1.2} + \frac{1}{2}\frac{2s(2s-1)(2s-2)}{1.2.3}\right] \\ + \ldots\ldots\ldots\ldots\ldots\ldots\ldots\ldots\ldots\ldots\ldots \end{array} \right\},$$

le signe $+$ ayant lieu dans ces deux formules si s est impair, et le signe $-$ s'il est pair.

Il suit de ce que nous venons de voir que l'expression de Σu peut être mise sous cette forme

$$\Sigma u = \frac{\int u\,dt}{\alpha} - \frac{1}{2} u + \alpha h_1 \frac{\partial u}{\partial t} - \alpha^3 h_2 \frac{\partial^3 u}{\partial t^3} + \alpha^5 h_3 \frac{\partial^5 u}{\partial t^5} - \dots,$$

et que l'on a généralement

$$h_i = \frac{1}{1.2.3\dots(2i-1)2^{2i-1}(2^{2i}-1)}$$

$$\times \left\{ \begin{aligned} &\frac{1}{2} i^{2i-1} - (i-1)^{2i-1}\left(1 + \frac{1}{2} 2i\right) + (i-2)^{2i-1}\left[1 + 2i + \frac{1}{2}\frac{2i(2i-1)}{1.2}\right] \\ &- (i-3)^{2i-1}\left[1 + 2i + \frac{2i(2i-1)}{1.2} + \frac{1}{2}\frac{2i(2i-1)(2i-2)}{1.2.3}\right] \\ &+ \dots\dots\dots\dots\dots\dots\dots\dots\dots\dots\dots\dots\dots\dots\dots\dots \end{aligned} \right\}.$$

VI.

Reprenons les équations (3) et (5) des articles III et IV

$$(3)\qquad \Delta^i u = \left(e^{\alpha\frac{\partial u}{\partial t}} - 1\right)^i,$$

$$(5)\qquad \Sigma^i u = \frac{1}{\left(e^{\alpha\frac{\partial u}{\partial t}} - 1\right)^i}.$$

Ces deux équations peuvent être représentées par la suivante

$$(8)\qquad (\Delta u)^i = \left(e^{\alpha\frac{\partial u}{\partial t}} - 1\right)^i,$$

pourvu que dans les deux membres de cette équation on applique aux caractéristiques Δ et ∂ les exposants des puissances de Δu et de ∂u, et que l'on change les différences négatives en intégrales; par exemple que l'on écrive $\Sigma^i u$ au lieu de $\Delta^{-i} u$, et $\int^i u\,dt^i$ au lieu de $\frac{\partial^{-i} u}{\partial t^{-i}}$.

L'équation (8) ayant lieu, soit que la puissance i de Δu soit positive ou qu'elle soit négative, il en résulte qu'une fonction quelconque de

Δu est égale à une pareille fonction de $e^{\alpha\frac{\partial u}{\partial t}} - 1$, pourvu que dans le développement des deux fonctions on ait soin d'appliquer aux caractéristiques Δ et ∂ les exposants des puissances de Δu et de ∂u, et de changer les différences négatives en intégrales. De ce théorème général on peut tirer les deux corollaires suivants :

$$1^o \qquad [\log(1 + \Delta u)]^i = \left[\log\left(1 + e^{\alpha\frac{\partial u}{\partial t}} - 1\right)\right]^i = \alpha^i\left(\frac{\partial u}{\partial t}\right)^i;$$

partant, si i est positif, on aura

$$(9) \qquad \alpha^i\frac{\partial^i u}{\partial t^i} = [\log(1 + \Delta u)]^i,$$

et, si i est négatif et se change en $-i$, on aura

$$(10) \qquad \frac{\int^i u\,dt^i}{\alpha^i} = \frac{1}{[\log(1 + \Delta u)]^i}.$$

En supposant $i = 1$, cette dernière équation pourra servir à déterminer les surfaces des courbes au moyen des ordonnées équidistantes.

$$2^o \qquad (1 + \Delta u)^{\frac{\alpha_1}{\alpha}} = \left(1 + e^{\alpha\frac{\partial u}{\partial t}} - 1\right)^{\frac{\alpha_1}{\alpha}} = e^{\alpha_1\frac{\partial u}{\partial t}};$$

partant

$$\left[(1 + \Delta u)^{\frac{\alpha_1}{\alpha}} - 1\right]^i = \left(e^{\alpha_1\frac{\partial u}{\partial t}} - 1\right)^i;$$

or, si l'on désigne par les caractéristiques Δ_1 et Σ_1 les différences et les intégrales finies, lorsque α_1 est la différence finie de u, on a, dans le cas où i est positif,

$$\Delta_1^i u = \left(e^{\alpha_1\frac{\partial u}{\partial t}} - 1\right)^i,$$

et, dans le cas où i est négatif et se change en $-i$, on a

$$\Sigma_1^i u = \frac{1}{\left(e^{\alpha_1\frac{\partial u}{\partial t}} - 1\right)^i};$$

donc

$$(11) \qquad \Delta_1^i u = \left[(1 + \Delta u)^{\frac{\alpha_1}{2}} - 1 \right]^i$$

et

$$(12) \qquad \Sigma_1^i u = \cfrac{1}{\left[(1 + \Delta u)^{\frac{\alpha_1}{2}} - 1 \right]^i}.$$

Ces deux formules renferment la théorie des interpolations prise avec
toute la généralité dont elle est susceptible.

Je dois observer ici que les équations (3), (5), (9), (10), (11)
et (12) ont déjà été données par M. de la Grange dans un excellent
Mémoire qui a pour titre : *Sur une nouvelle espèce de calcul relatif à la
différentiation et à l'intégration des quantités variables*, et qui est inséré
dans le Volume de l'Académie de Berlin pour l'année 1772. Ce grand
analyste y est parvenu au moyen d'une analogie très remarquable
entre les puissances positives et les différences, et entre les puissances
négatives et les intégrales; analogie qu'il se contente d'observer, mais
dont il semble regarder la démonstration comme très difficile (*voir* le
Mémoire cité, p. 186 et 195); c'est ce qui m'a engagé à les démontrer
ici par une méthode qui, si je ne me trompe, est aussi directe et aussi
simple qu'on puisse le désirer, et qui de plus a l'avantage de faire voir
a priori la raison de cette analogie singulière.

VII.

Revenons présentement au développement des fonctions en suites;
mais, au lieu de supposer la fonction u donnée immédiatement comme
dans l'article II, imaginons qu'elle soit une fonction de x, x étant
donné par l'équation aux différences partielles

$$\frac{\partial x}{\partial \alpha} = z \frac{\partial x}{\partial t},$$

dans laquelle z est une fonction quelconque de x. Cela posé, pour
réduire u dans une suite ordonnée par rapport à α, il faut (art. I)

déterminer la valeur de $\dfrac{\partial^n u}{\partial x^n}$ dans le cas de $x = 0$; or on a

$$\frac{\partial u}{\partial \alpha} = \frac{\partial u}{\partial x}\frac{\partial x}{\partial \alpha} = z\frac{\partial u}{\partial x}\frac{\partial x}{\partial t},$$

à cause de $\dfrac{\partial x}{\partial \alpha} = z\dfrac{\partial x}{\partial t}$, partant

$$(a) \qquad\qquad \frac{\partial u}{\partial \alpha} = \frac{\partial \int z\frac{\partial u}{\partial x}\,dx}{\partial t}.$$

En différentiant cette équation par rapport à α, on aura

$$\frac{\partial^2 u}{\partial \alpha^2} = \frac{\partial^2 \int z\frac{\partial u}{\partial x}\,dx}{\partial t\,\partial \alpha};$$

or l'équation (a) donne, en y changeant u en $\int z\frac{\partial u}{\partial x}\,dx$,

$$\frac{\partial \int z\frac{\partial u}{\partial x}\,\partial x}{\partial \alpha} = \frac{\partial \int z^2\frac{\partial u}{\partial x}\,\partial x}{\partial t},$$

partant

$$\frac{\partial^2 u}{\partial \alpha^2} = \frac{\partial^2 \int z^2\frac{\partial u}{\partial x}\,dx}{\partial t^2}.$$

En différentiant encore par rapport à α, on aura

$$\frac{\partial^3 u}{\partial \alpha^3} = \frac{\partial^3 \int z^2\frac{\partial u}{\partial x}\,dx}{\partial t^2\,\partial \alpha},$$

et, en changeant dans l'équation (a) u en $\int z^2\frac{\partial u}{\partial x}\,\partial x$, on aura

$$\frac{\partial \int z^2\frac{\partial u}{\partial x}\,dx}{\partial \alpha} = \frac{\partial \int z^3\frac{\partial u}{\partial x}\,dx}{\partial t},$$

partant

$$\frac{\partial^3 u}{\partial \alpha^3} = \frac{\partial^3 \int z^3\frac{\partial u}{\partial x}\,dx}{\partial t^3};$$

en suivant ce procédé, il est aisé de conclure généralement

$$\frac{\partial^n u}{\partial x^n} = \frac{\partial^n . \int z^n \frac{\partial u}{\partial x} dx}{\partial t^n} = \frac{\partial^{n-1} . z^n \frac{\partial u}{\partial x} \frac{\partial x}{\partial t}}{\partial t^{n-1}} = \frac{\partial^{n-1} . z^n \frac{\partial u}{\partial t}}{\partial t^{n-1}}.$$

Supposons maintenant qu'en faisant $\alpha = o$ on ait $x = T$, T étant fonction de t; on substituera cette valeur dans z et dans u. Soient Z et v ce que deviennent alors ces quantités, et l'on aura, dans la supposition de $\alpha = o$,

$$\frac{\partial^n u}{\partial \alpha^n} = \frac{\partial^{n-1} . Z^n \frac{\partial v}{\partial t}}{\partial t^{n-1}},$$

partant (art. I)

$$q_n = \frac{\partial^{n-1} . Z^n \frac{\partial v}{\partial t}}{1 . 2 . 3 \ldots n \, \partial t^{n-1}},$$

en sorte que l'on aura, par le même article,

$$(A) \qquad u = v + \alpha Z \frac{\partial v}{\partial t} + \frac{\alpha^2}{1 . 2} \frac{d . Z^2 \frac{\partial v}{\partial t}}{\partial t} + \frac{\alpha^3}{1 . 2 . 3} \frac{\partial^2 . Z^3 \frac{\partial v}{\partial t}}{\partial t^2} + \ldots$$

Il ne s'agit plus que de déterminer la fonction de t et de z que x représente, en intégrant l'équation aux différences partielles $\frac{\partial x}{\partial \alpha} = z \frac{\partial x}{\partial t}$.

Pour cela, on observera que

$$dx = \frac{\partial x}{\partial \alpha} d\alpha + \frac{\partial x}{\partial t} dt = \frac{\partial x}{\partial t} (dt + z \, d\alpha),$$

en substituant au lieu de $\frac{\partial x}{\partial \alpha}$ sa valeur $z \frac{\partial x}{\partial t}$; or on a

$$dt + z \, d\alpha = d(t + \alpha z) - \alpha \frac{\partial z}{\partial x} dx;$$

donc

$$dx = \frac{\partial x}{\partial t} d(t + \alpha z) - \alpha \frac{\partial z}{\partial x} \frac{\partial x}{\partial t} dx,$$

partant

$$dx = \frac{\dfrac{\partial x}{\partial t}}{1 + \alpha \dfrac{\partial z}{\partial x} \dfrac{\partial x}{\partial t}} d(t + \alpha z);$$

d'où l'on tire $x = \varphi(t + \alpha z)$, $\varphi(t + \alpha z)$ étant une fonction arbitraire de $t + \alpha z$, en sorte que la quantité que nous avons nommée T est ici égale à $\varphi(t)$. Toutes les fois donc que l'on aura entre x et α une équation de la forme $x = \varphi(a + \alpha z)$, la valeur de u sera donnée, en vertu de l'équation (A), par une suite ordonnée suivant les puissances de α, pourvu qu'après les différentiations on suppose $t = a$.

Si l'on a $\varphi(a + \alpha z) = a + \alpha z$, on aura le beau théorème que M. de la Grange a trouvé par induction dans les Mémoires de Berlin pour l'année 1769, et si de plus on suppose $z = 1$, on aura le théorème de Taylor, que nous avons démontré dans l'article II.

En général, s'il existe entre x et αz une équation quelconque, on y substituera t au lieu de αz, et l'on en tirera la valeur de x en t; si l'on substitue ensuite cette valeur dans z et dans u, pour en former Z et v, l'équation (A) donnera l'expression de u en série, pourvu que l'on suppose $t = 0$, après les différentiations.

VIII.

On peut généraliser le théorème de l'article précédent et l'étendre à un nombre quelconque de variables; pour cela, considérons les deux équations

$$x = \varphi(t + \alpha z),$$
$$x_1 = \varphi_1(t_1 + \alpha_1 z_1),$$

z et z_1 étant des fonctions quelconques des quantités x et x_1, et supposons qu'il s'agisse de développer une fonction quelconque u de ces mêmes quantités dans une suite ordonnée par rapport aux puissances et aux produits de α et de α_1; le problème se réduit évidemment (art. I) à déterminer le terme $\alpha^n \alpha_1^{n_1} q_{n,n_1}$ de cette suite, et l'on a, par le même article,

$$q_{n,n_1} = \frac{\dfrac{\partial^{n+n_1} u}{\partial \alpha^n \, \partial \alpha_1^{n_1}}}{1.2.3\ldots n.1.2.3\ldots n_1},$$

pourvu que l'on suppose α et α_1 égaux à zéro, après les différentiations, dans le second membre de cette équation; cela posé, en considérant u comme fonction de x seul on a, par l'article précédent,

$$\frac{\partial^n u}{\partial \alpha^n} = \frac{\partial^{n-1} . z^n \frac{\partial u}{\partial t}}{\partial t^{n-1}},$$

partant

$$\frac{\partial^{n+n_1} u}{\partial \alpha^n \, \partial \alpha_1^{n_1}} = \frac{\partial^{n-1}}{\partial t^{n-1}} \frac{\partial^{n_1} . z^n \frac{\partial u}{\partial t}}{\partial \alpha_1^{n_1}};$$

or on a

$$\frac{\partial^{n_1} . z^n \frac{\partial u}{\partial t}}{\partial \alpha_1^{n_1}} = \frac{\partial^{n_1} . z \frac{\partial u}{\partial t}}{\partial \alpha_1^{n_1}},$$

pourvu que dans le résultat de la différentiation du second membre de cette équation on change z en z''; de plus, on a, par l'article précédent,

$$z \frac{\partial u}{\partial t} = \frac{\partial u}{\partial x};$$

on aura donc, en changeant z en z'' dans l'expression de $\frac{\partial u}{\partial x}$ du second membre de l'équation suivante,

$$\frac{\partial^{n+n_1} u}{\partial \alpha^n \, \partial \alpha_1^{n_1}} = \frac{\partial^{n-1}}{\partial t^{n-1}} \frac{\partial^{n_1+1} u}{\partial \alpha \, \partial \alpha_1^{n_1}}.$$

Présentement, on a

$$\frac{\partial^{n_1} u}{\partial \alpha_1^{n_1}} = \frac{\partial^{n_1-1}}{\partial t_1^{n_1-1}} z_1^{n_1} \frac{\partial u}{\partial t_1} = \frac{\partial^{n_1-1}}{\partial t_1^{n_1-1}} \frac{\partial u}{\partial x_1},$$

pourvu que dans l'expression de $\frac{\partial u}{\partial \alpha_1}$ du second membre de cette équation on change z_1 en z_1''; partant, on aura

$$\frac{\partial^{n+n_1} u}{\partial \alpha^n \, \partial \alpha_1^{n_1}} = \frac{\partial^{n+n_1-2} \frac{\partial^2 u}{\partial \alpha \, \partial \alpha_1}}{\partial t^{n-1} \, \partial t_1^{n_1-1}},$$

pourvu que dans la double différentielle $\dfrac{\partial^2 u}{\partial x\, \partial \alpha_1}$ on change z en z^n et z_1 en $z_1^{n_1}$; si l'on y suppose ensuite $\alpha = 0$ et $\alpha_1 = 0$, on aura, toujours avec la condition précédente,

$$q_{n,n_1} = \frac{\partial^{n+n_1-2}\dfrac{\partial^2 u}{\partial x\, \partial \alpha_1}}{1.2.3\ldots n\, \partial t^{n-1}.1.2.3\ldots n_1\, \partial t_1^{n_1-1}}.$$

De là il est aisé de conclure généralement que, si l'on a les r équations

$$x = \varphi\,(t + \alpha\, z\,),$$
$$x_1 = \varphi_1(t_1 + \alpha_1 z_1),$$
$$x_2 = \varphi_2(t_2 + \alpha_2 z_2),$$
$$\ldots\ldots\ldots\ldots\ldots\ldots,$$

z, z_1, z_2, $\ldots$ étant fonctions des r quantités x, x_1, x_2, $\ldots$, et que l'on propose de développer une fonction quelconque u de ces mêmes quantités dans une suite ordonnée par rapport aux puissances et aux produits de α, α_1, α_2, $\ldots$, si l'on nomme $\alpha^n \alpha_1^{n_1} \alpha_2^{n_2} \ldots q_{n,n_1,n_2\ldots}$ le terme de l'ordre $\alpha^n \alpha_1^{n_1} \alpha_2^{n_2} \ldots$ de cette suite, on aura

$$q_{n,n_1,n_2\ldots} = \frac{\partial^{n+n_1+n_2+\ldots-r}\dfrac{\partial^r u}{\partial x\, \partial x_1\, \partial \alpha_2 \ldots}}{1.2.3\ldots n\, \partial t^{n-1}.1.2.3\ldots n_1\, \partial t_1^{n_1-1}.1.2.3\ldots n_2\, \partial t_2^{n_2-1}\ldots},$$

pourvu que dans la différentielle $\dfrac{\partial^r u}{\partial x\, \partial x_1\, \partial x_2 \ldots}$ on change z en z^n, z_1 en $z_1^{n_1}$, z_2 en $z_2^{n_2}$, $\ldots$, et qu'ensuite on y substitue $\varphi(t)$ au lieu de x, $\varphi_1(t_1)$ au lieu de x_1, $\varphi_2(t_2)$ au lieu de x_2, $\ldots$; tout se réduit donc à déterminer la valeur de cette différentielle.

Si l'on ne considère qu'une seule variable x, on aura, par l'article précédent,

$$\frac{\partial u}{\partial x} = z\,\frac{\partial u}{\partial t};$$

partant, si l'on nomme v et Z ce que deviennent u et z en y substituant $\varphi(t)$ au lieu de x, on aura

$$q_n = \frac{\partial^{n-1}.Z^n\dfrac{\partial v}{\partial t}}{1.2.3\ldots n\, \partial t^{n-1}}.$$

Si l'on considère deux variables x et x_1, on aura d'abord

$$\frac{\partial u}{\partial x} = z\,\frac{\partial u}{\partial t},$$

partant

$$\frac{\partial^2 u}{\partial x\,\partial \alpha_1} = z\,\frac{\partial^2 u}{\partial \alpha_1\,\partial t} + \frac{\partial u}{\partial t}\,\frac{\partial z}{\partial \alpha_1};$$

or on a

$$\frac{\partial u}{\partial \alpha_1} = z_1\,\frac{\partial u}{\partial t_1},$$

et, en changeant u en z dans cette équation, on a

$$\frac{\partial z}{\partial \alpha_1} = z_1\,\frac{\partial z}{\partial t_1};$$

donc

$$\frac{\partial^2 u}{\partial x\,\partial \alpha_1} = z\,\frac{\partial \cdot z_1\,\frac{\partial u}{\partial t_1}}{\partial t} + z_1\,\frac{\partial u}{\partial t}\,\frac{\partial z}{\partial t_1},$$

ou

$$\frac{\partial^2 u}{\partial x\,\partial x_1} = z z_1\,\frac{\partial^2 u}{\partial t\,\partial t_1} + z\,\frac{\partial u}{\partial t_1}\,\frac{\partial z_1}{\partial t} + z_1\,\frac{\partial u}{\partial t}\,\frac{\partial z}{\partial t_1}.$$

En changeant z en z^n, z_1 en $z_1^{n_1}$, et nommant u, Z, Z_1 ce que deviennent u, z, z_1, lorsqu'on y substitue $\varphi(t)$, $\varphi_1(t_1)$ au lieu de x, x_1, on aura

$$q_{n,n_1} = \frac{\partial^{n+n_1-2}\left(Z^n\,Z_1^{n_1}\,\frac{\partial^2 u}{\partial t\,\partial t_1} + n\,Z^{n-1}\,Z_1^{n_1}\,\frac{\partial u}{\partial t}\,\frac{\partial Z}{\partial t_1} + n_1\,Z^n\,Z_1^{n_1-1}\,\frac{\partial u}{\partial t_1}\,\frac{\partial Z_1}{\partial t} \right)}{1\cdot 2\cdot 3\ldots n\,\partial t^{n-1}\cdot 1\cdot 2\cdot 3\ldots n_1\,\partial t_1^{n_1-1}}.$$

Si l'on considère trois variables x, x_1, x_2, l'équation

$$\frac{\partial^2 u}{\partial x\,\partial x_1} = z z_1\,\frac{\partial^2 u}{\partial t\,\partial t_1} + z\,\frac{\partial u}{\partial t_1}\,\frac{\partial z_1}{\partial t} + z_1\,\frac{\partial u}{\partial t}\,\frac{\partial z}{\partial t_1}$$

donnera, en la différentiant par rapport à α_2,

$$\frac{\partial^3 u}{\partial x\,\partial x_1\,\partial x_2} = z z_1\,\frac{\partial^3 u}{\partial t\,\partial t_1\,\partial x_2} + \frac{\partial^2 u}{\partial t\,\partial t_1}\left(z\,\frac{\partial z_1}{\partial x_2} + z_1\,\frac{\partial z}{\partial \alpha_2} \right) + \ldots;$$

or on a

$$\frac{\partial u}{\partial \alpha_2} = z_1\,\frac{\partial u}{\partial t_1}, \qquad \frac{\partial z}{\partial \alpha_2} = z_1\,\frac{\partial z}{\partial t_1}, \qquad \frac{\partial z_1}{\partial \alpha_2} = z_1\,\frac{\partial z_1}{\partial t_1},$$

d'où l'on tirera facilement la valeur de $\dfrac{\partial^3 u}{\partial\alpha\,\partial\alpha_1\,\partial\alpha_2}$; en y changeant ensuite z en z^n, z_1 en $z_1^{n_1}$, z_2 en $z_2^{n_2}$, et nommant v, Z, Z_1, Z_2 ce que deviennent u, z, z_1, z_2 lorsqu'on y change x, x_1, x_2 en $\varphi(t)$, $\varphi_1(t_1)$, $\varphi_2(t_2)$, on trouvera

$$\eta_{n.n_1.n_2} = \frac{1}{1.2.3\ldots n\,\partial t^{n-1}.1.2.3\ldots n_1\,\partial t_1^{n_1-1}.1.2.3\ldots n_2\,\partial t_2^{n_2-1}}$$

$$\times\, \partial^{n+n_1+n_2-3}\left\{ \begin{aligned}
& \frac{\partial^3 v}{\partial t\,\partial t_1\,\partial t_2}\,Z^n\,Z_1^{n_1}\,Z_2^{n_2} \\[4pt]
& + \frac{\partial^2 v}{\partial t\,\partial t_1}\left(Z^n\,Z_2^{n_2}\,\frac{\partial Z_1^{n_1}}{\partial t_2} + Z_1^{n_1}\,Z_2^{n_2}\,\frac{\partial Z^n}{\partial t_2}\right) \\[4pt]
& + \frac{\partial^2 v}{\partial t\,\partial t_2}\left(Z^n\,Z_1^{n_1}\,\frac{\partial Z_2^{n_2}}{\partial t_1} + Z_1^{n_1}\,Z_2^{n_2}\,\frac{\partial Z^n}{\partial t_1}\right) \\[4pt]
& + \frac{\partial^2 v}{\partial t_1\,\partial t_2}\left(Z^n\,Z_1^{n_1}\,\frac{\partial Z_2^{n_2}}{\partial t} + Z^n\,Z_2^{n_2}\,\frac{\partial Z_1^{n_1}}{\partial t}\right) \\[4pt]
& + \frac{\partial v}{\partial t}\left(Z_1^{n_1}\,Z_2^{n_2}\,\frac{\partial^2 Z^n}{\partial t_1\,\partial t_2} + Z_1^{n_1}\,\frac{\partial Z_2^{n_2}}{\partial t_1}\,\frac{\partial Z^n}{\partial t_2} + Z_2^{n_2}\,\frac{\partial Z^n}{\partial t_1}\,\frac{\partial Z_1^{n_1}}{\partial t_2}\right) \\[4pt]
& + \frac{\partial v}{\partial t_1}\left(Z^n\,Z_2^{n_2}\,\frac{\partial^2 Z_1^{n_1}}{\partial t\,\partial t_2} + Z^n\,\frac{\partial Z_2^{n_2}}{\partial t}\,\frac{\partial Z_1^{n_1}}{\partial t_2} + Z_2^{n_2}\,\frac{\partial Z^n}{\partial t_2}\,\frac{\partial Z_1^{n_1}}{\partial t}\right) \\[4pt]
& + \frac{\partial v}{\partial t_2}\left(Z^n\,Z_1^{n_1}\,\frac{\partial^2 Z_2^{n_2}}{\partial t\,\partial t_1} + Z^n\,\frac{\partial Z_1^{n_1}}{\partial t}\,\frac{\partial Z_2^{n_2}}{\partial t_1} + Z_1^{n_1}\,\frac{\partial Z^n}{\partial t_1}\,\frac{\partial Z_2^{n_2}}{\partial t}\right)
\end{aligned} \right\},$$

et ainsi de suite.

IX.

En considérant d'autres équations aux différences partielles entre x, α et t, on pourrait, par la méthode de l'article VII, développer en série une fonction quelconque u de x, et l'on trouverait ainsi une infinité d'équations très générales entre x et α, pour lesquelles ce développement serait possible; mais on serait encore bien éloigné d'avoir la solution du problème général dans lequel on se propose de développer en série une fonction quelconque de x et de α, quelle que soit l'équation qui donne x en α, pourvu que la série qui en résulte ne renferme que des puissances positives et entières de α. Voici, pour le résoudre, un théorème qui, par sa généralité et par sa simplicité, peut mériter l'attention des analystes.

Soit $\varphi(x, \alpha) = 0$ l'équation proposée entre x et α, et u la fonction de x et de α qu'il s'agit de réduire en série; on commencera d'abord par résoudre l'équation $\varphi(x, 0) = 0$, dans laquelle se change la proposée lorsqu'on y suppose $\alpha = 0$, et l'on aura différentes racines qui donneront autant de séries dans lesquelles u pourra être développé. Soit $x - a = 0$ une de ces racines; la quantité $\varphi(x, 0)$ aura donc pour facteur une puissance positive de $x - a$, que je suppose égale à i. Cela posé, si l'on nomme $\alpha^n q_n$ le terme de l'ordre α^n de l'expression de u réduite en série lorsqu'on fait usage de la racine $x - a = 0$, on aura

$$q_n = \frac{\dfrac{\partial^n u}{\partial \alpha^n}}{1.2.3\dots n} - \frac{\partial^{n-1}\left\{(x - a)^n \dfrac{\partial^n\left[\dfrac{\partial u}{\partial x}\log\varphi(x, \alpha)\right]}{1.2.3\dots n\,\partial \alpha^n}\right\}}{1.2.3\dots(n-1)i\,\partial x^{n-1}};$$

en observant dans le second membre de cette équation : 1° de considérer les deux variables x et α comme indépendantes; 2° de supposer $\alpha = 0$ après les différentiations relatives à α, et $x = a$ après toutes les différentiations.

Soit, par exemple,

$$\varphi(x, \alpha) = x - a - \alpha z,$$

z étant fonction de x, et supposons u fonction de x sans α; on trouvera facilement, en supposant $\alpha = 0$ après les différentiations,

$$\frac{\partial^n \dfrac{\partial u}{\partial x}\log(x - a - \alpha z)}{\partial \alpha_n} = -\frac{1.2.3\dots(n-1)z^n \dfrac{\partial u}{\partial x}}{(x - a)^n}.$$

De plus, on a $\dfrac{\partial u}{\partial x} = 0$ et $i = 1$, partant

$$q_n = \frac{\partial^{n-1} z^n \dfrac{\partial u}{\partial x}}{1.2.3\dots n\,\partial x^{n-1}},$$

ce qui est conforme à ce qu'on a vu dans l'article VII.

MÉMOIRE

SUR LA

PRÉCESSION DES ÉQUINOXES.

MÉMOIRE

SUR LA

PRÉCESSION DES ÉQUINOXES [1]

Mémoires de l'Académie royale des Sciences de Paris, année 1777; 1780.

I.

La Terre se meut à très peu près d'une manière uniforme autour
d'un de ses axes principaux de rotation; mais, cette planète n'étant
pas exactement sphérique, l'action du Soleil et de la Lune produit
dans son mouvement sur elle-même, et dans la position de son axe, de
légères variétés dont la partie la plus sensible a été observée sous les
noms de *précession des équinoxes* et de *nutation de l'axe terrestre*. D'illustres géomètres ont soumis ce phénomène à l'analyse, dans le cas où
la Terre serait entièrement solide, en supposant d'ailleurs une différence quelconque très petite dans les moments d'inertie par rapport à
ses trois axes principaux, et il est remarquable que l'on retrouve constamment les mêmes lois de précession et de nutation, quelle que soit
cette différence; mais il se présente ici une question bien importante
à résoudre et qui consiste à savoir si ces lois subsistent encore dans le
cas de la nature, où l'Océan recouvre une grande partie de la surface
du globe.

Les eaux de la mer cédant, en vertu de leur fluidité, aux attractions
du Soleil et de la Lune, il semble au premier coup d'œil que leur réaction ne peut influer sur les mouvements de l'axe de la Terre; aussi
voyons-nous qu'elle a été entièrement négligée par tous ceux qui, jus-

[1] Lu le 18 août 1779.

qu'à présent, se sont occupés de cet objet : ils sont même partis de là pour concilier les quantités observées de la précession et de la nutation avec les mesures des degrés terrestres, ce qui paraît en effet impossible lorsqu'on regarde la Terre comme un ellipsoïde de révolution entièrement solide.

Cependant un plus profond examen de cette matière nous montre que la fluidité des eaux n'est pas une raison suffisante pour négliger leur effet sur la précession des équinoxes; car si, d'un côté, elles obéissent à l'action du Soleil et de la Lune, d'un autre côté la pesanteur les ramène sans cesse vers l'état de l'équilibre et ne leur permet de faire que de très petites oscillations : il est donc possible que, par leur attraction et leur pression sur le sphéroïde qu'elles recouvrent, elles communiquent au moins en partie à l'axe de la Terre les mouvements qu'il en recevrait si elles venaient à se consolider. On peut d'ailleurs s'assurer par un raisonnement fort simple que leur réaction est du même ordre que l'action directe du Soleil et de la Lune sur la partie solide de la Terre.

Imaginons pour cela que cette planète soit homogène et de même densité que la mer; supposons, de plus, que les eaux prennent à chaque instant la figure qui convient à l'équilibre de toutes les forces qui les animent et voyons quel doit être l'effet de leur réaction dans ces deux hypothèses. Il en résulte que, si l'on supposait la Terre devenir tout à coup entièrement fluide, elle conserverait toujours la même figure, et le fluide renfermé dans un canal quelconque rentrant en lui-même et pris dans son intérieur resterait en repos; il ne pourrait donc y avoir aucune tendance au mouvement dans l'axe de rotation; or il est visible que cela doit encore subsister dans le cas où une partie de cette masse formerait, en se consolidant, le sphéroïde que recouvre la mer. Les hypothèses précédentes servent de fondement aux théories de Newton sur la figure de la Terre et sur le reflux de la mer, et il est assez remarquable que, dans le nombre infini de celles que l'on peut faire sur les mêmes objets, ce grand géomètre en ait choisi deux qui ne donnent ni précession, ni nutation, la réaction des eaux détruisant

alors l'effet direct de l'action du Soleil et de la Lune sur le sphéroïde
terrestre, quelle que soit la figure; il est vrai que ces hypothèses, et
surtout la dernière, sont peu conformes à la nature; mais on voit *a
priori* que l'effet de la réaction des eaux, quoique différent de celui
qui a lieu dans les suppositions de Newton, est cependant du même
ordre. Les recherches que j'ai faites sur les oscillations de la mer et
de l'atmosphère m'ont fourni le moyen de le déterminer dans les véritables hypothèses de la nature, et j'ai trouvé qu'il ne changeait rien
aux lois connues de la *précession et de la nutation*, mais qu'il pouvait
influer très sensiblement sur la quantité de ce phénomène. Toutes les
oscillations de la mer ne concourent pas à cet effet; la partie de ces
oscillations dont il dépend est celle qui produit la différence des deux
marées d'un même jour; et quoique, dans le cas général où la Terre est
un sphéroïde quelconque de révolution recouvert par la mer, il soit
presque impossible de la déterminer, il est aisé d'y parvenir lorsque
la figure du méridien est une ellipse, et l'on peut facilement en conclure la véritable quantité de la précession et de la nutation en faisant
entrer dans le calcul la réaction des eaux. Les formules que j'ai trouvées dans ce cas particulier font sentir d'une manière incontestable la
nécessité d'y avoir égard; mais il en résulte que, la différence de deux
marées consécutives étant presque nulle, suivant les observations,
l'effet de cette réaction doit être insensible, et qu'il ne peut servir à
concilier les mesures des degrés terrestres avec les quantités observées de la précession et de la nutation, ce qui serait encore vrai quand
on le supposerait très considérable; car j'ai fait voir, dans les recherches
citées, que l'ellipticité de la Terre entière que l'on conclut des observations sur les mouvements de son axe est indépendante de tout ce
qui a rapport au fluide (*voir* les *Mémoires de l'Académie*, année 1776,
p. 257) (¹). Ce dernier résultat m'a conduit au théorème suivant, qui
peut mériter l'attention des géomètres.

Si l'on suppose que la Terre est un ellipsoïde de révolution recouvert par

(¹) *OEuvres de Laplace*, T. IX, p. 269.

la mer, la fluidité des eaux ne nuit en rien à l'effet des attractions du Soleil et de la Lune sur la précession et la nutation, en sorte que cet effet est entièrement le même que si la mer formait une masse solide avec la Terre.

Il est naturel de penser que ce théorème n'est pas borné à la seule supposition de l'ellipticité du sphéroïde terrestre, et qu'il a généralement lieu, quelle que soit la figure de ce sphéroïde; mais il parait presque impossible de le démontrer par la méthode dont j'ai fait usage, à cause de la difficulté de déterminer généralement la partie des oscillations de la mer qui influe sur la précession des équinoxes; j'y suis heureusement parvenu par une méthode nouvelle et très simple, entièrement indépendante de cette détermination, et qui d'ailleurs a l'avantage de s'étendre au cas de la nature, dans lequel, aux irrégularités de la figure et de la profondeur de la mer, se joignent une infinité d'obstacles qui en altèrent les oscillations. C'est le développement de cette méthode qui fait l'objet de ce Mémoire; mais, avant que de l'exposer, je vais démontrer le théorème précédent par mes formules, dans le cas de l'ellipticité de la Terre.

II.

Soient

q' l'ellipticité du sphéroïde que la mer recouvre;

$q + q'$ celle de la Terre entière;

$\Delta^{(1)}$ sa densité moyenne;

Δ celle des eaux;

ε l'ellipticité de la couche de niveau du sphéroïde terrestre dont le demi petit axe est r;

R la densité de cette couche;

$\dfrac{n^2}{g}$ le rapport de la force centrifuge à la pesanteur à l'équateur.

Soient de plus

p la précession des équinoxes, lorsqu'on a égard à la réaction des eaux;

p' cette même précession, lorsqu'on n'y a aucun égard;

on aura (*voir* les *Mémoires de l'Académie*, année 1776, p. 253) (¹)

$$\frac{p}{p'} = \frac{\left(2q - \dfrac{n^2}{g}\right)\int R\, d(6 r^2) - 2\Delta q q'}{\left[2q\left(1 - \dfrac{3\Delta}{5\Delta^{(1)}}\right) - \dfrac{n^2}{g}\right]\int R\, d(6 r^2)}.$$

Si l'on nomme ensuite p'' la précession des équinoxes, lorsque l'on considère la mer comme formant une masse solide avec la Terre, il est facile de s'assurer, par l'endroit cité, que l'on a

$$\frac{p''}{p'} = \frac{\Delta q + \int R\, d(6 r^2)}{\int R\, d(6 r^2)};$$

ainsi, pour faire voir que $p'' = p$, il suffit de prouver que

$$\frac{\Delta q + \int R\, d(6 r^2)}{\int R\, d(6 r^2)} = \frac{\left(2q - \dfrac{n^2}{g}\right)\int R\, d(6 r^2) - 2\Delta q q'}{\left[2q\left(1 - \dfrac{3\Delta}{5\Delta^{(1)}}\right) - \dfrac{n^2}{g}\right]\int R\, d(6 r^2)}.$$

On peut mettre cette équation sous la forme suivante

$$(q + q')(10\Delta^{(1)} - 6\Delta) = 6\int R\, d(6 r^2) - 6\Delta q' + \frac{5 n^2}{g}\Delta^{(1)}.$$

Or cette dernière équation est la même que l'équation (36) de la page 257 (²) des *Mémoires* cités et résulte de l'équilibre des eaux de la mer.

Voici maintenant la méthode que j'ai annoncée dans l'article précédent, et qui, comme on va le voir, n'est limitée par aucune supposition sur la figure de la Terre.

III.

C'est un principe général de Dynamique, facile à démontrer, que, si l'on projette sur un plan fixe chaque molécule d'un système de corps qui réagissent les uns sur les autres d'une manière quelconque; si, de plus, on mène de ces projections à un point fixe sur le plan des lignes

<hr>

(¹) *Œuvres de Laplace*, T. IX, p. 264.
(²) *Ibid.*, p. 269.

que nous nommerons *rayons vecteurs*, la somme des produits de chaque
molécule par l'aire que décrit son rayon vecteur est proportionnelle au
temps, en sorte que, si l'on nomme A cette somme et t le temps, on
aura $A = ht$, h étant un coefficient constant.

Ce principe, dont nous sommes redevables à M. le chevalier d'Arci,
a dans la question présente un grand avantage sur les autres principes
du même genre, tels que ceux de la conservation des forces vives et
de la moindre action, en ce que ces derniers supposent que les changements qui arrivent dans le système se font par des nuances insensibles et qu'il n'y a point de passage brusque d'un état à un autre ; au
lieu que le premier est également vrai, dans le cas où il y aurait de
semblables passages, et c'est ce qui arrive sur la Terre, où les oscillations des eaux qui la recouvrent en grande partie sont altérées par le
frottement du fond de la mer et par la résistance des rivages.

Si le système est soumis à l'action de forces étrangères, A ne sera
plus proportionnel au temps t, et par conséquent l'élément dt du temps
étant supposé constant, la valeur de dA ne sera plus constante ; pour
déterminer sa variation, on supposera que toutes les molécules du
système sont en repos et on les considérera comme étant isolées ; on
fera ensuite une somme de tous les produits de chaque molécule par
l'aire que décrirait son rayon vecteur, dans l'instant dt, en vertu des
forces extérieures qui la sollicitent, et cette somme sera égale à d^2A ;
car il résulte du principe que nous venons d'exposer que la réaction
des différents corps du système ne doit rien changer à cette valeur
de d^2A.

Concevons, cela posé, une masse en partie fluide et qui tourne
autour d'un axe quelconque ; supposons qu'elle vienne à être sollicitée
par des forces attractives infiniment petites de l'ordre α et qui laissent
en repos son centre d'inertie ; si l'on fait passer par ce centre un plan
fixe que nous prendrons pour plan de projection et que l'on fasse
partir de ce même point les rayons vecteurs des différentes molécules ; la somme des produits de chaque molécule par l'aire qu'aura
décrite son rayon vecteur sera, aux quantités près de l'ordre α^2, la même

que si la masse eût été entièrement solide. Pour le faire voir, il suffit
de prouver que la valeur de $d^2 A$ sera la même dans la supposition de
la masse en partie fluide et dans celle de la masse entièrement solide;
or, si l'on considère qu'après un temps quelconque la figure de la
masse et la manière dont elle se présente à l'action des forces attractives ne peuvent différer dans ces deux hypothèses que de quantités
de l'ordre α; si l'on se rappelle d'ailleurs que ces forces ne sont elles-
mêmes que de l'ordre α, il est aisé d'en conclure que la différence
des valeurs de $d^2 A$, dans ces mêmes hypothèses, ne peut être que
de l'ordre α^2, et qu'ainsi en négligeant les quantités de cet ordre
on pourra supposer nulle la différence des valeurs correspondantes
de $\frac{dA}{dt}$.

IV.

Imaginons présentement que la masse dont nous venons de parler
soit la Terre elle-même, que nous regarderons d'abord comme un sphéroïde de révolution très peu différent d'une sphère et recouvert d'un
fluide de peu de profondeur : l'action du Soleil et de la Lune excitera
dans le fluide des oscillations et des mouvements dans le sphéroïde;
mais ces mouvements et ces oscillations doivent, par ce qui précède,
être tellement combinés que, après un temps quelconque, la valeur
de $\frac{dA}{dt}$ qui en résulte soit la même que si la Terre eût été entièrement
solide. Cherchons d'abord cette valeur dans cette dernière supposition.

Pour cela, soient, à l'origine du mouvement,

ε l'inclinaison de l'axe réel de rotation au-dessus d'un plan fixe que
nous supposerons être celui de l'écliptique;

φ l'angle que forme l'intersection de ce plan et de l'équateur avec
une droite invariable prise sur le plan de l'écliptique et qui passe
par le centre d'inertie de la Terre;

nt le mouvement de rotation de cette planète;

il est clair que tous les changements qui arriveront dans le mouvement du sphéroïde après le temps t se réduisent aux variations de ε,

φ et n. Supposons conséquemment que, après ce temps, ε se change
en $\varepsilon + \alpha \delta \varepsilon$, φ en $\varphi + \alpha \delta \varphi$ et n en $n + \alpha \delta n$; on sait, par la théorie
de la précession des équinoxes, que les seuls termes auxquels il soit
nécessaire d'avoir égard sont ceux qui croissent proportionnellement
au temps ou ceux qui, étant périodiques, sont multipliés par des
sinus ou des cosinus d'angles croissant très lentement et divisés par
les coefficients du temps t dans ces angles : de là vient que, parmi les
termes périodiques qui entrent dans les formules de la précession et
de la nutation, il n'y a de sensibles que ceux qui dépendent du mouvement des nœuds de l'orbite lunaire. On peut donc, en n'ayant égard
qu'à ces termes, supposer $\delta \varepsilon$, $\delta \varphi$ et δn constants pendant un très petit
intervalle, comme celui d'un jour, et qu'ils ne changent que d'un jour
à l'autre.

Concevons maintenant que le plan fixe sur lequel on projette les
mouvements des molécules de la Terre passe par son centre et forme
l'angle θ avec l'écliptique, et que l'intersection de ces deux plans
forme l'angle ϖ avec la droite invariable d'où nous faisons commencer
l'angle φ; on aura durant le premier jour et en supposant ε, φ et n
constants

$$\frac{d\Lambda}{dt} = M,$$

M étant fonction de ε, φ, n et des quantités θ et ϖ qui déterminent la
position du plan de projection. Après un nombre quelconque de jours,
cette valeur de $\frac{d\Lambda}{dt}$ ne sera plus égale à M; mais il est visible qu'elle
sera pareille fonction de $\varphi + \alpha \delta \varphi$, $\varepsilon + \alpha \delta \varepsilon$ et $n + \alpha \delta n$, que M l'est
de φ, ε et n; si donc on désigne par $\alpha \delta \frac{d\Lambda}{dt}$ la variation de $\frac{d\Lambda}{dt}$ après un
temps quelconque, on aura, en négligeant les quantités de l'ordre α^2,

$$\alpha \delta \frac{d\Lambda}{dt} = \alpha \delta \varphi \frac{\partial M}{\partial \varphi} + \alpha \delta \varepsilon \frac{\partial M}{\partial \varepsilon} + \alpha \delta n \frac{\partial M}{\partial n}.$$

Quoique la connaissance de M ne soit pas nécessaire, nous allons
cependant, pour plus de clarté, le déterminer; on peut, dans ce
calcul, regarder sans erreur sensible la Terre comme une sphère.

Soient donc $2H$ la somme des produits de chaque molécule de cette sphère par le carré de sa distance à l'axe de rotation et ψ l'inclinaison du plan de projection sur l'équateur terrestre ; il est aisé de voir que l'on aura

$$M = nH\cos\psi ;$$

or on trouvera facilement, par les formules de la Trigonométrie sphérique,

$$\cos\psi = \cos\theta\sin\varepsilon + \sin\theta\cos\varepsilon\cos(\varpi - \varphi) ;$$

l'expression précédente de $\alpha\delta\frac{dA}{dt}$ deviendra ainsi

$$(1)\quad \begin{cases} \alpha\delta\frac{dA}{dt} = \alpha nH\big\{\delta\varphi\sin\theta\cos\varepsilon\sin(\varpi - \varphi) \\ \qquad + \delta\varepsilon[\cos\theta\cos\varepsilon - \sin\theta\sin\varepsilon\cos(\varpi - \varphi)]\big\} \\ \qquad + \alpha H\,\delta n[\cos\theta\sin\varepsilon + \sin\theta\cos\varepsilon\cos(\varpi - \varphi)]. \end{cases}$$

Cherchons présentement l'expression de cette quantité, dans le cas où la Terre est un sphéroïde recouvert d'un fluide de peu de profondeur.

Soient $\delta\varphi'$, $\delta\varepsilon'$ et $\delta n'$ les variations de φ, ε et n, relativement au sphéroïde, en ne conservant dans l'expression de ces variations que les termes ou proportionnels au temps, ou multipliés par des sinus et des cosinus d'angles croissant très lentement et divisés par le coefficient du temps dans ces angles ; il est clair, par ce qui précède, qu'il en résulte dans la valeur de $\frac{dA}{dt}$ une variation à très peu près égale à

$$\alpha nH\big\{\delta\varphi'\sin\theta\cos\varepsilon\sin(\varpi - \varphi) + \delta\varepsilon'[\cos\theta\cos\varepsilon - \sin\theta\sin\varepsilon\cos(\varpi - \varphi)]\big\}$$
$$+ \alpha H\,\delta n'[\cos\theta\sin\varepsilon + \sin\theta\cos\varepsilon\cos(\varpi - \varphi)],$$

le peu de profondeur du fluide permettant de regarder $2H$ comme représentant encore le produit de chaque molécule du sphéroïde par le carré de sa distance à l'axe de rotation. Pour avoir la variation totale de $\frac{dA}{dt}$, il faut ajouter à la variation précédente celle qui résulte du mouvement du fluide et que nous désignerons par $\alpha\delta L$; or on a vu ci-dessus que la variation entière de $\frac{dA}{dt}$ est égale à celle que donne l'équation (1) et qui aurait lieu si le fluide qui recouvre la Terre formait une masse solide avec elle; on aura donc, en égalant ces deux variations,

$$(2) \quad \left\{ \begin{aligned} 0 = {}& \alpha n H \Big\{ \quad (\delta\varphi' - \delta\varphi)\sin\theta\cos\varepsilon\sin(\varpi - \varphi) \\ & \quad \div (\delta\varepsilon' - \delta\varepsilon)[\cos\theta\cos\varepsilon - \sin\theta\sin\varepsilon\cos(\varpi - \varphi)]\Big\} \\ & \quad + \alpha H (\delta n' - \delta n)[\cos\theta\sin\varepsilon + \sin\theta\cos\varepsilon\cos(\varpi - \varphi)] + \alpha \delta L. \end{aligned} \right.$$

V.

Les seuls termes de l'expression de $\alpha\delta L$ auxquels il faille avoir égard sont ceux qui sont proportionnels au temps ou qui renferment des sinus et des cosinus d'angles croissant très lentement et divisés par le coefficient du temps dans ces angles; et, si l'on parvenait à les connaître, l'équation précédente étant vraie, quels que soient θ et ϖ, donnerait les valeurs de $\delta\varphi'$, $\delta\varepsilon'$ et $\delta n'$ en fonctions de ces termes et des quantités $\delta\varphi$, $\delta\varepsilon$ et δn, qu'il est toujours facile de déterminer par les méthodes connues. Il est visible que, dans le calcul de ces termes de $\alpha\delta L$, on peut supposer nulles les variations du mouvement du sphéroïde terrestre, parce que les petites quantités qui en résultent dans $\alpha\delta L$ sont, par rapport à ces variations, du même ordre que le rapport de la masse du fluide à celle du sphéroïde. On peut ensuite, dans le calcul des attractions du Soleil et de la Lune sur la mer, négliger la partie de ces attractions, dont la résultante passe par le centre du sphéroïde et qui tiendrait, par conséquent, les eaux en équilibre autour de ce centre, si elles venaient à se consolider; car il est clair que, en vertu de cette force, la variation de $\frac{dA}{dt}$ serait nulle dans cette hypothèse, et, par ce qui précède, l'état de fluidité de la mer ne peut influer sur cette variation. Quant à l'autre partie des attractions solaire et lunaire, il suit de mes recherches sur le flux et le reflux de la mer, que c'est d'elle seule dont dépend la différence des marées d'un même jour (*voir* les *Mémoires de l'Académie*, année 1775, p. 163, et année 1776, p. 196) (¹); or, sans être en état de déterminer

(¹) *OEuvres de Laplace*, t. IX, p. 163 et p. 207.

les oscillations qui en résultent, pour toutes les hypothèses de profondeur et de densité de la mer, on voit cependant très clairement que les quantités qui déterminent ces oscillations ne renferment ni termes proportionnels au temps, ni sinus ou cosinus d'angles croissant très lentement et divisés par le coefficient du temps dans ces angles : donc, si l'on désigne par x, y, z les trois coordonnées rectangles qui déterminent la position d'une molécule fluide que nous représenterons par dm, au-dessus du plan de projection : x, y, z, ainsi que $\frac{dx}{dt}$, $\frac{dy}{dt}$, $\frac{dz}{dt}$, ne renfermeront aucun terme semblable, et cela sera encore vrai de la différentielle $\frac{x\,dy - y\,dx}{dt}\,dm$ et de son intégrale $\int dm\,\frac{x\,dy - y\,dx}{dt}$ étendue à toute la masse fluide : or, cette intégrale représentant la partie de $\frac{d\mathrm{A}}{dt}$ qui est relative au fluide, il en résulte que sa variation $\alpha\,\delta\mathrm{L}$ ne renferme aucun terme de la nature de ceux dont il s'agit. On peut donc effacer $\alpha\,\delta\mathrm{L}$ de l'équation (2) de l'article précédent, ce qui la réduit à celle-ci

$$(3) \quad \left\{ \begin{aligned} 0 = {}&\ n(\delta\varphi' - \delta\varphi)\sin\theta\cos\varepsilon\sin(\varpi - \varphi) \\ &+ n(\delta\varepsilon' - \delta\varepsilon)[\cos\theta\cos\varepsilon - \sin\theta\sin\varepsilon\cos(\varpi - \varphi)] \\ &- (\delta n' - \delta n)[\cos\theta\sin\varepsilon + \sin\theta\cos\varepsilon\cos(\varpi - \varphi)]. \end{aligned} \right.$$

Cette équation ayant lieu, quels que soient θ et ϖ, nous pouvons y supposer d'abord $\varpi = \varphi$ et $\theta = 90^\circ - \varepsilon$; elle donnera

$$\delta n' - \delta n = 0 \qquad \text{ou} \qquad \delta n' = \delta n,$$

ce qui change l'équation (3) dans la suivante

$$(4) \quad \left\{ \begin{aligned} 0 = {}&(\delta\varphi' - \delta\varphi)\sin\theta\cos\varepsilon\sin(\varpi - \varphi) \\ &+ (\delta\varepsilon' - \delta\varepsilon)[\cos\theta\cos\varepsilon - \sin\theta\sin\varepsilon\cos(\varpi - \varphi)]. \end{aligned} \right.$$

En supposant dans cette dernière équation $\theta = 0$, on aura

$$0 = \delta\varepsilon' - \delta\varepsilon \qquad \text{ou} \qquad \delta\varepsilon' = \delta\varepsilon,$$

et l'équation (4) devient

$$0 = (\delta\varphi' - \delta\varphi)\sin\theta\cos\varepsilon\sin(\varpi - \varphi).$$

Partant, $\delta\varphi' = \delta\varphi$; on aura donc les trois équations

$$\delta\varphi' = \delta\varphi, \qquad \delta\iota' = \delta\iota \qquad \text{et} \qquad \delta n' = \delta n;$$

d'où il suit que les variations du mouvement du sphéroïde terrestre recouvert d'un fluide sont les mêmes que si la mer formait une masse solide avec la Terre, et qu'ainsi la précession et la nutation sont entièrement égales dans ces deux hypothèses.

VI.

Quoique la démonstration précédente soit fondée sur la supposition que la Terre est un sphéroïde de révolution recouvert par la mer, il ne paraît pas cependant impossible de l'étendre au cas de la nature, dans lequel la figure de la Terre et la profondeur de la mer sont très irrégulières, et les oscillations des eaux sont altérées par un grand nombre d'obstacles; car tout se réduit à faire voir que $\alpha\delta L$ ne renferme alors ni terme proportionnel au temps, ni sinus ou cosinus d'angles croissant très lentement et divisés par le coefficient du temps dans ces angles. Cela paraît d'abord incontestable, relativement aux termes proportionnels au temps; car on voit *a priori* que les oscillations de la mer, et par conséquent la valeur de $\frac{dA}{dt}$ qui lui est relative, seront les mêmes lorsque les circonstances du mouvement de l'astre se retrouveront entièrement semblables : la différence, s'il y en avait quelqu'une, ne pourrait venir que de la position et de la vitesse des eaux à l'origine du mouvement; mais cette vitesse a dû être détruite depuis longtemps par toutes les résistances que la mer éprouve, en sorte qu'il serait impossible, par l'état présent de son mouvement, de fixer cette origine, que l'on pourrait supposer plus ou moins éloignée sans qu'il en résultât aucun changement dans les oscillations actuelles de la mer.

Il suit de là que, si les éléments de l'orbite de l'astre attirant sont invariables, l'expression de $\frac{dA}{dt}$, relative au fluide, ne renfermera aucun terme proportionnel au temps, mais qu'elle sera une fonction de ces éléments et de quantités périodiques dépendantes du mouvement de cet astre et de la rotation de la Terre : cette fonction représenterait encore à très peu près la valeur de $\frac{dA}{dt}$, si quelqu'un de ces éléments, tel que la position du nœud de l'orbite, venait à varier d'une manière presque insensible, comme il arrive pour la Lune ; il suffirait alors de regarder cet élément comme variable, ce qui peut, à la vérité, introduire dans l'expression de $\alpha\,\delta L$ des sinus et des cosinus de la distance angulaire du nœud de l'orbite lunaire à l'équinoxe du printemps, mais sans être divisés par le coefficient du temps dans cet angle, comme cela serait nécessaire, pour qu'elle pût influer sur la précession et sur la nutation. Il est donc généralement vrai que de quelque manière que les eaux réagissent sur la Terre, soit par leur attraction, ou par leur pression, ou par le frottement et la résistance des côtes, elles communiquent à l'axe de la Terre un mouvement à très peu près égal à celui qu'il recevrait de l'action directe du Soleil et de la Lune sur la mer, si on la supposait former une masse solide avec la Terre. On peut comparer l'effet des oscillations des eaux sur la précession des équinoxes à celui des vibrations insensibles que l'action de la gravité, et généralement toutes les forces de la nature, excitent dans les corps même les plus solides et qui ne les empêchent pas de se mouvoir comme s'ils étaient parfaitement durs, conformément au même principe dont nous avons fait usage dans ces recherches, savoir, que la réaction de leurs molécules les unes sur les autres n'altère point la somme des produits de chaque molécule par l'aire que décrit son rayon vecteur sur un plan fixe quelconque.

VII.

Considérons la Terre comme étant entièrement solide, et reprenons l'équation (1) de l'article IV ; si l'on choisit pour plan fixe celui de l'équateur terrestre à l'origine du mouvement, on aura

$$\varpi = \varphi \qquad \text{et} \qquad \theta = 90° - \epsilon ;$$

l'équation (1) deviendra donc

$$\alpha\delta\frac{dA}{dt} = \alpha H \delta n,$$

ce qui donne, en la différentiant,

$$\alpha\delta\frac{d^2A}{dt^2} = \alpha H \delta\frac{dn}{dt}.$$

Maintenant il résulte de l'article III que $\alpha\delta\frac{d^2A}{dt^2}$ est égal à la somme des produits de chaque molécule par l'aire que son rayon vecteur, projeté sur le plan de l'équateur, décrirait dans l'instant dt, en vertu des attractions du Soleil, de la Lune et des planètes : or, sans prendre la peine de calculer cette aire, on conçoit aisément qu'elle ne peut être exprimée que par une suite de termes de la forme

$$p\sin(rnt + mt + E),$$

p et E étant constants, r étant un nombre entier ou zéro et m étant nul ou dépendant du mouvement de l'astre attirant dans son orbite. Si l'on suppose ce mouvement extrêmement petit, en sorte que, dans l'intervalle d'un jour, on puisse regarder l'astre comme immobile, la somme des termes dans lesquels $r = 0$ pourra, dans le même intervalle, être représentée par une constante C; mais il est visible que, lorsque la molécule, par la révolution de la Terre sur elle-même, aura pris de l'autre côté du méridien de l'astre une situation semblable à celle qu'elle a dans le moment présent, la partie de $\alpha\delta\frac{d^2A}{dt^2}$ qui lui est relative sera exactement la même avec une figure contraire, ce qui ne peut être, à moins que l'on n'ait C = 0. Partant, $\alpha\delta\frac{d^2A}{dt^2}$ ne renferme ni terme constant, ni sinus ou cosinus d'angles croissant très lentement, d'où il suit que $\alpha\delta n$ ne renferme point de pareils sinus ou cosinus, ni aucuns termes proportionnels au temps; le mouvement de rotation de la Terre ne reçoit donc point de variation sensible de l'action des corps célestes, et, comme la valeur de $\alpha\delta n$ est, par ce qui

précède, encore la même lorsque la Terre est recouverte d'un fluide
de peu de profondeur, on voit que l'action de ces différents corps sur
cette planète et sur les eaux qui la recouvrent n'altère point l'unifor-
mité de son mouvement de rotation.

VIII.

Je terminerai ces recherches par la remarque suivante sur l'axe réel
de rotation de la Terre. La position de cet axe dans l'espace est,
comme on l'a vu, la même dans le cas où la Terre est entièrement
solide, et dans celui de la nature où elle est recouverte en partie d'un
fluide de peu de profondeur; mais sa situation par rapport à la surface du globe est-elle dans ces deux cas exactement semblable?

Si l'on considère la Terre comme un sphéroïde de révolution entièrement solide ou recouvert d'un fluide, il est facile de s'assurer que
l'axe réel de rotation ne peut jamais s'écarter d'une quantité sensible
de l'axe de figure, autour duquel elle est supposée tourner, au moins
à très peu près, à l'origine du mouvement; car, la raison pour laquelle
l'axe réel de rotation s'écarterait plutôt à droite qu'à gauche de l'axe
de figure ne pouvant venir que de la position primitive du sphéroïde
par rapport à l'astre, il est visible que, en supposant le mouvement de
rotation de la Terre très rapide par rapport à celui de l'astre, le même
écart que l'on trouve après le temps t, à droite de l'axe primitif, en
prenant pour origine du temps le commencement du premier jour,
doit se trouver à gauche après le même temps, si l'on fixe cette origine
au milieu du premier jour. L'axe réel de rotation ne peut donc avoir
autour de l'axe de figure que des mouvements périodiques et insensibles, en sorte que l'on peut toujours supposer que ces deux axes
coïncident; mais il n'est pas de la même évidence que l'on puisse
également confondre l'axe réel de rotation de la Terre avec son axe
primitif, dans le cas où la figure de cette planète et la profondeur de
la mer sont très irrégulières. Il ne suffit pas alors pour l'équilibre
que la direction de la pesanteur soit perpendiculaire à chaque point

de la surface des eaux : il faut, de plus, que les efforts de toutes les
molécules pour déplacer l'axe de la Terre se balancent et se détruisent
réciproquement. Or, si ces deux conditions ne sont pas remplies, si
la configuration du vaste bassin de la mer s'y refuse, ne doit-il pas en
résulter dans l'axe réel de rotation des mouvements imperceptibles,
qui, réunis à ceux que produisent l'action directe du Soleil et de la
Lune et la réaction des eaux, peuvent le faire successivement répondre
à différents points de la surface du globe éloignés les uns des autres,
et transporter ainsi, après un temps considérable, le pôle dans d'autres régions? N'est-ce point à ces mouvements qu'il faut attribuer les
déplacements presque insensibles que l'on observe dans la masse des
eaux? Ces questions me semblent mériter, par leur importance et leur
extrême difficulté, l'attention des géomètres.

MÉMOIRE SUR L'INTÉGRATION

DES

ÉQUATIONS DIFFÉRENTIELLES

PAR APPROXIMATION.

MÉMOIRE SUR L'INTÉGRATION

DES

ÉQUATIONS DIFFÉRENTIELLES

PAR APPROXIMATION.

Mémoires de l'Académie royale des Sciences de Paris, année 1777; 1780.

I.

Rien ne fait autant d'honneur à l'esprit humain que la découverte de
la gravitation universelle et l'application heureuse que l'on a su faire
de l'Analyse au système du monde; mais, si l'Astronomie physique,
en donnant l'explication des plus grands phénomènes de la nature,
appuyée sur l'observation et le calcul, est, de toutes les Sciences
physico-mathématiques, celle qui doit intéresser davantage les phi-
losophes, elle mérite encore plus l'attention des géomètres par les
difficultés que l'on a eu à vaincre et par les méthodes qu'il a fallu in-
venter. Ceux qui en ont fait l'objet de leurs recherches savent qu'une
des principales difficultés qu'elle présente consiste à faire disparaître
les arcs de cercle que les méthodes ordinaires d'approximation intro-
duisent dans les intégrales approchées des équations différentielles
du mouvement des corps célestes; cette difficulté, qui commence à se
faire sentir dans la théorie de la Lune, devient beaucoup plus grande
dans la théorie des satellites de Jupiter et dans celle des planètes. M. de
la Grange est le premier qui l'ait résolue par une méthode extrêmement ingénieuse; MM. d'Alembert et le marquis de Condorcet en ont
depuis trouvé de très belles solutions. Enfin, dans la première Partie
de nos *Mémoires* de 1772, page 651 (¹), et dans la seconde Partie (²),

(¹) *OEuvres de Laplace,* T. VIII, p. 361.
(²) *Ibid.,* p. 383.

page 267, j'ai donné pour le même objet une nouvelle méthode fondée
sur la variation des constantes arbitraires. En y réfléchissant de nouveau, il m'a paru que cette manière de faire varier les arbitraires pouvait être d'un grand usage dans l'Analyse, et que, relativement aux
arcs de cercle qui entrent dans les intégrales approchées des équations différentielles qui n'en renferment point elles-mêmes, elle don-
nait le moyen le plus direct et le plus général de les faire disparaitre,
toutes les fois que cela est possible. Je me propose, dans ce Mémoire,
de l'exposer plus simplement que je ne l'ai fait dans les Mémoires
cités, et j'ose me flatter d'y présenter aux géomètres une nouvelle
théorie de ce genre d'équations différentielles.

II.

Soit l'équation différentielle du second ordre

(A) $$o = \frac{d^2 y}{dt^2} + h^2 y + T + \alpha Y,$$

dans laquelle dt est constant; T est fonction rationnelle et entière de
sinus et de cosinus d'angles croissants proportionnellement à t; α est
une quantité très petite, et Y est fonction rationnelle et entière de
sinus et de cosinus d'angles croissants proportionnellement à t, de α,
de y et de ses différences. Pour l'intégrer, soit

$$y = z + \alpha z' + \alpha^2 z'' + \alpha^3 z''' + \ldots.$$

En substituant cette valeur dans l'équation (A) et comparant succes-
sivement les termes sans α, ceux de l'ordre α, ceux de l'ordre α^2, etc.,
on aura le système suivant d'équations

(B)
$$\left\{ \begin{aligned}
&o = \frac{d^2 z}{dt^2} + h^2 z + T, \\
&o = \frac{d^2 z'}{dt^2} + h^2 z' + T', \\
&o = \frac{d^2 z''}{dt^2} + h^2 z'' + T'', \\
&\ldots\ldots\ldots\ldots\ldots\ldots\ldots,
\end{aligned} \right.$$

où il est visible : 1° que T sera fonction de sinus et de cosinus; 2° que
T' sera fonction de sinus, de cosinus et de z; 3° que T″ sera fonction
de sinus, de cosinus, de z et de z', et ainsi de suite. Ces équations
seront au nombre $n + 1$ si l'on veut porter l'approximation jusqu'aux
quantités de l'ordre α^n, et il sera facile de les intégrer par les méthodes ordinaires; mais, le plus souvent, il en résultera dans les intégrales des arcs de cercle, qui, après un temps considérable, les rendront fautives. C'est à se débarrasser de ces arcs, lorsque cela est
possible, que consiste la principale difficulté de ce genre d'intégrations.

III.

Pour éclaircir ce que nous venons de dire, et pour répandre en
même temps un plus grand jour sur ce qui va suivre, nous allons
appliquer à un exemple particulier les méthodes ordinaires d'approximation. Soit l'équation différentielle

$$(a) \qquad 0 = \frac{d^2y}{dt^2} + y + \alpha m y \cos 2t,$$

dont on propose de trouver l'intégrale approchée jusqu'aux quantités
de l'ordre α^2; on fera

$$y = z + \alpha z' + \alpha^2 z'',$$

et l'on aura les trois équations

$$(b) \qquad \begin{cases} 0 = \dfrac{d^2z}{dt^2} + z, \\[2mm] 0 = \dfrac{d^2z'}{dt^2} + z' + m z \cos 2t, \\[2mm] 0 = \dfrac{d^2z''}{dt^2} + z'' + m z' \cos 2t. \end{cases}$$

En les intégrant, on peut se contenter de satisfaire aux deux dernières
et se dispenser d'ajouter des constantes arbitraires à leurs intégrales,
parce que la valeur de z en renferme deux, qui, se trouvant dans l'expression de y, la rendent complète. Cela posé, la première de ces

équations donne, comme l'on sait, en l'intégrant,

$$z = p\sin t + q\cos t,$$

p et q étant deux constantes arbitraires; cette valeur de z, substituée dans la seconde équation, la change dans celle-ci

$$o = \frac{d^2 z'}{dt^2} + z' - \frac{mp}{2}\sin t + \frac{mq}{2}\cos t$$
$$+ \frac{mp}{2}\sin 3t + \frac{mq}{2}\cos 3t.$$

Pour y satisfaire, nous représenterons par $At\sin t + Bt\cos t$ la partie de z' qui répond aux termes $-\frac{mp}{2}\sin t$ et $\frac{mq}{2}\cos t$, A et B étant des coefficients qu'il s'agit de déterminer; pour cela, on substituera cette partie de l'expression de z' dans l'équation différentielle, et l'on trouvera, en comparant les termes semblables,

$$A = -\frac{mq}{4}, \qquad B = -\frac{mp}{4}.$$

Quant aux termes $\frac{mp}{2}\sin 3t$ et $\frac{mq}{2}\cos 3t$, nous observerons que, en général, si le terme $K\sin(\mu t + \varepsilon)$ ou $K\cos(\mu t + \varepsilon)$ se rencontre dans l'équation différentielle en z', et que l'on désigne par $M\sin(\mu t + \varepsilon)$ ou $M\cos(\mu t + \varepsilon)$ la partie de z' qui y répond, on aura

$$M = \frac{K}{\mu^2 - 1};$$

d'où il est aisé de conclure que les termes $\frac{mp}{2}\sin 3t$ et $\frac{mq}{2}\cos 3t$ produisent dans l'expression de z' la quantité

$$\frac{mp}{16}\sin 3t + \frac{mq}{16}\cos 3t;$$

la valeur entière de z' sera donc

$$z' = -\frac{mq}{4}t\sin t - \frac{mp}{4}t\cos t$$
$$+ \frac{mp}{16}\sin 3t + \frac{mq}{16}\cos 3t.$$

Cette valeur, substituée dans la troisième des équations (b), donne

$$0 = \frac{d^2 z''}{dt^2} + z'' + \left(\frac{m^2 q}{8} t + \frac{m^2 p}{32}\right) \sin t - \left(\frac{m^2 p}{8} t - \frac{m^2 q}{32}\right) \cos t$$
$$- \frac{m^2 q}{8} t \sin 3t - \frac{m^2 p}{8} t \cos 3t$$
$$+ \frac{m^2 p}{32} \sin 5t + \frac{m^2 q}{32} \cos 5t.$$

En représentant par

$$(At^2 + Bt)\sin t + (Ct^2 + Dt)\cos t$$

la partie de l'expression de z'' qui répond aux deux termes

$$\left(\frac{m^2 q}{8} t + \frac{m^2 p}{32}\right)\sin t \quad \text{et} \quad -\left(\frac{m^2 p}{8} t - \frac{m^2 q}{32}\right)\cos t,$$

et en la substituant dans l'équation différentielle, la comparaison des termes semblables donnera

$$A = \frac{m^2 p}{32}, \qquad B = -\frac{3 m^2 q}{64},$$
$$C = \frac{m^2 q}{32}, \qquad D = \frac{3 m^2 p}{64}.$$

Si l'on représente ensuite par

$$(Mt + N)\sin 3t + (Pt + Q)\cos 3t$$

la partie de z'' qui répond aux termes $- \dfrac{m^2 q}{8} t \sin 3t$ et $- \dfrac{m^2 p}{8} t \cos 3t,$ on trouvera

$$M = -\frac{m^2 q}{64}, \qquad N = \frac{3 m^2 p}{256},$$
$$P = -\frac{m^2 p}{64}, \qquad Q = -\frac{3 m^2 q}{256}.$$

Enfin la partie de z'' qui répond aux termes $\dfrac{m^2 p}{32}\sin 5t$ et $\dfrac{m^2 q}{32}\cos 5t$ sera, par ce qui précède,

$$\frac{m^2 p}{768}\sin 5t + \frac{m^2 q}{768}\cos 5t;$$

la valeur entière de z'' sera, par conséquent,

$$
\begin{aligned}
z'' = \;&\frac{m^2}{32}\left(p t^2 - \frac{3}{2}\, q t\right)\sin t\\[4pt]
+\;&\frac{m^2}{32}\left(q t^2 + \frac{3}{2}\, p t\right)\cos t\\[4pt]
-\;&\frac{m^2}{64}\left(q t - \frac{3}{4}\, p\right)\sin 3t\\[4pt]
-\;&\frac{m^2}{64}\left(p t + \frac{3}{4}\, q\right)\cos 3t\\[4pt]
+\;&\frac{m^2 p}{768}\sin 5t + \frac{m^2 q}{768}\cos 5t.
\end{aligned}
$$

En rassemblant ces trois valeurs de z, z' et z'', on en conclura

$$
(a')\quad
\begin{aligned}
y = \;&\left[p - \frac{\alpha m q}{4}\left(1 + \frac{3\alpha m}{16}\right)t + \frac{\alpha^2 m^2 p}{32}\, t^2\right]\sin t\\[4pt]
+\;&\left[q - \frac{\alpha m p}{4}\left(1 - \frac{3\alpha m}{16}\right)t + \frac{\alpha^2 m^2 q}{32}\, t^2\right]\cos t\\[4pt]
+\;&\frac{\alpha m}{16}\left[p\left(1 + \frac{3\alpha m}{16}\right) - \frac{\alpha m q}{4}\, t\right]\sin 3t\\[4pt]
+\;&\frac{\alpha m}{16}\left[q\left(1 - \frac{3\alpha m}{16}\right) - \frac{\alpha m p}{4}\, t\right]\cos 3t\\[4pt]
+\;&\frac{\alpha^2 m^2 p}{768}\sin 5t + \frac{\alpha^2 m^2 q}{768}\cos 5t,
\end{aligned}
$$

expression qui, comme on voit, renferme des arcs de cercle.

IV.

Le procédé que nous venons d'exposer suffit pour intégrer l'équation (A) dans tous les cas possibles, et il est aisé d'en conclure que l'expression générale de y aura la forme suivante

$$
(A')\quad
\begin{aligned}
y = \;&(p + A t + B t^2 + C t^3 + \ldots)\sin h t\\
+\;&(q + M t + N t^2 + P t^3 + \ldots)\cos h t + R,
\end{aligned}
$$

A, B, C, … et M, N, P, … étant des fonctions rationnelles et entières de p, q, α, et R étant une fonction rationnelle et entière de ces mêmes quantités, de l'arc t et de sinus et de cosinus autres que $\sin ht$ et $\cos ht$.

En substituant cette valeur de y dans l'équation (A), qui ne renferme point d'arcs de cercle, on aura une équation identiquement nulle, dans laquelle, par conséquent, les termes semblables se détruiront réciproquement, de sorte que si, dans ceux qui renferment l'arc de cercle t, on change en $t - \theta$ l'arc t qui n'est point enveloppé sous des sinus et des cosinus, θ étant arbitraire, l'équation restera toujours identiquement nulle : or il est visible que ce changement revient à en faire un semblable dans l'expression de y; d'où il suit que, si l'on désigne par p' et q' deux constantes arbitraires, cette expression est encore susceptible de cette forme

$$(A') \quad \begin{cases} y = [p' + A'(t - \theta) + B'(t - \theta)^2 + C'(t - \theta)^3 + \ldots] \sin ht \\ \quad + [q' + M'(t - \theta) + N'(t - \theta)^2 + P'(t - \theta)^3 + \ldots] \cos ht + R', \end{cases}$$

A', B', C', ..., M', N', P', ... étant ce que deviennent A, B, C, ..., M, N, P, ... lorsqu'on y change p et q en p' et q', et R' étant ce que devient R, en vertu de ces changements, et en changeant de plus en $t - \theta$ les arcs de cercle t que cette quantité renferme.

Quoique cette seconde expression renferme l'arbitraire θ de plus que la précédente, elle n'est pas cependant plus générale, parce que, l'équation différentielle (A) n'étant que du second ordre, son intégrale complète ne doit renfermer que deux constantes arbitraires; il est donc possible de faire coïncider ces deux valeurs de y : cette considération va nous fournir le moyen d'en faire disparaître les arcs de cercle. Pour cela, soit

$$p' = p + At + Bt^2 + \ldots,$$
$$q' = q + Mt + Nt^2 + \ldots.$$

Si l'on tire de ces équations, par la méthode du retour des suites, les valeurs de p et de q en p'', q'' et t, et que, en les substituant dans R, on forme une nouvelle quantité R'', l'équation (A') deviendra

$$(A'') \qquad y = p'' \sin ht + q'' \cos ht + R'';$$

p'' et q'' sont des fonctions de t que nous représenterons par $\varphi(t)$ et $\psi(t)$. La comparaison des équations (A'') et (A''') donnera ainsi les suivantes :

$$\varphi(t) = p' + \text{A}'(t - \theta) + \text{B}'(t - \theta)^2 + \dots,$$

$$\psi(t) = q' + \text{M}'(t - \theta) + \text{N}'(t - \theta)^2 + \dots.$$

Il résulte de ces équations : 1° que

$$p' = \varphi(\theta) \qquad \text{et} \qquad q' = \psi(\theta);$$

2° que les deux suites

$$p' + \text{A}'(t - \theta) + \text{B}'(t - \theta)^2 + \dots$$

et

$$q' + \text{M}'(t - \theta) + \text{N}'(t - \theta)^2 + \dots$$

ne sont que le développement des deux fonctions

$$\varphi(\theta + t - \theta) \quad \text{et} \quad \psi(\theta + t - \theta)$$

en séries ordonnées par rapport aux puissances de $t - \theta$, de sorte que l'on a, par la théorie des suites,

$$\frac{\partial \varphi(\theta)}{\partial \theta} = \text{A}', \qquad \frac{\partial \psi(\theta)}{\partial \theta} = \text{M}';$$

partant, si l'on change dans ces équations θ en t, ce qui transforme p' et q' en p'' et q'', et que l'on désigne par A'' et M'' des fonctions de p'' et de q'', semblables à celles de A' et de M' en p' et q', ou de A et de M en p et q, on aura les équations

$$\frac{dp''}{dt} = \text{A}'', \qquad \frac{dq''}{dt} = \text{M}'',$$

au moyen desquelles on déterminera p'' et q''.

Pour ce qui regarde R'', la comparaison des équations (A'') et (A''') donne encore $\text{R}'' = \text{R}'$; or, si l'on suppose dans cette équation $t = \theta$, p'' et q'' se changent en p' et q'. De plus, les arcs de cercle $t - \theta$ disparaissent de R'; donc l'expression de R'' devant être identiquement la même que celle de R' ne doit point, dans ce cas particulier, renfermer

l'arc 0, ce qui ne peut être, à moins que, dans le cas général, R″ ne
renferme point l'arc t. La substitution des valeurs de p et de q en $p″$,
$q″$ et t dans R en fait donc disparaître les arcs de cercle; d'où il suit
que l'on aura la même valeur de R″, en ne tenant aucun compte de ces
arcs dans les valeurs de R, p et q, ce qui donne

$$p = p' \qquad \text{et} \qquad q = q';$$

partant, on formera R″ de R, en changeant dans cette dernière quantité p et q en $p″$ et $q″$ et en effaçant tous les termes qui renferment des
arcs de cercle.

De là résulte cette règle fort simple pour avoir l'intégrale approchée de l'équation (A) sans arcs de cercle, lorsque cela est possible :

Intégrez les équations (B) *par les méthodes ordinaires et formez ainsi*
l'équation (A'); *vous en ferez disparaître les arcs de cercle en effaçant*
tous les termes qui en renferment ; mais alors, au lieu de supposer p et q
constants, il faut les considérer comme des variables données par les équa-
tions

$$\frac{dp}{dt} = A, \qquad \frac{dq}{dt} = M.$$

Pour intégrer ces deux équations, on différentiera la première, et
l'on aura la suivante

$$\frac{d^2p}{dt^2} = \frac{\partial A}{\partial p}\frac{dp}{dt} + \frac{\partial A}{\partial q}\frac{dq}{dt},$$

qui, à cause de $\frac{dq}{dt} = M$, devient

$$\frac{d^2p}{dt^2} = \frac{\partial A}{\partial p}\frac{dp}{dt} + M\frac{\partial A}{\partial q};$$

maintenant, on tirera de l'équation $\frac{dp}{dt} = A$ la valeur de q, exprimée par
une fonction de p et de $\frac{dp}{dt}$, que nous désignerons par $\Pi\left(p, \frac{dp}{dt}\right)$, et, en
la substituant dans l'équation précédente, on aura une équation de
cette forme

$$\frac{d^2p}{dt^2} = \Gamma\left(p, \frac{dp}{dt}\right),$$

$\Gamma\left(p, \dfrac{dp}{dt}\right)$ représentant une fonction de p et de $\dfrac{dp}{dt}$. Cette équation est du second ordre ; pour l'abaisser au premier, soit $\dfrac{dp}{dt} = y$, et l'on aura

$$\frac{dy}{dt} = \Gamma(p, y) = \frac{\Gamma(p, y)}{y}\, y,$$

partant

$$dy = \frac{\Gamma(p, y)}{y}\, dp.$$

Cette dernière équation est du premier ordre, et son intégrale donnera

$$y = J(p, a),$$

a étant une constante arbitraire et $J(p, a)$ désignant une fonction de p et de a ; donc

$$\frac{dp}{dt} = J(p, a),$$

d'où l'on tire

$$t - b = \int \frac{dp}{J(p, a)},$$

b étant une seconde arbitraire. On aura, au moyen de cette équation, la valeur de p en fonction de $t - b$ et de a, et, en la substituant dans $\Pi\left(p, \dfrac{dp}{dt}\right)$, on aura q en fonction des mêmes quantités.

V.

Si l'on applique la règle précédente à l'intégration de l'équation (a), on aura, en effaçant les arcs de cercle de l'équation (a'),

$$y = p \sin t + q \cos t + \frac{\alpha m p}{16}\left(1 + \frac{3\alpha m}{16}\right) \sin 3t$$
$$+ \frac{\alpha m q}{16}\left(1 - \frac{3\alpha m}{16}\right) \cos 3t$$
$$+ \frac{\alpha^2 m^2 p}{768} \sin 5t + \frac{\alpha^2 m^2 q}{768} \cos 5t,$$

et l'on déterminera p et q au moyen des équations

$$\frac{dp}{dt} = -\frac{\alpha m q}{4}\left(1 + \frac{3\alpha m}{16}\right), \qquad \frac{dq}{dt} = -\frac{\alpha m p}{4}\left(1 - \frac{3\alpha m}{16}\right).$$

Pour les intégrer, on supposera, suivant les méthodes connues,

$$p = f e^{\mu t}, \qquad q = g e^{\mu t},$$

e étant le nombre dont le logarithme hyperbolique est l'unité, et l'on aura

$$f\mu = -\frac{\alpha m}{4} g\left(1 + \frac{3\alpha m}{16}\right), \qquad g\mu = -\frac{\alpha m}{4} f\left(1 - \frac{3\alpha m}{16}\right),$$

d'où l'on tire, en négligeant les quantités de l'ordre α^3,

$$\mu = \pm\frac{\alpha m}{4}, \qquad g = \pm f\left(1 - \frac{3\alpha m}{16} + \frac{9\alpha^2 m^2}{512}\right);$$

donc, si l'on désigne par f et f' deux constantes arbitraires, on aura

$$p = f e^{\frac{\alpha m}{4} t} + f' e^{-\frac{\alpha m}{4} t}$$

et

$$q = \left(1 - \frac{3\alpha m}{16} + \frac{9\alpha^2 m^2}{512}\right)\left(f' e^{-\frac{\alpha m}{4} t} - f e^{\frac{\alpha m}{4} t}\right).$$

VI.

Il est facile d'étendre la règle de l'article IV à un nombre quelconque d'équations et de variables; si l'on a, par exemple, les n équations

$$0 = \frac{d^2 y}{dt^2} + h^2 y + T + \alpha Y,$$

$$0 = \frac{d^2 y'}{dt^2} + h'^2 y' + T' + \alpha Y',$$

$$0 = \frac{d^2 y''}{dt^2} + h''^2 y'' + T'' + \alpha Y'',$$

$$\dots\dots\dots\dots\dots\dots\dots\dots\dots\dots,$$

qui renferment celles du mouvement des corps célestes, T, T', T'', ... étant fonctions rationnelles et entières de sinus et de cosinus, et Y, Y',

Y'', ... étant fonctions rationnelles et entières de sinus, de cosinus, de α, des n quantités y, y', y'', ... et de leurs différences; en les intégrant par les méthodes ordinaires, on aura

$$y = (p + A t + B t^2 + \ldots) \sin ht + (q + M t + N t^2 + \ldots) \cos ht + R,$$

$$y' = (p' + A' t + B' t^2 + \ldots) \sin h't + (q' + M' t + N' t^2 + \ldots) \cos h't + R',$$

$$y'' = (p'' + A'' t + B'' t^2 + \ldots) \sin h''t + (q'' + M'' t + N'' t^2 + \ldots) \cos h''t + R'',$$

$$\ldots\ldots\ldots\ldots\ldots\ldots\ldots\ldots\ldots\ldots\ldots\ldots\ldots\ldots\ldots\ldots,$$

$A, B, \ldots, M, N, \ldots, A', B', \ldots$ étant des fonctions de $\alpha, p, p', p'', \ldots,$ $q, q', q'', \ldots$, R étant fonction de ces quantités, de l'arc t et de sinus et de cosinus autres que $\sin ht$ et $\cos ht$; R' étant fonction de ces mêmes quantités, de l'arc t et de sinus et de cosinus autres que $\sin h't$ et $\cos h't$, et ainsi de suite. Cela posé, pour faire disparaître les arcs de cercle de ces expressions, il suffit d'effacer tous les termes qui en renferment; mais alors il faut considérer $p, p', p'', \ldots, q, q', q'', \ldots$ comme autant de variables données par les équations

$$\frac{dp}{dt} = A, \qquad \frac{dq}{dt} = M,$$

$$\frac{dp'}{dt} = A', \qquad \frac{dq'}{dt} = M',$$

$$\frac{dp''}{dt} = A'', \qquad \frac{dq''}{dt} = M'',$$

$$\ldots\ldots\ldots, \qquad \ldots\ldots\ldots$$

Dans le cas des perturbations du mouvement des planètes, si l'on ne porte la précision que jusqu'aux quantités de l'ordre α, ces équations sont linéaires et faciles à intégrer par les méthodes connues (*voir* la seconde Partie des *Mémoires* de 1772, page 360) [1]. Si l'on voulait une approximation plus exacte, les équations précédentes ne seraient plus linéaires; mais il serait aisé de les ramener à cette forme par le procédé que nous avons donné dans les mêmes *Mémoires*, pages 287 et 311 [2].

[1] *OEuvres de Laplace*, T. VIII, p. 461.
[2] *Ibid.*, p. 389 et p. 413.

VII.

Considérons plus particulièrement ce genre d'équations différentielles qui ne renferment point d'arcs de cercle, mais dont les intégrales, obtenues par les méthodes ordinaires d'approximation, en
renferment. Pour cela, soit l'équation différentielle de l'ordre n

$$o = \frac{d^n y}{dt^n} + P,$$

P étant fonction de y et de ses différences, de sinus, de cosinus, d'exponentielles, etc. sans arcs de cercle. Supposons qu'en l'intégrant par
approximation, suivant les méthodes ordinaires, on ait

$$y = X + Yt + Zt^2 + \ldots;$$

X, Y, Z, ... étant des fonctions de sinus, de cosinus, d'exponentielles
et de n constantes arbitraires, p, q, ..., il est facile de prouver,
comme dans l'article IV, que cette valeur de y satisferait encore à la
proposée, en y changeant les arcs de cercle t en $t - \theta$, en sorte que
l'on peut supposer

$$y = X + Y(t - \theta) + Z(t - \theta)^2 + \ldots;$$

cette seconde expression de y renferme $n + 1$ arbitraires qui doivent
se réduire à n. Pour concevoir la possibilité de cette réduction, représentons l'expression rigoureuse et inconnue de y par

$$\varphi(t,\, a + mt,\, b + m't,\, \ldots),$$

a, b, ... étant des constantes arbitraires; en la mettant sous cette
forme

$$\varphi[t,\, a + m\theta + m(t - \theta),\, b + m'\theta + m'(t - \theta),\, \ldots]$$

et en la réduisant dans une suite ordonnée par rapport aux puissances
de $t - \theta$, on aura, comme l'on sait,

$$y = u + \frac{\partial u}{\partial \theta}(t - \theta) + \frac{\partial^2 u}{\partial \theta^2}\frac{(t - \theta)^2}{1.2} + \ldots,$$

u étant égal à $\varphi(t, a + m\theta, b + m'\theta, \ldots)$; or il est visible : 1° que u, $\frac{\partial u}{\partial \theta}$, $\frac{\partial^2 u}{\partial \theta^2}$, $\ldots$ renferment les n arbitraires $a + m\theta$, $b + m'\theta$, $\ldots$; 2° que l'arbitraire θ, qui se trouve dans les arcs de cercle $t - \theta$, $(t - \theta)^2$, $\ldots$ de la série précédente, rentre dans ces n arbitraires et ne fait que les changer en a, b, $\ldots$; 3° que ce ne peut être que de cette manière que l'arbitraire θ de la suite $X + Y(t - \theta) + Z(t - \theta)^2 + \ldots$ rentre dans les n arbitraires p, q, $\ldots$. Cette suite doit donc être la même que celle-ci, $u + \frac{\partial u}{\partial \theta}(t - \theta) + \ldots$, ce qui donne

$$u = X, \qquad \frac{\partial u}{\partial \theta} = Y, \qquad \ldots.$$

Si l'on représente maintenant par $\psi(t, p, q, \ldots)$ la fonction X que nous supposons connue, l'équation $u = X$ donnera

$$\varphi(t, a + m\theta, b + m'\theta, \ldots) = \psi(t, p, q, \ldots);$$

p, q, $\ldots$ sont, par conséquent, fonctions de $a + m\theta$, $b + m'\theta$, $\ldots$. Soit

$$p = \Pi(a + m\theta, b + m'\theta, \ldots),$$
$$q = \Pi_1(a + m\theta, b + m'\theta, \ldots),$$
$$\ldots\ldots\ldots\ldots\ldots\ldots\ldots\ldots\ldots,$$

et l'on aura l'équation identique

$$\varphi(t, a + m\theta, b + m'\theta, \ldots)$$
$$= \psi[t, \Pi(a + m\theta, b + m'\theta, \ldots), \Pi_1(a + m\theta, b + m'\theta, \ldots), \ldots].$$

En changeant θ en t, les deux membres de cette équation se changent dans l'expression rigoureuse de y; il suffit donc, pour avoir cette expression, de déterminer p, q, $\ldots$ en fonctions de θ, de changer dans ces valeurs θ en t et de les substituer ensuite dans la fonction X : la question est ainsi réduite à déterminer ces valeurs.

Si l'on différentie l'équation $u = X$ relativement à θ, on aura

$$\frac{\partial u}{\partial \theta} = \frac{\partial X}{\partial p} \frac{\partial p}{\partial \theta} + \frac{\partial X}{\partial q} \frac{\partial q}{\partial \theta} + \ldots;$$

l'équation $\frac{\partial u}{\partial \theta} = Y$ deviendra donc

$$Y = \frac{\partial X}{\partial p} \frac{\partial p}{\partial \theta} + \frac{\partial X}{\partial q} \frac{\partial q}{\partial \theta} + \cdots$$

Cette équation, ayant lieu quel que soit t, donnera, en la différentiant $n - 1$ fois par rapport à t,

$$\frac{\partial Y}{\partial t} = \frac{\partial^2 X}{\partial p \, \partial t} \frac{\partial p}{\partial \theta} + \frac{\partial^2 X}{\partial q \, \partial t} \frac{\partial q}{\partial \theta} + \cdots,$$

$$\frac{\partial^2 Y}{\partial t^2} = \frac{\partial^3 X}{\partial p \, \partial t^2} \frac{\partial p}{\partial \theta} + \frac{\partial^3 X}{\partial q \, \partial t^2} \frac{\partial q}{\partial \theta} + \cdots,$$

$$\cdots\cdots\cdots\cdots\cdots\cdots\cdots\cdots\cdots\cdots\cdots\cdots$$

En déterminant $\frac{\partial p}{\partial \theta}$, $\frac{\partial q}{\partial \theta}$, $\cdots$ au moyen de ces n équations, on aura

$$\frac{\partial p}{\partial \theta} = X', \qquad \frac{\partial q}{\partial \theta} = Y', \qquad \cdots,$$

X', Y', $\ldots$ étant des fonctions de p, q, $\ldots$ sans t, puisque les valeurs de $\frac{\partial p}{\partial \theta}$, $\frac{\partial q}{\partial \theta}$, $\cdots$ doivent être indépendantes de cette variable.

Cette considération peut servir à déterminer ces valeurs uniquement par l'inspection de l'équation

$$Y = \frac{\partial X}{\partial p} \frac{\partial p}{\partial \theta} + \cdots$$

et d'une manière souvent plus simple qu'avec le secours de ses différentielles, en égalant à zéro les coefficients des différents sinus et cosinus.

En changeant 0 en t dans les équations

$$\frac{\partial p}{\partial \theta} = X', \qquad \frac{\partial q}{\partial \theta} = Y', \qquad \cdots,$$

on aura les suivantes

$$\frac{\partial p}{\partial t} = X', \qquad \frac{\partial q}{\partial t} = Y', \qquad \cdots,$$

et les valeurs de p, q, $\ldots$ que l'on trouvera en intégrant ces dernières équations, substituées dans X, donneront sur-le-champ l'expression rigoureuse de y.

Si les valeurs de X et de Y ne sont exactes qu'aux quantités près d'un certain ordre, l'expression de y, à laquelle on parviendra, ne sera exacte qu'aux quantités près de cet ordre; mais la forme des quantités qu'elle renferme sera la même que dans l'expression rigoureuse : si l'on trouve, par exemple, dans cette valeur des exponentielles sans imaginaires, ou même des arcs de cercle, on sera sûr qu'il s'en rencontre dans l'expression rigoureuse, et qu'il est, par conséquent, impossible de les éviter.

VIII.

La théorie que nous venons d'exposer renferme, d'une manière générale, le cas des équations linéaires que nous avons discuté dans l'article IV; si l'on nomme, en effet, S la partie de R dans l'équation (A′), qui ne renferme point d'arc de cercle, et S′t la partie de cette même quantité qui renferme l'arc t élevé à la première puissance, en comparant cette équation avec celle-ci

$$y = X + Yt + Zt^2 + \ldots,$$

on aura

$$X = p \sin ht + q \cos ht + S,$$
$$Y = A \sin ht + M \cos ht + S';$$

l'équation

$$Y = \frac{\partial X}{\partial p}\frac{\partial p}{\partial \vartheta} + \frac{\partial X}{\partial q}\frac{\partial q}{\partial \vartheta} + \ldots$$

deviendra donc

$$A \sin ht + M \cos ht + S' = \frac{\partial p}{\partial \vartheta}\sin ht + \frac{\partial q}{\partial \vartheta}\cos ht + \frac{\partial S}{\partial p}\frac{\partial p}{\partial \vartheta} + \frac{\partial S}{\partial q}\frac{\partial q}{\partial \vartheta}.$$

Si l'on compare séparément les coefficients de $\sin ht$ et de $\cos ht$, on a

$$\frac{\partial p}{\partial \vartheta} = A, \qquad \frac{\partial q}{\partial \vartheta} = M;$$

de sorte que l'on aura, par l'article précédent, y, en intégrant les deux équations

$$\frac{dp}{dt} = \mathrm{A}, \qquad \frac{dq}{dt} = \mathrm{M}$$

et en substituant les valeurs de p et de q que l'on en tirera dans la quantité X, ou $p\sin ht + q\cos ht + \mathrm{S}$, ce qui revient à la règle que nous avons donnée, article IV. L'équation (a') de l'article III, par exemple, comparée à

$$y = \mathrm{X} + \mathrm{Y}t + \dots,$$

donne

$$\mathrm{X} = p\sin t + q\cos t + \frac{\alpha mp}{16}\left(1 + \frac{3\alpha m}{16}\right)\sin 3t + \frac{\alpha mq}{16}\left(1 - \frac{3\alpha m}{16}\right)\cos 3t$$
$$+ \frac{\alpha^2 m^2 p}{768}\sin 5t + \frac{\alpha^2 m^2 q}{768}\cos 5t,$$

$$\mathrm{Y} = -\frac{\alpha mq}{4}\left(1 + \frac{3\alpha m}{16}\right)\sin t - \frac{\alpha mp}{4}\left(1 - \frac{3\alpha m}{16}\right)\cos t$$
$$- \frac{\alpha^2 m^2 q}{64}\sin 3t - \frac{\alpha^2 m^2 p}{64}\cos 3t;$$

l'équation

$$\mathrm{Y} = \frac{\partial \mathrm{X}}{\partial p}\frac{\partial p}{\partial \theta} + \dots$$

donnera conséquemment la suivante

$$-\frac{\alpha mq}{4}\left(1 + \frac{3\alpha m}{16}\right)\sin t - \frac{\alpha mp}{4}\left(1 - \frac{3\alpha m}{16}\right)\cos t$$
$$- \frac{\alpha^2 m^2 q}{64}\sin 3t - \frac{\alpha^2 m^2 p}{64}\cos 3t$$
$$= \frac{\partial p}{\partial \theta}\sin t + \frac{\partial q}{\partial \theta}\cos t + \frac{\alpha m}{16}\frac{\partial p}{\partial \theta}\left(1 + \frac{3\alpha m}{16}\right)\sin 3t + \frac{\alpha m}{16}\frac{\partial q}{\partial \theta}\left(1 - \frac{3\alpha m}{16}\right)\cos 3t$$
$$+ \frac{\alpha^2 m^2}{768}\frac{\partial p}{\partial \theta}\sin 5t + \frac{\alpha^2 m^2}{768}\frac{\partial q}{\partial \theta}\cos 5t,$$

d'où l'on tire, en comparant les coefficients de $\sin t$ et de $\cos t$ et en y changeant θ en t,

$$\frac{dp}{dt} = -\frac{\alpha mq}{4}\left(1 + \frac{3\alpha m}{16}\right),$$

$$\frac{dq}{dt} = -\frac{\alpha mp}{4}\left(1 - \frac{3\alpha m}{16}\right),$$

ce qui est conforme à ce que nous avons trouvé dans l'article V; et,
comme il résulte de ce même article que la valeur de y renferme les
quantités $e^{\frac{\alpha m t}{4}}$ et $e^{-\frac{\alpha m t}{4}}$, on peut en conclure que les exponentielles
sans imaginaires sont inévitables et qu'elles entrent dans l'intégrale
rigoureuse.

Au lieu de comparer les coefficients de $\sin t$ et de $\cos t$, on aurait pu
comparer ceux de $\sin 3t$ et de $\cos 3t$, et les équations différentielles
en p et en q auxquelles on serait parvenu doivent coïncider avec les
précédentes; mais on doit observer que, ces coefficients étant tous
multipliés par α, les équations qui résultent de leur comparaison ne
peuvent être exactes que jusqu'aux quantités de l'ordre α : elles
deviennent, en effet, en n'ayant égard qu'aux quantités de cet ordre
et en y changeant θ en t,

$$\frac{dp}{dt} = -\frac{\alpha m q}{4},$$

$$\frac{dq}{dt} = -\frac{\alpha m p}{4}.$$

Or ces équations rentrent visiblement dans les précédentes, en négligeant les quantités de l'ordre α^2.

IX.

Après avoir résolu le problème le plus difficile et le plus important
de la théorie des intégrations par approximation, il nous reste, pour
compléter cette théorie, à exposer une méthode générale pour obtenir
des intégrales de plus en plus approchées; M. de la Grange a déjà
rempli cet objet d'une manière très simple et très ingénieuse dans
les *Mémoires de l'Académie de Berlin* pour l'année 1775, page 192;
mais la méthode suivante a, si je ne me trompe, l'avantage d'être plus
directe.

Soit l'équation différentielle de l'ordre n

$$(\gamma) \qquad o = \frac{d^n y}{dt^n} + P + \alpha Q,$$

P étant fonction de t, y, $\frac{dy}{dt}$, $\ldots$, $\frac{d^{n-1}y}{dt^{n-1}}$ et Q pouvant être de plus fonction de α; supposons que l'on sache intégrer l'équation

$$0 = \frac{d^n y}{dt^n} + P,$$

et que son intégrale soit $y = \varphi(t, p, q, r, \ldots)$, p, q, r, $\ldots$ étant des constantes arbitraires; en différentiant cette intégrale $n - 1$ fois de suite par rapport à t, on aura, en y comprenant l'équation intégrale elle-même, n équations au moyen desquelles on pourra obtenir, par l'élimination, les valeurs des n arbitraires en fonctions de t, y, $\frac{dy}{dt}$, $\ldots$, $\frac{d^{n-1}y}{dt^{n-1}}$. Soient V, V', V'', $\ldots$ ces fonctions, en sorte que

$$p = V, \qquad q = V', \qquad r = V'', \qquad \ldots,$$

on aura, en différentiant,

$$0 = dV, \qquad 0 = dV', \qquad 0 = dV'', \qquad \ldots;$$

or il est clair que ces différentes équations ne peuvent être que le produit de celle-ci

$$0 = \frac{d^n y}{dt^n} + P$$

par différents facteurs qui la rendent intégrable et qui sont les coefficients de $\frac{d^n y}{dt^{n-1}}$ dans ces équations. Soient F, F', $\ldots$ ces coefficients, et l'on aura

$$dV = F \, dt \left(\frac{d^n y}{dt^n} + P \right),$$

$$dV' = F' \, dt \left(\frac{d^n y}{dt^n} + P \right),$$

$$\ldots\ldots\ldots\ldots\ldots\ldots\ldots;$$

cela posé, si l'on multiplie la proposée (γ) successivement par $F \, dt$, $F' \, dt$, $\ldots$, elle prendra les n formes suivantes

$$0 = dV + \alpha F Q \, dt,$$

$$0 = dV' + \alpha F' Q \, dt,$$

$$\ldots\ldots\ldots\ldots\ldots\ldots\ldots$$

En intégrant, on aura

$$V = p - \alpha \int F Q \, dt,$$

$$V' = q - \alpha \int F' Q \, dt,$$

$$\dotfill,$$

p, q, ... étant des constantes arbitraires.

Si l'on suppose maintenant $\alpha = 0$ dans ces équations et qu'on en élimine les différences $\frac{dy}{dt}$, $\frac{d^2 y}{dt^2}$, ..., $\frac{d^{n-1} y}{dt^{n-1}}$, on aura une équation finie entre y, t, p, q, ... qui doit, par ce qui précède, se réduire à

$$y = \varphi(t, p, q, \ldots).$$

En changeant donc, dans cette expression de y, p en $p - \alpha \int F Q \, dt$, q en $q - \alpha \int F' Q \, dt$, ..., on aura pour cette même expression, lorsque α est quelconque,

$$(\lambda) \qquad y = \varphi(t, \; p - \alpha \int F Q \, dt, \; q - \alpha \int F' Q \, dt, \; \ldots).$$

Toutes les fois que $F Q \, dt$, $F' Q \, dt$, ... seront des différences exactes, on aura l'intégrale rigoureuse de y; or c'est ce qui a lieu lorsque l'équation (γ) est linéaire, car alors αQ est fonction de t seul, et l'on a

$$P = M \frac{d^{n-1} y}{dt^{n-1}} + N \frac{d^{n-2} y}{dt^{n-2}} + \ldots + S y,$$

M, N, ..., S étant fonctions de t seul; de plus, l'intégrale de l'équation

$$0 = \frac{d^n y}{dt^n} + P$$

est visiblement alors de cette forme

$$y = p u + q u' + r u'' + \ldots,$$

u, u', u'', ... étant fonctions de t; or il est clair que si, au moyen de cette équation et de ses $n - 1$ premières différentielles, on élimine

p, q, r, ..., ce qui est très facile, on aura n équations de cette forme

$$p = F \frac{d^{n-1}y}{dt^{n-1}} + H \frac{d^{n-2}y}{dt^{n-2}} + \ldots,$$

$$q = F' \frac{d^{n-1}y}{dt^{n-1}} + H' \frac{d^{n-2}y}{dt^{n-2}} + \ldots,$$

$$\ldots\ldots\ldots\ldots\ldots\ldots\ldots\ldots\ldots\ldots\ldots\ldots,$$

F, H, ..., F', H', ... étant des fonctions de t seul. En différentiant ces équations, on aura les suivantes

$$0 = F \frac{d^n y}{dt^n} + \left(H + \frac{dF}{dt} \right) \frac{d^{n-1}y}{dt^{n-1}} + \ldots,$$

$$0 = F' \frac{d^n y}{dt^n} + \left(H' + \frac{dF'}{dt} \right) \frac{d^{n-1}y}{dt^{n-1}} + \ldots,$$

$$\ldots\ldots\ldots\ldots\ldots\ldots\ldots\ldots\ldots\ldots\ldots\ldots,$$

qui ne peuvent être que la proposée elle-même, multipliée successivement par F, F', ..., en sorte que, dans ce cas, FQ, F'Q, ... seront uniquement fonctions de t; l'intégrale complète de l'équation (γ) sera donc alors, dans la supposition de α quelconque,

$$y = u(p - \alpha \textstyle\int FQ\, dt) + u'(q - \alpha \int F'Q\, dt) + \ldots,$$

ce qui donne, comme l'on voit, le procédé le plus direct pour conclure l'intégrale de cette équation lorsque α est quelconque, de son intégrale lorsque $\alpha = 0$.

Il arrivera le plus souvent que les fonctions $\alpha FQ\, dt$, $\alpha F'Q\, dt$, ... ne seront pas des différences exactes; mais, si dans ce cas l'équation (λ) n'est plus l'intégrale finie de la proposée (γ), elle est au moins d'une forme très avantageuse pour trouver des intégrales de plus en plus approchées; en effet, si l'on y suppose d'abord $\alpha = 0$, on aura

$$y = \varphi(t, p, q, \ldots),$$

et ce sera la première valeur de y. En la substituant dans les fonctions $FQ\, dt$, $F'Q\, dt$, ..., elles deviendront fonctions de t seul, et si l'on représente par E, G, ... leurs intégrales, on aura pour seconde valeur de y

$$y = \varphi(t, p - \alpha E, q - \alpha G, \ldots).$$

En substituant cette seconde valeur dans $FQ\,dt$, $F'Q\,dt$, ... et représentant par E', G', ... leurs intégrales, on aura pour troisième valeur approchée de y

$$y = \varphi(t, p - \alpha E', q - \alpha G', \ldots),$$

et ainsi de suite.

Supposons que l'équation différentielle (γ), ainsi que sa première intégrale, ne renferment point d'arcs de cercle, mais que les intégrales subséquentes en renferment, en sorte qu'ils soient introduits par les fonctions successives E, G, E', G', ...; on les fera disparaitre en les effaçant de la dernière valeur de y à laquelle on s'arrêtera, et que nous supposons être la $(n+1)^{\text{ieme}}$; mais il faudra y substituer, au lieu de p, q, ..., les valeurs que l'on trouvera en intégrant les équations

$$\frac{dp}{dt} = -\alpha A, \qquad \frac{dq}{dt} = -\alpha B, \qquad \ldots,$$

A, B, ... étant les parties constantes du coefficient de t dans $E^{(n-1)}$, $G^{(n-1)}$, ...

La méthode précédente donne un moyen facile de reconnaitre *a priori* si les intégrales approchées de l'équation (γ) renfermeront des arcs de cercle; car il est visible, par exemple, que la seconde valeur de y ne peut renfermer l'arc αt qu'autant que le produit de Q par l'un des facteurs F, F', ... qui rendent intégrable l'équation

$$0 = \frac{d^n y}{dt^n} + P$$

renferme un terme constant, après y avoir substitué pour y sa première valeur. Pour appliquer cette règle à l'équation

$$0 = \frac{d^2 y}{dt^2} + h^2 y + \alpha Q,$$

on doit observer que les deux facteurs qui rendent intégrable celle-ci

$$o = \frac{d^2 y}{dt^2} + h^2 y$$

sont $e^{ht\sqrt{-1}}$ et $e^{-ht\sqrt{-1}}$, et que son intégrale complète est

$$y = p \sin ht + q \cos ht;$$

il faut donc, pour que la seconde valeur approchée de y renferme l'arc αt, que $Q e^{ht\sqrt{-1}}$ ou $Q e^{-ht\sqrt{-1}}$ renferme un terme constant, après y avoir substitué, pour y, $p \sin ht + q \cos ht$; or il est visible que cela ne peut être, à moins que Q ne renferme, après cette substitution, un terme multiplié par $\sin ht$ ou par $\cos ht$, ce qui est conforme à ce que l'on sait d'ailleurs.

X.

On peut encore employer avec avantage la méthode de faire varier les arbitraires dans le cas où les équations différentielles renferment des quantités qui changent d'une manière presque insensible, ce qui se rencontre fréquemment dans l'Astronomie physique. Soit, par exemple, l'équation différentielle

$$o = \frac{d^n y}{dt^n} + P,$$

P étant fonction de t, y, $\frac{dy}{dt}$, ..., $\frac{d^{n-1} y}{dt^{n-1}}$ et des quantités a, b, ..., qui varient très lentement, en sorte que les différences $\frac{da}{dt}$, $\frac{db}{dt}$, ... soient très petites; supposons qu'en l'intégrant et en supposant a, b, ... constants on ait

$$y = \varphi(a, b, ..., t, p, q, ...),$$

p, q, ... étant les constantes arbitraires que donne l'intégration : on pourra représenter encore par cette forme l'expression complète de y, dans le cas où l'on considère a, b, ... comme variables; mais il faut alors faire varier les arbitraires p, q, ... de manière que $\frac{dy}{dt}$, $\frac{d^2 y}{dt^2}$, ...,

$\frac{d^n y}{dt^n}$ restent pareilles fonctions de a, b, ..., p, q, ... que si ces quantités étaient constantes; car il est clair que ces fonctions, substituées dans l'équation différentielle proposée, la rendront identiquement nulle. Il est donc nécessaire que les variations des valeurs de y, $\frac{dy}{dt}$, ... soient nulles, en vertu des variations de a, b, ..., p, q, ..., ce qui donne les n équations suivantes

$$0 = \frac{da}{dt}\frac{\partial y}{\partial a} + \frac{db}{dt}\frac{\partial y}{\partial b} + \ldots + \frac{dp}{dt}\frac{\partial y}{\partial p} + \frac{dq}{dt}\frac{\partial y}{\partial q} + \ldots,$$

$$0 = \frac{da}{dt}\frac{\partial^2 y}{\partial a\,\partial t} + \frac{db}{dt}\frac{\partial^2 y}{\partial b\,\partial t} + \ldots + \frac{dp}{dt}\frac{\partial^2 y}{\partial p\,\partial t} + \frac{dq}{dt}\frac{\partial^2 y}{\partial q\,\partial t},$$

$$\ldots\ldots\ldots\ldots\ldots\ldots\ldots\ldots\ldots\ldots\ldots\ldots\ldots$$

Ces équations sont les mêmes que celles auxquelles nous sommes parvenu par un raisonnement à peu près semblable, dans les *Mémoires de l'Académie*, année 1772, IIe Partie, p. 315 (¹), et l'on peut observer qu'étant rigoureuses elles ont généralement lieu, quelles que soient les variations de a, b, ..., en sorte qu'elles ne sont point restreintes au cas où ces variations sont insensibles. Il est facile d'étendre à un nombre quelconque d'équations tout ce que nous avons dit dans ces derniers articles; nous croyons ainsi pouvoir nous dispenser d'entrer dans un plus grand détail sur cet objet.

(¹) *OEuvres de Laplace*, T. VIII, p. 416.

MÉMOIRE SUR LES PROBABILITÉS.

MÉMOIRE SUR LES PROBABILITÉS [1]

Mémoires de l'Académie royale des Sciences de Paris, année 1778; 1781.

I.

Je me propose de traiter dans ce Mémoire deux points importants
de l'analyse des hasards qui ne paraissent point avoir encore été suffisamment approfondis : le premier a pour objet la manière de calculer la probabilité des événements composés d'événements simples
dont on ignore les possibilités respectives; l'objet du second est
l'influence des événements passés sur la probabilité des événements
futurs, et la loi suivant laquelle, en se développant, ils nous font connaître les causes qui les ont produits. Ces deux objets, qui ont beaucoup d'analogie entre eux, tiennent à une métaphysique très délicate,
et la solution des problèmes qui leur sont relatifs exige des artifices
nouveaux d'analyse; ils forment une nouvelle branche de la théorie
des probabilités, dont l'usage est indispensable lorsqu'on veut appliquer cette théorie à la vie civile. Je donne, relativement au premier,
une méthode générale pour déterminer la probabilité d'un événement
quelconque, lorsqu'on ne connaît que la loi de possibilité des événements simples, et, dans le cas où cette loi est inconnue, je détermine
celle dont on doit faire usage. La considération du second objet me
conduit à parler des naissances : comme cette matière est une des
plus intéressantes auxquelles on puisse appliquer le Calcul des probabilités, je fais en sorte de la traiter avec tout le soin dû à son impor-

[1] Remis le 19 juillet 1780.

tance, en déterminant quelle est, dans ce cas, l'influence des événements observés sur ceux qui doivent avoir lieu, et comment, en se multipliant, ils nous découvrent le véritable rapport des possibilités des naissances d'un garçon et d'une fille. En généralisant ensuite ces recherches, je parviens à une méthode pour déterminer, non seulement les possibilités des événements simples, mais encore la probabilité d'un événement futur quelconque, lorsque l'événement observé est très composé, quelle que soit d'ailleurs sa nature. Je donne, à cette occasion, la solution de quelques problèmes intéressants dans l'histoire naturelle de l'homme, tels que celui du plus ou moins de facilité des naissances des garçons relativement à celles des filles dans différents climats : c'est ici surtout qu'il est nécessaire d'avoir une méthode rigoureuse pour distinguer, parmi les phénomènes observés, ceux qui peuvent dépendre du hasard, de ceux qui dépendent de causes particulières, et pour déterminer avec quelle probabilité ces derniers indiquent l'existence de ces causes. La principale difficulté que l'on rencontre dans ces recherches tient à l'intégration de certaines fonctions différentielles qui ont pour facteurs des quantités élevées à de très grandes puissances, et dont il faut avoir les intégrales approchées par des suites convergentes : j'ose me flatter que l'analyse dont je me suis servi pour cet objet pourra mériter l'attention des géomètres. Enfin je termine ce Mémoire par quelques réflexions dans lesquelles je présente ce que le Calcul des probabilités m'a paru fournir de lumières sur le milieu que l'on doit choisir entre les résultats de plusieurs observations.

II.

Dans l'analyse des hasards, on se propose de connaitre les probabilités des événements composés, suivant une loi quelconque, d'événements simples dont les possibilités sont données; celles-ci peuvent être déterminées de ces trois manières : 1° *a priori*, lorsque, par la nature même des événements, on voit qu'ils sont possibles dans un rapport donné; c'est ainsi que, au jeu de *croix* et de *pile*, si la pièce que l'on

jette en l'air est homogène et que ses deux faces soient entièrement
semblables, on juge *croix* et *pile* également possibles; 2° *a posteriori*,
en répétant un grand nombre de fois l'expérience qui peut amener
l'événement dont il s'agit, et en examinant combien de fois il est
arrivé; 3° enfin, par la considération des motifs qui peuvent nous
déterminer à prononcer sur l'existence de cet événement; si, par
exemple, les adresses respectives des deux joueurs A et B sont inconnues, comme on n'a aucune raison de supposer A plus fort que B, on
en conclut que la probabilité de A pour gagner une partie est $\frac{1}{2}$. Le
premier de ces moyens donne la possibilité absolue des événements;
le second la fait connaître à peu près, comme nous le ferons voir dans
la suite, et le troisième ne donne que leur possibilité relative à l'état
de nos connaissances.

Chaque événement étant déterminé en vertu des lois générales de
cet univers, il n'est probable que relativement à nous, et, par cette
raison, la distinction de sa possibilité absolue et de sa possibilité relative peut paraître imaginaire; mais on doit observer que, parmi les
circonstances qui concourent à la production des événements, il y en
a de variables à chaque instant, telles que le mouvement que la main
imprime aux dés, et c'est la réunion de ces circonstances que nous
nommons *hasard :* il en est d'autres qui sont constantes, telles que
l'habileté des joueurs, la pente des dés à retomber sur une de leurs
faces plutôt que sur les autres, etc.; celles-ci forment la *possibilité
absolue* des événements, et leur connaissance plus ou moins étendue
forme leur *possibilité relative;* seules, elles ne suffisent pas pour les
produire : il est de plus nécessaire qu'elles soient jointes aux circonstances variables dont j'ai parlé; elles ne font ainsi qu'augmenter la
probabilité des événements, sans déterminer nécessairement leur
existence.

Les recherches que l'on a faites jusqu'ici sur l'analyse des hasards
supposent la connaissance de la possibilité absolue des événements,
et, à l'exception de quelques remarques que j'ai données dans les
Tomes VI et VII des *Mémoires des Savants étrangers,* je ne sache pas

que l'on ait considéré le cas où l'on n'a que leur possibilité relative.
Ce cas renferme un grand nombre de questions intéressantes, et la
plupart des problèmes sur les jeux s'y rapportent; on peut donc croire
que si les géomètres n'y ont pas fait une attention particulière, cela
vient de ce qu'ils l'ont regardé comme susceptible des mêmes méthodes que celui où l'on connaît la possibilité absolue des événements; cependant la différence essentielle de ces possibilités ne peut
manquer d'influer sur les résultats du calcul, en sorte que l'on s'exposerait souvent à des erreurs considérables en les employant de la
même manière : c'est ce dont il est aisé de se convaincre par l'exemple
suivant.

Supposons que deux joueurs A et B, dont les adresses respectives
sont inconnues, jouent à un jeu quelconque, et proposons-nous de
déterminer la probabilité que A gagnera les n premières parties.

S'il ne s'agissait que d'une seule partie, il est clair que, A ou B
devant nécessairement la gagner, ces deux événements sont également probables, en sorte que la probabilité du premier est $\frac{1}{2}$; d'où, en
suivant la règle ordinaire de l'analyse des hasards, on conclut que la
probabilité de A pour gagner les n premières parties est $\frac{1}{2^n}$. Cette conséquence serait exacte si la probabilité $\frac{1}{2}$ était fondée sur une égalité
absolue entre les possibilités des deux événements dont il s'agit; mais
il n'y a d'égalité que relativement à l'ignorance où nous sommes sur
les adresses de deux joueurs, et cette égalité n'empêche pas que l'un
ne puisse être plus fort que l'autre. Supposons conséquemment que
$\frac{1+\alpha}{2}$ représente la probabilité du joueur le plus fort pour gagner une
partie, et $\frac{1-\alpha}{2}$ celle du plus faible; en nommant P la probabilité que
A gagnera les n premières parties, on aura

$$P = \frac{1}{2^n}(1 + \alpha)^n \qquad \text{ou} \qquad P = \frac{1}{2^n}(1 - \alpha)^n,$$

suivant que A sera le plus fort ou le plus faible : or, comme on n'a
aucune raison de le supposer plutôt l'un que l'autre, il est visible que,

pour avoir la véritable valeur de P, on doit prendre la moitié de la
somme des deux valeurs précédentes, ce qui donne

$$P = \frac{1}{2^{n+1}}[(1+\alpha)^n + (1-\alpha)^n].$$

En développant cette expression, on a

$$P = \frac{1}{2^n}\left[1 + \frac{n(n-1)}{1.2}\alpha^2 + \frac{n(n-1)(n-2)(n-3)}{1.2.3.4}\alpha^4 + \ldots\right].$$

Cette valeur de P étant plus grande que $\frac{1}{2^n}$, lorsque n est plus grand
que l'unité, on voit que l'inégalité qui peut exister entre les adresses
des deux joueurs favorise celui qui parie 1 contre $2^n - 1$ que A gagnera les n premières parties, pourvu que l'on ignore de quel côté se
trouve la plus grande adresse. Cette remarque, que j'ai déjà faite ailleurs, est, si je ne me trompe, très utile dans l'analyse des hasards,
non seulement en ce qu'elle montre la nécessité d'avoir égard à l'inégalité inconnue des adresses des joueurs, mais encore en ce que l'on
peut souvent déterminer si cette inégalité est favorable ou contraire
à celui qui parie d'après le Calcul ordinaire des probabilités.

III.

Considérons encore deux joueurs A et B, chacun avec un nombre
donné de jetons, et jouant ensemble de manière que, à chaque coup,
celui qui perd donne un jeton à son adversaire; supposons que la
partie ne doive finir que lorsqu'il ne restera plus de jetons à l'un des
joueurs, et déterminons, dans ce cas, leurs probabilités respectives
pour gagner cette partie.

Pour cela, nommons généralement p l'adresse de A, $1-p$ celle de
B et y_x la probabilité de A pour gagner la partie, lorsqu'il a x jetons;
il peut arriver au coup suivant qu'il gagne un jeton à B, et dans ce
cas sa probabilité se change en y_{x+1}; il peut arriver qu'il en donne un
à B, ce qui réduit sa probabilité à y_{x-1} : or la probabilité du premier

de ces deux événements est p, et celle du second est $1 - p$; on aura
donc l'équation aux différences finies

$$y_x = p y_{x+1} + (1 - p) y_{x-1}.$$

Pour l'intégrer, soit $y_x = C a^x$, on aura

$$a = p a^2 + 1 - p;$$

les deux racines de cette équation sont $a = 1$ et $a = \dfrac{1 - p}{p}$; partant, si
C et C' représentent deux constantes arbitraires, l'expression complète
de y_x sera

$$y_x = C + C'\left(\frac{1 - p}{p}\right)^x.$$

Pour déterminer ces deux constantes, on observera : 1° que, x étant
nul, on a $y_x = 0$, et que, x étant égal au nombre total des jetons de A
et de B, on a $y_x = 1$: soient n ce nombre, m le nombre des jetons de A
au commencement de la partie, et par conséquent $n - m$ celui des
jetons de B, on aura

$$0 = C + C',$$

$$1 = C + C'\left(\frac{1 - p}{p}\right)^n,$$

d'où l'on tire

$$C = \frac{1}{1 - \left(\dfrac{1 - p}{p}\right)^n},$$

$$C' = - \frac{1}{1 - \left(\dfrac{1 - p}{p}\right)^n},$$

partant

$$y_x = \frac{1 - \left(\dfrac{1 - p}{p}\right)^x}{1 - \left(\dfrac{1 - p}{p}\right)^n}.$$

On aura la probabilité y_m de A pour gagner la partie, en changeant dans cette expression x en m, ce qui donne

$$y_m = \frac{1 - \left(\frac{1-p}{p}\right)^m}{1 - \left(\frac{1-p}{p}\right)^n};$$

et, en changeant m en $n - m$, p en $1 - p$, et réciproquement, on aura la probabilité de B pour gagner la partie, et l'on trouvera $1 - y_m$ pour cette probabilité; c'est ce dont il est facile de s'assurer d'ailleurs en considérant que, A ou B devant nécessairement gagner la partie, la somme de leurs probabilités doit être égale à l'unité.

Maintenant, si l'on suppose les adresses des deux joueurs égales, et, par conséquent, $p = \frac{1}{2}$, l'expression précédente de y_m devient $\frac{0}{0}$, ce qui ne fait rien connaître; mais, en différentiant le numérateur et le dénominateur de cette expression par rapport à p, on trouve que dans ce cas $y_m = \frac{m}{n}$, en sorte que les probabilités des deux joueurs A et B sont en raison du nombre de leurs jetons : leurs mises respectives doivent donc être dans le même rapport. Examinons présentement le changement que doit occasionner dans leur sort une inégalité quelconque entre leurs adresses.

Soient $\frac{1+\alpha}{2}$ la plus grande et $\frac{1-\alpha}{2}$ la plus petite ; on changera successivement, dans l'expression de y_m, p en $\frac{1+\alpha}{2}$ et $\frac{1-\alpha}{2}$; on aura ainsi deux valeurs qui auront lieu suivant que A sera le plus fort ou le plus faible : la véritable expression de y_m sera donc égale à la moitié de la somme de ces deux valeurs; d'où l'on tire

$$y_m = \frac{1}{2} \frac{\left[(1+\alpha)^{n-m} + (1-\alpha)^{n-m}\right]\left[(1+\alpha)^m - (1-\alpha)^m\right]}{(1+\alpha)^n - (1-\alpha)^n};$$

on peut mettre cette expression sous cette forme

$$y_m = \frac{1}{2} - \frac{1}{2}(1-\alpha^2)^m \frac{\left[(1+\alpha)^{n-2m} - (1-\alpha)^{n-2m}\right]}{(1+\alpha)^n - (1-\alpha)^n}.$$

Dans le cas de $\alpha = 0$, nous venons de voir que $y_m = \dfrac{m}{n}$; en sorte que, alors,

$$(1-\alpha^2)^m \frac{[(1+\alpha)^{n-2m}-(1-\alpha)^{n-2m}]}{(1+\alpha)^n-(1-\alpha)^n} = \frac{n-2m}{n};$$

or, si l'on suppose m moindre que $\dfrac{n}{2}$, il est clair que, α augmentant, la fraction $\dfrac{(1+\alpha)^{n-2m}-(1-\alpha)^{n-2m}}{(1+\alpha)^n-(1-\alpha)^n}$ diminue, ainsi que le facteur $(1-\alpha^2)^m$; on aura donc, dans la supposition de α plus grand que zéro,

$$(1-\alpha^2)^m \frac{[(1+\alpha)^{n-2m}-(1-\alpha)^{n-2m}]}{(1+\alpha)^n-(1-\alpha)^n} = \frac{n-2m}{n} - 2h,$$

h étant nécessairement positif. Partant,

$$y_m = \frac{m}{n} + h;$$

d'où il suit que l'inégalité des adresses de A et de B est favorable à celui des deux joueurs qui a le plus petit nombre de jetons.

α restant le même, si m et n augmentent en conservant toujours le même rapport, il est clair que

$$(1-\alpha^2)^m \frac{[(1+\alpha)^{n-2m}-(1-\alpha)^{n-2m}]}{(1+\alpha)^n-(1-\alpha)^n}$$

deviendra plus petit, et que l'on peut tellement faire croître n et m, que cette quantité soit plus petite qu'aucune grandeur donnée; donc, si les deux joueurs conviennent de doubler, de tripler, etc. leurs jetons, leur sort, qui, dans le cas où les adresses sont égales, n'en sera point changé, deviendra très différent s'il y a une inégalité quelconque entre leurs adresses; la probabilité de celui qui a le plus petit nombre de jetons augmentera de plus en plus, jusqu'au point de différer infiniment peu de $\frac{1}{2}$, et par conséquent de la probabilité de son adversaire.

IV.

En général, si, dans un problème quelconque relatif aux deux joueurs A et B, on représente par $\frac{1+\alpha}{2}$ l'adresse du plus fort, et par $\frac{1-\alpha}{2}$ celle du plus faible, le sort P du joueur A supposé le plus fort sera exprimé par une fonction de α, qui, réduite en série, aura la forme suivante :

$$P = a + a_1\alpha + a_2\alpha^2 + a_3\alpha^3 + \ldots$$

En changeant α en $-\alpha$, on aura, pour l'expression de P, dans le cas où le joueur A est le plus faible,

$$P = a - a_1\alpha + a_2\alpha^2 - a_3\alpha^3 + \ldots$$

On aura donc la véritable valeur de P en prenant la moitié de la somme des deux séries précédentes, ce qui donne

$$P = a + a_2\alpha^2 + a_4\alpha^4 + \ldots$$

Lorsque α est très petit, on peut s'en tenir aux deux premiers termes de cette série, et l'on a sensiblement

$$P = a + a_2\alpha^2 ;$$

on connaitra donc alors, par le signe de a_2, si P est plus grand ou moindre que dans le cas où les adresses sont égales; il sera plus grand si a_2 est positif, et moindre s'il est négatif.

De ce qu'il ne reste dans la valeur de P que des puissances paires de α, il résulte que le cas de $\alpha = 0$ indique toujours un maximum ou un minimum pour cette valeur; mais il est possible qu'elle soit susceptible de plusieurs maxima ou minima, et c'est ce qui aura lieu si la différentielle de P, prise par rapport à α et égalée à zéro, donne pour α une ou plusieurs valeurs positives, comprises entre les limites dans lesquelles α peut être renfermé; dans ce cas, on cherchera si la supposition de $\alpha = 0$ donne le plus grand de tous ces maxima, ou le

plus petit de tous ces minima ; si cela est, on pourra s'assurer que le
sort P de A est ou n'est pas plus avantageux que lorsque les adresses
sont égales ; mais, si cela n'est pas, il sera impossible de prononcer
sur cet objet, à moins que de connaitre la loi de possibilité des
adresses respectives.

V.

Il est facile d'étendre les remarques précédentes à un nombre quelconque de joueurs ; supposons, par exemple, i joueurs A, B, C, D, ...,
et que l'on propose de déterminer la probabilité P que les r joueurs
A, B, C, ... gagneront les n premières parties. Il est clair que, si leurs
adresses étaient égales, la probabilité de chacun des joueurs pour
gagner une partie ou, ce qui revient au même, leur adresse respective
serait $\frac{1}{i}$, en sorte que la probabilité cherchée P serait $\left(\frac{r}{i}\right)^n$; mais, s'il
existe une inégalité quelconque entre les adresses des joueurs, en
nommant $\frac{1+\alpha}{i}$ la plus grande, $\frac{1+\alpha'}{i}$ la deuxième dans l'ordre de
grandeur, $\frac{1+\alpha''}{i}$ la troisième, et ainsi de suite, on aura d'abord

$$\alpha + \alpha' + \alpha'' + \ldots = 0,$$

puisque la somme de toutes ces adresses doit être égale à l'unité.

Si l'on nomme ensuite $s, s', s'', \ldots$ les différentes sommes que l'on
peut former en ajoutant un nombre r des adresses précédentes, on
aura autant de valeurs correspondantes de P, qui seront $P = s^n$,
$P = s'^n$, $P = s''^n$, ...; le nombre de ces valeurs est égal à celui des
combinaisons de i quantités, prises r à r, et, par conséquent, égal à
$\frac{i(i-1)\ldots(i-r+1)}{1.2.3\ldots r}$; on aura donc la véritable valeur de P, en divisant
par ce nombre la somme des valeurs précédentes, ce qui donne

$$P = \frac{1.2.3\ldots r}{i(i-1)(i-2)\ldots(i-r+1)} (s^n + s'^n + s''^n + \ldots).$$

Il est aisé de voir que chaque adresse se trouve répétée dans la somme

$s + s' + s'' + s''' + \ldots$ autant de fois que l'on peut combiner $i - 1$ quantités $r - 1$ à $r - 1$; d'où il suit que cette somme est indépendante de $\alpha,\ \alpha',\ \alpha'',\ \ldots$ et égale à

$$\frac{(i-1)(i-2)\ldots(i-r+1)}{1.2.3\ldots(r-1)}.$$

Or on prouvera facilement que, dans ce cas, la somme

$$s^n + s'^n + s''^n + \ldots$$

est la plus petite possible lorsque $s = s' = s'' = \ldots$, ce qui suppose $\alpha = \alpha' = \alpha'' = \ldots = 0$; donc la valeur de P est la plus petite lorsque les adresses des joueurs sont égales, en sorte que l'inégalité de ces adresses favorise celui qui parie que les n premières parties seront gagnées par les r joueurs A, B, C, ...

Il est visible que l'on peut faire des remarques analogues sur les jeux dans lesquels on fait usage de polyèdres, tels que le jeu des dés; car, avec quelque soin qu'on ait formé ces polyèdres, il s'y rencontre nécessairement entre leurs différentes faces des inégalités qui résultent de l'hétérogénéité de la matière qu'on emploie et des défauts inévitables dans leur construction. En général, ces remarques ont lieu pour tous les événements dont la possibilité est inconnue et peut varier dans certaines limites; et, si dans la suite nous considérons particulièrement les événements du jeu entre plusieurs joueurs dont les adresses sont inconnues, ce n'est que pour nous rendre plus clair, en fixant les idées sur un objet déterminé.

VI.

Il est infiniment peu probable que les adresses de deux joueurs A et B soient parfaitement égales; mais, en même temps que l'on ignore de quel côté se trouve la plus grande ou la plus petite adresse, on ignore également la quantité de leur différence; ainsi, tout ce que l'on peut conclure de la théorie précédente, c'est que le sort de tel ou tel joueur est plus favorable que suivant le Calcul ordinaire des probabilités, sans que l'on soit en état d'assigner de combien il est augmenté.

Cependant, si l'on connaissait la limite et la loi de possibilité des valeurs de α, rien ne serait plus facile que de résoudre exactement ce problème; car, si l'on nomme q cette limite et que l'on représente par $\psi(\alpha)$ la probabilité de α, on voit d'abord que, α devant nécessairement tomber entre o et q, la fonction $\psi(\alpha)$ doit être telle que l'on ait

$$\int d\alpha\,\psi(\alpha)=1,$$

l'intégrale étant prise depuis $\alpha=o$ jusqu'à $\alpha=q$. On multipliera donc par $d\alpha\,\psi(\alpha)$ les probabilités déterminées par ce qui précède, et, en intégrant ces produits depuis $\alpha=o$ jusqu'à $\alpha=q$, on aura les probabilités cherchées; on trouvera de cette manière, pour la valeur de P dans l'article II,

$$P=\int\frac{d\alpha\,\psi(\alpha)}{2^{n+1}}[(1+\alpha)^n+(1-\alpha)^n].$$

Si, par exemple, $\psi(\alpha)$ est égal à une constante l, en sorte que toutes les valeurs de α soient également possibles, l'équation $\int d\alpha\,\psi(\alpha)=1$ donnera $l=\dfrac{1}{q}$, et l'on aura

$$P=\frac{1}{(n+1)q.2^{n+1}}[(1+q)^{n+1}-(1-q)^{n+1}].$$

La quantité α est une fonction du rapport des adresses absolues des deux joueurs; au lieu donc de supposer la loi de sa possibilité immédiatement connue, il est beaucoup plus naturel de la déduire de celle qui représente la possibilité de l'adresse absolue d'un joueur quelconque. Pour cela, comparons les adresses de tous les joueurs à celle d'un joueur unique, que nous prendrons pour unité d'adresse; et, en représentant par l'abscisse x tous ces rapports, concevons, élevées sur chaque point de l'abscisse, des ordonnées y proportionnelles au nombre supposé infini de tous les joueurs dont l'adresse est x : nous aurons ainsi une courbe renfermée entre les limites h et h', h étant la plus petite adresse et h' la plus grande; et il est visible que le rapport de l'ordonnée y à la somme de toutes les ordonnées, ou, ce qui revient au même, à l'aire entière de la courbe, exprimera la probabilité que l'adresse d'un joueur quelconque est x. Cela posé, pour en conclure la loi de possibilité des valeurs de α, soit $y = \varphi(x)$, et nommons a l'intégrale $\int dx\,\varphi(x)$, prise depuis $x = h$ jusqu'à $x = h'$; soient, de plus, x l'adresse de celui des deux joueurs A et B qui est le plus faible, et $x + u$ celle du joueur le plus fort; on aura

$$\frac{x}{x+u} = \frac{1-\alpha}{1+\alpha},$$

ce qui donne

$$x + u = \frac{1+\alpha}{1-\alpha}\,x.$$

Or la probabilité que l'adresse de l'un des joueurs étant x, celle de l'autre sera $x + u$, est égale au double du produit des probabilités de x et de $x + u$, et par conséquent égale à

$$\frac{2\,\varphi(x)\,\varphi(x+u)}{a^2} = \frac{2\,\varphi(x)\,\varphi\left(\frac{1+\alpha}{1-\alpha}x\right)}{a^2};$$

on aura donc

$$2\int dx\,\frac{\varphi(x)\,\varphi\left(\frac{1+\alpha}{1-\alpha}x\right)}{a^2}$$

pour la probabilité entière de α, l'intégrale étant prise depuis $x = h$ jusqu'à $x = \frac{1-\alpha}{1+\alpha}h'$. Quant à la limite q de α, on observera que, h étant la plus petite adresse et h' la plus grande, on a

$$\frac{h'}{h} = \frac{1+q}{1-q},$$

d'où l'on tire

$$q = \frac{h'-h}{h'+h}.$$

Lorsque la fonction $\varphi(x)$ est inconnue, il est impossible de connaitre exactement le sort des deux joueurs A et B, et l'on est réduit à choisir les fonctions les plus vraisemblables. Nous nous occuperons

de cet objet dans la suite; mais auparavant nous allons exposer une
méthode générale pour déterminer le sort respectif d'un nombre quelconque de joueurs, lorsqu'on ne connaît touchant leurs adresses que
la loi de leur possibilité : cette matière présente quelques difficultés
assez considérables d'analyse, dont la solution est renfermée dans celle
du problème suivant.

VII.

PROBLÈME. — *Soient n quantités variables et positives t, t_1, t_2, …, t_{n-1},
dont la somme soit s et dont la loi de possibilité soit connue; on propose
de trouver la somme des produits de chaque valeur que peut recevoir une
fonction donnée $\psi(t, t_1, t_2, …)$ de ces variables, multipliée par la probabilité correspondante à cette valeur.*

Solution. — Supposons, pour plus de généralité, que les fonctions
qui expriment la possibilité des variables t, t_1, t_2, … soient discon-
tinues, et représentons par q la plus petite valeur de t; par $\varphi(t)$ la
possibilité de t, depuis $t = q$ jusqu'à $t = q'$; par $\varphi'(t) + \varphi(t)$ sa possibilité, depuis $t = q'$ jusqu'à $t = q''$; par $\varphi''(t) + \varphi'(t) + \varphi(t)$ cette
possibilité, depuis $t = q''$ jusqu'à $t = q'''$, et ainsi de suite jusqu'à
$t = \infty$. Désignons ensuite les mêmes quantités relatives aux variables
t_1, t_2, t_3, … par les mêmes lettres, en écrivant au bas les nombres 1,
2, 3, …, en sorte que q_1, q_2, q_3, … expriment les plus petites valeurs
de t_1, t_2, t_3, …, que $\varphi_1(t_1)$ exprime la possibilité de t_1, depuis $t_1 = q_1$
jusqu'à $t_1 = q_1'$, et ainsi du reste; dans cette manière de représenter
les possibilités des variables, il est clair que la fonction $\varphi(t)$ a lieu
depuis $t = q$ jusqu'à $t = \infty$, que la fonction $\varphi'(t)$ a lieu depuis $t = q'$
jusqu'à $t = \infty$, ainsi de suite. Pour reconnaître les valeurs de t, t_1,
t_2, …, lorsque ces fonctions commencent à avoir lieu, nous multi-
plierons $\varphi(t)$ par l^N; $\varphi'(t)$ par $l^{N'}$; $\varphi_1(t_1)$ par l^{N_1}, …; les exposants des
puissances de l qui multiplient chaque fonction indiqueront alors ces
valeurs; il suffira ensuite de supposer $l = 1$ dans le dernier résultat
du calcul : c'est à ces artifices très simples que nous devons la facilité
avec laquelle nous allons résoudre le problème proposé.

La probabilité de la fonction $\psi(t, t_1, t_2, \ldots)$ est évidemment égale
au produit des probabilités de $t, t_1, t_2, \ldots$, en sorte que, si l'on substitue pour t sa valeur $s - t_1 - t_2 - \ldots$ que donne l'équation

$$t + t_1 + t_2 + \ldots = s,$$

le produit de la fonction proposée par sa probabilité sera

$$(\mathrm{A}) \quad \left\{ \begin{aligned} & \psi(s - t_1 - t_2 - \ldots, t_1, t_2, \ldots) \\ & \times \left[l^{l} \varphi(s - t_1 - t_2 - \ldots) + l^{l'} \varphi'(s - t_1 - t_2 - \ldots) + \ldots \right] \\ & \times \left[l^{l_1} \varphi_1(t_1) + l^{l_1} \varphi'_1(t_1) + \ldots \right] \\ & \times \left[l^{l_2} \varphi_2(t_2) + l^{l_2} \varphi'_2(t_2) + \ldots \right] \\ & \times \ldots\ldots\ldots\ldots\ldots\ldots\ldots\ldots \end{aligned} \right.$$

On aura donc la somme de tous ces produits : 1° en multipliant la
quantité précédente par dt_1 et en l'intégrant pour toutes les valeurs
dont t_1 est susceptible; 2° en multipliant cette intégrale par dt_2 et en
l'intégrant pour toutes les valeurs dont t_2 est susceptible, et ainsi de
suite jusqu'à la dernière variable t_{n-1}; mais ces intégrations successives exigent quelques attentions particulières.

Considérons un terme quelconque de la quantité (A), tel que

$$l^{q^{(i)} + q_1^{(i')} + q_2^{(i'')} + \ldots} \psi(s - t_1 - t_2 - \ldots) \varphi^{(i)}(s - t_1 - t_2 - \ldots) \varphi_1^{(i')}(t_1) \varphi_2^{(i'')}(t_2) \ldots.$$

En le multipliant par dt_1, il faut l'intégrer pour toutes les valeurs possibles de t_1; or il est clair que la fonction $\varphi^{(i)}(s - t_1 - t_2 - \ldots)$ n'a
lieu que lorsque t ou $s - t_1 - t_2 - \ldots$ est égal ou plus grand que $q^{(i)}$:
la plus grande valeur que t_1 puisse recevoir est donc $s - q^{(i)} - t_2 - t_3 - \ldots$.
De plus, $\varphi_1^{(i')}(t_1)$ n'ayant lieu que lorsque t_1 est égal ou plus grand
que $q_1^{(i')}$, cette quantité est la plus petite valeur que t_1 puisse recevoir;
il faut donc prendre l'intégrale dont il s'agit depuis $t_1 = q_1^{(i')}$ jusqu'à
$t_1 = s - q^{(i)} - t_2 - t_3 - \ldots$ ou, ce qui revient au même, depuis
$t_1 - q_1^{(i')} = 0$ jusqu'à $t_1 - q_1^{(i')} = s - q^{(i)} - q_1^{(i')} - t_2 - \ldots$.

On trouvera de la même manière que, en multipliant cette nouvelle
intégrale par dt_2, il faudra l'intégrer depuis $t_2 - q_2^{(i'')} = 0$ jusqu'à

$$t_2 - q_2^{(i'')} = s - q^{(i)} - q_1^{(i')} - q_2^{(i'')} - t_3 - \ldots.$$

En continuant d'opérer ainsi, on arrivera à une fonction de

$$s - q^{(l)} - q_1^{(l')} - q_2^{(l'')} - \ldots,$$

dans laquelle il ne restera aucune des variables t, t_1, t_2, …. Cette fonction doit être rejetée si $s - q^{(l)} - q_1^{(l')} - \ldots$ est négatif; car il est visible que, dans ce cas, le système de fonctions $\varphi^{(l)}(t)$, $\varphi_1^{(l')}(t_1)$, $\varphi_2^{(l'')}(t_2)$, … ne peut être employé; en effet, les plus petites valeurs de t_1, t_2, … étant, par la nature de ces fonctions, égales à $q_1^{(l')}$, $q_2^{(l'')}$, …, la plus grande valeur que t puisse recevoir est $s - q_1^{(l')} - q_2^{(l'')} - \ldots$; partant, la plus grande valeur de $t - q^{(l)}$ est $s - q^{(l)} - q_1^{(l')} - q_2^{(l'')} - \ldots$. Or la fonction $\varphi^{(l)}(t)$ ne peut être employée que lorsque $t - q^{(l)}$ est positif.

Au lieu de rejeter la fonction dont il s'agit, il est égal de supposer alors dans tous les termes de cette fonction $s - q^{(l)} - q_1^{(l')} - \ldots$ constamment égal à zéro; car, en ne considérant, par exemple, que les trois variables t, t_1, t_2, la dernière intégrale relative à dt_2 devant être prise depuis $t_2 - q_2^{(l'')} = 0$ jusqu'à

$$t_2 - q_2^{(l'')} = s - q^{(l)} - q_1^{(l'')} - q_2^{(l'')},$$

il est visible que cette intégrale sera nulle toutes les fois que l'on supposera

$$s - q^{(l)} - q_1^{(l')} - q_2^{(l'')} = 0.$$

Il résulte de ce que nous venons de dire une méthode très simple pour résoudre le problème proposé.

Que l'on substitue : 1° au lieu de t, $q + u$ dans $\varphi(t)$, $q' + u$ dans $\varphi'(t)$, $q'' + u$ dans $\varphi''(t)$, …; 2° au lieu de t_1, $q_1 + u_1$ dans $\varphi_1(t_1)$, $q_1' + u_1$ dans $\varphi_1'(t_1)$, …; 3° au lieu de t_2, $q_2 + u_2$ dans $\varphi_2(t_2)$, …, et ainsi de suite, les quantités

$$t^q \varphi(t) + t^{q'} \varphi'(t) + \ldots,$$
$$t^{q_1} \varphi(t_1) + t^{q_1'} \varphi_1'(t_1) + \ldots,$$
$$\ldots\ldots\ldots\ldots\ldots\ldots\ldots\ldots,$$

qui représentent les probabilités de t, t_1, …, se changeront : la pre-

mière, dans une fonction de u; la seconde, dans une fonction de
u_1, ... Nous désignerons ces fonctions par $\Pi(u)$, $\Pi_1(u_1)$, $\Pi_2(u_2)$, ...

Que l'on change ensuite, dans $\psi(t, t_1, t_2, \ldots)$, t en $k + u$, t_1 en
$k_1 + u_1$, ..., on aura une fonction de u, u_1, u_2, ..., que nous représenterons par $\Gamma(u, u_1, u_2, \ldots)$; cela posé, on prendra l'intégrale

$$\int dU_1 \, \Gamma(s - u_1 - u_2 - \ldots, u_1, u_2, \ldots) \, \Pi(s - u_1 - u_2 - \ldots) \, \Pi_1(u_1) \, \Pi_2(u_2) \ldots$$

depuis $u_1 = 0$ jusqu'à $u_1 = s - u_2 - u_3 - \ldots$.

On multipliera cette première intégrale par du_2, et on l'intégrera
depuis $u_2 = 0$ jusqu'à $u_2 = s - u_3 - \ldots$; on multipliera cette seconde
intégrale par du_3, et on l'intégrera depuis $u_3 = 0$ jusqu'à $u_3 = s - u_4 - \ldots$.
En continuant ainsi, on arrivera à une fonction de s seule, que nous
désignerons par $T(s)$, et cette fonction sera la somme demandée de
toutes les valeurs de $\psi(t, t_1, t_2, \ldots)$, multipliées par leurs probabilités
respectives; mais, pour cela, il faut avoir soin de changer, dans un
terme quelconque multiplié par $\ell^{q^{(i)} + q_1^{(i')} + q_1^{(i'')} + \ldots}$, k en $q^{(i)}$, k_1 en $q_1^{(i')}$, k_2 en
$q_2^{(i'')}$, ...; de diminuer s de l'exposant de ℓ et, par conséquent, d'écrire,
au lieu de s, $s - q^{(i)} - q_1^{(i')} - q_2^{(i'')} - \ldots$; de faire cette dernière quantité
égale à zéro toutes les fois qu'elle sera négative; enfin, de supposer
$\ell = 1$.

Si $\Gamma(u, u_1, u_2, \ldots)$, $\Pi(u)$, $\Pi_1(u_1)$, $\Pi_2(u_2)$, ... sont des fonctions
rationnelles et entières des variables u, u_1, u_2, ..., d'exponentielles,
de sinus et de cosinus, toutes ces intégrations successives seront possibles, parce qu'il est dans la nature de ces quantités de ne reproduire
par les intégrations que des quantités du même genre; dans les autres
cas, ces intégrations pourront n'être pas possibles, mais la méthode
précédente réduit alors le problème aux quadratures des courbes.

VIII.

Le cas de fonctions rationnelles et entières offre quelques simpli-
fications qu'il n'est pas inutile d'exposer. Pour cela, soit $u^t u_1^{t'} u_2^{t''} \ldots$
un produit quelconque des variables u, u_1, u_2, ...; si, après y avoir

substitué pour u sa valeur $s - u_1 - u_2 - \ldots$, on le multiplie par du_1, il est facile de s'assurer que l'intégrale

$$\int du_1 (s - u_1 - u_2 - \ldots)^i u_1^{i'} u_2^{i''} \ldots$$

prise depuis $u_1 = 0$ jusqu'à $u_1 = s - u_2 - \ldots$ est

$$\frac{1.2.3\ldots i.1.2.3\ldots i'}{1.2.3.4\ldots(i+i'+1)} (s - u_2 - u_3 - \ldots)^{i+i'+1} u_2^{i''} \ldots;$$

en multipliant cette intégrale par du_2 et en l'intégrant depuis $u_2 = 0$ jusqu'à $u_2 = s - u_3 - \ldots$, on aura pareillement

$$\frac{1.2.3\ldots i.1.2.3\ldots i'.1.2.3\ldots i''}{1.2.3.4\ldots(i+i'+i''+2)} (s - u_3 - \ldots)^{i+i'+i''+2} \ldots$$

et ainsi de suite; donc, si l'on suppose

$$\Pi(u) = A + B u + C u^2 + \ldots,$$
$$\Pi_1(u_1) = A_1 + B_1 u_1 + C_1 u_1^2 + \ldots,$$
$$\Pi_2(u_2) = A_2 + B_2 u_2 + C_2 u_2^2 + \ldots,$$
$$\ldots\ldots\ldots\ldots\ldots\ldots\ldots\ldots$$

et que l'on désigne par $H u^i u_1^{i'} u_2^{i''}$ un terme quelconque de

$$\Gamma(u, u_1, u_2, \ldots),$$

la partie correspondante de $T(s)$ sera

$$(B) \quad \begin{cases} 1.2.3\ldots i.1.2.3\ldots i'.1.2.3\ldots i''\ldots H s^{n+i+i'+i''+\ldots-1} \\ \times [A + (i+1) B s + (i+1)(i+2) C s^2 + \ldots] \\ \times [A_1 + (i'+1) B_1 s + (i'+1)(i'+2) C_1 s^2 + \ldots] \\ \times [A_2 + (i''+1) B_2 s + (i''+1)(i''+2) C_2 s^2 + \ldots] \\ \times \ldots\ldots\ldots\ldots\ldots\ldots\ldots\ldots\ldots, \end{cases}$$

pourvu que, dans le développement de cette quantité, au lieu d'une puissance quelconque c de s, on écrive $\dfrac{s^c}{1.2.3\ldots c}$.

On aura ensuite la partie correspondante de la somme entière des valeurs de $\psi(\ell, \ell_1, \ell_2, \ldots)$, multipliées par leurs probabilités respectives,

en changeant un terme quelconque, tel que $H\lambda l^\mu s^c$, en $H\lambda(s-\mu)^c$, et
en substituant dans H, au lieu de k, la partie de l'exposant μ qui est
relative à t; au lieu de k_1, la partie relative à t_1 et ainsi du reste.

Si, dans la formule (B), on suppose $H = 1$ et $o = i = i' = i'' = \ldots$,
on aura la somme des valeurs de l'unité, multipliées par leurs probabilités respectives : or il est visible que cette somme, n'étant autre
chose que la somme de toutes les combinaisons dans lesquelles l'équation

$$t + t_1 + t_1 + \ldots = s$$

a lieu, multipliées par leurs probabilités, exprime conséquemment la
possibilité de cette équation elle-même. Si, dans les hypothèses précédentes, on suppose de plus que la loi de possibilité est la même pour
les r premières variables $t, t_1, \ldots, t_{r-1}$, et que pour les $n - r$ dernières
elle soit encore la même, mais autre que pour les premières, on aura

$$A = A_1 = \ldots = A_{r-1},$$
$$B = B_1 = \ldots = B_{r-1},$$
$$\cdots\cdots\cdots\cdots\cdots\cdots\cdots,$$
$$A_r = A_{r+1} = \ldots = A_{n-1},$$
$$B_r = B_{r+1} = \ldots = B_{n-1},$$
$$\cdots\cdots\cdots\cdots\cdots\cdots\cdots,$$

et la formule (B) se changera dans celle-ci

$$(C) \quad \begin{cases} s^{n-1} \times (A + B\, s + 2C\, s^2 + \ldots)^{n-r} \\ \qquad \times (A_r + B_r s + 2C_r s^2 + \ldots)^r; \end{cases}$$

cette formule servira à déterminer la probabilité que la somme des
erreurs d'un nombre quelconque d'observations dont la loi de facilité
est connue sera comprise dans des limites données, ce qui peut être
utile dans plusieurs circonstances, et particulièrement lorsqu'il s'agit
de prévoir le résultat d'un nombre quelconque d'observations. Comme
ce problème est d'ailleurs le plus simple auquel on puisse appliquer la
méthode précédente, il est très propre à l'éclaircir, et, dans cette vue,
nous allons considérer les exemples suivants.

IX.

Supposons $n - 1$ observations dont les erreurs puissent s'étendre
depuis $- h$ jusqu'à $+ g$ et que, en nommant z l'erreur de la première, sa facilité soit exprimée par $a + bz + cz^2$; supposons ensuite
que cette facilité soit la même pour les erreurs $z_1, z_2, \ldots, z_{n-2}$ des
autres observations, et cherchons la probabilité que la somme des
erreurs de ces observations sera comprise entre les limites p et $p + e$.

Si l'on fait

$$z = t - h, \qquad z_1 = t_1 - h, \qquad \ldots, \qquad z_{n-1} = t_{n-1} - h,$$

il est clair que $t, t_1, t_2, \ldots$ seront positifs et pourront s'étendre depuis
zéro jusqu'à $h + g$; de plus, on aura

$$z + z_1 + z_1 + \ldots + z_{n-1} = t + t_1 + t_2 + \ldots + t_{n-2} - (n-1)h.$$

Donc, la plus grande valeur de la somme $z + z_1 + \ldots + z_{n-1}$, étant, par
la supposition, égale à $p + e$, et la plus petite étant égale à p, la plus
grande valeur de $t + t_1 + \ldots + t_{n-2}$ sera $(n-1)h + p + e$, et la plus
petite sera $(n-1)h + p$; en faisant ainsi

$$(n-1)h + p + e = s \qquad \text{et} \qquad t + t_1 + \ldots + t_{n-1} = s - t_{n-1},$$

t_{n-1} sera toujours positif et pourra s'étendre depuis zéro jusqu'à e.
Cela posé, si l'on applique à ce cas les formules des deux articles précédents, on aura

$$q = 0, \qquad q' = f + g;$$

d'ailleurs, la loi de facilité de l'erreur z étant $a + bz + cz^2$, on en
conclura la loi de facilité de t, en changeant z en $t - h$; soit

$$a' = a - bh + ch^2, \qquad b' = b - 2ch,$$

on aura

$$a' + b't + ct^2$$

pour cette facilité : ce sera donc la fonction $\varphi(t)$; mais, comme, depuis
$t = h + g$ jusqu'à $t = \infty$, la facilité des valeurs de t est nulle par l'hy-

pothèse, on aura

$$\varphi'(t) + \varphi(t) = 0,$$

ce qui donne

$$\varphi'(t) = -(a' + b't + ct^2);$$

donc, si l'on fait

$$a'' = a' + \quad b'(h + g) + c(h + g)^2,$$
$$b'' = b' + 2c(h + g),$$

la quantité que nous avons nommée $\Pi(u)$ dans l'article VII sera ici

$$a' + b'u + cu^2 - l^{h+g}(a'' + b''u + cu^2),$$

et l'on aura

$$\Pi_1(u_1), \quad \Pi_2(a_2), \quad \ldots, \quad \Pi_{n-2}(u_{n-2}),$$

en changeant, dans cette quantité, u successivement en u_1, u_2, ..., u_{n-2}.

Quant à la variable t_{n-1}, on observera que la possibilité de l'équation

$$s + s_1 + \ldots + s_{n-1} = \mu$$

étant, quel que soit μ, égale au produit des possibilités de s, s_1, ..., s_{n-2}, la possibilité de l'équation

$$t + t_1 + \ldots + t_{n-1} = s - t_{n-1}$$

sera égale au produit des possibilités de t, t_1, ..., t_{n-2}; mais cette même possibilité est évidemment égale au produit des possibilités de t, t_1, ..., t_{n-1}. La loi de possibilité de t_{n-1} est donc constante et égale à l'unité, et, comme cette variable ne doit s'étendre que depuis $t_{n-1} = 0$ jusqu'à $t_{n-1} = e$, on aura

$$q_{n-1} = 0, \qquad q'_{n-1} = e, \qquad \varphi_{n-1}(t_{n-1}) = 1, \qquad \varphi'_{n-1}(t_{n-1}) + \varphi_{n-1}(t_{n-1}) = 0,$$

partant

$$\varphi'_{n-1}(t_{n-1}) = -1,$$

d'où il est aisé de conclure

$$\Pi_{n-1}(u_{n-1}) = 1 - l^e;$$

la formule (C) de l'article précédent se changera conséquemment dans celle-ci

$$s^{n-1}[a' + b's + 2cs^2 - l^{h+g}(a'' + b''s + 2cs^2)]^{n-1}(1 - l^e).$$

Soit

$$(a' + b's + 2cs^2)^{n-1} = a^{(1)} + b^{(1)}s + c^{(1)}s^2 + \ldots,$$
$$(a' + b's + 2cs^2)^{n-2}(a'' + b''s + 2cs^2) = a^{(2)} + b^{(2)}s + c^{(2)}s^2 + \ldots,$$
$$(a' + b's + 2cs^2)^{n-3}(a'' + b''s + 2cs^2)^2 = a^{(3)} + b^{(3)}s + c^{(3)}s^2 + \ldots,$$
$$\ldots\ldots\ldots\ldots\ldots\ldots\ldots\ldots\ldots\ldots\ldots\ldots\ldots\ldots\ldots\ldots,$$

et cette dernière formule prendra la forme suivante

$$
\begin{aligned}
& a^{(1)}s^{n-1} + b^{(1)}s^n + c^{(1)}s^{n+1} + \ldots \\
& \quad - l^e(a^{(1)}s^{n-1} + b^{(1)}s^n + c^{(1)}s^{n+1} + \ldots) \\
& - (n-1)l^{h+g}\;(a^{(2)}s^{n-1} + b^{(2)}s^n + c^{(2)}s^{n+1} + \ldots) \\
& + (n-1)l^{h+g+e}(a^{(2)}s^{n-1} + b^{(2)}s^n + c^{(2)}s^{n+1} + \ldots) \\
& + \frac{(n-1)(n-2)}{1.2}l^{2h+2g}\;(a^{(3)}s^{n-1} + \ldots) \\
& - \frac{(n-1)(n-2)}{1.2}l^{2h+2g+e}(a^{(3)}s^{n-1} + \ldots) \\
& - \ldots\ldots\ldots\ldots\ldots\ldots\ldots\ldots\ldots\ldots\ldots ;
\end{aligned}
$$

on en conclura la probabilité cherchée en y changeant un terme quelconque tel que $\lambda l^{\mu}s^c$ en $\dfrac{\lambda(s-\mu)^c}{1.2.3\ldots c}$, ce qui donne, pour cette probabilité, l'expression suivante

$$
\frac{1}{1.2.3\ldots(n-1)}\left\{
\begin{aligned}
& a^{(1)}[s^{n-1} - (s-e)^{n-1}] + \frac{b^{(1)}}{n}[s^n - (s-e)^n] \\
& \quad + \frac{c^{(1)}}{n(n+1)}[s^{n+1} - (s-e)^{n+1}] + \ldots \\
& - (n-1)\Big\{a^{(2)}[(s-h-g)^{n-1} - (s-h-g-e)^{n-1}] \\
& \qquad\qquad + \frac{b^{(2)}}{n}[(s-h-g)^n - (s-h-g-e)^n] + \ldots\Big\} \\
& + \frac{(n-1)(n-2)}{1.2}\Big\{a^{(3)}[(s-2h-2g)^{n-1} \\
& \qquad\qquad\qquad - (s-2h-2g-e)^{n-1}] + \ldots\Big\} \\
& - \ldots\ldots\ldots\ldots\ldots\ldots\ldots\ldots\ldots\ldots\ldots
\end{aligned}
\right\},
$$

en observant de rejeter les termes multipliés par $(s-\mu)^c$, dans lesquels μ est plus grand que s. On peut, au moyen de cette formule, résoudre un problème que je me suis proposé ailleurs, sur les inclinaisons des orbites des comètes ; en supposant toutes les inclinaisons à l'écliptique également possibles, il s'agissait de déterminer la probabilité que l'inclinaison moyenne des orbites de $n - 1$ comètes sera comprise dans les limites θ et θ' ou, ce qui revient au même, que la somme de leurs inclinaisons sera comprise dans les limites $(n - 1)\theta$ et $(n - 1)\theta'$. En nommant $t, t_1, t_2, \ldots, t_{n-2}$ ces inclinaisons, comme elles peuvent s'étendre depuis zéro jusqu'à $90°$, on aura

$$f = 0 \qquad \text{et} \qquad g = 90° \text{ ou } \frac{\pi}{2},$$

π exprimant le rapport de la demi-circonférence au rayon ; de plus, leur possibilité dans cet intervalle étant constante, la fonction $a' + b't + ct^2$ se réduit à la constante a', d'où il est aisé de conclure

$$a^{(1)} = a'^{n-1} = a^{(2)} = a^{(3)} = \ldots, \qquad 0 = b^{(1)} = b^{(2)} = \ldots, \qquad 0 = c^{(1)} = c^{(2)} = \ldots.$$

D'ailleurs, la valeur de t étant nécessairement comprise dans les limites 0 et $\frac{\pi}{2}$, $\int a' \, dt = 1$, l'intégrale étant prise pour toute l'étendue de ces limites, d'où l'on tire $a' = \frac{2}{\pi}$, la formule précédente donnera ainsi pour la probabilité demandée

$$\frac{2^{n-1}}{1 . 2 . 3 \ldots (n-1)\pi^{n-1}} \left\{ \begin{aligned} &s^{n-1} - (s - e)^{n-1} - (n - 1)\left[\left(s - \frac{\pi}{2}\right)^{n-1} - \left(s - e - \frac{\pi}{2}\right)^{n-1}\right] \\ &+ \frac{(n-1)(n-2)}{1 . 2}\left[(s - \pi)^{n-1} - (s - c - \pi)^{n-1}\right] \\ &- \frac{(n-1)(n-2)(n-3)}{1 . 2 . 3}\left[(s - \tfrac{3}{2}\pi)^{n-1} - (s - c - \tfrac{3}{2}\pi)^{n-1}\right] + \ldots \end{aligned} \right\},$$

où l'on doit observer que $s = (n - 1)\theta'$ et $e = (n - 1)(\theta' - \theta)$.

X.

$z, z_1, z_2, \ldots$ représentant toujours les erreurs de $n - 1$ observations, supposons que la loi de facilité, tant de l'erreur positive z que de l'erreur négative $- z$, soit $h - z$, et que h et $- h$ soient les limites de cette erreur; supposons, de plus, que cette loi soit la même pour les erreurs z_1, z_2, ..., z_{n-2} des autres observations, et que l'on cherche la probabilité que la somme des erreurs sera comprise dans les limites p et $p + e$.

Si l'on fait $z = t - h$, $z_1 = t_1 - h$, ..., il est clair que t, t_1, ... seront toujours positifs et pourront s'étendre depuis zéro jusqu'à $2h$; la loi de facilité de t, depuis $t = 0$ jusqu'à $t = h$, sera exprimée par t; cette même loi, depuis $t = h$ jusqu'à $t = 2h$, sera $2h - t$; elle sera nulle depuis $t = 2h$ jusqu'à $t = \infty$. On aura ainsi dans ce cas

$$q = 0, \qquad q' = h, \qquad q'' = 2h,$$
$$\varphi(t) = t,$$
$$\varphi'(t) + \varphi(t) = 2h - t,$$
$$\varphi''(t) + \varphi'(t) + \varphi(t) = 0,$$

d'où l'on tire

$$\varphi'(t) = 2h - 2t,$$
$$\varphi''(t) = t \quad - 2h.$$

La fonction que nous avons désignée par $\Pi(u)$ dans l'article VII sera donc $u(1 - l^h)^2$, et l'on aura les fonctions

$$\Pi_1(u_1), \quad \ldots, \quad \Pi_{n-2}(u_{n-2}),$$

en y changeant u successivement en u_1, u_2, ..., u_{n-2}.

Présentement, on a

$$z + z_1 + \ldots + z_{n-2} = t + t_1 + \ldots + t_{n-2} - (n-1)h;$$

donc la somme des erreurs z, z_1, ... devant, par l'hypothèse, être renfermée dans les limites p et $p + e$, la somme des valeurs de t, t_1, t_2, ... sera comprise dans les limites $(n-1)h + p + e$ et $(n-1)h + p$, en sorte que, si l'on fait

$$(n-1)h + p + e = s \qquad \text{et} \qquad t + t_1 + \ldots + t_{n-2} = s - t_{n-1},$$

t_{n-1} pourra s'étendre depuis zéro jusqu'à e, et l'on prouvera, comme

dans l'exemple précédent, que sa facilité doit être supposée constante
et égale à l'unité dans cet intervalle, et qu'elle doit être supposée nulle
depuis $t_{n-1} = e$ jusqu'à $t_{n-1} = \infty$; d'où l'on conclura, comme dans ce
même exemple,

$$\Pi_{n-1}(u_{n-1}) = 1 - l^e.$$

La formule (C) de l'article VIII deviendra ainsi

$$s^{2n-2}(1 - l^h)^{2n-2}(1 - l^e),$$

et l'on aura la probabilité cherchée en changeant dans le développement de cette quantité un terme quelconque tel que $\lambda l^\mu s^{2n-2}$ en
$\dfrac{\lambda(s - \mu)^{2n-2}}{1.2.3\ldots(2n - 2)}$, ce qui donne pour l'expression de cette probabilité

$$\frac{1}{1.2.3\ldots(2n-2)} \left\{ \begin{aligned} & s^{2n-1} - (s - e)^{2n-2} \\ & - (2n - 2)\left[(s - h)^{2n-2} - (s - h - e)^{2n-2}\right] \\ & + \frac{(2n - 2)(2n - 3)}{1.2}\left[(s - 2h)^{2n-2} - (s - 2h - e)^{2n-2}\right] \\ & - \ldots\ldots\ldots\ldots\ldots\ldots\ldots\ldots\ldots\ldots\ldots \end{aligned} \right\},$$

en ayant soin de rejeter les termes multipliés par $(s - \mu)^{2n-2}$ lorsque
$s - \mu$ est négatif.

Je dois observer ici que M. de la Grange a déjà résolu le problème
où l'on se propose de trouver la probabilité que la somme des erreurs
de plusieurs observations sera comprise dans des limites données,
lorsque la loi de facilité de ces erreurs est exprimée par une fonction
rationnelle et entière de ces erreurs, d'exponentielles, de sinus et de
cosinus (*voir* le Tome V des *Mémoires de Turin*, p. 221); sa méthode
est très ingénieuse et digne de son illustre auteur; mais la précédente a, si je ne me trompe, l'avantage d'être plus directe et plus
générale, en ce qu'elle réduit la solution du problème aux quadratures des courbes, quelle que soit la loi de facilité des erreurs des
observations.

XI.

Voyons maintenant l'usage que l'on peut faire de la théorie précédente dans la solution des problèmes relatifs à un nombre $n - 1$ de joueurs dont on ne connaît que la possibilité des adresses. Soient

$t, t_1, \ldots, t_{n-2}$ les adresses absolues des joueurs;
$h, h_1, h_2, \ldots$ les plus petites valeurs de $t, t_1, \ldots$;
$h', h'_1, h'_2, \ldots$ leurs plus grandes valeurs;

si l'on fait
$$h' + h'_1 + h'_2 + \ldots = s$$
et
$$t + t_1 + \ldots + t_{n-1} = s - t_{n-1},$$

la variable t_{n-1} pourra s'étendre depuis zéro jusqu'à

$$h' - h + h'_1 - h_1 + \ldots;$$

la loi de sa possibilité doit être supposée constante et égale à l'unité dans cet intervalle, et nulle au delà jusqu'à $t_{n-1} = \infty$; de plus, il est clair que les adresses respectives des joueurs seront

$$\frac{t}{s - t_{n-1}}, \quad \frac{t_1}{s - t_{n-1}}, \quad \frac{t_2}{s - t_{n-1}}, \quad \ldots$$

On cherchera donc, par les méthodes connues de l'analyse des hasards, la solution du problème proposé, en partant de ces adresses respectives, et l'on arrivera à un résultat qui sera une fonction de

$$\frac{t}{h' + h'_1 + \ldots - t_{n-1}}, \quad \frac{t_1}{h' + h'_1 + \ldots - t_{n-1}}, \quad \ldots$$

En y substituant, au lieu de s, sa valeur, cette fonction sera celle que nous avons désignée par $\psi(t, t_1, t_2, \ldots)$ dans le problème de l'article VII; il ne s'agira plus ensuite que de chercher par la méthode de ce problème la somme de toutes les valeurs dont cette fonction est susceptible, multipliées par leurs probabilités, et cette somme sera le résultat demandé : il ne reste plus, comme on voit, dans ce genre de problèmes, que les difficultés inévitables de l'analyse, difficultés qui deviennent beaucoup moindres si l'on suppose que la loi de possibilité des adresses est la même pour tous les joueurs.

XII.

Cette loi ne peut être connue que par une longue suite d'observations, et le plus souvent les circonstances ne permettent pas de les faire; on ne peut suppléer à cette ignorance que par le choix des fonctions les plus vraisemblables; l'analyse des hasards, qui n'est en elle-même que l'art d'apprécier les vraisemblances, doit donc nous guider dans ce choix : examinons ce qu'elle peut nous fournir de lumière sur cet objet.

Nous observerons d'abord que, s'il est difficile de connaitre par l'observation la loi de facilité des adresses des joueurs, il est beaucoup plus aisé d'en connaitre les limites; car supposons que l'on ait observé la plus grande inégalité de ces adresses, et que l'on ait trouvé que le rapport de l'adresse du joueur le plus fort au joueur le plus faible est m, en nommant h la plus petite adresse des joueurs et h' la plus grande, on aura

$$\frac{h'}{h} = m;$$

or, si l'on nomme 1 l'adresse moyenne et x l'excès de h' sur cette adresse, on aura

$$1 + x = h', \qquad 1 - x = h;$$

donc

$$\frac{1+x}{1-x} = m,$$

d'où l'on tire

$$x = \frac{m-1}{m+1},$$

partant

$$h = \frac{2}{m+1} \qquad \text{et} \qquad h' = \frac{2m}{m+1}.$$

Maintenant, la loi de possibilité des adresses étant nulle au delà des limites h et h', il est très vraisemblable qu'elle va en croissant depuis ces limites jusqu'au milieu de l'intervalle qui les sépare et qu'elle est la même de chaque côté de ce milieu. Voilà donc une condition à laquelle on doit assujettir la fonction dont on fera choix; mais cette fonction reste encore très indéterminée, et, comme, parmi celles qui peuvent satisfaire à la condition précédente, on n'a aucune raison d'en préférer une, il faut prendre une fonction moyenne entre toutes ces fonctions : la question est ainsi réduite à déterminer cette fonction moyenne.

Pour cela, soient $2a$ l'intervalle compris entre les deux limites et x la distance du milieu de cet intervalle à un point quelconque pris de l'un ou de l'autre côté de ce milieu; si l'on élève à ce point une ordonnée y, qui représente la probabilité de x, on aura une courbe renfermée entre les deux limites, et, la valeur de x devant nécessairement tomber dans cet intervalle, la surface de cette courbe sera égale à l'unité, en sorte que, depuis le milieu jusqu'à l'une des limites, cette surface sera $\frac{1}{2}$; on peut donc concevoir cette quantité $\frac{1}{2}$ partagée dans un nombre infini de parties égales distribuées au-dessus des différents points de l'intervalle a; par la condition du problème, cette répartition doit être telle qu'il y ait d'autant moins de ces parties au-dessus de chaque point qu'il s'éloigne davantage du milieu; toutes les combinaisons dans lesquelles cela existe sont également admissibles, et l'on aura l'ordonnée moyenne qui en résulte pour l'abscisse x, en prenant la somme de toutes les ordonnées y relatives à chaque combinaison et en la divisant par le nombre de ces combinaisons.

Supposons d'abord le nombre des points de l'intervalle a fini et égal à n, et nommons s le nombre infini de parties qu'il faut distribuer au-dessus de ces points, en observant la condition précédente; soient, de plus, z l'ordonnée relative au n^{ieme} point; $z + z_1$ l'ordonnée relative au $(n-1)^{\text{ieme}}$ point; $z + z_1 + z_2$ l'ordonnée relative au $(n-2)^{\text{ieme}}$ point, et ainsi de suite, en sorte que l'ordonnée relative au premier point ou au point du milieu de l'intervalle $2a$ soit $z + z_1 + \ldots + z_{n-1}$: il est visible que $z,\ z_1,\ z_2,\ \ldots,\ z_{n-1}$ seront nécessairement positifs et que l'on aura

$$n z + (n-1)z_1 + (n-2)z_2 + \ldots + z_{n-1} = s.$$

Soit

$$n z = t, \qquad (n-1)z_1 = t_1, \qquad (n-2)z_1 = t_2, \qquad \ldots, \qquad z_{n-1} = t_{n-1},$$

l'équation précédente deviendra

$$t + t_1 + t_2 + \ldots + t_{n-1} = s;$$

les variables t, t_1, t_2, $\ldots$ pourront s'étendre depuis zéro jusqu'à s, et l'ordonnée relative au r^{ieme} point sera

$$\frac{t}{n} + \frac{t_1}{n-1} + \frac{t_2}{n-2} + \ldots + \frac{t_{n-r}}{r}.$$

Il faut conséquemment déterminer la somme de toutes les variations que peut recevoir cette quantité et la diviser par le nombre de ces variations : or il est visible que ce problème rentre dans celui de l'article VII; que la quantité que nous y avons nommée $\psi(t, t_1, t_2, \ldots)$ est ici

$$\frac{t}{n} + \frac{t_1}{n-1} + \ldots + \frac{t_{n-r}}{r};$$

que les quantités q et q' sont ici o et s, et que la loi de facilité des variations de t doit être supposée égale à une constante b et la même que pour t_1, t_2, $\ldots$. On aura donc, dans le cas présent,

$$\Gamma(u, u_1, u_2, \ldots) = \frac{k}{n} + \frac{k_1}{n-1} + \ldots + \frac{k_{n-r}}{r} + \frac{u}{n} + \frac{u_1}{n-1} + \ldots + \frac{u_{n-r}}{r},$$

$$\Pi(u) = \Pi_1(u_1) = \Pi_2(u_2) = \ldots = b(1 - l^s);$$

mais, comme il faut distinguer les limites o et s, qui appartiennent aux variables t, t_1, $\ldots$, t_{n-r}, afin d'assigner à k, k_1, $\ldots$, k_{n-r} les valeurs qui leur conviennent, nous représenterons par c', s', c'', s'', c''', s''', $\ldots$ ces limites. Cela posé, la formule (B) de l'article VIII donnera pour $\Gamma(s)$

$$\left(\frac{\dfrac{k}{n} + \dfrac{k_1}{n-1} + \dfrac{k_2}{n-2} + \ldots + \dfrac{k_{n-r}}{r}}{1.2.3\ldots(n-1)} s^{n-1} + \frac{\dfrac{1}{n} + \dfrac{1}{n-1} + \ldots + \dfrac{1}{r}}{1.2.3\ldots n} s^n \right)$$
$$\times b^n (1 - l^s)^r (l^{c'} - l^{s'})(l^{c''} - l^{s''}) \ldots.$$

Il faut ensuite, dans le développement de cette quantité, substituer pour k la partie de l'exposant de l qui dépend de c' et de s'; pour k_1, la partie de cet exposant qui dépend de c'' et de s'', etc.; diminuer s de l'exposant entier de l, et rejeter ce terme toutes les fois que cet exposant, ainsi diminué, sera négatif; enfin supposer

$$o = c' = c'' = c''' = \ldots, \qquad s = s' = s'' = \ldots \qquad \text{et} \qquad l = 1.$$

La quantité précédente se réduira ainsi à cette formule très simple

$$\frac{b^n s^n}{1.2.3\ldots n}\left(\frac{1}{n} + \frac{1}{n-1} + \frac{1}{n-2} + \ldots + \frac{1}{r}\right);$$

en divisant cette quantité par le nombre de toutes les combinaisons, qui ne peut être une fonction de n, on aura, pour l'ordonnée moyenne correspondante au $r^{\text{ième}}$ point,

$$N\left(\frac{1}{n} + \frac{1}{n-1} + \ldots + \frac{1}{r}\right),$$

N étant fonction de n.

Supposons maintenant que les nombres n et r deviennent infinis, que le $r^{\text{ième}}$ point réponde à l'abscisse x et le $n^{\text{ième}}$ point à l'abscisse a, on aura, comme l'on sait,

$$\frac{1}{n} + \frac{1}{n-1} + \ldots + \frac{1}{r} = \log n - \log r = \log\frac{n}{r} = \log\frac{a}{x};$$

donc l'ordonnée moyenne y qui répond à l'abscisse x est $N\log\frac{a}{x}$; on déterminera N, en observant que l'on doit avoir $\int N\,dx\log\frac{a}{x} = \frac{1}{2}$, l'intégrale étant prise depuis $x = o$ jusqu'à $x = a$, ce qui donne

$$N = \frac{1}{2a},$$

partant

$$y = \frac{1}{2a}\log\frac{a}{x}.$$

Il faut observer que cette équation doit être supposée la même, x étant positif ou négatif, ce qui revient à supposer ici les logarithmes des quantités positives égaux aux logarithmes des quantités négatives, c'est-à-dire $\log \mu = \log(-\mu)$.

XIII.

Telle est l'équation dont il faut faire usage lorsqu'on n'a, relativement à la possibilité des valeurs de x, d'autres données, si ce n'est qu'elle est d'autant moindre que ces valeurs sont plus grandes : or c'est ce qui a lieu dans un grand nombre de circonstances. Supposons, par exemple, qu'il s'agisse du véritable instant d'un phénomène observé par plusieurs observateurs; chacun d'eux peut aisément fixer la plus grande erreur dont son observation est susceptible, soit en *plus*, soit en *moins*, en prenant pour cette limite la moitié du plus grand intervalle qu'il peut supposer entre deux observations semblables, sans les rejeter comme mauvaises : cet intervalle est ce que nous avons nommé $2a$; il dépend de l'adresse de l'observateur, de la bonté de ses instruments et de la précision dont l'observation dont il s'agit est susceptible, et il doit être supposé le même pour tous les observateurs, si l'on n'a aucune raison de préférer, sous ce point de vue, une observation à une autre. Maintenant, il est naturel de penser que les mêmes erreurs, en plus et en moins, sont également probables et que leur facilité est d'autant moindre qu'elles sont plus grandes; si l'on n'a aucune autre donnée, relativement à leur facilité, on retombe évidemment dans le cas du problème précédent : il faut donc supposer alors la possibilité, tant de l'erreur positive x, que de l'erreur négative $-x$, égale à $\frac{1}{2a} \log \frac{a}{x}$; et c'est cette loi de possibilité dont il faut partir, dans la recherche du milieu que l'on doit choisir entre les résultats de plusieurs observations.

Lorsqu'il s'agit des adresses des joueurs, on a (art. XII) $2a = h' - h$; l'adresse t d'un joueur quelconque est égale à $1 \pm x$: la possibilité de t, depuis $t = h$ jusqu'à $t = h'$, sera donc représentée par

$$\frac{1}{h'-h} \log \frac{h'-h}{2-2t},$$

pourvu que l'on fasse les logarithmes des quantités négatives égaux
aux logarithmes des quantités positives. En appliquant à ce cas les
formules de l'article VII, on aura

$$q = h, \qquad q' = h',$$
$$\varphi(t) = \frac{1}{h' - h} \log \frac{h' - h}{2 - 2t},$$
$$\varphi'(t) + \varphi(t) = 0 \qquad \text{ou} \qquad \varphi'(t) = \frac{1}{h - h'} \log \frac{h' - h}{2 - 2t};$$

on doit supposer d'ailleurs cette loi de possibilité la même pour les
adresses de tous les joueurs : on aura ainsi toutes les données nécessaires à la solution des problèmes que l'on peut se proposer relativement à un nombre quelconque de joueurs; et, en appliquant à ces
données l'analyse de l'article VII, on parviendra au seul résultat qui
convienne à l'état d'ignorance où nous nous supposons relativement à
la facilité des adresses des joueurs.

XIV.

La théorie précédente suppose que l'on n'a aucune raison d'attribuer à l'un des joueurs plus d'adresse qu'aux autres, ce qui est vrai
lorsque le jeu commence; mais, à mesure que les parties se succèdent
et que les événements du jeu se multiplient, on acquiert de nouvelles
lumières sur leurs forces respectives, en sorte qu'elles seraient exactement connues si le nombre des parties était infini, comme nous le
démontrerons dans la suite : les adresses des joueurs et, plus généralement, les différentes causes des événements sont ainsi liées à leur
existence par des lois qu'il est très important de bien connaître, et,
sous ce point de vue, on ne peut douter que les événements passés
n'influent sur la probabilité des événements futurs. Examinons cette
influence et la manière dont on doit en tenir compte.

Pour cela, nommons E l'événement déjà passé; e l'événement futur
dont on propose de calculer la probabilité P; E + e un événement
composé de l'événement E arrivant le premier et de l'événement e

arrivant ensuite. Si l'on détermine par la théorie précédente et sans
avoir égard aux événements passés la probabilité de l'événement E et
celle de l'événement E + e; que l'on nomme V la première de ces probabilités et v la seconde, il est clair que cette dernière probabilité v
sera égale à la probabilité de l'événement E, multipliée par la probabilité cherchée P, que, E ayant déjà eu lieu, l'événement e lui succé-
dera; on aura ainsi PV = v, ce qui donne

$$ P = \frac{v}{V}. $$

La méthode précédente s'applique donc également au cas où l'on a égard
aux événements passés, et il n'en résulte qu'un calcul plus composé.

Lorsque la possibilité des événements est connue *a priori* et par la
nature même des causes qui les produisent, comme la possibilité
d'amener une face donnée d'un dé dont la matière est homogène et
dont les faces sont parfaitement égales, la probabilité v de l'événement
E + e se détermine en calculant séparément les probabilités de E et
de e, et en les multipliant l'une par l'autre, en sorte que la valeur de P
est égale à la probabilité de e. Il suit de là que les événements passés
n'ont alors aucune influence sur la probabilité des événements futurs;
on peut s'en assurer d'ailleurs, en observant que, quels que soient les
événements déjà arrivés, leur possibilité absolue reste toujours la
même, ce qui rend la considération du passé entièrement inutile
lorsque cette possibilité est exactement connue; mais il n'en est pas
ainsi quand elle ne l'est pas; car il est visible que les événements
passés doivent rendre plus ou moins probables les différentes valeurs
qu'on peut lui supposer, suivant qu'elles leur sont plus ou moins favo-
rables. Cette remarque nous conduit naturellement à déterminer la
probabilité des causes prise des événements.

XV.

Supposons qu'un événement donné ne puisse être produit que par
les n causes A, A', ..., $A^{(n-1)}$; soient x la probabilité qui en résulte

pour l'existence de A; x' celle de l'existence de A'; x'' celle de l'existence de A'', etc. Si l'on nomme a, a', a'', ... les probabilités que les causes A, A', A'', ..., étant supposées exister, produiront l'événement dont il s'agit, il est clair que la probabilité d'un second événement semblable au premier sera égale au produit de a par la probabilité x de la cause A, plus au produit de a' par la probabilité x' de la cause A', plus etc.; d'où il suit que l'on aura

$$ax + a'x' + a''x'' + \ldots$$

pour cette probabilité; on trouvera, de la même manière,

$$a^1x + b'^1x' + a''^1x'' + \ldots$$

pour la probabilité de deux événements consécutifs semblables au premier;

$$a^1x + a'^3x' + a''^3x'' + \ldots$$

pour la probabilité de trois événements consécutifs semblables, et ainsi de suite. On aura, par l'article précédent, ces mêmes probabilités, en cherchant *a priori* les probabilités de deux, de trois, de quatre, etc. événements consécutifs, et en les divisant par la probabilité du premier; or la probabilité d'un premier événement est a ou a', ou a'', etc. suivant que la cause A ou la cause A', ou etc. existe; ce qui donne

$$\frac{1}{n}(a + a' + a'' + \ldots)$$

pour cette probabilité. Pareillement, les probabilités de deux, de trois, etc. événements semblables sont

$$\frac{1}{n}(a^2 + a'^2 + a''^2 + \ldots), \quad \frac{1}{n}(a^3 + a'^3 + a''^3 + \ldots), \quad \ldots;$$

donc les probabilités qu'un premier événement ayant déjà eu lieu, il sera suivi d'un ou de deux, etc. événements semblables, sont

$$\frac{a^2 + a'^2 + a''^2 + \ldots}{a + a' + a'' + \ldots}, \quad \frac{a^3 + a'^3 + a''^3 + \ldots}{a + a' + a'' + \ldots}, \quad \ldots.$$

En égalant ces probabilités aux précédentes, on aura

$$a x + a' x' + a'' x'' + \ldots = \frac{a^2 + a'^2 + a''^2 + \ldots}{a + a' + a'' + \ldots},$$

$$a^2 x + a'^2 x' + a''^2 x'' + \ldots = \frac{a^3 + a'^3 + a''^3 + \ldots}{a + a' + a'' + \ldots};$$

on formera $n - 1$ équations semblables, et, en les combinant avec l'équation

$$x + x' + x'' + \ldots = 1,$$

qui résulte de la supposition que l'événement ne peut être produit que par les n causes A, A', A'', …, on aura en tout n équations du premier degré, qui serviront à déterminer x, x', x'', …; or il est visible que l'on y satisfera en faisant

$$x = \frac{a}{a + a' + a'' + \ldots},$$

$$x' = \frac{a'}{a + a' + a'' + \ldots},$$

$$\ldots\ldots\ldots\ldots\ldots\ldots\ldots\ldots;$$

d'où il suit que, pour avoir la probabilité de l'existence d'une cause quelconque $A^{(r)}$ résultante d'un événement donné, il faut déterminer la probabilité $a^{(r)}$ que cette cause ayant lieu produira cet événement, et diviser cette probabilité par la somme des probabilités semblables a, a', a'', … relatives à toutes les causes qui peuvent le produire.

XVI.

Pour appliquer cette théorie et pour faire sentir par un exemple fort simple l'influence des événements passés sur la probabilité de ceux qui suivent, considérons deux joueurs A et B dont les adresses soient inconnues; il est infiniment peu vraisemblable qu'elles seront parfaitement égales. Soient donc $\frac{1 + \alpha}{2}$ la plus grande et $\frac{1 - \alpha}{2}$ la plus petite; si l'on cherche la probabilité P que A gagnera les deux premières parties, on aura, par l'article II,

$$P = \frac{1 + x^2}{4},$$

en sorte qu'il y a de l'avantage à parier 1 contre 3 que cela aura lieu; mais, si l'on cherche la probabilité que B ayant déjà gagné la première partie, A gagnera les deux suivantes, il est visible que la valeur précédente de P est trop considérable, puisqu'il y a une raison de croire que l'adresse de B est la plus grande. En effet, si l'on considère chaque adresse comme une cause particulière de l'événement, la probabilité que l'adresse de B est $\frac{1+x}{2}$ sera, par l'article précédent, égale à la probabilité que B ayant cette adresse gagnera la première partie, divisée par la somme des probabilités qu'il la gagnera en ayant successivement les adresses $\frac{1+x}{2}$ et $\frac{1-x}{2}$; d'où l'on tire $\frac{1+x}{2}$ pour cette probabilité.

Pour déterminer, dans ce cas, la valeur de P, on observera que l'événement que nous avons nommé E dans l'article XIV est ici le gain de la première partie par B, et que l'événement e est le gain des deux parties suivantes par A; la probabilité V de l'événement E est donc $\frac{1+x}{2}$ ou $\frac{1-x}{2}$, suivant que la plus grande ou la plus petite adresse appartient à B, ce qui donne, en prenant la moitié de la somme de ces deux valeurs, $V = \frac{1}{2}$; pareillement, la probabilité e de l'événement $E + e$ est égale à $\frac{1-x}{2}\left(\frac{1+x}{2}\right)^2$ ou à $\frac{1+x}{2}\left(\frac{1-x}{2}\right)^2$, partant

$$e = \frac{1-x^2}{8},$$

donc

$$P = \frac{e}{V} = \frac{1-x^2}{4};$$

il y a donc du désavantage à parier 1 contre 3 que A gagnera les deux parties suivantes, en sorte que l'inégalité des adresses qui, dans le premier cas, favorise celui qui parie conformément au Calcul ordinaire des probabilités, lui est défavorable dans celui-ci.

On trouvera de la même manière que, B ayant déjà gagné la première partie, la probabilité P que A gagnera les n suivantes est

$$P = \frac{1 - x^2}{2^{n-1}}\left[(1 + x)^{n-1} + (1 - x)^{n-1}\right].$$

Si x est peu considérable, on a à très peu près

$$P = \frac{1}{2^n}\left\{1 + x^2\left[\frac{(n - 1)(n - 2)}{1.2} - 1\right]\right\};$$

or, toutes les fois que n surpassera 3, cette quantité sera plus grande que la probabilité $\frac{1}{2^n}$ que donne la supposition des adresses égales; d'où il résulte que, dans ce cas, quoiqu'il soit probable que A est le joueur le plus faible, cependant la probabilité qu'il gagnera les n parties suivantes est plus grande que si l'on supposait A et B de forces égales.

XVII.

Lorsqu'on n'a aucune donnée *a priori* sur la possibilité d'un événement, il faut supposer toutes les possibilités, depuis zéro jusqu'à l'unité, également probables; ainsi, l'observation pouvant seule nous instruire sur le rapport des naissances des garçons et des filles, on doit, à ne considérer la chose qu'en elle-même et abstraction faite des événements, supposer la loi de possibilité des naissances d'un garçon ou d'une fille constante depuis zéro jusqu'à l'unité, et partir de cette hypothèse dans les différents problèmes que l'on peut se proposer sur cet objet.

Supposons, par exemple, que l'on ait observé que, sur $p+q$ enfants, il est né p garçons et q filles, et que l'on cherche la probabilité P que, sur $m + n$ enfants qui doivent naître, il y aura m garçons et n filles; si l'on nomme x la probabilité qu'un enfant qui doit naître sera un garçon, et $1 - x$ celle qu'il sera fille, en désignant

$$\frac{1.2.3\ldots(p + q)}{1.2.3\ldots p.1.2.3\ldots q}$$

par λ, on aura

$$\lambda x^p (1 - x)^q$$

pour la probabilité que, sur $p + q$ enfants, il y aura p garçons et
q filles; cet événement est celui que nous avons nommé E dans l'article XIV. Pareillement, si l'on désigne par γ le produit

$$\frac{1.2.3\ldots(m+n)}{1.2.3\ldots m.1.2.3\ldots n},$$

on aura

$$\gamma \lambda. x^{p+m} (1 - x)^{q+n}$$

pour la probabilité que, sur $p + q$ enfants qui naîtront d'abord, il y
aura p garçons et q filles, et que, sur $m + n$ enfants qui naîtront
ensuite, il y aura m garçons et n filles; cet événement est celui que
nous avons nommé E + e dans l'article cité. Maintenant, x étant susceptible de toutes les valeurs depuis $x = 0$ jusqu'à $x = 1$, et toutes
ces valeurs étant *a priori* également probables, il faut, pour avoir la
véritable probabilité de E, multiplier $\lambda x^p (1 - x)^q$ par $a\,dx$, a étant
constant, et prendre l'intégrale $\lambda \int a x^p (1 - x)^q\,dx$ (depuis $x = 0$
jusqu'à $x = 1$); la valeur de a se déterminera en observant que, x
devant nécessairement tomber entre 0 et 1, on a

$$\int a\,dx = 1,$$

l'intégrale étant prise depuis $x = 0$ jusqu'à $x = 1$, ce qui donne $a = 1$.
On aura semblablement

$$\lambda \gamma \int x^{p+m} (1 - x)^{q+n}\,dx$$

pour la probabilité entière de l'événement E + e; donc la probabilité
cherchée P, que, sur $m + n$ enfants qui doivent naître, il y aura m garçons et n filles, sera, par l'article XIV,

$$P = \frac{\gamma \int x^{p+m} (1 - x)^{q+n}\,dx}{\int x^p (1 - x)^q\,dx},$$

les intégrales du numérateur et du dénominateur étant prises depuis

$x = 0$ jusqu'à $x = 1$. Cette condition donne

$$\int x^p (1-x)^q \, dx = \frac{1.2.3\ldots q}{(p+1)(p+2)\ldots(p+q+1)},$$

$$\int x^{p+m}(1-x)^{q+n} \, dx = \frac{1.2.3\ldots(q+n)}{(p+m+1)(p+m+2)\ldots(p+q+m+n+1)},$$

ce qui change l'expression de P dans celle-ci

$$(\theta) \qquad \mathrm{P} = \gamma \frac{(q+1)(q+2)\ldots(q+n)(p+1)(p+2)\ldots(p+m)}{(p+q+2)(p+q+3)\ldots(p+q+m+n+1)}.$$

Or on a, comme l'on sait,

$$\log(1.2.3\ldots u) = \tfrac{1}{2}\log 2\pi + (u+\tfrac{1}{2})\log u - u + \frac{1}{12u} - \frac{1}{360u^3} + \ldots,$$

ce qui donne à très peu près, lorsque u est considérable,

$$1.2.3\ldots u = \sqrt{2\pi}\, u^{u+\frac{1}{2}} e^{-u},$$

π étant le rapport de la demi-circonférence au rayon et e le nombre dont le logarithme hyperbolique est l'unité; donc, si l'on suppose p et q de très grands nombres, on aura

$$(q+1)(q+2)\ldots(q+n) = \frac{1.2.3\ldots(q+n)}{1.2.3\ldots q} = \frac{(q+n)^{q+n+\frac{1}{2}}}{q^{q+\frac{1}{2}}} e^{-n},$$

$$(p+1)(p+2)\ldots(p+m) = \frac{(p+m)^{p+m+\frac{1}{2}}}{p^{p+\frac{1}{2}}} e^{-m},$$

$$(p+q+1)\ldots(p+q+m+n) = \frac{(p+q+m+n)^{p+q+m+n+\frac{1}{2}}}{(p+q)^{p+q+\frac{1}{2}}} e^{-m-n}.$$

En substituant ces valeurs dans l'expression de P, et en observant que l'on a à très peu près

$$\frac{p+q+1}{p+q+m+n+1} = \frac{p+q}{p+q+m+n},$$

elle deviendra

$$(\varpi) \qquad \mathrm{P} = \gamma \frac{(q+n)^{q+n+\frac{1}{2}}(p+q)^{p+q+\frac{1}{2}}(p+m)^{p+m+\frac{1}{2}}}{p^{p+\frac{1}{2}}q^{q+\frac{1}{2}}(p+q+m+n)^{p+q+m+n+\frac{1}{2}}}.$$

Si μ et s sont de très petits nombres par rapport à p et à q, on a

$$\log(p + \mu)^{p+s} = (p + s)\left[\log p + \log\left(1 + \frac{\mu}{p}\right)\right]$$

$$= (p + s)\left(\frac{\mu}{p} + \log p\right) = \mu + (p + s)\log p;$$

donc

$$(p + \mu)^{p+s} = p^{p+s} e^{\mu};$$

partant, si m et n sont très petits relativement à p et q, on a

$$(q + n)^{q+n+\frac{1}{2}} = e^{n} q^{q+n+\frac{1}{2}},$$

$$(p + m)^{p+m+\frac{1}{2}} = e^{m} p^{p+m+\frac{1}{2}},$$

$$(p + q + m + n)^{p+q+m+n+\frac{3}{2}} = e^{m+n} (p + q)^{p+q+\frac{3}{2}},$$

d'où l'on tire

$$P = \gamma \frac{p^{m} q^{n}}{(p + q)^{m+n}}.$$

XVIII.

Cette valeur de P est la même que celle à laquelle on parviendrait en supposant les possibilités des naissances des garçons et des filles dans le rapport de p à q; d'où il est naturel de conclure que ces possibilités sont à très peu près dans le même rapport, et qu'ainsi la vraie possibilité de la naissance d'un garçon est très approchante de $\frac{p}{p+q}$; ce n'est pas que, absolument parlant, elle ne puisse avoir une valeur bien différente, mais l'expression $\frac{p}{p+q}$ et celles qui en sont très voisines sont incomparablement plus probables que les autres, et l'on peut énoncer ainsi la conclusion précédente :

Si l'on désigne par θ une quantité fort petite et par P la probabilité que la possibilité de la naissance d'un garçon est comprise dans les limites $\frac{p}{p+q} - \theta$ et $\frac{p}{p+q} + \theta$, la valeur de P différera d'autant moins de la certitude ou de l'unité que p et q seront de plus grands nombres, et l'on peut tellement faire croître p et q que la différence de P à l'unité soit moindre qu'aucune grandeur donnée, quelque petit que θ soit d'ailleurs.

On voit par là comment les événements, en se multipliant, nous indiquent d'une manière de plus en plus probable leur possibilité respective; mais, comme le théorème précédent n'est vrai que dans l'infini et que la valeur de P diffère toujours un peu de l'unité lorsque p et q sont des nombres finis, il est intéressant de connaître cette différence, et pour cela nous allons donner l'expression de P par une suite très convergente que nous verrons se réduire à l'unité, lorsque p et q sont infinis, et qui nous fournira, de cette manière, une démonstration directe et rigoureuse du théorème dont il s'agit.

Soient x la possibilité de la naissance d'un garçon et $1 - x$ celle de la naissance d'une fille; la probabilité que, sur $p + q$ enfants, il y aura p garçons et q filles, sera, comme on l'a vu dans l'article précédent, égale à $\lambda x^p (1 - x)^q$; or, si l'on regarde x comme une cause particulière de cet événement, $\dfrac{\int x^p (1 - x)^q \, dx}{\int x^p (1 - x)^q \, dx}$ sera, par l'article XV, la probabilité de cette cause, pourvu que l'intégrale du dénominateur soit prise depuis $x = 0$ jusqu'à $x = 1$; donc la probabilité P, que x sera contenu dans des limites données, sera $\dfrac{\int x^p (1 - x)^q \, dx}{\int x^p (1 - x)^q \, dx}$, pourvu que l'intégrale du numérateur ne soit prise que dans l'étendue de ces limites; la question est ainsi réduite à déterminer, dans ce dernier cas, la valeur de $\int x^p (1 - x)^q \, dx$, lorsque p et q sont de très grands nombres.

Soit $y = x^p (1 - x)^q$, on aura

$$y \, dx = \frac{x(1 - x)}{p - (p + q)x} \, dy,$$

et si l'on fait $p = \dfrac{1}{\alpha}$, $q = \dfrac{2}{\alpha}$, α étant une fraction extrêmement petite, puisque p et q sont très considérables, on aura

$$y \, dx = \alpha : dy,$$

z étant égal à $\dfrac{x(1-x)}{1-(1+\mu)x}$; de là on tirera, quel que soit z,

$$(\lambda) \quad \int y\,dx = C + \alpha y z \left\{ 1 - \alpha \frac{dz}{dx} + \alpha^2 \frac{d(z\,dz)}{dx^2} - \alpha^3 \frac{d[z\,d(z\,dz)]}{dx^3} + \dots \right\},$$

C étant une constante arbitraire qui dépend de la valeur de $\int y\,dx$, à l'origine de l'intégrale. Cette suite, qui est d'un grand usage dans ces recherches, se démontre facilement en observant :

1° Que

$$\int y\,dx = \int \alpha z\,dy = \alpha y z - \alpha \int y\,dz;$$

2° Que l'équation

$$y\,dx = \alpha z\,dy \quad\quad \text{donne} \quad\quad y = \alpha z \frac{dy}{dx},$$

et qu'ainsi

$$\int y\,dz = \alpha \int \frac{z\,dz}{dx}\,dy = \alpha y \frac{z\,dz}{dx} - \alpha \int y \frac{d(z\,dz)}{dx};$$

3° Que

$$\int y \frac{d(z\,dz)}{dx} = \alpha \int z \frac{d(z\,dz)}{dx}\,dy = \alpha y z \frac{d(z\,dz)}{dx^2} - \alpha \int y \frac{d[z\,d(z\,dz)]}{dx^2},$$

et ainsi de suite.

La série précédente cesse d'être convergente lorsque le dénominateur de z est très petit de l'ordre de α, et c'est ce qui a lieu lorsque x ne diffère de $\dfrac{1}{1+\mu}$ que d'une quantité de cet ordre; il faut donc n'employer cette série que dans le cas où cette différence est très grande par rapport à α. Mais cela ne suffit pas encore : chaque différentiation augmentant d'une unité les puissances des dénominateurs de z et de ses différentielles, il est visible que le terme de la série multiplié par α^i a pour dénominateur celui de z, élevé à la puissance $2i-1$; donc, pour la convergence de cette suite, il est nécessaire que α soit beaucoup moindre, non seulement que le dénominateur de z, mais encore que le carré de ce dénominateur.

Il suit de là que la suite (λ) donnera, par une approximation rapide, l'intégrale $\int y\,dx$ prise depuis $x = 0$ jusqu'à $x = \frac{1}{1+\mu} - \theta$, pourvu que α soit beaucoup plus petit que θ^2; et si l'on observe que l'on a $y = 0$ et $z = 0$ lorsque $x = 0$, on trouvera, pour la valeur de $\int y\,dx$, dans ce cas,

$$\int y\,dx = \frac{\alpha\mu^{q+1}[1-(1+\mu)\theta]^{p+1}\left(1+\frac{1+\mu}{\mu}\theta\right)^{q+1}}{(1+\mu)^{p+q+2}\theta}\left\{1 - \frac{\alpha[\mu+(1+\mu)^2\theta]}{(1+\mu)^2\theta^2} + \ldots\right\}.$$

Cette suite a l'avantage de donner les limites entre lesquelles la valeur de $\int y\,dx$ est resserrée; en effet, cette valeur est moindre que le premier terme et plus grande que la somme des deux premiers termes. Pour le démontrer, nous donnerons à z cette forme

$$z = -\frac{\mu}{(1+\mu)^2} + \frac{x}{1+\mu} + \frac{\mu}{(1+\mu)^2[1-(1+\mu)x]},$$

et nous aurons

$$dz = \frac{dx}{1+\mu} + \frac{\mu\,dx}{(1+\mu)[1-(1+\mu)x]^2}.$$

On voit ainsi que z et dz augmentent à mesure que x augmente depuis $x = 0$ jusqu'à $x = \frac{1}{1+\mu}$; les quantités z, $\frac{dz}{dx}$ et $\frac{d(z\,dz)}{dx^2}$ sont donc toujours positives dans cet intervalle, ainsi que les intégrales $\int y\,dz$ et $\int y\frac{d(z\,dz)}{dx}$; or on a, par ce qui précède,

$$\int y\,dx = \alpha yz - \alpha\int y\,dz.$$

Partant $\int y\,dx$ est moindre que αyz; pareillement

$$\int y\,dz = \alpha yz\frac{dz}{dx} - \alpha\int y\frac{d(z\,dz)}{dx},$$

et, par conséquent, $\int y\,dz$ est moindre que $\alpha yz\frac{dz}{dx}$; donc $\int y\,dx$ est moindre que αyz et plus grand que $\alpha yz\left(1 - \alpha\frac{dz}{dx}\right)$. Cette remarque peut servir lorsque, sans chercher la valeur exacte de $\int y\,dx$, on veut s'assurer si elle est plus grande ou plus petite qu'une quantité donnée.

La suite (λ) donnera encore l'intégrale $\int y\,dx$, depuis $x = \frac{1}{1+\mu} + \theta$ jusqu'à $x = 1$, et si l'on considère que, x étant 1, on a $y = 0$ et $z = 0$, on verra facilement que la valeur de $\int y\,dx$, dans ce dernier cas, est la valeur même de $\int y\,dx$ dans le premier cas, prise en moins, et dans laquelle on change θ en $-\theta$; donc, si l'on nomme k l'intégrale entière $\int y\,dx$, prise depuis $x = 0$ jusqu'à $x = 1$, on aura, aux quantités près de l'ordre α^3, pour cette même intégrale, prise depuis $x = \frac{1}{1+\mu} - \theta$ jusqu'à $x = \frac{1}{1+\mu} + \theta$, ou, ce qui revient au même, depuis $x = \frac{p}{p+q} - \theta$ jusqu'à $x = \frac{p}{p+q} + \theta$,

$$k - \frac{\alpha\mu^{q+1}\left\{1 - \frac{\alpha[\mu + (1+\mu)^2\theta^2]}{(1+\mu)^3\theta^2}\right\}}{(1+\mu)^{p+q+3}\theta}$$
$$\times \left\{ [1 - (1+\mu)\theta]^{p+1}\left(1 + \frac{1+\mu}{\mu}\theta\right)^{q+1} + [1 + (1+\mu)\theta]^{p+1}\left(1 - \frac{1+\mu}{\mu}\theta\right)^{q+1} \right\},$$

ce qui donne

$$P = 1 - \frac{\alpha\mu^{q+1}\left\{1 - \frac{\alpha[\mu + (1+\mu)^2\theta^2]}{(1+\mu)^3\theta^2}\right\}}{(1+\mu)^{p+q+3}\theta k}$$
$$\times \left\{ [1 - (1+\mu)\theta]^{p+1}\left(1 + \frac{1+\mu}{\mu}\theta\right)^{q+1} + [1 + (1+\mu)\theta]^{p+1}\left(1 - \frac{1+\mu}{\mu}\theta\right)^{q+1} \right\}.$$

Il ne s'agit plus maintenant que d'avoir la valeur de k; or on a, par l'article précédent,

$$k = \frac{1.2.3\ldots p.1.2.3\ldots q}{1.2.3\ldots(p+q+1)}$$

et, quel que soit u,

$$1.2.3\ldots u = \sqrt{2\pi}\, u^{u+\frac{1}{2}} e^{-u}\left(1 + \frac{1}{12u} + \ldots\right),$$

d'où il est aisé de conclure, en faisant $p = \frac{1}{\alpha}$ et $q = \frac{\mu}{\alpha}$,

$$k = \frac{\sqrt{2\pi\alpha}\,\mu^{q-\frac{1}{2}}}{(1+\mu)^{p+q+\frac{3}{2}}}\left\{1 + \alpha\frac{[(1+\mu)^2 - 13\mu]}{12\mu(1+\mu)} + \dots\right\}.$$

On aura donc, en négligeant les quantités de l'ordre $\alpha^{\frac{3}{2}}$,

$$P = 1 - \frac{\alpha^{\frac{1}{2}}\mu^{\frac{1}{2}}}{\sqrt{2\pi}\,(1+\mu)^{\frac{3}{2}}\theta}\left\{1 - \alpha\frac{[12\mu^2 + (1+\mu)^2(1+\mu+\mu^2)\theta^2]}{12\mu(1+\mu)^2\theta^2}\right\}$$

$$\times\left\{\begin{array}{l}[1-(1+\mu)\theta]^{p+1}\left(1 + \frac{1+\mu}{\mu}\theta\right)^{q+1} \\ + [1+(1+\mu)\theta]^{p+1}\left(1 - \frac{1+\mu}{\mu}\theta\right)^{q+1}\end{array}\right\},$$

sur quoi l'on doit observer que la quantité

$$[1-(1+\mu)\theta]^p\left(1 + \frac{1+\mu}{\mu}\theta\right)^q$$

est à son maximum lorsque $\theta = 0$; d'où il suit que la plus grande valeur du facteur

$$[1-(1+\mu)\theta]^{p+1}\left(1 + \frac{1+\mu}{\mu}\theta\right)^{q+1}$$

$$+ [1+(1+\mu)\theta]^{p+1}\left(1 - \frac{1+\mu}{\mu}\theta\right)^{q+1}$$

est très près de 2, et qu'il est beaucoup moindre pour peu que θ soit plus grand que zéro.

Dans la question présente, ce facteur est toujours extrêmement petit; pour le faire voir, nous mettrons la quantité

$$[1-(1+\mu)\theta]^{p+1}\left(1 + \frac{1+\mu}{\mu}\theta\right)^{q+1}$$

sous cette forme

$$\left[1 + \frac{1-\mu^2}{\mu}\theta - \frac{(1+\mu)^2}{\mu}\theta^2\right][1-(1+\mu)\theta]^p\left(1 + \frac{1+\mu}{\mu}\theta\right)^q,$$

et nous observerons que, θ étant fort petit, on a, par des suites convergentes,

$$\log[1-(1+\mu)\theta] = -(1+\mu)\theta - \frac{1}{2}(1+\mu)^2\theta^2 - \frac{1}{3}(1+\mu)^3\theta^3 - \ldots,$$

$$\log\left(1-\frac{1-\mu}{\mu}\theta\right) = -\frac{1-\mu}{\mu}\theta - \frac{1}{2}\left(\frac{1-\mu}{\mu}\right)^2\theta^2 - \frac{1}{3}\left(\frac{1-\mu}{\mu}\right)^3\theta^3 - \ldots,$$

d'où, en substituant au lieu de p, $\frac{1}{\alpha}$, et au lieu de q, $\frac{\mu}{\alpha}$, on tire

$$\log[1-(1+\mu)\theta]^p\left(1-\frac{1-\mu}{\mu}\theta\right)^q$$
$$= -\frac{(1+\mu)^2}{2\mu}\frac{\theta^2}{\alpha} - \frac{(\mu-1)(1+\mu)^3}{3\mu^2}\frac{\theta^3}{\alpha} - \ldots,$$

partant

$$[1-(1+\mu)\theta]^p\left(1-\frac{1-\mu}{\mu}\theta\right)^q = e^{-\frac{(1+\mu)^2}{2\mu}\frac{\theta^2}{\alpha} - \frac{(\mu-1)(1+\mu)^3}{3\mu^2}\frac{\theta^3}{\alpha} - \ldots}.$$

θ^2 étant, comme nous l'avons supposé, beaucoup plus grand que α, et e, logarithme hyperbolique de l'unité, étant plus grand que 2, il est clair que le second membre de cette équation est très petit et décroît très rapidement lorsque α diminue; d'où il suit que la quantité

$$[1-(1+\mu)\theta]^{p-1}\left(1-\frac{1-\mu}{\mu}\theta\right)^{q-1}$$

est elle-même très petite, ce qui est également vrai de la quantité

$$[1+(1+\mu)\theta]^{p-1}\left(1-\frac{1-\mu}{\mu}\theta\right)^{q-1},$$

dans laquelle se change la précédente en faisant θ négatif.

On voit ainsi que, θ restant le même, quelque petit qu'il soit d'ailleurs, la différence de P à l'unité devient d'autant moindre que α diminue, non seulement parce que le facteur $\alpha^{\frac{1}{2}}$ qui multiplie cette différence diminue, mais encore parce que le facteur

$$[1-(1+\mu)\theta]^{p-1}\left(1+\frac{1-\mu}{\mu}\theta\right)^{q-1}$$
$$-[1+(1+\mu)\theta]^{p-1}\left(1-\frac{1-\mu}{\mu}\theta\right)^{q-1}$$

est très petit et diminue avec une grande rapidité; et il est visible que
l'on peut tellement augmenter p et q, et, par conséquent, diminuer α,
que cette différence de P à l'unité soit moindre qu'aucune grandeur
donnée, ce qui est le théorème dont nous avons parlé au commencement de cet article.

XIX.

Un des principaux avantages de la théorie précédente est de fournir
une solution directe et générale d'un problème intéressant, dont l'objet
est le plus ou moins de facilité des naissances des garçons et des filles
dans les différents climats. On a observé qu'à Paris et à Londres il
nait constamment chaque année plus de garçons que de filles, et,
quoique la différence soit peu considérable, il serait assez extraordi-
naire que cela fût l'effet du hasard, et il est bien plus naturel de penser
que, en France et en Angleterre, la nature favorise plus la naissance
des garçons que celle des filles. A la vérité, les naissances observées
pendant quatre ou cinq ans dans quelques petites villes de France
semblent y indiquer une moindre facilité pour la naissance des garçons
que pour celle des filles; mais il est très possible que, sur un petit
nombre de naissances, tel que quatre ou cinq cents, il y ait plus de
filles que de garçons, quoique la facilité de la naissance de ceux-ci
soit plus grande: il faut employer à cette recherche délicate de beaucoup plus grands nombres, vu surtout le peu de différence qui existe
entre les facilités des naissances des garçons et des filles, et ce n'est
que lorsqu'on sera bien assuré que le nombre observé des naissances
dans un lieu quelconque indique, avec une très grande probabilité,
que les naissances des garçons y sont moins possibles que celles des
filles, qu'il sera permis de rechercher la cause de ce phénomène. La
méthode de l'article précédent donne un moyen fort simple pour
obtenir cette probabilité lorsqu'on a un nombre suffisant de naissances; nous allons l'appliquer à celles qui ont été observées à Paris,
et déterminer combien il est probable que les naissances des garçons
dans cette grande ville sont plus possibles que celles des filles.

Pour cela, nous ferons usage des naissances qui ont eu lieu depuis 1745 jusqu'en 1770, et dont on peut voir la liste dans nos *Mémoires* pour l'année 1771, page 857. En rassemblant toutes ces naissances, on trouve que, dans l'espace de ces vingt-six années, il est né à Paris 251527 garçons et 241945 filles, ce qui donne à très peu près $\frac{105}{101}$ pour le rapport des naissances des garçons à celles des filles. Cela posé, la probabilité que la possibilité de la naissance d'un garçon est égale ou moindre que $\frac{1}{2}$ est, par l'article précédent, égale à $\dfrac{\int y\,dx}{k}$, l'intégrale $\int y\,dx$ étant prise depuis $x = 0$ jusqu'à $x = \frac{1}{2}$; d'ailleurs cette intégrale, prise depuis $x = 0$ jusqu'à $x = \dfrac{1}{1+\mu} - \theta$ et divisée par k, est, par le même article, égale à

$$\frac{\alpha^{\frac{1}{2}}\mu^{\frac{1}{2}}}{\sqrt{2\pi}\,(1+\mu)^{\frac{3}{2}}\theta}\left[1 - (1+\mu)\theta\right]^{p+1}\left(1 + \frac{1+\mu}{\mu}\theta\right)^{q+1}$$

$$\times \left[1 - \alpha\,\frac{12\mu^2 + (1+\mu)^2(1+\mu+\mu^2)\theta^2}{12\mu(1+\mu)^2\theta^2} + \alpha^2\dots\right].$$

En supposant donc $\dfrac{1}{1+\mu} - \theta = \frac{1}{2}$ et, par conséquent, $\theta = \dfrac{1-\mu}{2(1+\mu)}$, on a, pour l'expression de la probabilité que x est égal ou moindre que $\frac{1}{2}$,

$$\sqrt{\frac{2\alpha\mu}{(1+\mu)\pi}}\,\frac{1}{1-\mu}\left(\frac{1+\mu}{2}\right)^{p+1}\left(\frac{1+\mu}{2\mu}\right)^{q+1}$$

$$\times \left[1 - \alpha\,\frac{48\mu^2 + 3\mu(1-\mu)^2 + (1-\mu)^4}{12\mu(1+\mu)(1-\mu)^2} + \alpha^2\dots\right].$$

Dans le cas présent,

$$p = 251527,$$
$$q = 241945,$$
$$\mu = \frac{q}{p} = 0,9619047,$$
$$\alpha = \frac{1}{p} = \frac{1}{251527},$$

ce qui donne à peu près $\theta^2 = 24$, en sorte que la série

$$1 - \alpha \frac{[48\mu^2 + 3\mu(1-\mu)^2 + (1-\mu)^4]}{12\mu(1+\mu)(1-\mu)^2} + \alpha^2 \dots$$

est très convergente, et l'on trouve, par le calcul, que le second terme est environ $\frac{1}{700}$; on peut ainsi s'en tenir au premier terme : or on a, en logarithmes des Tables,

$$\log \sqrt{\frac{2\alpha\mu}{(1+\mu)\pi}{1-\mu}} = \bar{2},4660039,$$

le nombre $\bar{2}$ indiquant une caractéristique négative; on a ensuite, en portant la précision jusqu'à douze décimales,

$$\log p = 5,400584610947,$$
$$\log q = 5,383716651469,$$
$$\log(p+q) = 5,693262515480,$$
$$\log 2 = 0,301029995664,$$

d'où l'on tire

$$\log\left(\frac{p+q}{p}\right)^{p+1} = 73616,6879714,$$

$$\log\left(\frac{p+q}{q}\right)^{q+1} = 74893,3836139,$$

$$\log 2^{p+q+2} = 148550,4760803;$$

partant

$$\log\left(\frac{1+\mu}{2}\right)^{p+1}\left(\frac{1+\mu}{2\mu}\right)^{q+1}\sqrt{\frac{2\alpha\mu}{(1+\mu)\pi}{1-\mu}} = \overline{42},0615089.$$

En repassant des logarithmes aux nombres, on aura, pour la probabilité que x est égal ou moindre que $\frac{1}{2}$, une fraction dont le numérateur est peu différent de l'unité et égal à $1,1521$, et dont le dénominateur est la septième puissance d'un million; cette fraction est même un peu trop grande, et, comme elle est d'une petitesse excessive, on peut regarder comme aussi certain qu'aucune autre vérité morale, que la différence observée à Paris entre les naissances des garçons et celles des filles est due à une plus grande possibilité dans la naissance des

garçons. On voit, au reste, que la petitesse de la fraction précédente
vient principalement du facteur

$$\left(\frac{1-\mu}{2}\right)^{p+1}\left(\frac{1+\mu}{2\mu}\right)^{q-1},$$

ce qui confirme ce que nous avons dit dans l'article précédent sur la
convergence de la valeur de P vers l'unité.

On a observé que, dans l'intervalle des quatre-vingt-quinze années
écoulées depuis 1664 jusqu'en 1757, il est né, à Londres, 737 629 garçons et 698 958 filles, ce qui donne environ $\frac{19}{18}$ pour le rapport des
naissances des garçons à celles des filles; ce rapport étant plus grand
que celui de 105 à 101 qui a lieu à Paris, et le nombre des naissances
observées à Londres étant plus considérable, on trouverait pour cette
ville une plus grande probabilité que les naissances des garçons sont
plus possibles que celles des filles; mais, lorsque les probabilités diffèrent aussi peu de l'unité, elles peuvent être censées égales et se confondre avec la certitude.

XX.

La constance avec laquelle les naissances des garçons à Paris l'ont
emporté chaque année sur celles des filles, depuis 1745 jusqu'en
1770, est encore un de ces phénomènes que l'on ne peut attribuer au
hasard. Déterminons sa probabilité en partant des données précédentes; pour cela, soit $2a$ le nombre moyen des naissances des garçons et des filles dans l'espace d'une année; supposons, de plus, que
sur ce nombre il y ait m garçons et, par conséquent, $2a - m$ filles : la
formule (0) de l'article XVII donnera, pour la probabilité P de cet événement,

$$P = \frac{1.2.3\ldots 2a}{1.2.3\ldots(p+q+2a+1)} \cdot \frac{1.2.3\ldots(p+q+1)}{1.2.3\ldots p \cdot 1.2.3\ldots q}$$
$$\times \frac{1.2.3\ldots(q+2a-m)}{1.2.3\ldots(2a-m)} \cdot \frac{1.2.3\ldots(p+m)}{1.2.3\ldots m};$$

on aura donc la probabilité que les naissances des garçons ne l'emporteront point sur celles des filles, en prenant la somme de toutes les

valeurs de P, depuis $m = 0$ jusqu'à $m = a$. Soit

$$\frac{1.2.3\ldots(q + 2a - m).1.2.3\ldots(p + m)}{1.2.3\ldots(2a - m).1.2.3\ldots m} = y_m,$$

et cherchons l'intégrale finie Σy_m, depuis $m = 0$ jusqu'à $m = a$, la caractéristique Σ servant à désigner les intégrales finies; on a visiblement

$$y_m = \frac{(m + 1)(q + 2a - m)}{(2a - m)(p + m + 1)} y_{m+1};$$

donc

$$y_m\left[1 - \frac{(m + 1)(q + 2a - m)}{(2a - m)(p + m + 1)}\right] = \frac{(m + 1)(q + 2a - m)}{(2a - m)(p + m + 1)}\Delta y_m$$

ou

$$y_m = \frac{(m + 1)(q + 2a - m)}{2ap - p - m(p + q)}\Delta y_m,$$

la caractéristique Δ étant celle des différences finies. Supposons généralement

$$y_m = z_m \Delta y_m,$$

nous aurons, en intégrant,

$$\Sigma y_m = y_m z_{m-1} - \Sigma(y_m \Delta z_{m-1});$$

or, si l'on substitue pour y_m sa valeur $z_m \Delta y_m$, on a

$$\Sigma(y_m \Delta z_{m-1}) = \Sigma(z_m \Delta z_{m-1} \Delta y_m)$$
$$= y_m z_{m-1} \Delta z_{m-1} - \Sigma[y_m \Delta(z_{m-1} \Delta z_{m-1})].$$

Pareillement,

$$\Sigma[y_m \Delta(z_{m-1} \Delta z_{m-1})]$$
$$= y_m z_{m-1} \Delta(z_{m-1} \Delta z_{m-1}) - \Sigma\left\{y_m \Delta[z_{m-1} \Delta(z_{m-2} \Delta z_{m-3})]\right\},$$

et ainsi de suite; on aura donc

$$(\gamma) \qquad \Sigma y_m = C + y_m z_{m-1}\left\{\begin{array}{l} 1 - \Delta z_{m-2} + \Delta(z_{m-2} \Delta z_{m-3}) \\ - \Delta[z_{m-2} \Delta(z_{m-3} \Delta z_{m-4})] + \ldots \end{array}\right\},$$

C étant une constante arbitraire. Cette suite est, dans les différences finies, ce qu'est la suite (λ) de l'article XVIII, dans les différences infiniment petites : pour déterminer dans quel cas elle est convergente, nous observerons que, si la dimension de z_{m-1}, en p, q, a et m, est r, celle de Δz_{m-2} sera $r-1$, celle de $\Delta(z_{m-2}\Delta z_{m-3})$ sera $2r-2$, et ainsi du reste; or la convergence de la série exige que ces dimensions aillent en diminuant, ce qui suppose que r est moindre que l'unité. Dans la question présente, où

$$z_{m-1} = \frac{m(q + 2a + 1 - m)}{2ap + q - m(p + q)},$$

les dimensions du numérateur et du dénominateur sont égales à 2, et par conséquent $r = 0$; la suite sera donc convergente, pourvu que le dénominateur ne soit pas extrêmement petit, c'est-à-dire que $\frac{m-1}{2a-m}$ diffère sensiblement de $\frac{p}{q}$: or c'est ce qui a lieu, lorsque m est égal ou moindre que a, p étant supposé plus grand que q.

On peut mettre la quantité $\frac{m(q + 2a + 1 - m)}{2ap + q - m(p + q)}$ sous cette forme

$$E + Fm + \frac{G}{2ap + q - m(p + q)},$$

en faisant

$$E = \frac{-q(p + q) - 2aq - p}{(p + q)^2},$$

$$F = \frac{1}{p + q},$$

$$G = \frac{(2ap + q)\left[q(p + q) - 2aq + p\right]}{(p + q)^2};$$

on aura ainsi

$$\Delta z_{m-1} = F + \frac{G(p + q)}{\left[2ap + q - m(p + q)\right]\left[2ap + p + 2q - m(p + q)\right]}.$$

Or, F et G étant positifs, il est clair que Δz_{m-2} est toujours positif tant que $\frac{m-1}{2a-m}$ est moindre que $\frac{p}{q}$; on voit de plus que, dans ce cas, $z_{m-1}\Delta z_{m-2}$ va toujours en augmentant, en sorte que $\Delta(z_{m-1}\Delta z_{m-2})$ est encore une quantité positive; donc Σy_m étant égal à

$$y_m z_{m-1} - \Sigma(y_m \Delta z_{m-1}),$$

est moindre que $H + y_m z_{m-1}$, H étant une arbitraire. Pareillement,
$\Sigma(y_m \Delta z_{m-1})$ étant égal à

$$y_m z_{m-1} \Delta(z_{m-1}) - \Sigma[y_m \Delta[(z_{m-1} \Delta z_{m-1})]]$$

est moindre que $H' + y_m z_{m-1} \Delta z_{m-2}$, H' étant une nouvelle arbitraire ;
donc l'intégrale Σy_m est moindre que $C + y_m z_{m-1}$ et plus grande que

$$C + y_m z_{m-1}(1 - \Delta z_{m-1}).$$

Si l'on détermine, au moyen de la formule (γ), l'intégrale Σy_m
depuis $m = 0$ jusqu'à $m = a$, la constante C sera nulle ; si l'on suppose ensuite qu'il nait 20000 enfants chaque année, ce qui donne
$a = 10000$, on trouvera, en employant pour p et q les valeurs de l'article précédent relatives à Paris,

$$z_{a-1} = 26,22,$$
$$z_{a-1} = 26,09.$$

Partant,
$$\Delta z_{a-1} = 0,13;$$

on aura ainsi
$$\Sigma y_m < 26,22\, y_a$$

et
$$\Sigma y_m > 26,22\, y_a(1 - 0,13).$$

En faisant donc
$$\Sigma y_m = 26,22\, y_a,$$

cette valeur de Σy_m ne surpassera que de $\frac{1}{10}$ environ la véritable valeur ; il suit de là que, si l'on nomme P la probabilité que sur 20000 enfants il y aura autant de garçons que de filles, la probabilité que le
nombre des garçons ne l'emportera pas sur celui des filles sera un peu
plus petite que $26,22\,P$.

On déterminera la valeur de P par la formule (ϖ) de l'article XVII ;
pour cela, on y supposera $m = n = a$, et on la mettra sous cette
forme

$$P = \frac{\gamma p^a q^a}{(p+q)^{2a}} \frac{(p+q)^{\frac{1}{2}}\sqrt{(p+a)(q+a)}}{\sqrt{pq}\,(p+q+2a)^{\frac{1}{2}}}\left[1 + \frac{a(p-q)}{q(p+q+2a)}\right]^{q+a}\left[1 - \frac{a(p-q)}{p(p+q+2a)}\right]^{p-a}$$

On observera ensuite que

$$\gamma = \frac{1 \cdot 2 \cdot 3 \ldots 2a}{(1 \cdot 2 \cdot 3 \ldots a)^2},$$

d'où l'on tire, par l'article XVII,

$$\gamma = \frac{2^{2a}}{\sqrt{a\pi}};$$

on a d'ailleurs

$$\log\left[1 + \frac{a(p-q)}{q(p+q+2a)}\right]^{q+a} = (q+a)\left[\frac{a(p-q)}{q(p+q+2a)} - \frac{1}{2}\frac{a^2(p-q)^2}{q^2(p+q+2a)^2} + \ldots\right],$$

$$\log\left[1 - \frac{a(p-q)}{p(p+q+2a)}\right]^{p+a} = (p+a)\left[\frac{-a(p-q)}{p(p+q+2a)} - \frac{1}{2}\frac{a^2(p-q)^2}{p^2(p+q+2a)^2} - \ldots\right].$$

a étant peu considérable par rapport à p et p différant peu de q, ces suites sont très convergentes, et l'on peut s'en tenir aux deux premiers termes; en ajoutant donc ces logarithmes, on aura

$$\log\left[1 + \frac{a(p-q)}{q(p+q+2a)}\right]^{q+a}\left[1 - \frac{a(p-q)}{p(p+q+2a)}\right]^{p+a}$$
$$= a^2(p-q)^2\left[\frac{1}{pq(p+q+2a)} - \frac{1}{2}\frac{p^2q+q^2p+a(p^2+q^2)}{p^2q^2(p+q+2a)^2}\right].$$

On peut supposer à très peu près $a(p^2+q^2) = 2apq$, ce qui réduit le second membre de l'équation précédente à $\dfrac{a^2(p-q)^2}{2pq(p+q+2a)}$; ce logarithme est hyperbolique, et, pour le convertir en logarithme des Tables, il faut, comme l'on sait, le multiplier par 0,43429448. En appliquant des nombres à ces formules, on trouvera que le logarithme tabulaire de

$$\left[1 + \frac{a(p-q)}{p(p+q+2a)}\right]^{q+a}\left[1 - \frac{a(p-q)}{p(p+q+2a)}\right]^{p+a}$$

est 0,0638041; on a ensuite, en portant la précision jusqu'à dix décimales,

$$\log 2 = 0,3010299957,$$
$$\log p = 5,4005846109,$$
$$\log q = 5,3837166515,$$
$$\log(p+q) = 5,6932625156,$$

ce qui donne

$$\log \frac{p^a q^a}{\left(\frac{p+q}{2}\right)^{2a}} = \overline{2},3622260;$$

de plus,

$$\log \sqrt{a\pi} = 2,2485750,$$

$$\log \frac{(p+q)^{\frac{3}{2}}\sqrt{(p+a)(q+a)}}{\sqrt{pq}\,(p+q+2a)^{\frac{3}{2}}} = \overline{1},9913791:$$

on aura donc

$$\log P = \overline{4},1688342,$$

d'où l'on tire

$$26,22\,P = 0,0038678 = \frac{1}{259}.$$

La probabilité que, dans une année, les naissances des garçons ne
seront pas en plus grand nombre à Paris que celles des filles, est donc
moindre que $\frac{1}{259}$; or, en la supposant égale à cette fraction, on aura, à
très peu près, le nombre d'années dans lesquelles on peut parier un
contre un que cela n'arrivera pas, en multipliant son dénominateur
259 par le logarithme hyperbolique de 2, c'est-à-dire par 0,6931472,
ce qui donne pour produit 179 : on peut donc parier avec avantage un
contre un que cela n'arrivera pas dans l'intervalle de cent soixante-
dix-neuf années.

Relativement à Londres,

$$p = 737629$$

et

$$q = 698958,$$

ce qui donne

$$z_{a-1} = 18,3000$$

et

$$\Delta z_{a-1} = 0,0694;$$

en sorte que, si l'on suppose la probabilité que les naissances des garçons ne l'emporteront pas sur celles des filles égale à 18,3P, cette probabilité ne surpassera que d'un quinzième environ la véritable. On

trouve ensuite

$$\log\left[1+\frac{a(p-q)}{q(p+q+2a)}\right]^{q+a}\left[1-\frac{a(p-q)}{p(p+q+2a)}\right]^{p+a}=0,0432414,$$

$$\log\frac{(p+q)^{\frac{3}{2}}\sqrt{(p+a)(q+a)}}{\sqrt{pq}\,(p+q+2a)^{\frac{1}{2}}}=\overline{1},9970020.$$

On a de plus, en portant la précision jusqu'à dix décimales,

$$\log p = 5,8678379827,$$
$$\log q = 5,8444510800,$$
$$\log(p+q) = 6,1573319321,$$

d'où l'on tire

$$\log\frac{p^a q^a}{\left(\dfrac{p+q}{2}\right)^{2a}}=\overline{4},8518990;$$

on aura donc

$$\log P = \overline{6},6435674.$$

partant

$$18,3\,P = 0,00008054\mathbf{1} = \frac{1}{12416}.$$

La probabilité que les naissances des garçons, à Londres, ne l'emporteront pas sur celles des filles, dans une année déterminée, est donc un peu moindre que $\frac{1}{12416}$, en sorte que l'on peut parier avec avantage 1 contre 1 que cela n'arrivera pas dans l'intervalle de huit mille six cent cinq années; ce phénomène est, comme l'on voit, beaucoup moins probable à Londres qu'à Paris, ce qui vient de ce que, dans la première de ces villes, le rapport des naissances des garçons à celles des filles est plus considérable.

XXI.

La théorie précédente suppose que l'on connait le nombre de fois que chaque événement simple est arrivé; mais, quoique cette supposition s'étende à un grand nombre de problèmes intéressants, cependant elle n'est encore qu'un cas particulier de cette partie de l'analyse des hasards, qui consiste à remonter des événements aux causes. Nous allons exposer, dans les articles suivants, une méthode générale pour déterminer les possibilités des événements simples, quel que soit l'événement composé dont on a observé l'existence.

Considérons d'abord deux joueurs A et B, jouant aux mêmes conditions que dans l'article III, c'est-à-dire que, A ayant m jetons au commencement de chaque partie, B en ait $n - m$; qu'à chaque coup celui qui perd donne un jeton à son adversaire, et que la partie ne doive finir que lorsque l'un d'eux aura gagné tous les jetons de l'autre. Supposons ensuite qu'ils aient joué de cette manière un très grand nombre de parties, dont p aient été gagnées par A et q par B, et que l'on veuille déterminer leurs adresses respectives, ou, ce qui revient au même, leurs probabilités de gagner un seul coup. Il est clair que le nombre des coups gagnés ou perdus par chaque joueur est inconnu, puisque chaque partie peut être composée d'un nombre plus grand ou moindre de coups : on ignore donc ici le nombre de fois que chaque événement simple est arrivé; mais il est facile d'étendre à ce cas et à tous les autres semblables la théorie des articles précédents, en observant que, si p et q sont de très grands nombres, les probabilités des deux joueurs A et B pour gagner une partie seront à très peu près dans le rapport de ces nombres : or, ces probabilités étant connues, on aura facilement leurs adresses respectives ou leurs probabilités de gagner un seul coup; car, en nommant X la probabilité du joueur A pour gagner une partie, et x son adresse, on a, par l'article III,

$$ X = \frac{1 - \left(\frac{1 - x}{x} \right)^m}{1 - \left(\frac{1 - x}{x} \right)^n}. $$

La seule racine utile de cette équation est celle qui est positive et moindre que l'unité; or il est aisé de voir *a priori* qu'il ne peut y en avoir qu'une qui satisfasse à ces conditions, puisque l'adresse x ne peut augmenter ou diminuer sans que la probabilité X augmente ou diminue; la valeur de x que l'on tirera de cette équation jouira donc du même degré de probabilité que X; or, si l'on suppose p et q très considérables, il sera extrêmement probable, par l'article XVIII, que X diffère très peu de $\dfrac{p}{p+q}$; donc, si l'on nomme a la racine positive et moindre que l'unité de l'équation

$$(a) \qquad 0 = qx^n + p(1-x)^n - (p+q)x^{n-m}(1-x)^m,$$

il sera très probable que l'adresse x est très approchante de a, en sorte que, si p et q étaient infinis, il serait infiniment probable que la différence de x et de a est moindre qu'aucune grandeur donnée. Cette valeur de x a d'ailleurs l'avantage de nous faire connaître le rapport des coups gagnés aux coups perdus par le joueur A; car, si l'on nomme r le nombre des premiers et s celui des seconds, l'adresse x doit être très peu différente de $\dfrac{r}{r+s}$, en sorte que l'on a, à très peu près,

$$\frac{r}{r+s} = a,$$

d'où l'on tire

$$\frac{r}{s} = \frac{a}{1-a}.$$

Supposons encore que A et B ont joué p parties avec la condition précédente, et q parties dans lesquelles A avait m' jetons et B $n'-m'$ au commencement de chaque partie. Supposons ensuite que, sur ces $p+q$ parties, A en ait gagné r; cela posé, pour déterminer les adresses de ces joueurs, nous nommerons x celle de A, et υ le nombre inconnu de parties qu'il a gagnées sur les p premières : l'équation (a) donnera dans ce cas

$$0 = (p-\upsilon)x^n + \upsilon(1-x)^n - px^{n-m}(1-x)^m.$$

Le nombre des parties que ce joueur a gagnées sur les q dernières est $r-\upsilon$; on aura donc encore, en vertu de l'équation (a),

$$0 = (q-r+\upsilon)x^{n'} + (r-\upsilon)(1-x)^{n'} - qx^{n'-m'}(1-x)^{m'}.$$

En éliminant υ de ces deux équations, on aura une équation en x, dont la racine positive et moindre que l'unité est celle qu'il faut choisir; or on prouvera, comme ci-dessus, qu'il ne peut y en avoir qu'une de cette nature. Si l'on nomme a cette racine, $\dfrac{a}{1-a}$ sera à très peu près le rapport du nombre des coups gagnés au nombre des coups perdus par le joueur A. On aura ensuite

$$\frac{\nu}{p} = a^{n-m}\,\frac{a^m - (1-a)^m}{a^n - (1-a)^n},$$

et ce sera le rapport du nombre des premières parties gagnées par le joueur A au nombre total p de ces parties.

XXII.

Voici maintenant une méthode directe et générale pour déterminer les possibilités des événements simples, quel que soit l'événement observé.

Si l'on désigne par x et $1-x$ les possibilités des deux événements simples, et que l'on cherche, par les règles ordinaires de l'analyse des hasards, la probabilité de l'événement composé dont il s'agit, on aura pour son expression une fonction de x, multipliée par un coefficient constant quelconque; si l'on nomme y cette fonction et a la valeur de x, positive et moindre que l'unité qui la rend un maximum, non seulement cette valeur sera la plus probable, mais elle sera encore très approchante de la véritable possibilité x : par exemple, si l'événement observé est la naissance de p garçons et de q filles sur $p+q$ enfants, en nommant x la possibilité de la naissance d'un garçon et, par conséquent, $1-x$ celle de la naissance d'une fille, on aura

$$\frac{1.2.3\ldots(p+q)}{1.2.3\ldots p.1.2.3\ldots q}\,x^p(1-x)^q$$

pour la probabilité de cet événement; dans ce cas $y = x^p(1-x)^q$, et son maximum a lieu lorsque $x = \dfrac{p}{p+q}$; cette valeur de x est donc, à très peu près, la véritable possibilité de la naissance d'un garçon, lorsque p et q sont de très grands nombres.

Supposons encore que l'on tire trois boules d'une urne qui renferme une infinité de boules blanches et noires dans une proportion inconnue, et que A et B jouent à cette condition que A gagnera la partie si sur ces trois boules il y a plus de blanches que de noires, et qu'il la perdra s'il y a plus de noires que de blanches. Supposons ensuite que, sur $p + q$ parties, A en ait gagné p et perdu q; cela posé, si l'on nomme x la probabilité d'amener une boule blanche, on aura $x^2(3 - 2x)$ pour l'expression de la probabilité que A gagnera une partie, et $(1 - x)^2(1 + 2x)$ pour la probabilité qu'il la perdra; la probabilité de l'événement observé sera donc

$$\frac{1.2.3\ldots(p+q)}{1.2.3\ldots p.1.2.3\ldots q}\, x^{2p}(3 - 2x)^p (1 - x)^{2q}(1 + 2x)^q;$$

dans ce cas,

$$y = x^{2p}(3 - 2x)^p (1 - x)^{2q}(1 + 2x)^q,$$

et son maximum donne

$$0 = p(1 - x)^2 (1 + 2x) - q x^2 (3 - 2x);$$

d'où il suit que, si l'on nomme a la racine positive et moindre que l'unité de cette équation, le rapport des boules blanches aux boules noires de l'urne sera à très peu près égal à $\frac{a}{1 - a}$.

Le maximum de y n'indique d'une manière approchée la véritable valeur de x qu'autant que les valeurs de y voisines de ce maximum sont incomparablement plus grandes que les autres; car il est visible que l'intégrale $\int y\, dx$, prise dans un très petit intervalle de part et d'autre de ce maximum, est alors très approchante de cette même intégrale prise depuis $x = 0$ jusqu'à $x = 1$: or le rapport de la première de ces intégrales à la seconde exprime la probabilité que la valeur de x est comprise dans cet intervalle. Les valeurs de y voisines du maximum surpasseront considérablement les autres, lorsque y aura des facteurs élevés à de grandes puissances de l'ordre $\frac{1}{\alpha}$, α étant un coefficient très petit et d'autant moindre que l'événement observé est plus composé; si l'on prend, dans ce cas, le rapport de dy à $y\,dx$, on sera conduit à une équation de cette forme

$$\frac{dy}{y\,dx} = \frac{1}{\alpha z},$$

z étant une fonction de x, qui ne renferme plus de puissances de l'ordre $\frac{1}{\alpha}$. Ainsi, toutes les fois que l'on parviendra à une équation semblable, les valeurs de x décroîtront avec une grande rapidité en s'éloignant du maximum, et la valeur de x correspondante à ce maximum sera très approchante de la véritable.

On voit par là que les événements composés ne sont pas tous propres à faire connaître les possibilités des événements simples : par exemple, A et B jouant aux mêmes conditions que dans l'article III, si A gagne la partie, en nommant x son adresse, on aura $\dfrac{1-\left(\dfrac{1-x}{x}\right)^{m}}{1-\left(\dfrac{1-x}{x}\right)^{n}}$ pour la probabilité de cet événement. Or, si l'on suppose m et n de très grands nombres, l'événement observé sera composé d'un grand nombre de coups; mais, comme les valeurs de y correspondantes à x plus grand que $\frac{1}{2}$ sont très peu différentes de l'unité, cet événement ne peut faire connaître d'une manière approchée la valeur de x : tout ce que l'on en peut conclure, c'est qu'il est extrêmement probable que A est plus fort que B, parce que les valeurs de y correspondantes à x plus petit que $\frac{1}{2}$ sont incomparablement moindres que les autres.

XXIII.

La connaissance des valeurs approchées des possibilités des événements simples qui résultent d'un événement composé serait très imparfaite si l'on n'était pas en état d'apprécier combien il est probable que, en prenant pour ces valeurs celles qui répondent au maximum de y, on ne se trompera pas, soit en *plus*, soit en *moins*, d'une quantité donnée; pour cela, il est nécessaire, comme on l'a vu dans l'article XVIII, de déterminer le rapport de l'intégrale $\int y\,dx$, prise dans un petit intervalle de part et d'autre de ce maximum, à cette même intégrale prise depuis $x = 0$ jusqu'à $x = 1$, et c'est ce que nous avons fait, dans l'article cité, pour le cas où $y = x^p(1 - x)^q$, p et q étant de très grands nombres. Nous allons présentement généraliser ces recherches et les étendre à toutes les valeurs de y qui conduisent à une équation de cette forme

$$y\,dx = \alpha z\,dy,$$

z étant une fonction de x qui ne renferme point de puissances de l'ordre $\frac{1}{\alpha}$.

Reprenons l'équation (λ) de l'article XVIII,

$$(\lambda) \quad \int y\,dx = C + \alpha y z \left\{ 1 - \alpha \frac{dz}{dx} + \alpha^2 \frac{d(z\,dz)}{dx^2} - \alpha^3 \frac{d[z\,d(z\,dz)]}{dx^3} + \dots \right\};$$

si l'on nomme

a la valeur de x correspondante au maximum de y;

Y et Z les valeurs de x et de z correspondantes à $x = a - 0$;

Y′ et $-$ Z′ les valeurs de ces mêmes quantités correspondantes à $x = a + 0$;

si l'on observe d'ailleurs que, les deux événements simples étant supposés avoir eu lieu, on a $y = 0$ lorsque $x = 0$ et lorsque $x = 1$, l'intégrale $\int y\,dx$ prise depuis $x = 0$ jusqu'à $x = a - 0$ sera

$$\alpha Y Z \left[1 + \alpha \frac{dZ}{d\theta} + \alpha^2 \frac{d(Z\,dZ)}{d\theta^2} + \dots \right];$$

cette même intégrale, prise depuis $x = a + 0$ jusqu'à $x = 1$, sera

$$\alpha Y' Z' \left[1 - \alpha \frac{dZ'}{d\theta} + \alpha^2 \frac{d(Z'\,dZ')}{d\theta^2} - \dots \right].$$

En nommant donc k l'intégrale $\int y\,dx$, prise depuis $x = 0$ jusqu'à $x = 1$, on aura cette même intégrale, prise depuis $x = a - 0$ jusqu'à $x = a + 0$, en retranchant de k les deux intégrales précédentes; en divisant ensuite ce reste par k, on aura la probabilité que x sera compris dans cet intervalle. Cette probabilité sera, par conséquent, égale à

$$1 - \frac{\alpha YZ}{k}\left\{1 + \alpha\frac{dZ}{d\theta} + \alpha^2\frac{d(Z\,dZ)}{d\theta^2} + \alpha^3\frac{d[Z\,d(Z\,dZ)]}{d\theta^3} + \dots\right\}$$
$$- \frac{\alpha Y'Z'}{k}\left\{1 - \alpha\frac{dZ'}{d\theta} + \alpha^2\frac{d(Z'\,dZ')}{d\theta^2} - \alpha^3\frac{d[Z'\,d(Z'\,dZ')]}{d\theta^3} + \dots\right\};$$

la question se réduit ainsi à déterminer k. Nous y sommes parvenu dans l'article XVIII où, $y = x^p(1-x)^q$, au moyen du beau théorème de M. Stirling sur la valeur du produit $1.2.3\dots u$, lorsque u est un très grand nombre; mais ce procédé est indirect, et il est naturel de penser qu'il existe une méthode pour déterminer directement k, quel que soit y, et dont ce théorème est un corollaire : celle que je vais exposer m'a paru remplir cet objet de la manière la plus générale.

Puisque la valeur de y conduit, par la supposition, à une équation de cette forme $y\,dx = \alpha z\,dy$, on a

$$\log y = \frac{1}{\alpha}\int\frac{dx}{z},$$

en sorte que $\log y$ est très grand et de l'ordre de $\frac{1}{\alpha}$; d'ailleurs, a étant la valeur de x correspondante au maximum de y, si l'on fait $x = a + \theta$, et que l'on nomme A la plus grande valeur de y ou sa valeur lorsque $\theta = 0$, on aura, en réduisant en série,

$$\alpha\log y = \alpha\log A - \theta^2(f + f'\theta + f''\theta^2 + \dots),$$

le terme multiplié par θ disparaissant, parce que l'équation $x = a$ ou $\theta = 0$ rend y un maximum. On aura ainsi

$$y = A\,e^{-\frac{\theta^2}{\alpha}(f + f'\theta + f''\theta^2 + \dots)}$$

et

$$\int y\,dx = A\int e^{-\frac{\theta^2}{\alpha}(f + f'\theta + \dots)}\,d\theta,$$

e étant le nombre dont le logarithme hyperbolique est l'unité. Soit

$$\theta^2(f + f'\theta + f''\theta^2 + \dots) = \alpha t^2$$

ou, ce qui revient au même,

$$\log A - \log y = t^2,$$

on aura par la méthode du retour des suites

$$\theta = \alpha^{\frac{1}{2}} t \left(h + h^{(1)} \alpha^{\frac{1}{2}} t + h^{(2)} \alpha t^2 + h^{(3)} \alpha^{\frac{3}{2}} t^3 + \dots \right),$$

partant

$$d\theta = \alpha^{\frac{1}{2}} dt \left(h + 2 h^{(1)} \alpha^{\frac{1}{2}} t + 3 h^{(2)} \alpha t^2 + \dots \right),$$

ce qui donne

$$\int y \, dx = \alpha^{\frac{1}{2}} A \int e^{-t^2} dt \left(h + 2 h^{(1)} \alpha^{\frac{1}{2}} t + 3 h^{(2)} \alpha t^2 + \dots \right) = k.$$

L'intégrale $\int y \, dx$ doit être prise depuis $x = 0$ jusqu'à $x = 1$; or, x étant nul, on a $y = 0$ et $\log y = -\infty$: donc $t^2 = \infty$. Lorsque $x = a$, on a $\theta = 0$, partant $t = 0$; d'ailleurs, lorsque θ change de signe, t en change pareillement, en sorte que les valeurs de t, correspondantes à celles de x, depuis $x = 0$ jusqu'à $x = a$, ont un signe différent de celles qui correspondent aux valeurs de x, depuis $x = a$ jusqu'à $x = 1$; or, x étant 1, on a $y = 0$, ce qui donne $t^2 = \infty$; les valeurs de t s'étendent conséquemment depuis $t = -\infty$ jusqu'à $t = \infty$. Dans ce cas, on a

$$\int t^{2n-1} e^{-t^2} dt = 0,$$

parce que, $t^{2n-1} e^{-t^2}$ se changeant en $-t^{2n-1} e^{-t^2}$ lorsque t est négatif, la somme de ces deux quantités est nulle; on a, par une raison semblable,

$$\int t^{2n} e^{-t^2} dt = 2 \int t^{2n} e^{-t^2} dt$$

(la seconde intégrale étant prise depuis $t = 0$ jusqu'à $t = \infty$); or cette supposition donne

$$\int t^{2n} e^{-t^2} dt = \frac{2n-1}{2} \int t^{2n-2} e^{-t^2} dt;$$

pareillement

$$\int t^{2n-2} e^{-t^2} dt = \frac{2n-3}{2} \int t^{2n-4} e^{-t^2} dt,$$

et ainsi de suite; donc

$$\int t^{2n} e^{-t^2} dt = \frac{1.3.5.7\ldots(2n-1)}{2^n} \int e^{-t^2} dt.$$

On aura ainsi

$$k = 2\alpha^{\frac{1}{2}} A \left(h + 1.3\alpha \frac{h^{(2)}}{2} + 1.3.5\alpha^2 \frac{h^{(4)}}{2^2} + 1.3.5.7\alpha^3 \frac{h^{(6)}}{2^3} + \ldots \right) \int e^{-t^2} dt.$$

Il ne s'agit donc plus que d'avoir l'intégrale $\int e^{-t^2} dt$ depuis $t = 0$ jusqu'à $t = \infty$. Pour cela, considérons la double intégrale

$$\int\int e^{-s(1+u^2)} ds\, du,$$

et prenons-la depuis $s = 0$ jusqu'à $s = \infty$ et depuis $u = 0$ jusqu'à $u = \infty$; en l'intégrant d'abord par rapport à s, on aura

$$\int\int e^{-s(1+u^2)} ds\, du = \int \frac{du}{1 + u^2}.$$

Or on a, comme on sait,

$$\int \frac{du}{1 + u^2} = \frac{\pi}{2},$$

π étant le rapport de la demi-circonférence au rayon; donc

$$\int\int e^{-s(1+u^2)} ds\, du = \frac{\pi}{2}.$$

Si l'on prend cette double intégrale d'abord par rapport à u, en faisant $u\sqrt{s} = t$, elle deviendra $\int e^{-s} \frac{ds}{\sqrt{s}} \int e^{-t^2} dt$; soit $\int e^{-t^2} dt = B$ (l'intégrale étant prise depuis $t = 0$ jusqu'à $t = \infty$), on aura

$$\int\int e^{-s(1+u^2)} ds\, du = B \int e^{-s} \frac{ds}{\sqrt{s}}.$$

Or, en faisant $s = s'^2$, on a

$$\int e^{-s} \frac{ds}{\sqrt{s}} = 2 \int e^{-s'^2} ds' = 2B$$

(l'intégrale étant prise depuis $s' = o$ jusqu'à $s' = \infty$); donc

$$\int\int e^{-s(1+u^2)}\, ds\, du = 2 B^2 = \frac{\pi}{2},$$

d'où l'on tire $B = \frac{1}{2}\sqrt{\pi}$, partant

$$(s) \qquad k = A\sqrt{2\pi}\left(h + 1.3\,\frac{\alpha h^{(2)}}{2} + 1.3.5\,\frac{\alpha^2 h^{(4)}}{2^2} + 1.3.5.7\,\frac{\alpha^3 h^{(6)}}{2^3} + \dots\right).$$

Si l'on met l'équation

$$\log A - \log y = t^2$$

sous cette forme

$$\theta = t\sqrt{\frac{\theta^2}{\log A - \log y}},$$

on aura, pour déterminer les coefficients h, $h^{(2)}$, $h^{(4)}$, ... de la série

$$\theta = \alpha^{\frac{1}{2}} t\left(h + h^{(1)}\alpha^{\frac{1}{2}} t + h^{(2)}\alpha t^2 + \dots\right),$$

l'expression générale

$$(z) \qquad \alpha^{n+\frac{1}{2}} h^{(2n)} = \frac{d^{2n}\left[\theta^{2n+1}(\log A - \log y)^{-n-\frac{1}{2}}\right]}{1.2.3\dots(2n+1)\, d\theta^{2n}},$$

pourvu que l'on suppose $d\theta$ constant et $\theta = o$ après les différentiations. [*Voir* sur cela les *Mémoires de l'Académie* pour l'année 1777, p. 115 [(1)].]

Lorsque $n = o$, on a

$$\alpha^{\frac{1}{2}} h = \theta(\log A - \log y)^{-\frac{1}{2}};$$

or

$$\log y = \log A + \theta\,\frac{dy}{y\,d\theta} + \frac{\theta^2}{1.2}\left(\frac{d^2 y}{y\,d\theta^2} - \frac{dy^2}{y^2\,d\theta^2}\right) + \dots,$$

y, dy, d^2y, ..., dans le second membre de cette équation, étant ce que deviennent ces quantités lorsqu'on y suppose $\theta = o$; cette supposition donne

$$y = A \qquad \text{et} \qquad \frac{dy}{d\theta} = o;$$

[(1)] *ŒEuvres de Laplace*, T. IX, p. 329.

on aura donc

$$\alpha^{\frac{1}{2}} h = \sqrt{-\dfrac{3\mathrm{A}}{\dfrac{d^2 y}{d\theta^2}}}.$$

Partant on aura à très peu près, lorsque α est très petit,

$$k = \dfrac{\mathrm{A}^{\frac{3}{2}} \sqrt{2\pi}}{\sqrt{-\dfrac{d^2 y}{d\theta^2}}}$$

ou, ce qui revient au même,

$$(\mu) \qquad \left(\int y\, dx\right)^2 = \dfrac{2\pi\, y^3}{-\dfrac{d^2 y}{d x^2}},$$

l'intégrale $\int y\, dx$ étant prise depuis $x = 0$ jusqu'à $x = 1$, et les quantités y et $\dfrac{d^2 y}{dx^2}$ du second membre de cette équation étant ce qu'elles deviennent lorsqu'on y suppose $x = a$.

XXIV.

En substituant $a + \theta$ au lieu de x dans $\log y$ et en réduisant en série, la condition du maximum de y fait disparaître la première puissance de θ dans cette série; mais cette condition peut, comme l'on sait, faire disparaître la première, la deuxième et la troisième puissance de θ ou la première, la deuxième, la troisième, la quatrième et la cinquième puissance, et ainsi de suite, pourvu que le nombre des puissances qui disparaissent soit impair. Voyons ce que devient alors l'intégrale $\int y\, dx$, prise depuis $x = 0$ jusqu'à $x = 1$.

Supposons que la première, la deuxième et la troisième puissance de θ disparaissent, on aura pour $\alpha \log y$ une suite de cette forme

$$\alpha \log y = \alpha \log \mathrm{A} - \theta^4 (f + f'\theta + f''\theta^2 + \ldots);$$

donc, si l'on fait

$$\theta^4 (f + f'\theta + f''\theta^2 + \ldots) = \alpha t^4,$$

on aura

$$\log A - \log y = t^4$$

et

$$\theta = \alpha^{\frac{1}{4}} t \left(h + h^{(1)} \alpha^{\frac{1}{4}} t + h^{(2)} \alpha^{\frac{1}{2}} t^2 + h^{(3)} \alpha^{\frac{3}{4}} t^3 + \alpha h^{(4)} t^4 + \ldots\right),$$

d'où l'on tire

$$\int y\, dx = \alpha^{\frac{1}{4}} A \int e^{-t^4} dt \left(h + 2 h^{(1)} \alpha^{\frac{1}{4}} t + 3 h^{(2)} \alpha^{\frac{1}{2}} t^2 + \ldots\right).$$

On prouvera, comme dans l'article précédent, que l'intégrale relative à t doit être prise depuis $t = -\infty$ jusqu'à $t = \infty$; or on a dans ce cas

$$\int t^{2n-1} e^{-t^4} dt = 0$$

et

$$\int t^{2n} e^{-t^4} dt = 2 \int t^{2n} e^{-t^4} dt,$$

l'intégrale du second membre étant prise depuis $t = 0$ jusqu'à $t = \infty$. Si l'on y suppose ensuite $n = 2i$, on aura

$$\int t^{4i} e^{-t^4} dt = \frac{1.5.9\ldots(4i-3)}{4^i} \int e^{-t^4} dt,$$

et, si $n = 2i + 1$, on aura

$$\int t^{4i+2} e^{-t^4} dt = \frac{3.7.11\ldots(4i-1)}{4^i} \int t^2 e^{-t^4} dt;$$

en supposant donc

$$\int e^{-t^4} dt = C,$$

$$\int t^2 e^{-t^4} dt = C',$$

on aura

$$\begin{aligned} \int y\, dx = {} & 2\alpha^{\frac{1}{4}} AC \left(h + \frac{1.5}{4} \alpha h^{(4)} + \frac{1.5.9}{4^2} \alpha^2 h^{(8)} + \frac{1.5.9.13}{4^3} \alpha^3 h^{(12)} + \ldots\right) \\ & + 2\alpha^{\frac{3}{4}} AC' \left(3 h^{(2)} + \frac{3.7}{4} \alpha h^{(6)} + \frac{3.7.11}{4^2} \alpha^2 h^{(10)} + \frac{3.7.11.15}{4^3} \alpha^3 h^{(14)} + \ldots\right), \end{aligned}$$

et il est aisé d'en conclure, par analogie, les valeurs de $\int y\, dx$ dans le cas où la condition du maximum de y ferait disparaître un plus grand nombre de puissances de θ.

Tout se réduit donc à déterminer les valeurs de C et de C' : nous observerons d'abord que, C étant connu, C′ le sera pareillement, car, si l'on prend la double intégrale $\int\int e^{-s(1+u^2)}\,ds\,du$, depuis $s = 0$ jusqu'à $s = \infty$ et depuis $u = 0$ jusqu'à $u = \infty$, on aura, en intégrant d'abord par rapport à s,

$$\int\int e^{-s(1+u^2)}\,du\,ds = \int \frac{du}{1+u^2} = \frac{\pi}{2\sqrt{s}}\cdot$$

Si l'on fait ensuite $u\sqrt{s} = t$, on aura

$$\int\int e^{-s(1+u^2)}\,ds\,du = \int e^{-s}\frac{ds}{\sqrt{s}}\int e^{-t^2}\,dt = C\int e^{-s}\frac{ds}{\sqrt{s}}\cdot$$

Soit $s = s'^2$, et l'on aura

$$\int e^{-s}\frac{ds}{\sqrt{s}} = 4\int s'^2 e^{-s'^2}\,ds' = 4C';$$

donc

$$\int\int e^{-s(1+u^2)}\,ds\,du = 4CC' = \frac{\pi}{2\sqrt{s}},$$

ce qui donne

$$C' = \frac{\pi}{8C\sqrt{s}}\cdot$$

Quant à la valeur de C, il ne m'a pas encore été possible, malgré plusieurs tentatives, de la ramener aux arcs de cercle ou aux logarithmes; mais j'ai trouvé qu'elle dépendait de la rectification de la courbe élastique rectangle ou, ce qui revient au même, de l'intégrale $\int \frac{dx}{\sqrt{1-x^4}}$, prise depuis $x = 0$ jusqu'à $x = 1$; si l'on désigne par π' la valeur de cette intégrale, on a trouvé

$$\pi' = 1,3110287771\,4605987 \quad (^1).$$

Cela posé, considérons la double intégrale $\int\int e^{-s(1+u^2)}\,ds\,du$, prise depuis $s = 0$ jusqu'à $s = \infty$ et depuis $u = 0$ jusqu'à $u = \infty$; en faisant $u\sqrt{s} = t$, elle deviendra

$$\int e^{-s}\frac{ds}{\sqrt{s}}\int e^{-t^2}\,dt \quad \text{ou} \quad C\int e^{-s}\frac{ds}{\sqrt{s}}\cdot$$

(¹) *Voir* le Traité de M. Stirling, *De summatione et interpolatione serierum*, p. 58.

Soit $s = s'^2$, et l'on aura

$$\int e^{-s}\frac{ds}{\sqrt{s}} = 2\int e^{-s'^2}ds' = 2\,C,$$

partant

$$\int\int e^{-s^2(1+u^4)}\,ds\,du = 2\,C^2.$$

Supposons maintenant $s\sqrt{1+u^4} = s''$, et nous aurons

$$\int\int e^{-s^2(1+u^4)}\,ds\,du = \int\frac{du}{\sqrt{1+u^4}}\int e^{-s''^2}ds'' = \tfrac{1}{2}\sqrt{\pi}\int\frac{du}{\sqrt{1+u^4}};$$

en nommant donc E l'intégrale $\displaystyle\int\frac{du}{\sqrt{1+u^4}}$, prise depuis $u = 0$ jusqu'à $u = \infty$, on aura

$$2\,C^2 = \tfrac{1}{2}\,E\sqrt{\pi},$$

ce qui donne

$$C = \tfrac{1}{2}\sqrt{E\sqrt{\pi}}.$$

Si l'on fait $\dfrac{1}{1+u^4} = s^4$, on aura

$$\int\frac{du}{\sqrt{1+u^4}} = -\int\frac{ds}{(1-s^4)^{\frac{3}{4}}},$$

l'intégrale relative à s étant prise depuis $s = 1$ jusqu'à $s = 0$, en sorte que

$$\int\frac{du}{\sqrt{1+u^4}} = E = \int\frac{ds}{(1-s^4)^{\frac{3}{4}}},$$

l'intégrale relative à s étant prise depuis $s = 0$ jusqu'à $s = 1$.

Considérons présentement la double intégrale $\displaystyle\int\int\frac{dx\,dz}{(1-z^2-x^4)^{\frac{3}{4}}}$, prise [1] depuis $x = 0$ jusqu'à $x = 1$ et depuis $z = 0$ jusqu'à $z = 1$;

[1] Il faut sans doute comprendre que cette intégrale doit être étendue à toutes les valeurs positives de x et de z vérifiant l'inégalité

$$1 - z^2 - x^4 > 0,$$

de sorte que, pour une valeur donnée de z, x varie de 0 à $(1-z^2)^{\frac{1}{4}}$; x augmentant encore jusqu'à 1, l'élément différentiel deviendrait imaginaire.

(*Note de l'éditeur.*)

en faisant $\dfrac{x}{(1-z^2)^{\frac{1}{2}}} = x'$, elle se changera dans celle-ci

$$\int \frac{dz}{\sqrt{1-z^2}} \int \frac{dx'}{(1-x'^4)^{\frac{1}{4}}},$$

ces intégrales étant prises depuis $x' = 0$ et $z = 0$ jusqu'à $x' = 1$ et $z = 1$, ce qui donne

$$\int \frac{dz}{\sqrt{1-z^2}} = \frac{\pi}{2} \qquad \text{et} \qquad \int \frac{dx}{(1-x'^4)^{\frac{1}{4}}} = E;$$

on aura donc

$$\int \int \frac{dx\,dz}{(1-z^2-x^4)^{\frac{1}{4}}} = \frac{\pi E}{2}.$$

Si l'on fait ensuite $\dfrac{z}{\sqrt{1-x^4}} = z'$, on aura

$$\int \int \frac{dx\,dz}{(1-z^2-x^4)^{\frac{1}{4}}} = \int \frac{dx}{\sqrt{1-x^4}} \int \frac{dz'}{(1-z'^2)^{\frac{1}{4}}};$$

or on a

$$\int \frac{dx}{\sqrt{1-x^4}} = \frac{\pi}{2\sqrt{2}}.$$

D'ailleurs, si l'on suppose $1 - z'^2 = t^4$, on aura

$$\int \frac{dz'}{(1-z'^2)^{\frac{1}{4}}} = -2 \int \frac{dt}{\sqrt{1-t^4}},$$

l'intégrale relative à t étant prise depuis $t = 1$ jusqu'à $t = 0$; cette intégrale est évidemment égale à $-\pi'$: donc

$$\int \frac{dz'}{(1-z'^2)^{\frac{1}{4}}} = 2\pi',$$

ce qui donne

$$\int \int \frac{dx\,dz}{(1-z^2-x^4)^{\frac{1}{4}}} = \frac{\pi\pi'}{\sqrt{2}} = \frac{\pi E}{2},$$

partant

$$E = \pi'\sqrt{2},$$

d'où l'on tire

$$C = \tfrac{1}{4}\backslash\pi'\sqrt{2\pi} \qquad \text{et} \qquad C' = \frac{\pi^{\frac{3}{4}}}{4\backslash\pi'\sqrt{2}}.$$

XXV.

Pour appliquer la théorie précédente à quelques exemples, soit

$$y = x^p(1-x)^q;$$

en faisant $p = \frac{1}{\alpha}$ et $q = \frac{\mu}{\alpha}$, on aura, dans le cas du maximum de y,

$$x = \frac{1}{1+\mu},$$

partant (art. XXIII)

$$A = \frac{\mu^q}{(1+\mu)^{p+q}}$$

et

$$\alpha \log A = \mu \log\left(\frac{\mu}{1+\mu}\right) + \log\left(\frac{1}{1+\mu}\right);$$

on a d'ailleurs

$$\alpha \log y = \log x + \mu \log(1-x),$$

et, si l'on fait

$$x = \frac{1}{1+\mu} + \vartheta,$$

on aura

$$\alpha \log y = \mu \log\left(\frac{\mu}{1+\mu} - \vartheta\right) + \log\left(\frac{1}{1+\mu} + \vartheta\right);$$

donc

$$\log A - \log y = -\frac{1}{\alpha}\log[1 + (1+\mu)\vartheta] - \frac{\mu}{\alpha}\log\left(1 - \frac{1+\mu}{\mu}\vartheta\right)$$

$$= \frac{(1+\mu)^2(1+\mu)}{2\alpha\mu}\vartheta^2 + \frac{(1+\mu)^3(1-\mu^2)}{3\alpha\mu^2}\vartheta^3 + \frac{(1+\mu)^4(1+\mu^3)}{4\alpha\mu^3}\vartheta^4 + \dots,$$

d'où l'on tirera, en vertu de la formule (z) de l'article XXIII,

$$\alpha^{\frac{1}{2}}h = \frac{\sqrt{2\mu x}}{(1+\mu)^{\frac{3}{2}}},$$

$$\alpha^{\frac{1}{2}}h^{(2)} = \frac{\alpha\sqrt{2\mu x}}{(1+\mu)^{\frac{3}{2}}}\frac{[(1+\mu)^2 - 13\mu]}{18\mu(1+\mu)},$$

$$\dots\dots\dots\dots\dots\dots\dots\dots\dots\dots\dots\dots$$

La formule (s) de l'article XXIII donnera donc

$$k = \frac{\sqrt{2\alpha\pi}\,\mu^{q+\frac{1}{2}}}{(1+\mu)^{p+q+\frac{3}{2}}}\left\{1 + \frac{\alpha[(1+\mu)^2 - 13\mu]}{12\mu(1+\mu)} + \dots\right\},$$

ce qui est conforme à ce que nous avons trouvé dans l'article XVIII.

Si $\mu = 1$, ou, ce qui revient au même, si $p = q$, on déterminera plus simplement de la manière suivante les coefficients de la série en t, qui exprime la valeur de θ; pour cela, on observera que, dans ce cas,

$$\log A - \log y = -\frac{1}{\alpha}\log(1 - 4\theta^2) = t^2,$$

ce qui donne

$$1 - 4\theta^2 = e^{-\alpha t^2}$$

et

$$2\theta = (1 - e^{-\alpha t^2})^{\frac{1}{2}}.$$

Soit

$$(1 - e^{-\alpha t^2})^{\frac{1}{2}} = 2\alpha^{\frac{1}{2}} t(l + l'\alpha t^2 + l''\alpha^2 t^4 + l'''\alpha^3 t^6 + \dots);$$

en prenant les différentielles logarithmiques des deux membres de cette équation et multipliant en croix, on aura

$$\alpha t^2 e^{-\alpha t^2}(l + l'\alpha t^2 + l''\alpha^2 t^4 + \dots) = (l + 3l'\alpha t^2 + 5l''\alpha^2 t^4 + \dots)(1 - e^{-\alpha t^2});$$

or on a

$$e^{-\alpha t^2} = 1 - \alpha t^2 + \frac{\alpha^2 t^4}{1.2} - \frac{\alpha^3 t^6}{1.2.3} + \dots.$$

Si l'on substitue cette valeur dans l'équation précédente, on aura entre les coefficients l, l', l'', l''', ... les équations suivantes

$$2l' + \frac{l}{1.2} = 0,$$

$$4l'' - \frac{l'}{1.2} - \frac{2l}{1.2.3} = 0,$$

$$\dots\dots\dots\dots\dots\dots\dots\dots$$

et généralement

$$0 = 2il^{(i)} - (2i-3)\frac{l^{(i-1)}}{1.2} + (2i-6)\frac{l^{(i-2)}}{1.2.3}$$
$$- (2i-9)\frac{l^{(i-3)}}{1.2.3.4} + (2i-12)\frac{l^{(i-4)}}{1.2.3.4.5} - \dots.$$

en continuant cette suite jusqu'à ce qu'on arrive au coefficient l. On
déterminera donc facilement l, l'', l''', ... lorsque ce coefficient sera
connu ; or, si l'on néglige les puissances de t supérieures à l'unité,
on a

$$(1 - e^{-2t'})^{\frac{1}{2}} = \alpha^{\frac{1}{2}} t ;$$

donc $l = \frac{1}{2}$; la formule (s) donnera ensuite, en observant que dans ce
cas $A = \frac{1}{2^\mu}$,

$$k = \frac{\sqrt{2\pi}}{2^\mu}\left(l + 1.3.\alpha\frac{l'}{2} + 1.3.5\frac{\alpha^2 l''}{2^2} + \ldots\right).$$

On a généralement

$$k = \int x^p (1 - x)^q \, dx = \frac{1.2.3\ldots p.1.2.3\ldots q}{1.2.3\ldots(p + q + 1)} ;$$

la supposition de $p = q$ donne

$$\frac{1.2.3\ldots 2p}{(1.2.3\ldots p)^2} = \frac{1}{(2p + 1)k} ;$$

or le premier membre de cette équation est le terme moyen du binôme
$(1 + 1)^{2p}$; on aura donc la valeur de ce terme par une suite très convergente, lorsque p est un très grand nombre. Si l'on compare la
manière dont nous y sommes parvenu avec celles qu'ont employées
MM. Stirling et Euler, le premier dans son Ouvrage *De transforma-
tione et interpolatione serierum*, et le second dans ses *Institutions de
Calcul différentiel*, on trouvera, si je ne me trompe, que, indépendamment de sa généralité, elle a l'avantage d'être plus directe, en ce que
les procédés de ces deux illustres auteurs supposent que l'on connait
d'avance l'expression, en facteurs, du rapport de la demi-circonférence
au rayon, expression que Wallis a donnée ; celui de M. Euler est, de
plus, fondé sur la valeur en série du produit $1.2.3\ldots p$, lorsque p est
un grand nombre ; cette valeur est encore très facile à déterminer par
notre méthode. Pour cela, soit

$$y = x^p e^{-x},$$

on aura, en intégrant depuis $x = o$ jusqu'à $x = \infty$,

$$\int x^p e^{-x}\, dx = p \int x^{p-1} e^{-x}\, dx,$$

d'où il est aisé de conclure

$$\int x^p e^{-x}\, dx = 1.2.3\ldots p.$$

Le maximum de y a lieu lorsque $x = p$, ce qui donne $p^p e^{-p}$ pour ce maximum; soient donc $p = \frac{1}{\alpha}$ et $x = \frac{1}{\alpha} + \theta$, on aura

$$\log y - \log p^p e^{-p} = \frac{1}{\alpha} \log(1 + \alpha\theta) - \theta;$$

donc

$$\int y\, dx = p^p e^{-p} \int e^{\frac{1}{\alpha}\log(1+\alpha\theta) - \theta}\, d\theta.$$

Si l'on fait

$$\log(1 + \alpha\theta) - \alpha\theta = -\alpha t^2,$$

on aura

$$\frac{\alpha\theta^2}{2} - \frac{\alpha^2\theta^3}{3} + \frac{\alpha^3\theta^4}{4} - \ldots = t^2;$$

soit

$$\theta = \frac{1}{\sqrt{\alpha}}\left(h + h'\alpha^{\frac{1}{2}}t + h''\alpha t^2 + h'''\alpha^{\frac{3}{2}}t^3 + \ldots\right),$$

on trouvera

$$h = \sqrt{2}, \qquad h' = \frac{2}{3}, \qquad h'' = \frac{\sqrt{2}}{18}, \qquad \ldots,$$

et l'on aura

$$d\theta = \frac{dt}{\sqrt{\alpha}}\left(h + 2h'\alpha^{\frac{1}{2}}t + 3h''\alpha t^2 + \ldots\right);$$

donc

$$\int y\, dx = p^{p+\frac{1}{2}} e^{-p} \int dt\left(h + 2h'\alpha^{\frac{1}{2}}t + 3h''\alpha t^2 + \ldots\right)e^{-x}.$$

L'intégrale en x doit être prise depuis $x = o$ jusqu'à $x = \infty$; or, x étant nul, on a $\theta = -\frac{1}{\alpha}$, et par conséquent $t^2 = \infty$; x étant égal à ∞, on a $\theta = \infty$, partant $t^2 = \infty$; on doit donc prendre l'intégrale relative à dt depuis $t = -\infty$ jusqu'à $t = \infty$, d'où l'on tire, par l'article XXIII,

$$\int y\, dx = p^{p+\frac{1}{2}} e^{-p} \sqrt{\pi}\left(h + 1.3\frac{\alpha h''}{2} + 1.3.5\frac{\alpha^2 h^{IV}}{2^2} + \ldots\right),$$

partant

$$1.2.3\ldots p = p^{p+\frac{1}{2}}e^{-p}\sqrt{2\pi}\left(1+\frac{1}{12}\alpha+\ldots\right).$$

Nous pourrions appliquer cette méthode à beaucoup d'autres exemples, et par là étendre et perfectionner la théorie des suites; mais cette digression nous écarterait trop de notre objet principal.

XXVI.

La méthode précédente donne une solution fort simple d'un problème intéressant, qu'il serait peut-être très difficile de résoudre par d'autres méthodes : on a vu (art. XIX) que le rapport des naissances des garçons à celles des filles est sensiblement plus grand à Londres qu'à Paris ; cette différence semble indiquer à Londres une plus grande facilité pour la naissance des garçons : il s'agit de déterminer combien cela est probable.

Pour cela, soient

u la probabilité de la naissance d'un garçon à Paris ;
p le nombre des naissances des garçons observées dans cette ville ;
q celui des filles ;
$u - x$ la possibilité de la naissance d'un garçon à Londres ;
p' le nombre de naissances des garçons qu'on y a observées ;
q' celui des filles.

On aura, pour la probabilité de ce double événement,

$$H\,u^p(1-u)^q(u-x)^{p'}(1-u+x)^{q'},$$

H étant un coefficient constant; donc, si l'on nomme P la probabilité que la naissance d'un garçon est moins possible à Londres qu'à Paris, on aura

$$P = \frac{\iint u^p(1-u)^q(u-x)^{p'}(1-u+x)^{q'}\,dx\,du}{\iint u^p(1-u)^q(u-x)^{p'}(1-u+x)^{q'}\,dx\,du},$$

l'intégrale du numérateur étant prise depuis $u = 0$ jusqu'à $u = x$ et depuis $x = 0$ jusqu'à $x = 1$. Celle du dénominateur doit être prise pour toutes les valeurs possibles de x et de u; or, si l'on fait $u - x = s$, ce dénominateur deviendra

$$\iint u^p (1 - u)^q s^{p'} (1 - s)^{q'}\, du\, ds,$$

la double intégrale étant prise depuis $u = 0$ jusqu'à $u = 1$ et depuis $s = 0$ jusqu'à $s = 1$: on aura ainsi

$$P = \frac{\iint u^p (1 - u)^q (u - x)^{p'} (1 - u + x)^{q'}\, dx\, du}{\iint u^p (1 - u)^q s^{p'} (1 - s)^{q'}\, ds\, du}.$$

Déterminons d'abord l'intégrale du numérateur.

En nommant y la quantité

$$u^p (1 - u)^q (u - x)^{p'} (1 - u + x)^{q'},$$

on aura à très peu près, par la formule (μ) de l'article XXIII,

$$\int y\, du = \frac{\sqrt{2\pi}\; y^{\frac{3}{2}}}{\sqrt{-\dfrac{\partial^2 y}{\partial u^2}}},$$

en substituant pour u, dans le second membre de cette équation, sa valeur en x, qui rend y un maximum; soit X cette valeur, on a

$$\frac{\partial y}{\partial u} = y \left(\frac{p}{u} - \frac{q}{1 - u} + \frac{p'}{u - x} - \frac{q'}{1 - u + x} \right)$$

et

$$-\frac{\partial^2 y}{\partial u^2} = y \left[\frac{p}{u^2} + \frac{q}{(1 - u)^2} + \frac{p'}{(u - x)^2} + \frac{q'}{(1 - u + x)^2} \right]$$
$$- \frac{\partial y}{\partial u} \left(\frac{p}{u} - \frac{q}{1 - u} + \frac{p'}{u - x} - \frac{q'}{1 - u + x} \right).$$

Si l'on substitue X au lieu de u, on a, par la condition du maximum $\frac{\partial y}{\partial u} = 0$, partant

$$-\frac{\partial^2 y}{\partial u^2} = y \left[\frac{p}{X^2} + \frac{q}{(1 - X)^2} + \frac{p'}{(X - x)^2} + \frac{q'}{(1 - X + x)^2} \right],$$

d'où l'on tire

$$\int y\,du = \frac{\sqrt{2\pi}\,y}{\sqrt{\dfrac{p}{X^2} + \dfrac{q}{(1-X)^2} + \dfrac{p'}{(X-x)^2} + \dfrac{q'}{(1-X+x)^2}}},$$

X étant déterminé par l'équation

(t)
$$0 = \frac{p}{X} - \frac{q}{1-X} + \frac{p'}{X-x} - \frac{q'}{1-X+x}$$

ou

(t')
$$\left\{
\begin{aligned}
0 ={}& X(1-X)[(p+p')(1-X) - (q+q')X]\\
&+ x\{(p'+q')X(1-X) + (1-2X)[qX - p(1-X)]\}\\
&+ x^2[qX - p(1-X)].
\end{aligned}
\right.$$

Soit, pour abréger,

$$R = \sqrt{\frac{p}{X^2} + \frac{q}{(1-X)^2} + \frac{p'}{(X-x)^2} + \frac{q'}{(1-X+x)^2}};$$

la question est réduite à déterminer l'intégrale $\sqrt{2\pi}\int \frac{y\,dx}{R}$, depuis $x=0$ jusqu'à $x=1$. Au lieu de cette intégrale, on peut considérer celle-ci $\sqrt{2\pi}\int \frac{y}{R}\frac{dx}{dX}\,dX$, x étant regardé comme fonction de X; mais il faut prendre cette dernière intégrale depuis la valeur de X qui a lieu lorsque $x=0$ jusqu'à celle qui a lieu lorsque $x=1$; or, en faisant $x=0$, l'équation (t') devient

$$0 = (p+p')(1-X) - (q+q')X,$$

partant

$$X = \frac{p+p'}{p+p'+q+q'}.$$

En faisant $x=1$, cette équation donne $X=1$; on doit donc prendre l'intégrale $\int \frac{y}{R}\frac{dx}{dX}\,dX$, depuis $X = \frac{p+p'}{p+p'+q+q'}$ jusqu'à $X=1$.

Supposons $\frac{y}{R}\frac{dx}{dX}=y'$: la condition du maximum de y' donne l'équation

$$0 = \frac{dy}{y} + \frac{d\left(\frac{1}{R}\frac{dx}{dX}\right)}{\frac{1}{R}\frac{dx}{dX}};$$

or, y étant égal à $X^p(1 - X)^q(X - x)^{p'}(1 - X + x)^{q'}$, on a

$$\frac{dy}{y} = \left(\frac{p}{X} - \frac{q}{1-X} + \frac{p'}{X-x} - \frac{q'}{1-X+x}\right)dX + \left(\frac{q'}{1-X+x} - \frac{p'}{X-x}\right)dx;$$

cette équation se réduit, en vertu de l'équation (t), à celle-ci

$$\frac{dy}{y} = \frac{q'\,dx}{1-X+x} - \frac{p'\,dx}{X-x} = \left(\frac{p}{X} - \frac{q}{1-X}\right)dx.$$

Maintenant, p et q étant de très grands nombres, il est visible que $\frac{dy}{y}$ est incomparablement plus grand que $\dfrac{d\left(\frac{1}{R}\frac{dx}{dX}\right)}{\frac{1}{R}\frac{dx}{dX}}$, et qu'ainsi on peut négliger la seconde de ces deux différentielles par rapport à la première; on aura donc, à très peu près, dans le cas du maximum de y',

$$0 = \frac{p}{X} - \frac{q}{1-X},$$

partant

$$X = \frac{p}{p+q}.$$

Cette valeur de X est moindre que $\dfrac{p+p'}{p+p'+q+q'}$ lorsque $\dfrac{p'}{p'+q'}$ est, comme nous le supposons ici, plus grand que $\dfrac{p}{p+q}$; les deux limites dans lesquelles il faut prendre l'intégrale $\int y'\,dx$ sont, par conséquent, au delà de la valeur de X qui rend y' un maximum; ainsi l'on doit, pour déterminer cette intégrale, faire usage de la suite (λ) de l'article XVIII.

On a, à très peu près,

$$\frac{dy'}{y'} = \frac{dy}{y} = \left(\frac{p}{X} - \frac{q}{1-X}\right)dx;$$

d'ailleurs, en différentiant l'équation

$$o = \frac{p}{X} - \frac{q}{1-X} + \frac{p'}{X-x} - \frac{q'}{1-X+x},$$

on trouve

$$\frac{dx}{dX} = \frac{R^2}{\dfrac{p'}{(X-x)^2} + \dfrac{q'}{(1-X+x)^2}};$$

donc

$$\frac{dy'}{y'} = \frac{R^2}{\dfrac{p'}{(X-x)^2} + \dfrac{q'}{(1-X+x)^2}} \, \frac{p-(p-q)X}{X(1-X)} \, dX.$$

Soient

$$p = \frac{1}{\alpha}, \qquad q = \frac{\mu}{\alpha}, \qquad p' = \frac{v}{\alpha}, \qquad q' = \frac{v'}{\alpha};$$

la quantité que nous avons nommée z dans l'article XVIII sera ici

$$\frac{X(1-X)\left[\dfrac{v}{(X-x)^2} + \dfrac{v'}{(1-X+x)^2}\right]}{\left[\dfrac{1}{X^2} + \dfrac{\mu}{(1-X)^2} + \dfrac{v}{(X-x)^2} + \dfrac{v'}{(1-X+x)^2}\right]\left[1-(1+\mu)X\right]},$$

X étant la variable principale dont x est fonction; si l'on observe ensuite que, X étant égal à l'unité, on a $y' = o$, la suite (γ) de l'article cité donnera

$$\int y' \, dx = -\,\alpha y' z \left\{ 1 - \alpha \frac{dz}{dX} + \alpha^2 \frac{d(z\,dz)}{dX^2} - \alpha^3 \frac{d[z\,d(z\,dz)]}{dX^3} + \dots \right\},$$

en substituant, après les différentiations dans le second membre de cette équation, $\dfrac{p+p'}{p+p'+q+q'}$ pour X et en y faisant $x = o$.

Si l'on suppose $X = \dfrac{p}{p+q} + \theta$, θ sera égal à $\dfrac{p+p'}{p+p'+q+q'} - \dfrac{p}{p+q}$, et l'on aura

$$z = -\,\frac{X(1-X)\left[\dfrac{v}{(X-x)^2} + \dfrac{v'}{(1-X+x)^2}\right]}{(1+\mu)\theta\left[\dfrac{1}{X^2} + \dfrac{\mu}{(1-X)^2} + \dfrac{v}{(X-x)^2} + \dfrac{v'}{(1-X+x)^2}\right]};$$

or, θ étant très petit, les différences successives de z croissent principalement par la différentiation du facteur θ qui se trouve au dénominateur, en sorte que, si l'on suppose

$$F = \frac{X(1-X)\left[\dfrac{\nu}{(X-x)^2} + \dfrac{\nu'}{(1-X+x)^2}\right]}{(1+\mu)\left[\dfrac{1}{X^2} + \dfrac{\mu}{(1-X)^2} + \dfrac{\nu}{(X-x)^2} + \dfrac{\nu'}{(1-X+x)^2}\right]},$$

on aura, à très peu près,

$$\frac{dz}{dX} = \frac{F}{\theta^2},$$

$$\frac{d(z\,dz)}{dX^2} = \frac{3F^2}{\theta^4},$$

$$\dots\dots\dots\dots\dots,$$

partant

$$\int y'\,dx = \frac{\alpha y' F}{\theta}\left(1 - \frac{\alpha F}{\theta^2} + \frac{3\alpha^2 F^2}{\theta^4} - \dots\right),$$

y' et F étant ce que deviennent ces quantités lorsqu'on y suppose $x = 0$ et $X = \dfrac{p+p'}{p+p'+q+q'}$, ce qui donne

$$y'F = \frac{(p+p')^{p+p'+\frac{3}{2}}(q+q')^{q+q'+\frac{3}{2}}}{(1+\mu)(p+p'+q+q')^{p+p'+q+q'+\frac{3}{2}}}.$$

Il est aisé de voir par l'analyse de l'article XVIII que $\int y'\,dx$ est moindre que $\dfrac{\alpha y' F}{\theta}$, plus grand que $\dfrac{\alpha y' F}{\theta}\left(1 - \dfrac{\alpha F}{\theta^2}\right)$ et moindre que $\dfrac{\alpha y' F}{\theta}\left(1 - \dfrac{\alpha F}{\theta^2} + \dfrac{3\alpha^2 F^2}{\theta^4}\right)$, en sorte que l'on a par ce moyen les limites dans lesquelles la valeur de $\int y'\,dx$ est resserrée.

Cherchons présentement la valeur de la double intégrale

$$\iint u^p(1-u)^q s^{p'}(1-s)^{q'}\,ds\,du.$$

La formule (μ) de l'article XXIII donne, à très peu près,

$$\int u^p(1-u)^q\,du = \sqrt{2\pi}\,\frac{u^{p+1}(1-u)^{q+1}}{\sqrt{[p(1-u)^2 + qu^2)]^3}},$$

en substituant pour u la valeur qui rend $u^p(1-u)^q$ un maximum; or cette valeur est $\dfrac{p}{p+q}$; on a donc

$$\int u^p(1-u)^q\,du = \sqrt{2\pi}\,\frac{p^{p+\frac{1}{2}}q^{q+\frac{1}{2}}}{(p+q)^{p+q+\frac{1}{2}}}.$$

En changeant p en p' et q en q', on aura

$$\int s^{p'}(1-s)^{q'}\,ds = \sqrt{2\pi}\,\frac{p'^{p'+\frac{1}{2}}q'^{q'+\frac{1}{2}}}{(p'+q')^{p'+q'+\frac{1}{2}}},$$

partant

$$\iint u^p(1-u)^q\,s^{p'}(1-s)^{q'}\,ds\,du = 2\pi\,\frac{p^{p+\frac{1}{2}}q^{q+\frac{1}{2}}p'^{p'+\frac{1}{2}}q'^{q'+\frac{1}{2}}}{(p+q)^{p+q+\frac{1}{2}}(p'+q')^{p'+q'+\frac{3}{2}}}.$$

Si l'on suppose cette quantité égale à k, on aura pour la probabilité cherchée P

$$\mathrm{P} = \frac{\alpha y'\mathrm{F}\sqrt{2\pi}}{\theta k}\left(1 - \frac{\alpha\mathrm{F}}{\theta^2} + \frac{3\alpha^2\mathrm{F}^2}{\theta^4} - \ldots\right);$$

il ne s'agit plus maintenant que de déterminer les valeurs numériques des différents termes de cette expression, en partant des données précédentes. Ces données sont

$$p = 251527, \qquad p' = 737629,$$
$$q = 241945, \qquad q' = 698958;$$

d'où il est facile de conclure

$$\log\mathrm{F} = \bar{2},9767121,$$
$$\log\theta = \bar{3},4457598,$$
$$\log\alpha = \bar{6},5994154$$

et, par conséquent,

$$\frac{\alpha\mathrm{F}}{\theta^2} = 0,048374,$$

$$\frac{3\alpha^2\mathrm{F}^2}{\theta^4} = 0,007020.$$

On a ensuite, en portant la précision jusqu'à douze décimales,

$$\log p = 5,400584610947,$$
$$\log q = 5,383716651469,$$
$$\log(p + q) = 5,693262515480,$$

d'où l'on tire

$$\log \left(\frac{p}{p + q} \right)^{p} = \overline{73617},6047065,$$

$$\log \left(\frac{q}{p + q} \right)^{q} = \overline{74894},9259319.$$

On a pareillement

$$\log p' = 5,867837982735,$$
$$\log q' = 5,844451080009,$$
$$\log(p' + q') = 6,157331932083,$$

d'où l'on tire

$$\log \left(\frac{p'}{p' + q'} \right)^{p'} = \overline{213540},8676364,$$

$$\log \left(\frac{q'}{p' + q'} \right)^{q'} = \overline{218691},4253961.$$

On trouve encore

$$\log(p + p') = 5,995264741371,$$
$$\log(q + q') = 5,973544853243,$$
$$\log(p + p' + q + q') = 6,285570585161,$$

d'où l'on tire

$$\log \left(\frac{p + p'}{p + p' + q + q'} \right)^{p+p'} = \overline{287158},2327801,$$

$$\log \left(\frac{q + q'}{p + p' + q + q'} \right)^{q+q'} = \overline{293586},0527612.$$

On a enfin

$$\log(1 + \mu) = 0,2926769,$$
$$\log 2\pi = 0,7981799,$$

partant

$$\log \frac{\alpha \gamma' F \sqrt{2\pi}}{\theta} = \overline{580751},4993272,$$

$$\log k = \overline{580745},0942543,$$

ce qui donne

$$\frac{\alpha \gamma' F \sqrt{2\pi}}{\theta k} = 0,0000025414;$$

donc

$$P = 0,0000025414 (1 - 0,048374 + 0,007020 - \ldots).$$

Si l'on prend les trois premiers termes de la série, on aura

$$P = \frac{1}{410458};$$

cette valeur de P est un peu trop grande; mais, comme en ne prenant que les deux premiers termes de la série on aurait une valeur trop petite, il est aisé d'en conclure que la précédente ne peut différer de la véritable de la $\frac{1}{717}$ partie de sa valeur, en sorte qu'elle est fort approchée : il y a donc plus de quatre cent mille à parier contre un que les naissances des garçons sont plus faciles à Londres qu'à Paris. Ainsi l'on peut regarder comme une chose très probable qu'il existe, dans la première de ces deux villes, une cause de plus que dans la seconde, qui y facilite les naissances des garçons, et qui dépend soit du climat, soit de la nourriture et des mœurs.

XXVII.

Il est facile d'étendre la théorie des articles précédents au cas de trois ou d'un plus grand nombre d'événements simples.

Si l'on nomme, en effet, x la possibilité du premier événement simple, x' celle du deuxième et, par conséquent, $1 - x - x'$ celle du troisième; en cherchant, par les méthodes ordinaires, la probabilité de l'événement observé, on aura pour sa valeur une fonction de x, x' et $1 - x - x'$, multipliée par une constante quelconque. Soit y cette fonction, pour que l'événement observé puisse indiquer d'une manière approchée les possibilités des événements simples, il faut, comme on l'a observé dans l'art. XXII, que $\frac{\frac{\partial y}{\partial x}}{y}$ et $\frac{\frac{\partial y}{\partial x'}}{y}$ soient des fonctions de x très grandes de l'ordre $\frac{1}{\alpha}$, α étant un coefficient d'autant moindre que l'événement observé est plus composé; cela posé, si l'on intègre

$\int y\, dx'$, depuis $x' = 0$ jusqu'à $x' = 1 - x$, on aura pour résultat une
fonction de x, que la méthode de l'art. XXIII donnera par une suite
très convergente. Soit u la valeur de x' en x qui rend y un maximum,
x étant supposé constant, et que l'on représente par Y ce maximum,
on aura, par l'article cité, pour $\int y\, dx'$, une expression de cette forme

$$\int y\, dx' = Y\sqrt{\alpha\pi}\left(h + 1.3\,\frac{\alpha h''}{2} + 1.3.5\,\frac{\alpha^2 h^{\mathrm{IV}}}{2^2} + \ldots\right),$$

Y, h, h'', h^{IV}, … étant des fonctions de x. La valeur de x qui rend le
second membre de cette équation un maximum sera très approchante
de la véritable possibilité du premier événement; soit a cette valeur,
on aura pour l'expression de la probabilité P que x sera compris dans
les limites $a - 0$ et $a + 0$

$$P = \frac{\int Y\, dx\left(h + 1.3\,\frac{\alpha h''}{2} + 1.3.5\,\frac{\alpha^2 h^{\mathrm{IV}}}{2^2} + \ldots\right)}{\int Y\, dx\left(h + 1.3\,\frac{\alpha h''}{2} + 1.3.5\,\frac{\alpha^2 h^{\mathrm{IV}}}{2^2} + \ldots\right)}$$

l'intégrale du numérateur étant prise depuis $x = a - 0$ jusqu'à
$x = a + 0$, et celle du dénominateur étant prise depuis $x = 0$ jusqu'à $x = 1$; or on déterminera facilement ces intégrales par la méthode
de l'art. XXIII.

La valeur a se détermine en égalant à zéro la différence de
$Y\left(h + 1.3\,\frac{\alpha h''}{2} + \ldots\right)$, ce qui donne

$$0 = \frac{dY}{Y} + \frac{dh + 1.3\,\frac{\alpha\, dh''}{2} + \ldots}{h + 1.3\,\frac{\alpha h''}{2} + \ldots};$$

$\frac{dY}{Y}$ est, par la supposition, une quantité très grande de l'ordre $\frac{1}{\alpha}$; en
négligeant donc, vis-à-vis d'elle, la quantité

$$\frac{dh + 1.3\,\frac{\alpha\, dh''}{2} + \ldots}{h + 1.3\,\frac{\alpha h''}{2} + \ldots},$$

on aura, pour déterminer a, l'équation

$$0 = \frac{\partial Y}{\partial x}.$$

Or on a

$$\frac{\partial Y}{\partial x} = \frac{\partial y}{\partial x} + \frac{\partial y}{\partial x'} \frac{\partial x'}{\partial x},$$

en substituant dans le second membre de cette équation, au lieu de x', sa valeur u en x; mais cette valeur rend nulle la quantité $\frac{\partial y}{\partial x'}$: on aura donc les deux équations

$$\frac{\partial y}{\partial x} = 0 \qquad \text{et} \qquad \frac{\partial y}{\partial x'} = 0.$$

Il suit de là que a est, aux quantités près de l'ordre α, la valeur de x qui rend y un maximum, en faisant varier à la fois x et x'; on peut donc prendre, sans erreur sensible, la valeur de x correspondante à ce maximum, pour la possibilité du premier événement simple, et il est clair que l'on peut faire des remarques analogues sur les possibilités des deux autres événements simples.

Supposons, par exemple, qu'il y ait dans une urne une infinité de boules blanches, rouges et noires, dans une proportion inconnue, et que sur le nombre $p + q + r$ de tirages on ait amené p boules blanches, q boules rouges et r boules noires; en nommant x la facilité d'amener une boule blanche, x' celle d'amener une boule rouge et, par conséquent, $1 - x - x'$ celle d'amener une boule noire, on aura, pour la probabilité de l'événement observé,

$$\frac{1.2.3 \ldots (p + q + r)}{1.2.3 \ldots p . 1.2.3 \ldots q . 1.2.3 \ldots r} x^p x'^q (1 - x - x')^r.$$

Dans ce cas particulier,

$$y = x^p x'^q (1 - x - x')^r,$$

$$\int y \, dx' = \frac{1.2.3 \ldots q . 1.2.3 \ldots r}{1.2.3 \ldots (q + r + 1)} x^p (1 - x)^{q+r+1};$$

la valeur de x qui rend $\int y \, dx$ un maximum est $\frac{p}{p + q + r + 1}$; cette frac-

tion est conséquemment la valeur la plus probable de x. Lorsque p, q
et r sont de grands nombres, elle se réduit à très peu près à celle-ci
$\dfrac{p}{p+q+r}$, qui correspond au maximum de y.

XXVIII.

Jusqu'ici nous avons supposé la loi de possibilité des événements
simples constante depuis zéro jusqu'à l'unité, et cette supposition
est, comme nous l'avons observé dans l'article XVII, la seule que l'on
doive adopter, lorsqu'on n'a aucune donnée relativement à ces possibilités; mais, si leur loi était exactement connue, on pourrait encore
y appliquer les recherches précédentes. Pour cela, ne considérons
que deux événements simples, et nommons x la possibilité du premier et $1 - x$ celle du second; on calculera la probabilité de l'événement observé, en partant de ces possibilités, et l'on aura pour son
expression une fonction de x, que nous désignerons par y; si l'on
représente ensuite par u la facilité de la possibilité x du premier événement, u étant fonction de x, et par s la facilité de la possibilité $1 - x$
du second événement, on aura, par l'article XV, $\dfrac{usy\,dx}{\int usy\,dx}$ pour la probabilité que l'événement observé est dû aux possibilités x et $1 - x$,
l'intégrale du dénominateur étant prise depuis $x = 0$ jusqu'à $x = 1$:
donc, si l'on nomme P la probabilité que la valeur de x est comprise
dans des limites données, on aura

$$P = \dfrac{\int usy\,dx}{\int usy\,dx},$$

pourvu que l'intégrale du numérateur ne soit prise que dans l'étendue
de ces limites. On voit ainsi que ce cas rentre dans ceux que nous
avons considérés dans les articles précédents, et que la valeur de P se
déterminera facilement par la méthode de ces articles.

La valeur de x qui rend usy un maximum sera très approchante de
la véritable, si l'événement observé est très composé et si l'on a

$y\,dx = \alpha z\,dy$, α étant un coefficient très petit; or on a, en égalant à zéro la différentielle de usy,

$$0 = \frac{d(us)}{us} + \frac{dy}{y},$$

partant

$$0 = \frac{\alpha\,d(us)}{us} + \frac{1}{z}.$$

Ou aura donc, en négligeant les quantités de l'ordre α, $0 = \frac{1}{z}$, d'où il suit que la valeur de x qui rend y un maximum est à très peu près la véritable, quelle que soit d'ailleurs la loi de facilité des possibilités des deux événements simples.

XXIX.

Après avoir déterminé les possibilités des événements simples qui résultent d'un événement composé propre à les faire connaître, il nous reste à considérer l'influence de cet événement sur la probabilité d'un événement futur quelconque, et la manière dont on doit calculer cette probabilité. Si l'on nomme x et $1 - x$ les possibilités de deux événements simples, s la facilité de x, et s' celle de $1 - x$, on calculera les probabilités, tant de l'événement observé que de l'événement futur, en partant de ces possibilités, et l'on aura pour résultat deux fonctions de x, dont nous représenterons la première par y et la seconde par u; cela posé, si l'on nomme P la probabilité cherchée de l'événement futur, on aura, par les articles XIV et XV,

$$P = \frac{\int ss'u\,y\,dx}{\int ss'y\,dx},$$

les intégrales du numérateur et du dénominateur étant prises depuis $x = 0$ jusqu'à $x = 1$. Lorsque l'événement observé sera très composé, la méthode de l'article XXIII donnera ces intégrales par une approximation très rapide, ce qui montre l'étendue de cette méthode et son utilité dans ces matières.

Si l'on n'a aucune donnée sur la loi de possibilité des deux événements simples, ce qui est le cas le plus ordinaire, on doit supposer (art. XVII) s et s' égaux à l'unité, ce qui donne

$$\mathrm{P} = \frac{\int u\,y\,dx}{\int y\,dx};$$

or on a, à très peu près, par l'article XXIII,

$$\left(\int y\,dx\right)^{2} = \frac{2\pi\,y^{3}}{-\dfrac{d^{2}y}{dx^{2}}},$$

$$\left(\int u\,y\,dx\right)^{2} = \frac{2\pi\,u'^{3}\,y'^{3}}{-\dfrac{d^{2}(u'y')}{dx^{2}}},$$

$$\dots\dots\dots\dots\dots\dots\dots\dots,$$

y et $\dfrac{d^{2}y}{dx^{2}}$ étant ce que deviennent ces quantités lorsqu'on y substitue pour x la valeur qui rend y un maximum, et u', y' et $\dfrac{d^{2}y'}{dx^{2}}$ étant ce que deviennent u, y et $\dfrac{d^{2}y}{dx^{2}}$ lorsqu'on y substitue pour x la valeur qui rend uy un maximum ; on aura donc

$$(z) \qquad \mathrm{P}' = \frac{u'^{3}\,y'^{3}}{y^{3}}\cdot\frac{\dfrac{d^{2}y}{dx^{2}}}{\dfrac{d^{2}(u'y')}{dx^{2}}}.$$

Supposons que l'événement futur dont on calcule la probabilité soit très peu composé, en égalant à zéro la différentielle de uy, on aura

$$0 = \frac{dy}{y\,dx} + \frac{du}{u\,dx};$$

mais on a, par la supposition,

$$\frac{dy}{y\,dx} = \frac{1}{x\,z} = \frac{1}{x}\,z',$$

en faisant $\dfrac{1}{z} = z'$; l'équation précédente deviendra ainsi

$$0 = x\,\frac{du}{u\,dx} + z'.$$

Soit a la valeur de x qui rend y un maximum, et par conséquent z' nul; la valeur de x qui rend uy un maximum pourra donc être représentée par $a + \alpha h$, h étant un coefficient quelconque, et l'on aura

$$y' = y + \alpha h \frac{dy}{dx} + \frac{\alpha^2 h^2}{1.2} \frac{d^2 y}{dx^2} + \frac{\alpha^3 h^3}{1.2.3} \frac{d^3 y}{dx^3} + \cdots,$$

y, $\frac{dy}{dx}$, $\frac{d^2 y}{dx^2}$, $\cdots$ étant ce que deviennent ces quantités lorsqu'on y fait $x = a$; on a ensuite

$$\frac{dy}{dx} = \frac{1}{\alpha} y z',$$

$$\frac{d^2 y}{dx^2} = y\left(\frac{1}{\alpha^2} z'^2 + \frac{1}{\alpha} \frac{dz'}{dx} \right),$$

$$\frac{d^3 y}{dx^3} = y\left(\frac{1}{\alpha^3} z'^3 + \frac{3}{\alpha^2} z' \frac{dz'}{dx} + \frac{1}{\alpha} \frac{d^2 z'}{dx^2} \right),$$

$$\dotfill$$

La supposition de $x = a$ donne $z' = 0$, et, par conséquent,

$$\alpha h \frac{dy}{dx} = 0,$$

$$\frac{\alpha^2 h^2}{1.2} \frac{d^2 y}{dx^2} = \frac{\alpha h^2}{1.2} y \frac{dz'}{dx},$$

$$\frac{\alpha^3 h^3}{1.2.3} \frac{d^3 y}{dx^3} = \frac{\alpha^2 h^3}{1.2.3} y \frac{d^2 z'}{dx^2},$$

$$\dotfill;$$

on aura donc, en négligeant les termes multipliés par α,

$$y = y'.$$

On a d'ailleurs

$$\frac{d^2(u'y')}{dx^2} = u' \frac{d^2 y'}{dx^2} + \frac{2 du'}{dx} \frac{dy'}{dx} + y' \frac{d^2 u'}{dx^2};$$

or il est visible, par ce qui précède, que $\frac{d^2 y'}{dx^2}$ est beaucoup plus grand que $\frac{dy'}{dx}$ et que y', en sorte que l'on peut supposer, à très peu près,

$$\frac{d^2(u'y')}{dx^2} = u' \frac{d^2 y'}{dx^2};$$

et l'on prouvera, comme nous venons de le faire pour y', que $\frac{d^2 y'}{dx^2}$ peut être supposé égal à $\frac{d^2 y}{dx^2}$, partant

$$\frac{d^2(u'y')}{dx^2} = u' \frac{d^2 y}{dx^2}.$$

La formule (α) deviendra donc

$$P^2 = u'^2;$$

mais, si l'on nomme v ce que devient u lorsqu'on y fait $x = a$, on aura, en négligeant les quantités de l'ordre α, $u' = v$; donc

$$P = v;$$

d'où il suit que l'on peut calculer la probabilité P de l'événement futur en employant pour x la valeur qui rend y un maximum.

Ce théorème cesserait d'être exact si l'événement futur dont il s'agit était lui-même très composé, car alors $\frac{du}{u\,dx}$ serait très grand, et la valeur de x, que donne l'équation

$$o = x \frac{du}{u\,dx} + z',$$

ne pourrait plus être représentée par $a + \alpha h$; on ne pourrait plus d'ailleurs supposer $\frac{d^2(u'y')}{dx^2}$ égal à $u' \frac{d^2 y}{dx^2}$. Si l'on représente, en général, par $u + \alpha^n h$ la racine de l'équation

$$o = x \frac{du}{u\,dx} + z,$$

n étant un exposant moindre que l'unité, on aura

$$y' = y + \alpha^n h \frac{dy}{dx} + \frac{\alpha^{2n} h^2}{1\cdot 2} \frac{d^2 y}{dx^2} + \dots,$$

et l'on trouvera

$$\alpha^n h \frac{dy}{dx} = o,$$

$$\frac{\alpha^{2n} h^2}{1\cdot 2} \frac{d^2 y}{dx^2} = \frac{\alpha^{2n-1} h^2}{1\cdot 2} y \frac{dz'}{dx},$$

$$\dots\dots\dots\dots\dots\dots\dots\dots,$$

partant

$$y' = y + \frac{x^{2n-1}h^2}{1 \cdot 2} y \frac{dz'}{dx} + \ldots$$

Cette valeur de y' ne se réduit à y, dans le cas de x infiniment petit, que lorsque $2n - 1$ est positif, ce qui suppose $n > \frac{1}{2}$, et il est aisé de voir pareillement que ce n'est que dans cette supposition que $\frac{d^2(u'y')}{dx^2}$ se réduit à $\frac{u'd^2y}{dx^2}$; le théorème précédent ne peut donc avoir lieu que dans le cas où $2n$ est plus grand que l'unité.

Soit $\frac{du}{u\,dx} = \frac{\lambda}{x^{1-n}}$, λ étant fonction de x, l'équation

$$0 = \frac{x\,du}{u\,dx} + z'$$

deviendra

$$0 = x^{n-1}\lambda + z',$$

ce qui donne pour x une expression de cette forme

$$x = a + x^{n-1}h;$$

or la vérité du théorème précédent exige que l'on ait $n' - 1 > \frac{1}{2}$, et, par conséquent, $1 - n' < -\frac{1}{2}$; donc, afin que ce théorème subsiste, il est nécessaire que l'événement futur soit assez peu composé relativement à l'événement observé, pour que $\left(\frac{du}{u\,dx}\right)^2$ soit une fonction de x, très petite relativement à $\frac{dy}{y\,dx}$.

Si l'événement futur est exactement le même que l'événement observé, en sorte que $u = y$, la valeur a de x, qui rend y un maximum, rendra pareillement uy un maximum, en sorte que l'on aura $y' = y$ et $u' = v$. On aura ensuite

$$\frac{d^2(u'y')}{dx^2} = 2y\frac{d^2y}{dx^2} + \frac{2dy^2}{dx^2};$$

mais la substitution de a pour x donne $\frac{dy}{dx} = 0$, partant

$$\frac{d^2(u'y')}{dx^2} = 2y\frac{d^2y}{dx^2}.$$

La formule (z) deviendra donc

$$P^2 = \frac{v^2}{2},$$

v étant ce que devient u ou y lorsqu'on y fait $x = a$; de là résulte ce théorème assez remarquable :

La probabilité d'un événement futur, pareil à celui que l'on a observé, est à cette même probabilité, déterminée en employant pour les possibilités des événements simples celles qui résultent de l'événement observé, comme 1 est à $\sqrt{2}$.

Si l'on a observé, par exemple, que sur $p + q$ enfants il est né p garçons et q filles, et que l'on cherche la probabilité P, que sur $p + q$ enfants qui doivent naitre il y aura p garçons et q filles, on aura

$$P = \frac{1.2.3\ldots(p+q)}{1.2.3\ldots p.1.2.3\ldots q} \cdot \frac{p^p q^q}{\sqrt{2}\,(p+q)^{p+q}};$$

c'est ce qui résulte pareillement de la formule (σ) de l'article XVII.

En général, si l'on cherche la probabilité P que l'événement observé sera suivi d'un nombre n d'événements pareils, on aura $u = y^n$, et l'on trouvera

$$P = \frac{v^n}{\sqrt{n+1}},$$

v étant ce que devient y, lorsqu'on y substitue pour x la valeur a qui rend y un maximum, et cette équation a également lieu, n étant fractionnaire. On s'exposerait donc alors à des erreurs considérables, en employant, dans le calcul de la probabilité des événements futurs, les possibilités des événements simples qui résultent de l'événement observé : en effet, il est visible que la petite erreur que l'on peut commettre, en faisant usage de ces possibilités, s'accumule en raison du nombre des événements simples qui entrent dans l'événement futur, et doit occasionner une erreur sensible lorsqu'ils y sont en très grand nombre. Au reste, quel que soit cet événement, on peut en déterminer la probabilité au moyen de la formule (z), qui est toujours vraie, à très peu près, lorsque l'événement observé est très composé.

XXX.

Un des problèmes les plus utiles de cette partie de l'analyse des hasards, qui consiste à remonter des événements aux causes qui les ont produits, est celui de la détermination du milieu qu'il faut choisir entre les résultats de plusieurs observations. J'ai donné, dans le Tome VI des *Mémoires des Savants étrangers* ([1]), les principes sur lesquels il me semble que la solution de ce problème doit être fondée; trois illustres géomètres, MM. de la Grange, Daniel Bernoulli et Euler, se sont depuis exercés sur cet objet : le premier dans le Tome V des *Mémoires de la Société royale de Turin*, et les deux autres dans la Ire Partie des *Mémoires de Pétersbourg* pour l'année 1777; mais leurs principes étant différents de ceux dont je me suis servi, cette considération m'engage à reprendre ici cette matière et à présenter mes résultats de manière à ne laisser aucun doute sur leur exactitude.

Supposons, pour fixer les idées, qu'il s'agisse d'un phénomène qui a été aperçu par plusieurs observateurs à des instants différents; chaque observation a pu s'écarter en plus et en moins de la vérité et fixer ainsi l'instant du phénomène plus tôt ou plus tard qu'il n'est arrivé. Nous supposerons, ce qui est très naturel, que les facilités des mêmes erreurs, soit en plus, soit en moins, sont égales entre elles, et nous désignerons par $\varphi(x)$ la facilité tant de l'erreur positive x que de l'erreur négative $-x$, relativement au premier observateur; par $\varphi'(x)$, $\varphi''(x)$, ... ces mêmes facilités pour les deuxième, troisième, ... observateurs. En nommant ensuite première observation celle qui fixe le plus tôt le phénomène, deuxième, troisième observations, etc. les différentes observations dans l'ordre de leurs distances à celles-ci, nous nommerons p, p', p'', ... ces distances; en supposant donc x l'erreur de la première observation, les erreurs des observations suivantes seront $p-x$, $p'-x$, $p''-x$, ..., et la pro-

---

([1]) *Œuvres de Laplace*, T. VIII, p. 27.

babilité que toutes ces observations auront entre elles les distances
respectives p, p', p'', ... sera

$$\varphi(x)\,\varphi'(p - x)\,\varphi''(p' - x), \quad \ldots;$$

or les probabilités des différentes valeurs de x sont entre elles, par
l'article XV, comme les probabilités que, ces valeurs ayant lieu, les
observations s'écarteront entre elles des quantités observées p, p,
p'', ... Donc, si l'on construit une courbe dont l'équation soit

$$y = \varphi(x)\,\varphi'(p - x)\,\varphi''(p' - x), \quad \ldots,$$

les ordonnées y de cette courbe seront proportionnelles aux probabilités des abscisses correspondantes x, et par cette raison nous la nommerons *courbe des probabilités*.

Maintenant, on peut entendre une infinité de choses différentes
par le *milieu* ou le *résultat moyen* d'un nombre quelconque d'observations, suivant que l'on assujettit ce résultat à telle ou telle condition.
Par exemple, on peut exiger que ce milieu soit tel que la somme
des erreurs à craindre en *plus* soit égale à la somme des erreurs
à craindre en *moins*; on peut exiger que la somme des erreurs à
craindre en plus, multipliées par leurs probabilités respectives, soit
égale à la somme des erreurs à craindre en moins, multipliées par
leurs probabilités respectives. On peut encore assujettir ce milieu à
être le point où il est le plus probable que doit tomber le véritable
instant du phénomène, comme M. Daniel Bernoulli l'a fait dans les
Mémoires cités : en général, on peut imposer une infinité d'autres
conditions semblables qui donneront chacune un milieu différent;
mais elles ne sont pas tóutes arbitraires. Il en est une qui tient à la
nature du problème et qui doit servir à fixer le milieu qu'il faut
choisir entre plusieurs observations : cette condition est que, en
fixant à ce point l'instant du phénomène, l'erreur qui en résulte soit
un minimum; or comme, dans la théorie ordinaire des hasards, on
évalue l'avantage en faisant une somme des produits de chaque avantage à espérer, multiplié par la probabilité de l'obtenir, de même ici

l'erreur doit s'estimer par la somme des produits de chaque erreur à craindre, multipliée par sa probabilité; le milieu qu'il faut choisir doit donc être tel que la somme de ces produits soit moindre que pour tout autre instant.

Supposons présentement que, dans la courbe des probabilités dont l'équation est

$$y = \varphi(x)\,\varphi'(p - x)\ldots,$$

la valeur de x puisse s'étendre depuis $-f$ jusqu'à $c - f$, en sorte que l'intervalle dans lequel x peut varier soit c; si l'on fait $x = z - f$, il est visible que z pourra varier depuis $z = o$ jusqu'à $z = c$, et que les probabilités des différentes valeurs de z seront proportionnelles à y ou à $\varphi(z - f)\varphi'(p - z + f)\ldots$, en sorte qu'on pourra les représenter par ky, k étant un coefficient constant. Soit h la valeur de z que l'on doit prendre pour le véritable instant du phénomène, on aura $k\int(h - z)\,y\,dz$ pour la somme des erreurs à craindre depuis $z = o$ jusqu'à $z = h$, multipliées par leurs probabilités respectives, l'intégrale précédente étant prise pour toute l'étendue de ces limites; on aura ensuite $k\int''(z - h)\,y\,dz$ pour la somme des erreurs à craindre depuis $z = h$ jusqu'à $z = c$, multipliées par leurs probabilités, le signe $\int''$ servant à indiquer que l'intégrale doit être prise pour toute l'étendue de ces dernières limites. On aura donc

$$k\int(h - z)\,y\,dz + k\int''(z - h)\,y\,dz$$

pour la somme entière des erreurs à craindre, multipliées par leurs probabilités, et h doit être tel que cette somme soit un minimum. Or, si l'on fait varier h de la quantité infiniment petite δh, il est clair que la variation de $\int(h - z)\,y\,dz$ sera $\delta h\int y\,dz$ et que celle de $\int''(z - h)\,y\,dz$ sera $-\delta h\int''y\,dz$; la variation de la quantité précédente sera donc

$$k\,\delta h\left(\int y\,dz - \int''y\,dz\right).$$

En égalant cette quantité à zéro par la propriété du minimum, on aura

$$\int y\,dz = \int''y\,dz.$$

L'ordonnée correspondante à l'abscisse h, qui détermine le milieu qu'il faut choisir, doit donc diviser en deux parties égales l'aire de la courbe des probabilités, comprise depuis $z = o$ jusqu'à $z = c$, ce qui donne un moyen très simple de déterminer ce milieu, et l'on voit qu'il a encore la propriété d'être tel, qu'il est également probable que le véritable instant du phénomène tombe au-dessus ou au-dessous, en sorte qu'on pourrait le nommer *milieu de probabilité*.

XXXI.

Toutes les fois que les fonctions $\varphi(x)$, $\varphi'(x)$, $\varphi''(x)$, ... qui expriment les lois de facilité des erreurs des observations seront connues, la détermination du milieu qu'il faut choisir entre plusieurs observations sera réduite, par l'article précédent, à partager une surface donnée en deux parties égales, ce qui est un problème de pure Analyse. Mais, ces fonctions étant le plus souvent inconnues, c'est au Calcul des probabilités à fournir les moyens de suppléer à cette ignorance ; or on a vu, dans l'article XIII, que si, dans ce cas, $\pm a$, $\pm a'$, $\pm a''$, ... sont les limites des erreurs de la première, de la deuxième, ... observation, on doit supposer

$$\varphi(x) = \frac{1}{2a} \log \frac{a}{x}, \qquad \varphi'(x) = \frac{1}{2a'} \log \frac{a'}{x}, \qquad \dots$$

Il ne reste plus ainsi, dans la recherche du résultat moyen de plusieurs observations, que les difficultés inévitables de l'Analyse ; mais il faut convenir qu'elles rendent la méthode précédente d'un très difficile usage : aussi mon objet, en l'exposant, a été plutôt de faire connaitre tout ce que l'analyse des hasards peut donner de lumières sur cette matière, que de présenter aux observateurs une méthode pratique et d'un usage commode ; on pourra, cependant, l'employer dans des occasions très délicates, telles que celles du passage de Vénus sur le disque du Soleil, dans lesquelles il est nécessaire d'obtenir la plus grande précision. Le moyen le plus simple pour cet objet est de

carrer par parties la courbe des probabilités et de déterminer ainsi
l'ordonnée qui divise sa surface en deux parties égales.

XXXII.

La règle ordinaire des milieux arithmétiques se déduit de cette
méthode, en supposant $a = a' = a'' = \ldots = \infty$, comme il est facile
de s'en assurer; mais nous allons démontrer un théorème beaucoup
plus général en faisant voir que cette règle a lieu toutes les fois :
1° que la loi de facilité des erreurs est la même pour toutes les observations; 2° que les mêmes erreurs, soit en *plus*, soit en *moins*, sont
également possibles; 3° qu'elles peuvent être infinies et que la fonction qui exprime leurs facilités ne décroît d'une quantité finie que
lorsque x est infini, mais qu'alors elle va toujours en diminuant
jusqu'au point de devenir nulle.

Pour cela, soit $\varphi(\alpha x)$ la loi de facilité des erreurs des observations,
α étant une quantité infiniment petite; soit de plus q la valeur de
$\varphi(\alpha x)$, lorsque $\alpha x = 0$ et, par conséquent, lorsque x est une quantité finie. Il est évident que l'ordonnée de la courbe des probabilités,
depuis $-x = 0$ jusqu'à $-x = \infty$, sera

$$y = \varphi(\alpha x)\,\varphi(\alpha p + \alpha x)\,\varphi(\alpha p' + \alpha x)\ldots$$

En supposant le nombre des observations égal à n et en négligeant les
quantités de l'ordre α^2, on aura

$$y = \varphi(\alpha x)^n + \alpha(p + p' + p'' + \ldots + p^{(n-1)})\,\varphi(\alpha x)^{n-1}\frac{d\varphi(\alpha x)}{d(\alpha x)};$$

or, si l'on prend l'intégrale $\int \alpha\,\varphi(\alpha x)^{n-1}\dfrac{d\varphi(\alpha x)}{d(\alpha x)}\,dx$, depuis $x = 0$
jusqu'à $x = \infty$, et que l'on se rappelle que $\varphi(\alpha x) = q$ lorsque $x = 0$
et que $\varphi(\alpha x) = 0$ lorsque $x = \infty$, on aura

$$\int \alpha\,\varphi(\alpha x)^{n-1}\frac{d\varphi(\alpha x)}{d(\alpha x)}\,dx = -\frac{1}{n}q^n;$$

soit donc A l'intégrale $\int \varphi(\alpha x)^n\,dx$, prise depuis $x = 0$ jusqu'à $x = \infty$, et l'on aura

$$A - \frac{1}{n}(p + p' + p'' + \ldots + p^{(n-1)})q^n$$

pour l'intégrale $\int y\,dx$ correspondante aux valeurs négatives de x.

Cette même intégrale, prise depuis $x = o$ jusqu'à $x = p^{(n-1)}$, est $p^{(n-1)}q^n$, parce que l'on peut, dans cet intervalle, supposer

$$\varphi(\alpha x) = \varphi(\alpha p - \alpha x) = \ldots = q,$$

par conséquent l'ordonnée $y = q^n$.

Depuis $x = p^{(n-1)}$ jusqu'à $x = \infty$, on a

$$y = \varphi(\alpha x)\varphi(\alpha x - \alpha p)\varphi(\alpha x - \alpha p')\ldots$$

ou

$$y = \varphi(\alpha x)^n - \alpha(p + p' + p'' + \ldots + p^{(n-1)})\varphi(\alpha x)^{n-1}\frac{d\varphi(\alpha x)}{d(\alpha x)};$$

or l'intégrale $\int \alpha\,\varphi(\alpha x)^{n-1}\frac{d\varphi(\alpha x)}{d(\alpha x)}dx$, prise depuis $x = p^{(n-1)}$ jusqu'à $x = \infty$, est $-\frac{1}{n}q^n$. De plus, l'intégrale $\int \varphi(\alpha x)^n dx$, prise dans le même intervalle, est évidemment égale à $A - p^{(n-1)}q^n$; on aura donc

$$A - p^{(n-1)}q^n + \frac{1}{n}(p + p' + \ldots + p^{(n-1)})$$

pour la valeur de $\int y\,dx$, prise dans cet intervalle. Partant, l'aire entière de la courbe des probabilités est égale à $2A$. Or, en nommant h l'abscisse dont l'ordonnée divise cette aire en deux parties égales, la partie de l'aire qui est à gauche de cette ordonnée sera visiblement égale à

$$A - \frac{1}{n}(p + p' + p'' + \ldots + p^{(n-1)})q^n + hq^n;$$

en l'égalant à A, on aura

$$h = \frac{1}{n}(p + p' + p'' + \ldots + p^{(n-1)}),$$

ce qui donne pour h la même valeur que la règle des milieux arithmétiques. Les suppositions qui nous ont conduit à ce résultat étant hors de toute vraisemblance, on voit combien il est nécessaire, dans les occasions délicates, de faire usage de la méthode que nous avons proposée.

XXXIII.

Il est facile d'appliquer la théorie précédente à la correction des instruments; pour cela, supposons que, en vérifiant un instrument et en répétant un grand nombre de fois la même vérification, on ait trouvé n différentes erreurs p, p', p'', ... Soient i, i', i'', ... les nombres de fois que chacune d'elles a été répétée; en représentant par $x, x', x'', \ldots$ leurs facilités respectives, on aura $k x^i x'^{i'} x''^{i''} \ldots, \ldots$ pour la probabilité de l'événement observé, k étant un coefficient constant; la probabilité de ce système de facilités sera donc

$$\frac{x^i x'^{i'} x''^{i''} \ldots dx\, dx'\, dx' \ldots}{\int^n x^i x'^{i'} x''^{i''} \ldots dx\, dx'\, dx' \ldots},$$

les intégrales du dénominateur étant prises pour toutes les valeurs possibles de x, x', x'', ... Pour en conclure la probabilité de x, on intégrera la fonction $x^i x'^{i'} x''^{i''} \ldots dx\, dx'\, dx'' \ldots$ d'abord par rapport à x', depuis $x' = 0$ jusqu'à $x' = 1 - x - x'' - \ldots$, ensuite par rapport à x'', depuis $x'' = 0$ jusqu'à $x'' = 1 - x - x''' - \ldots$, et ainsi de suite, ce qui donne pour dernière integrale

$$\frac{1.2.3\ldots i'.1.2.3\ldots i''.1.2.3\ldots i'''\ldots}{1.2.3.4\ldots(i' + i'' + i''' + \ldots)} x^i (1-x)^{i' + i'' + i''' + \ldots + n - 1} dx.$$

On aura donc, pour la probabilité que la facilité x sera comprise dans des limites données,

$$\frac{\int x^i (1-x)^{i' + i'' + i''' + \ldots + n - 1} dx}{\int x^i (1-x)^{i' + i'' + i''' + \ldots + n - 1} dx},$$

l'intégrale du numérateur étant prise dans l'étendue de ces limites et celle du dénominateur étant prise depuis $x = 0$ jusqu'à $x = 1$; or cette probabilité se déterminera par la formule de l'article XVIII en y changeant p en i et q en $i' + i'' + \ldots + n - 1$.

Examinons présentement la correction qu'il faut faire à une nouvelle observation faite avec cet instrument : supposons qu'il soit un quart de cercle et que, en prenant un grand nombre de fois une même hauteur apparente a, on ait trouvé entre cette hauteur et la hauteur réelle n différences qui s'étendent depuis $a - \alpha$ jusqu'à $a + \alpha'$. Supposons de plus que, en partageant l'intervalle $\alpha + \alpha'$ en $n - 1$ parties très petites, on ait trouvé que l'erreur $- \alpha$ a été répétée i fois; que l'erreur $- \alpha + \dfrac{\alpha + \alpha'}{n-1}$ a été répétée i' fois; que l'erreur $- \alpha + \dfrac{2(\alpha + \alpha')}{n-1}$ a été répétée i'' fois et ainsi de suite; soient enfin $x, x', x'', \ldots$ les facilités de ces erreurs. On aura, par l'article XIV,

$$\frac{\displaystyle\int^n x^{i+1} x''^{i''} x'''^{i'''} \ldots \, dx \, dx' \, dx'' \ldots}{\displaystyle\int^n x^i x''^{i''} x'''^{i'''} \ldots \, dx \, dx' \, dx'' \ldots}$$

pour la probabilité que l'erreur d'une nouvelle hauteur a, observée avec ce quart de cercle, sera $- \alpha$, les intégrales du numérateur et du dénominateur étant prises pour toutes les valeurs possibles de x, x'. $x'', \ldots$, ce qui revient à intégrer l'un et l'autre, d'abord par rapport à x, depuis $x = 0$ jusqu'à $x = 1 - x' - x'' - \ldots$, ensuite par rapport à x', depuis $x' = 0$ jusqu'à $x' = 1 - x'' - \ldots$, et ainsi du reste. On trouvera de cette manière que la fraction précédente se réduit à $\dfrac{i+1}{i + i' + i'' + \ldots + n + 1}$; cette quantité exprime donc la probabilité que l'erreur de l'observation sera $- \alpha$; en y changeant i successivement en $i', i'', \ldots$, et réciproquement, on aura les probabilités que l'erreur de l'observation sera $- \alpha + \dfrac{\alpha + \alpha'}{n-1}$ ou $- \alpha + \dfrac{2(\alpha + \alpha')}{n-1}$, $\ldots$. On concevra donc élevées sur les extrémités et sur chacune des divisions de l'intervalle $\alpha + \alpha'$ des ordonnées égales ou proportionnelles à ces probabilités et dont les extrémités, à cause de la petitesse des divisions, formeront sensiblement une ligne courbe; cela posé, l'abscisse dont l'ordonnée partagera l'aire de cette courbe en deux parties égales sera, par l'article XXIX, celle dont il faut faire usage, en sorte que, si l'on nomme h cette abscisse comptée depuis l'origine de l'intervalle

$\alpha + \alpha'$ qui répond à l'erreur $- \alpha$, la correction qu'il faudra faire à la hauteur observée a sera $h - \alpha$ et, par conséquent, il faudra supposer la hauteur réelle égale à $a + h - \alpha$.

De là résulte cette règle fort simple pour corriger l'instrument : *Ajoutez continuellement les quantités* $i + i' + 2,\ i' + i'' + 2,\ i'' + i''' + 2, \ldots$ *jusqu'à ce que vous soyez parvenu à une somme égale ou immédiatement plus petite d'une quantité quelconque* μ *que la moitié de la somme*

$$i + 2\,i' + 3\,i'' + \ldots + 2\,i^{(n-2)} + i^{(n-1)} + 2\,n - 2.$$

Soient r le nombre des quantités $i + i' + 2,\ i' + i'' + 2, \ldots$ *que vous aurez ainsi ajoutées; l le nombre des parties* $\dfrac{\alpha + \alpha'}{n - 1}$ *contenues dans* α; *la correction qu'il faut faire à la hauteur a ou, ce qui revient au même, la quantité qu'il faut lui ajouter sera, à très peu près,*

$$\left(r - l + \frac{\mu}{i^{(r)} + i^{(r+1)} + 3} \right) \frac{\alpha + \alpha'}{n - 1}.$$

Si, au lieu de fixer la véritable hauteur au point de l'abscisse dont l'ordonnée divise l'aire de la courbe en deux parties égales, on la fixait au point dont l'ordonnée passe par le centre de gravité de cette aire, on aurait la même correction que donne la méthode des milieux arithmétiques : cette méthode revient donc, dans ce cas, à prendre pour *milieu* le point où la somme des erreurs en *moins*, multipliées par leurs probabilités, est égale à la somme des erreurs en *plus*, multipliées par leurs probabilités.

Lorsqu'une fois on connaît la loi de facilité des erreurs d'un instrument, on peut en conclure celle des erreurs d'un résultat quelconque déduit d'observations faites avec cet instrument, tel que le midi conclu par deux hauteurs correspondantes. En effet, si l'on nomme $z,\ z',\ z'', \ldots$ les erreurs des observations que nous supposerons ici très petites, la correction qu'il faudra faire au résultat sera $A z + A' z' + A'' z'' + \ldots,\ A,\ A',\ A'', \ldots$ étant des coefficients constants dépendant de la nature du résultat que l'on déduit des observations.

Si l'on suppose cette correction égale à x, on aura

$$A z + A' z' + A'' z'' + \ldots = x.$$

Il ne s'agira plus ensuite que de déterminer, par la méthode de l'article VII, la probabilité de cette équation au moyen de la loi de facilité des erreurs z, z', z''; on aura ainsi pour cette probabilité une fonction de x, que nous désignerons par $\varphi(x)$, en sorte que l'équation de la courbe des probabilités des valeurs de x sera $y = \varphi(x)$. Maintenant, si l'on prend l'intégrale $\int y\, dx$ pour toute l'étendue des limites dans lesquelles x peut varier, l'abscisse h qui divisera en deux parties égales la surface que représente cette intégrale sera la correction qu'il faudra faire au résultat proposé.

FIN DU TOME NEUVIÈME.

16563   Paris. — Imprimerie GAUTHIER-VILLARS ET FILS, quai des Grands-Augustins, 55.

OEuvres de L. — IX.   61*

EXTRAIT DU CATALOGUE

DE LA

Librairie GAUTHIER-VILLARS et FILS

Imprimeurs-Libraires-Éditeurs du Bureau des Longitudes, — des Observatoires de Paris, de Montsouris, de Bordeaux, de Marseille, de Nice et de Toulouse, — du Bureau central météorologique de France, — du Bureau international des poids et mesures, — de l'École Polytechnique, — de l'École normale supérieure, — du Conservatoire national des Arts et Métiers, — de l'École centrale des Arts et Manufactures, — de la Société mathématique de France, — de la Société française de Physique, — de la Société française de Photographie, — de la Société internationale des Électriciens, — des Comptes rendus hebdomadaires des séances de l'Académie des Sciences, etc.

QUAI DES GRANDS-AUGUSTINS, 55, A PARIS.

Envoi *franco*, contre mandat de poste ou valeur sur Paris, dans les *pays faisant partie de l'Union postale*.

ENSEIGNEMENT SECONDAIRE ET SUPÉRIEUR

MATHÉMATIQUES

MÉCANIQUE RATIONNELLE ET APPLIQUÉE

ABDANK-ABAKANOWICZ. — Les Intégraphes ; la courbe intégrale et ses applications. — *Étude sur un nouveau système d'intégrateurs mécaniques.* Grand in-8, avec 91 fig.; 1886 . . . . 5 fr.

ABEL (Niels-Henrik).—Œuvres complètes d'Abel. Nouvelle édition, publiée aux frais de l'État norvégien, par MM. L. SYLOW et S. LIE. 2 beaux volumes in-4; 1881 . . . . 30 fr.

ANNALES DE LA FACULTÉ DES SCIENCES DE TOULOUSE pour les Sciences mathématiques et les Sciences physiques, publiées par un *comité de rédaction composé des Professeurs de Mathématiques, de Physique et de Chimie de la Faculté,* sous les auspices du Ministère de l'Instruction publique et de la Municipalité de Toulouse, avec le concours du Conseil général de la Haute-Garonne. In-4, trimestriel. Tome VII, 1893. L'abonnement est annuel et part de janvier.

Prix pour un an (4 fascicules) :

Paris. . . . . 25 fr. | Départements et Union postale. 28 fr.

Chaque année depuis 1887. . . . . 25 fr.
Ces *Annales*, fondées en 1887, forment par an un beau volume in-4, avec figures, de 50 feuilles environ.

ANNALES DE L'ENSEIGNEMENT SUPÉRIEUR DE GRENOBLE, publiées par les *Facultés de Droit, des Sciences et des Lettres,* et par l'École de Médecine. Grand in-8, Tome V; 1893.

Prix pour un an (3 numéros) :

France. . . . . 12 fr. | Étranger. . . . . 15 fr.
Première année (1889) : Deux numéros, 8 fr. — Chaque année suivante. 12 fr.

ANNALES DU CONSERVATOIRE NATIONAL DES ARTS ET MÉTIERS, publiées par les Professeurs. IIe série. In-8, trimestriel. — Cette deuxième série, commencée en 1889, paraît chaque trimestre par fascicule de 6 feuilles in-8, avec figures et planches.

Prix pour un an (4 fascicules) :

France et Algérie. . . . . . . 12 fr. | Autres pays. . . . . 13 fr.

ANNALES SCIENTIFIQUES DE L'ÉCOLE NORMALE SUPÉRIEURE. In-4, mensuel, IIIe série, t. X : 1893.

Paris, 30 fr. — Départements et Union postale, 35 fr. — Autres pays, 40 fr.
Ire SÉRIE. 7 vol., années 1864 à 1870 . . . . 150 fr.
IIe SÉRIE. 12 vol., années 1871 à 1882. . . . . 250 fr.
Chaque année des 2 séries. . . . . 25 fr.
Chaque année suivante. . . . . 30 fr.

AOUST (l'abbé), professeur d'Analyse à la Faculté de Marseille. — **Analyse infinitésimale des courbes tracées sur une surface quelconque.** In-8, avec figures; 1869 . . . . 7 fr.

— **Analyse infinitésimale des courbes planes,** contenant la résolution d'un grand nombre de problèmes choisis, à l'usage des candidats à la licence ès sciences. In-8, avec 80 figures; 1873. . . . . . 8 fr. 50

ARNAUDEAU (A., Ancien Élève de l'École Polytechnique, Membre agrégé de l'Institut des Actuaires français, Chef du Bureau de Statistique de la Compagnie générale transatlantique, membre de la Société de Statistique de Paris. — **Guide des emprunts. Tables des valeurs intrinsèques et durées probables**

des obligations de 500ᶠ pour toutes les époques de l'emprunt et à tous les taux usuels, suivies de *Tables logarithmiques pour le calcul de l'intérêt composé, des annuités et des amortissements, et précédées d'un texte explicatif.* In-4, avec figures et deux Tableaux graphiques; 1892 . . . . 9 fr.

BERTRAND (J.), de l'Académie française, secrétaire perpétuel de l'Académie des Sciences. — **Calcul des probabilités.** Grand in-8; 1889 . . . . 12 fr.

BIEHLER (Ch.), directeur de l'école préparatoire de Stanislas. — **Sur la théorie des équations et sur les séries.** In-8; 1889 . . . . 1 fr. 75

— **Notes de Géométrie analytique sur les surfaces du second ordre.** In-8, avec figures; 1890. 1 fr. 75

— **Sur la division des arcs en Trigonométrie. — Sur les équations binômes.** In-8; 1891 . . . 75 c.

BOUCHARLAT. — **Éléments de Calcul différentiel et de Calcul intégral.** 9ᵉ édition, revue et annotée par H. LAURENT, répétiteur à l'École Polytechnique. In-8, avec pl.; 1891 . . . . 8 fr.

BOUR (Edm.), ingénieur des Mines. — **Cours de Mécanique et Machines**, professé à l'École Polytechnique.

   Cinématique. 2ᵉ édition. In-8, avec Atlas de 30 pl. in-4 gravées sur cuivre; 1887 . . . . . 10 fr.

   Statique et travail des forces dans les machines à l'état de mouvement uniforme. 2ᵉ édition. In-8, avec Atlas de 8 planches in-4 gravées sur cuivre; 1891 . . . . 6 fr.

   Dynamique et Hydraulique. In-8, avec 125 fig.; 1874 . . . . 7 fr. 50

BOURDON, ancien examinateur d'admission à l'École Polytechnique. — **Éléments d'Arithmétique.** 36ᵉ édition. In-8; 1878. (*Adopté par l'Université.*) . . . . 4 fr.

— **Application de l'Algèbre à la Géométrie**, comprenant la *Géométrie analytique à deux et à trois dimensions.* 9ᵉ édition, revue et annotée par M. G. DARBOUX, agrégé de l'Université, professeur de Mathématiques spéciales au lycée Descartes. In-8; 1880. (*Ouvrage adopté par l'Université.*) . . . . 9 fr.

   Des Notes importantes, traitant de différents sujets de Géométrie analytique à deux et à trois dimensions, ont été rédigées par M. DARBOUX, et placées à la fin du volume.

— **Éléments d'Algèbre**, avec Notes de M. PROUHET. 17ᵉ édition. In-8; 1891. (*Adopté par l'Université.*) 8 fr.

— **Trigonométrie rectiligne et sphérique.** 8ᵉ édition, revue et annotée par M. BUISSE, agrégé de l'Université, professeur au lycée Fontanes. In-8, avec figures; 1877. (*Adopté par l'Université.*) . . . . . . 3 fr.

BOUSSINESQ, membre de l'Institut, professeur à la Faculté des sciences. — **Cours élémentaire d'Analyse infinitésimale.** Ouvrage spécialement destiné aux personnes qui étudient cette science *en vue de ses applications mécaniques.* 2ᵉ édition. 2 volumes grand in-8, avec figures.

   TOME I. — *Calcul différentiel;* 1887 . . . . 17 fr.

   TOME II. — *Calcul intégral;* 1890 . . . . 23 fr. 50

   On vend séparément :

   TOME I. — 1ᵉʳ Fascicule : *Partie élémentaire*, à l'usage des élèves des écoles industrielles . . . 7 fr. 50

      2ᵉ Fascicule : *Compléments* . . . . 9 fr. 50

   TOME II. — 1ᵉʳ Fascicule : *Partie élémentaire*, à l'usage des élèves des écoles industrielles . . 7 fr. 50

      2ᵉ Fascicule : *Compléments* . . . . 16 fr.

— **Leçons synthétiques de Mécanique générale**, servant d'introduction au *Cours de Mécanique physique de la Faculté des Sciences de Paris.* Publiées par les soins de MM. LEGAY et VIGNERON, élèves de la Faculté. Grand in-8; 1889 . . . . 3 fr. 50

BRESSE, professeur de Mécanique à l'École des ponts et chaussées. — **Cours de Mécanique appliquée**, professé à l'École des ponts et chaussées. 2 vol. in-8. *Chaque Partie se vend séparément :*

   1ʳᵉ PARTIE. — *Résistance des matériaux et stabilité des constructions.* 3ᵉ édit. In-8, avec figures; 1880 . . . . 13 fr.

   IIᵉ PARTIE. — *Hydraulique.* 3ᵉ édit. In-8, avec figures et une planche; 1879 . . . . 10 fr.

— **Cours de Mécanique et Machines professé à l'École Polytechnique.** 2 beaux vol. in-8 se vendant séparément :

   TOME I, avec 236 figures; 1885 . . . . 12 fr.

   TOME II, avec 154 figures; 1885 . . . . 12 fr.

BRIOT (Ch.), professeur à la Faculté des sciences de Paris. — **Théorie des fonctions abéliennes.** 1 beau vol. in-4; 1879 . . . . 15 fr.

— **Théorie mécanique de la chaleur.** 2ᵉ édit., publiée par M. MASCART, professeur au Collège de France, directeur du Bureau central météorologique. In-8, avec fig.; 1883 . . . . 7 fr. 50

BRIOT et BOUQUET, professeurs à la Faculté des sciences. — **Théorie des fonctions elliptiques.** 2ᵉ édit. Un beau vol. in-4, avec fig.; 1875. (*Rare.*) . . . . 50 fr.

BRISSE (Ch.), professeur de Mathématiques au lycée Condorcet, professeur de Géométrie descriptive à l'École des Beaux-Arts, répétiteur à l'École Polytechnique. — **Cours de Géométrie descriptive.** 2 volumes grand in-8, se vendant séparément :

   Iʳᵉ PARTIE, à l'usage des élèves des *Classes de Mathématiques élémentaires.* Avec 234 figures; 1891 . . . . 5 fr.

   IIᵉ PARTIE, à l'usage des élèves des *Classes de Mathématiques spéciales.* Avec 209 figures; 1891 . . . . 7 fr.

BRISSE (Ch.). — **Cours de Géométrie descriptive,** à l'usage des candidats à l'*Ecole spéciale militaire.* Grand in-8, avec figures ; 1891. . . . . 7 fr.

Les Tables détaillées des matières contenues dans les deux Cours de M. Brisse sont envoyées franco sur demande.

— **Recueil de problèmes de Géométrie analytique** à l'usage des classes de Mathématiques spéciales. *Solutions des problèmes donnés au concours d'admission à l'Ecole Centrale depuis 1862.* 2ᵉ édition. In-8, avec figures ; 1892. . . . . 5 fr.

— **Cours de Mécanique** *à l'usage de la classe de Mathématiques spéciales,* entièrement conforme au dernier programme d'admission à l'Ecole polytechnique. Gr. in-8, avec 44 figures ; 1892. . . . . . 3 fr. 25

BULLETIN DES SCIENCES MATHÉMATIQUES, rédigé par MM. DARBOUX et J. TANNERY, avec la collaboration de plusieurs savants, sous la direction de la Commission des Hautes Etudes. Grand in-8, mensuel. IIᵉ SÉRIE. Tome XVII (en 2 Parties) ; 1893.

Paris, 18 fr. — Départ. et Union post. 20 fr. — Autres pays, 24 fr.

La 1ʳᵉ SÉRIE, tomes I à XI, 1870 à 1876, suivie de la Table générale des onze volumes, se vend. . . . . 90 fr.

Table générale des matières et noms d'auteurs contenus dans la 1ʳᵉ série. Grand in-8 ; 1877. . 1 fr. 50
Les 10 premières années de la **2ᵉ Série** (1877 à 1886) se vendent ensemble. . . . . 120 fr.
Chacune des 10 premières années de la **2ᵉ Série** (1877 à 1886) se vend séparément. . . . . 15 fr.
Chaque année suivante. . . . . 18 fr.

BULLETIN DE LA SOCIÉTÉ MATHÉMATIQUE DE FRANCE. Publié par les Secrétaires. Grand in-8 ; 5 à 7 numéros par an. Tome XXI ; 1893.

Paris, 15 fr. — Départ. et Union post., 16 fr. — Autres pays, 18 fr.

CARNOY, professeur à l'Université de Louvain. — **Cours de Géométrie analytique.** 2 volumes grand in-8, avec figures. On vend séparément :

Géométrie plane. 5ᵉ édition ; 1891. . . . . 11 fr.
Géométrie de l'espace. 4ᵉ édition ; 1889. . . . . 11 fr.

— **Cours d'Algèbre supérieure.** *Principes de la théorie des déterminants. Théorie des équations. Introduction à la théorie des formes algébriques.* Grand in-8, avec figures ; 1892. . . . . 11 fr.

CASEY (J.), F. R. S., professeur à l'Université catholique d'Irlande. — **Géométrie élémentaire récente.** Traduit de l'anglais par FR. FALISSE, avec une préface par M. J. NEUBERG, professeur honoraire à l'Université de Liège. Grand in-8 ; 1890. . . . . 1 fr. 50

CASTEL BRANCO (J.-E. St.-A. da Cunha) ; SILVEIRA (A.-L. da et FERREIRA (A.). — **Tables tachéométriques remplaçant la règle logarithmique,** précédées d'une INTRODUCTION. Grand in-4 ; 1888. 10 fr.

CAUCHY (A.). — **Œuvres complètes d'Augustin Cauchy,** publiées sous la direction de l'*Académie des Sciences* et sous les auspices du *Ministre de l'Instruction publique,* avec le concours de MM. VALSON et COLLET, docteurs ès sciences. 27 vol. in-4.

Iᵉ Série. — MÉMOIRES, NOTES ET ARTICLES EXTRAITS DES RECUEILS DE L'ACADÉMIE DES SCIENCES. 12 vol. in-4.

IIᵉ Série. — MÉMOIRES EXTRAITS DE DIVERS RECUEILS, OUVRAGES CLASSIQUES, MÉMOIRES PUBLIÉS EN CORPS D'OUVRAGES, MÉMOIRES PUBLIÉS SÉPARÉMENT. 15 vol. in-4.

VOLUMES PARUS.

Iᵉ **Série.** Tome I ; 1882 (*Théorie de la propagation des ondes à la surface d'un fluide pesant, d'une profondeur indéfinie. — Mémoires sur les intégrales définies*). . . . . 25 fr.

— Tome IV ; 1884. — Tome V ; 1885. — Tome VI ; 1888. — Tome VII ; 1891. — Tome VIII ; 1893 (*Extraits des Comptes rendus de l'Académie des Sciences*). Chaque volume. . 25 fr.

II**ᵉ Série.** Tome VI ; 1887. — Tome VII ; 1889. — Tome VIII ; 1890. — Tome IX ; 1891 (*Anciens Exercices de Mathématiques,* 1ʳᵉ, 2ᵉ, 3ᵉ, 4ᵉ et 5ᵉ années). Chaque volume. . . . . . . 25 fr.

SOUSCRIPTION.

II**ᵉ Série.** Tome X ; 1893. *Résumés analytiques de Turin, Nouveaux exercices de Prague* (Mémoire sur la dispersion de la lumière).

Ce volume, qui paraîtra en 1893, est mis en souscription. Le prix est réduit, pour les souscripteurs qui feront leur versement à l'avance, à. . . . . 20 fr.

(Les anciens souscripteurs, qui désirent continuer leur souscription sans avoir à se préoccuper des dates d'apparition des diverses parties de la Collection, n'auront qu'à envoyer, lorsqu'ils recevront un Volume, la somme de 20 fr. pour leur souscription au Volume suivant, et celui-ci leur sera expédié *franco dès son apparition.*)

NOTA. — Les volumes ne seront pas publiés d'après leur classement numérique ; on suivra l'ordre qui intéressera le plus les souscripteurs.

Liste des volumes.

Iᵉ SÉRIE. — TOME I. Mémoires extraits des *Mémoires présentés par divers savants à l'Académie des Sciences.* — TOMES II et III. Mémoires extraits des *Mémoires de l'Académie des Sciences.* — TOMES IV à XII. Notes et articles extraits des *Comptes rendus hebdomadaires des séances de l'Académie des Sciences.*

IIᵉ SÉRIE. — TOME I. Mémoires extraits du *Journal de l'Ecole Polytechnique.* — TOME II. Mémoires extraits de divers recueils : *Journal de Liouville, Bulletin de Férussac, Bulletin de la Société philomathique, Annales de Gergonne, Correspondance de l'Ecole Polytechnique.* — TOME III.

Cours d'Analyse de l'École Polytechnique. — TOME IV. Résumé des leçons données à l'École Polytechnique sur le Calcul infinitésimal. — Leçons sur le Calcul différentiel. — TOME V. Leçons sur les applications du Calcul infinitésimal à la Géométrie. — TOMES VI à IX. Anciens Exercices de Mathématiques. — TOME X. Résumés analytiques de Turin. — Nouveaux Exercices de Mathématiques de Prague. — TOMES XI à XIV. Nouveaux Exercices d'Analyse et de Physique. — TOME XV. Mémoires séparés.

CELLÉRIER (Ch.), professeur à l'Université de Genève. — **Cours de Mécanique.** Grand in-8, avec nombreuses figures; 1892 . . . . 12 fr.

CHARLON (H.). — **Théorie élémentaire des Opérations financières.** 2ᵉ édition. Grand in-8, avec Tables; 1887 . . . . 6 fr. 50

CHASLES, membre de l'Institut. — **Aperçu historique sur l'origine et le développement des Méthodes en Géométrie, particulièrement de celles qui se rapportent à la Géométrie moderne,** suivi d'un *Mémoire de Géométrie sur deux principes généraux de la science : la Dualité et l'Homographie.* 3ᵉ édit., conforme à la première. Un beau volume in-4, de 850 pages; 1889 . . . . . . 30 fr.

— **Traité de Géométrie supérieure.** 2ᵉ édit. 1 beau vol. grand in-8, avec 12 planches; 1880. *(Rare.)* 30 fr.

CHEVILLARD (A.), professeur à l'École des Beaux-Arts. — **Leçons nouvelles de Perspective.** 2ᵉ édition. In-8, avec Atlas de 32 planches in-4, gravées sur acier; 1878 . . . . 12 fr.

CHOMÉ (F.), professeur à l'École militaire de Belgique. — **Cours de géométrie descriptive de l'École militaire** (Belgique). **1ʳᵉ Partie.** *Livre Iᵉʳ* à l'usage des candidats à l'École militaire et aux Écoles spéciales des Universités. 2ᵉ édition entièrement revue et augmentée, contenant les prescriptions à observer pour l'exécution des épures. In-4, avec atlas de 37 planches; 1893 . . . . 10 fr.

CHOQUET, docteur ès sciences. — **Traité d'Algèbre.** In-8; 1856. *(Autorisé.)* . . . . 7 fr. 50

CLAEYS (Isidore), ingénieur honoraire des ponts et chaussées. — **Nouveau système de machine à vapeur à détente variable automatique.** In-8, avec 3 planches; 1893 . . . . 2 fr.

CLAUSIUS (R.), professeur à l'Université de Bonn, correspondant de l'Institut de France. — **Théorie mécanique de la chaleur.** *Développement des formules qui se déduisent des deux principes fondamentaux, avec différentes applications.* In-8, avec figures; 1888 . . . . 10 fr.

2ᵉ édit., refondue et complétée, traduite sur la 3ᵉ édit. de l'original allemand par F. FOLIE et E. RONKAR.

COLLIN (J.). — **Traité d'Algèbre élémentaire,** à l'usage des candidats au baccalauréat ès sciences et aux écoles du Gouvernement. 2ᵉ édition. In-8; 1888 . . . . 5 fr.

COMBEROUSSE (Ch. de), ingénieur, professeur au Conservatoire des Arts et Métiers et à l'École centrale des Arts et Manufactures. — **Cours de Mathématiques,** à l'usage des candidats à l'École Polytechnique, à l'École normale supérieure et à l'École centrale des Arts et Manufactures. 4 volumes in-8, avec figures et planches.

Chaque volume se vend séparément :

TOME Iᵉʳ. — *Arithmétique, Algèbre élémentaire* (avec 38 figures). 3ᵉ éd.; 1884 . . . . . . 10 fr.

On vend à part : *Arithmétique.* . . . . 4 fr.

Algèbre élémentaire. . . . . 6 fr.

TOME II. — *Géométrie élémentaire, plane et dans l'espace. Trigonométrie rectiligne et sphérique* (avec 513 figures). 3ᵉ édition, refondue et augmentée; 1893 . . . . 13 fr.

On vend à part : *Géométrie.* . . . . 8 fr.

Trigonométrie. . . . . 5 fr.

TOME III. — *Algèbre supérieure.* 1ʳᵉ Partie. 2ᵉ édition, avec 28 figures; 1887 . . . . . . 15 fr.

TOME IV. — *Algèbre supérieure.* IIᵉ Partie. 2ᵉ édition, avec 63 figures; 1890 . . . . . . 15 fr.

TOME V. — *Géométrie analytique, plane et dans l'espace; Éléments de Géométrie descriptive* (avec atlas de 53 planches). . . . . *(Sous presse.)*

TOME VI. — *Éléments de Géométrie supérieure; Notions sur la résolution des problèmes.* 2ᵉ édition . . . . *(En préparation.*

— **Algèbre supérieure,** à l'usage des candidats à l'École Polytechnique, à l'École Normale supérieure, à l'École Centrale et à la Licence ès Sciences mathématiques. 2ᵉ édition. 2 forts volumes in-8. (Ces deux volumes forment les tomes III et IV du *Cours de Mathématiques*.) . . . . 30 fr.

Chaque volume se vend séparément :

1ʳᵉ PARTIE : *Compléments d'Algèbre élémentaire (Déterminants, fractions continues, etc.). — Combinaisons. — Séries. — Étude des fonctions. — Dérivées et différentielles, Premiers principes du Calcul intégral* (XXI-767 pages), avec 20 figures; 1887 . . . . 15 fr.

2ᵉ PARTIE : *Étude des imaginaires. — Théorie générale des équations* (XXIV-832 pages), avec 63 figures; 1890 . . . . 15 fr.

COMPTES RENDUS HEBDOMADAIRES DES SÉANCES DE L'ACADÉMIE DES SCIENCES. In-4, hebdomadaire. Tomes CXVI et CXVII; 1893.

Paris, 20 fr. — Départements, 30 fr. — Union postale, 34 fr. — Autres pays, 65 fr.

CONGRÈS INTERNATIONAL DE CHRONOMÉTRIE. Exposition universelle de 1889. — **Comptes rendus des travaux, Procès-verbaux, Rapports et Mémoires,** publiés sous les auspices du Bureau du Congrès, par M. E. CASPARI, secrétaire. Un beau vol. in-4, avec figures; 1890 . . . . 7 fr. 50

CREMONA (L.), directeur de l'École d'application des Ingénieurs, à Rome. — **Les Figures réciproques en Statique graphique.** Ouvrage précédé d'une *Introduction* du Dᵗ GIUSEPPE JUNG, professeur à l'Institut mécanique de Milan, et suivi d'un *Appendice* extrait des Mémoires et du Cours de Statique graphique de CH. SAVIOTTI, professeur à l'École des Ingénieurs à Rome. Traduit par L. ROSSUT, capitaine du génie. Grand in-8, avec un atlas de 34 planches; 1885. . . . . 5 fr. 50

DARBOUX (G.), membre de l'Institut, professeur à la Faculté des sciences. — **Leçons sur la théorie générale des surfaces et les applications géométriques du Calcul infinitésimal.** 3 volumes grand in-8, avec figures, se vendant séparément :

    Ire PARTIE : *Généralités. — Coordonnées curvilignes. — Surfaces minima*; 1887. . . . 15 fr.

    IIe PARTIE : *Les congruences et les équations linéaires aux dérivées partielles. — Des lignes tracées sur les surfaces*; 1889. . . . . 15 fr.

    IIIe PARTIE : *Lignes géodésiques et courbure géodésique. — Paramètres différentiels. — Déformation des surfaces*; 1892. Prix pour les souscripteurs. . . . . 15 fr.

Les deux premiers fascicules ont paru.

Cette IIIe PARTIE aura plus de développement que les deux premières, et le prix en sera augmenté à l'apparition.

DAUGE (F.), professeur ordinaire à la Faculté des sciences de Gand. — **Leçons de Méthodologie mathématique.** Grand in-4, lithographié; 1883. . . . . 12 fr.

DELAISTRE (L.), professeur de dessin général. — **Cours complet de dessin linéaire gradué et progressif,** contenant la Géométrie pratique, élémentaire et descriptive, l'arpentage, le levé des plans et le nivellement, etc. Quatre parties, composées de 60 planches et 70 pages de texte in-4 oblong à deux colonnes, tirées sur jésus. 3e édit., 1885. Prix de l'ouvrage complet, cartonné. . . . . 15 fr.

DELBOS (Léon), Professeur à l'École navale anglaise. — **Les Mathématiques aux Indes orientales.** Grand in-8, avec figures; 1892. . . . . 1 fr.

DELIGNE (A.), ingénieur civil des mines, directeur de l'École des Arts et Métiers d'Aix, membre du conseil supérieur de l'Enseignement technique. — **Notions complémentaires de Mathématiques.** *Géométrie analytique. Dérivées. Premiers principes de Calcul différentiel et intégral.* Rédigées conformément aux nouveaux programmes des cours des Écoles nationales d'arts et métiers. 2 volumes in-8, avec nombreuses figures, se vendant séparément.

    Ire PARTIE : *Géométrie analytique*; 1887. 6 fr. 50

    IIe PARTIE : *Dérivées. Premiers principes de Calcul différentiel et intégral*; 1887. . . . 7 fr. 50

DESFORGES (G.), professeur de travaux manuels à l'École industrielle de Versailles; ancien Garde d'artillerie, ancien Chef aux ateliers des Forges et Fonderies de la marine de l'État, à Ruelle. — **Cours pratique d'enseignement manuel,** à l'usage des candidats aux Écoles nationales d'Arts et Métiers et aux Écoles d'apprentis et d'élèves mécaniciens de la flotte, et à l'usage des aspirants au certificat d'aptitude pour l'enseignement du travail manuel, des élèves des Écoles professionnelles, industrielles, etc. **Ajustage. — Forge. — Fonderie. — Chaudronnerie. — Menuiserie.** In-4 oblong, comprenant 76 planches de dessins avec texte explicatif; 1889. . . . . 5 fr.

DORMOY (E.).—**Théorie mathématique des assurances sur la vie.** 2 vol. gr. in-8, av. Tables; 1878. 20 fr.

    Chaque volume se vend séparément . . . . 10 fr.

DOSTOR (G.), docteur ès sciences, professeur à la Faculté des sciences de l'Université catholique de Paris. — **Éléments de la théorie des déterminants,** avec application à l'Algèbre, la Trigonométrie et la Géométrie analytique dans le plan et dans l'espace, à l'usage des classes de Mathématiques spéciales. 2e édition. In-8; 1883. . . . . 8 fr.

DUHAMEL, membre de l'Institut. — **Éléments de Calcul infinitésimal.** 4e édition, revue et annotée par M. BERTRAND, membre de l'Institut. 2 volumes in-8; 1886-1887 . . . . 15 fr.

— **Des méthodes dans les sciences de raisonnement.** 5 volumes in-8. . . . . 27 fr. 50

On vend séparément :

    Ire PARTIE. — *Des méthodes communes à toutes les sciences de raisonnement.* 3e édit. In-8; 1885. . . . . 2 fr. 50

    IIe PARTIE. — *Application des méthodes à la science des nombres et à la science de l'étendue.* 2e édit. In-8, avec fig.; 1877. . . . . 7 fr. 50

    IIIe PARTIE. — *Application de la science des nombres à la science de l'étendue.* 2e édit. In-8, avec figures; 1882. . . . . 7 fr. 50

    IVe PARTIE. — *Application des méthodes générales à la science des forces.* 2e édition. In-8, avec figures; 1886. . . . . 7 fr. 50

    Ve PARTIE. — *Essai d'une application des méthodes à la science de l'homme moral.* 2e édition. In-8; 1879. . . . . 2 fr. 50

DULOS (Pascal), professeur de Mécanique à l'École d'arts et métiers et à l'École des sciences d'Angers. — **Cours de Mécanique,** à l'usage des écoles d'arts et métiers et de l'enseignement spécial des lycées. 5 volumes in-8, avec 608 belles figures gravées sur bois. 37 fr. 50

On vend séparément chaque Partie :

    Ire PARTIE. — *Composition des forces. — Equilibre des corps solides. — Centre de gravité. — Machines simples. — Ponts suspendus. — Travail des forces. — Principe des forces vives. — Moments d'inertie. — Force centrifuge. — Pendule simple et pendule composé. — Centre de percussion. — Régulateur à force centrifuge. — Pendule balistique.* 2e édition; 1885. . . . . 7 fr. 50

    IIe PARTIE. — *Résistances nuisibles ou passives. — Frottement. — Application aux machines. — Roideur des cordes. — Application du théorème des forces vives à l'établissement des machines. — Théorie des volants. — Résistance des matériaux.* 2e édition; 1887. . . . . 7 fr. 50

    IIIe PARTIE. — *Hydraulique. — Ecoulement des fluides. — Jaugeage des cours d'eau. — Etablissement des canaux à régime constant. — Récepteurs hydrauliques. — Travail des pompes. — Bélier hydraulique. — Vis d'Archimède. — Moulins à vent.* 2e édition; 1887. . . . . . . 7 fr. 50

IVe Partie. — *Thermodynamique.* — *Machines à vapeur.* — *Chaudières à vapeur.* — *Machines à air chaud et à gaz.* — *Calcul des volants.* — *Appareils dynamométriques.* 2e édit.; 1891.   9 fr. 50

Ve Partie. — *Distribution de la vapeur dans les cylindres.* — *Courbes de réglementation de M. Fauveau.* — *Emploi de la sinusoïde comme courbe de réglementation.* — *Application du théorème de Chasles et Bobillier à la courbe des vitesses du piston.* — *Diagramme de M. Zeuner.* — *Établissement d'une distribution simple par diagramme à coquille.* — *Coulisse de Stephenson.* — *Tiroirs doubles.* — *Détentes diverses;* 1882 . . . . 5 fr. 50

ENDRÈS (E.). (Voir p. 21.)

FERMAT. — Œuvres de Fermat, publiées par les soins de MM. PAUL TANNERY et CHARLES HENRY, sous les auspices du Ministère de l'Instruction publique. In-4.

Tome I : *Œuvres mathématiques diverses.* — *Observations sur Diophante.* Avec 3 planches en photoglyptographie (Portrait du Fermat, fac-similé du titre de l'édition de 1679, et fac-similé d'une page de son écriture); 1891 . . . . 22 fr.

Tome II : *Correspondance de Fermat;* 1893 . . . . (Sous presse.)

Ce volume contient la correspondance de Fermat avec Mersenne, Roberval, Pascal, Descartes, Huygens, etc.

Tome III : *Traduction des écrits latins de Fermat,* du « Commercium epistolicum » de *Wallis,* de l' « Inventum novum » de *Jacques de Billy.* — *Suppléments à la Correspondance.* (En préparation.)

FONTENÉ (G.), Agrégé des Sciences physiques, Professeur au collège Rollin. — **L'Hyperespace à (n — 1) dimensions.** *Propriétés métriques de la corrélation générale.* Grand in-8, avec figures: 1892. 5 fr.

FOURET (G.), examinateur d'admission à l'École Polytechnique. — **Sur la méthode d'approximation de Newton.** In-8 ; 1891. . . . . 1 fr.

FOURIER. — Œuvres de Fourier, publiées par les soins de GASTON DARBOUX, membre de l'Institut, sous les auspices du Ministre de l'Instruction publique. (Ouvrage complet.)

Tome I : *Théorie analytique de la chaleur.* In-4, XXVIII-584 pages; 1888. . . . . 25 fr.

Tome II : *Mémoires divers.* In-4, XVI-636 pages, avec un portrait de Fourier reproduit par la photoglyptographie ; 1890. . . . . 25 fr.

FRENET (F.), professeur honoraire à la Faculté des sciences de Lyon. — **Recueil d'exercices sur le Calcul infinitésimal,** ouvrage destiné aux candidats à l'École Polytechnique, à l'École normale, aux élèves de ces écoles et aux personnes qui se présentent à la licence ès sciences mathématiques. 5e édition, augmentée d'un *Appendice sur les résidus, les fonctions elliptiques, les équations aux dérivées partielles, les équations aux différentielles totales,* par H. LAURENT, examinateur à l'École Polytechnique. In-8, avec fig.; 1891.   8 fr.

GILBERT (Ph.), professeur à l'Université catholique de Louvain. — **Cours de Mécanique analytique.** *Partie élémentaire.* 3e édition, augmentée. Grand in-8, avec figures ; 1891 . . . . 11 fr.

— **Cours d'Analyse infinitésimale.** *Partie élémentaire.* 4e édition. Grand in-8 ; 1892. . . . . . . 13 fr.

— **Mémoire sur l'application de la méthode de Lagrange à divers problèmes de mouvement relatif.** 2e édition. In-8, avec figures; 1889. 7 fr. 50

GRAINDORGE, professeur à l'Université de Liège. — **Intégration des équations de la Mécanique.** Grand in-8. Bruxelles, 1889. . . . . 10 fr.

— **Cours de Mécanique analytique.**

Tome I : *Cinématique et Statique.* In-8, avec 148 fig.; 1888. . . . . 10 fr.

Tome II : *Dynamique.* In-8, avec 61 figures; 1889. . . . . 10 fr.

Tome III : *Hydrostatique.* — *Hydrodynamique.* — *Compléments.* . . . . (Sous presse.)

— **Exercices de Calcul intégral,** à l'usage des élèves de l'École des mines. 2e édition. Grand in-8, avec une planche; 1885. . . . . 6 fr.

GRÉVY (A.), agrégé des sciences mathématiques, professeur au lycée de Bar-le-Duc. — **Compositions données depuis 1872 aux examens de Saint-Cyr.** *Algèbre et Géométrie* (Énoncés et Solutions). 2e édition. In-8, avec 30 figures; 1893. . . . . 2 fr. 50

GUYOU, Capitaine de frégate, Examinateur d'admission à l'École navale. — **Sur les approximations numériques.** 2e édition. In-8; 1891. . . . . » 75 c.

GYLDING (Jakob). — **Table de cubage du cylindre** d'après la formule géométrique. Longueur de 1,0 à 0,9. Diamètre de 0,10 à 1,49. Grand in-8; 1891 . . . . 3 fr. 50

HAGEN (Johann G.), Director der Sternwarte des Georgetown College Washington. — **Synopsis de hoeheren Mathematik.** Erster Band. *Arithmetische und algebraische Analyse.* Grand in-4; 1891. 37 fr. 50

HALPHEN (G.-H.), membre de l'Institut. — **Traité des fonctions elliptiques et de leurs applications.**

Ire Partie : *Théorie des fonctions elliptiques et de leurs développements en série.* Grand in-8; 1886. . . . . 15 fr. »

IIe Partie : *Applications à la Mécanique, à la Physique, à la Géodésie, à la Géométrie et au Calcul intégral.* Grand in-8; 1888 . . . . 20 fr. »

IIIe Partie : *Fragments.* (Quelques applications à l'Algèbre et particulièrement à l'équation du 5e degré. Quelques applications à la théorie des nombres. Questions diverses.) Publié par les soins de la Section de Géométrie de l'Académie des Sciences; 1891. . . . . 8 fr. 50

HERMITE (Ch.), membre de l'Institut. — **Sur quelques applications des fonctions elliptiques.** Premier fascicule. In-4; 1885. . . . . 7 fr. 50

HIRN (G.-A.), correspondant de l'Institut. — **Théorie mécanique de la chaleur.** *Exposition analytique et expérimentale de la Théorie mécanique de la Chaleur.* 3e édition, entièrement refondue. 2 vol. in-8 grand raisin, avec figures.

Tome I ; 1875. . . . . 12 fr. » | Tome II; 1876. . . . . 12 fr. »

HOUEL (J.), professeur de Mathématiques à la Faculté des sciences de Bordeaux. — **Cours de Calcul infinitésimal.** Quatre beaux volumes grand in-8, avec figures.

On vend séparément :

Tome I, 1878 : 15 fr. — Tome II, 1879 : 15 fr. — Tome III, 1880 : 10 fr. — Tome IV, 1881 : 10 fr.

— **Tables de Logarithmes à CINQ DÉCIMALES pour les nombres et les Lignes trigonométriques,** suivies des logarithmes d'addition et de soustraction ou logarithmes de Gauss, et de diverses Tables usuelles. Nouvelle édition, revue et augmentée. In-8 grand raisin ; 1893. (*Autorisé par décision ministérielle.*)

Broché . . . . 2 fr. » | Cart. toile . . . . 2 fr. 75

— **Recueil de Formules et de Tables numériques,** formant le complément des *Tables de logarithmes à cinq décimales* du MÊME AUTEUR. 3ᵉ édition. In-8 grand raisin ; 1885 . . . . 4 fr. 50

HUYGENS (C.). — **Œuvres complètes de Christiaan Huygens,** publiées par la Société hollandaise des sciences. In-4.

Tome I. — *Correspondance de 1638 à 1656.* — Lettres nᵒˢ 1 à 365. — Supplément : 18 lettres. Avec 1 planche photogravée des portraits de Constantin Huygens et de ses cinq enfants, et figures dans le texte ; 1888 . . . . 35 fr.

Tome II. — *Correspondance de 1657 à 1659.* — Lettres nᵒˢ 366 à 702. Supplément : 23 lettres. Avec figures dans le texte et 3 planches, et 2 fac-similés de lettres de Huygens ; 1889 . . . . 35 fr.

Tome III. — *Correspondance de 1660 et 1661.* Lettres nᵒˢ 703 à 947. Supplément : 34 lettres, avec figures dans le texte, et 9 fac-similés ; 1890 . . . . 38 fr.

Tome IV. — *Correspondance de 1662 et 1663.* Lettres 948 à 1197. Supplément : 5 Lettres. Avec figures et 7 planches, dont 1 en photocollographie et 1 en photolithographie représentant l'habitation de Constantin Huygens d'après des dessins du temps, et 1 planche fac-similé de bateau en couleur ; 1891. 35 fr.

Chaque tome se termine par les listes suivantes : Liste alphabétique de la Correspondance ; personnes mentionnées dans les Lettres ; ouvrages cités ; matières traitées.

INSTITUT DE FRANCE. — **Mémoires de l'Académie des Sciences.** In-4 ; tomes I à XLIV, 1816 à 1889. Prix de chaque volume, à l'exception des tomes VI, XXI et XXXIII . . . . 15 fr. »

— **Mémoires présentés par divers savants à l'Académie des Sciences,** et imprimés par son ordre ; 2ᵉ série. In-4 ; tomes I à XXX, 1827-1889. Prix de chaque volume, à l'exception des tomes I à IX . . . 15 fr. »

JORDAN (Camille), membre de l'Institut, professeur à l'École Polytechnique. — **Cours d'Analyse de l'École Polytechnique.** 3 vol. in-8, avec figures, se vendant séparément :

Tome I. — *Calcul différentiel ;* 2ᵉ édition entièrement refondue : 1893 . . . . 17 fr. »

Tome II. — *Calcul intégral (Intégrales définies et indéfinies) ;* 2ᵉ édition . . . . (*Sous presse.*)

Tome III. — *Calcul intégral (Equations différentielles) ;* 1887 . . . . 17 fr. »

JOURNAL DE L'ÉCOLE POLYTECHNIQUE, publié par le Conseil d'instruction de cet Établissement. 62 cahiers in-4, avec figures et planches . . . . 1000 fr. »

Prix d'un des derniers cahiers, jusqu'au LIVᵉ inclus . . . . 12 fr. »

Prix d'un des cahiers suivants (LVᵉ à LVIIᵉ) . . . . 14 fr. »

Prix du LVIIIᵉ cahier . . . . 10 fr. »

Prix du LIXᵉ cahier . . . . 12 fr. »

Prix du LXᵉ cahier . . . . 10 fr. »

Prix du LXIᵉ cahier . . . . 11 fr. »

Prix du LXIIᵉ cahier . . . . 11 fr. »

Table des matières et noms d'auteurs des cahiers I à XXXVII formant 21 v. in-4 ; 1858. 2 fr. »

Table des matières et noms d'auteurs des cahiers XXXVIII à LVI formant 16 v. in-4 ; 1887. 0 fr. 75

Le LXIIIᵉ cahier est sous presse.

JOURNAL DE MATHÉMATIQUES PURES ET APPLIQUÉES, fondé en 1836 et publié jusqu'en 1874 par J. LIOUVILLE, publié de 1875 à 1884 par M. H. RESAL, et dirigé depuis 1885 par M. Camille JORDAN. In-4, trimestriel. 4ᵉ série, tome IX ; 1893.

Paris, 30 fr. — Départ. et Union post., 35 fr. — Autres pays, 40 fr.

1ʳᵉ Série. 20 volumes in-4, années 1836 à 1855 (au lieu de 600 fr.) . . . . 400 fr. »

Chaque volume pris séparément (au lieu de 30 fr.) . . . . 25 fr. »

2ᵉ Série. 19 volumes in-4, années 1856 à 1874 (au lieu de 570 fr.) . . . . 380 fr. »

Chaque vol. séparément (au lieu de 30 fr.) . . . . 25 fr. »

3ᵉ Série. 10 volumes in-4, années 1875 à 1884 (au lieu de 300 fr.) . . . . 200 fr. »

Table générale des 20 volumes composant la 1ʳᵉ Série. In-4. (Cette Table ne se vend plus séparément de la 1ʳᵉ Série.) . . . . 3 fr. 50

Table générale des 19 volumes composant la 2ᵉ Série. In-4 . . . . 3 fr. 50

Table générale des 10 volumes composant la 3ᵉ Série. In-4 . . . . 1 fr. 75

KŒHLER (J.), ancien répétiteur à l'École Polytechnique, ancien directeur des études à l'École préparatoire de Sainte-Barbe. — **Exercices de Géométrie analytique et de Géométrie supérieure.** *Questions et solutions.* À l'usage des candidats aux Écoles Polytechnique et Normale et à l'Agrégation. 2 volumes in-8, avec figures. *On vend séparément :*

1ʳᵉ PARTIE : *Géométrie plane ;* 1886 . . . . 8 fr.

IIᵉ PARTIE : *Géométrie dans l'espace ;* 1888 . . . . 9 fr.

LACROIX. — **Eléments d'Algèbre,** à l'usage des candidats aux écoles du Gouvernement. 24e édition, revue, corrigée et annotée par M. PROUHET. In-8; 1888. (*Autorisé par décision ministérielle.*). . . . . 6 fr.

LA GOURNERIE (de). — **Traité de Perspective linéaire.** 1 volume in-4, avec atlas in-folio de 40 planches dont 8 doubles. 2e édition, entièrement revue; 1884. . . . . 25 fr.

— **Traité de Géométrie descriptive.** In-4, publié en trois Parties, avec atlas. . . . . 30 fr.

    Chaque partie se vend séparément . . . . 10 fr.

La 1re PARTIE (3e édition, 1891), revue et augmentée de la *Théorie de l'Intersection de deux polyèdres*, par M. ERNEST LEBON, contient tout ce qui est exigé pour *l'admission à l'Ecole Polytechnique*. Elle est suivie d'un *Supplément contenant la solution de deux problèmes et des figures cavalières pour l'explication des constructions les plus difficiles.*

La IIe PARTIE (2e édition, 1880) et la IIIe PARTIE (2e édition, 1885) sont le développement du *Cours de Géométrie descriptive* professé à *l'Ecole Polytechnique.*

— **Supplément** au *Traité de Stéréotomie* de LEROY. **Théorie et construction de l'appareil hélicoïdal des arches biaises;** rédigées par ERNEST LEBON, agrégé de l'Université, professeur de mathématiques au Lycée Charlemagne. In-4, avec 2 planches in-folio; 1887. (On a tiré des exemplaires à part de ce Supplément pour les acquéreurs des précédentes éditions du Traité de Leroy. Voir plus loin LEROY, *Traité de Stéréotomie.*) . . . . 3 fr.

LAGRANGE. — **Œuvres complètes de Lagrange,** publiées par les soins de J.-A. SERRET, membre de l'Institut, et G. DARBOUX, membre de l'Institut, sous les auspices du Ministre de l'Instruction publique. In-4, avec un beau portrait de Lagrange, gravé sur cuivre par Ach. Martinet.

La 1re Série comprend tous les *Mémoires* imprimés dans les *Recueils des Académies de Turin, de Berlin et de Paris*, ainsi que les *Pièces diverses* publiées séparément. Cette Série forme 7 volumes (Tomes I à VII, 1867-1877), qui se vendent séparément. . . . . 30 fr.

La IIe Série se compose de 7 volumes, qui renferment les Ouvrages didactiques, la Correspondance et les Mémoires inédits, savoir :

    TOME VIII : *Résolution des équations numériques*; 1879. . . . . 18 fr.

    TOME IX : *Théorie des fonctions analytiques*; 1881. . . . . 18 fr.

    TOME X : *Leçons sur le calcul des fonctions* ; 1884. . . . . 18 fr.

    TOME XI : *Mécanique analytique* (1re PARTIE), annotée par MM. J. BERTRAND et G. DARBOUX; 1888. . . . . 20 fr.

    TOME XII : *Mécanique analytique* (2e PARTIE), annotée par MM. J. BERTRAND et G. DARBOUX; 1889. . . . . 20 fr.

    TOME XIII : *Correspondance inédite de Lagrange et de d'Alembert*, publiée d'après les manuscrits autographes et annotée par LUDOVIC LALANNE. In-4; 1882. . . . . 15 fr.

    TOME XIV et dernier : *Correspondance de Lagrange avec Condorcet, Laplace, Euler et divers Savants*, publiée et annotée par LUDOVIC LALANNE, avec deux fac-similés. In-4; 1892. . . . . 15 fr.

— **Mécanique analytique,** avec Notes de J. BERTRAND, secrétaire perpétuel de l'Académie des Sciences, et G. DARBOUX, membre de l'Institut. 2 volumes in-4, 1890, se vendant séparément.. . . . . 20 fr.

    Ces deux volumes ne sont autres que les tomes XI et XII de la collection des *Œuvres de Lagrange*. On a imprimé pour ces exemplaires des couvertures et titres spéciaux (tomes I et II) à destination des personnes qui désirent se procurer la *Mécanique analytique* en dehors de la collection.

LAISANT (C. A.), Docteur ès sciences. — **Recueil de problèmes de Mathématiques,** *classés par divisions scientifiques*, contenant les énoncés avec renvoi aux solutions de tous les problèmes posés, depuis l'origine, dans divers journaux : *Nouvelles Annales de Mathématiques, Journal de Mathématiques élémentaires et de Mathématiques spéciales, Mathésis, Nouvelle Correspondance mathématique*. 7 volumes in-8, se vendant séparément.

CLASSES DE MATHÉMATIQUES ÉLÉMENTAIRES.

    I : *Arithmétique. Algèbre élémentaire. Trigonométrie*; 1893 . . . . 2 fr. 50

    II : *Géométrie à deux et à trois dimensions. Géométrie descriptive*. . . . . . . (*Sous presse.*)

CLASSES DE MATHÉMATIQUES SPÉCIALES.

    III : *Algèbre. Théorie des nombres. Probabilités. Géométrie de situation* . . . . (*Sous presse.*)

    IV : *Géométrie analytique à deux dimensions (et Géométrie supérieure)*; 1893 . . . . 6 fr. 50

    V : *Géométrie analytique à trois dimensions (et Géométrie supérieure)*. 1893 . . . . 2 fr. 50

    VI : *Géométrie du triangle.*

LICENCE ÈS SCIENCES MATHÉMATIQUES.

    VII : *Calcul infinitésimal et calcul des fonctions. Mécanique. Astronomie*. . . . (*Sous presse.*)

— **Introduction à la méthode des Quaternions.** In-8, avec figures; 1881. . . . . 6 fr.

— **Théorie et applications des Équipollences.** In-8, avec 73 figures; 1887. . . . . 7 fr. 50

LALANDE. — **Tables de Logarithmes pour les Nombres et les Sinus à CINQ DÉCIMALES,** revues par le baron REYNAUD. Édition augmentée de *Formules pour la résolution des Triangles*, par M. BAILLEUL, typographe, et d'une *Nouvelle Introduction*. In-18; 1888. (*Autorisé par décision ministérielle.*)

    Broché. . . . . 2 fr. " | Cartonné . . . . 2 fr. 40

— **Tables de Logarithmes** étendues à **SEPT DÉCIMALES,** par M. MARIE, précédées d'une instruction par le baron REYNAUD. Nouvelle édition, augmentée de *Formules pour la résolution des Triangles*, par M. BAILLEUL, typographe. In-12; 1890.

    Broché. . . . . 3 fr. 50 | Cartonné . . . . 3 fr. 90

LAPLACE. — **Œuvres complètes de Laplace**, publiées sous les auspices de l'Académie des Sciences, par MM. les SECRÉTAIRES PERPÉTUELS, avec le concours de PUISEUX, membre de l'Institut, de J. HOÜEL, professeur à la Faculté des Sciences de Bordeaux, de M. F. TISSERAND, membre de l'Institut, et de M. SOUIL-LART, professeur à la Faculté des sciences de Lille. Nouvelle édition, avec un beau portrait de LAPLACE, gravé sur cuivre par TONY GOUTIÈRE. In-4 ; 1878-1886.

Les éditions précédentes, qui sont devenues très rares, ne contenaient que 7 volumes, savoir : *Traité de Mécanique céleste* (5 volumes), *Exposition du système du monde* et *Théorie analytique des probabilités*. La nouvelle édition comprendra de plus 6 volumes renfermant tous les autres Mémoires de LAPLACE, dont la dissémination dans de nombreux Recueils académiques et périodiques rendait jusqu'à ce jour l'étude si difficile.

TRAITÉ DE MÉCANIQUE CÉLESTE. — Tomes I à V (1878-1882).

Tirage sur papier vergé, au chiffre de Laplace; 5 vol. in-4 . . . . 90 fr.
Tirage sur papier de Hollande, au chiffre de Laplace (à petit nombre); 5 vol. In-4 . . . . . . 120 fr.

Les volumes du *Traité de Mécanique céleste* ne se vendent plus séparément, sauf le tome V (papier vergé au chiffre de Laplace) dont le prix est de 20 francs.

EXPOSITION DU SYSTÈME DU MONDE. — Tome VI (1884).

Tirage sur papier vergé, au chiffre de Laplace . . . . 20 fr.
Tirage sur papier de Hollande, au chiffre de Laplace . . . . 25 fr.

THÉORIE DES PROBABILITÉS. — Tome VII (1886).

Tirage sur papier vergé fort, au chiffre de Laplace . . . . 35 fr.
Tirage sur papier de Hollande, au chiffre de Laplace . . . . 43 fr.

Ce volume, qui comprend 832 pages sur papier fort, est d'un maniement peu commode; aussi avons-nous divisé un certain nombre d'exemplaires en deux fascicules. — Pour permettre de relier ultérieurement ces deux fascicules en un volume unique, nous avons joint au premier fascicule un titre de l'Ouvrage complet. — Les fascicules se vendent séparément :

Premier fascicule.

Tirage sur papier vergé fort, au chiffre de Laplace . . . . 13 fr.
Tirage sur papier de Hollande, au chiffre de Laplace . . . . 18 fr.

Second fascicule.

Tirage sur papier vergé fort, au chiffre de Laplace . . . . 20 fr.
Tirage sur papier de Hollande, au chiffre de Laplace . . . . 25 fr.

MÉMOIRES DIVERS. — Tomes VIII à XIII.

Tome VIII : *Mémoires extraits des Recueils de l'Académie des Sciences*; 1891. Tirage sur papier de Hollande, au chiffre de Laplace, 25 fr. Vergé . . . . 20 fr.
Tome IX : *Mémoires extraits des Recueils de l'Académie des Sciences*; 1893. Tirage sur papier de Hollande au chiffre de Laplace, 25 fr. Vergé . . . . 20 fr.
Le tome X est *sous presse.*

LAURENT (H.), répétiteur d'Analyse à l'École Polytechnique. — **Traité d'Algèbre**, *à l'usage des candidats aux Écoles du Gouvernement*. 4e édition, revue et mise en harmonie avec les nouveaux programmes, par M. MARCHAND, ancien élève de l'École Polytechnique. 4e édition. 3 vol. in-8; 1887 :

Ire PARTIE : ALGÈBRE ÉLÉMENTAIRE, à l'usage des classes de *Mathématiques élémentaires*. 4 fr.
IIe PARTIE : ANALYSE ALGÉBRIQUE, à l'usage des classes de *Mathématiques spéciales*. . . 4 fr.
IIIe PARTIE : THÉORIE DES ÉQUATIONS, à l'usage des classes de *Mathématiques spéciales*. . . 4 fr.

— **Traité de Mécanique rationnelle**, à l'usage des candidats à l'Agrégation et à la Licence. 3e édition. 2 vol. in-8, avec figures; 1889 . . . . 12 fr.

LAURENT (H.), examinateur d'admission à l'École Polytechnique. — **Traité d'Analyse.** 7 volumes in-8, avec figures :

TOME I. — **Calcul différentiel.** *Applications analytiques et géométriques;* 1885. . . . 10 fr.
TOME II. — *Applications géométriques;* 1886. . . . . 12 fr.
TOME III. — **Calcul intégral.** *Intégrales définies et indéfinies;* 1888. . . . . 12 fr.
TOME IV. — *Théorie des fonctions algébriques et leurs intégrales;* 1889. . . . . 12 fr.
TOME V. — *Équations différentielles ordinaires;* 1890. . . . . 10 fr.
TOME VI. — *Équations aux dérivées partielles;* 1890 . . . . 8 fr. 50
TOME VII et dernier. — *Applications géométriques de la théorie des équations différentielles;* 1891. . . . . 8 fr. 50

Ce Traité est le plus étendu qui soit publié sur l'Analyse. Il est destiné aux personnes qui, n'ayant pas le moyen de consulter un grand nombre d'ouvrages, ont le désir d'acquérir des connaissances étendues en Mathématiques. Il contient donc, outre le développement des matières exigées des candidats à la Licence, le résumé des principaux résultats acquis à la Science. (Des astérisques indiquent les matières non exigées des candidats à la Licence.) Enfin, pour faire comprendre dans quel esprit est rédigé ce Traité d'Analyse, il suffira de dire que l'Auteur est un ardent disciple de Cauchy.

LEFÉBURE DE FOURCY. — **Leçons d'Algèbre.** 9e édition; 1880 . . . . 7 fr. 50
— **Traité de Géométrie descriptive.** 8e édition. 2 volumes in-8 dont l'un comprend 32 planches; 1881. 10 fr.
— **Leçons de Géométrie analytique** comprenant la **Trigonométrie rectiligne et sphérique.** 10e édition; 1881 . . . . 2 fr. 75
LEROY, ancien professeur à l'École Polytechnique et à l'École Normale supérieure. — **Traité de Géométrie descriptive.** 13e édition, revue et annotée par M. MARTELET, professeur de Géométrie descriptive à l'École centrale des arts et manufactures. In-4, avec Atlas de 71 planches; 1888. . . . . 16 fr.

- **Traité de Stéréotomie**, comprenant les **Applications de la Géométrie descriptive à la Théorie des Ombres, la Perspective linéaire, la Gnomonique, la Coupe des Pierres et la Charpente**. 12ᵉ édition, revue et annotée par M. MARTELET, augmentée d'un supplément : **Théorie et construction de l'appareil hélicoïdal des arches biaises**, par J. DE LA GOURNERIE, rédigées par ERNEST LEBON, agrégé de l'Université, professeur au lycée Charlemagne. In-4, avec Atlas de 76 planches in-folio; 1890. . . . 26 fr.

LEVY (Maurice), membre de l'Institut, ingénieur en chef des Ponts et Chaussées, professeur au Collège de France et à l'École centrale des Arts et Manufactures. — **La Statique graphique et ses applications aux constructions**. 4 volumes grand in-8, avec 4 atlas, même format.

    Iᵉ PARTIE. — *Principes et applications de Statique graphique pure.* Grand in-8 de XXVIII-549 pages, avec figures et un Atlas de 26 planches ; 1886 . . . . 22 fr.

    IIᵉ PARTIE. — *Flexion plane. Lignes d'influence. Poutres droites.* Grand in-8 de XIV-345 pages, avec figures et un Atlas de 6 planches; 1886 . . . . 15 fr.

    IIIᵉ PARTIE. — *Arcs métalliques. Ponts suspendus rigides. Coupoles et corps de révolution.* Grand in-8 de X-448 pages, avec figures et un Atlas de 8 planches; 1887. . . . . 17 fr.

    IVᵉ PARTIE. — *Ouvrages en maçonnerie. Systèmes réticulaires à lignes surabondantes. Index alphabétique des quatre Parties.* Grand in-8 de IX-350 pages, avec figures et un Atlas de 4 planches: 1888. . . . . 15 fr.

LONCHAMPT (A.), préparateur aux baccalauréats ès lettres et ès sciences, et aux Écoles du Gouvernement. — **Recueil des problèmes** tirés des *compositions données à la Sorbonne*, de 1853 à 1875-1876, pour le *baccalauréats ès sciences*. 2ᵉ édition. In-18 jésus, avec figures et planches; 1876-1877.

    Iʳᵉ PARTIE. — **Arithmétique, Algèbre, Trigonométrie.**
        Questions, 1 fr. — *Solutions.* . . . . 1 fr. 80

    IIᵉ PARTIE. - **Géométrie.**
        Questions, 1 fr. — *Atlas*, 60 c. — *Solutions.* . . . . 2 fr. 80

    IIIᵉ PARTIE. — **Approximations numériques** (THÉORIE ET APPLICATIONS). — **Maxima et minima** (THÉORIE ET QUESTIONS). — **Courbes usuelles, Géométrie descriptive, Cosmographie, Mécanique.**
        Théories et *Questions*, 1 fr. 50. — *Solutions.* . . . . 1 fr. 50

    IVᵉ PARTIE. — **Physique, Chimie.**
        Questions, 1 fr. — *Solutions..* . . . . 2 fr. 50

LUCAS (Edouard), professeur de Mathématiques au Lycée Saint-Louis. — **Théorie des nombres.** *Le calcul des nombres entiers. Le calcul des nombres rationnels. La divisibilité arithmétique.* Grand in-8, avec figures; 1891. . . . . 15 fr.

— **Récréations mathématiques.** — 3 volumes petit in-8, caractères elzévirs, titres en deux couleurs se vendant séparément :

    TOME I : *Les Traversées. — Les Ponts. — Les Labyrinthes. — Les Reines. — Le Solitaire. — La Numération. — Le Baguenaudier. — Le Taquin,* 2ᵉ édition; 1891. — Prix : Hollande, 12 fr. — Vélin. . . . . 7 fr. 50

    TOME II : *Qui perd gagne. — Les Dominos. — Les Marelles. — Le Parquet. — Le Casse-Tête. — Les Jeux des Demoiselles.— Le Jeu icosien d'Hamilton;* 1883.— Prix : Hollande, 12 fr. — Vélin, 7 fr. 50.

    TOME III : *Le Calcul digital. — Machines arithmétiques. — Le caméléon. — Les jonctions de points. — Le Jeu militaire. — La prise de la Bastille. — La Patte d'oie. — Le fer à cheval. — Le Jeu américain. — Amusements par les jetons. — L'Étoile nationale. — Rouge et Noire.* 1893. — Prix Hollande, 9 fr. 50. — Vélin. . . . . 6 fr. 50

MALEYX (L.), Professeur de Mathématiques élémentaires au collège Stanislas. — **Leçons d'Arithmétique.** In-8; 1891 . . . . 4 fr.

-- **Étude géométrique des propriétés des coniques d'après leur définition.** In-8, avec figures dans le texte; 1891 . . . . 2 fr. 75

MANNHEIM (A.), Professeur à l'École Polytechnique. — **Cours de Géométrie descriptive de l'École Polytechnique**, comprenant les ÉLÉMENTS DE LA GÉOMÉTRIE CINÉMATIQUE. 2ᵉ édition, revue et augmentée. Grand in-8, illustré de 256 figures; 1886. . . . . 17 fr.

MANSION, Professeur ordinaire à l'Université de Gand. — **Cours d'Algèbre supérieure de l'Université de Gand.** Petit in-4, autographié; 1889. . . . . 5 fr.

MARIE (Léon), Ancien Élève de l'École Polytechnique, Actuaire de la Compagnie *Le Phénix*, examinateur du cours de Mathématiques appliquées à l'École des hautes études commerciales. — **Traité mathématique et pratique des opérations financières.** Grand in-8, avec figures et Tables; 1890. . . . . . . 10 fr.

MARIE (Maximilien), Répétiteur de Mécanique et Examinateur d'admission à l'École Polytechnique.— **Histoire des sciences mathématiques et physiques.** Petit in-8, caractères elzévirs, titre en deux couleurs.

    TOME Iᵉʳ. — 1ʳᵉ Période. *De Thalès à Aristarque.* — 2ᵉ Période. *D'Aristarque à Hipparque.* — 3ᵉ Période. *D'Hipparque à Diophante*; 1883. . . . . 6 fr.

    TOME II. — 4ᵉ Période. *De Diophante à Copernic.* — 5ᵉ Période. *De Copernic à Viète*; 1883. 6 fr.

    TOME III. — 6ᵉ Période. *De Viète à Képler.* — 7ᵉ Période. *De Képler à Descartes*; 1883. . . 6 fr.

    TOME IV. — 8ᵉ Période. *De Descartes à Cavalieri.* — 9ᵉ Période. *De Cavalieri à Huygens*; 1884. . . . . 6 fr.

    TOME V. — 10ᵉ Période. *De Huygens à Newton.* — 11ᵉ Période. *De Newton à Euler* (1ʳᵉ partie) : 1884. . . . . 6 fr.

    TOME VI. — 11ᵉ Période. *De Newton à Euler* (suite); 1885. . . . . 6 fr.

— **Réalisation et usage des formes imaginaires en Géométrie.** In-8, avec 32 fig.; 1891 . . . 3 fr. 50

MATHIEU (Emile), Professeur à la Faculté des Sciences de Besançon.— **Dynamique analytique.** In-4; 1878. . . . . 15 fr.

MÉRAY (Ch.), Professeur à la Faculté des Sciences de Dijon, et **RIQUIER,** professeur à la Faculté des Sciences de Caen. — **Sur la convergence des développements des intégrales ordinaires d'un système d'équations différentielles partielles.** In-4; 1890. . . . . 2 fr. 50

— **Théorie analytique du logarithme népérien et de la fonction exponentielle.** In-4; 1891. 2 fr. 50

— **Méthode directe fondée sur l'emploi des séries pour prouver l'existence des racines des équations entières à une inconnue par la simple exécution de leur calcul numérique.** Grand in-8; 1892. . . . . 60 c.

MOUCHOT (A.), Ancien Professeur de l'Université, Lauréat de l'Académie des Sciences. — **Les nouvelles bases de la Géométrie supérieure (Géométrie de position).** In-8, avec figures; 1892. . . . . 5 fr.

MOUTIER (J.), Examinateur à l'École Polytechnique. — **La Thermodynamique et ses principales applications.** Un fort volume in-8, avec 96 figures; 1885. . . . . 12 fr.

NOUVELLES ANNALES DE MATHÉMATIQUES, rédigées par MM. CH. BRISSE et E. ROUCHÉ. (Publication fondée en 1842 par MM. *Gerono et Terquem*, et continuée par MM. *Gerono, Prouhet, Bourget et Brisse.*) In-8, mensuel. 3e Série, tome XII; 1893.

Paris, 15 fr.; — Départ. et Union post., 17 fr.; — Autres pays, 20 fr.

1re Série. 20 vol., 1842 à 1861. . . . . 300 fr.

2e Série. 20 vol., 1862 à 1881. . . . . 300 fr.

OCAGNE (Maurice d'), Ingénieur des Ponts et Chaussées. — **Nomographie. — Les Calculs usuels effectués au moyen des abaques.** ESSAI D'UNE THÉORIE GÉNÉRALE. *Règles pratiques. Exemples d'application.* Grand in-8, avec figures; 1891. *Ouvrage couronné par l'Académie des Sciences et honoré d'une souscription ministérielle.* . . . . 3 fr. 50

PADÉ, Professeur agrégé de l'Université. — **Premières leçons d'Algèbre élémentaire.** *Nombres positif et négatifs. Opérations sur les polynômes.* Avec une préface de M. Jules TANNERY, sous-directeur des Études scientifiques à l'École Normale supérieure. In-8; 1892. . . . . 2 fr. 50

PETERSEN (Julius), Professeur à l'Université de Copenhague. — **Méthodes et théories pour la résolution des problèmes de construction géométrique** *avec application à plus de 400 problèmes.* Traduit par O. CHEMIN, Ingénieur en chef des Ponts et Chaussées, Professeur à l'École des Ponts et Chaussées, 2e édition. Petit in-8, avec figures; 1892. . . . . 4 fr.

PICARD (Émile), membre de l'Institut, professeur à la Faculté des Sciences. — **Traité d'Analyse** (Cours de la Faculté des Sciences). 4 vol. grand in-8, se vendant séparément.

TOME I : *Intégrales simples et multiples. — L'équation de Laplace et ses applications. — Développements en séries. — Applications géométriques du Calcul infinitésimal;* 1891. . . . . . 15 fr.

TOME II : *Fonctions harmoniques et fonctions analytiques. — Introduction à la théorie des équations différentielles et fonctions algébriques.* Un premier fascicule (352 p.) a paru. Prix pour les souscripteurs . . . . 14 fr.

TOME III : *Équations différentielles ordinaires.* . . . . (En préparation.)

TOME IV : *Équations aux dérivées partielles.* . . . . (En préparation.)

POLLARD (J.) et DUDEBOUT (A.), ingénieurs de la Marine, professeurs à l'École du Génie maritime. — **Architecture navale. — Théorie du navire.** 4 vol. gr. in-8. (*Ouvrage couronné par l'Académie des sciences.*)

TOME I. — *Calcul des éléments géométriques des carènes droites et inclinées. — Géométrie du navire;* avec 194 figures et 2 planches; 1890. 13 fr.

TOME II. — *Statique du navire. — Dynamique du navire : roulis en milieu calme, résistant ou non résistant.* Avec 228 figures; 1891. . . . . 13 fr.

TOME III. — *Dynamique du navire : mouvement de roulis sur houle. Mouvement rectiligne horizontal direct. (Résistance des carènes),* avec 163 figures; 1892. . . . . 15 fr.

TOME IV. — *Dynamique du navire dans le mouvement curviligne horizontal. — Propulsion. — Vibration des coques des navires à hélice;* 1893. . . . . (Sous presse.)

PONCELET, membre de l'Institut. — **Applications d'Analyse et de Géométrie qui ont servi de principal fondement au Traité des propriétés projectives des figures,** avec Additions par MM. MANNHEIM et MOUTARD, anciens élèves de l'École Polytechnique. 2 forts volumes in-8, avec figures. Imprimé sur carré fin satiné; 1862-1864. . . . . . 20 fr. — *Chaque volume se vend séparément.* . . . . 10 fr.

— **Traité des propriétés projectives des figures.** Ouvrage utile à ceux qui s'occupent des applications de la Géométrie descriptive et d'opérations géométriques sur le terrain. 2e édition. 2 beaux volumes in-4, d'environ 450 pages chacun, imprimés sur carré fin satiné, avec de nombreuses planches gravées sur cuivre; 1865-1866 . . . . 40 fr. — *Le IIe volume se vend séparément.* . . . . 20 fr.

— **Introduction à la Mécanique industrielle, physique ou expérimentale.** 3e édition, publiée par M. KRETZ, ingénieur en chef des manufactures de l'État. In-8 de 755 pages, avec 3 planches ; 1870. 12 fr.

— **Cours de Mécanique appliquée aux machines,** publié par M. KRETZ, ingénieur en chef des manufactures de l'État. 2 vol. in-8.

Ire PARTIE. — *Machines en mouvement, Régulateurs et transmissions, Résistances passives,* avec 117 figures et 2 planches; 1874. . . . . 12 fr.

IIe PARTIE. — *Mouvement des fluides, Moteurs, Ponts-levis,* avec 111 figures; 1876. . . 12 fr.

RÉMOND (A.), ancien élève de l'École Polytechnique, licencié ès sciences, professeur de Mathématiques à l'École préparatoire de Sainte-Barbe. — **Exercices élémentaires de Géométrie analytique à deux et à trois dimensions,** avec un EXPOSÉ DES MÉTHODES DE RÉSOLUTION, suivis des *Énoncés des problèmes donnés pour les compositions d'admission aux Écoles Polytechnique, Normale et Centrale, au Concours général et à l'Agrégation.* 2 volumes in-8, avec figures, se vendant séparément :

Ire PARTIE : *Géométrie à deux dimensions;* 2e édition ; 1891. . . . . 7 fr.

IIe PARTIE. — *Géométrie à trois dimensions. Problèmes généraux. Énoncés;* 1891. . . . 7 fr.

RESAL (H.), membre de l'Institut, ingénieur des Mines, adjoint au Comité d'artillerie pour les études scientifiques. — **Traité de Mécanique générale,** comprenant les *Leçons professées à l'École Polytechnique.* 7 vol. in-8, avec 1408 figures, se vendant séparément.

MÉCANIQUE RATIONNELLE.

TOME I. — *Cinématique. — Théorèmes généraux de la Mécanique. — De l'équilibre et du mouvement des corps solides.* In-8, avec fig. ; 1873. . . . . 9 fr. 50

TOME II. — *Frottement. — Équilibre intérieur des corps. — Théorie mathématique de la poussée des terres. — Équilibre et mouvements vibratoires des corps isotropes. — Hydrostatique. — Hydrodynamique. — Hydraulique. — Thermodynamique, suivie de la théorie des armes à feu.* In-8; 1874. . . . . 9 fr. 50

MÉCANIQUE APPLIQUÉE (MOTEURS ET MACHINES).

TOME III. — *Des machines considérées au point de vue des transformations de mouvement et de la transformation du travail des forces. — Application de la Mécanique à l'Horlogerie.* In-8, avec belles figures ombrées; 1875 . . . . 11 fr.

TOME IV. — *Moteurs animés. – De l'eau et du vent considérés comme moteurs. — Machines hydrauliques et élévatoires. — Machines à vapeur, à air chaud et à gaz.* In-8, avec 200 belles figures levées et dessinées d'après les meilleurs types; 1876. Prix.. . . . . 15 fr.

CONSTRUCTIONS.

TOME V. — *Résistance des matériaux. — Constructions en bois. — Maçonneries. — Fondations. — Murs de soutènement. — Réservoirs.* In-8, avec 303 belles figures, levées et dessinées d'après les meilleurs types; 1880. . . . . 12 fr. 50

TOME VI. — *Voûtes droites et biaises, en dôme, etc. — Ponts en bois. — Planchers et combles en fer. — Ponts suspendus. — Ponts-levis. — Cheminées. — Fondations de machines industrielles — Amélioration des cours d'eau. — Substruction des chemins de fer. — Navigation intérieure — Ports de mer.* In-8, avec 519 figures et 5 planches en couleurs; 1881. . . . . 15 fr.

DÉVELOPPEMENTS ET EXERCICES.

TOME VII. — *Développements sur la Mécanique rationnelle et la Cinématique pure,* comprenant de nombreux exercices. In-8, avec 43 figures ; 1889. . . . . 12 fr.

RESAL (H.). — **Exposition de la théorie des surfaces.** In-8, avec figures: 1891. . . . . . 4 fr. 50

RIQUIER, professeur à la Faculté des sciences de Caen. — **Sur les fonctions continues d'un nombre quelconque de variables et sur le principe fondamental de la Théorie des Équations algébriques.** In-4; 1890. . . . . 1 fr. 50

— **Sur les principes de la Théorie générale des fonctions.** In-4 ; 1891. . . . . 2 fr. 50

ROUCHÉ (Eugène), professeur à l'École centrale, examinateur de sortie à l'École Polytechnique, etc., et **COMBEROUSSE (Charles de),** professeur à l'École centrale et au Conservatoire des arts et métiers, etc. — **Traité de Géométrie,** conforme aux Programmes officiels, renfermant un très grand nombre d'Exercices et plusieurs Appendices consacrés à l'exposition des PRINCIPALES MÉTHODES DE LA GÉOMÉTRIE MODERNE. 6e édition, revue et notablement augmentée. In-8 de LVI-1116 pages, avec 707 figures et 1154 Questions proposées; 1891 . . . . 17 fr.

On vend séparément :

Ire PARTIE. — *Géométrie plane..* . . . . 7 fr. 50

IIe PARTIE. — *Géométrie de l'espace ; Courbes et Surfaces usuelles..* . . . . 9 fr. 50

ROUCHÉ (Eugène) et COMBEROUSSE (Charles de). — **Éléments de Géométrie,** entièrement conformes aux derniers programmes officiels, renfermant un grand nombre d'Exercices classés par paragraphes, et suivis d'un COMPLÉMENT À L'USAGE DES ÉLÈVES DE MATHÉMATIQUES ÉLÉMENTAIRES ET DE MATHÉMATIQUES SPÉCIALES et de *Notions sur le Lever des plans, l'Arpentage et le Nivellement.* 5e édition, entièrement refondue. In-8 de XL-604 pages, avec 482 figures et 543 Questions proposées et Exercices ; 1891.. 6 fr.

SAINT-GERMAIN (de), doyen de la Faculté des Sciences de Caen. — **Recueil d'Exercices sur la Mécanique rationnelle,** à l'usage des candidats à la Licence et à l'Agrégation des sciences mathématiques. In-8, avec figures. 2e édition, revue et augmentée; 1889. . . . . 9 fr. 50

SALMON (G.), professeur au Collège de la Trinité, à Dublin. — **Traité de Géométrie analytique à deux dimensions** (*Sections coniques*), traduit de l'anglais par MM. RESAL et VAUCHERET. 2e édition française, publiée d'après la 6e édition anglaise, par M. VACHERET, lieutenant-colonel d'artillerie, professeur à l'École supérieure de Guerre. In-8, avec 124 figures; 1884. . . . . 12 fr.

— **Traité de Géométrie analytique (Courbes planes)**, destiné à faire suite au *Traité des Sections coniques*. Traduit de l'anglais, sur la 3e édition, par O. CHEMIN, ingénieur des ponts et chaussées, professeur à l'École des Ponts et Chaussées, et augmenté de Notes par G. HALPHEN, capitaine d'artillerie, répétiteur à l'École Polytechnique. In-8, avec figures; 1884. . . . . 12 fr.

— **Traité de Géométrie analytique à trois dimensions.** Traduit de l'anglais, sur la 4e édition, par O. CHEMIN, ingénieur des ponts et chaussées.

> Ire PARTIE : *Lignes et surfaces du 1er et du 2e ordre.* In-8, avec figures ; 1882 . . . . . 7 fr.
> IIe PARTIE : *Théorie des surfaces. Courbes gauches et surfaces développables. Famille de surfaces.* In-8, avec figures; 1891. . . . . 6 fr.
> IIIe PARTIE : *Surfaces dérivées des quadriques. Surfaces du troisième et du quatrième degré. Théorie générale des surfaces.* In-8, avec figures; 1892. . . . . 4 fr. 50

— **Leçons d'Algèbre supérieure.** 2e édition française, publiée d'après la 4e édition anglaise par O. CHEMIN. In-8; 1890. . . . . 10 fr.

SANGUET (J.-L.), ingénieur-géomètre, président de la Société de topographie parcellaire de la France. — **Tables trigonométriques centésimales**, précédées des *Logarithmes des nombres de 1 à 10 000*, suivies d'un grand nombre de *Tables* relatives à la *transformation des coordonnées topographiques* et vice versâ; aux *nivellements trigonométriques et barométriques ; au calcul de l'azimut du soleil et de l'étoile polaire, du temps et de la latitude ; au tracé des courbes avec le tachéomètre*, etc., etc. À l'usage des topographes, des géomètres du cadastre et des agents des ponts et chaussées et des mines. Petit in-8; 1889.
Broché . . . . 7 fr. | Cartonné à l'anglaise . . . . 8 fr.
Les acheteurs du premier fascicule peuvent compléter l'ouvrage en se procurant le second fascicule. 4 fr.

SARRAU (Emile), membre de l'Institut, professeur à l'École polytechnique. — **Notions sur la théorie des quaternions.** Grand in-8; 1889 . . . . 1 fr. 75

— **Notions sur la théorie de l'élasticité.** In-8 ; 1889 . . . . 1 fr. 50

SCHRÖN (L.). — **Tables de Logarithmes à SEPT DÉCIMALES** pour les nombres de 1 jusqu'à 108 000 et pour les lignes trigonométriques de 10 secondes en 10 secondes, et **Tables d'interpolation pour le Calcul des parties proportionnelles**, précédées d'une *Introduction* par J. HOÜEL, professeur à la Faculté des sciences de Bordeaux. 2 beaux vol. grand in-8 jésus, tirés sur papier vélin collé. Paris, 1893.

	PRIX	
	Broché	Cart.
Tables de Logarithmes.	8 »	9 75
Tables d'interpolation.	2 »	3 25
Tables de Logarithmes et tables d'interpolation réunies en un seul volume.	10 »	11 75

SERRES (E.), lieutenant de vaisseau. — **Tables condensées pour le calcul rapide du point observé.** Grand in-4 ; 1891.
Broché. . . . . 2 fr. 75 | Cartonné. . . . . 3 fr. 50

SERRET (J.-A.), membre de l'Institut, professeur au Collège de France. — **Traité d'Arithmétique**, à l'usage des candidats au Baccalauréat ès sciences et aux Écoles spéciales. 7e édition, revue et mise en harmonie avec les derniers programmes officiels par J.-A. SERRET et Ch. DE COMBEROUSSE, professeur de Cinématique à l'École Centrale et de Mathématiques spéciales au collège Chaptal. In-8 ; 1887.
Broché. . . . . 4 fr. 50 | Cartonné. . . . . 5 fr. 25

— **Traité de Trigonométrie.** 7e édition, revue et augmentée. In-8, avec planches; 1888. *(Autorisé par décision ministérielle.)*. . . . . 4 fr.

— **Cours d'Algèbre supérieure.** 5e édit. Deux forts volumes in-8; 1885. . . . . 25 fr.

— **Cours de Calcul différentiel et intégral.** 3e édit. 2 forts vol. in-8, avec figures ; 1886 . . . . 24 fr.

SERVICE GÉOGRAPHIQUE DE L'ARMÉE. — **Nouvelles Tables de logarithmes à cinq décimales** pour les lignes trigonométriques dans les deux systèmes de la *division centésimale* et de la *division sexagésimale* du quadrant et pour les nombres de 1 à 12 000, suivies des mêmes Tables à quatre décimales et de diverses Tables et formules usuelles. In-8 jésus; 1889.
Broché. . . . . 4 fr. | Cartonné. . . . . 4 fr. 50

SERVICE GÉOGRAPHIQUE DE L'ARMÉE — **Tables de Logarithmes à huit décimales** *des nombres entiers de 1 à 120 000 et des sinus et tangentes de dix secondes en dix secondes d'arc* dans le système de la division centésimale du quadrant, publiées par ordre du MINISTRE DE LA GUERRE. Grand in-4 de 646 pages ; 1891. . . . . 40 fr.
Un spécimen des Tables est envoyé sur demande.

SPARRE (Comte de). — **Sur le mouvement des projectiles dans l'air.** Grand in-8, avec figures; 1891. . . . . 2 fr. 50

STOFFAES (l'abbé), professeur à la Faculté catholique des Sciences de Lille. — **Cours de Mathématiques supérieures** à l'usage des candidats à la licence ès Sciences physiques. In-8, avec nombreuses figures; 1891. . . . . 8 fr. 50

STURM, membre de l'Institut. — **Cours d'Analyse de l'École Polytechnique.** Revu et corrigé par M. E. PROUHET, répétiteur à l'École Polytechnique, et augmenté de la *Théorie élémentaire des fonctions elliptiques* par M. H. LAURENT. 9e édition, mise au courant du nouveau programme de la Licence par A. de Saint-Germain, professeur à la Faculté des Sciences de Caen. 2 vol. in-8, avec figures; 1888.
Broché. . . . . 15 fr. | Cartonné . . . . 16 fr. 50

— **Cours de Mécanique de l'Ecole Polytechnique**, publié, d'après le vœu de l'auteur, par **M. E. PROUHET**. 5e édition, suivie de Notes et Problèmes par M. *de Saint-Germain*, professeur à la Faculté des Sciences de Caen; 2 vol. in-8, avec fig. ; 1883 . . . . 14 fr.

TAIT (P.-G.), professeur de Sciences physiques à l'Université d'Edimbourg. — **Traité élémentaire des Quaternions**. Traduit sur la seconde édit. anglaise, avec *Additions de l'auteur et Notes du traducteur*, par G. PLARR, docteur ès sciences mathématiques. 2 beaux volumes gr. in-8, avec fig., se vendant séparément.

    Ire PARTIE : *Théorie. — Applications géométriques.* Grand in-8 ; 1882 . . . . 7 fr. 50

    IIe PARTIE : *Géométrie des courbes et des surfaces. — Cinématique. Applications à la Physique* ; 1884 . . . . 7 fr. 50

TANNERY (Jules), sous-directeur des Etudes scientifiques à l'Ecole normale supérieure et **MOLK (Jules)**, professeur à la Faculté des sciences de Nancy. — **Eléments de la Théorie des fonctions elliptiques.** 4 volumes grand in-8 avec figures.

    TOME I : *Introduction. — Calcul différentiel* (Ire PARTIE); 1893 . . . . 7 fr. 50

    TOME II : *Calcul différentiel* (IIe PARTIE). . . . . *(Sous presse.)*

    TOME III : *Calcul intégral.* . . . . *(En préparation.)*

    TOME IV : *Applications* . . . . *(En préparation.)*

TANNERY (Paul). — **La Géométrie grecque.** *Comment son histoire nous est parvenue et ce que nous en savons.* Grand in-8, avec figures ; 1887 . . . . 4 fr. 50

TANNERY (Paul). — **La Correspondance de Descartes dans les inédits du Fonds Libri, étudiée pour l'histoire des mathématiques.** Grand in-8 ; 1893 . . . . 2 fr. »

TISSERAND, membre de l'Institut. — **Recueil complémentaire d'Exercices sur le Calcul infinitésimal**, à l'usage des candidats à la Licence et à l'Agrégation des sciences mathématiques. (Cet ouvrage forme une suite naturelle à l'excellent *Recueil d'exercices* de M. FRENET.) In-8, avec figures ; 1877. 7 fr. 50

TRAVAUX ET MÉMOIRES DES FACULTÉS DE LILLE. — Fascicules grand in-8, paraissant à époques irrégulières.

    Ce nouveau Recueil, fondé en 1889, est publié par fascicules grand in-8 (avec nos d'ordre), qui paraissent à des époques irrégulières. Chaque fascicule ne comprend qu'un seul travail et se vend séparément.

    TOME I.

    No 1. — **Painlevé (P.).** — *Transformation des fonctions* V (*x, y, z*); 1889 . . . . . . 4 fr. 75

    No 2. — **Duhem (P.).** — *Des corps diamagnétiques;* 1889 . . . . 3 fr. 50

    No 4. — **Buisine (A.) et Buisine (P.).** — *La cire des abeilles (analyse et falsifications);* 1891 . . . . 4 fr.

    No 6. — **Duhem (P.).** — *Sur la continuité de l'état liquide et de l'état gazeux et sur la Théorie générale des vapeurs* . . . . 3 fr. 50

    TOME II.

    No 3. — **Duhem (P.).** — *Sur la dissociation dans les systèmes qui renferment un mélange de gaz parfaits.* . . . . 7 fr.

TZAUT (S.) et MORF (C.), Professeurs à l'Ecole industrielle cantonale à Lausanne. — **Exercices et problèmes d'Algèbre** (*Première série*); Recueil gradué renfermant plus de 3880 exercices sur l'Algèbre élémentaire jusqu'aux équations du premier degré inclusivement. 2e édition. In-12 ; 1892 . . . . . 3 fr.
— **Réponses** aux Exercices et problèmes de la *Première série*. In-12 . . . . 2 fr.

TYNDALL (J.). — **La Chaleur**, considérée comme mode de mouvement. Traduit de l'anglais, sur la 4e édition, par M. l'abbé MOIGNO. In-18 jésus, avec nombreuses figures; 1887 (nouveau tirage) . . . 8 fr.

UNWIN (W.-Cawthorne), professeur de Mécanique au collège Royal Indien des Ingénieurs civils. — **Eléments de construction de machines**, ou *Introduction aux principes qui régissent les dispositions et les proportions des organes des machines*, contenant une collection de formules pour les constructeurs de machines. Traduit de l'anglais, avec l'approbation de l'auteur, par M. BOCQUET, ancien élève de l'Ecole Centrale, chef des travaux à l'Ecole municipale d'apprentis de la Villette (Paris) ; et augmenté d'un *Appendice sur les transmissions par les câbles métalliques, sur le tracé des engrenages et sur les régulateurs* ; par M. LÉAUTÉ, répétiteur du cours de Mécanique à l'Ecole Polytechnique. In-18 jésus, avec 219 fig. ; 1882. Broché . . . . 7 fr. | Cartonné à l'anglaise . . . . 8 fr.

VERHELST (l'abbé F.), docteur en philosophie, licencié ès sciences physiques, professeur au Collège Saint-Jean-Berghmans, à Anvers. — **Cours d'Algèbre élémentaire.** 2 vol. grand in-8.

    TOME I : *Le calcul algébrique. Les équations du premier degré;* 1890. . . . . 3 fr.

    TOME II : *Le calcul des radicaux; les équations du second degré; les progressions et les logarithmes; la formule du binôme ;* 1891 . . . . 3 fr.

VIEILLE (J.), inspecteur général de l'Instruction publique. — **Eléments de Mécanique**, rédigés conformément au programme du nouveau plan d'études des Lycées. 4e édition. In-8, avec 146 figures; 1882. 4 fr. 50

VILLIÉ, ancien ingénieur des mines, docteur ès sciences, professeur à la Faculté libre des sciences de Lille. — **Compositions d'Analyse, de Mécanique et d'Astronomie** données depuis 1869 à la Sorbonne pour la *Licence ès sciences mathématiques*, suivies d'EXERCICES SUR LES VARIABLES IMAGINAIRES. **Enoncés et Solutions.** 2 volumes in-8, se vendant séparément :

    Ire PARTIE : *Compositions données depuis 1869.* In-8 ; 1885. . . . . 9 fr.

    IIe PARTIE : *Compositions données depuis 1885.* In-8 ; 1890. . . . . 8 fr. 50

VILLIÉ (E.). — **Traité de Cinématique** à l'usage des candidats à la licence et à l'agrégation. In-8, avec figures; 1888 . . . . 7 fr. 50

VIOLEINE (A.-P.), chef de bureau au Ministère des finances. — **Nouvelles Tables pour les calculs d'Intérêts composés, d'Annuités et d'Amortissement.** 3e édition (nouveau tirage), revue et développée par M. LAASS D'AGUEN, gendre de l'auteur. In-4 ; 1890 . . . . 15 fr.

ASTRONOMIE. — MÉTÉOROLOGIE

ANGOT (A.), docteur ès Sciences, agrégé de l'Université, météorologiste titulaire au Bureau central météorologique. — **Instructions météorologiques.** 3e édit., entièrement refondue. Grand in-8, avec figures, suivi de nombreuses Tables pour la réduction des observations; 1891. . . . . 3 fr. 50

ANNALES de l'Observatoire de Paris, fondées par LE VERRIER et publiées par M. l'amiral MOUCHEZ, directeur. **Mémoires**, tomes I à XX. In-4, avec planches; 1855-1892.

    Les Tomes I à X et les Tomes XII, XIII, XV à XX se vendent séparément. . . . . 27 fr.
    Le Tome XI (1876) et le Tome XIV (1877) comprennent deux *Parties* qui se vendent séparément. . . . . 20 fr.

ANNALES de l'Observatoire de Paris, fondées par U.-J. LE VERRIER, et publiées par M. l'amiral MOUCHEZ, directeur. **Observations.** Tomes I à XL, années 1800 à 1885. 40 volumes in-4 (en tableaux); 1858 à 1893.

    Chaque volume se vend séparément. . . . . 40 fr.

ANNALES de l'Observatoire de Bordeaux, publiées par M. RAYET, directeur.

    TOME I. In-4, avec figures et un plan de l'Observatoire; 1885. . . . . 30 fr.
    TOME II, avec figures; 1887. . . . . 30 fr.
    TOME III, avec 3 planches; 1889. . . . . 30 fr.
    TOME IV: 1892. . . . . 30 fr.

ANNALES de l'Observatoire astronomique, magnétique et météorologique de Toulouse.

    TOME I, renfermant les travaux exécutés de 1873 à la fin de 1878, sous la direction de M. F. TISSERAND, ancien Dr de l'Observatoire de Toulouse, membre de l'Institut, etc.; publié par M. B. BAILLAUD, Dr de l'Observatoire, doyen de la Faculté des Sciences de Toulouse. In-4, avec planche; 1881. 30 fr.

    TOME II, renfermant les travaux exécutés de 1879 à 1884, sous la direction de M. B. BAILLAUD. In-4; 1886. . . . . 30 fr.

ANNALES de l'Observatoire de Nice, publiées sous les auspices du *Bureau des Longitudes*, par M. PERROTIN, directeur (FONDATION R. BISCHOFFSHEIM).

    TOME I. . . . . (*En préparation.*)
    TOME II. Grand in-4, avec 7 belles planches, dont 3 en couleur; 1887. . . . . 30 fr.
    TOME III. Grand in-4, avec 1 planche et 1 atlas contenant 17 belles planches (*Spectre solaire*, de M. Thollon); 1890. . . . . 40 fr.
    TOME V. . . . . (*Sous presse.*)

ANNALES du Bureau central météorologique de France, publiées par MASCART, directeur.

    A partir de 1886, les **Annales du Bureau central** *forment 3 volumes par an :*
    I. Mémoires. Grand in-4.
    ANNÉES : 1886, avec 56 pl.; — 1887, avec 38 pl.; — 1888, avec 69 pl.; — 1889, avec 23 pl.; 1890, avec 28 pl. Chaque volume. . . . . 15 fr.
    II. Observations. Grand in-4.
    ANNÉES : 1886, 1887, 1888, 1889, 1890. Chaque volume. . . . . 15 fr.
    III. Pluies en France. Grand in-4, avec 5 pl.
    ANNÉES : 1886, 1887, 1888, 1889, 1890. Chaque volume . . . . 15 fr.
    Voir le Catalogue général pour les années antérieures à 1886.

ANNALES du Bureau des Longitudes et de l'Observatoire astronomique de Montsouris. In-4.

    TOME I; avec une planche sur acier donnant la vue de l'Observatoire; 1877. (*Rare.*) . . . 40 fr.
    TOME II; 1883. — TOME III; 1883. — TOME IV; avec 2 planches; 1890. — Chaque tome 25 fr.

ANNUAIRE astronomique et météorologique pour 1893, par CAMILLE FLAMMARION, exposant l'ensemble de tous les phénomènes célestes observables pendant l'année; avec *notices scientifiques*, illustré de nombreuses figures; 1893 . . . . 1 fr.

ANNUAIRE pour l'an 1893, publié par le Bureau des Longitudes, contenant les Notices suivantes: *Sur l'Observatoire du mont Blanc, par J. JANSSEN. — Sur la corrélation des phénomènes d'électricité statique et dynamique et la définition des unités électriques, par A. CORNU. — Discours sur l'Astronautique prononcé au Congrès des Sociétés savantes; par J. JANSSEN. - Discours prononcé aux funérailles de M. Ossian Bonnet; par F. TISSERAND. — Discours prononcé aux funérailles de M. l'amiral Mouchez; par H. FAYE, A. BOUQUET DE LA GRYE et M. LŒWY. — Discours prononcé au nom du Bureau des Longitudes, à l'inauguration de la statue du général Perrier, à Valleraugue (Gard); par J. JANSSEN.* In-18, avec 2 cartes magnétiques.
Broché. . . . . 1 fr. 60 | Cartonné. . . . . 2 fr. »

    Pour recevoir l'Annuaire franco par la poste, dans tous les pays faisant partie de l'Union postale, ajouter 35 centimes. — L'Annuaire pour 1894 paraîtra en décembre 1893.

ANNUAIRE de l'Observatoire municipal de Montsouris, pour 1892-1893; Météorologie, Chimie, Micrographie, Application à l'hygiène (contenant le résumé des travaux de l'Observatoire durant l'année 1891) 21e année. In-18, avec figures.
Broché. . . . . 2 fr. » | Cartonné. . . . . 2 fr. 50

    Cet **Annuaire** *paraît tous les ans depuis 1872. On peut se procurer au prix de 2 francs les années précédentes, sauf 1872, 1876, 1879, 1881, 1882, 1883, qui ne se vendent plus séparément.*

BAILLAUD (B.), Directeur de l'Observatoire de Toulouse. — **Cours d'Astronomie** *à l'usage des étudiants des Facultés des Sciences.* 2 volumes grand in-8, se vendant séparément.

    Ire PARTIE : *Quelques théories applicables à l'étude des sciences expérimentales; Probabilités : erreurs des observations; Instruments d'Optique, Instruments d'Astronomie, Calculs numériques, interpolations;* avec figures; 1894. . . . . 8 fr.

IIᵉ PARTIE : *Astronomie : Astronomie sphérique, Étude du système solaire, Détermination des éléments géographiques; avec figures*. . . . . *(Sous presse)*.

BULLETIN ASTRONOMIQUE, publié sous les auspices de l'*Observatoire de Paris*, par M. F. TISSERAND, membre de l'Institut, avec la collaboration de MM. G. BIGOURDAN, O. CALLANDREAU et R. RADAU. Grand in-8, mensuel, tome X ; 1893.

> Paris, 16 fr. — Départements et Union postale, 18 fr. — Autres pays, 20 fr.
> Chaque année depuis 1884. . . . . 16 fr.

CASPARI (E.), ingénieur hydrographe de la Marine. — **Cours d'Astronomie pratique. Application à la Géographie et à la navigation.** 2 beaux volumes grand in-8, se vendant séparément. (Ouvrage couronné par l'Académie des sciences.)

> Iʳᵉ PARTIE : *Coordonnées vraies et apparentes. Théorie des instruments*, avec figures; 1888. 9 fr.
> IIᵉ PARTIE : *Détermination des éléments géographiques. Applications pratiques*, avec figures et une planche; 1889. . . . . 9 fr.

CATALOGUE DE L'OBSERVATOIRE DE PARIS. Positions observées des étoiles (1837-1881).

> TOME I (0ʰ à VIʰ). Grand in-4 ; 1887. . . . . 40 fr.
> TOME II (VIʰ à XIIʰ). 1891 . . . . 40 fr.

— **Catalogue des étoiles observées aux instruments méridiens** (1837-1881).

> TOME I (0ʰ à VIʰ). Grand in-4 ; 1887. . . . . 40 fr.
> TOME II (VIʰ à XIIʰ); 1891 . . . . 40 fr.

COLLET (A.), capitaine de frégate, Répétiteur à l'École Polytechnique. — **Navigation astronomique simplifiée.** Grand in-4, avec 9 tableaux; 1891. . . . . 10 fr.

CONNAISSANCE DES TEMPS ou des mouvements célestes, à l'usage des Astronomes et des Navigateurs, pour l'an 1895, publiée par le *Bureau des Longitudes*. Grand in-8 de 844 pages, avec 3 cartes en couleurs.

> Broché. . . . . 4 fr. » | Cartonné . . . . 4 fr. 75
> *Pour recevoir l'Ouvrage franco dans les pays de l'Union postale, ajouter 1 franc.*
>
> Depuis le volume **pour l'an 1879,** la *Connaissance des Temps* ne contient plus d'*Additions*, et son prix a été abaissé à 4 francs. Les Mémoires qui composaient autrefois les *Additions* sont publiés dans les **Annales du Bureau des Longitudes et de l'Observatoire astronomique de Montsouris.**
> *Le volume pour l'année 1896 paraîtra en 1893.*

EXTRAIT DE LA CONNAISSANCE DES TEMPS, à l'usage des Écoles d'Hydrographie et des Marins du Commerce, pour l'an 1895, publié par le *Bureau des Longitudes*. Grand in-8 ; 1892. . 1 fr. 50

> L'*Extrait* pour les années 1893 et 1894 est également en vente. . . . . 1 fr. 50
>
> Par arrêté ministériel en date du 13 juillet 1887, l'emploi de cet *Extrait* ou d. la *Connaissance des Temps* est prescrit comme base des calculs effectués par les aspirants aux grades de capitaine au long cours et de capitaine au cabotage. — Les circulaires du Ministre de la Marine, en date des 17 et 22 décembre 1888, recommandent *expressément* et *exclusivement* ces deux ouvrages aux Capitaines du commerce.

DECANTE, lieutenant de vaisseau en retraite. — **Tables d'azimut pour tous les points situés entre les cercles polaires et les astres dont la déclinaison est comprise entre 0° et 48°.** *Variation automatique, détermination instantanée du relèvement vrai, contrôle de la route.* 7 vol. in-8, 1889-1892. . . . . 12 fr.

> TOME I, *latitudes* 1° à 6°, 2 fr. 25. — TOME II, *latitudes* 7° à 18°, 2 fr. 25. — TOME III, *latitudes* 19° à 28°, 2 fr. — TOME IV, *latitudes* 29° à 38°, 2 fr. — TOME V, *latitudes* 39° à 48°, 2 fr. — TOME VI, *latitudes* 49° à 58°, 2 fr. — TOME VII, *latitudes* 59° à 66°, 2 fr.

DIEN (Ch.). — **Atlas céleste,** contenant toutes les cartes de l'ancien *Atlas de Dien*, rectifiées et beaucoup augmentées, et 5 cartes nouvelles, par M. C. FLAMMARION, astronome, avec une *Instruction* détaillée pour les diverses cartes de l'Atlas. In-folio, cartonné avec luxe, de 31 planches gravées sur cuivre, dont 5 doubles. 9ᵉ édition; 1891.

> PRIX : EN FEUILLES, dans une couverture imprimée. . . . . 10 fr.
> CARTONNÉ AVEC LUXE, toile pleine. . . . . 15 fr.
> Pour recevoir franco, par poste, dans tous les pays de l'Union postale, l'ATLAS *en feuilles* soigneusement enroulé et enveloppé, ajouter. . . . . 2 fr.
> Les dimensions (0ᵐ,50 sur 0ᵐ,35) de l'ATLAS cartonné ne permettant pas de l'expédier par la poste, cet Atlas *cartonné*, dont le poids est de 2ᵏᵍ, 9, sera envoyé aux frais du destinataire, soit par les messageries grande vitesse, soit par tout autre mode indiqué.

FAYE (H.), membre de l'Institut et du Bureau des Longitudes. — **Cours d'Astronomie nautique.** In-8, avec figures; 1880. . . . . 10 fr.

— **Cours d'Astronomie de l'École Polytechnique.** Deux beaux volumes grand in-8, avec nombreuses figures et cartes; 1881-1883.

> *On vend séparément :*
> Iʳᵉ PARTIE. — *Astronomie sphérique. — Géodesie et Géographie mathématique.* . . 12 fr. 50
> IIᵉ PARTIE. — *Astronomie solaire. — Théorie de la Lune. — Navigation.* . . . . . 14 fr. »

— **Sur l'origine du monde.** *Théories cosmogoniques des anciens et des modernes.* 2ᵉ édition. Un beau volume in-8, avec figures; 1885. . . . . 6 fr.

— **Sur les Tempêtes.** *Théories et discussions nouvelles.* Grand in-8, avec figures; 1887. . . . . 2 fr. 50

FLAMMARION (Camille). — **La planète Mars et ses conditions d'habitabilité.** *Synthèse générale de toutes les observations.* Climatologie, météorologie, aréographie, continents, mers et rivages, eaux et neiges, saisons, variations observées. Grand in-8 jésus, avec 580 dessins télescopiques et 23 cartes; 1892.

> Broché. . . . . 12 fr. | Cartonné avec luxe. . . . . 15 fr.

FRANCŒUR (L.-B.). — **Traité do Géodésie**, comprenant la Topographie, l'Arpentage, le Nivellement, la Géomorphie terrestre et astronomique, la Construction des cartes, la Navigation; augmenté de *Notes sur la mesure des bases*, par M. HOSSARD; et de deux *Notes*, l'une *Sur la méthode et les instruments d'observation employés dans les grandes opérations géodésiques ayant pour but la mesure des arcs du méridien et de parallèles terrestres*; l'autre *Sur la jonction géodésique et astronomique de l'Espagne avec l'Algérie*, par M. le colonel PERRIER, membre du Bureau des Longitudes. 7e éd. In-8, avec fig. et 11 pl.; 1886.   12 fr.

HIRN (G.-A.). — **La Constitution de l'espace céleste.** Gr. in-4, avec 1 pl.: 1889 . . . .   20 fr.

HOUZEAU (J.-C.), Directeur de l'observatoire royal de Bruxelles, et **LANCASTER (A.),** Bibliothécaire de cet établissement. — **Bibliographie générale de l'Astronomie,** ou Catalogue méthodique des Ouvrages, des Mémoires et des Observations astronomiques publiés depuis l'origine de l'imprimerie jusqu'en 1880. 3 forts volumes grand in-8, à 2 colonnes, se vendant séparément.

    TOME I. — **Ouvrages séparés.**

    Ire PARTIE, Sections I et II : *Ouvrages historiques; Astrologie* (VII-858 pages, dont 550 à 2 colonnes); 1887 . . . .   25 fr.

    IIe PARTIE, Sections III à VI : *Biographies et Commerce épistolaire; Ouvrages didactiques et généraux; Astronomie sphérique; Astronomie théorique* (CXX-765 pages à deux colonnes); avec un beau portrait de J.-C. HOUZEAU; 1889. . . . .   25 fr.

    IIIe PARTIE, Sections VII à XI : *Mécanique céleste; Physique astronomique; Astronomie pratique; Astronomie descriptive; Systèmes.* . . . .   (Sous presse.)

    TOME II. — **Mémoires** (LXXXIX-2225 pages), avec planches; 1885. . . . .   (Épuisé.)

    TOME III. — **Observations.** . . . .   (Sous presse.)

HOUZEAU (J.-C.) et **LANCASTER (A.).** — **Traité élémentaire de Météorologie.** 2e édition. In-12, avec figures et 3 planches; 1883. . . . .   3 fr.

LAGRANGE (Ch.). Ancien Élève de l'École militaire, Membre de l'Académie, Professeur à l'École militaire, Astronome à l'Observatoire royal. — **Etude sur le système des forces du monde physique.** In-4; 1892. . . . .   20 fr.

L'ASTRONOMIE : Revue mensuelle d'Astronomie populaire, de Météorologie et de Physique du Globe, donnant le tableau permanent des découvertes et des progrès réalisés dans la connaissance de l'univers, publiée par Camille FLAMMARION, avec le concours des principaux Astronomes français et étrangers. La REVUE paraît le 1er de chaque mois, depuis 1882, par numéros de 40 pages. 2e série, t. 1; 1891.

PRIX DE L'ABONNEMENT :

Paris : 12 fr. — Départements : 13 fr. — Étranger : 14 fr.

Prix du numéro : Paris : 1 fr. — Départements et Étranger : 1 fr. 20.

PRIX DES ANNÉES PARUES (1re SÉRIE) :

Tomes I à XI, 1882 à 1892, avec 1833 figures. Chaque tome, broché. . . . .   9 fr.

      Relié avec luxe. . . . .   13 fr.

Prix de la collection des 11 volumes de la 1re série. . . . .   70 fr.

Un numéro est envoyé gratuitement comme spécimen.

Cette *Revue* a pour but de tenir tous les amis de la science au courant des découvertes et des progrès réalisés dans l'étude générale de l'Univers. Elle donne, au jour le jour, le tableau vivant des conquêtes rapides et grandioses de l'Astronomie contemporaine. Des éphémérides font connaître aux amateurs de la plus belle et de la plus vaste des sciences l'état du ciel et les observations les plus intéressantes à faire soit à l'œil nu, soit à l'aide d'instruments de moyenne puissance. Chaque numéro est illustré de nombreuses figures explicatives sur les grands phénomènes célestes. Absolument correcte au point de vue scientifique, la *Revue* est néanmoins populaire, et ses rédacteurs suivent la voie ouverte par M. Camille Flammarion, qui a toujours su présenter la science sous une forme agréable. Aussi peut-on dire que sa lecture est aussi intéressante pour les gens du monde que pour les savants.

LEMSTRÖM, Professeur de Physique à l'Université d'Helsingfors. — **L'Aurore boréale.** *Étude générale des phénomènes produits par les courants électriques de l'atmosphère.* Grand in-8, avec 14 planches, dont 5 en couleur, et figures; 1886 . . . .   6 fr. 50

MAGNAC (Aved de). Capitaine de vaisseau. — **Tables simplifiant la détermination du point à la mer.** Grand in-8, avec 1 planche; 1891 . . . .   6 fr.

— **Traité de navigation précise pratique** *mise à la hauteur des besoins de la navigation rapide.* 4 volumes grand in-8, se vendant séparément.

    TOME 1er : *Navigation estimée,* avec figures et planches; 1891. . . . .   5 fr.

    TOME II : *Navigation de fond.* — TOME III : *Navigation côtière.* — TOME IV : *Navigation astronomique.* . . . .   (Sous presse).

OBSERVATOIRE DE LYON. — **Travaux de l'Observatoire de Lyon,** publiés sous les auspices du Conseil général du Rhône, par Ch. ANDRÉ, directeur. Grand in-4; 1888 . . . .   15 fr.

OPPOLZER (le chevalier **Théodore d'**), professeur d'Astronomie à l'Université de Vienne. — **Traité de la détermination des orbites des Comètes et des Planètes.** Édition française, publiée, d'après la deuxième édition allemande, par ERNEST PASQUIER, docteur en Sciences physiques et mathématiques, professeur d'Astronomie à l'Université de Louvain, etc. Un fort volume petit in-4 (500 pages de texte et plus de 200 pages de Tables); 1886. . . . .   30 fr.

POINCARÉ (H.), Membre de l'Institut, Professeur à la Faculté des Sciences. — **Les Méthodes nouvelles de la Mécanique céleste.** 2 vol. grand in-8, se vendant séparément.

Tome I : *Solutions périodiques. — Non-existence des intégrales uniformes. — Solutions asymptotiques.* Avec figures ; 1892 . . . . 12 fr.

Tome II : *Méthodes de MM. Newcomb, Gyldén, Lindstedt et Bohlin.* Un premier fascicule (156 p.) a paru. Prix pour les souscripteurs. . . . . 12 fr.

PROCTOR (Richard A.), secrétaire honoraire de la Société royale astronomique. — **Nouvel Atlas céleste**, précédé d'une introduction sur l'étude des Constellations, augmenté de quelques études d'Astronomie stellaire. Traduit de l'anglais sur la 6ᵉ édition, par PHILIPPE GÉRIGNY, rédacteur de la revue *L'Astronomie populaire*. In-8, avec figures, 12 cartes célestes et 2 planches ; 1886.

Broché. . . . . 6 fr. | Cartonné avec luxe . . . . 7 fr.

RADAU (R.). — **Etude sur les formules d'interpolation.** Grand in-8 ; 1891 . . . . 2 fr. 50

RESAL (H.), membre de l'Institut, professeur à l'Ecole Polytechnique et à l'Ecole supérieure des Mines. — **Traité de Mécanique céleste.** 2ᵉ édition. Un beau volume in-4 ; 1884. . . . . 25 fr.

CCHI (le P. A.), directeur de l'observatoire du Collège romain, correspondant de l'Institut de France. — **Le Soleil.** 2ᵉ édition.

PREMIÈRE ET SECONDE PARTIE. — Deux beaux volumes grand in-8, avec Atlas ; 1875-1877 . 30 fr.

On vend séparément :

1ʳᵉ PARTIE. — Un volume grand in-8, avec 150 figures, et un Atlas comprenant 6 grandes planches gravées sur acier (I. *Spectre ordinaire du Soleil et Spectre d'absorption atmosphérique.* — II. *Spectre de diffraction,* d'après la photographie de M. HENRY DRAPER. — III, IV, V et VI. *Spectre normal du Soleil,* d'après ANGSTRÖM, et *Spectre normal du Soleil, portion ultraviolette,* par M. A. CORNU) : 1875. . . . . 18 fr.

2ᵉ PARTIE. — Un volume grand in-8, avec nombreuses figures, 10 planches chromolithographiques de *protubérances solaires et spectres d'étoiles,* et 3 pl. gravées sur acier de *taches solaires et nébuleuses* ; 1877. . . . . 18 fr.

SERRES (E.), Lieutenant de vaisseau. — **Tables condensées pour le calcul rapide du point observé.** Grand in-4. 1891.

Broché. . . . . 2 fr. 75 | Cartonné. . . . . 3 fr. 50

SOUCHON (Abel), membre adjoint du Bureau des Longitudes. — **Traité d'Astronomie pratique**, comprenant l'exposition du *Calcul des éphémérides astronomiques et nautiques.* Grand in-8, avec figures ; 1883. 15 fr.

TABLES MÉTÉOROLOGIQUES INTERNATIONALES, publiées conformément à une décision du *Congrès* tenu à Rome en 1889. Grand in-4, avec texte en français, anglais et allemand ; 1890. . . . . 35 fr.

TISSERAND (F.), membre de l'Institut et du Bureau des Longitudes. — **Traité de Mécanique céleste.** 3 vol. in-4.

Tome I. — *Perturbations des planètes d'après la méthode de la variation des constantes arbitraires ;* 1889 . . . . 25 fr.

Tome II. — *Théorie de la figure des corps célestes et de leur mouvement de rotation ;* 1891. 28 fr.

Tome III. — *Perturbations des planètes d'après la méthode de Hansen. Théorie de la Lune.* (S. pr.)

WOLF, membre de l'Institut. — **Les Hypothèses cosmogoniques.** *Examen des théories scientifiques modernes sur l'origine des Mondes,* suivi de la traduction de la *Théorie du Ciel,* de KANT. Grand in-8 ; 1886. . . . . 6 fr. 50

PHYSIQUE — CHIMIE

BABU (L.), ingénieur des Mines. — **Précis d'analyse qualitative.** *Recherche des métalloïdes et des métaux usuels dans le mélange des sels, les produits d'art et les substances minérales.* In-18 jésus ; 1888. . 2 fr.

BARILLOT (Ernest), membre de la Société chimique de Paris. — **Manuel de l'analyse des vins.** *Dosage des Eléments naturels. Recherche analytique des falsifications.* Petit in-8, avec nombreuses figures et tables ; 1889. . . . . 3 fr. 50

BERTHELOT (Marcellin), professeur de Chimie organique à l'Ecole de Pharmacie et chargé de cours au Collège de France. — **Leçons sur les Méthodes générales de Synthèse en Chimie organique.** (Cours du Collège de France.) In-8 ; 1864 . . . . 8 fr.

BERTHELOT (M.), membre de l'Institut, président de la Commission des substances explosives. — **Sur la force des matières explosives, d'après la Thermochimie.** 3ᵉ édit. 2 beaux vol. gr. in-8, avec fig. ; 1883. 30 fr.

BERTRAND (J.), de l'Académie française, secrétaire perpétuel de l'Académie des Sciences. — **Leçons sur la Théorie mathématique de l'Electricité**, professées au Collège de France. Grand in-8 ; 1890. 10 fr.

— **Thermodynamique.** Grand in-8, avec figures ; 1887. 10 fr.

BICHAT, professeur à la Faculté des sciences de Nancy, et **BLONDLOT**, maître de Conférences à la Faculté des sciences de Nancy. — **Introduction à l'étude de l'Electricité statique.** In-8, avec 64 figures ; 1885 . . . . 4 fr.

BLAS (C.), professeur à l'Université de Louvain. — **Traité élémentaire de Chimie analytique.**
TOME I : *Analyse qualitative par la voie sèche, ou analyse au chalumeau.* 3e édition. (*Sous presse.*)
TOME II : *Analyse qualitative par la voie humide, y compris la recherche des principaux acides organiques et alcaloïdes, ainsi que l'analyse électrolytique.* 3e édition, revue et augmentée. In-8 ; 1891.
Broché . . . . 13 fr. | Cartonné . . . . 14 fr.

BLONDLOT. — **Introduction à l'étude de la Thermodynamique.** Grand in-8, avec fig. ; 1888. 3 fr. 50

BOULANGER (J.), capitaine du Génie. — **Sur les progrès de la science électrique et les nouvelles machines d'induction.** In-8, avec belles figures ; 1885 . . . . 3 fr. 50

— **Sur l'emploi de l'Électricité pour la transmission du travail à distance.** In-8, avec belles figures ; 1887 . . . . 2 fr. 75

BOUSSINGAULT, membre de l'Institut. — **Agronomie, Chimie agricole et Physiologie.** Tomes I à VIII. 8 volumes in-8, avec planches sur cuivre et figures ; 1886-1886-1864-1868-1874-1878-1884-1890 . . . . 45 fr.
Les TOMES I et II (3e édition) et les tomes III à VII (2e édition) se vendent séparément. . . 6 fr.
Le tome VIII, qui termine cette importante collection, se vend séparément . . . . 3 fr.

BOYS (C.-V.), Membre de la Société Royale de Londres. — **Bulles de Savon.** Quatre conférences sur la capillarité faites devant un jeune auditoire. Traduit de l'anglais par CH.-ED. GUILLAUME, Docteur ès Sciences, avec de nouvelles notes de l'Auteur et du Traducteur. In-18 jésus, avec 60 figures et 1 planche ; 1892. 2 fr. 75

BRILLOUIN (Marcel), Maître de conférences à l'École normale supérieure. — **Recherches récentes sur diverses questions d'Hydrodynamique. Tourbillons.** Exposé des travaux de VON HELMHOLTZ, KIRCHHOF, sir W. THOMSON, LORD RAYLEIGH. In-4, avec figures ; 1891 . . . . 2 fr. 50.

BUREAU INTERNATIONAL DES POIDS ET MESURES. — **Travaux et Mémoires du Bureau international des Poids et Mesures**, publiés par le directeur du Bureau. 8 volumes grand in-4, avec figures et planches ; 1881-1883-1884-1885-1886-1888-1890-1893. Chaque volume se vend séparément . . . . . 15 fr.

— **Procès-verbaux des séances.** 11 volumes in-8. Années 1875-1876, et années 1877 à 1891. Chaque volume . . . . 2 fr. 50
Pour faciliter la diffusion de ses travaux dans le monde savant, le *Bureau international* a adopté, à partir du 15 octobre 1890, le prix de 15 francs au lieu de 30 francs pour chaque volume des *Travaux et Mémoires* et celui de 2 fr. 50 au lieu de 5 francs pour chaque volume des *Procès-verbaux*.

CAHOURS (Auguste), membre de l'Académie des Sciences. — **Traité de Chimie générale élémentaire.**
Chimie inorganique. *Leçons professées à l'École Centrale des Arts et Manufactures.* 4e édition. 3 volumes in-18 jésus, avec figures et planches ; 1878. (*Autorisé par décision ministérielle.*) . . 15 fr.
Chaque volume se vend séparément . . . . 6 fr.
Chimie organique. *Leçons professées à l'École Polytechnique.* 3e édition. 3 volumes in-18 jésus, avec figures ; 1874-75 . . . . 15 fr.
Chaque volume se vend séparément . . . . 6 fr.

CHAPPUIS (J.), agrégé, docteur ès Sciences, professeur de Physique générale à l'École Centrale, et **BERGET (A.)**, docteur ès Sciences, attaché au laboratoire des recherches physiques de la Sorbonne. — **Leçons de Physique générale.** *Cours professé à l'École Centrale des Arts et Manufactures et complété suivant le programme de la Licence ès sciences physiques.* 3 vol. grand in-8, se vendant séparément :
TOME I : *Instruments de mesure. Chaleur.* Avec 175 figures ; 1891 . . . . 13 fr.
TOME II : *Électricité et Magnétisme.* Avec 305 figures ; 1891 . . . . 13 fr.
TOME III : *Acoustique. Optique. Electro-optique.* Avec 193 figures ; 1892 . . . . 10 fr.

CHEVALLIER et MÜNTZ. — **Problèmes de Physique**, avec leurs solutions développées, à l'usage des candidats au baccalauréat ès sciences et aux Écoles du Gouvernement. 2e édition. In-8 ; 1885 . . . . . . 6 fr.

CHEVREUL (E.). — **Recherches chimiques sur les corps gras d'origine animale**, précédées d'un Avant-propos de M. ARNAUD, aide-naturaliste au Muséum d'Histoire naturelle. Nouvelle édition publiée à l'occasion du Centenaire de 1789. Grand in-4 avec une belle photogravure de la médaille de Chevreul, gravée par *Roty*, un fac-similé et 1 planche ; 1889 . . . . 25 fr.

— **De la loi du contraste simultané des couleurs et de l'assortiment des objets colorés considéré d'après cette loi** *dans ses rapports avec la peinture, les tapisseries des Gobelins, les tapisseries de Beauvais pour meubles, les tapis, la mosaïque, les vitraux colorés, l'impression des étoffes, l'imprimerie, l'enluminure, la décoration des édifices, l'habillement et l'horticulture,* avec une Introduction de M. H. CHEVREUL FILS. Nouvelle édition publiée à l'occasion du Centenaire de 1789. Grand in-4, avec 40 pl., dont 36 en couleur ; 1889. . . . . 40 fr.

CINTOLESI (Dr Filippo), Professeur de Physique à l'Institut royal technique de Livourne. — **Problèmes d'Électricité pratique.** Traduit de l'italien par FÉLIX LECONTE. In-18 jésus ; 1892 . . . . 3 fr.

COLSON (R.), capitaine du Génie. — **Traité élémentaire d'électricité, avec les principales applications.** 2e édition. In-18 jésus, avec 94 figures ; 1888 . . . . 3 fr. 75

CONGRÈS INTERNATIONAL DES ÉLECTRICIENS, Paris, 1889. — **Comptes rendus des Travaux**, publiés par les soins de M. J. JOUBERT, rapporteur général. Grand in-8 avec figures ; 1890 . . . . . 10 fr

CULLEY (R.-S.). — **Manuel de télégraphie pratique.** Traduit de l'anglais (7e édition) et augmenté de *Notes sur les appareils Breguet, Hughes, Meyer et Baudot, sur le système quadruplex, sur les transmissions pneumatiques et téléphoniques,* par M. Henri Berger, ancien élève de l'École Polytechnique, directeur-ingénieur des lignes télégraphiques, et M. Paul Baudonnaut, ancien élève de l'École Polytechnique, directeur des Postes et Télégraphes. Un beau volume grand in-8, xi-659 pages, avec 251 figures et 7 planches ; 1882.

      Broché. . . . . 18 fr. | Cartonné à l'anglaise . . . . . . 20 fr.

DUHEM, chargé d'un cours complémentaire de Physique mathématique et de Cristallographie à la Faculté des Sciences de Lille. — **Leçons sur l'Électricité et le Magnétisme.** 3 volumes grand in-8, avec 215 figures, se vendant séparément :

    Tome I : *Conducteurs à l'état permanent ;* 1891. . . . . 16 fr.
    Tome II : *Les Aimants et les corps diélectriques ;* 1892. . . . . 14 fr.
    Tome III : *Les Courants linéaires ;* 1892. . . . . 15 fr.

DUMAS, secrétaire perpétuel de l'Académie des Sciences. — **Leçons sur la Philosophie chimique,** professées au Collège de France en 1836, recueillies par M. Bineau. 2e édition. In-8 ; 1878. . . . . 7 fr.

DUPLAIS (aîné). — **Traité de la fabrication des Liqueurs et de la distillation des Alcools.** 5e édition, revue et augmentée par Duplais jeune. 2 vol. in-8, avec 15 planches ; 1891. . . . . . 16 fr.

EVERETT, professeur de philosophie naturelle au Queen's college de Belfast. — **Unités et constantes physiques.** Ouvrage traduit de l'anglais par M. Jules Raynaud, docteur ès sciences, professeur à l'École supérieure de Télégraphie, avec le concours de *MM. Thévenin, de la Touanne et Mossin,* sous-ingénieurs des télégraphes. In-18 jésus ; 1882. . . . . 4 fr.

GAUTIER (Henri), Ancien Élève de l'École Polytechnique, Professeur à l'École Monge et au Collège Sainte-Barbe, Professeur agrégé à l'École de Pharmacie, et **CHARPY (Georges),** Ancien Élève de l'École Polytechnique, Professeur à l'École Monge. — **Leçons de Chimie,** *à l'usage des élèves de Mathématiques spéciales.* Grand in-8, avec 83 figures ; 1892 . . . . 9 fr.

GÉRARD (Éric), directeur de l'Institut électrotechnique Montefiore, annexé à l'Université de Liège. — **Leçons sur l'Électricité,** professées à l'Institut électrotechnique. 3e édition refondue et complétée. 2 vol. grand in-8, se vendant séparément :

    Tome I : *Théorie de l'Électricité et du Magnétisme. Électrométrie. Théorie et construction des générateurs et des transformateurs électriques.* Grand in-8, avec 266 figures ; 1893 . . . . . 12 fr.
    Tome II : *Canalisation et distribution de l'énergie électrique. Application de l'électricité à la production et à la transmission de la puissance motrice à la télégraphie et à la téléphonie, à la traction, à l'éclairage et à la métallurgie.* Grand in-8, avec figures ; 1893 . . . . 12 fr.

GEYMET. — **Traité pratique de galvanoplastie et d'électrolyse,** *avec applications pratiques fondées sur les dernières découvertes.* In-18 jésus ; 1888. . . . . 4 fr.

GIRARD (Aimé), professeur au Conservatoire des Arts et Métiers et à l'Institut agronomique, Membre de la Société nationale d'Agriculture. — **Recherches sur la culture de la pomme de terre industrielle et fourragère.** 2e édition, revue et augmentée. Un volume grand in-8, avec figures et Atlas cartonné de 6 belles planches en héliogravure ; 1891. . . . . 8 fr.

On vend séparément :

    Texte . . . . 3 fr. 75 c. | Atlas . . . . 5 fr.

GRAY (John), Associé de l'École Royale des Mines, de l'Institut des Ingénieurs électriciens, etc. — **Les machines électriques à influence.** *Exposé complet de leur histoire et de leur théorie, suivi d'Instructions pratiques sur la manière de les construire.* Traduit de l'anglais et annoté par Georges Pellissier, Rédacteur à la *Lumière électrique.* In-8, avec 124 fig.; 1892. . . . . 5 fr.

GUILLAUME (Ch.-Ed.), docteur ès sciences, Attaché au Bureau international des poids et mesures. — **Traité pratique de la thermométrie de précision.** Grand in-8, avec figures et 4 planches ; 1889. 12 fr.

HIRN (G.-A.). — **Recherches expérimentales et analytiques sur les lois de l'écoulement et du choc des gaz en fonction de la température.** In-4, avec 3 planches ; 1886. . . . . 8 fr.

— **La Cinétique moderne et le Dynamisme de l'avenir.** *Réponse à diverses critiques faites par Clausius.* In-4, avec 2 planches ; 1887 . . . . 5 fr.
    (Voir Catalogue général.)

INSTITUT DE FRANCE. — **Mémoires relatifs à la nouvelle maladie de la vigne,** présentés par divers savants à l'Académie des sciences. (Voir, pour le détail de ces *Mémoires,* le Prospectus spécial, qui est envoyé sur demande.)

JACQUIER, professeur de l'université, membre du Conseil supérieur de l'Instruction publique. — **Problèmes de Physique, de Mécanique, de Cosmographie et de Chimie,** à l'usage des candidats au baccalauréat ès sciences, au baccalauréat de l'Enseignement spécial et aux Écoles du Gouvernement. In-8, avec figures ; 1884. . . . . 6 fr.

JAMIN (J.), secrétaire perpétuel de l'Académie des Sciences, professeur à l'École Polytechnique, et **BOUTY,** professeur à la Faculté des Sciences. — **Cours de Physique de l'École Polytechnique.** 4e édition, augmentée et entièrement refondue. 4 forts volumes in-8, de plus de 4000 pages, avec plus de 1587 figures et 44 planches sur acier dont 2 en couleur ; 1885-1891. (*Autorisé par décision ministérielle.*) OUVRAGE COMPLET.

On vend séparément :

Tome I (9 fr.)

    1er fascicule. — *Instruments de mesure. Hydrostatique,* avec 150 figures et 1 planche ; 1888. 5 fr.
    2e fascicule. — *Physique moléculaire ;* avec 93 figures ; 1891. . . . . 4 fr.

Tome II. — Chaleur (15 fr.)

1er fascicule. — *Thermométrie. Dilatations* ; avec 98 figures ; 1885 . . . . 5 fr.
2e fascicule. — *Calorimétrie* ; avec 48 figures et 2 planches ; 1885 . . . . 5 fr.
3e fascicule. — *Thermodynamique. Propagation de la chaleur* ; avec 17 fig. ; 1885 . . . . 5 fr.

Tome III. — Acoustique ; Optique (22 fr.)

1er fascicule. — *Acoustique* ; avec 123 figures ; 1887 . . . . 4 fr.
2e fascicule. — *Optique géométrique* ; avec 139 figures et 3 planches ; 1886 . . . . 4 fr.
3e fascicule. — *Étude des radiations lumineuses, chimiques et calorifiques. Optique physique*,
avec 249 figures et 5 planches, dont 2 planches de spectres en couleur ; 1887 . . . . 14 fr.

Tome IV (1re Partie). — Électricité statique et dynamique (13 fr.)

1er fascicule. — *Gravitation universelle. Électricité statique* ; avec 155 figures et 1 planche ; 1880. 7 fr.
2e fascicule. — *La pile. Phénomènes électro-thermiques et électro-chimiques* ; avec 161 figures et 1 pl. ;
1888 . . . . 6 fr.

Tome IV (2e Partie). — Magnétisme ; Applications (13 fr.)

3e fascicule. — *Les Aimants. Magnétisme. Électro-magnétisme. Induction* ; avec 240 fig. ; 1889. 8 fr.
4e fascicule. — *Météorologie électrique. — Applications de l'électricité. — Théories générales*,
avec 84 figures dans le texte et 1 planche ; 1891 . . . . 5 fr.

*Tous les trois ans, un Supplément destiné à exposer les progrès accomplis pendant cette période
viendra compléter ce grand Traité et le maintenir au courant des derniers travaux.*

— **Tables générales**, par ordre de matières et par noms d'auteur, des quatre volumes du *Cours de Physique*.
In-8 ; 1891 . . . . 60 c.

Les matières du programme d'admission à l'École Polytechnique sont comprises dans les parties suivantes de l'Ouvrage ; Tome I, 1er fascicule ; Tome II, 1er et 2e fascicules ; Tome III, 2e fascicule. Les élèves de Mathématiques spéciales qui posséderont ces quatre fascicules auront ainsi entre les mains le commencement d'un grand Traité qu'ils pourront compléter ultérieurement, si, poursuivant l'étude de la Physique, ils se préparent à la Licence ou entrent dans une des grandes Écoles du Gouvernement.

JAMIN (J.) et **BOUTY**. — **Cours de Physique à l'usage de la classe de Mathématiques spéciales.**
2e édition. Deux beaux volumes in-8, contenant ensemble plus de 1060 pages, avec 158 figures géométriques ou ombrées et 6 planches sur acier ; 1886 . . . . 20 fr.

On vend séparément :

Tome I. — *Instruments de mesure, Hydrostatique, Optique géométrique, Notions sur les phénomènes capillaires*. In-8, avec 312 figures et 4 planches . . . . 10 fr.
Tome II. — *Thermométrie, Dilatations, Calorimétrie*. In-8, avec 146 figures et 2 planches. 10 fr.

JAŸS, professeur de Physique, ancien chef des travaux de Physique à la Faculté de Médecine de Lyon. — **Problèmes de Physique et de Chimie**, choisis parmi les sujets de composition proposés dans les concours et par les diverses Facultés pendant ces dernières années. In-8, avec figures : 1886 . . . . 6 fr.

JENKIN (Fleeming), professeur de Mécanique à l'Université d'Édimbourg. — **Électricité et Magnétisme.**
Traduit de l'anglais, sur la 8e édition, par M. H. BERGER, directeur-ingénieur des Lignes télégraphiques, ancien élève de l'École Polytechnique, et M. CHODILLEBOIS, professeur à la Faculté des sciences de Besançon, ancien élève de l'École normale supérieure. Édition française, augmentée de Notes importantes sur les *lois de Coulomb*, la *déperdition électrique*, le *potentiel*, les *tubes de force*, l'*énergie électrique*, la *transmission de la force*, etc. Un fort volume petit in-8, avec 270 figures ; 1885 . . . . 12 fr.

JOURNAL DE PHYSIQUE THÉORIQUE ET APPLIQUÉE, fondé par D'ALMEIDA. Grand in-8, mensuel. 3e série. Tome I ; 1893.
Paris, Départements et Union postale, 15 fr.

JUPTNER DE JONSTORFF (baron Hanns). — **Traité pratique de Chimie métallurgique.** Traduit de l'allemand par E. VLASTO, ingénieur des arts et manufactures. Édition française, revue et augmentée par l'auteur. Grand in-8, avec 79 figures et 2 planches ; 1891 . . . . 10 fr.

KEMPE (H.-R.), ingénieur des télégraphes. — **Traité élémentaire des mesures électriques**, Traduit de l'anglais sur la 3e édition (1884), par H. BERGER, directeur-ingénieur des lignes télégraphiques, ancien élève de l'École Polytechnique. Un beau volume in-8 de 650 pages, avec 146 figures et nombreuses Tables ; 1885 . . . . 12 fr.

LACOUTURE (Charles). — **Répertoire chromatique.** *Solution raisonnée et pratique des problèmes les plus usuels dans l'étude et l'emploi des couleurs.* 29 TABLEAUX EN CHROMO représentant 952 teintes différentes et définies groupées en plus de 600 gammes typiques. In-4, contenant un texte de XI-114 pages, vrai Traité de la science pratique des couleurs, accompagné de nombreux diagrammes et suivi d'un atlas de 29 Tableaux en chromo qui offrent à la fois l'illustration du texte et de nouvelles ressources pour les applications. (Ouvrage honoré d'une *médaille d'or* par la Société industrielle du Nord de la France, 9 janvier 1891.)

Broché . . . . 25 fr. | Cartonné avec luxe . . . . . . 30 r.

LAGRANGE (Ch.). — (*Voir* page 8.)

LEGRAND (Adrien), Ancien Élève de l'École Normale supérieure et de l'École des Hautes Études. — **Le Traité des corps flottants d'Archimède** (περὶ ὀχουμένων.) Traduction nouvelle avec une Introduction. Grand in-8, avec figures ; 1891 . . . . 4 fr.

LERAY (le P.), Prêtre Eudiste, Professeur à l'École Saint-Jean à Versailles. — **Essai sur la synthèse des forces physiques.** 2 volumes in-8, se vendant séparément.

I. — *Constitution de la matière. — Mécanique des atomes. — Elasticité de l'éther.* In-8, avec figures; 1885 . . . . 5 fr.

II. — (COMPLÉMENT). — *Chaleur et pesanteur. — Théories cinétiques. — Cohésion et Affinité.* In-8, avec figures; 1892. . . . . 4 fr. 50

LODGE (O.), professeur à l'University College de Liverpool. — **Les théories modernes de l'Électricité.** *Essai d'une théorie nouvelle.* Traduit de l'anglais et annoté par E. MEYLAN, ingénieur civil. In-8, avec figures; 1891 . . . . 5 fr.

MASCART (E.), membre de l'Institut, professeur au Collège de France, directeur du Bureau central météorologique. — **Traité d'Optique.** 3 vol. grand in-8 avec atlas, se vendant séparément :

TOME I : *Systèmes optiques. Interférences. Vibrations. Diffraction. Polarisation. Double réfraction.* Avec 199 figures dans le texte et 2 planches; 1889. . . . . 20 fr.

TOME II et ATLAS : *Propriété des cristaux. Polarisation rotatoire. Réflexion vitrée. Réflexion métallique. Réflexion cristalline. Polarisation chromatique.* Avec 113 lignes dans le texte et atlas cartonné contenant 2 belles planches sur cuivre dont une en couleur (Propriétés des cristaux. Spectre solaire. Phénomènes de polarisation chromatique et rotatoire); 1891. Prix pour les souscripteurs. 24 fr.

Le volume de texte est complet. L'atlas ne sera envoyé qu'ultérieurement aux souscripteurs, en raison des soins et du temps nécessités par la gravure.

TOME III : *Polarisation par diffraction. Propagation de la lumière. Photométrie. Réfractions astronomiques.* Un très fort volume avec figures. Le premier fascicule (1892). contenant 354 pages, a paru. Prix pour les souscripteurs. . . . . 20 fr.

MATHIESEN (le général H.). — **Étude sur les courants et sur la température des eaux de la mer dans l'Océan atlantique.** Grand in-8, avec diagrammes et 1 carte; 1892. . . . . 5 fr.

MATHIEU (Emile), professeur à la Faculté des Sciences de Nancy. — **Traité de Physique mathématique,** comprenant les volumes suivants :

I. — **Cours de Physique mathématique** ou **Introduction à la Physique mathématique. — Méthodes d'intégration.** In-4; 1873 . . . . 15 fr.

II. — **Théorie de la capillarité.** In-4; 1883 . . . . 10 fr.

III et IV. — **Théorie du potentiel et ses applications à l'Electrostatique et au Magnétisme.**
Iʳᵉ PARTIE : *Théorie du potentiel.* In-4; 1885. . . . . 9 fr.
IIᵉ PARTIE : *Application à l'Electrostatique et au Magnétisme.* In-4; 1886 . 12 fr.

V. — **Théorie de l'Electrodynamique.** In-4, avec figures; 1888. . . . . 15 fr.

VI et VII. — **Théorie de l'élasticité et des corps solides.**
Iʳᵉ PARTIE. — *Considérations générales sur l'élasticité. Emploi des coordonnées curvilignes. Problèmes relatifs à l'équilibre d'élasticité. Plaques vibrantes.* In-4; 1890.
Prix . . . . 11 fr.
IIᵉ PARTIE. — *Mouvements vibratoires des corps solides. Equilibre d'élasticité des lames courbes et du prisme rectangle.* In-4; 1890 . . . . 9 fr.

MAXWELL (James Clerk), professeur de Physique expérimentale à l'Université de Cambridge. — **Traité de l'électricité et du magnétisme.** Traduit de l'anglais, sur la deuxième édition, par M. SELIGMANN-LUI, ancien élève de l'Ecole Polytechnique, ingénieur des télégraphes, avec *Notes et éclaircissements* par MM. CORNU, membre de l'Institut, et POTIER, professeurs à l'Ecole Polytechnique, et suivi d'un Appendice sur la *Théorie des quaternions,* par M. E. SARRAU, membre de l'Institut, professeur à l'Ecole Polytechnique. Deux forts volumes grand in-8, avec figures et 20 planches; 1886-1889 . . . . 30 fr.

(Chaque volume se vend séparément 15 fr.)

— **Traité élémentaire d'électricité,** précédé d'une *Notice sur ses travaux en électricité,* par *William Garnett.* Traduit de l'anglais par GUSTAVE RICHARD, ingénieur civil des Mines. In-8, avec figures; 1884. 7 fr.

MÉMORIAL DES POUDRES ET SALPÊTRES, publié par les soins du SERVICE DES POUDRES ET SALPÊTRES, avec l'autorisation du Ministre de la Guerre. Grand in-8 trimestriel.

Le *Mémorial* paraît depuis 1890 sous forme de Recueil périodique, en 4 fascicules trimestriels, et forme, chaque année, un beau volume de 24 à 30 feuilles, avec figures et planches.

Le TOME I (1882) et le TOME II (1889), parus avant la transformation du *Mémorial* en Recueil périodique, se vendent séparément. . . . . 12 fr.

L'abonnement est annuel et part de Janvier. — *Prix pour un an* (4 FASCICULES) :
Paris et Départements. . . . . 12 fr.
Union postale. . . . . 13 fr.

MICHAUT, commis principal à la Direction technique des Télégraphes de Paris, et **GILLET,** commis principal au poste central des Télégraphes de Paris. — **Leçons élémentaires de télégraphie électrique.** *Système Morse. Manipulation. Notions de Physique et de Chimie. Piles. Appareils et accessoires. Installation des postes.* In-18 jésus, avec 64 belles figures; 1885. . . . . 3 fr. 75

MIQUEL (P.), docteur ès sciences et en médecine, chef du service micrographique à l'Observatoire municipal de Montsouris. — **Manuel pratique d'analyse bactériologique des eaux.** In-18 jésus, avec figures; 1891. . . . . 2 fr. 75

— **Les Organismes vivants de l'atmosphère.** Grand in-8, avec belles gravures et 2 planches sur acier; 1883.. . . . . 9 fr. 50

Quelques exemplaires pour bibliophiles ont été tirés sur papier vélin, format in-4 . . . . . 20 fr.

MOUREAUX (Th.), météorologiste adjoint au Bureau central, chargé du service magnétique à l'Observatoire du parc Saint-Maur. — **Détermination des Éléments magnétiques en France.** Ouvrage accompagné de *nouvelles Cartes magnétiques*, dressées pour le 1er janvier 1885. Gr. in-4, avec fig. et 4 pl.; 1886.   10 fr.

— **Détermination des Éléments magnétiques dans le bassin occidental de la Méditerranée.** Ouvrage accompagné de *nouvelles Cartes magnétiques*, dressées pour le 1er janvier 1888. In-8, avec figures et 3 planches ; 1889 . . . .   8 fr.

PIONCHON (J.), Professeur à la Faculté des Sciences de Bordeaux. — **Théorie des mesures. Introduction à l'étude des systèmes de mesures usités en Physique.** Grand in-8 de 250 pages; 1891.   3 fr. 50

PONTHIÈRE (H.), professeur d'Electrométallurgie et d'Electricité industrielle à l'Université de Louvain. — **Traité d'électrométallurgie.** *Théorie de l'électrolyse. Galvanoplastie. Procédés Elmore. Fusion. Traitement des minerais. Raffinage. Soudure. Triage.* 2e édit. Grand in-8, avec figures et 1 pl.; 1891 . . . .   10 fr.

RESAL (H.), membre de l'Institut, professeur à l'Ecole Polytechnique et à l'Ecole des Mines. — **Traité de Physique mathématique.** 2e édition, augmentée et entièrement refondue. Deux beaux volumes in-4.   27 fr.

On vend séparément :

TOME I : *Capillarité. Elasticité. Lumière;* 1887 . . . .   15 fr.
TOME II : *Chaleur. Thermodynamique. Electrostatique. Courants électriques. Electrodynamique. Magnétisme statique. Mouvements des aimants et des courants;* 1888 . . . .   12 fr.

REULEAUX (F.). — **Fabrication des tubes sans soudure.** *Procédé Mannessmann.* Conférence faite à la Société des Ingénieurs allemands, le 16 avril 1890. In-18 jésus, avec figures ; 1891 . . . .   0 fr. 75

SARRAU (E.), membre de l'Institut, Ingénieur en chef des Poudres et Salpêtres. **Introduction à la théorie des explosifs.** Grand in-8 avec figures; 1893 . . . .   2 fr. 75

SOCIÉTÉ FRANÇAISE DE PHYSIQUE. — **Collection de Mémoires sur la Physique,** publiés par la Société française de Physique.

TOME I. — *Mémoires de Coulomb* (publiés par les soins de *A. Potier*). Un beau volume grand in-8, avec figures et planches; 1884 . . . .   12 fr.
TOME II. — *Mémoires sur l'Electrodynamique,* 1re Partie (publiés par les soins de *J. Joubert*). Grand in-8, avec figures et planches; 1885 . . . .   12 fr.
TOME III. — *Mémoires sur l'Electrodynamique,* 2e Partie (publiés par les soins de *J. Joubert*). Grand in-8, avec figures; 1887 . . . .   12 fr.
TOME IV. — *Mémoires sur le pendule, précédés d'une Introduction historique et d'une Bibliographie* (publiés par les soins de *C. Wolf*). Ce volume contient des Mémoires de *La Condamine, Borda, Cassini, de Prony, Henry Kater* et *F. W. Bessel.* Grand in-8, avec figures et 7 planches; 1889.   12 fr.
TOME V. — *Mémoires sur le pendule et la détermination de la pesanteur* (publiés par les soins de *C. Wolf*). Ce volume contient des Mémoires de *Bessel, Sabine, Baily, Stokes.* Grand in-8, avec figures et 1 planche ; 1891 . . . .   12 fr.

SORET (Charles), Professeur à l'Université de Genève. — **Éléments de Cristallographie physique.** Grand in-8, avec 538 fig. et 1 pl.; 1893 . . . .   15 fr.

SPARRE (Comte de), Professeur à la Faculté catholique des Sciences de Lyon. — **Sur le pendule de Foucault.** Grand in-8; 1891 . . . .   2 fr.

SWARTS (Th.), professeur à l'Université de Gand. — **Principes fondamentaux de Chimie.** Grand in-8 avec 115 figures dans le texte; 1883. (Ouvrage couronné par l'Académie royale de Belgique, approuvé comme manuel classique et comme livre destiné aux bibliothèques scolaires, aux distributions de prix, etc.); 1884 . . . .   3 fr.

TAIT (P.-G.). — **Conférences sur quelques-uns des progrès récents de la Physique.** Traduit de l'anglais sur la 3e édition, par KNOTCHKOLL, licencié ès sciences physiques et mathématiques. Grand in-8, avec figures; 1887 . . . .   7 fr. 50

THOMSON (Sir William) (Lord Kelvin), L. L. D., F. R. S., F. R. S. E., etc., Professeur de Philosophie naturelle à l'Université de Glascow, et membre du Collège Saint-Pierre, à Cambridge. — **Conférences scientifiques et allocutions,** traduites et annotées sur la 2e édition, par M. P. Lugol, Agrégé des Sciences physiques, Professeur au Lycée de Pau ; avec des *Extraits de mémoires récents* de Sir W. THOMSON et quelques *notes* par M. BRILLOUIN, Maître de conférences à l'Ecole normale. Tome I : *Constitution de la matière.* In-8, avec figures; 1893.

TRUTAT (E.), conservateur du musée d'Histoire naturelle de Toulouse. — **Traité élémentaire du microscope.** Un joli volume petit in-8, avec 171 figures ; 1882.
Broché . . . . 8 fr. | Cartonné . . . .   9 fr.

VAUTIER (Th.), chargé des conférences de Physique à la Faculté des Sciences de Lyon. — **Recherches expérimentales sur la vitesse d'écoulement des liquides par un orifice en mince paroi** (Thèse). In-4, avec figures ; 1888 . . . .   5 fr.

WEYHER (C.-L.). — **Sur les tourbillons, trombes, tempêtes et sphères tournantes.** Etudes et expériences. 2e édition. Grand in-8, avec 44 figures et 3 planches dont 2 en couleur; 1889 . . . .   2 fr. 50

WITZ (Aimé), docteur ès sciences, ingénieur des Arts et Manufactures, professeur aux Facultés catholiques de Lille. — **Cours de Manipulations de Physique,** préparatoire à la Licence *(Ecole pratique de Physique).* Un beau volume in-8, avec 166 figures; 1883 . . . .   12 fr.

— **Exercices de Physique et applications** *(Ecole pratique de Physique).* In-8, avec 114 fig. 1889.   12 fr.

WYROUBOFF. — **Manuel pratique de Cristallographie.** *Détermination des formes cristallines.* In-8, avec figures et 6 planches gravées sur cuivre; 1889 . . . .   12 fr.

DIVERS

BAILLY (L.), conducteur principal des Ponts et Chaussées. — **La Réforme monétaire universelle.** In-8 ; 1890 . . . . 2 fr.

BJERKNES (G.-A.), professeur à l'Université de Christiania. — **Niels-Henrik Abel.** *Tableau de sa vie et de son action scientifique.* Traduction française, revue et considérablement augmentée par l'Auteur. Grand in-8, IV-368 pages, avec un portrait de l'Auteur ; 1885 . . . . 7 fr.

BOUQUET DE LA GRYE (A.), membre de l'Institut. — **Paris port de mer.** Grand in-8 de 300 pages avec 3 cartes dont 1 en couleur ; 1892 . . . . 4 fr.

COMBEROUSSE (Ch. de), ingénieur civil, professeur de Mécanique à l'École centrale, ancien élève et membre du Conseil de l'École. — **Histoire de l'Ecole Centrale des Arts et Manufactures, depuis sa fondation jusqu'à nos jours.** Un beau volume grand in-8, orné de 4 planches à l'eau-forte, tirées sur chine ; 1879 . . . . 5 fr.

DUMAS (J.-B.), membre de l'Académie française, secrétaire perpétuel de l'Académie des sciences. — **Éloges et Discours académiques.** 2 beaux volumes in-8, avec un portrait de DUMAS, gravé par HENRIQUEL DU-PONT ; 1885. Chaque volume se vend séparément :
>   Tirage sur papier vélin. . . . . 6 fr. 50 | Tirage sur papier vergé. . . . . 8 fr. »

ENDRÈS (E.), ingénieur en chef des Ponts et Chaussées. — **Manuel du Conducteur des Ponts et Chaussées,** d'après le dernier *Programme officiel* des examens. Ouvrage indispensable aux Conducteurs et employés des Ponts et Chaussées et des Compagnies de Chemins de fer, aux Gardes et Sous-Officiers de l'Artillerie et du Génie, aux Agents voyers et Candidats à ces emplois *(Honoré d'une souscription des Ministères du Commerce et des Travaux publics, et recommandé pour le service vicinal par le Ministère de l'Intérieur).* 7e édition, modifiée conformément au décret du 9 juin 1888 : 3 volumes in-8. . . . . 27 fr.

On vend séparément :

>   TOME I : *Partie théorique,* avec 467 fig., et TOME II : *Partie pratique,* avec 346 fig. ; 1884 . 18 fr.
>   TOME III. *Partie technique.* Ce dernier volume est consacré à l'exposition des doctrines spéciales qui se rattachent à l'*Art de l'Ingénieur* en général et au service des Ponts et Chaussées en particulier. Avec 236 figures ; 1888. . . . . 9 fr.

GIRARD (Aimé), professeur au Conservatoire des Arts et Métiers et à l'Institut agronomique. — **Recherches sur la culture de la pomme de terre industrielle et fourragère.** 2e édition. Un volume de texte grand in-8, avec figures et atlas contenant 6 belles planches en héliogravure ; 1891. . . . . 8 fr.

On vend séparément :

>   Texte. . . . . 3 fr. 75 | Atlas. . . . . 5 fr.

GOULIER (C.-M.), Colonel du Génie en retraite. — **Etudes théoriques et pratiques sur les levers topométriques et en particulier sur la Tachéométrie.** In-8, avec 170 figures et un portrait du Colonel Goulier ; 1892. . . . . 8 fr.

HENNIQUE (P.-A.), Capitaine de frégate. — **Une page d'Archéologie navale.** — **Les Caboteurs et Pêcheurs de la côte de Tunisie.** *Pêche des éponges.* Grand in-8, illustré de 63 planches dont 8 doubles ; 1888.
>   Prix avec 63 planches en noir (cartonné). . . . . 10 fr.
>   Prix avec 51 planches en noir et 12 planches coloriées à la main (cartonné avec luxe). . . . 12 fr.

LAFITTE (P. de), ancien élève de l'École polytechnique, vice-président de la Société de secours mutuels d'Astaffort, lauréat d'une médaille d'or à l'Exposition universelle de 1889 (Section des Sociétés de secours mutuels). — **Essai d'une théorie rationnelle des Sociétés de secours mutuels.** 2e édition, entièrement refondue, et augmentée des *Tables de commutation, à divers taux d'intérêt, pour les trois assurances.* Grand in-8 ; 1892. [*Ouvrage couronné par l'Académie des sciences* (prix Leconte)]. . . . . 5 fr.

— **Tables de commutation, à divers taux d'intérêt, pour les trois assurances des Sociétés de secours mutuels.** (Supplément à l'*Essai d'une théorie rationnelle des Sociétés de secours mutuels.*) Grand in-8 ; 1893 . . . . 1 fr.

MAINDRON (Ernest). — **Les Fondations de prix à l'Académie des Sciences.** — **Les Lauréats de l'Académie (1714-1880).** In-4 ; 1881 . . . . 2 fr. »

MOIGNO (l'abbé). — **Actualités scientifiques.** 128 volumes in-18 jésus et petit in-8.
>   Le prospectus spécial est envoyé sur demande.

PARIS (vice-amiral), membre de l'Institut et du Bureau des Longitudes, conservateur du Musée de Marine. — **Souvenirs de marine.** — **Collection de plans ou dessins de navires et de bateaux anciens et modernes, existants ou disparus,** *avec les éléments nécessaires à leur construction.* 5 beaux albums reliés de 60 planches in-folio chacun ; 1882, 1884, 1886, 1889 et 1892. Prix de chaque album . . . . 25 fr.

PASTEUR (L.), membre de l'Institut. — **Étude sur la maladie des vers à soie,** *moyen pratique assuré de la combattre et d'en prévenir le retour.* 2 volumes grand in-8, avec figures et 38 planches ; 1870. 20 fr.

— **Études sur la Bière,** *ses maladies, causes qui les provoquent, procédé pour la rendre inaltérable ;* avec une THÉORIE NOUVELLE DE LA FERMENTATION. Gr. in-8, avec 85 fig, et 12 pl. gravées ; 1876. 20 fr.

PROOST (A.), inspecteur général de l'Agriculture, professeur d'hygiène rurale à l'Université de Louvain. — **Les Microbes et la Vie, hygiène et agriculture.** 2e édition, revue et augmentée. Grand in-8, avec 4 planches ; 1890. . . . . 3 fr.

SAINTE-CLAIRE DEVILLE (Henri). — **Sa vie et ses travaux,** par Jules GAY, docteur ès sciences, ancien élève de l'École Normale supérieure, professeur au lycée Louis-le-Grand. Petit in-8, avec un portrait hors texte de Henri et Charles Sainte-Claire Deville ; 1889. . . . . 2 fr. 50

SOCIÉTÉ PHILOMATHIQUE. — **Mémoires publiés par la Société philomathique à l'occasion du centenaire de sa fondation (1788-1888).** In-4, avec 24 planches, dont 2 en couleurs ; 1888. . . . 35 fr.

VÉLAIN (Ch.), docteur ès sciences, maître de conférences à la Sorbonne. — **Les Volcans,** *ce qu'ils sont et ce qu'ils nous apprennent.* Un beau volume grand in-8, avec figures ; 1884. . . . . 3 fr.

VOTEZ (L.), conducteur des Ponts et Chaussées. — **Méthode pour les calculs des terrassements et du mouvement des terres**, à l'usage des conducteurs, commis des Ponts et Chaussées, agents voyers et des candidats aux examens pour ces emplois. 3e édition, revue et augmentée. In-8, avec figures ; 1891. 2 fr.

BIBLIOTHÈQUE PHOTOGRAPHIQUE

ABNEY (le capitaine), professeur de Chimie et de Photographie à l'École militaire de Chatham. — **Cours de Photographie.** Traduit de l'anglais par LÉONCE ROMMELAER. 3e édition. Grand in-8, avec planche photoglyptique ; 1877 . . . . 5 fr.

AGLÉ. — **Manuel de Photographie instantanée** (2e tirage). In-18 jésus, avec nombreuses figures ; 1891. . . . . 2 fr. 75

AIDE-MÉMOIRE DE PHOTOGRAPHIE POUR 1893, publié sous les auspices de la Société photographique de Toulouse, par C. FABRE. Seizième année. Contenant de nombreux renseignements sur les procédés rapides à employer pour portraits dans l'atelier, les émulsions au coton-poudre, à la gélatine, etc. In-18, avec figures. Broché . . . . 1 fr. 75 | Cartonné. . . . . 2 fr. 25

Les volumes des années précédentes, sauf 1877 à 1880 et 1883 à 1885, se vendent aux mêmes prix.

AUDRA. — **Le gélatino-bromure d'argent.** 3e édition. In-18 jésus ; 1887. . . . . 1 fr. 50

BADEN-PRITCHARD (H.), directeur du *Year-Book of Photography*, ancien secrétaire honoraire de la Société de Photographie d'Angleterre. — **Les ateliers photographiques de l'Europe.** Traduit de l'anglais sur la 2e édition, par CHARLES BAYE. In-18 jésus, avec figures ; 1885 . . . . 5 fr.

On vend séparément :

1er Fascicule : *Les ateliers de Londres.* . . . . 2 fr. 50
IIe Fascicule : *Les ateliers d'Europe.* . . . . 3 fr. 50

BALAGNY (George), docteur en droit, membre de la Société française de Photographie. — **Traité de Photographie par les procédés pelliculaires.** 2 vol. grand in-8, avec figures.

On vend séparément :

TOME I : *Généralités. Plaques souples. Théorie et pratique des trois développements au fer, à l'acide pyrogallique et à l'hydroquinone ;* 1889 . . . . 4 fr.
TOME II : *Papiers pelliculaires. Applications générales des procédés pelliculaires. Phototypie. Contre-types.* — *Transparents ;* 1890 . . . . 5 fr.

BALAGNY (George). — **L'Hydroquinone.** *Nouvelle méthode de développement.* Second tirage. In-18 jésus ; 1890. . . . . 1 fr.

— **Hydroquinone et potasse.** *Nouvelle méthode de développement à l'hydroquinone.* Un vol. in-18 jésus ; 1891. . . . . 1 fr.

BATUT (Arthur). — **La Photographie appliquée à la reproduction du type d'une famille, d'une tribu ou d'une race.** In-16 colombier, avec 2 planches phototypiques ; 1887 . . . . 1 fr. 50

-- **La Photographie aérienne par cerf-volant.** In-18 jésus, avec figures et 1 planche en photocollographie ; 1890. . . . . 1 fr. 75

BERGET (Alphonse), docteur ès Sciences, attaché au Laboratoire des Recherches (Physique) de la Sorbonne. — **Photographie des Couleurs,** *par la méthode interférentielle de M. LIPPMANN.* Un vol. in-18 jésus, avec figures ; 1891. . . . . 1 fr. 50

BERTILLON (Alphonse), Chef du service d'identification (anthropométrie et photographie) de la Préfecture de Police. — **La Photographie judiciaire,** avec un Appendice *Sur la classification et l'identification anthropométriques.* In-18 jésus, avec 8 planches en photocollographie ; 1896. . . . . 3 fr.

BOIVIN. — **Procédé au collodion sec.** 2e édition, augmentée du *Formulaire de TH. SUTTON*, des procédés de tirage aux poudres colorantes inertes (procédé au charbon), ainsi que de notions pratiques sur la Photolithographie, l'électrogravure et l'impression à l'encre grasse. In-18 jésus ; 1883 . . . . 1 fr. 50

BONNET (G.). — **Manuel de Phototypie.** In-18 jésus avec fig. et 1 pl. phototypique ; 1889. 2 fr. 75

— **Manuel d'Héliogravure et de Photogravure en relief.** In-18 jésus, avec 2 pl. ; 1890.. 2 fr. 50

BULLETIN DE LA SOCIÉTÉ FRANÇAISE DE PHOTOGRAPHIE, rédigé par la Société française de Photographie, paraissant depuis l'année 1855. Bi-mensuel.

On peut se procurer à la même Librairie les ANNÉES ANTÉRIEURES, sauf les années 1855, 1856, 1881, 1883 et 1885, au prix de 12 fr. l'une, et les NUMÉROS SÉPARÉS au prix de 1 fr. 50, ainsi que la *Table des matières et des noms d'auteurs* des tomes I à X (1855-1864) au prix de 1 fr. 50.

1re SÉRIE. 30 volumes, années 1855 à 1884 . . . . 250 fr.

La IIe SÉRIE, commencée en 1885, a continué de paraître chaque mois par numéro de 2 feuilles, jusqu'en 1891 et chacune des années séparées pendant cette période se vend 12 fr. — A partir de 1892, le Bulletin paraît deux fois par mois et forme chaque année un beau volume de 30 feuilles avec planches, spécimens et figures.

Prix de l'abonnement par an à partir de 1892 (24 numéros) :

Paris et Départements. . . . . . 15 fr. | Etranger . . . . 18 fr.

BULLETIN DE L'ASSOCIATION BELGE DE PHOTOGRAPHIE. Grand in-8, paraissant depuis l'année 1874. Mensuel.

Prix pour un an, France et Union postale. . . . . 27 fr.
Les volumes des années précédentes se vendent séparément. . . . . 25 fr.

BULLETIN DU PHOTO-CLUB DE PARIS. Organe officiel de la Société. Grand in-8 ; mensuel. Revue mensuelle, enrichie de nombreux spécimens obtenus à l'aide des procédés les plus nouveaux. (*Fondé en 1891.*)

Prix de l'abonnement :

France. . . . . 12 fr. | Etranger. . . . . 15 fr.

BULLOZ (E.). — La propriété photographique et la loi française, suivie d'une Étude comparée des Législations étrangères sur la Photographie, par A. DANNAS. In-8; 1890. . . . . 1 fr.

BURTON (W.-K.). — A B C de la Photographie moderne, contenant des instructions pratiques sur le *Procédé sec à la gélatine.* Traduit de l'anglais sur la 5e édition, par G. HUBERSON. 4e édition française, revue et augmentée. In-18 jésus, avec figures; 1892. 2 fr. 25

CHABLE (E.), Président du Photo-Club de Neuchâtel. — **Les Travaux de l'amateur photographe en hiver.** 2e édition, revue et augmentée. In-18 jésus, avec 46 figures; 1892 . . . . 3 fr.

CHAPEL D'ESPINASSOUX (Gabriel de). — Traité pratique de la détermination du temps de pose. Grand in-8, avec nombreuses Tables; 1890. . . . . 3 fr. 50

CHARDON (Alfred). — Photographie par émulsion sèche au bromure d'argent pur. Grand in-8, avec figures; 1877. . . . . 4 fr. 50

— **Photographie par émulsion sensible au bromure d'argent et à la gélatine.** Grand in-8, avec figures ; 1880 . . . . 3 fr. 50

CLÉMENT. — Méthode pratique pour déterminer exactement le temps de pose en Photographie. 3e édition, revue et augmentée. In-18 jésus, avec figures; 1880 . . . . 2 fr. 25

COLSON (R.).— La Photographie sans objectif, *au moyen d'une petite ouverture.* PROPRIÉTÉS. USAGES. APPLICATIONS. 2e édition. In-18 jésus, avec planche spécimen; 1891.. . . . . 1 fr. 75

— **Procédés de reproduction des dessins par la lumière.** In-18 jésus; 1888.. . . . . 1 fr.

CONGRÈS INTERNATIONAL DE PHOTOGRAPHIE (Exposition universelle de 1889).— **Rapports et Documents** publiés par les soins de M. S. PECTON, secrétaire général. Grand in-8, avec figures et 2 planches; 1890. . . . . 7 fr. 50

CONGRÈS INTERNATIONAL DE PHOTOGRAPHIE (2e Session) (Bruxelles, 1891). — **Rapport général de la Commission permanente** nommée par le Congrès international de Photographie tenu à Paris en 1889. Grand in-8, avec figures; 1891. . . . . 2 fr. 50

CONGRÈS INTERNATIONAL DE PHOTOGRAPHIE, 1re et 2e sessions (Paris, 1889 ; Bruxelles, 1891). — Vœux, résolutions et documents publiés par les soins de la Commission permanente, d'après le travail de M. le GÉNÉRAL SEBERT, inséré dans le *Bulletin de la Société française de Photographie.* Grand in-8; 1892 . . . . 1 fr. 50

CONGRÈS INTERNATIONAL DE PHOTOGRAPHIE (2e session, tenue à Bruxelles, du 23 au 29 août 1891). — Compte rendu, Procès-verbaux et pièces annexes. Grand in-8; 1892 . . . . 2 fr. 50

CORDIER (V.). — Les Insuccès en Photographie; causes et remèdes. 6e édition, refondue et augmentée, avec figures. In-18 jésus; 1887 . . . . 1 fr. 75

COUPÉ (l'abbé J.). — Méthode pratique pour l'obtention des diapositives au gélatinochlorure d'argent pour projections et stéréoscope. In-18 jésus, avec figures; 1892 . . . . 1 fr. 25

DAVANNE. — La Photographie. Traité théorique et pratique. 2 beaux volumes grand in-8, avec nombreuses figures, se vendant séparément :

1re PARTIE : Notions élémentaires. — Historique. — Épreuves négatives. — Principes communs à tous les procédés négatifs. — Épreuves sur albumine, sur collodion, sur gélatinobromure d'argent, sur pellicules, sur papier, avec 2 planches spécimens et 120 figures; 1886. . . . . 16 fr.

2e PARTIE : Épreuves positives : aux sels d'argent, de platine, de fer, de chrome. — Épreuves par impressions photomécaniques. — Divers : Les couleurs en Photographie. — Épreuves stéréoscopiques. — Projections. — Agrandissements. — Micrographie. — Réductions, épreuves microscopiques. — Notions élémentaires de Chimie; vocabulaire. Avec 2 planches spécimens et 114 figures; 1888. 16 fr.

— **Les Progrès de la Photographie.** Résumé comprenant les perfectionnements apportés aux divers procédés photographiques pour les épreuves négatives et les épreuves positives, les nouveaux modes de

tirage des épreuves positives par les impressions aux poudres colorées et par les impressions aux encres grasses. In-8; 1877. . . . . 6 fr. 50
— **La Photographie, ses origines et ses applications.** Grand in-8, avec figures; 1879 . . . . . . 1 fr. 25
— **Nicéphore Niepce,** inventeur de la Photographie. Conférence faite à Chalon-sur-Saône pour l'inauguration de la statue de Niepce, le 22 juin 1885. Grand in-8, avec un portrait de Niepce en phototypie; 1885. 1 fr. 25
DONNADIEU (A.-L.), Docteur ès Sciences, Professeur à la Faculté catholique des Sciences de Lyon.— **Traité de Photographie stéréoscopique.** Grand in-8, avec figures et atlas de 20 planches stéréoscopiques en photocollographie; 1892. . . . . 9 fr.
DUMOULIN. — **La Photographie sans laboratoire.** (*Procédé au gélatinobromure, manuel opératoire. Insuccès. Tirage des épreuves positives. Temps de pose. Épreuves instantanées. Agrandissement simplifié.*) 2e édition entièrement refondue. In-18 jésus avec figures; 1892. . . . . 1 fr. 50
— **La Photographie sans maître.** In-18 jésus, avec figures; 1890 . . . . 1 fr. 75
— **Les Couleurs reproduites en Photographie.** *Historique, Théorie et Pratique.* In-18 jésus; 1876. 1 fr. 50
EDER (le Dr J.-M.), Directeur de l'Ecole royale et impériale de photographie, à Vienne, Professeur à l'École industrielle de Vienne. — **La Photographie instantanée, son application aux arts et aux sciences.** Traduction française de la 2e édition allemande, par O. CAMPO, membre de l'Association belge de photographie. Grand in-8, avec nombreuses figures et 1 planche spécimen; 1888. . . . . 6 fr. 50
— **La Photographie à la lumière du magnésium.** Ouvrage inédit. Traduit de l'allemand par HENRY GAUTHIER-VILLARS. In-18 jésus, avec figures; 1890 . . . . 1 fr. 75
ELSDEN (Vincent). — **Traité de Météorologie à l'usage des photographes.** Traduit de l'anglais par HECTOR COLARD. In-8, avec figures; 1888. . . . . 3 fr. 50
FABRE (C.), docteur ès sciences. — **Traité encyclopédique de Photographie.** 4 beaux volumes grand in-8, avec plus de 700 figures et 2 planches; 1889-1891. . . . . 48 fr.
    Chaque volume se vend séparément. . . . . 14 fr.
    Tous les trois ans, un Supplément destiné à exposer les progrès accomplis pendant cette période viendra compléter ce Traité et le maintenir au courant des dernières découvertes.
— **Premier supplément triennal.** (A.). Un beau volume gr. in-8 de 400 pages avec 176 fig; 1892. 14 fr.
— **La Photographie sur plaque sèche.** Emulsion au coton-poudre avec bain d'argent. In-18 jésus; 1880. . . . . 1 fr. 75
FERRET (l'abbé J.). — **La Photogravure facile et à bon marché.** In-18 jésus; 1889. . . . 1 fr. 25
FORTIER (G.). — **La Photolithographie,** *son origine, ses procédés, ses applications.* Petit in-8, orné de planches, fleurons, culs-de-lampe, etc., obtenus au moyen de la Photolithographie; 1876 . . . . . 3 fr. 50
FOURTIER (H.). — **Dictionnaire pratique de Chimie photographique** contenant une *Etude méthodique des divers corps usités en Photographie,* précédé de *Notions usuelles de Chimie* et suivi d'une description détaillée des *Manipulations photographiques.* Grand in-8, avec nombreuses figures; 1892. . 8 fr.
— **Les Positifs sur verre.** *Théorie et pratique. Les positifs pour projections. Stéréoscopes et vitraux. Méthodes opératoires. Coloriage et montage.* Grand in-8, avec nombreuses figures; 1892. . . . 4 fr. 50
— **La Pratique des projections.** *Etude méthodique des appareils. Les accessoires. Usages et applications diverses des projections. Conduite des séances.* 2 volumes in-18 jésus avec figures.
    I. *Les Appareils,* avec 16 figures; 1892. 2 fr. 75
    II. *La séance de Projections,* avec figures; 1893. . . . . (Sous presse).
— **Les Tableaux de projections mouvementés.** *Etudes des tableaux mouvementés, leur confection par les méthodes photographiques. Montage des mécanismes.* In-18 jésus avec figures; 1893. . . 2 fr. 25
FOURTIER (H.), **BOURGEOIS** et **BUCQUET.** -- **Le Formulaire classeur du Photo-Club de Paris.** Collection de formules sur fiches, renfermées dans un élégant cartonnage et classées en trois Parties : *Phototypes, Photocopies et Photocalques, Notes et Renseignements divers,* divisées chacune en plusieurs Sections. Première série, 1892. . . . . 4 fr.
GARIN et **AYMARD,** émailleurs. — **La Photographie vitrifiée,** *opérations pratiques.* In-18 jésus; 1890. . . . . 1 fr.
GAUTHIER-VILLARS (Henry). — **Manuel de Ferrotypie.** In-18 jésus, avec figures; 1891. . . . 1 fr.
GEYMET. — **Traité pratique du procédé au gélatino-bromure.** In-18 jésus; 1885 . . . . . 1 fr. 75
— **Éléments du procédé au gélatino-bromure.** In-18 jésus : 1882. . . . . 1 fr.
— **Traité pratique de Photolithographie.** 3e édition. In-18 jésus; 1888. . . . . 2 fr. 75
— **Traité pratique de Phototypie.** 3e édition. In-18 jésus; 1888. . . . . 2 fr. 50
— **Procédés photographiques aux couleurs d'aniline.** In-18 jésus; 1888. . . . . 2 fr. 50
— **Traité pratique de Gravure héliographique et de Galvanoplastie.** 3e édit. In-18 jésus; 1885. 3 fr. 50
— **Traité pratique de Photogravure sur zinc et sur cuivre.** In-18 jésus; 1886. . . . . 4 fr. 50
— **Traité pratique de Gravure et Impression sur zinc par les procédés héliographiques.** 2 volumes in-18 jésus, se vendant séparément :
    Ire PARTIE : *Préparation du zinc;* 1887. 2 fr.
    IIe PARTIE : *Méthode d'impression. Procédés inédits;* 1887. . . . . 3 fr.
— **Traité pratique de gravure en demi-teinte par l'intervention exclusive du cliché photographique.** In-18 jésus; 1888. . . . . 3 fr. 50
— **Traité pratique des Émaux photographiques,** *à l'usage du photographe émailleur sur plaques et sur porcelaine.* Tours de mains, secrets d'atelier, formules, palette complète, etc. 3e édition. In-18 jésus. 1883. . . . . 5 fr.

GEYMET. — **Traité pratique de Céramique photographique**. Épreuves irisées or et argent (Complément du *Traité des émaux photographiques*). In-18 jésus ; 1885. . . . . 2 fr. 75

— **Traité pratique de gravure sur verre par les procédés héliographiques**. In-18 jésus ; 1887. . . . . 3 fr. 75

— **Héliographie vitrifiable. Températures, supports perfectionnés, feux de coloris**. In-18 jésus ; 1889 . . . . 2 fr. 50

— **Traité pratique de Platinotypie sur émail, sur porcelaine et sur verre**. In-18 jésus ; 1880 . . . . 2 fr. 25

GIRARD (J.). — **Photomicrographie** en 100 tableaux pour projections. Texte explicatif, avec 29 figures; 1872. . . . . 1 fr. 50

GODARD (E.), artiste peintre décorateur. — **Traité pratique de peinture et dorure sur verre. Emploi de la lumière ; application de la Photographie**. Ouvrage destiné aux peintres, décorateurs, photographes et artistes amateurs. In-18 jésus; 1885. 1 fr. 75

— **Procédés photographiques pour l'application directe sur la porcelaine avec couleurs vitrifiables de dessins, photographies, etc.** In-18 jésus: 1888 . . . . 1 fr.

HANNOT. — **Exposé complet du procédé photographique à l'émulsion**, de M. WARNERKE, lauréat du Concours International pour le meilleur procédé au collodion sec et rapide, institué par l'Association belge de Photographie en 1876. In-18 jésus ; 1880. . . . . 1 fr. 50

HUBERSON. — **Formulaire pratique de la Photographie aux sels d'argent**. In-18 jésus; 1878. 1 fr. 50

— **Précis du Microphotographie**. In-18 jésus, avec figures et une planche en photogravure; 1879. 2 fr.

JOLY. — **La Photographie pratique**. Manuel à l'usage des officiers, des explorateurs et des touristes. In-18 jésus; 1887. . . . . 1 fr. 50

KLARY, artiste photographe. — **L'Éclairage des portraits photographiques**. Emploi d'un écran de tête, mobile et coloré. 7e édition revue et considérablement augmentée. In-18 jésus, avec figures; 1893. 1 fr. 75

— **Traité pratique d'impression photographique sur papier albuminé**. In-18 j., avec fig.; 1888. 3 fr. 50

— **L'Art de retoucher en noir les épreuves positives sur papier**. 2e édition. In-18 jésus: 1891. . 1 fr.

— **L'Art de retoucher les négatifs photographiques**. 2e édition. In-18 jésus, avec figures : 1891. . 2 fr.

— **Traité pratique de la peinture des épreuves photographiques** avec les couleurs à l'aquarelle et les couleurs à l'huile, suivi de *différents procédés de peinture appliqués aux photographies*. In-18 jésus ; 1888. . . . . 3 fr. 50

— **Les Portraits au crayon, au fusain et au pastel obtenus au moyen des agrandissements photographiques**. In-18 jésus ; 1869. . . . . 2 fr. 50

LA BAUME-PLUVINEL (A. de). — **Développement de l'image latente**. *(Photographie au gélatinobromure d'argent.)* In-18 jésus: 1889. . . . . 2 fr. 50

— **Le Temps de pose** *(Photographie au gélatinobromure d'argent)*. In-18 jésus; 1890. . . . . . 2 fr. 75

— **La Formation des images photographiques**. In-18 jésus, avec figures; 1891 . . . . 2 fr. 75

LE BON (Dr Gustave).— **Les Levers photographiques et la Photographie en voyage**. 2 vol. in-18 jésus, avec figures; 1889 . . . . 5 fr.

On vend séparément :

Ire Partie: *Application de la Photographie à l'étude géométrique des monuments et à la topographie*. . . . . 2 fr. 75

IIe Partie: *Opérations complémentaires des applications de la Photographie au lever des monuments. Lever des détails d'édifices. Construction des cartes. Levers d'itinéraires. Technique photographique. Photographie instantanée*. . . . . 2 fr. 75

LIESEGANG (Paul). — **Notes photographiques**. Le procédé au charbon. Système d'impression inaltérable. 4e édition. Petit in-8, avec figures; 1886. . . . . 2 fr.

LONDE (A.), directeur du Service photographique à l'hospice de la Salpêtrière. — **La Photographie instantanée**. 2e édition. In-18 jésus, avec belles figures: 1890. . . . . 2 fr. 75

— **La Photographie dans les Arts, les Sciences et l'Industrie**. In-18 jésus, avec 2 spécimens; 1888. 1 fr. 50

— **Traité pratique du développement**. Étude raisonnée des divers révélateurs et de leur mode d'emploi. 2e édition. In-18 jésus, avec figures et 5 planches doubles en photocollographie; 1892. . . . . 2 fr. 75

— **La Photographie médicale. Application aux sciences médicales et physiologiques**. Grand in-8, avec 80 figures et 19 planches: 1893. . . . . 9 fr.

LUMIÈRE (Auguste et Louis.) - **Les Développateurs organiques en Photographie et le Paramidophénol**. In-18 jésus ; 1893.

MARCO MENDOZA. — **La Photographie la nuit**. — *Traité pratique des opérations photographiques que l'on peut faire à la lumière artificielle*. In-18 jésus avec figures: 1893. . . . . 1 fr. 25

MARTENS (J.). — **Traité élémentaire de Photographie**, contenant le procédé au collodion humide, le procédé au gélatinobromure d'argent, le tirage des épreuves positives au charbon. In-16; 1887. . 1 fr. 50

MARTIN, docteur ès sciences. — **Détermination des courbures de l'objectif grand angulaire pour vues**, couronné par la Société française de Photographie (concours de 1892). Grand in-8 avec figures; 1892 . . . . 1 fr. 25

MASSELIN (A.), ingénieur. — **Traité pratique de Photographie appliquée au dessin industriel**, à l'usage des Écoles, des amateurs, ingénieurs, architectes et constructeurs. Petit in-8, avec figures, 2e édition ; 1890 . . . . 1 fr. 50

MERCIER (P.), Chimiste, Lauréat de l'École supérieure de Pharmacie de Paris. — **Virages et fixages**. *Traité historique, théorique et pratique.* 2 volumes in-18 jésus ; 1892 . . . . 5 fr.
   Ire PARTIE : *Notice historique, Virages aux sels d'or.* . . . . 2 fr. 75
   IIe PARTIE : *Virages aux divers métaux. Fixages.* . . . . 2 fr. 75

MOËSSARD (P.), commandant du génie breveté, attaché au service géographique de l'armée. — **Le Cylindrographe**, *Appareil panoramique.* 2 volumes in-18 jésus, avec figures, contenant chacun une grande planche phototypique ; 1889 . . . . 3 fr.
On vend séparément :

   Ie PARTIE : *Le Cylindrographe photographique. Chambre universelle pour portraits, groupes, paysages et panoramas* . . . . 1 fr. 75
   IIe PARTIE : *Le Cylindrographe topographique. Application nouvelle de la photographie aux levers topographiques.* . . . . 1 fr. 75

— **Étude des lentilles et des objectifs photographiques.** *Étude expérimentale complète d'une lentille ou d'un objectif photographique au moyen de l'appareil dit « Le Tourniquet » ; avec figures et une grande planche (feuille analytique).* In-18 jésus ; 1889 . . . . 1 fr. 75
   Chaque *feuille analytique* seule.. . . . . 0 fr. 25

MONCKHOVEN (Van). — **Traité général de Photographie**, suivi d'un chapitre spécial sur le *Gélatino-bromure d'argent.* 8e édition. Nouveau tirage. Grand in-8, avec planches et figures ; 1889 . . . . 16 fr.

MONET (A.-L.). — **Procédés de reproductions graphiques appliqués à l'imprimerie.** Grand in-8, avec 103 figures et 13 planches hors texte, dont plusieurs en couleurs ; 1889 . . . . 10 fr.

MOOCK (L.). — **Traité pratique complet d'impressions photographiques aux encres grasses, de Phototypographie et de Photogravure.** 3e édit., entièrement refondue par GEYMET. In-18 j.; 1888. 3 fr.

NOTE BOOK, édité par l'Association belge de Photographie. Petit in-8 cartonné ; 1888 . . . . . . 1 fr. 25

ODAGIR (H.). — **Le Procédé au gélatino-bromure**, suivi d'une *Note* de M. MILSOM *sur les clichés portatifs* et de la traduction des *Notices* de KENNETT et du Rev. G. PALMER. In-18 jésus ; 1885 . . 1 fr. 50

OGONOWSKI (le comte E.). — **La Photochromie.** *Tirage d'épreuves photographiques en couleurs.* In-18 jésus ; 1891 . . . . 1 fr.

O'MADDEN (le chevalier). — **Le Photographe en voyage.** Emploi du gélatino-bromure. Installation en voyage. Bagage photographique. Nouvelle édition revue et augmentée. In-18 jésus ; 1890 . . . . . . 1 fr.

PANAJOU (F.), chef du service photographique à la Faculté de médecine de Bordeaux. — **Manuel du Photographe amateur.** 2e édition, revue et augmentée. Petit in-8 avec figures ; 1892 . . . . . 2 fr. 50

PARIS-PHOTOGRAPHE. **Revue mensuelle illustrée de la Photographie et de ses applications aux Arts, aux Sciences et à l'Industrie.** Directeur : PAUL NADAR. Grand in-8. *Fondé en 1891.)*
   Cette Revue, luxueusement illustrée à l'aide des différents procédés actuels, compte parmi ses collaborateurs les savants les plus éminents qui s'occupent de la science photographique. Elle est destinée en outre à guider l'amateur qu'elle renseigne sur tous les progrès accomplis tant en France qu'à l'étranger.
Prix de l'abonnement pour un an :

Paris. . . . . 25 fr. | Départements. . . 26 fr. 50 | Union postale. . . . . . 28 fr.
   Chaque numéro se vend séparément. . . . . 3 fr. 50

PÉLEGRY, peintre amateur, membre de la Société photographique de Toulouse. — **La Photographie des peintres, des voyageurs et des touristes.** *Nouveau procédé sur papier huilé*, simplifiant le bagage et facilitant toutes les opérations, avec indication de la manière de construire soi-même la plupart des instruments nécessaires. 2e tirage. In-18 jésus, avec un spécimen ; 1885 . . . . 1 fr. 75

PÉLIGOT (Maurice), ingénieur chimiste. — **Traitement des résidus photographiques.** In-18 jésus, avec figures ; 1891.. . . . . 1 fr. 25

PERROT DE CHAUMEUX (L.). — **Premières leçons de Photographie.** 4e édition, revue et augmentée. In-18 jésus, avec fig. ; 1882 . . . . 1 fr. 50

PIERRE PETIT (fils). — **La Photographie artistique. Paysages. Architecture. Groupes et Animaux.** In-18 jésus ; 1883. . . . . 1 fr. 25

— **Manuel pratique de Photographie.** In-18 jésus, avec figures ; 1883. . . . . 1 fr. 50

— **La Photographie industrielle.** Vitraux et émaux. Positifs microscopiques. Projections. Agrandissement. Lithographie. Photographie des infiniment petits. Imitation de la nacre, de l'ivoire, de l'écaille. Éditions photographiques. Photographie à la lumière électrique, etc. In-18 jésus; 1883. . . . . . 2 fr. 25

PIQUEPÉ. — **Traité pratique de la retouche des clichés photographiques**, suivi d'une *Méthode très détaillée d'émaillage*, et de *Formules* et *Procédés divers.* 3e tirage. In-18 jésus, avec 1 photoglyptie ; 1890. . . . . 4 fr. 50

PIZZIGHELLI et HÜBL. — **La Platinotypie.** *Exposé théorique et pratique d'un procédé photographique aux sels de platine permettant d'obtenir rapidement des épreuves inaltérables.* Traduit de l'allemand par HENRY GAUTHIER-VILLARS. 2e édition. In-8 ; 1887.

Broché . . . . 3 fr. 50 | Cartonné avec luxe. . . . . 4 fr. 50

POITEVIN (A.). — **Traité des impressions photographiques**, suivi d'Appendices relatifs aux procédés *de Photographie négative et positive sur gélatine, d'Héliogravure, d'Hélioplastie, de Photolithographie, de Phototypie, de tirage au charbon, d'impressions aux sels de fer*, etc., par M. LÉON VIDAL. In-18 jésus, avec un portrait photographique de Poitevin. 2e édition, entièrement revue et complétée ; 1883. . . . **4 fr.**

RADAU (R.). — **La Lumière et les climats.** In-18 jésus ; 1877. . . . . **1 fr. 75**

— **Les radiations chimiques du Soleil.** In-18 jésus ; 1877. . . . . **1 fr. 50**

— **Actinométrie.** In-18 jésus ; 1877 . . . . **2 fr. »**

— **La Photographie et ses applications scientifiques.** In-18 jésus; 1878 . . . . **1 fr. 75**

RAYET (G.). — **Notes sur l'histoire de la Photographie astronomique.** Grand in-8 ; 1887 . **2 fr. »**

REEB (H.), pharmacien de 1re classe. — **Étude sur l'hydroquinone. Son application en photographie comme révélateur.** Grand in-8; 1890 . . . . **75 c.**

REVUE DE PHOTOGRAPHIE, publiée à Genève, sous la direction de F. DEMOLE, docteur ès sciences. In-8, avec fig. et planches ; mensuel. 4e année 1892. (Genève.)

L'abonnement est annuel et part de janvier. *Prix pour un an* (12 numéros) :

Suisse. . . . . 6 fr. » | Union postale. . . . . 8 fr. 50

Les années 1889 et 1890 presque épuisées se vendent séparément. . . . . 10 fr.

ROBINSON (H.-P.). — **La Photographie en plein air. Comment le photographe devient un artiste.** Traduit de l'anglais par HECTOR COLARD, membre de l'Association belge de photographie. 2e édition. 2 vol. grand in-8 ; 1889 . . . . **5 fr.**

On vend séparément :

Ire PARTIE : Des plaques à la gélatine. — Nos outils. — De la composition. — De l'ombre et de la lumière. — A la campagne. — Ce qu'il faut photographier. — Des modèles. — De la genèse d'un tableau. — De l'origine des idées. In-8, avec figures et 2 planches photocollographiques. . **2 fr. 75**

IIe PARTIE : Des sujets. — Qu'est-ce qu'un paysage? — Des figures dans le paysage. — Un effet de lumière. — Le Soleil. — Sur terre et sur mer. — Le Ciel. — Des animaux. — Vieux habits! — Du portrait fait en dehors de l'atelier. — Points forts et points faibles d'un tableau. — Conclusion. In-8, avec figures et 2 planches photocollographiques. . . . . **2 fr. 50**

RODRIGUES (J.), chef de la Section photographique du Gouvernement portugais. — **Procédés photographiques et méthodes diverses d'impressions aux encres grasses,** *employés à la Société photographique et artistique.* Grand in-8; 1879. . . . . **2 fr. 50**

ROUX (V.), opérateur au Ministère de la Guerre. — **Traité pratique de gravure héliographique en taille-douce, sur cuivre, bronze, zinc, acier, et de galvanoplastie.** In-18 ; 1886. . . . . . **1 fr. 25**

— **Manuel opératoire pour l'emploi du procédé au gélatino-bromure d'argent.** Revu et annoté par STÉPHANE GEOFFRAY. 2e édition. In-18 ; 1885. . . . . **1 fr. 75**

— **Traité pratique de la transformation des négatifs en positifs servant à l'héliogravure et aux agrandissements.** In-18 ; 1881 . . . . **1 fr.**

— **Manuel de Photographie et de Chalcographie,** à l'usage de MM. les graveurs sur bois, sur métaux, sur pierre et sur verre. (Transports pelliculaires divers, Reports autographiques et reports calcographiques. Réductions et agrandissements. Nielles.) In-18 jésus; 1886. . . . . **1 fr. 25**

ROUX (V.). — **Traité pratique de Zincographie.** Photogravure, Autogravure, Reports, etc. 2e édition entièrement refondue, par l'abbé J. FERRET. In-18 jésus: 1891. . . . . **1 fr. 25**

— **Formulaire pratique de Phototypie,** à l'usage de MM. les préparateurs et imprimeurs des procédés aux encres grasses. In-18 jésus; 1887 . . . . **1 fr.**

— **Traité pratique de Photographie décorative appliquée aux arts industriels.** Photocéramique et lithocéramique. Vitrifications. Émaux divers. Photoplastie. Photogravure en creux et en relief. Orfèvrerie. Bijouterie. Meubles. Armures. Épreuves directes et reports polychromiques. In-18 jésus; 1887. . . . . . **1 fr. 25**

— **Photographie isochromatique.** Nouveaux procédés pour la reproduction des tableaux, aquarelles, etc. In-18 jésus; 1887 . . . . **1 fr. 25**

RUSSELL (C.). — **Le procédé au tannin,** traduit de l'anglais par AIMÉ GIRARD. 2e édition, renfermant la description des nouvelles méthodes. In-18 jésus, avec figures ; 1864 . . . . **2 fr. 50**

SAUVEL (Ed.), avocat au Conseil d'État et à la Cour de cassation. — **Des œuvres photographiques et de la protection légale à laquelle elles ont droit.** In-18; 1880. . . . . **1 fr. 50**

SCHAEFFNER (Ant.). — **Notes photographiques,** expliquant toutes les opérations et l'emploi des appareils et produits nécessaires en Photographie. Petit in-8; 3e édition, revue et augmentée. . . . (*Sous presse*).

— **La Photominiature.** *Conseils aux débutants.* Petit in-8 ; 1890. . . . : . . . . . **1 fr. 50**

-- **La Fotominiatura.** *Instrucciones practicas,* traducido por L.-C. PIN. Petit in-8: 1891. . . . . . **2 fr. 50**

— **La Photogravure en creux et en relief simplifiée.** Procédé nouveau mis à la portée de MM. les Amateurs et Praticiens en taille-douce et en typographie. Augmenté d'un procédé nouveau pour la reproduction en typographie des demi-teintes. In-18 jésus, avec 14 figures; 1891 . . . . **2 fr. 75**

SIMONS (A.). — **Traité pratique de photo-miniature, photo-peinture et photo-aquarelle.** 2e édition. In-18 jésus; 1892. . . . . **1 fr. 25**

SORET (A.), professeur de physique au lycée du Havre. — **Optique photographique.** *Notions nécessaires aux photographes amateurs. Étude de l'objectif. Applications.* In-18 jésus, avec figures; 1891. . . **3 fr.**

TISSANDIER (Gaston). — **La Photographie en ballon**, avec une épreuve photoglyptique du cliché obtenu par MM. Gaston Tissandier et Jacques Ducom, à 600m au-dessus de l'Ile Saint-Louis, à Paris. In-8, avec figures; 1886 . . . . 2 fr. 25

TRUTAT (E.). — **La Photographie appliquée à l'Archéologie.** *Reproduction des Monuments, Œuvres d'art, Mobilier, Inscriptions, Manuscrits.* In-18 jésus, avec 2 pl. photolithogr. 1879 . . . . . . 1 fr. 50

— **Traité pratique de Photographie sur papier négatif par l'emploi de couches de gélatino-bromure d'argent étendues sur papier.** In-18 jésus, avec 2 pl. spécimens; 1883 . . . . . 1 fr. 50

— **La Photographie appliquée à l'Histoire naturelle.** In-18 jésus, avec 58 belles figures dans le texte et 5 planches spécimens en Phototypie, d'Anthropologie, d'Anatomie, de Conchyliologie, de Botanique et de Géologie ; 1884 . . . . 2 fr. 50

— **Traité pratique des agrandissements photographiques.** 2 vol. in-18 jésus, avec 105 figures; 1891.
    1re Partie : *Obtention des petits clichés.* 2 fr. 75 — IIe Partie : *Agrandissements.* 2 fr. 75

— **Impressions photographiques aux encres grasses.** *Traité pratique de Photocollographie à l'usage des amateurs.* In-18 jésus, avec nombreuses figures et 1 planche en photocolliographie; 1892 . . . 2 fr. 75

VIALLANES (H.), docteur ès sciences et docteur en médecine. — **Microphotographie. La Photographie appliquée aux études d'Anatomie microscopique.** In-18 j., avec 1 pl. phototypique et fig.; 1886. 2 fr.

VIDAL (Léon). — **Traité pratique de Phototypie,** ou *impression à l'encre grasse sur couche de gélatine.* In-18 jésus, avec 2 planches phototypiques et belles gravures ; 1879 . . . . 8 fr.

— **La Photographie appliquée aux arts industriels de reproduction.** In-18 j., avec fig.; 1880. 1 fr. 50

— **Traité pratique de Photoglyptie,** *avec ou sans presse hydraulique.* In-18 jésus, avec 2 planches photoglyptiques hors texte et nombreuses gravures; 1881 . . . . 7 fr.

— **Calcul des temps de pose et Tables photométriques,** pour l'appréciation des temps de pose nécessaires à l'impression des épreuves négatives à la chambre noire, en raison de l'intensité de la lumière, de la distance focale, de la sensibilité des produits, du diamètre du diaphragme et du pouvoir réducteur moyen des objets à reproduire. 2e édition. In-18 jésus, avec tables ; 1885.
    Broché . . . . 2 fr. 50 | Cartonné . . . . 3 fr. 50

— **Photomètre négatif,** avec une instruction. Renfermé dans un étui cartonné . . . . 5 fr.

— **Manuel pratique d'Orthochromatisme.** In-18 jésus, avec figures, 2 planches dont une en photocollographie et 1 spectre en couleur; 1891 . . . . 2 fr. 75

— **La Photographie à l'Exposition de 1889.** *Procédés négatifs. Procédés positifs. Impressions photochimiques et photomécaniques. Appareils. Produits. Applications nouvelles.* Grand in-8 ; 1891 . . . 2 fr.

— **Manuel du touriste photographe.** 2e éd. 2 vol. in-18 jésus, avec nombreuses figures, se vendant séparément :
    Ire Partie. — *Couches sensibles négatives. — Objectifs. — Appareils portatifs. — Obturateurs rapides. — Pose et Photométrie. — Développement et fixage. — Renforçateurs et réducteurs. — Vernissage et retouche des négatifs;* 1889 . . . . 6 fr.
    IIe Partie. — *Impressions positives aux sels d'argent et de platine. — Retouche et montage des épreuves. — Photographie instantanée. — Appendice indiquant les derniers perfectionnements. — Devis de la première dépense à faire pour l'achat d'un matériel photographique de campagne et prix courant des produits les plus usités;* 1889 . . . . 4 fr.

— **Traité pratique de Photolithographie.** *Photolithographie directe et par voie de transfert. Photozincographie. Photocollographie. Autographie. Photographie sur bois et sur métal à graver. Tours de mains et formules diverses.* In-18 jésus, avec 25 figures et 4 planches; 1893.

— **La Photographie des débutants.** Procédé négatif et positif. 2e éd. In-18 jés., avec fig.; 1890. 2 fr. 75

— **Cours de reproductions industrielles. Exposé des principaux procédés de reproductions graphiques, plastiques, hélioplastiques et galvanoplastiques.** In-18 jésus. Texte . . . . 3 fr. 50

VIEUILLE (G.). — **Nouveau guide pratique du Photographe amateur.** 3e édition, entièrement refondue et beaucoup augmentée. In-18 jésus ; 1892 . . . . 2 fr. 75

VILLON (A.-M.), ingénieur chimiste, professeur de technologie. — **Traité pratique de photogravure au mercure ou Mercurographie.** In-18 jésus; 1891 . . . . 4 fr.

— **Traité pratique de photogravure au mercure ou Mercurographie.** In-18 jésus; 1891 . . . 1 fr.

VOGEL. — **La Photographie des objets colorés avec leurs valeurs réelles.** Traduit de l'allemand par Henry Gauthier-Villars. In-8, avec 2 planches ; 1887.
Broché . . . . 6 fr. | Cartonné avec luxe . . . . 7 fr.

WALLON (E.), professeur de physique au lycée Janson de Sailly. — **Traité élémentaire de l'objectif photographique.** Grand in-8, avec 135 figures ; 1891 . . . . 7 fr. 50

ENCYCLOPÉDIE SCIENTIFIQUE

DES AIDE-MÉMOIRE

PUBLIÉE SOUS LA DIRECTION DE

M. H. LÉAUTÉ

Membre de l'Institut.

300 VOLUMES ENVIRON, PETIT IN-8, PARAISSANT DE MOIS EN MOIS

Il sera publié 30 à 40 volumes par an.

Chaque volume est vendu séparément :

Broché . . . . **2 fr. 50** | Cartonné, toile anglaise . . . **3 fr.**

Cette publication, qui se distingue par son caractère pratique, reste cependant une œuvre hautement scientifique.

Embrassant le domaine entier des Sciences appliquées, depuis la Mécanique, l'Electricité, l'Art de l'Ingénieur, la Physique et la Chimie industrielles, etc., jusqu'à l'Agronomie, la Biologie, la Médecine, la Chirurgie et l'Hygiène, elle se compose d'environ 300 volumes petit in-8.

Chacun d'eux, signé d'un nom autorisé, donne, *sous une forme condensée*, l'état précis de la Science sur la question traitée et toutes les indications pratiques qui s'y rapportent.

La publication est divisée en deux sections : **Section de l'Ingénieur, Section du Biologiste**, qui paraissent simultanément depuis février 1892 et se continuent avec régularité de mois en mois.

Les Ouvrages qui constitueront ces deux Séries permettront à l'Ingénieur, au Constructeur, à l'Industriel, d'établir un projet sans reprendre la théorie : au Chimiste, au Médecin, à l'Hygiéniste, d'appliquer la technique d'une préparation, d'un mode d'examen ou d'un procédé sans avoir à lire tout ce qui a été écrit sur le sujet. Chaque volume se termine par une Bibliographie méthodique permettant au lecteur de pousser plus loin et d'aller aux sources.

LISTE DES OUVRAGES[1]

SECTION DE L'INGÉNIEUR

[1]**PICOU (R.-V.)**, Ingénieur des Arts et Manufactures. — **Distribution de l'électricité. Installations isolées.**

L'Auteur s'est proposé, dans cet ouvrage, d'indiquer les procédés à employer et les modes de calcul correspondants pour distribuer l'électricité entre les divers organes d'utilisation. La question si importante de l'échauffement des conducteurs est traitée à fond, ainsi que celles des terres, des coupe-circuits, etc. De nombreux tableaux numériques et les résultats d'expériences les plus récents complètent ce Volume d'un caractère très pratique.

GOUILLY (Al.), Ingénieur des Arts et Manufactures, Répétiteur à l'Ecole Centrale. — **Transmission de la force motrice par air comprimé ou raréfié.**

Ce petit Volume contient tous les renseignements nécessaires à l'établissement des projets de transmission par air comprimé ou par air raréfié. Il renferme les données et les résultats les plus certains sur les compresseurs d'air, les moteurs à air, les canalisations, les horloges et les télégraphes pneumatiques, les distributions de force motrice.

[2]**DUQUESNAY**, Directeur des Manufactures de l'Etat. — **Résistance des matériaux.**

Ce Traité très complet, quoique très condensé, est appelé à rendre de grands services aux Ingénieurs, aux Constructeurs, à tous ceux qui ont à se servir de la résistance des matériaux. M. Duquesnay, qui, pendant plusieurs années, a enseigné cette Science aux Elèves Ingénieurs de l'Etat et qui a dû l'appliquer au service central des constructions, avait tous les éléments pour faire un livre de première utilité; il y a réussi.

---

1. NOTA. — Les numéros 1, 2, 3, 4... indiquent l'ordre d'apparition mensuelle des Ouvrages à partir de février 1892.

2 DWELSHAUVERS-DERY, Ingénieur, Professeur à l'Université de Liège. — **Étude expérimentale calorimétrique de la machine à vapeur.**

M. Dwelshauvers-Dery, le savant Professeur de l'Université de Liège, bien connu par ses beaux travaux sur la machine à vapeur, a voulu résumer dans un petit Volume tout ce que les Ingénieurs ou les Constructeurs doivent connaître au point de vue de l'étude calorimétrique de la machine à vapeur; son Livre s'adresse spécialement aux Ingénieurs et aux Constructeurs, qui n'avaient pas jusqu'ici à leur disposition d'ouvrage analogue.

3 MADAMET (A.). Ingénieur de la Marine, ancien Directeur de l'École d'application du Génie maritime. — **Tiroirs et distributeurs de vapeur.** *Appareils de mise en marche et de changement de marche.*

Les constructeurs trouveront dans cet *Aide-Mémoire* tous les renseignements dont ils ont besoin, ainsi que la description raisonnée des divers mécanismes employés pour la conduite des distributeurs. Le problème du changement de marche, si important pour les locomotives et les machines marines, est étudié tout spécialement, ainsi que la question capitale, pour les machines à grande vitesse, des résistances de frottement ou d'inertie qui s'opposent au mouvement des tiroirs.

3 MAGNIER DE LA SOURCE (Dr L.), Expert-chimiste. — **Analyse des vins.**

Cet Ouvrage, très pratique, s'adresse à toutes les personnes qui, redoutant les fraudes très fréquentes que subit le vin, désirent faire une analyse avant de conclure un marché : il permet, avec une installation des plus sommaires, d'obtenir des résultats certains : c'est l'exposé très complet et très clair des méthodes appliquées par les experts.

4 ALHEILIG, Ingénieur de la Marine, Professeur à l'École d'application du Génie maritime. — **Recette, conservation et travail des bois. Outils et machines-outils employés dans ce travail.**

Ce Traité, qui n'exige que quelques notions théoriques assez simples pour être comprises de tout le monde, rendra de grands services, car il contient tous les renseignements possibles sur les qualités et défauts des bois, leur recette, leur classement, leur conservation, les outils qui servent à les travailler et en particulier les scies et les raboteurs mécaniques.

4 PICOU (R.-V.), Ingénieur des Arts et Manufactures. — **La distribution de l'électricité. Usines centrales.**

Ce Volume est le complément de celui qui a été publié précédemment sur la *distribution par installations isolées*. Les distributions en série, les distributions directes par deux, trois ou cinq fils, les distributions indirectes par transformateurs et accumulateurs sont successivement étudiées. Le tout est accompagné de nombreux renseignements pratiques, propres à faciliter l'étude des avant-projets et à éviter de graves erreurs dans les estimations de dépenses.

5 WITZ (Aimé), Docteur ès sciences, Ingénieur des Arts et Manufactures, Professeur à la Faculté libre des Sciences de Lille. — **Thermodynamique à l'usage des Ingénieurs.**

La Thermodynamique, cette science fondamentale pour l'Ingénieur, car ses lois régissent les machines thermiques, a été rédigée par M. A. Witz spécialement pour les Ingénieurs. Ils trouveront dans cet Ouvrage, sous une forme essentiellement simple et pratique, tout ce qu'il faut savoir pour les applications aux machines thermiques. L'exposé des principes fondamentaux de Mayer et de Joule est suivi d'une étude particulière des gaz des solides, des liquides et des vapeurs; un chapitre est consacré à l'écoulement des fluides et un autre au rendement des cycles. Les applications de la théorie aux machines thermiques seront faites dans une série de quatre *Aide-Mémoire* dont M. Léauté a confié la rédaction au même auteur.

6 LINDET (L.), Docteur ès sciences, Professeur de Technologie agricole à l'Institut national agronomique. — **La bière.**

Ce Volume, malgré ses dimensions restreintes, est un Traité scientifique complet de la fabrication de la bière, comprenant une partie théorique et une partie pratique où se trouve l'application des principes énoncés dans la première.

6 SCHLŒSING fils (Th.), Ingénieur des Manufactures de l'État. — **Notions de Chimie agricole.**

Les *Notions de Chimie agricole* traitent de la nutrition végétale de l'atmosphère et des sols agricoles. L'Ouvrage est un résumé, sans menus détails ni longues descriptions, des connaissances qui sont nécessaire aux personnes désirant être mises au courant de la Chimie agricole, science qui a tant contribué et contribue chaque jour davantage aux progrès de la production végétale.

6 SAUVAGE, Ingénieur des Mines. — **Les divers types de moteurs à vapeur.**

Ce Volume donne la classification et les principaux caractères des machines si variées qui sont actionnées par la vapeur. Les prix de revient de la puissance motrice et la manière de les établir y sont spécialement étudiés. Une bibliographie étendue permet de trouver des dessins et descriptions de tous les types importants.

7 LE CHATELIER, Ingénieur en chef des Mines, Professeur à l'École nationale des Mines, Répétiteur de Chimie à l'École Polytechnique. — **Le Grisou.**

Le Volume de M. Le Chatelier résume les connaissances indispensables à l'exploitant de mines de houille. Toutes les questions relatives au gisement, au dégagement et aux propriétés du grisou, toutes celles qui se rapportent aux accidents, aux précautions à prendre, aux lampes, aux explosifs, sont traitées d'une façon concise mais complète.

MADAMET, Ingénieur de la Marine en retraite, Directeur des Forges et Chantiers de la Méditerranée. — **Détente variable de la vapeur. Dispositifs qui la produisent.**

Les ingénieurs et les constructeurs trouveront dans ce Volume les règles simples et précises dont ils ont besoin pour étudier tel ou tel système de détente. Des considérations dont la simplicité ne nuit en rien à l'exactitude rendent un compte très complet des diverses particularités qui sont indispensables à connaître pour éviter des méprises dont il reste malheureusement de nombreux exemples. La coulisse de Stephenson et ses variables sont également l'objet d'une étude détaillée ainsi que les systèmes de distribution Joy, Marshall et autres.

⁸ CRONEAU (A.), Ingénieur des Constructions navales, Professeur à l'École d'application du Génie maritime. — **Canons, torpilles et cuirasses, leur installation à bord des bâtiments.**

Le Volume de M. Croneau présente à l'heure actuelle le plus haut intérêt, car l'attention de tous est fixée sur notre flotte, sur sa constitution et son armement. Le savant professeur de l'École du Génie maritime, très au courant des choses de l'étranger, était mieux à même que qui que ce soit de faire sur ces importantes questions une étude comparative vraiment utile.

⁹ DUDEBOUT (A.), Ingénieur de la Marine, Sous-Directeur et Professeur à l'École d'Application du Génie maritime. — **Appareils d'essai des moteurs à vapeur; appareils d'asservissement.**

Donner à l'ingénieur, au mécanicien, ou au propriétaire d'appareils à vapeur, un guide sommaire, mais bien complet, pour les essais à froid et à chaud des moteurs à vapeur et pour le choix des appareils ou instruments spéciaux à employer, tel a été le but de l'auteur, dans la partie du présent ouvrage qui a pour titre *Appareils d'essai des moteurs à vapeur.*

Dans celle qui traite des *Appareils d'asservissement* ou *servo-moteurs,* on trouvera, avec beaucoup d'exemples à l'appui, une classification logique des dispositifs si divers, employés de toute part aujourd'hui, dès qu'il s'agit de faire commander rapidement, par une source très faible de puissance, le mouvement d'un organe très lourd ou très résistant.

¹⁰ GAUTIER (H.), Professeur agrégé à l'École de Pharmacie de Paris. — **Essais d'or et d'argent.**

Ce petit Volume comprend la partie de l'analyse chimique relative aux alliages monétaires et d'orfèvrerie. L'auteur a fait précéder l'exposé des méthodes employées par l'essayeur d'une description des principaux alliages des métaux précieux au point de vue de leurs propriétés chimiques et de leur composition légale. Les différentes méthodes d'essais ainsi que les précautions à prendre pour éviter les causes d'erreur sont exposées avec le plus grand soin.

¹¹ LECOMTE (H.), Docteur ès Sciences, Professeur agrégé d'Histoire naturelle au Lycée Saint-Louis. — **Les textiles végétaux : leur examen microchimique.**

Ce petit livre, très substantiel, très nourri, écrit par un homme connaissant bien le sujet qu'il traite, comprend non seulement les caractères physiques et chimiques des textiles végétaux les plus employés, mais encore les méthodes à suivre pour leur recherche dans les tissus et dans les papiers. Cette dernière partie, essentiellement pratique, présente un intérêt incontestable dans un siècle où les falsifications sont à l'ordre du jour.

¹¹ ALHEILIG, Ingénieur de la Marine, Professeur à l'École d'Application du Génie maritime. — **Cordages en chanvre et en fils métalliques.**

L'Auteur étudie d'abord la corderie en chanvre; la préparation des filasses, la fabrication du fil, sa conservation, la confection des drisses et des drosses sont traitées d'une façon complète.

Il aborde ensuite la fabrication des cordages métalliques et expose les essais à faire pour apprécier leurs qualités.

Ce petit volume présente d'autant plus d'intérêt qu'il existe très peu d'ouvrages sur ce sujet d'une importance cependant considérable.

¹¹ DE LAUNAY, Professeur à l'École des Mines. — **Formation des gîtes métallifères.**

Cet ouvrage, nécessaire à quiconque s'occupe de mines métalliques, et des plus intéressants pour tous ceux que touche ce problème capital de la géologie, la formation des gîtes métallifères, comble une lacune depuis longtemps regrettée dans l'enseignement français. Au courant des théories les plus récentes et des derniers progrès de la géologie générale, l'auteur a su en profiter pour renouveler le sujet sans verser dans les exagérations actualistes de certains savants étrangers.

¹² BERTIN (E.), Directeur des Constructions navales, Directeur de l'École d'Application du Génie maritime. — **État actuel de la Marine de guerre.**

L'Ouvrage comprend la définition et la description des principales catégories de navires de guerre et la composition des flottes actuelles des divers pays, en bâtiments de chaque catégorie.

Il répond ainsi aux préoccupations du jour sur la puissance de notre marine comparée à celle des marines rivales.

¹² FERDINAND, JEAN, Directeur du laboratoire de la Bourse de Commerce et de la Société française d'Hygiène. — **Industrie des cuirs et des peaux.** *Analyse des matières premières, des agents auxiliaires et des produits.*

Les industriels et les chimistes consulteront cet Aide-Mémoire avec profit; l'Auteur y traite des industries du cuir et des peaux et fait connaître les méthodes auxquelles il convient d'avoir recours pour contrôler la fabrication et analyser les divers produits qui sont employés dans ces industries.

SECTION DU BIOLOGISTE

¹ FAISANS (Dr Léon), Médecin de la Pitié. — **Maladies des organes respiratoires. — Méthodes d'exploration; signes physiques.**

L'Ouvrage du Dr Faisans est essentiellement un Livre pratique d'enseignement dans lequel les étudiants trouveront tout ce qu'il leur faut connaître pour arriver à pratiquer avec méthode l'inspection, la palpation, la percussion et l'auscultation de la poitrine.

¹ MAGNAN (Dr), Médecin en chef à l'Asile Sainte-Anne, et **SÉRIEUX (Dr P.),** Médecin-adjoint des Asiles de la Seine. — **Le délire chronique à évolution systématique.**

Démontrer que le délire à évolution systématique est une entité morbide qui doit être différenciée des délires systématisés des dégénérés, tel est le but que se sont proposé les Auteurs.

Ce Volume ne s'adresse pas seulement aux médecins, mais aussi à tous ceux qui s'intéressent aux maladies de l'esprit.

²AUVARD (A.), Accoucheur des Hôpitaux. — Gynécologie, Séméiologie génitale.

Les maladies génitales de la Femme présentent souvent au médecin des problèmes extrêmement compliqués. L'important est de se rendre maître, par un diagnostic méthodique, des données de ces problèmes, et d'abord de les bien catégoriser dans leurs domaines respectifs de troubles extragénitaux et de troubles génitaux, ces derniers subdivisés en troubles douloureux et troubles fonctionnels. Puis le clinicien doit interroger sa patiente par l'inspection, la palpation et la percussion, l'auscultation et le toucher. Le Livre de M. Auvard enseigne à étudier d'abord le symptôme en soi, dégagé de toute préoccupation étiologique, puis à le rattacher à la cause dont il provient pour s'élever au rang de « signe ». L'étude des troubles douloureux des génitopathies et la topographie de leurs zones ont été l'objet d'un soin particulier et sont éclaircies par des figures et des schémas d'un dispositif nouveau et ingénieux.

²WEISS (le Dr), Ingénieur des Ponts et Chaussées, professeur agrégé à la Faculté de Médecine de Paris. — Technique d'électrophysiologie, avec un avant-propos de M. le professeur GARIEL.

En thérapeutique, l'électricité est appelée à remplir un rôle important. Ce rôle était jusqu'ici demeuré presque exclusivement dans le domaine de l'empirisme pur. Mais la nécessité est maintenant reconnue, pour les générations médicales nouvelles, d'être mieux préparées à l'administrer. Pour cela, elles doivent apporter à l'emploi de l'électricité non seulement une connaissance plus approfondie de cet agent, mais aussi, d'une manière générale, un esprit plus scientifique. Il est surtout nécessaire de connaître les effets de l'électricité sur l'organisme sain. L'étude de l'électrophysiologie est l'indispensable préliminaire de l'électrothérapie. Sans avoir eu la prétention d'explorer à fond ce vaste domaine, l'auteur de ce Livre en a offert une vue d'ensemble suffisante pour devenir le point de départ de recherches nouvelles utiles aux progrès de la médication par l'électricité.

³BAZY (P.), Chirurgien des Hôpitaux. — Maladies des voies urinaires. Urètre, Vessie. Exploration, traitements d'urgence.

Véritable vade-mecum du médecin praticien auquel il présente sous une forme très nette : 1° les méthodes d'exploration de l'urètre et de la vessie permettant de poser un diagnostic exact des affections de ces organes : 2° les moyens de traitement appropriés aux divers cas qui se présentent le plus habituellement dans la pratique et qui nécessitent des mesures d'urgence. Cet ouvrage rendra les plus grands services à tous les Médecins qui, sans s'être consacrés spécialement aux maladies des voies urinaires, peuvent se trouver en présence de cas graves exigeant une intervention immédiate.

³WURTZ (R.), Chef du Laboratoire de Pathologie expérimentale à la Faculté de Médecine de Paris. — Technique bactériologique.

Cet Aide-Mémoire est l'exposé des procédés de technique bactériologique employés couramment dans le laboratoire du professeur Straus, à la Faculté de Paris. Très utile à tous les bactériologues, il s'adresse surtout à ceux qui débutent, en leur donnant les notions qu'il est indispensable de posséder à fond avant d'aborder l'étude proprement dite des microbes. Cette étude fera d'ailleurs l'objet d'un second volume de M. Wurtz.

TROUSSEAU, Médecin de la Clinique nationale des Quinze-Vingts. — Hygiène de l'œil.

Le livre du Dr Trousseau comprend l'hygiène générale, l'hygiène publique, l'hygiène professionnelle et l'hygiène privée ; nul n'était mieux à même que le savant médecin des Quinze-Vingts de traiter cet important sujet, car il disposait de renseignements considérables et de statistiques inédites. Son volume s'adresse aux économistes, aux pouvoirs constitués, aux chefs d'établissement ; il sera consulté avec fruit, aussi bien par les ouvriers que par les savants.

³FÉRÉ, Médecin de Bicêtre. — Épilepsie.

Dans cet Aide-Mémoire on trouvera exposées, d'une façon très complète, les doctrines si brillamment soutenues par le savant médecin de Bicêtre, savoir : que l'épilepsie est un véritable syndrome pouvant apparaître au cours d'états pathologiques divers, comprenant, à côté de l'épilepsie vulgaire, l'éclampsie, les convulsions de l'enfance qu'il faut considérer comme des formes aiguës de l'épilepsie.

³LAVERAN, Médecin principal de première classe de l'Armée, Professeur à l'École du Val-de-Grâce. — Paludisme.

Les beaux travaux de M. le professeur Laveran sur l'hématozoaire du paludisme, qu'il a découvert, lui donnaient une autorité toute spéciale pour traiter ce sujet ; il a résumé, dans ces pages très substantielles, l'état de nos connaissances sur le paludisme, ses causes, ses manifestations cliniques, ses lésions anatomiques, son traitement et sa prophylaxie.

³POLIN (H.) et LABIT (H.), Médecins-majors de l'Armée, Lauréats de l'Académie de Médecine. — Examen des aliments suspects, avec une préface de M. J. ARNOULD, Médecin-inspecteur de l'Armée, membre correspondant de l'Académie de Médecine.

Cet Ouvrage est divisé en deux parties : la première, intitulée : Comment les aliments deviennent nuisibles, contient toutes les questions de l'hygiène alimentaire, plâtrage des vins, salicylage, reverdissage, etc. ; la seconde, relative aux moyens de reconnaître les aliments suspects, indique les altérations spéciales à chaque aliment et les moyens d'y remédier. A cette époque de falsifications à outrance, ce petit volume rendra de grands services.

⁷BERGONIÉ, Professeur à la Faculté de Médecine de Bordeaux. — Physique du physiologiste et de l'étudiant en Médecine, Actions moléculaires. Acoustique. Électricité.

La Physique du physiologiste et de l'étudiant comprendra deux volumes. Dans le premier, l'auteur a réussi à condenser tout ce qui peut intéresser le praticien et l'étudiant, de manière à leur permettre non d'apprendre, mais de revoir les notions qui leur sont indispensables dans l'étude des propriétés moléculaires, en acoustique et en électricité.

M. Bergonié s'est fait une spécialité de l'application de l'électricité à la médecine et à la chirurgie. Son nom est une garantie que les questions qui se rattachent à ce sujet sont traitées avec la plus grande compétence.

AUVARD, Accoucheur des hôpitaux. — **Menstruation et Fécondation. Physiologie et Pathologie.**

Cet Aide-Mémoire vise surtout la thérapeutique des troubles menstruels et de la stérilité, pour lesquels le médecin est si souvent consulté, et qui l'embarrassent tant surtout quand il est novice.

Le traitement y est exposé à un point de vue essentiellement chimique et pratique.

⁸ **MÉGNIN (P.)**, ancien Vétérinaire de l'armée, membre de la Société de Médecine légale de France. — **Les Acariens parasites.**

L'étude des Acariens présente autant d'intérêt au point de vue de la Biologie qu'à celui de la zoologie ; nulle famille peut-être n'est de mœurs plus variées et plus extraordinaires.

M. Mégnin a dit dans son petit livre le dernier mot de la science sur ce point ; il a su grouper, à côté de tout ce qu'on savait, un grand nombre de faits inédits et a écrit ainsi un Ouvrage d'érudition et de recherches.

⁹ **DEMELIN (Dʳ L.-A.)**, Chef de clinique obstétricale à la Faculté de Médecine de Paris. — **Anatomie obstétricale.**

Cet ouvrage contient toutes les notions anatomiques nécessaires à l'accoucheur. C'est un livre avant tout pratique et clinique, d'application beaucoup plus que de théorie.

Il est divisé en deux parties : l'une réservée à l'Organisme maternel, l'autre au produit de conception.

Mise au courant des recherches contemporaines, l'*Anatomie obstétricale* doit entrer dans la bibliothèque de tout médecin qui s'intéresse à l'art des accouchements.

¹⁰ **CUÉNOT (L.)**, Chargé d'un cours complémentaire de Zoologie à la Faculté des Sciences de Nancy. — **Les moyens de défense dans la série animale.**

Les animaux, pour échapper à leurs ennemis, dans la lutte pour l'existence dont Darwin a donné un si saisissant tableau, sont munis de moyens de défense extraordinairement curieux et variés : déguisements, cuirasse, poisons, électricité, etc. L'auteur, transformiste décidé, a réuni d'une façon claire et méthodique toutes les connaissances à ce sujet, jusqu'ici éparses dans divers recueils, et y a ajouté de nombreuses observations inédites, de façon à présenter un tableau complet de la question.

¹¹ **OLIVIER (Dʳ Ad.)**, Ancien Interne de la Maternité, Chef du service des maladies des femmes et accouchements de la Policlinique de Paris. — **La pratique de l'accouchement normal.**

Ce petit volume essentiellement pratique s'adresse à tous ceux qui veulent bien conduire un accouchement normal. Ils y trouveront exposée d'une façon concise mais très complète la marche à suivre dans les différents cas qui peuvent se présenter, ainsi que les indications nécessaires pour parer aux incidents qui peuvent surgir au cours de l'accouchement.

¹² **BERGÉ (A.)**, Interne des hôpitaux. — **Guide de l'Étudiant à l'hôpital.** *Examens cliniques. Autopsies.*

Ce petit volume renferme l'ensemble des notions pratiques indispensables à l'étudiant qui fréquente l'hôpital : Procédé général d'examen des malades, règles relatives à la recherche des signes physiques et à l'interrogatoire, conseils pour la détermination du diagnostic et pour la rédaction des *observations*, puis, règles et méthodes d'exploration des poumons, du cœur, du foie, des reins, du système nerveux, etc., examen clinique des urines, manuel opératoire des autopsies.

¹² **CHARRIN (A.)**, Professeur agrégé, Chef du Laboratoire de Pathologie générale à la Faculté de Médecine, Membre de la Société de Biologie, Médecin des Hôpitaux. — **Les Poisons de l'organisme. Poisons de l'urine.**

Dans ce Volume de l'*Encyclopédie des Aide-Mémoire*, M. Charrin, après avoir établi l'importance des auto-intoxications en Pathologie, commence leur étude par celle des poisons de l'urine. Il prouve que l'urine est toxique pour l'homme et pour les animaux. Il recherche comment elle est toxique, pourquoi elle est toxique : il fouille les sources de ces poisons (aliments, putréfactions intestinales, dénutrition, vices fonctionnels); il développe les causes physiologiques et pathologiques de cette toxicité; il passe en revue les propriétés des urines des divers animaux. Il termine en indiquant les principaux moyens capables de s'opposer à ce genre d'intoxication (choix des aliments, antisepsie interne, oxygène, oxydation, saignée, élimination, destruction).

L'influence de ces notions fait souhaiter la publication des Volumes réservés aux auto-intoxications dérivant des diathèses, des maladies de foie, des glandes, des poumons, de la peau, de l'intestin, du botulisme, d'autant que les plus récents Traités sont muets sur ces Chapitres.

VOLUMES EN COURS D'EXÉCUTION

SECTION DE L'INGÉNIEUR

¹³ **Berthelot**, Secrétaire perpétuel de l'Académie des Sciences. — *Traité pratique de calorimétrie chimique.*

¹³ **Viaris (de)**. — *L'art de chiffrer et de déchiffrer les dépêches secrètes.*

¹³ **Langlois**. — *Le Lait.*

¹⁴ **Guenez**, du Laboratoire des Douanes. — *Décoration céramique au feu de moufle.*

¹⁵ **Guillaume (Ch.-Ed.)**, Docteur ès sciences, attaché au Bureau international des Poids et Mesures. — *Unités et étalons.*

SECTION DU BIOLOGISTE

¹³ **Brocq**, Médecin des Hôpitaux, et **Jacquet**, ancien interne à l'Hôpital Saint-Louis. — *Traité élémentaire et pratique de dermatologie.*

¹⁴ **Broca**, Chirurgien des Hôpitaux. — *Le traitement des ostéo-arthrites tuberculeuses des membres chez l'enfant.*

¹⁴ **Hanot** et **Legry**. — *De l'Endocardite.*

¹¹ **Weil (Dʳ)**, Médecin de la Compagnie d'assurances *le Phénix*. — *Guide du médecin d'assurances sur la vie.*

SECTION DE L'INGÉNIEUR (*Suite*).

15. **Widmann**, Directeur général des Forges et Chantiers de la Méditerranée. — *État actuel de la machine à vapeur.*

16. **Minel (P.)**, Ingénieur des Constructions navales. — *Introduction à l'électricité industrielle (Potentiel. Flux de force. Grandeurs électriques).*

17. **Gérard-Lavergne**, Ingénieur civil. — *Les Turbines.*

18. **Minel (P.)**, Ingénieur des Constructions navales. — *Introduction à l'électricité industrielle (Circuit magnétique. Induction. Machines).*

19. **Bloch (F.)**, Ingénieur des Manufactures de l'État. — *Appareils producteurs d'eau sous pression.*

17. **Wallon (É.)**, Professeur au lycée Janson de Sailly. — *Objectifs photographiques.*

20. **Laurent (H.)**, Examinateur d'admission à l'École Polytechnique. — *Théorie des jeux de hasard.*

20. **Naudin (Laurent)**, Chimiste à l'École de Physique et de Chimie industrielles. — *Fabrication des vernis.*

21. **Dwelshauvers-Dery**, Ingénieur, Professeur à l'Université de Liège. — *Étude expérimentale dynamique de la machine à vapeur.*

22. **Croneau**, Professeur à l'École d'application du Génie maritime. — *Construction du navire.*

22. **Madamet**, Directeur des Forges et Chantiers de la Méditerranée. — *Distribution de la vapeur. Épures de régulation. Courbes d'indicateurs. Tracé des diagrammes.*

22. **Vermand**, Ingénieur des Constructions navales. — *Moteurs à gaz et à pétrole.*

23. **Caspari**, Ingénieur-hydrographe de la Marine. — *Chronomètres de marine.*

Alheilig, Professeur à l'École d'Application du génie maritime. — *Construction et résistance des machines à vapeur.*

Minel (P.), Ingénieur des constructions navales. — *Électricité appliquée à la Marine.*

Léauté (H.), Membre de l'Institut, et **Bérard (A.)**, Ingénieur en chef des poudres et salpêtres, Directeur de la Poudrerie de Saint-Médard-en-Jalles. — *Transmissions par câbles métalliques.*

Guye (Ph.-A.), Docteur ès sciences. — *Matières colorantes.*

Hospitalier, Professeur à l'École de Physique et de Chimie industrielles. — *Les compteurs d'électricité.*

Boire (Émile), Ingénieur civil, Administrateur-Directeur de la Société des Sucreries de Bourdon. — *La Sucrerie.*

Charpy (G.). — *Production industrielle du froid.*

Moissan, Membre de l'Institut, et **Ouvrard**. — *Le nickel, sa production et ses applications.*

SECTION DU BIOLOGISTE (*Suite*).

14. **Brun (de)**, Professeur à la Faculté de Médecine de Beyrouth, Correspondant de l'Académie de Médecine. — *Maladies des pays chauds. Maladies climatériques et infectieuses.*

15. **Du Cazal**, Professeur à l'École de Médecine et de Pharmacie militaires. — *Organisation et fonctionnement du service de santé militaire.*

16. **Hébert**, Préparateur de Chimie agricole au Muséum, Chimiste à l'École de Grignon. *Examen sommaire des boissons falsifiées.*

15. **Lapersonne (de)**, Professeur à la Faculté de Médecine de Lille. — *La cataracte.*

16. **Roger (H.)**, Professeur agrégé à la Faculté de médecine de Paris. — *Physiologie normale et pathologique du foie.*

17. **Kœhler**, Professeur de zoologie à la Faculté des Sciences de Lyon. — *Application de la Photographie aux Sciences naturelles.*

18. **Beauregard (H.)**, Professeur agrégé à l'École supérieure de Pharmacie. — *Le microscope.*

21. **Brun (de)**, Professeur à l'Académie de Médecine de Beyrouth. — *Maladies des pays chauds (Maladies de l'appareil digestif des lymphatiques, et de la peau).*

22. **Letulle**, Professeur agrégé à la Faculté de Médecine de Paris, Médecin des Hôpitaux. — *L'Inflammation.*

23. **Ollier**, Correspondant de l'Institut, Professeur de clinique chirurgicale à la Faculté de Médecine de Lyon. — *Les résections.*

Budin, Professeur agrégé de la Faculté de Médecine, membre de l'Académie de Médecine. — *Thérapeutique obstétricale.*

Faisans, Médecin de la Pitié. — *Diagnostic précoce de la tuberculose.*

Bazy, Chirurgien des Hôpitaux de Paris. — *Étude des troubles fonctionnels des voies urinaires.*

Girard (Aimé), Professeur au Conservatoire des Arts et Métiers. — *La betterave à sucre.*

Dastre, Professeur à la Faculté des Sciences de Paris. — *La Digestion.*

Lannelongue, Membre de l'Académie de Médecine, Professeur à la Faculté de Médecine de Paris. — *La tuberculose chirurgicale.*

Straus, Professeur à la Faculté de Médecine de Paris, Membre de l'Académie de Médecine. — *Les Bactéries.*

Napias, Inspecteur général des services administratifs au ministère de l'intérieur. — *Hygiène industrielle et professionnelle.*

Gombault, Médecin de l'Hospice d'Ivry, Chef de laboratoire à l'École pratique. — *Pathologie du bulbe rachidien.*

Legroux, Professeur agrégé à la Faculté de Médecine de Paris, Médecin de l'Hôpital Trousseau. — *Pathologie générale infantile.*

Marchant-Gérard, Chirurgien des Hôpitaux. — *Chirurgie du système nerveux : Cerveau.*

LA
PLANÈTE MARS

ET SES

CONDITIONS D'HABITABILITÉ

SYNTHÈSE GÉNÉRALE DE TOUTES LES OBSERVATIONS

CLIMATOLOGIE, MÉTÉOROLOGIE

ARÉOGRAPHIE, CONTINENTS, MERS ET RIVAGES, EAUX ET NEIGES

SAISONS, VARIATIONS OBSERVÉES

PAR

CAMILLE FLAMMARION

UN VOLUME GRAND IN-8; ILLUSTRÉ DE **580** DESSINS TÉLESCOPIQUES ET **23** CARTES; 1892

Broché . . . . **12** fr. | Cartonné . . . . **15** fr.

Qui se serait douté que la Science fût assez avancée pour fournir sur ce sujet un grand Ouvrage de 600 pages, avec 580 vues télescopiques et 23 cartes géographiques de cette Planète? Ce beau livre, qui contient toutes les observations faites sur ce monde voisin depuis deux siècles, a été édité avec luxe. On y voyage véritablement sur un autre monde, dont on connaît les dimensions, le poids, la densité, l'atmosphère, les saisons, les climats, les continents et les mers, les cours d'eau eux-mêmes et jusqu'au calendrier de chaque jour! C'est la première fois que l'humanité terrestre a entre les mains la description d'un autre monde, assez semblable à celui que nous occupons pour laisser penser qu'il pourrait être actuellement habité par une race peut-être supérieure à la nôtre, et dont il semble que l'on aperçoive déjà certaines manifestations dans plus d'une forme bizarre observée à la surface de Mars. Cette nouvelle publication aura certainement un succès égal, sinon supérieur, à celui des autres œuvres de l'éminent astronome.

RÉPERTOIRE CHROMATIQUE

SOLUTION RAISONNÉE ET PRATIQUE DES PROBLÈMES LES PLUS UTILES

DANS L'ÉTUDE ET L'EMPLOI DES COULEURS

VINGT-NEUF TABLEAUX EN CHROMO

Représentant 952 teintes différentes et définies, groupées en plus de 660 gammes typiques

Par Charles LACOUTURE

In-4, contenant un texte de xi-144 pages, vrai traité de la science pratique des couleurs, accompagné de nombreux diagrammes, et suivi d'un atlas de 29 tableaux en chromo qui offrent à la fois l'illustration du texte et de nouvelles ressources pour les applications; 1890.

Broché . . . . 25 fr. | Cartonné avec luxe . . . . . 30 fr.

LEÇONS DE CHIMIE

A L'USAGE

DES ÉLÈVES DE MATHÉMATIQUES SPÉCIALES

PAR

HENRI GAUTIER | **GEORGES CHARPY**
Ancien élève de l'École Polytechnique, | Ancien élève de l'École Polytechnique
Professeur à l'École Monge et au collège Sainte-Barbe. | Professeur à l'École Monge.

Un beau volume grand in-8, avec 83 figures; 1892 . . . . 9 fr.

Ces **Leçons de Chimie**, présentent ceci de particulier qu'elles ne sont pas la reproduction des Ouvrages similaires parus dans ces dernières années. Les théorie générales de la Chimie sont beaucoup plus développées que dans la plupart des Livres employés dans l'enseignement; elles sont mises au courant des idées actuelles, notamment en ce qui concerne la théorie des équilibres chimiques. Toutes ces théories, qui montrent la continuité qui existe entre les phénomènes chimiques, physiques et même mécaniques, sont exposées sous une forme facilement accessible. La question des nombres proportionnels, qui est trop souvent négligée dans les Ouvrages destinés aux candidats aux Écoles du Gouvernement, est traitée avec tous les développements désirables. Dans tout le cours du Volume, on remarque aussi une grande préoccupation de l'exactitude; les faits cités sont tirés des mémoires originaux ou ont été soumis à une nouvelle vérification. Les procédés de l'industrie chimique sont décrits sous la forme qu'ils possèdent actuellement. L'Ouvrage ne comprend que l'étude des métalloïdes, c'est-à-dire les matières exigées pour l'admission aux Écoles Polytechnique et Centrale.

En résumé, le Livre de MM. Gautier et Charpy est destiné, croyons-nous, à devenir rapidement classique.

LA

PHOTOGRAPHIE MÉDICALE

APPLICATION AUX

SCIENCES MÉDICALES ET PHYSIOLOGIQUES

PAR

ALBERT LONDE
Directeur du service photographique à l'Hospice de la Salpêtrière.

Un beau volume grand in-8, avec 80 figures et 19 planches; 1893. . . 9 fr.

Dans sa préface de la **Photographie médicale** que vient de publier M. Londe, chef du service photographique à la Salpêtrière, l'éminent professeur Charcot rappelle les immenses services rendus par la Photographie à la Médecine et à la Physiologie. Nous n'ajouterons rien après une telle autorité, et nous dirons seulement que le beau volume dont vient de s'enrichir la « Bibliothèque photographique » comprend un nombre inusité de planches et de figures, aussi curieuses pour le médecin que pour le photographe.

COURS D'ASTRONOMIE

A L'USAGE

DES ÉTUDIANTS DES FACULTÉS DES SCIENCES

Par B. BAILLAUD

Doyen de la Faculté des sciences de Toulouse, Directeur de l'Observatoire.

Deux volumes grand in-8, avec figures, se vendant séparément.

Iʳᵉ PARTIE : *Quelques théories applicables à l'étude des sciences expérimentales. — Probabilités : erreurs des observations. — Instruments d'Optique. — Instruments d'Astronomie. — Calculs numériques, interpolations, avec figures; 1893* . . . . 8 fr.

IIᵉ PARTIE : *Astronomie. Astronomie sphérique, Etude du système solaire. Détermination des éléments géographiques* . . . . (Sous presse.)

L'Auteur a réuni dans la Première partie diverses questions dont la connaissance intéresse autant les physiciens que les Astronomes; les principes du Calcul des Probabilités et leur application à la théorie des erreurs des observations; l'étude des instruments d'optique; celle des instruments de précision qui servent à la mesure du temps, des longueurs ou des angles et, en particulier, des principaux instruments astronomiques; les procédés usités dans les calculs numériques, notamment l'emploi des Tables de logarithmes des nombres et des fonctions trigonométriques, celui des logarithmes d'addition, les formules principales de la Trigonométrie sphérique, les méthodes d'interpolation.

La seconde Partie de cet ouvrage est consacrée à l'Astronomie elle-même. On y a introduit avec les questions explicitement comprises dans le programme de la licence ès sciences mathématiques, diverses questions d'astronomie théorique qui doivent être, aujourd'hui, regardées comme élémentaires : la détermination des orbites des planètes et des comètes d'après trois observations, les principes de la théorie des Planètes, de la théorie de la Lune, et du calcul numérique des perturbations.

DICTIONNAIRE PRATIQUE

DE CHIMIE PHOTOGRAPHIQUE

CONTENANT UNE

ÉTUDE MÉTHODIQUE DES DIVERS CORPS USITÉS EN PHOTOGRAPHIE

PRÉCÉDÉ DE NOTIONS USUELLES DE CHIMIE ET SUIVI

D'UNE DESCRIPTION DÉTAILLÉE DES MANIPULATIONS PHOTOGRAPHIQUES

Par M. H. FOURTIER

Un beau volume grand in-8, avec figures; 1892 . . . . 8 fr.

L'Auteur, écartant avec soin toute théorie scientifique, s'est attaché exclusivement au côté pratique, de manière à faire de ce Dictionnaire un véritable *outil de travail*, donnant la valeur, le mode d'emploi rationnel et les propriétés spéciales des corps employés. Présentée sous une forme brève, concise, et surtout avec une méthode rigoureuse, l'étude des divers corps est beaucoup facilitée et la recherche des renseignements utiles rapidement faite.

Des indications précises sur l'analyse pratique et les manipulations de laboratoire, ainsi que des tables de réaction complètent le Dictionnaire et résument les notions de Chimie indispensables à l'amateur et au professionnel.

TRAITÉ DE MÉCANIQUE CÉLESTE

Par F. TISSERAND

Membre de l'Institut et du Bureau des Longitudes, Professeur à la Faculté des Sciences.

Trois volumes in-4, avec figures, se vendant séparément.

TOME I : *Perturbations des planètes d'après la méthode des constantes arbitraires*; 1889. 25 fr.
TOME II : *Théorie de la figure des corps célestes et de leur mouvement de rotation*; 1891. 28 fr.
TOME III : *Perturbations des planètes d'après la méthode de Hansen, Théorie de la Lune.* (Sous presse)

Le Tome II traite de deux sujets principaux : la figure des corps célestes et leur mouvement de rotation. L'Auteur a exposé complètement les travaux classiques de Clairaut et de Laplace, et a fait une étude détaillée de tous les travaux les plus récents. Le lecteur sera ainsi mis au courant des derniers progrès de la théorie. Pour les mouvements de rotation, on a adopté la méthode de la variation des constantes arbitraires qui permet d'embrasser dans une même analyse les deux problèmes principaux de la Mécanique céleste et d'établir entre eux des analogies intéressantes.

Le Tome III est sous presse, et l'année 1893 verra se terminer ce grand travail, qui, suivant l'expression d'un illustre savant, est « un monument élevé à la Mécanique céleste ».

Imp. D. Dumoulin et Cⁱᵉ, à Paris.